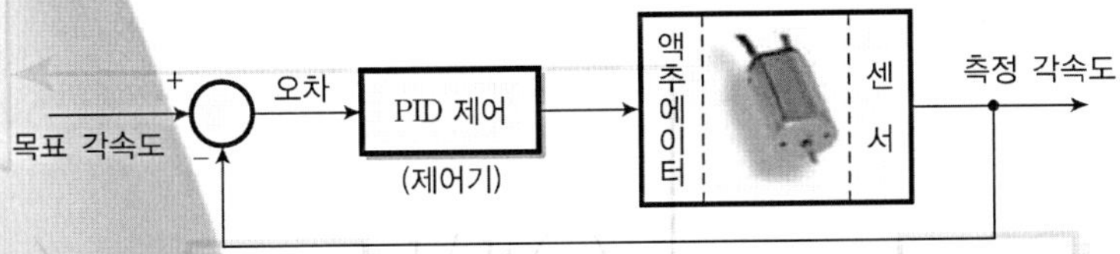

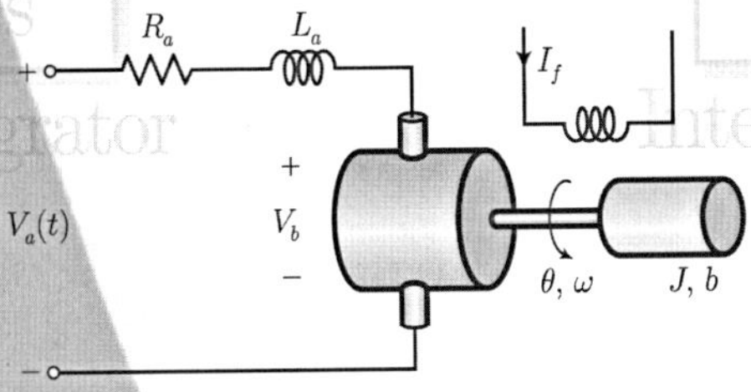

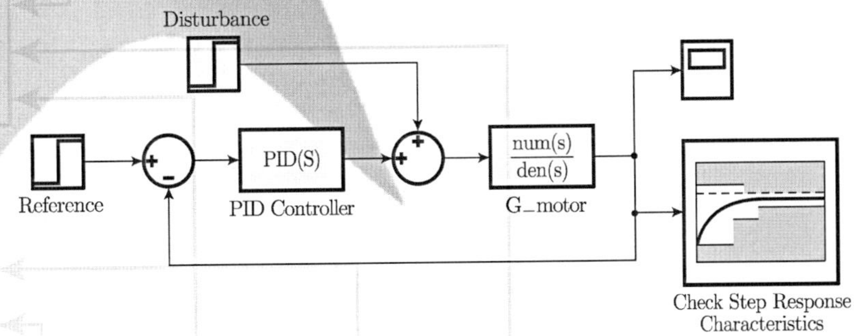

Simulink 이해와 제어기 설계의 실제

Understanding **Simulink** and Controller Design

최연욱 지음

홍릉과학출판사

머리말

대학의 학부과정에서 제어와 관련된 학과에 소속된 학생들이 졸업 시에 갖추어야 할 가장 기본적인 요건의 하나는 실시스템에 대하여 설계사양을 만족하는 '제어기의 설계'라고 주장하더라도 틀린 표현은 아닐 것이다. 이러한 관점에서 제어관련 필수과목들을 이수하였을 때 과연 어느 정도의 학생이 자유롭게 제어기를 설계할 수 있을 것인가를 생각해 볼 필요가 있다. 학교에 따라 차이는 있겠지만, 설계능력이 높다고는 말할 수 없는 것이 현실일 것이다. 간단한 실물 시스템에 대한 제어기 설계능력의 향상을 위해서는 교과과정 내에서 실험·실습을 통한 제어이론의 현실화가 가장 바람직하지만, 경제적·시간적 여건상 쉽지 않은 일이다. 이에 대한 보완책의 하나로 소프트웨어를 통한 가상적 실험, 즉 시뮬레이션을 적극 활용한 제어이론의 현장감 확인을 이론수업과 병행하는 것이 현실적으로 가장 바람직한 것으로 생각된다.

주지하다시피 MATLAB는 현재 공학의 여러 분야에서 사용되고 있는 계산·분석용의 대표적인 소프트웨어라고 할 수 있을 것이다. 또한 MATLAB의 환경 아래서 작동되는 Simulink는 제어시스템의 해석·설계 및 시뮬레이션을 위한 필수적인 도구로서 전기계열의 많은 학생들에게 광범위하게 사용되고 있다. 특히 Simulink에는 제어기의 설계를 돕기 위한 각종 도구(Tool)를 GUI의 형태로 제공하고 있기 때문에, 비록 제어기설계법에 대한 깊은 지식이 없다고 하더라도 Simulink로서 큰 어려움 없이 사양을 만족하는 제어기의 설계가 가능하다는 특징이 있다. 따라서 약간의 제어이론과 MATLAB/Simulink의 원활한 운용이 가능하다면 한정된 환경 아래서도 충분히 부과된 사양을 만족시키는 제어기의 설계 및 결과분석 등을 수행할 수 있을 것이다.

그러나 보통 두 가지 이상으로 주어지는 사양을 모두 만족시키는 제어기의 설계를 위해서는 어쩔 수 없이 제어이론에 대한 기본적 지식이 필요하다. 제어이론에 대한 탄탄한 지식에 기초한 MATLAB/Simulink의 활용은 제어기 설계능력을 배가시킬 수 있을 것으로 생각한다. 본서에는 제어기의 설계법을 크게 두 종류 즉, 전달함수를 기반으로 하는 고전제어와 상태공간표현법을 사용하는 현대제어로 분리하였다. 특히 고전제어에 의한 설계법은, i) 시간응답과 ii) 주파수응답으로 나누어서 각 방법의 특징과 관련 설계기법 등을 예제를 중심으로 MATLAB/Simulink를 충분히 활용하여 설명하였다. 일반적으로 고전제어는 수식에 의한 전개보다는 현실(실험 등에 의한 결과)을 중시하는 입장에 서 있는 반면, 현대제어는 행렬이론을 적용한 번잡한 수식전개의 과정이 필요하기는 하지만, 실물 시스템과 수식 사이의 관련성이 명확하여 설계법의 이해가 쉽다는 장점이 있다. 제어기 설계에는 이와 같은 고전·현대제어의 장단점을 충분히 활용하는 것이 필요할 것이다.

제어기의 원활한 설계를 위해서 필요로 하는 MATLAB/Simulink의 이해를 위해 제1장과 2장을 할애하였다. 이후, 제3장에서 시간응답의 설계법에서 중심적인 역할을 하는 근궤적법을, 제4장에서 주파수응답에 기초한 설계법을 각각 자세히 설명한다. 상태공간표현법을 이용한 현대제어이론에 의한 설계법은 제5장에서 다룬다. 마지막을 제6장에서는 미국 미시간대학에서 제공한 모델을 이용하여 앞에서 다룬 각종 설계법을 적용하고 그 결과를 비교·분석한다. 이 과정을 통하여 앞에서 습득한 제어기 설계법의 장단점을 파악할 수 있을 것으로 생각한다.

실물 시스템에 대한 제어기의 설계에는 지금까지 언급한 것 이외에도 많은 불확실한 요소들을 내포한다(파라미터 변동 등). 그러나 일반적인 설계의 기본은 이상의 내용만으로 충분할 것이므로, 컴퓨터를 이용한 반복적인 학습을 통하여 설계법의 노우-하우를 본서를 통하여 습득할 수 있기를 바란다.

2016년 1월

최 연욱

차 례

Chapter 0

제어란 무엇인가

0.1 제어의 역사

■ **자동제어의 역사**

인류는 예로부터 물이나 불과 같은 자연을 동력으로 이용해왔다는 것은 잘 알려진 사실이다. 일찍이 그리스 시대의 크테시비우스(Ctesibus)의 물시계([그림 0.1] 참조)나, 일종의 펌프 역할을 하는 헤론(Hero)의 소방펌프([그림 0.2] 참조) 등은 자연의 힘으로 일정한 시각을 측정하거나, 혹은 동력을 얻을 수 있다는 사실을 보여주는 귀중한 자료이다. 이와 같은 지식은 오래전부터 수학자나 신학자, 또는 전문적인 장인 등과 같이 한정된 범위 안에서 경험적으로서 계승되어왔다.

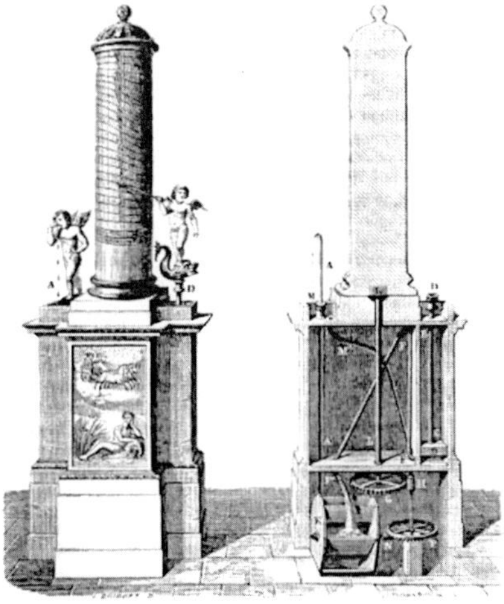

[그림 0.1] Ctesibus의 물시계

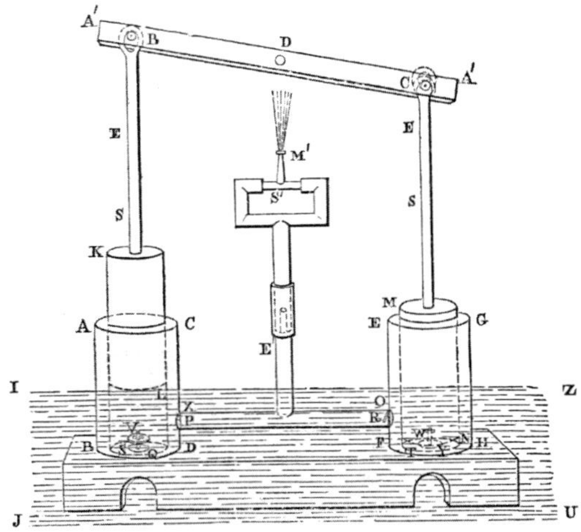

[그림 0.2] Hero의 소방펌프

이러한 상황은 1700년대 상공업의 급격한 발전으로 인한 대량생산의 필요성에 의해 석탄을 이용한 증기기관이 발명되면서 크게 변하여, 지금까지의 몇몇의 장인에 의한 '기술'로는 그 대응이 곤란하게 되었다. 예를 들어 1776년 제임스 와트(James Watt)가 기존의 증기기관을 개량하였지만, 증기기관에 접속된 부하의 상황에 따라 기관의 회전수가 일정하지 않다는 점이 문제로 대두되었다. 1788년 와트는 회전추(fly-ball)를 이용하여 회전수의 감소에 따라 엔진으로 들어가는 증기량을 증가시킴으로서 이 문제에 대한 해결책을 제시하였다([그림 0.3] 참조). [그림 0.4]는 증기기관의 원리를 간략히 나타낸 것이다.

[그림 0.4]는 소위 원심조속기(거버너 : governor)라고 부르는 것으로, 현재 상태를 관측하여 조작량을 결정하는 피드백제어의 원점이라고 할 수 있다. [그림 0.4]의 동작순서를 간단히 정리하면 다음과 같다.

(1) 터빈(증기기관)의 회전수가 증가한다.
(2) 원심력에 의해 회전추가 위로 올라간다.
(3) 미끄럼판이 상승한다.
(4) 증기 공급관의 마개가 닫힌다.
(5) 터빈으로 들어가는 증기의 양이 감소한다.
(6) 회전수가 감소한다.

상기의 원심조속기에는 난조(hunting)[1]라는 문제가 존재했기 때문에 점차로 이론적인 검토의 필요성이 대두되었으며, 결과적으로 이러한 이론적인 검토과정이 그 후의 제어이론 발전에 크게 기여하였다. 다시 말하면 눈앞의 현실적인 상항에서 문제점을 추출·해결하고 이를 장래의 발전과 연결시키기 위해서는, 현재의 문제점 등에 대한 이론적인 검토가 필요불가결하다는 것이다.

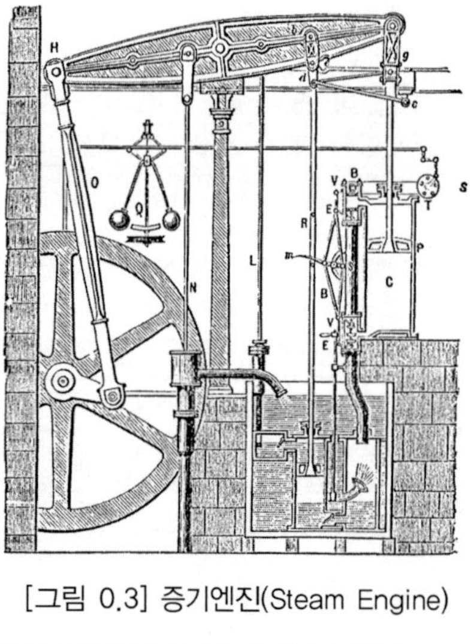

[그림 0.3] 증기엔진(Steam Engine)

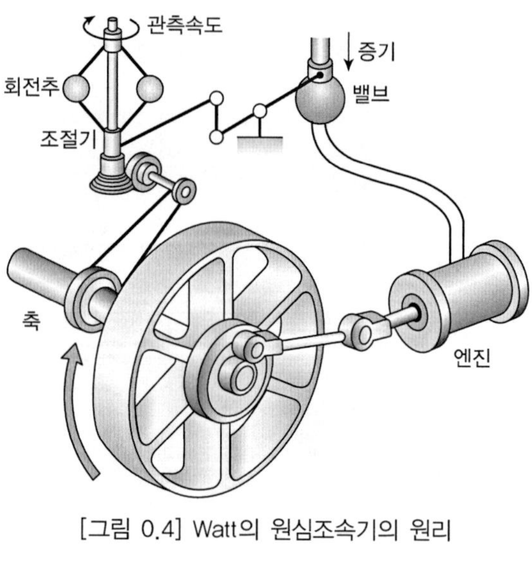

[그림 0.4] Watt의 원심조속기의 원리

1) 주기적인 회전의 기복현상을 의미한다.

■ 원심분리기의 문제점과 시스템의 안정성

난조 현상, 즉 속도를 빠르게 회복시키기 위해 피드백의 효과를 너무 강하게 하면 진동을 발생시키는 현상을 말하는 것이다. 이러한 난조 현상으로 인해 시스템 전체가 불안정, 즉 진동하는 문제에 대한 해결과정은 결과적으로 시스템의 안정성에 대한 이론의 발전으로 이어졌다. 1877년 라우스(Routh)의 안정이론, 1895년 후르비츠(Hurwitz)의 안정이론 등의 발표로 안정성(stability)에 대한 개념이 확립되었다. 또한 1900년대에 증기기관이 전기식으로 변환되면서 전기제어에 대응하는 제어이론이 제안되었는데, 1930년에 보드(Bode)가 제안한 부귀환증폭기(negative feedback amplifier)가 그 대표라고 할 수 있을 것이다. 또 1932년 나이퀴스트(Nyquist)의 안정성이론, 1952년 에반스(Evans)에 의한 근궤적법 등이 확립되었다. 이와 같이 1900년대 초·중반에 이루어진 제어에 관한 이론을 일반적으로 고전제어이론(Classical Control Theory)이라고 부른다.

제2차 세계대전이 시작되면서 병기의 자동초점과 요격용 미사일 등과 같은 고도의 제어에 대한 필요성이 제기되었다. 1956년에는 폰트리야긴(Pontryagin)에 의한 최대원리가 제안되면서 최적제어에 관한 연구가 활발히 이루어지고, 이들의 연구결과는 상기의 고전제어이론과 구별하여 현대제어이론으로 불리게 되었다. 이후 컴퓨터의 발전과 더불어 현대수학을 구사한 제어시스템의 설계법이 적극적으로 수행되면서 오늘날에 이르고 있다.

제어공학은 시스템의 안정성·최적성을 추구하는 학문이며, 이는 어떤 물체에 대한 설계 노하우보다는 수학을 기본으로 하는 학문이다. 따라서 물리적으로는 서로 다른 시스템이더라도 수학적으로 동일한 구조를 가진다면 동일한 해를 가진다는 특징을 가진다.

■ 제어이론 발전의 역사

18 C - 피드백제어의 도입

19 C - 안정성의 이론적인 연구

20 C - 산업의 고도화, 대량생산 시대에 돌입

→ 자동화의 요구 → 피드백이 공통의 개념으로 발전

→ H. Nyquist (1932) : 피드백 증폭기의 안정문제

→ H.W. Bode : 피드백제어기 설계법의 확립

제2차 세계대전 중 : 병기의 자동조준, 추적용 레이더 → 서보(servo) 시스템의 도입

→ 피드백제어이론의 체계화

제2차 세계대전 후: 화학공업, 석유공업의 발전에 크게 공헌

1950년대 : 대규모시스템의 복잡한 제어, 로켓제어, 로봇제어 등

(종래의 방법으로 대응이 불가)

1960년대 : 현대제어이론, 상태공간법, 다변수제어이론,

비약적인 컴퓨터제어 등

0.2 제어의 이해

0.2.1 제어의 개요

자동제어란 「어떤 목적에 적합한 조작을 자동으로 수행하는 것」이며, 이것을 실행하는 물건이 자동제어장치이다. 어떤 대상을 생각하는 대로 조정(제어)하기 위해서는 먼저 제어대상(제어를 수행하는 대상물, 기계 등)의 구조와 제어시스템의 기능을 파악할 필요가 있다.

[그림 0.5]에 온도조절 관리인에 의한 자동제어의 예를 나타내었다. 교실내의 온도를 20도로 유지하기 위해 관리인은 실내가 추울 때는 온수의 밸브를 열고, 더울 때는 닫는 작업을 반복한다. 관리인이 교실 바깥에 있을 경우에는 실내온도를 모니터링하여 조절하게 될 것이다. 그러나 외부온도의 변화, 햇빛의 강도, 창의 개폐, 실내의 학생 수 등의 조건에 따라 그 조정 방법이 달라져야 할 것이다. 이와 같은 조건의 변화를 '외란(disturbance)'이라고 부른다. [그림 0.5]를 블록선도로 표현한 것이 [그림 0.6]이다. 이와 같이 정해진 목표값에 따라 실내온도를 조정하는 제어기법을 '피드포워드제어(feedforward control)'라고 한다.

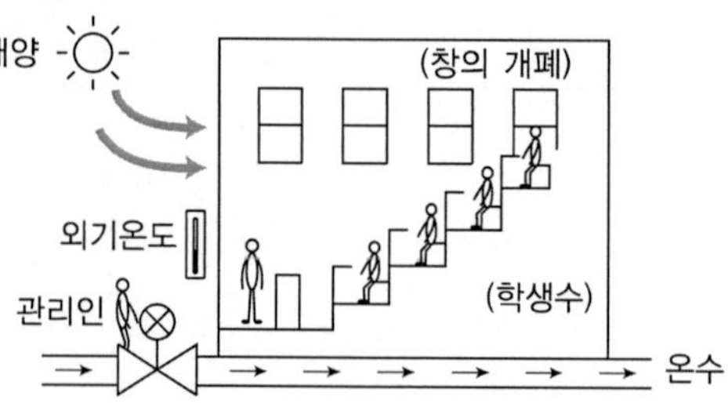

[그림 0.5] 실내온도의 조절 I

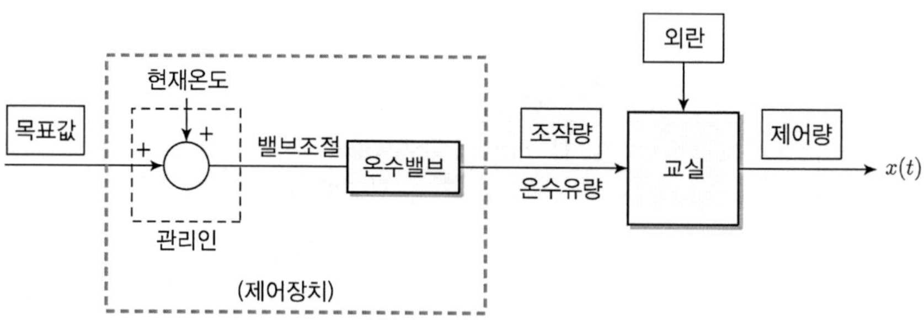

[그림 0.6] 피드포워드 제어

이에 대하여 [그림 0.7]과 같이 실내온도를 계측하여 온수밸브를 개폐하는 것을 생각하여 보자. 이 경우 밸브관리인은 실내온도의 현재값 x를 읽고, 이를 설정값 r과의 차, 즉 제어오차 $(r-x)$의 크기에 따라 밸브의 열림의 정도 y를 제어한다. 여기서는 앞에서 언급한 외란의 종류 등에 관계없이 단순히 실내온도의 상하변동에 따른 제어오차의 크기에 의해 밸브를 조정함으로서 실내온도를 일정한 값으로 유지할 수 있음을 알 수 있다. [그림 0.7]을 블록선도로 나타낸 것이 [그림 0.8]이다. '교실의 온도가 높아지면 밸브를 잠그고, 낮아지면 밸브를 연다', 즉 '밸브를 열면 온도가 상승한다' 라는 원칙이 루프를 따라 한 바퀴 돌고 있음을 볼 수 있다. 이러한 방식을 '피드백제어(feedback control)'라고 한다.

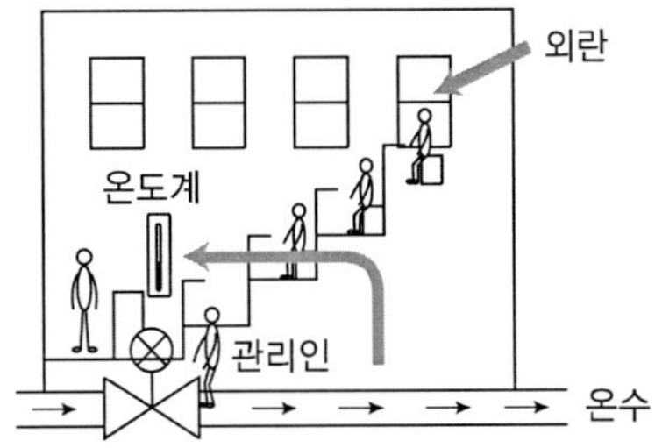

[그림 0.7] 실내온도의 조절 II

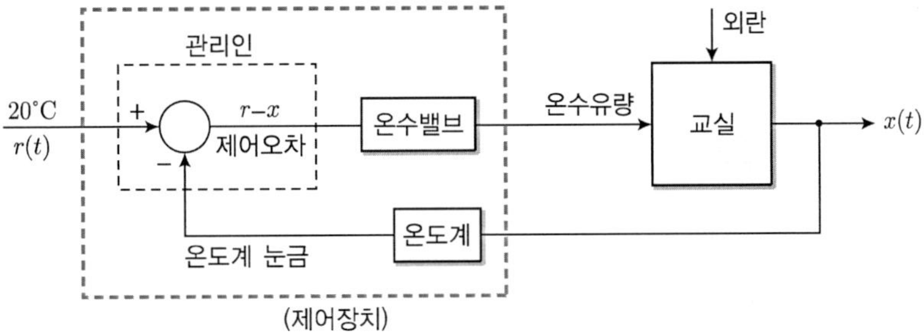

[그림 0.8] 피드백 제어

여기서 [그림 0.6]의 피드포워드제어와 [그림 0.8]의 피드백제어를 비교하여 보자. 피드포워드제어는 외란이 측정가능하고 그 특성을 미리 알고 있는 경우에는 제어가 가능하지만, 교실과 같이 외란을 미리 측정할 수 없는 경우에는 실내온도를 일정하게 유지하기가 쉽지 않다는 사실을 알 수 있다. 이에 반해 피드백제어에서는 햇빛이 강렬하다든지 외기온도가 갑작스럽게 변화하는 것처럼 측정할 수 없는 미지의 외란이 인가된다고 하더라도 피드백에 의해 그 정보가 다시 입력측으로 이동하기 때문에 이로 인해 외란의 영향이 자동적으로 억제된다.

이와 같은 피드백 메커니즘이 자동제어의 기본이다. 따라서 먼저 그의 구조와 명칭 등을 정리해 둔다.

0.2.2 제어시스템의 요소

[그림 0.9]에 일반적인 제어시스템의 구성도를 나타내었다. 그림에서 각 신호의 의미는 다음과 같다.

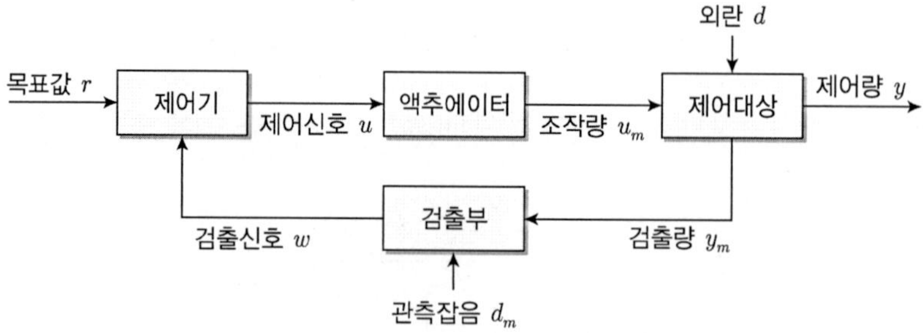

[그림 0.9] 일반적인 제어시스템의 구성([그림 0.10] 참조)

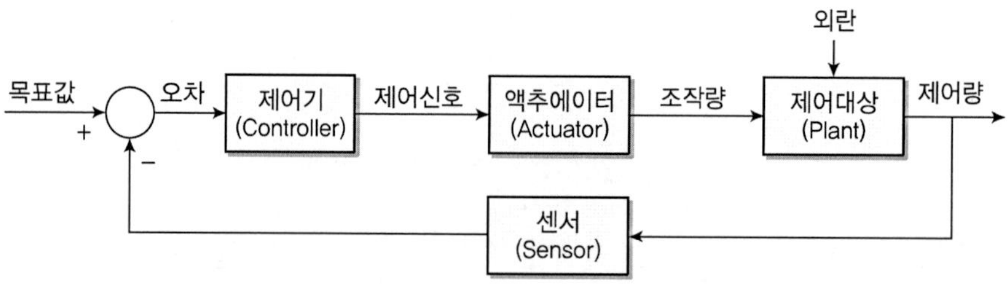

[그림 0.10] [그림 0.9]의 구체적 실현

(a) 제어량(controlled variable) y : 온도나 각도와 같이 제어하고자 하는 양
(b) 목표값(reference variable) r : 외부에서 주어진 설정값으로, 제어량이 목표로 하는 값
(c) 검출량(output variable) y_m : 제어대상으로부터 검출되는 양(즉 제어대상의 출력)
(d) 검출신호(measured variable) w : 온도계 등과 같은 검출장비에 의해 얻어지는 양
(e) 조작량(control variable) u_m : 제어를 위해 제어대상에 인가되는 양
(f) 제어신호(control signal) u : 조작부, 즉 액추에이터 등에 인가되는 신호
(g) 외란(disturbance signal) d : 제어량의 변화를 일으키는 조작량 이외의 신호
(h) 관측잡음(measured noise) d_m : 검출장비 등에 가해지는 잡음

만약 제어대상의 무게나 마찰 등과 같은 물리적 파라미터를 파악하고 있다면, 제어대상은 미분방정식을 사용하여 수학적으로 기술할 수 있을 것이다. 또한 대상의 내부에서 발생하는 화학반응 등에 대한 수식을 세우는 것 등도 가능할 것이다. 그러나 제어대상을 정확하게 파악하기 위해 요구되는 상당한 노력(비용) 등을 생각한다면, 제어목적을 달성할 수 있는 범위 내에서 가능한 단순하게 표현하는 것이 바람직할 것이다. 이후 제어대상의 구조나 특징을 기술한 것을 제어대상의 「모델(model)」이라고 부르기로 한다.

제어공학의 기본적인 목적은 [그림 0.9]에 나타낸 제어시스템에 있어서, 소망의 특성을 얻을 수 있는 제어기를 설계하는 범용적인 방법을 제시하는 것이다.

소망한 특성을 얻기 위한 가장 간단한 제어법칙은 '온·오프 제어(on-off control)'이다. 예를 들어 방안의 온도를 검출하여 에어컨디션에 의한 피드백제어를 하는 경우를 생각하여 보

자. 이 경우 온·오프제어는 설정값과의 오차 $e=r-y$를 이용하여, 그 오차의 (크기가 아니라) 부호에 따라 조작하는 방법을 의미한다. 이러한 제어시스템을 수식으로는 다음과 같이 나타낼 수 있다.

$$u=\begin{cases}+K, (e>0)\\ -K, (e<0)\end{cases} \tag{0.1}$$

이 결과 [그림 0.11]과 같은 모양의 제어신호와 제어량을 얻을 수 있을 것이다.

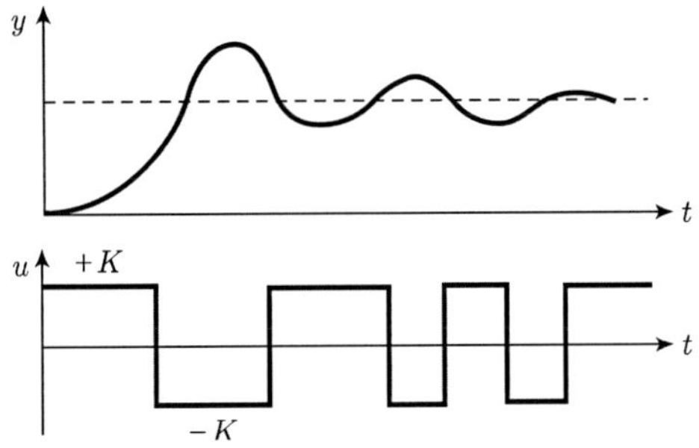

[그림 0.11] 간단한 온–오프제어의 예

정성적으로는 식(0.1)의 형식으로 피드백제어를 수행함으로서 소망의 특성을 얻을 수 있는 가능성은 있지만, 이러한 형식과 같은 간단한 제어로서 제어의 목적이 항상 달성될 것이라는 보장은 존재하지 않는다[2].

0.2.3 제어시스템의 구성

어떤 주어진 목적을 달성하기 위하여 제어를 수행하는 경우 실제의 제어시스템은 어떻게 구성되어 있고, 이것의 설계를 위해서는 어떤 과정을 거쳐야 하는지를 간단히 살펴보자.

(1) 액추에이터(actuator)

출력을 제어하기 위해서 인위적으로 제어대상에 인가하는 신호를 통상 입력이라고 하지만, 일반적으로 제어목적이 달성될 수 있도록 입력신호를 (제어대상의 특성에 맞게 물리적으로) 변화시킬 수 있는 장치가 필요하다[3]. 이것이 액추에이터이다. 예를 들어 물통에 물을 채우는 경우에 있어서의 액추에이터는 수도의 밸브이며, 에어컨에 의한 실내 온도의 제어에서는 에어컨 자체가 액추에이터이다. 자동차의 경우 속도제어를 위한 액추에이터는 엔진과 브레이크이며, 진행 방향의 제어를 위한 액추에이터는 운전대로 볼 수 있다. 자전거의 경우에는 페달을 밟는 (타고 있는 사람의) 다리와 브레이크의 레버를 잡고 있는 손이 속도를 제어하는 액추에

2) [그림 0.11]로 부터 알 수 있는 바와 같이, 온·오프제어를 실행하면 제어량 y는 상당 기간 진동을 지속한 후 안정될 것으로 생각된다.

3) 즉 제어신호 u를 조작량 u_m으로 바꾸는 장치이다.

이터이다. 또 핸들을 돌리는 팔이 진행 방향을 제어하기 위한 액추에이터이며, 더욱이 허리를 중심으로 하여 좌우로 왔다 갔다 하는 상체가 자세를 제어하는 액추에이터가 될 것이다.

액추에이터가 제어의 목적대로 입력을 변화시킬 수 있도록 하기 위해서는 액추에이터에 적절한 신호를 인가하지 않으면 안 된다. 이것을 제어신호라고 한다. 즉, 액추에이터는 제어신호를 받아서 입력을 가감하게 되는 것이다.

예를 들면, 밸브는 유량을 가감하기 위한 액추에이터이지만, 밸브로부터의 유량은 밸브의 꼭지를 어느 정도 돌리는가에 따라 결정된다. 이 밸브의 각도를 어느 정도까지 하라는 지시가 바로 제어신호이다.

(2) 제어기(controller)

제어신호를 만들어 내는 곳이 제어기이다. 다시 말하면 제어기는 '제어량에 대한 요구가 주어졌을 때 이것을 달성하기 위해서는 어떠한 입력을 가해야만 하는가, 더욱이 그러한 입력을 발생시키기 위해서는 어떠한 제어신호를 액추에이터에 인가하지 않으면 안 되는가.'하는 것을 생각하여 필요한 제어신호를 만들어 내는 곳이다. 제어시스템에 있어서 두뇌의 역할을 담당하고 있다고 말할 수 있을 것이다([그림 0.12]).

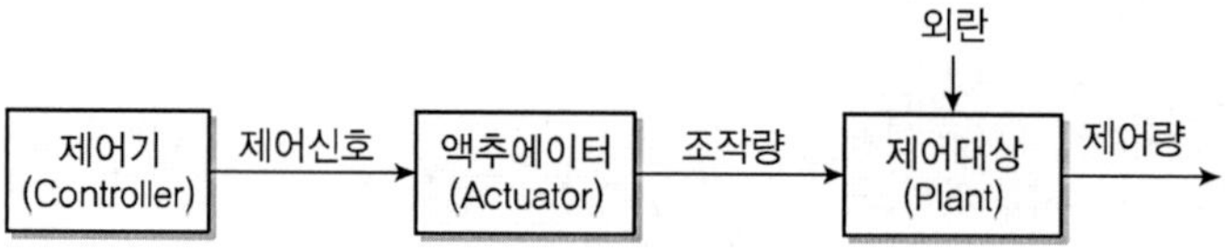

[그림 0.12] 제어기·액추에이터·제어대상

물탱크의 예를 이용하여 상기의 [그림 0.12]를 좀 더 구체적으로 설명해 보자. 지금 빈 물탱크에 가능한 한 빠르게 미리 정해진 높이까지 물을 채우라는 요구를 실행하기 위한 제어시스템을 생각한다. 이를 위해서 '어떻게 입력을 변화시키면 좋을 것인가'는 대략 짐작이 갈 것이다.

즉, 밸브를 완전히 열어서 최대의 유량으로 물탱크에 물을 채우고, 물의 양이 정해진 높이에 가까워지면 물이 넘치지 않도록 서서히 밸브를 닫으면서 유량을 작게 하다가 마지막으로 적절한 높이 도달한 순간 밸브를 완전히 잠그면 될 것이다. 이와 같이 밸브의 꼭지를 적절하게 조절한다면 제어량인 물의 높이를 요구한 대로 변화시킬 수 있을 것이다([그림 0.13]). 이와 같은 (밸브)조작의 단계를 결정해서 액추에이터에 이것을 위한 신호를 만들어 보내는 것이 제어기의 역할이다.

(3) 제어시스템의 설계 과정

제어의 목적을 달성하기 위한 필요한 제어신호를 제어기에서 발생시키기 위해서는(제어시스템을 설계하기 위해서는) 제어대상에 관하여 어느 정도의 지식이 필요한지에 대하여 알아보자.

다시 물탱크의 예를 들어 생각해 보자. 먼저 제어대상인 물탱크의 크기를 미리 알고 있지 못하다면, 밸브를 열어 물탱크에 물을 채우는 경우에 어느 정도의 빠르기로 물탱크의 수위가 변화하는지를 알 수 없을 것이다. 따라서 물이 넘치지 않고 적절한 수위까지 물을 채우는 제어는 불가능할 것이다. 당연히 반지름이 큰 물탱크일수록 수위의 변화가 느릴 것이라는 사실은 쉽게 짐작할 수 있을 것이다([그림 0.14(a)]).

다음으로 밸브의 특성을 파악해 두지 않으면 안 될 것이다. 다시 말하면 밸브의 손잡이를 몇 도 정도 돌리면 이때의 유량이 어느 정도 된다고 하는 관계로부터 물탱크의 수위제어를 위한 밸브 손잡이의 조작 방법이 결정될 것이다([그림 0.14(b)]).

더욱이 물탱크에 어느 정도의 물을 채울 것인가에 대한 결정이 당연히 주어져야 한다는 것은 말할 필요도 없을 것이다. 이것을 출력의 목표값이라고 한다. 또한 시시각각 변하는 물의 양을 알고 있을 필요가 있다. 이것에 의해 원하는 수위와 현재의 수위가 어느 정도의 차이가 있는지를 알게 되며, 이 값은 제어신호를 결정하는 중요한 정보가 되기 때문이다.

목표값에 출력을 일치시킨다고 하는 것은 목표값과 출력과의 차, 즉 오차를 영으로 한다는 것을 의미한다.

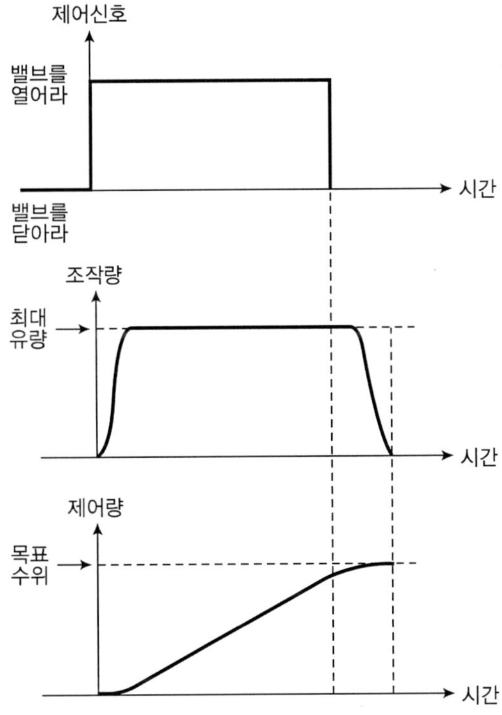

[그림 0.13] 최단 시간에 물탱크에 물을 채우는 방법

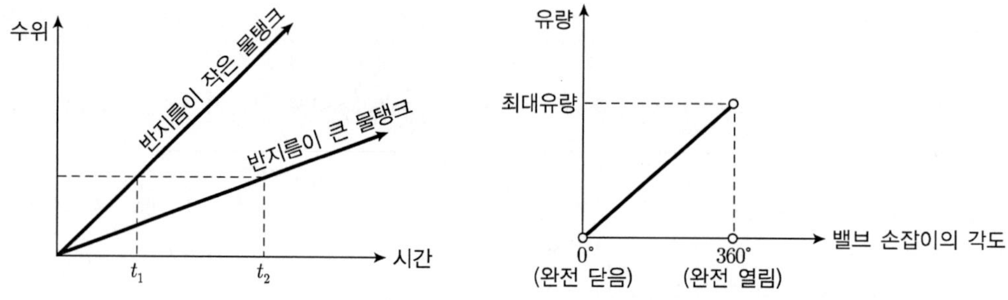

(a) 제어대상　　　　　　(b) 액추에이터

[그림 0.14] 제어대상과 액추에이터의 특성

0.2.4 자동제어의 분류

여기서는 자동제어가 적용되는 분야와 형식을 중심으로 그 영역을 나누어 본다.

(1) 자동제어의 분류

- **자동조정** : 전동력응용, 전기계통 등에서 전압, 주파수, 속도 등을 일정하게 제어하는 것을 목적으로 한다.
- **서보기구(servo mechanism)** : 선박·비행기의 자동조정, 로켓의 자세제어, 로봇제어 등에서 기계적인 위치, 각도, 자세 등이 임의적인 변화에 추종하는 것을 목적으로 한다.
- **프로세서(process) 제어** : 화학공업, 석유공업, 식품공업 등에서 생산 프로세서의 환경조건을 조정하는 것을 목적으로 한다. 온도, 습도, 압력, 유량, 액면, 비중, pH 등의 조절.

(2) 아날로그제어와 디지털제어

- **아날로그(analog) 제어** : 제어시스템 내의 신호가 시간적으로 연속(continuous-time)
- **디지털(digital) 제어** : 컴퓨터에 의한 신호처리가 기본이므로 제어시스템 내의 신호가 시간적으로 이산적(discrete-time)

(3) 최적제어, 로버스터제어, 학습제어 및 지적제어

- **최적제어** : 어떤 평가함수를 최소 또는 최대로 하는 제어법칙의 계산, 최단시간제어, 에너지 최소의 법칙 등
- **로버스터(robust) 제어** : 제어대상의 특성이 변동하여도, 시스템을 안정으로 유지하는 제어. 광디스크의 속도제어, 인덕션모터의 속도제어 등
- **적응제어** : 환경의 변화에 대응(적응)가능한 제어, 생태의 조정기구, 항공기·선박의 제어
- **학습제어·지적제어** : 제어를 반복함으로서 성능을 향상시키는 제어, 퍼지(fuzzy) 추론제어, 뉴럴네트워크(neural network), 학습기능

(4) **향후의 제어기법**

- **적응제어** : 상대에 맞추어 제어방식 등을 변화시킨다. 즉 상황에 따라 변화하는 기능을 가지는 제어기법
- **예견제어** : 미래를 예견, 즉 얻어진 정보를 바탕으로 미래를 예측하여 제어
- **지적제어** : 지금까지의 경험을 살려 점차로 그 기법을 향상시키는 제어

(5) **미래의 제어 – 지능로봇**

- **극한지역에서의 작업용 로봇** : 우주공간, 해양개발, 소방업무 등 위험작업용 로봇
- **마이크로로로봇** : 의료, 바이오테크 놀리지(bio-technology), 세포조작 등
- **복지로봇** : 고연령화 사회의 대비, 장애자용 로봇
- **홈로봇** : 간호용 로봇, 베이비시터(baby-sitter) 등
- **건설·토목·광업로봇** : 노동재해방지용 로봇, 숙련공부족 해결 등

결론적으로 제어는 여러 요소가 시스템적으로 융합되어 성립된다는 점에 유의해야 한다.

0.3 제어의 실현을 위한 기초지식

제어이론을 이해하기 위해서는 먼저 그 기초사항을 체득하는 것이 필수불가결하다. 여기서는 구체적인 사례를 이용하여 제어기설계를 위해서는 무엇을 해야 하는지 등에 대한 기본적인 내용을 간단히 언급한다. 여기에 언급된 내용의 실제는 제3장 이후에 자세히 설명한다.

0.3.1 제어학습의 목표

[그림 0.15]와 같은 장치로서 '수온을 일정하게 유지'한다는 것을 생각하여 본다.

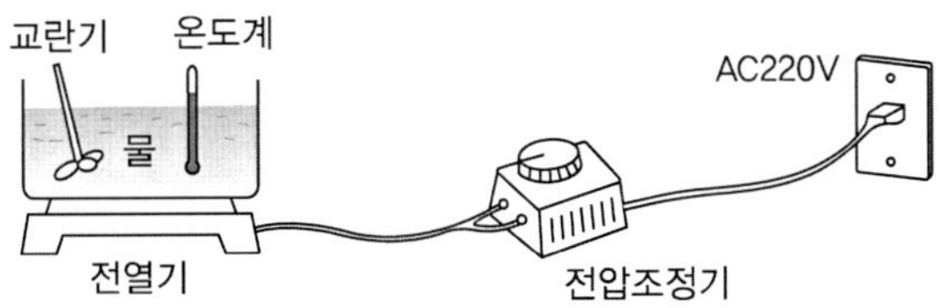

[그림 0.15] 수동으로 조정하는 온도제어

온도계를 보면서 전압조절기를 수동으로 조정하고 이때의 수온변화를 자동기록 하였다면, 조정의 방법에 따라 [그림 0.16]과 같은 세 종류의 그래프를 얻을 수 있을 것이다.

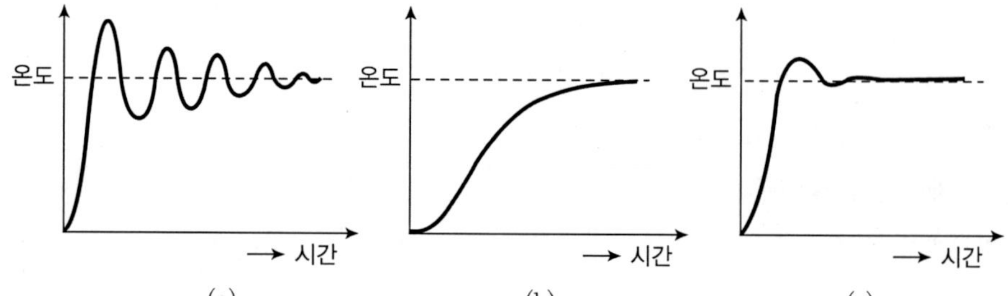

[그림 0.16] 조정방법에 따른 수온변화

(1) (a)는 빈번하게 전압조정기를 돌려서 강제적으로 수온을 목표의 온도에 맞추고자 하는 방법으로 결과적으로 수온의 변화가 심하게 나타난다.
(2) (b)는 수온의 상승속도를 보면서 조금씩 전압을 높이는 방법을 적용한 것으로, 결과적으로 시간은 많이 걸리는 단점을 가지지만 설정온도를 초과하지 않는다는 장점이 있다.
(3) (c)는 이전의 실험 등의 결과로부터 목표온도에 도달하기 위한 가장 최적의 전압조정기 사용법을 알고 있는 경우이다. 따라서 가장 빠른 시간에 설정값에 도달하였다.

가능한 빠르게 수온을 일정한 온도로 유지하고자 하는 경우, 이를 수작업(수동)으로 한다는 것은 상당히 어려운 작업일 것이다. 여기서 수온제어의 자동화문제를 생각하여 보자. 예를 들어 '수온 검출기로 수온을 측정하여, 미리 설정된 값과의 차이에 따라 전열기의 전압을 조정한다'면 사람의 손을 빌리지 않고 수온을 항상 적절한 온도로 유지할 수 있을 것이다.

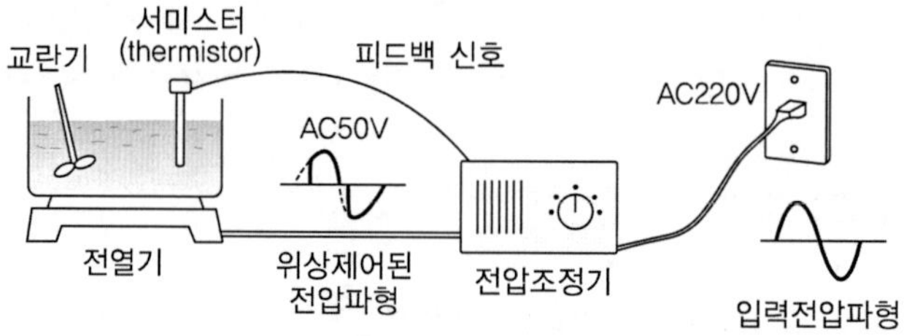

[그림 0.17] 수온의 자동제어

이와 같이 출력을 입력단으로 가져가는 제어기법을 피드백제어(feedback control)라고 하며, 일반적으로 [그림 0.18]의 형식을 취한다([그림 0.10] 참조).

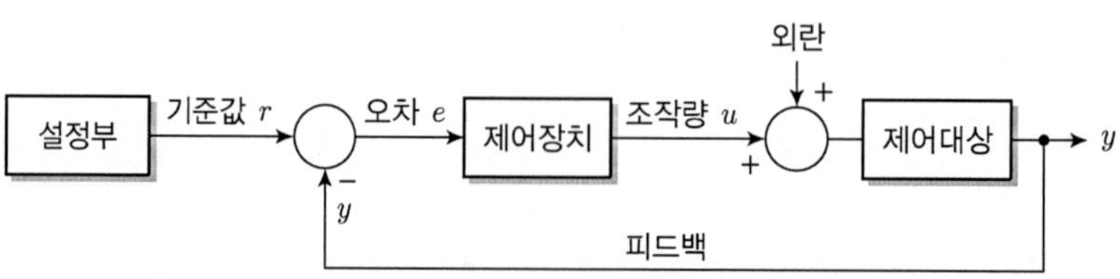

[그림 0.18] 피드백제어의 일반적인 표현

[표 0.1]은 이와 같은 피드백제어의 대표적인 것을 나타낸 것이다.

[표 0.1] 피드백제어의 대표적인 예

구분	제어대상
서보(Servo)기구	위치, 변위, 회전각 등의 물체량
프로세서(Process)제어	온도, 압력, 유량 등의 물리량

피드백제어에서는 그의 제어성능을 평가하기 위해 [표 0.2]에 제시한 세 개의 항목을 주로 사용하고 있다.

[표 0.2] 제어시스템에 요구되는 특성

항목	요구조건
응답성	응답이 빠를 것
정상오차	정상상태의 경우, 제어량이 설정값과 일치할 것
안정성	이상발진 등이 없이 안정할 것

응답성이란, 목표값이 변화했을 경우 어느 정도의 빠르기로 목표값에 수렴하는지를 나타내는 지표이다. 일반적으로 응답특성을 높이면 출력에 진동성분이 많이 나타나며([그림 0.16]의 (a)), 결국에는 불안정한 시스템으로 된다. 출력이 이상진동 현상이 나타나지 않는가를 확인하는 것이 안정성이며, 정상오차는 출력과 목표값과의 차를 의미한다.

제어이론의 학습목표는 이와 같은 응답성과 안정성이 뛰어나고 동시에 정상오차가 작은(혹은 영인) 제어시스템의 설계가 가능하도록 하는 것이다.

이를 위해서 대략 다음과 같은 순서를 취한다.

[표 0.3] 제어시스템의 설계순서

No.	실시사항	해설
1	시스템을 도식화	입력~출력에 관한 요소들을 조사한다.
2	상태방정식의 확립	일반적으로는 미분방정식을 세운다.
3	라플라스변환을 수행	시간 t의 함수를 s함수로 변환한다.
4	전달함수를 계산	(출력신호/입력신호)의 비를 계산한다.
5	블록선도를 작성	블록의 결합법칙 등을 적용한다.
6	과도응답의 조사: • 역라플라스변환 • 자동제어 시뮬레이터의 사용	계단응답 등을 조사한다.
7	정상오차를 조사	위치, 속도 및 가속도 등의 오차를 확인
8	주파수응답을 조사 : • 벡터궤적 • 보드선도 • 나이퀴스트 안정성판별 등	시스템의 응답성과 안정성을 조사한다.
9	보상회로(제어시스템)를 검토	시스템의 특성을 개선하기 위해 삽입할 보상회로를 검토한다.

■ **상태방정식(미분방정식)**

제어이론의 습득을 위한 제1보는 제어의 대상인 시스템에 대한 입출력 관계식을 세우는 것이다. 즉 입력신호 $u(t)$와 출력신호 $y(t)$ 사이의 관련성을 나타내는 (선형)미분방정식을 확립한다는 것이다.

수온을 빠르게 일정한 값으로 유지하는 전압조정기를 설계하고자 하는 경우, 먼저 '수조(즉 물)을 전열기로 가열하면 어느 정도의 빠르기로 수온이 상승하는가?', 다시 말하면 이는 「제어하고자 하는 대상의 특성을 파악」 할 필요가 있다는 것과 동일한 의미이다.

여기서 물을 가열한다는 사실을 예로 하여, 제어대상의 특성을 조사하는 방법에 대하여 알아보자. 수조의 경우라면 당연히 [그림 0.19]와 같이 될 것으로 예상된다. 그러나 온도의 상승이 그림의 a, b, c 중 어느 것에 해당될지는 실제로 측정해보지 않으면 알 수 없으며, 이 값을 모르면 제어시스템의 설계가 불가능하다.

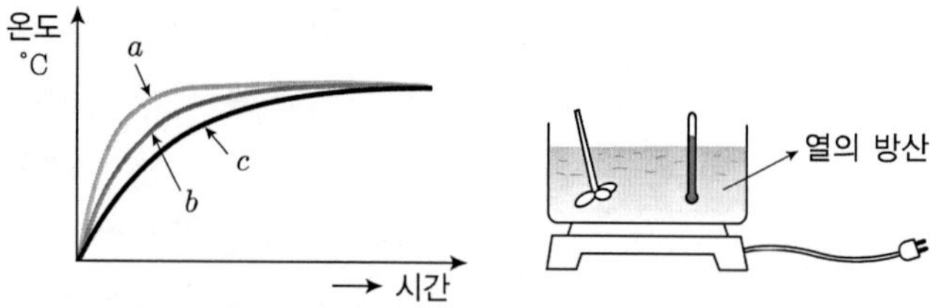

[그림 0.19] 물을 가열할 경우의 온도상승 곡선

전열기의 발열량, 수량 및 현재의 수온과 주위온도와의 차이 등에 따라 결정되는 열의 방출량 등의 조건을 기초로 하여, 수온의 상승곡선이 a, b, c 중 어느 것으로 될 것인지를 예측하여 보자. 이를 위해서 제어대상에 대한 상태방정식(즉 미분방정식)이 필요하다.

[그림 0.19]의 경우 Δt 시간(짧은 시간) 동안의 관계식은 다음으로 나타낼 수 있다.

전열기가 발생하는 열량 = 물에 비축되는 열량 + 방출되는 열량 (0.2)

↓ ↓ ↓

$x\,\Delta t$ $\quad cm\,\Delta y$ $\quad hy\,\Delta t$

여기서

x : 발열량(cal/sec), c : 비열(cal/g·deg), m : 질량(g), h : 방출계수(cal/deg·sec),
y : 수온상승(deg)

이다. 식(0.2)를 변형하면

$$x = cm\frac{\Delta y}{\Delta t} + hy \tag{0.3a}$$

되며 여기서 $\Delta t \to 0$으로 두면 식(0.3a)는

$$x = cm\frac{dy}{dt} + hy \tag{0.3b}$$

로 되며, 위 식이 물의 가열에 관한 [그림 0.19]의 상태방정식이 된다.

입력 x(즉 발열량)가 인가되었을 경우 경과시간 t에 대한 출력 y(온도상승)값은 식(0.3b)의 미분방정식을 풀면 얻을 수 있다.

■ 라플라스변환

미분방정식의 해를 간단히 구할 수 있는 하나의 방법으로 라플라스변환이 자주 사용된다. 이것은 시간 t의 함수로 기술된 미분방정식에 라플라스변환을 적용하여 연산자 s의 함수로 변환하면 미분방정식이 대수방정식으로 되어 그 해는 간단히 얻을 수 있다는 장점을 가진다. 이 결과에 역라플라스변환을 적용하면 s의 함수로 표현된 해가 다시 시간함수로 변환되어 원래 미분방정식의 해를 구할 수 있다는 것이다. 라플라스변환과 이것의 반대인 역라플라스변환 과정 등에 약간의 계산이 필요하여 계산량의 면에서 반드시 유리한 것은 아니지만, 이 과정에서 시스템의 특성에 대한 충분한 정보를 얻을 수 있기 때문에 많이 사용된다.

특히 라플라스변환은 제어이론과 관련된 여러 분야에서는 필수적인 기법의 하나이기 때문에 충분히 습득해 둘 필요가 있다.

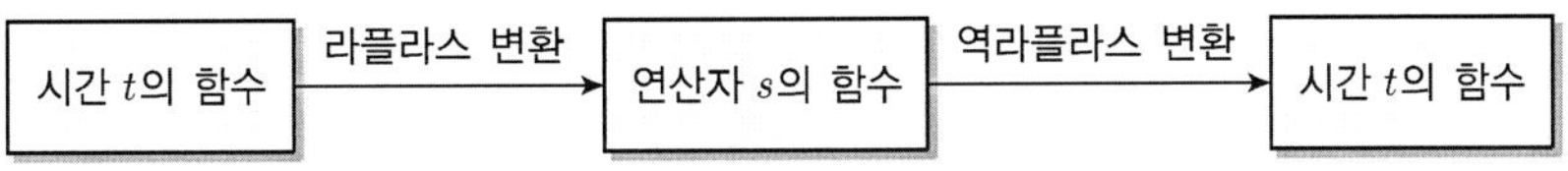

[그림 0.20] 라플라스변환에 의한 미분방정식의 풀이

예를 들어 식(0.3b)를 라플라스변환하면 다음과 같이 된다.

$$\mathcal{L}\,[x(t)] = x(s),\ \mathcal{L}\,[y(t)] = y(s) \rightarrow x(s) = cm\,sy(s) + hy(s) \tag{0.4}$$

■ 전달함수

외부입력으로 수조의 온도조절을 수행하는 경우, 제어의 대상에 인가되는 입력신호(전열기의 열)와 출력신호(수온)가 어떠한 관계로 연결되어 있는지를 나타내는 식이 전달함수이다.

전달함수는 제어대상의 입력과 출력에만 주목하여[4)], 라플라스변환된 입력신호에 대한 출력신호의 비로서 나타내는 것이 일반적이다. 위의 식(0.4)로부터 전달함수를 계산하면

$$G(s) = \frac{y(s)}{x(s)} = \frac{1}{cms + h} \tag{0.5}$$

로 주어진다. 여기서 $T = cm/h$, $K = 1/h$ 로 두면 식(0.5)는 다음으로 된다.

---

4) 따라서 시스템이 가지는 초기값은 전달함수에서 무시한다. 즉 모든 초기값은 영으로 둔다.

$$G(s) = \frac{K}{Ts+1} \quad (0.6)$$

식(0.6)과 같은 형식의 전달함수를 1차지연(first-order lag) 시스템이라고 하며, 이때 T를 시스템의 시정수(Time constant), K를 이득(gain)이라고 한다.

■ 블록선도(Block Diagram)

제어공학의 분야에서 신호전달의 과정을 그림으로 나타낸 것을 블록선도라고 한다. 앞의 물탱크의 경우는 [그림 0.21]과 같이 나나낼 수 있다.

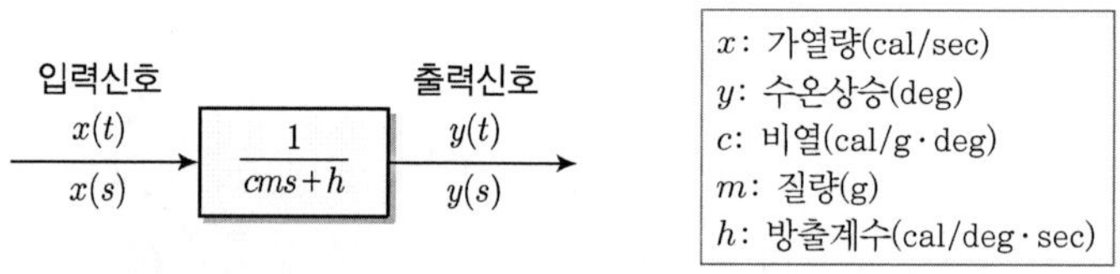

[그림 0.21] 물탱크의 온도조절 블록선도

블록선도의 사용에는 [표 0.4]에 정리한 바와 같이 세 종류의 결합법칙이 존재하며, 이를 이용하면 블록선도의 결합과 분해가 간단하게 된다. 블록선도를 결합함으로서 요소의 특성이 간소화되며, 반대로 분해함으로서 특성을 이해하기 쉽게 된다.

[표 0.4]의 피드백의 결합 부분에서 전달함수 $G_1(s)$를 전향(feedforward)전달함수, $G_2(s)$를 귀환(feedback)전달함수라고 한다.

[표 0.4] 블록선도의 결합법칙

	직렬결합	병렬결합	피드백결합
결합전	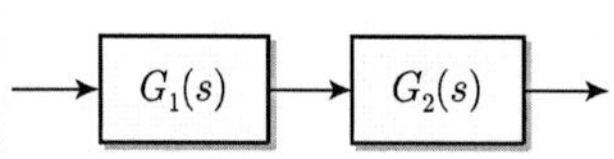	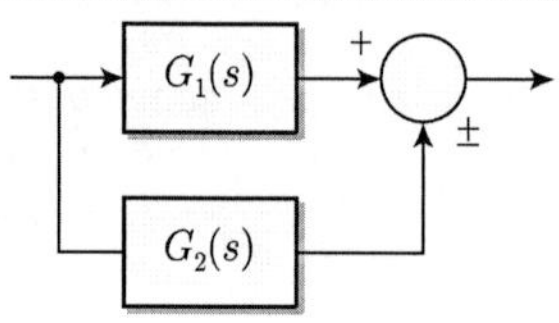	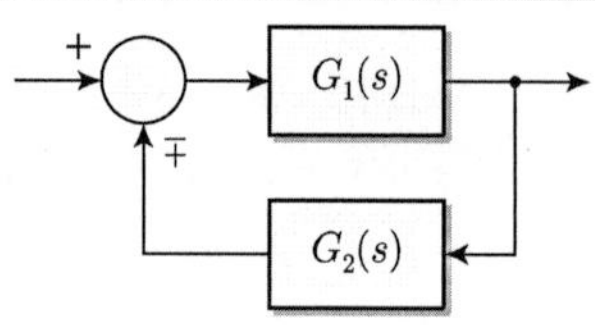
결합후	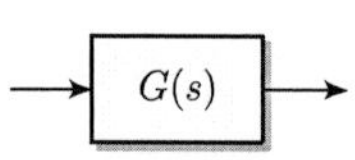 $G(s) = G_1(s) \cdot G_2(s)$	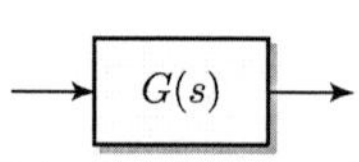 $G(s) = G_1(s) \pm G_2(s)$	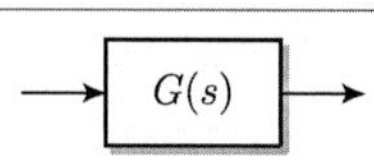 $G(s) = \dfrac{G_1(s)}{1 \pm G_1(s) \cdot G_2(s)}$

[그림 0.21]의 수온조절의 경우를 [표 0.4]의 피드백결합의 법칙을 사용하여 변형하면 [그림 0.22]와 같이 분해할 수 있다.

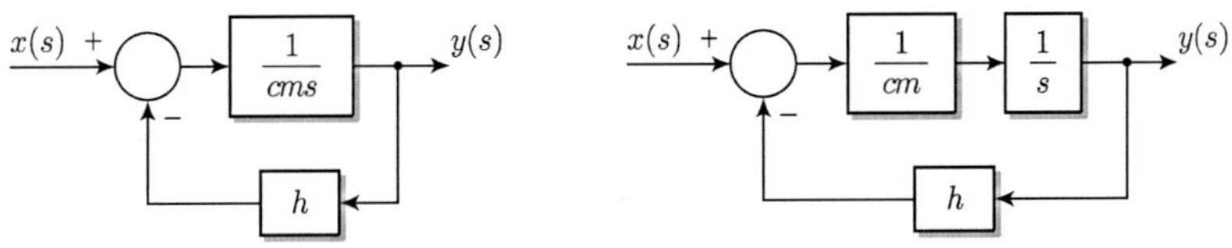

[그림 0.22] 물탱크시스템의 블록선도

■ 과도응답(Transient Response)

[그림 0.23]과 같이 입력을 변화시켰을 때 이에 따른 출력의 변화가 정상상태에 도달할 때까지의 과도적인 경과를 과도응답이라고 한다.

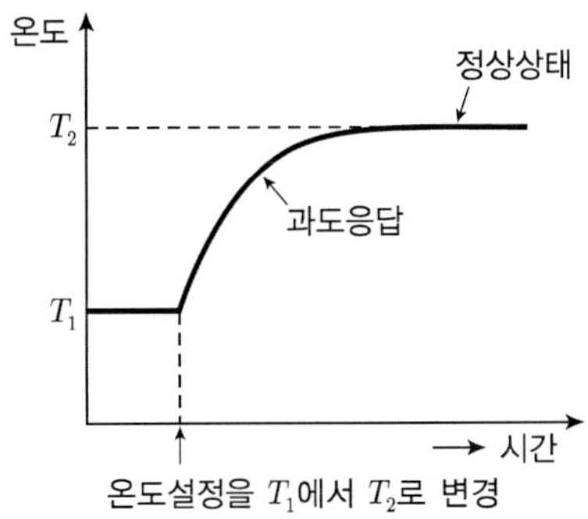

[그림 0.23] 수조 시스템의 과도응답

과도응답은 입력신호의 종류에 의해 임펄스(impulse)응답, 계단(step)응답, 램프(ramp)응답으로 분류할 수 있다. 이것을 라플라스변환을 이용하여 나타내면 다음과 같다.

(1) 임펄스응답

입력 : $x(t)=\delta(t)\xrightarrow{\mathcal{L}}x(s)=1$, 출력 : $y(t)=\mathcal{L}^{-1}[G(s)x(s)]=\mathcal{L}^{-1}[G(s)]$

(2) 계단응답

입력 : $x(t)=a\cdot 1(t)\xrightarrow{\mathcal{L}}x(s)=\dfrac{a}{s}$, 출력 : $y(t)=\mathcal{L}^{-1}[G(s)x(s)]=a\mathcal{L}^{-1}\left[\dfrac{G(s)}{s}\right]$

(3) 램프응답

입력 : $x(t)=a\cdot t\xrightarrow{\mathcal{L}}x(s)=\dfrac{a}{s^2}$, 출력 : $y(t)=\mathcal{L}^{-1}[G(s)x(s)]=a\mathcal{L}^{-1}\left[\dfrac{G(s)}{s^2}\right]$

■ 응답특성

발열량이 a(cal/sec)인 전열기의 위에 일정한 크기의 용기(즉 수조)에 비열 c(cal/g・deg)인 질량 $m(g)$의 물을 넣었을 경우 수온의 상승변화를 생각해 보자(이것은 위에서 언급한 계단응답에 상당한다).

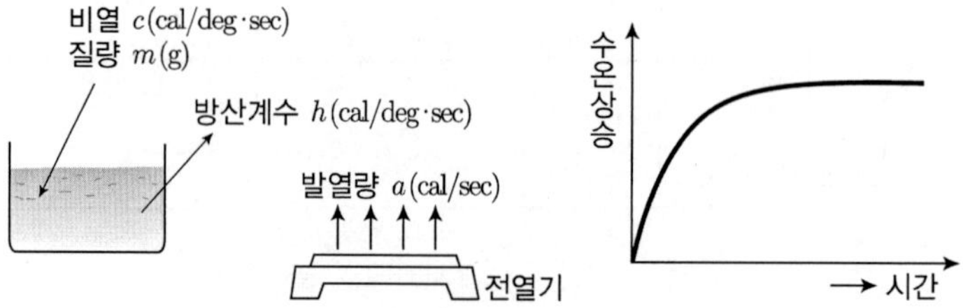

[그림 0.24] 물을 가열했을 경우의 계단응답

전달함수가 $G(s)$로 주어진 시스템의 계단응답은

$$y(t) = \mathcal{L}^{-1}[G(s)x(s)] = a\,\mathcal{L}^{-1}\left[\frac{G(s)}{s}\right] \tag{0.7}$$

으로 주어진다. 또한 물의 가열은 앞에서 언급한 바와 같이 1차지연시스템으로 표현되기 때문에, 전달함수 $G(s)$는 다음과 같이 나타낼 수 있다.

$$G(s) = \frac{K}{Ts+1} \tag{0.8}$$

이것을 식(0.7)에 대입하여 정리하면 계단응답은 다음으로 됨을 확인할 수 있다.

$$y(t) = a\,\mathcal{L}^{-1}\left[\frac{K}{s(Ts+1)}\right] = aK\left(1 - e^{-\frac{t}{T}}\right) \tag{0.9}$$

■ **정상오차**

[그림 0.25]와 같이 시간이 충분히 경과하여 시스템이 정상상태로 되었을 경우, 목표값과 현재값과의 차를 정상오차라고 한다.

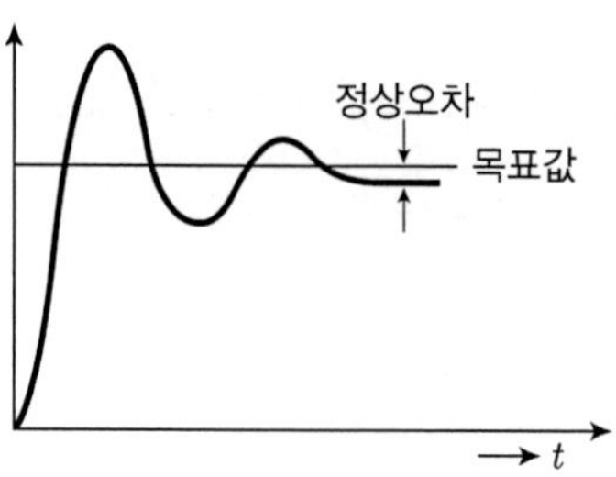

[그림 0.25] 정상오차의 예

[그림 0.26]으로 주어진 시스템에 대한 정상오차를 식으로 표현하여 보자.

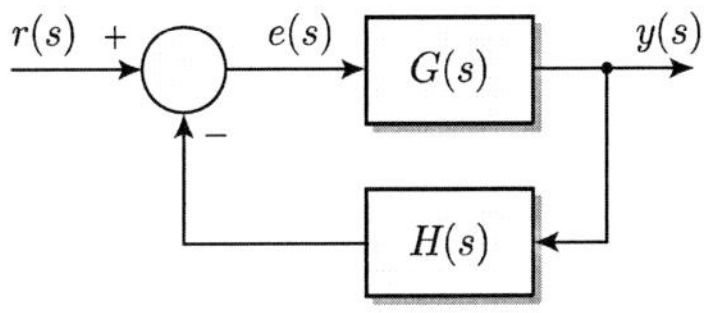

[그림 0.26] 직결 피드백 시스템

[그림 0.26]에서 입력 $r(s)$와 오차 $e(s)$와의 전달함수는 다음으로 주어짐을 쉽게 확인할 수 있을 것이다.

$$e(s) = \frac{r(s)}{1+G(s)H(s)} \tag{0.10}$$

정상오차는 $t\to\infty$의 경우의 $e(t)$ 값으로 주어지기 때문에 식(0.10)에 최종값의 정리, 즉

$$\lim_{t\to\infty} e(t) = \lim_{s\to 0} se(s)$$

를 적용하면

$$e(\infty) = \lim_{s\to 0} se(s) = \lim_{s\to 0} \frac{r(s)}{1+G(s)H(s)} \tag{0.11}$$

으로 된다. 이로부터 동일한 시스템의 정상오차 $e(\infty)$는 목표값 $r(s)$에 따라 달라진다는 것을 알 수 있다.

정상오차는 어떤 종류의 목표값을 설정하는가에 따라 다음과 같이 세 종류로 분류된다.

(1) **정상위치오차** ϵ_p : 시스템의 입력으로 계단신호 $u(t) = a \cdot 1(t)$가 인가되었을 경우의 정상오차를 의미한다.

$$\begin{aligned}\epsilon_p &= \lim_{s\to 0} s\frac{r(s)}{1+G(s)H(s)} = \lim_{s\to 0} s\frac{1}{1+G(s)H(s)}\frac{a}{s} \\ &= \lim_{s\to 0}\frac{a}{1+G(s)H(s)}\end{aligned} \tag{0.12a}$$

(2) **정상속도오차** ϵ_v: 시스템의 입력으로 램프신호 $r(t) = b \cdot t$가 인가되었을 경우의 정상오차를 의미한다.

$$\begin{aligned}\epsilon_v &= \lim_{s\to 0} s\frac{r(s)}{1+G(s)H(s)} = \lim_{s\to 0} s\frac{1}{1+G(s)H(s)}\frac{b}{s^2} \\ &= \lim_{s\to 0}\frac{b}{s(1+G(s)H(s))}\end{aligned} \tag{0.12b}$$

(3) **정상가속도오차** ϵ_a : 시스템의 입력으로 포물선 모양의 신호 $r(t) = \frac{1}{2}ct^2$가 인가되었을 경우의 정상오차를 의미한다.

$$\epsilon_a = \lim_{s \to 0} s \frac{r(s)}{1+G(s)H(s)} = \lim_{s \to 0} s \frac{1}{1+G(s)H(s)} \frac{c}{s^3} \tag{0.12c}$$

$$= \lim_{s \to 0} \frac{c}{s^2(1+G(s)H(s))}$$

일반적으로 목표신호 $r(t)$가 t^0, t^1, t^2, $\cdots$, t^n에 비례하여 변화하는 경우, 즉

$$r(t) = k \cdot t^i,\ (i = 0, 1, \cdots, n)$$

의 형식으로 주어졌을 경우의 정상오차가 일정한 값으로 되었다면5), 이 시스템을 i형이라고 한다6). 따라서 만약 일정한 크기의 신호, 즉 $r(t) = k, (t \geq 0)$이 주어졌을 때의 정상오차가 영으로 되기 위해서는 식(0.12a)로부터 시스템은 1형 이상으로 되어야 한다.

물탱크시스템의 블록선도는 이미 설명한 바와 같이 [그림 0.27]로 되어 시스템에 적분기가 하나 존재한다. 따라서 정상오차를 계산해보면 영으로 됨을 확인할 수 있다.

$$\epsilon_p = \lim_{s \to 0} s \frac{r(s)}{1+G(s)H(s)} = \lim_{s \to 0} \frac{a}{1 + \frac{1}{cm\,s} h}$$

$$= \lim_{s \to 0} \frac{a\,cms}{cm\,s + h} = \frac{0}{h} = 0$$

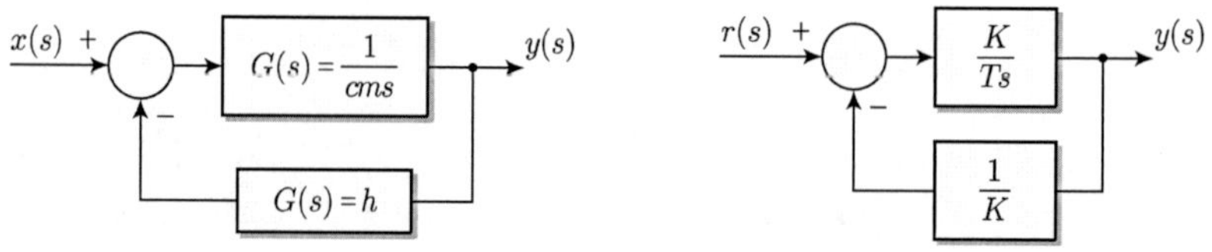

[그림 0.27] 물탱크시스템의 블록선도

■ 주파수응답

시스템의 특성을 파악하기 위한 하나의 방법으로 주파수응답이 있다. 이것은 [그림 0.28]에 나타낸 바와 같이 시스템에 정현파의 입력을 인가하여 정상상태에서의 주파수의 변화에 따른 출력신호의 변화를 의미한다.

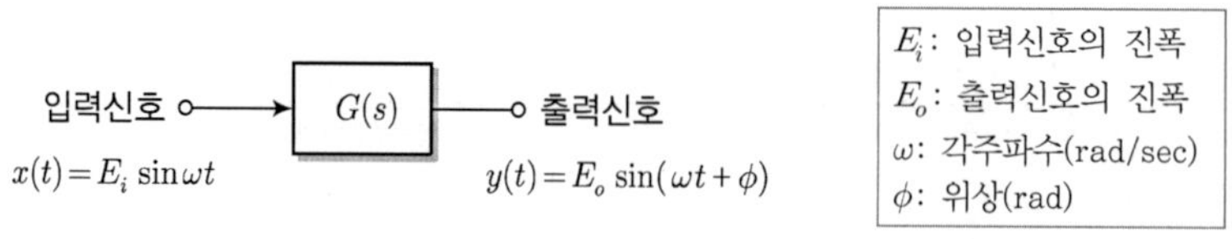

[그림 0.28] 주파수응답

5) 정상오차가 영으로 되는 경우는 제외한다.

6) 시스템의 형(type)은 시스템이 가지고 있는 적분기의 개수에 의존한다. 즉, 1형 시스템이란 시스템 내부에 적분기를 하나 가지고 있다는 것을 의미하고 있다.

이때 입력신호와 출력신호의 관계를 나타낸 식을 주파수전달함수라고 하며, 이것은 전달함수 $G(s)$의 s에 $j\omega$를 대입하여 얻어진다.

주파수전달함수가 $G(j\omega)=\alpha+j\beta$, (α는 실수부, β는 허수부)로 주어졌다면, 주파수응답은 전달함수 $G(s)$의 s에 $j\omega$를 대입하면 계산가능하다. 즉

$$\text{이득 : } \frac{E_o}{E_i}=|G(j\omega)|=|\alpha+j\beta|=\sqrt{\alpha^2+\beta^2} \tag{0.13a}$$

$$\text{위상 : } \phi=\angle G(j\omega)=\tan^{-1}\left(\frac{\beta}{\alpha}\right) \tag{0.13b}$$

주파수전달함수를 기초로 하여 주파수(즉 ω)의 변화에 따른 이득의 변화를 조사함으로서, 시스템의 공진주파수나 이득의 감소 유무 등을 파악할 수 있다. 또 주파수의 변화에 따른 위상의 변화를 조사함으로서 부귀환(negative feedback)이 정귀환(positive feedback, 위상이 180°변화)에 근접하여 이상 발진하는지의 여부 등을 확인할 수 있다.

앞에서 언급한 물탱크시스템과 같은 1차지연요소에 대한 이득을 계산하면 다음과 같다.

$$\text{이득 : } |G(j\omega)|=\left|\frac{K}{1+j\omega T}\right|=\frac{K}{\sqrt{1+\omega^2T^2}} \tag{0.14}$$

다음 위상을 계산하기 위하여 $G(j\omega)$를 실수부와 허수부로 나누고 여기에 식(0.13b)를 적용한다. 즉

$$G(j\omega)=\frac{K}{1+j\omega T}=\frac{K(1-j\omega T)}{(1+j\omega T)(1-j\omega T)} \tag{0.15}$$

$$=\frac{K}{1+\omega^2T^2}+j\left(-\frac{K\omega T}{1+\omega^2T^2}\right)$$

이므로 위상은

$$\angle G(j\omega)=\tan^{-1}(\omega T) \tag{0.16}$$

로 된다.

■ 보드선도(Bode Diagram)

주파수응답을 그래프로 나타내는 하나의 방법으로 보드선도가 있다. 이것은 [그림 0.29]에 나타낸 바와 같이 x축에는 $\log_{10}\omega$를, y축에는 $20\log_{10}|G(j\omega)|$을 각각 취하여 이득선도를 나타내고, 또 하나의 그래프의 y축에는 $\angle G(j\omega)$를 취하여 위상선도를 나타낸 것이다.

1차지연 요소의 경우 이득 (dB)과 위상은 $T=1$, $K=1$로 두면

$$\text{이득 : } |G(j\omega)|_{\text{dB}}=20\log_{10}\frac{K}{\sqrt{1+\omega^2T^2}}=-10\log_{10}(1+\omega^2) \tag{0.17a}$$

$$\text{위상 : } \angle G(j\omega)=\tan^{-1}(\omega) \tag{0.17b}$$

로 된다. 위 관계식을 그래프에 나타낸 것이 [그림 0.30]이다.

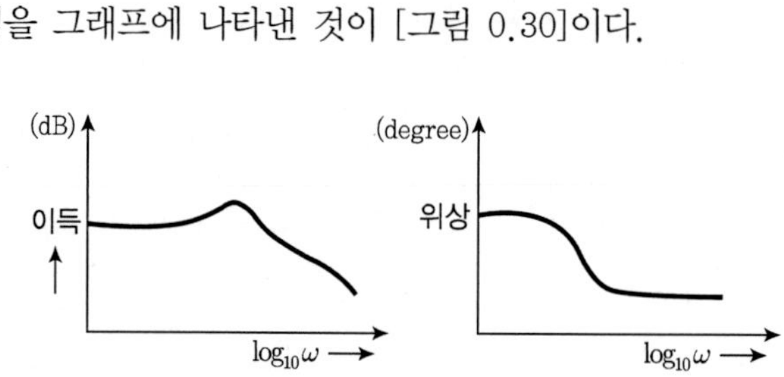

[그림 0.29] 보드선도

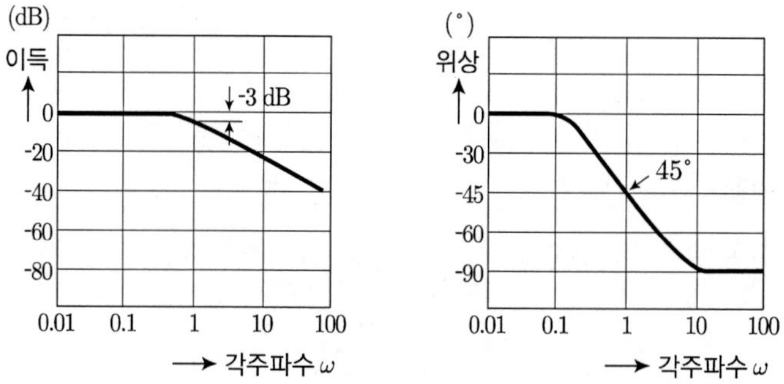

[그림 0.30] 1차지연요소의 보드선도

이와 같은 과정을 거쳐 얻어진 보드선도로부터 시스템의 안정성 판별은 대략 다음과 같이 이루어진다. 즉 '이득이 0 [dB]일 때의 위상지연이 180° 이하이면 시스템은 안정하다'고 한다.

[그림 0.30]의 경우 이득이 0 [dB]인 각주파수가 대략 0.01 ~ 10이므로, 이때의 위상지연은 0° ~ −45°이다. 따라서 이 시스템은 안정하다고 말할 수 있다. 다시 말하면, '위상지연이 180° 일 때의 이득이 0 [dB]보다 작다면 이 시스템은 안정하다'고 한다.

[그림 0.30]의 경우 위상지연의 최대값이 90°이기 때문에 안정한 시스템이다. 자세한 내용은 제4장에서 설명한다.

Part 1

MATLAB/Simulink의 사용법

여기서는 MATLAB와 Simulink의 사용법을 간략히 설명하고자 한다. 현재 MATLAB는 공학을 포함한 다양한 분야에서 광범위하게 사용되고 있다. 이는 MATLAB의 언어체계가 가지는 문법상의 간략함뿐만 아니라, 이것의 유연한 확장성에 기인한 것으로 볼 수 있다. 또한 MATLAB의 환경 아래에서 가동되는 시뮬레이션을 위한 프로그램인 Simulink의 유용성 내지 편리함 역시 일조를 한 것으로 생각된다.

본 서는 MATLAB/Simulink를 충분히 활용하는 제어기(또는 보상기)의 설계법에 그 초점을 두고 있다. 따라서 여기서는 제어기의 '설계과정'에 필요한 MATLAB의 명령어를 중심으로 그 사용법 등을 소개하고자 한다. 한편 이 결과로 얻어진 제어기가 과연 설계사양을 만족시키고 있는지의 여부를 확인하기 위해서는 당연히 전체 시스템에 대한 시뮬레이션이 필요할 것이다. Simulink의 사용법 역시 제어시스템의 시뮬레이션을 어떻게 수행할 것인가에 초점을 두고 그 사용법을 간단히 소개한다.

Chapter 1

MATLAB의 사용법

MATLAB은 수치적인 계산을 실행하는 소프트웨어이다. 원래 행렬을 이용하여 선형대수방정식 형식으로 주어진 문제의 해를 얻기 위한 목적으로 설계되었기 때문에 'MATrix LABoratory'로부터 MATLAB이라는 이름으로 되었다. 이후 발전을 거듭하여 현재는 데이터해석, 신호처리, 최적화 및 기타 여러 형태의 과학적 계산의 해를 얻을 수 있는 명령어, 즉 built-in function을 제공하고 있다. 또한 계산결과를 시각적으로 확인할 수 있도록 2D, 3D 그래프 및 애니메이션(animation)이 가능한 함수 등을 제공하고 있다.

1.1 MATLAB의 변수(variables) 및 데이터 형식

■ MATLAB의 변수

MATLAB의 변수명(variable name)의 사용에는 다음과 같은 몇 가지 규칙이 있다. 즉 변수는 중간에 빈칸(space)을 포함하지 않는 하나의 단어(single-word)로 표현되어야 한다는 것이다. 이를 조금 구체적으로 표의 형식으로 정리하면 다음과 같다([표 1.1] 참조).

[표 1.1] 변수명의 지정을 위한 규칙

변수명을 위한 규칙	예시
변수명은 대문자 및 소문자를 구별한다.	`Cost`, `cost`, `CoSt` 및 `COST`는 모두 다른 변수로 사용된다.
변수명은 63(영문)자 이내로 되어야 하며, 63자를 넘어서는 문자는 무시된다.	`Whatareyoudoingnow_canbeavariablename`
변수명은 반드시 영문으로 시작되어야 하며, 이어서 숫자, 문자 및 under bar 등이 따라올 수 있다.	`how_about_this_name_6326`
구두법에 사용되는 문자는 사용될 수 없다	`a_b_c_d_e`

이외에 MATLAB가 자체적으로 사용하기 위해 지정한 변수가 있다([표 1.2] 참조).

[표 1.2] MATLAB 지정 변수명 리스트

MATLAB 변수로 지정된 단어 리스트
`for end if while function return elseif case otherwise` `switch continue else try catch global break`

위 리스트는 명령윈도에서 '>>iskeyword'를 입력하면 나타나는 변수들이다[1]. 그러나 대문자를 사용한다든지 하여 위 단어와 유사한 단어를 변수로 사용가능함은 물론이다.

상기의 리스트에 있는 단어 외에 π와 같이 특정한 용도로서 지정한 변수명이 있으며 이를 정리한 것이 [표 1.3]이다.

[표 1.3] 특수 용도의 변수

특수용도 변수	용 도
ans	명령실행 계산결과에 대한 기정(디폴트) 변수
beep	컴퓨터의 소리(sound)를 설정
pi	π 값을 의미
eps	1에 더해졌을 때 1보다 큰 값을 만들어 내는 가장 작은 수를 의미
inf	∞ 를 의미
NaN 혹은 nan	Not-a-Number를 의미(예를 들어 0/0 등)
i 혹은 j	허수값 $\sqrt{-1}$ 을 의미
nargin	함수(function)의 입력변수의 개수
nargout	함수(function)의 출력변수의 개수
realmin	양의 최소값을 의미(보통 2.2251e-308)
realmax	양의 최대값을 의미(보통 1.7977e+308)
bitmax	배정도에서 양의 정수의 최대값(보통 9.0072e+015)

또한 변수명을 지정하는 경우 상기에 표시된 MATLAB 전용의 특수용도의 변수 외에 MATLAB가 제공하는 (혹은 사용자 작성) 함수를 변수명으로 사용해서는 안 된다. 만약에 함수명을 변수로 사용했다면, 메모리에서 clear를 사용하여 그 변수를 제거할 때까지 그 함수가 원래 가지고 있는 기능은 사용할 수 없게 된다. 예를 들어 '>>disp=50;'을 실행했다면, 이후 '>>clear disp'를 실행하기 전까지는 함수 disp가 가지는 화면표시 기능을 사용할 수 없게 된다.

1) '>>iskeyword(S)'를 실행하였을 때, S가 MATLAB에서 사용되는 변수인 경우에는 '1', 그 외의 경우에는 '0'을 출력한다.

■ MATLAB의 연산자

(1) 관계연산(Relational operation)

[표 1.4] 관계연산

관계연산	설 명
<	Less than
<=	Less than or equal to
>	Greater than
>=	Greater than or equal to
==	Equal to
~=	Not equal to

이러한 연산의 결과는, 연산의 결과가 정이면 '1', 결과가 부이면 '0'의 요소로만으로 이루어진 연산에 사용된 행렬과 동일한 크기의 행렬로 저장된다. 예를 들어 $[x]=[1\ 3\ 5\ 7]$, 및 $[y]=[0\ 2\ 8\ 7]$로 주어졌을 경우 [표 1.4]의 관계 연산에 대한 결과는 다음과 같다.

① k = x < y → k = [0 0 1 0]

② k =x <= y → k = [0 0 1 1]

③ k = x > y → k = [1 1 0 0]

④ k = x >= y → k = [1 1 0 1]

⑤ k = x == y → k = [0 0 0 1]

⑥ k = x ~= y → k = [1 1 1 0]

(2) 논리연산(Logical operation)

[표 1.5] 논리연산자

논리연산자	설 명
&	Element-by-Element AND for arrays
|	Element-by-Element OR for arrays
~	Logical complement (NOT)
&&	Scalar AND with short-circuiting
||	Scalar OR with short-circuiting

■ MATLAB의 데이터 형식

현재 MATLAB에는 총 15가지의 기본데이터 형식이 사용되고 있으며, 각 데이터는 행렬(matrix) 혹은 배열(array)의 형식을 가지고 있다. 이러한 데이터는 최소 0×0의 크기에서부터 임의의 크기를 가지는 n차원의 행렬 혹은 배열을 가질 수 있다. MATLAB이 사용하는 15개의 데이터 형식을 소문자로서 [그림 1.1]에 나타내고, [표 1.6]에 이를 간단히 정리하였다. 기본형식 외에 사용자 지정(user-defined)인 객체지향(object-oriented)의 데이터 형식으로 user classes 및 Java classes가 있다.

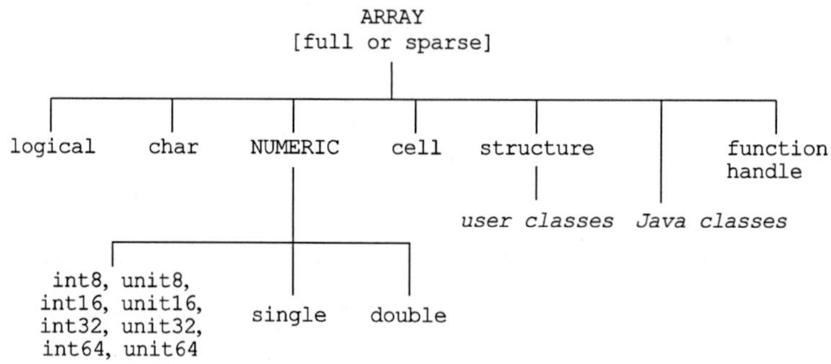

[그림 1.1] MATLAB의 데이터 형식

[표 1.6] MATLAB에서 사용되는 데이터 형식

데이터 형식	사용 예	간단한 설명
int8, uint8, int16, uint16, int32, uint32, int64, uint64	uint16(650)	부호를 가지거나 혹은 가지지 않는 정수용의 배열로서, 단정도 또는 배정도보다 더 적은 메모리를 필요로 한다. int64와 uint64를 제외한 모든 형식은 수학연산에 사용가능하다.
single	3*10^38	단정도 용의 배열로서 배정도보다 적은 메모리를 소요하지만, 동일한 영역에서 계산의 정도는 떨어진다.
double	3*10^300 5+6i	배정도를 위한 배열로서 2차원 배열의 경우 'sparse 배열'로 될 수 있다. MATLAB에서의 디폴트인 수치표현 형식이다.
logical	magic(4) < 10	논리연산의 결과인 '1'(정:true) 또는 '0'(부:false)에 사용되는 배열로서, 2차원인 경우 'sparse 배열'로 될 수 있다.
char	'Hello'	문자용의 배열이다. 문자열은 문자의 벡터형식으로 표현된다. 하나 이상의 문장을 가지는 배열의 경우 cell 배열의 사용이 바람직하다.

cell array	a{1,1}=12;
	a{1,2}='Red';
	a(1,3)=magic(4);
		색인을 가지는 셀의 배열로서, 각각의 배열에는 서로 다른 크기와 형식을 가지는 데이터의 저장이 가능하다.

structure	a.day=12;
	a.color='Red';
	a.mat=magic(3);
		C와 유사한 구조를 가지는 배열로서 cell과 그 작용이 유사하다.

function handle	@sin	함수를 나타내는 포인트로 볼 수 있으며, 이를 다른 함수에 전달할 수도 있다.

1.2 행렬과 MATLAB

MATLAB에서는 수식의 기본을 행렬계산에 두고 있으며, 동시에 사용되는 모든 변수를 기본적으로 행렬로서 가정한다. 벡터를 하나의 열 또는 행만을 가지는 행렬로 간주하며, 특히 스칼라 역시 하나의 행과 열을 가지는 행렬로서 취급하여 처리된다. 따라서 MATLAB에서 수식계산 등을 원활하게 수행하기 위해서는 행렬의 표현법 등에 유의해야 한다.

■ 행렬의 생성

구간 $0 \le x \le \pi$에 있어 sine 함수의 값을 계산하는 것을 생각하여 보자. 이 경우 구간 내의 모든 x값에 대하여 $\sin(x)$를 계산하는 것은 불가능하기 때문에, 구간을 0.1π 간격으로 분할하여 $\sin(x)$를 계산한 결과는 다음 [표 1.7]로 된다.

[표 1.7] sin 함수의 계산

x	0	0.1π	0.2π	0.3π	0.4π	0.5π	0.6π	0.7π	0.8π	0.9π	π
y	0	0.31	0.59	0.81	0.95	1	0.95	0.81	0.59	0.31	0

이상의 과정은 MATLAB으로 이용하면 다음으로 된다.

```
x = [0 .1*pi .2*pi .3*pi .4*pi .5*pi .6*pi .7*pi .8*pi .9*pi pi ];
y = sin(x);
```

이 결과 변수 $[x]$와 $[y]$에는 1개의 행(row)과 11개의 열(column)을 가지는 행렬이 각각 들어가게 된다. 행렬의 입력에 있어 행을 먼저 입력하며, 행과 행의 구분은 세미콜론(;)을 이용한다[2].

■ 행렬의 인덱스

일단 행렬이 정의되었다면, 이것의 각 요소는 행렬의 행과 열을 지정함으로서 접근가능하다. 즉 $A(m:n, h:g)$는 행렬 $[A]$ 중의 m에서 n까지의 행과, h에서 g까지의 열만으로 이루어진 행렬을 나타낸다. 또 $A(:, 5:10)$은 $[A]$의 모든 행과 5에서 10까지의 열로서 이루어진 행렬을 의미하는 것으로, 이와 같은 행렬 인덱스 방법은 행렬조작에 상당한 유연성을 제공한다. 행렬의 각 요소를 표현하는 방법은 다음과 같이 두 종류가 있다, 예를 들어 [그림 1.2]에서 행렬 A의 2행 4열의 요소인 4는 $A(2,4)$ 또는 $A(17)$로 나타낼 수 있다.

---

2) 이하 1장 및 2장에서는 변수가 행렬인 경우는 영어대문자, 벡터인 경우에는 영어소문자로서 '[ ]'를 사용하여 나타낸다. 즉 $[A]$는 변수 A가 적당한 크기의 행렬이며, $[x]$는 x가 벡터라는 사실을 의미한다.

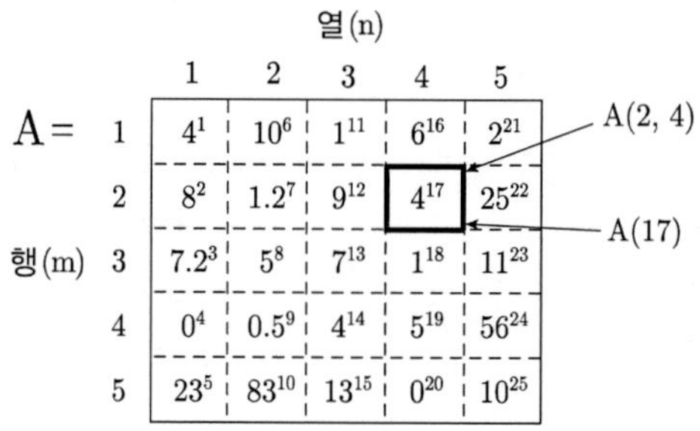

[그림 1.2] 행렬 A의 요소 표현법

■ 행렬의 조작

MATLAB가 지니고 있는 인덱스의 특성을 이용하면 행렬과 관련된 여러 조작을 간단히 수행할 수 있다. 예를 들어 $[A]$가 크기 (10×10)인 행렬, $[B]$가 (5×10)인 행렬, 및 $[y]$가 20개의 요소를 가지는 벡터라고 가정하면

```
A([1 3 6 9], : ) = [B(1:3, : ); y(1:10)];
```

는 $[A]$의 1, 3, 6, 9번째 행을 $[B]$의 $1\sim3$번째 행과 $[y]$의 $1\sim10$까지의 요소로 교체한다는 것을 나타내고 있다. 이러한 작업을 수행하는 경우에는 각 행렬의 행과 열의 크기에 주의를 기울어야 할 것이다. 위의 경우 $[A]$의 열의 크기와 $[B]$의 열의 크기가 같지 않나면 "Matrix dimensions must agree."라는 에러 메시지가 출력될 것이다.

행렬의 인덱스와 관련된 몇 가지를 [표 1.8]에 정리하였다.

[표 1.8] 행렬의 인덱스와 관련된 몇 가지

인덱스	설 명
A(v ,w)	$[A]$ 중에서 벡터 [v]로 지정된 행과 벡터 [w]로 지정된 열로 구성된 부행렬
A(v, :)	$[A]$ 중에서 벡터 [v]로 지정된 행과 모든 열로 구성된 부행렬
A(:, w)	$[A]$ 중에서 모든 행과 벡터 [w]로 지정된 열로 구성된 부행렬
A(:)	$[A]$의 모든 요소를 왼쪽에서부터 일렬로 나열, 즉 열벡터의 형식
A(k)	$A(:)$로 이루어진 벡터 중에서 벡터 [v]로 지정된 행만으로 된 부행렬

■ 행렬 크기의 재설정 및 행렬의 연결(concatenating)

위에서 본 바와 같이 행렬은 다른 적절한 크기로 재설정가능하다. 만약 $[A]$가 $(m\times n)$인 크기를 가지는 행렬이라면 이를 $m\times n=p\times q$가 성립되는 범위에서 $[A]$를 다음 명령어를 사용하여 크기 $(p\times q)$인 행렬 $[B]$로 변경가능하다.

```
A = [1 4 7 10; 2 5 8 11; 3 6 9 12];         % (3×4)의 행렬 생성
B = reshape(A, 2, 6) ↵                      % (2×6)으로 변경

B =
     1     3     5     7     9    11
     2     4     6     8    10    12
```

행렬의 연결을 효율적으로 이용하면 몇 개의 행렬이라도 연결시켜 하나의 큰 행렬을 생성할 수 있다. 이러한 조작과 관련하여 가장 유용한 함수 중의 하나가 repmat이다. 예를 들어 $(m \times n)$인 행렬 $[A]$에 대해 repmat (A, 2, 3)을 실행하면, $[A]$를 아래쪽으로 두 번, 오른쪽으로 세 번 반복한 행렬을 생성하여 이 행렬은 $(m \times 2)$개의 행과 $(n \times 3)$개의 열을 가진다.

```
A = [1 2; 3 4];                              % (2×2)로 지정
repmat(A, 1, 3)  →  [1 2 1 2 1 2
                     3 4 3 4 3 4]
repmat(A,[1 3])  →  위와 동일한 결과
[A A A]          →  위와 동일한 결과
repmat(A, 3)  →  A를 아래로 세 번, 오른쪽으로 세 번 반복한 행렬의 생성
```

rempat 외에 행렬의 연결과 관계있는 유용한 명령어를 두 가지를 소개한다.

① cat : 지시된 크기로 주어진 행렬을 배열한다.

```
A = [ 1 2 ; 3  4]; B = [ 5 6 ; 7 8];
```

% 세로로 나열	% 가로로 나열	E = cat(3, A, B) ↵ % 3차원 배열
C = cat(1, A, B) ↵	D = cat(2, A, B) ↵	size(E) ↵
		ans =
C =	D =	2 2 2
1 2	1 2 5 6	
3 4	3 4 7 8	E(:,:,1) = E(:,:,2) =
5 6		1 2 5 6
7 8		3 4 7 8

② blkdiag : 주어진 행렬(혹은 스칼라)로 대각행렬을 작성한다.

```
out = blkdiag(a,b,c,d);           % a, b, c, d는 행렬 혹은 스칼라이다.
                                  % 행렬인 경우 각 행렬의 크기와는 무관하다
```

1.3 행렬연산

MATLAB에서는 행렬연산을 복잡한 과정 없이 일반식의 연산과 동일한 표현으로 실행이 가능하므로, 프로그램의 작성과 디버깅(debugging) 과정이 훨씬 간단하게 되었다.

(1) 덧셈, 뺄셈 : $[A]+[B]$, 혹은 $[A]-[B]$, 단 $[A]$와 $[B]$는 동일한 크기이다.

(2) 곱셈 : $[A]*[B]$, 단 $[A]$의 열과 $[B]$의 행의 개수가 같다.

(3) 나눗셈[3] : $[A]/[B]$, 단 $[A]$와 $[B]$는 동일한 크기의 정방행렬이다.

(4) 행렬 지수 : $[A]$^2, 단 $[A]$는 정방행렬이다.

상기의 모든 표현에 있어서 $[B]$가 스칼라(예를 들어 α)로 주어진 경우에도 연산은 가능하다. 단 이 경우 $[A]+\alpha$는 $[A]$의 모든 요소에 스칼라인 α가 더해지는 것을 의미하며 나머지 연산도 마찬가지이다.

행렬의 나눗셈을 수행하는 경우 상기의 오른쪽 나눗셈 외에 왼쪽 나눗셈('\')이 있다. 예를 들어 행렬 방정식 $[A][x]=[b]$, ($[A]$는 $(n\times n)$이며, $[b]$는 $(n\times 1)$)의 해는 왼쪽 나눗셈을 이용하여 명령어 '>>A\b'를 실행하면 얻을 수 있다. 이때 A\b는 명령어 '>>inv(A)*b'와 거의 동일한 작용을 하지만 훨씬 빠르고 수치적으로 안정한 해의 계산이 가능하다.

■ 도트연산(dot operation)

행렬의 각 요소 사이의 곱으로 정의되는 '도트연산'이 정의되어 있으며, 이 기능은 행렬의 각종 연산에 있어서 상당히 유용하게 사용된다. 예를 들어 $[A]$가 (3×4), $[B]$가 (3×4)의 행렬이라면 행렬의 곱 $[A]*[B]$는 정의되지 않는다(즉 에러 메시지가 나타난다). 그러나 이 경우 $[A].*[B]$, $[A]./[B]$, 및 $1./[A]$ 등의 표현이 가능하다. 이상의 관계를 정리하여 [표 1.9]에 나타내었다.

[표 1.9] 행렬의 Dot operation

Dot operation	데이터의 형식: $A=[a_1\ a_2 \cdots a_n]$, $B=[b_1\ b_2 \cdots b_n]$ c = <스칼라 값>
Scalar addition	$[A]+c=[a_1+c\ \ a_2+c\ \cdots\ a_n+c]$
Scalar subtraction	$[A]-c=[a_1-c\ \ a_2-c\ \cdots\ a_n-c]$
Scalar multiplication	$[A]*c=[a_1*c\ \ a_2*c\ \cdots\ a_n*c]$
Scalar division	$[A]/c=[a_1/c\ \ a_2/c\ \cdots\ a_n/c]$, c\[A]와 동일한 결과
Array addition	$[A]+[B]=[a_1+b_1\ \ a_2+b_2\ \cdots\ a_n+b_n]$
Array multiplication	$[A].*[B]=[a_1*b_1\ \ a_2*b_2\ \cdots\ a_n*b_n]$

3) '나눗셈'이라고 표현하였지만, 행렬에서는 나눗셈은 정의되지 않고 위 표현은 역행렬을 왼쪽 혹은 오른쪽에서 곱하는 것을 의미한다. 즉 $[A]/[B]$는 $[A]*[B]^{-1}$과 같다.

[표 1.9] 행렬의 Dot operation (계속)

Dot operation	데이터의 형식: $A=[a_1\ a_2 \cdots a_n]$, $B=[b_1\ b_2 \cdots b_n]$ c = 〈스칼라 값〉
Array right division	$[A]./[B]=[a_1/b_1\ \ a_2/b_2\ \cdots\ a_n/b_n]$
Array left division	[A].\[B]=[a1\b1 a2\b2 ··· an\bn]
Array exponentiation	$[A].\wedge c=[a_1^c\ \ a_2^c\ \cdots\ a_n^c]$
	$c.\wedge[A]=[c^{a_1}\ \ c^{a_2}\ \cdots\ c^{a_n}]$
	$[A].\wedge[B]=[a_1^{b_1}\ \ a_2^{b_2}\ \cdots\ a_n^{b_n}]$

■ 행렬변수의 지정에 편리한 명령어

MATLAB이 제공하는 행렬의 생성과 운용에 필요한 명령어를 표로 정리하였다([표 1.10] 참조).

[표 1.10] 행렬변수의 지정에 편리한 명령어

명령어	설 명
eye(m,n)	대각선상에 1을 가지는 크기 (m×n)인 행렬
zeros(m,n)	모든 요소가 '0'을 가지는 크기 (m×n)인 행렬
ones(m,n)	모든 요소가 '1'을 가지는 크기 (m×n)인 행렬
rand(m,n)	랜덤하게 선정된 요소를 가지는 크기 (m×n)인 행렬
randn(m,n)	정규분포로서 선정된 요소를 가지는 크기 (m×n)인 행렬
diag(v)	벡터 $[v]$를 대각선상에 가지는 대각행렬
diag(A)	행렬 $[A]$의 대각선상에 있는 요소만으로 구성된 벡터를 출력
diag(A,1)	행렬 $[A]$의 대각선 바로 위의 요소만으로 구성된 벡터를 출력
magic(n)	행, 열 및 대각선 요소를 모든 합한 값이 같은 정방행렬 생성

[표 1.10]의 처음 네 개의 명령어(eye, zeros, ones 및 rand)가 하나의 인수만을 가지는 경우에는 행과 열의 크기가 같은 행렬(정방행렬)을 생성한다.

■ 벡터의 생성

벡터를 행렬의 한 종류로 간주한다면 지금까지 언급한 행렬관련 명령어를 사용하여 여러 조작을 수행할 수 있다. 그러나 벡터에 특화된 몇 종류의 함수를 이용한다면 프로그램 등의 작성에 유용할 것이다. 벡터의 생성과 관련된 명령어를 [표 1.11]에 정리하였다.

[표 1.11] 벡터생성과 관련된 명령어

명령어	설 명
`x=[2 2*pi sqrt(2) 2-3*j]`	임의의 요소값을 가지는 행벡터의 생성
`x=first: last`	‘first’에서 시작하여 ‘last’에 도달할 때까지 ‘1’증가하는 값을 가지는 행벡터 $[x]$를 생성한다.
`x=first: increment: last`	상기와 동일하나 증가량이 ‘increment’이다.
`x=linspace(first, last, n)`	‘first’에서 ‘last’까지의 구간에서 균등히 배분된 n개의 요소를 가지는 행벡터 $[x]$를 생성한다.
`x=logspace(first, last, n)`	10^{first}에서 10^{last}까지의 구간을 대수적으로 구분하여 n개의 요소를 가지는 행벡터 $[x]$를 생성한다.

1.4 수식계산용 기본함수

MATLAB가 제공하는 수식함수는 기본적으로 행렬을 입력으로 취하고 이것과 동일한 크기의 행렬을 출력한다.

■ 삼각함수 관련[4)]

[표 1.12] 삼각함수

삼각함수 (I)		삼각함수(II)	
`sin, sind`	sine	`sinh`	hyperbolic sine
`asin, asind`	inverse sine	`asinh`	inverse hyperbolic sine
`cos, cosd`	cosine	`cosh`	hyperbolic cosine
`acos, acosd`	inverse cosine	`acosh`	inverse hyperbolic cosine
`tan, tand`	tangent	`tanh`	hyperbolic tangent
`atan, atand`	inverse tangent	`atanh`	inverse hyperbolic tangent
`sec, secd`	secant	`sech`	hyperbolic secant
`asec, asecd`	inverse secant	`asech`	inverse hyperbolic secant
`csc, cscd`	cosecant	`csch`	hyperbolic cosecant
`acsc,acscd`	inverse cosecant	`acsch`	inverse hyperbolic cosecant
`cot, cotd`	cotangent	`coth`	hyperbolic cotangent
`acot, acotd`	inverse cotangent	`acoth`	inverse hyperbolic cotangent

위 함수 중, sin, cos 등은 입력의 단위로서 래디언(radian)을 사용하며, sind, cosd 등은 반드시 디그리(degree)의 단위로 주어져야 한다. 따라서 `sin(pi/2)`와 `sind(90)`은 동일한 결과를 출력한다.

---

4) [표 2.8]에서도 일부 나타내었다.

■ **지수함수**

[표 1.13] 지수함수

지수함수	설 명
exp(a)	exponential, 즉 e^a 의 계산
log(α)	자연대수, 즉 ln(α)의 계산
log10(β)	상용대수, 즉 log10(β)의 계산
nthroot(γ)	실수의 n승근의 계산, 즉 $\sqrt[n]{\gamma}$
sqrt(δ)	$\sqrt{\delta}$ 의 계산
expm(A)	행렬지수, 즉 e^A 의 계산. 단 A는 정방행렬
logm(A)	log(A), 즉 $A = e^{\log(A)}$ 을 계산
sqrtm(A)	$\sqrt{A}$ 의 계산

위에 제시한 함수 외에도 log2, pow2, nextpow2, reallog, realsqrt, log1p 및 expm1 등이 있다.

■ **복소수 관련**

[표 1.14] 복소수 관련함수

복소함수	설 명
abs(a)	복소수의 절대값. 단 a는 복소수이다
angle(a)	복소수 a의 위상
complex(c,d)	실수c 와 d로 복소수를 출력, 즉 c+j*d
conj(a)	복소수 a의 공역(conjugate)을 출력
imag(a)	복소수 a의 허수부를 출력
real(a)	복소수 a의 실수부를 출력
isreal(a)	a가 실수이면 true(즉 '1'), 복소수이면 false('0')을 출력

■ **반올림(round-off) 관련**

[표 1.15] 반올림 관련함수

함수	설 명
fix	Round toward zero
floor	Round toward negative infinity
ceil	Round toward positive infinity
round	Round toward nearest integer
mod	Modulus after division
rem	Remainder after division
sign	Signum function

반올림과 관련된 함수의 몇 가지 예를 다음에 정리하였다.

```
fix([-2.33 2.66]) = [ -2  2]
floor([-2.33 2.66]) = [ -3 2]
ceil = ([-2.33 2.66]) = [ -2 3]
mod(26, 5) = 1, 혹은 mod(-26, 5) = 4       % mod(a, b) = a-floor(a./b)*b
round([-2.33 2.66]) = [-2 3]
rem([-1.5 7], [2 3]) = [-1.5 1]            % rem(a, b) = a-fix(a./b)*b
sign([-2.33 2.66]) = [-1 1]
```

1.5 MATLAB 그래픽스

MATLAB은 수치계산의 결과를 시각적으로 표현할 수 있도록 다양한 종류의 도구(즉 함수)를 제공한다. 이러한 도구를 이용하면 기본적인 2차원(2 Dimensional : 2D) 그래프는 물론이고 상당히 복잡한 모양의 3차원(3D) 그래프까지 사용자가 비교적 쉽게 작성할 수 있다. 특히 앞에서도 언급한 MATLAB의 장점인 '쉬운 사용법'과 '자유로운 확장성'의 특징은 그래픽과 관련해서도 유감이 없이 발휘되고 있다고 해도 과언이 아니다.

■ **2D(2차원) 그래프**

2D 그래프의 작성을 위해서는 당연히 두 종류, 즉 x축과 y축의 데이터가 필요하다. 즉 주어진 n개의 데이터 포인트 (x_i, y_i)를 xy평면에 순서대로 배치하고 점과 점 사이를 선 등으로 연결한 것이 2D 그래프이다. 이러한 작업을 실행하는 MATLAB 함수는 `plot`이며, 이것의 기본적인 사용법은 다음과 같다.

```
plot (x_values, y_values, 'style-option')
```

입력변수 `x_values`와 `y_values`는 그래프의 작성을 위한 각각 x축과 y축의 데이터를 가지고 있는 벡터이며, `'style-option'`으로 점과 점을 연결하는 선의 색, 스타일(즉 실선, 점선 등), 혹은 마크형식(즉 +, *, 등)을 지정한다.

```
x = linspace(0, 2*pi, 30);      % (1×30)의 크기를 가지는 x축 데이터 생성
y = sin(x);                     % 동일한 크기의 x축 데이터 생성
plot(x, y, 'b--')               % 색은 blue이며 (--, 즉 dash)로서 그래프 작성
```

plot에서 하나의 인수만이 주어지는 경우에는 그의 인덱스를 x축으로 하는 그래프를 생성한다. 따라서 `plot(x, y)`와 `plot(y)`는 동일한 모양의 그래프를 나타내지만, x축의 인덱스가

다르다는 점에 유의한다. 기본적인 그래프 작성에 필요한 함수와 그것의 간단한 설명을 [표 1.16]에 정리하였다.

[표 1.16] 그래프 작성용의 기본함수

함수명	간단한 설명
plot	x, y축의 눈금을 선형으로 취한 2차원 그래프의 작성(위 설명 참조)
plot3	x,y 및 z축의 눈금을 선형으로 취한 3차원그래프의 작성
loglog	x, y축의 눈금을 대수(logarithm)로 취한 2차원 그래프의 작성
semilogx	x축은 대수눈금, y축은 선형눈금을 취한 2차원 그래프의 작성
semilogy	x축은 선형눈금, y축은 대수눈금으로 취한 2차원 그래프의 작성
plotxy	y축의 양쪽 축을 모두 사용하는 2차원 그래프의 작성

• 2D 그래프의 작성 예

다음 함수를 그래프로 작성하는 방법을 알아보자.

$$y = \begin{cases} t, & 0 \le t \le 1 \\ 1/t, & 1 \le t \le 6 \end{cases}$$

[방법 1]

```
t1 = linspace(0,1,1000); t2 = linspace(1,6,1000); % 구간별 크기의 지정
y1 = t1;
y2 = 1./t2;                                   % Dot-product를 이용한 점에 유의한다.
figure, plot(t1,y1,'b-',t2,y2,'r--')          % [그림 1.3(a)]
xlabel 't values', ylabel 'y values'
```

[방법 2]

```
t = linspace(0,6,1000);
y = zeros(1,1000);                  % x축의 크기에 따라 y축의 크기를 미리 설정한다.
y(t( )<=1) = t(t( )<=1);            % 구간 0 ≤ t ≤ 1 에서의 y-값 계산
y(t( )>1) = 1./t(t( )>1);           % 구간 1 ≤ t ≤ 6 에서의 y-값 계산
figure, plot(t,y)                   % [그림 1.3(b)]
xlabel 't values', ylabel 'y values'
```

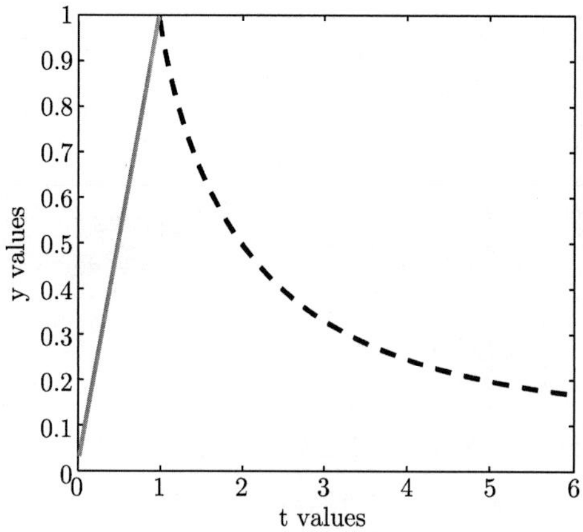

(a) [방법 1]의 결과

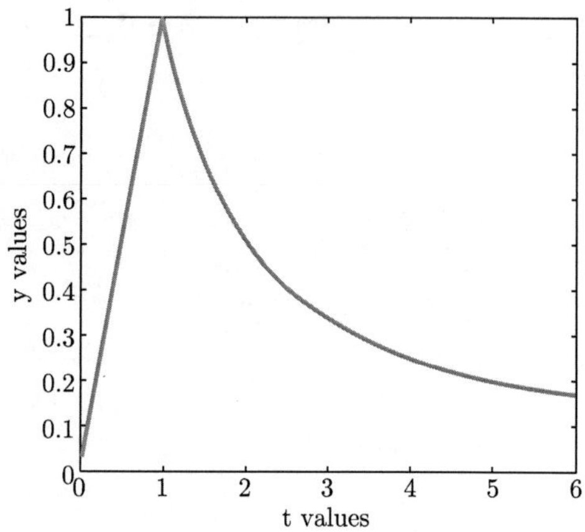

(b) [방법 2]의 결과

[그림 1.3] 2D그래프의 작성

■ 그림윈도의 도구막대(Toolbar)

명령어 plot이 가지는 스타일과 관련한 각종 옵션을 이용하여 그래프의 색, 선의 모양을 변경할 수 있다는 것을 위에서 설명하였다. 이러한 조작은 그림윈도에 있는 도구막대를 이용하여 간단하게 실행할 수 있다. 이를 위해서는 [그림 1.4][5]의 '왼쪽으로 기울어진 화살표(Activate plot editor)'를 먼저 클릭하여 그림윈도를 편집모드로 변환한 뒤, 예를 들어 [그림 1.4]의 cyan색의 라인을 클릭하고 마우스의 오른쪽 버튼을 누르면 그 라인과 관련된 각종 옵션(굵기, 색, 선의 모양 등)의 폴더가 나타나므로 여기서 필요한 부분을 클릭하여 실행하면 된다[6]. 또한 [그림 1.4]의 '손바닥 모양(Pan plot)'의 도구를 클릭한 뒤 그림 위에 마우스를 가져가서 왼쪽버튼으로 드래그하면 그림(여기서는 라인(line)을 의미)의 위치를 상하, 좌우 등으로 자유로이 가져갈 수 있다.

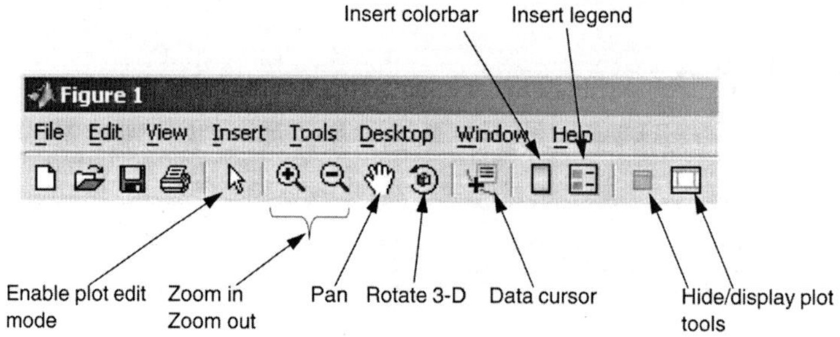

[그림 1.4] 그림윈도가 가지는 각종 툴바

5) [그림 1.4]의 도구막대는 MATLAB의 버전에 따라 모양과 배치의 상태가 조금씩 다를 수 있다.
6) 이 작업은 그림윈도의 Edit→Figure Properties를 실행하거나, 혹은 명령윈도에서 '>>plottools'를 실행하여도 동일한 결과를 얻을 수 있다.

또한 '문서모양(Activate data curser)'의 도구를 클릭하여 이를 활성화하고, 라인상의 한 점을 마우스로 클릭하면 그 점에서의 (x, y) 좌표 값이 그림에 표시된다. 이는 그림으로부터 데이터의 정확한 값을 알고자 하는 경우에 편리하다. 마지막으로 우측에 있는 '레전드 삽입(Insert legend)' 도구를 클릭하면 자동으로 그림 속에 범례(그림의 설명 : legend)가 표시되기 때문에, 명령어 `legend`를 사용하여 지정하는 것보다 쉽게 범례를 넣고 빼고 할 수 있다.

■ 하나의 그래프에 여러 결과 나타내기(Overlay plots)

하나의 그래프에 여러 종류의 계산결과를 동시에 나타내는 경우를 생각하여본다. MATLAB에서는 이를 위한 세 가지 방법을 제공하고 있다.

(1) 명령어 plot의 사용

예를 들어 그래프 작성을 위한 세 종류의 데이터 (x1, y1), (x2, y2) 및 (x3, y3)가 주어졌다면 이를 하나의 그래프 상에 나타내기 위해서

```
plot(x1, y1, 'b-', x2, y2, 'r :', x3, y3, 'm--')
```

을 실행하면, 그래프 상에 (x1, y1)는 blue의 실선, (x2, y2)는 red의 점선, 및 (x3, y3)는 magenta의 대시(dash)의 선으로 각각 표시될 것이다. 단 이 경우 각 데이터의 쌍 (xi, yi)는 서로 동일한 크기로 주어져야 한다.

(2) 명령어 hold의 사용

일단 `plot`를 사용하여 그림윈도를 작성 한 후, 여기에 다른 결과의 그래프를 추가하고자 한다면 hold를 사용하면 된다. '`>>hold on`'을 실행하면 현재의 활성(active) 상태인[7] 그림윈도가 홀드의 상태에 들어가서, 이후 `plot`로서 작성되는 모든 그림은 홀드상태의 그림윈도에 겹쳐서 그려지게 된다. 이 경우 그래프의 x축과 y축의 크기(눈금)는 자동으로 큰 쪽에 맞추어서 조정된다.

```
x = linspace(0, 2*pi, 100);        % x축 데이터의 생성
y = sin(x); z = cos(x);            % y축 데이터의 생성
plot(x, y), hold on                % 그림윈도 생성 후 홀드 상태 유지
ishold   →  ans =1                 % 홀드상태이면 true(=1)
plot(x, z, 'm--')                  % 홀드상태의 그림윈도에 그래프 추가
hold off                           % 홀드상태 해제
ishold  →  ans = 0                 % 홀드상태 해제를 확인
```

7) 제일 마지막으로 화면에 나타난 그림윈도를 의미한다.

(3) subplot의 사용

그림윈도를 여러 개로 분할하여 각 분할된 영역에 서로 다른 종류의 그래프를 나타내기 위한 함수로서 subplot가 준비되어 있으며, '>>subplot(m,n,p)'의 형식으로 실행된다. 이 명령어의 실행결과 그림윈도는 $(m \times n)$개의 부윈도(sub-Window)로 분할되며, 이 중 p번째 부윈도에 plot 명령어 등에 의한 그래프가 들어가게 된다. 부윈도의 번호순서는 왼쪽 위 첫 번째에서 시작하여 오른쪽으로 이동하면서 번호가 붙는다(row-wise). 따라서 $m \times n = 2 \times 3 = 6$이므로 그림윈도를 2행 3열형식의 여섯 개의 작은 블록으로 나누고, 만약 $p = 5$이면 두 번째 행의 가운데 열을 나타낸다.

```
subplot(2,2,1), plot(x1, y1)     % 첫 번째 subwindow에 (x1, y1)의 그래프
subplot(2,2,2), plot(x2, y2)     % 두 번째 subwindow에 (x2, y2)의 그래프
subplot(2,2,3), plot(x3, y3)     % 세 번째 subwindow에 (x3, y3)의 그래프
subplot(2,2,4), plot(x4, y4)     % 네 번째 subwindow에 (x4, y4)의 그래프
```

1.6 데이터의 불러들임(Importing)과 내보냄(Exporting)

데이터의 입출력에 필요한 함수와 이때 사용되는 파일의 형식에 대하여 알아보자. 계산의 결과나 필요한 자료 등과 같은 데이터와 계산에 사용한 프로그램의 보존용 등으로 다음과 같은 두 가지 형식이 주로 사용되고 있다.

(1) **M파일** : 표준적인 ASCII 형식의 텍스트 파일로서 '~.m'의 확장자를 그의 파일 이름에 가진다. M파일은 스크립터(script) 파일과 함수(function) 파일의 두 종류로 나눌 수 있으며, 사용자가 작성한 모든 프로그램은 M파일로서 저장된다. 또한 MATLAB 제공함수들의 대부분도 M파일의 형태로서 그의 소스 코드(source code)와 함께 제공되기 때문에 사용자가 자유롭게 이것을 수정 또는 편집하여 사용할 수 있다.

(2) **MAT파일** : 파일의 이름에 '~.mat'라는 확장자를 가지는 2진 데이터(binary data) 파일이다. MAT파일은 사용자가 save라는 명령어와 함께 데이터(즉 데이터가 들어 있는 변수)를 지정하였을 경우에 MATLAB에 의해 만들어진다. 지정된 데이터는 MATLAB만이 읽을 수 있는 특별한 형식으로 작성된다. 또한, MAT파일의 내용은 명령어 load를 이용하여 MATLAB의 메모리(작업공간)로 읽어 들일 수 있다.

■ 명령어 load와 save의 사용

MATLAB에서 데이터를 저장하는 방법에는 여러 가지가 있지만, 가장 기본적인 방법은 명령어 save를 사용하는 것이다. 이를 사용하면 작업공간상에 있는 모든 데이터 혹은 일부 변수를 MAT 파일의 형식으로 저장할 수 있다. MAT 파일은 16비트의 2진수형식으로 구성되어 있으나, 별도의 옵션을 적용하여 8 digit 혹은 16 digit의 ASCII 형식으로도 저장가능하다. MAT

파일은 앞서 언급한 바와 같이 확장자로서 '.mat'를 가지며, 명령어 load에 의해 MATLAB의 작업공간상으로 불러들일 수 있다.

save의 사용 시에 파일명을 지정하지 않으면 MATLAB이 'matlab.mat'란 이름으로 현재의 디렉터리에 저장한다. 또한 파일이 이미 존재하는 경우에는 이전에 파일에 현재의 데이터가 추가(append)된다. 한편 파일에 저장되어 있는 데이터를 불러들이는 명령어로 load가 있으며 그 사용법은 save와 유사하다.

```
save my_file  var1 var2 var3     % myfile.mat의 이름으로 세 개의 변수를 저장
save asc_data x y z -ascii       % 8 digit의 ASCII모드로 변수저장
save                             % workspace상의 모든 데이터를 matlab.mat에 저장
load myfile                      % myfile.mat를 불러들인다.
load                             % matlab.mat에 있는 모든 데이터를 불러들인다.
```

ASCII 데이터 파일 역시 load를 사용하여 작업공간으로 데이터를 불러들일 수 있으나, 데이터가 수식만으로 이루어진 정방행렬인 경우에 한한다.

상기 외에 작업윈도에서 '>>importdata(filename)'을 입력하면 지정된 파일로부터 여러 종류의 데이터, 예를 들어 이미지인 경우, jpeg 또는 tiff나, 오디오이면 wav 및 au 등의 형식(포맷)의 파일을 읽을 수 있다. 따라서 filename은 데이터형식에 따른 확장자를 반드시 포함하고 있어야 한다.

■ 명령어 diary의 사용

MATLAB의 기동 후 마칠 때까지의 작업시간 전체 또는 일부 기간의 command history를 사용자 편집 가능한 형태의 파일로 저장할 수 있다. 예를 들어 '>>diary first_session.out'를 입력하면, 이후 작업윈도에 나타나는 모든 사항-사용자의 입력, MATLAB에 의한 출력, 및 에러메시지 등-이 지정한 파일에 기록된다. 그러나 그림은 작업윈도에 나타나는 것이 아니기 때문에 diary에 의해 기록되지 않는다. 이러한 기록은 MATLAB를 끝내거나 '>> diary off'를 입력함으로서 끝낼 수 있다. diary를 입력하면서 이전과 동일한 파일명을 지정하면, 이전 기록에서 추가되어 현재의 기록이 이어지게 된다. diary 파일은 일반적인 에디터(예를 들어, 아래한글 등)로서도 수정 및 편집이 가능하다.

■ 텍스트 파일에의 입·출력

MATLAB는 2진수 혹은 텍스트 형식의 포맷으로 데이터의 입·출력을 위한 C언어 형식 입·출력함수를 제공한다. 먼저 다음의 간단한 예를 보자.

다음의 첫 번째 프로그램은 D 드라이브의 'data' 디렉터리에 'filename.txt'라는 이름의 파일을 'write-mode'로 작성하여 여기에 작업공간상의 데이터 'x'를 저장하고 있으며, 두 번째는 동일한 파일로부터 데이터를 다시 불러들이는 과정을 나타내고 있다.

```
fid = fopen('d:\data\filename.txt','w');
count = fwrite(fid,x);
fclose(fid);
```

```
fid = fopen('d:\data\filename.txt','r');
x = fscanf(fid,'%5d');
fclose(fid);
```

데이터의 저장 후 '오픈'된 파일은 반드시 닫아야(close)한다는 사실에 유의한다. 이와 관련된 명령어를 [표 1.17]에 정리하였다.

[표 1.17] 파일의 입출력 관련 함수

함수명	설 명
fopen	Opens an existing file or creates a new one
fclose	Closes an open file
fread	reads binary data from a file
fwrite	Writes binary data to a file
fscanf	Reads formatted data form a file
fprintf	Writes formatted data to a file
sscanf	Reads strings in specified format
sprintf	Writes data in formatted string

위 함수 중에서 특히 자주 사용되는 fopen, fclose 및 fprintf를 사용한 간단한 프로그램의 예는 다음과 같다.

```
% Generates and writes a temperature table

F = -40: 50: 100;                          % 화씨(Fahrenheit)의 데이터 생성
C = (F - 32)*5/9;                          % 섭씨(Celsius)로 변경
t = [F ; C];                               % 행렬의 생성
fid =  fopen( ' Temperature_table ', 'w');
fprintf( fid, ' Temperature Table \n ');
fprintf( fid, ' ------------------------------ \n ');
fprintf( fid, ' Fahrenheit    Celsius  \n ');
fprintf( fid, '   % 4i     % 8.2f\n', t);
fclose( fid )
```

[표 1.17]의 함수 중 자주 사용되는 몇 가지를 위 프로그램을 이용하여 간단히 언급한다.

(1) `fopen` : 파일 Temperature_table을 write-mode로 오픈하고 그 파일의 identifier를 변수 fid에 인가한다. 만약 동일한 이름의 파일이 존재한다면 기존의 내용은 모두 삭제된다. 기존의 내용 뒤에 첨부하고자 한다면 'w' 대신에 'a'(append를 의미)를 지정하여야 한다.

(2) `fprintf` : 지정된 형식으로 데이터를 입력한다. 이때 '%4i'는 폭이 4(즉 네 개의 digit)인 정수필드에 화씨의 온도를, '%8.2f'는 폭이 8이며 소수점 이하 두 자리를 가지는 고정소수점 필드 형식으로 섭씨의 온도를 각각 기록한다는 것을 나타낸다. 또한 \ n은 새로운 행에서 시작하라는 표시이다.

(3) `fclose` : `fid`의 identifier를 가지는 파일을 닫는다(close). 파일을 오픈한 뒤에는 반드시 클로즈하여야 한다.

위 프로그램의 결과로 생성된 파일 Temperature_table에는 다음 형식으로 데이터가 입력되어 있을 것이다.

```
   Temperature Table
-------------------------
  Fahrenheit   Celsius
   -40          -40.00
   -35          -37.22
   -30          -33.44
   -25          -31.67
   ...           ...
    85           29.44
    90           32.22
    95           35.00
   100           37.78
```

1.7 MATLAB에서의 흐름 제어(flow control)

MATLAB에서의 프로그램 작성을 위해서는, 흐름 제어를 위한 명령어, 예를 들어 `for loop` 및 `while loop` 등과 같은 반복루프와 `if-elseif-else` 등의 분지제어 등을 잘 이해하여 활용할 필요가 있다. 이외에도 스크립터 파일과 함수 M파일의 실행을 제어하기 위한 명령어(`break`, `error` 및 `return`)등이 있다. 이에 대하여 설명한다.

■ for loop와 if

과학기술 계산에서는 어떤 종류의 처리를 몇 번이고 반복해서 수행해야 할 경우가 종종 있다. 먼저 n개의 데이터로 이루어진 1차원 배열의 최소값을 찾는 문제를 생각해 보자.

```
p = inf;
for i = 1: n
  if x(i) < p
    p = x(i); k = i;
  end
end
```

이 루프에서는 최소값이 p에 들어가고 그때의 위치가 k에 들어가게 된다. for 문에 있는 변수 i는 제어변수라고 한다. if 문은 어떤 조건을 만족할 경우에만 처리를 수행하는 선택 기능을 가진다. if 문은 두 개 이상의 조건이 존재하여, 각 경우에 맞는 처리를 수행하고자 하는 경우에도 사용할 수 있다.

```
if x > 10
      a = 1;
  elseif x > 5
      a = 2;
  else
      a = 3;
end
```

다음으로 x축이 m개, y축이 n개로 이루어진 총 $(m \times n)$개의 데이터 X가 주어졌을 때 이들의 2차원 배열의 각 요소의 합을 구하는 문제를 생각해보자. 이때 데이터 X에 있어서의 각 관측점의 누적 계산이 필요하므로 for 문을 사용하여 다음과 같이 작성할 수 있다. 이때 변수 m(k)에는 X의 각 열의 평균값이 들어간다.

```
for j = 1: m
     s = 0;
     for k = 1: n
        s = s + X(k, j);
     end
     m(k) = s ./ n;
end
```

for 문은 제어 변수의 증가(또는 감소)의 범위를 자유로이 조절할 수 있다. 예를 들어 홀수 번째에만 계산의 처리를 수행하고자 할 경우 등이 그러하다.

```
s = 0;
for ii = 1: 2: n
   s = s + x(ii);
end
```

제어 변수의 순서를 역순, 즉 큰 값에서 작은 값으로 하고자 할 경우에는 for 문을

```
for ii = n: - 2: 1
```

로 두면 된다. 단, 이 경우 n은 홀수이다.

■ while 문

for 문의 경우에는 반복의 횟수가 미리 지정된다. 그러나 횟수를 지정하지 않고 종료 조건과 일치되었을 경우에 한해서 반복을 끝내고자 할 경우가 있다. 예를 들면, 1차원 배열 중에서 100보다 큰 수를 발견했을 경우 루프를 끝내고자 할 때가 그러하다. 이러한 경우에는 while 문을 이용해서 다음과 같이 하면 된다.

```
n = 1;
while k
     if x(k) >= 100
        n = k; p = x(k);
        break
     end
     k = k +1;
end
```

이때 n은 몇 번째의 값이 100 이상으로 되었는가를 나타내며, p에는 그 값이 들어간다. 위 루프에서 '> ='은 '이상'을 의미하며, break는 루프문을 끝내고 루프 바깥으로 나오는 것을 나타낸다.

while 문을 사용한 루프에서는 루프의 조건이 만족되는 경우에만 무엇인가의 계산을 수행하게 된다. 예를 들면, 1차원 배열 x의 값이 양으로 될 때에만 누적 계산을 수행하고자 한다면 다음과 같이 될 것이다.

```
k = 1; s = 0;
while ( x(k) > 0 & 1 <= n );
     s = s + x(k);
     k = k + 1;
end
```

이 루프에서는 n개의 데이터로 이루어진 x의 모든 값에 대해서, 그 값이 양(+)으로 될 때에만 누적을 취하고 있다. while 문의 오른쪽에 괄호로서 둘러싼 조건은 복합 논리 연산으로 되어 있다. 또한 이 프로그램은 MATLAB이 제공하는 함수 sum을 사용하면 더욱 간단해진다.

```
s = sum( x(k) > 0)
```

이와 같이 함수 내에서도 조건의 지정이 가능하다.

■ Switch - case - otherwise

이러한 구조는 논리적 분지를 위한 하나의 방법을 제공하고 있다. 임의의 변수를 예를 들어 깃발(flag)로 간주하고 그 기의 색에 따라 수행하는 작업을 달리하는 구조를 나타내고 있는 것으로 볼 수 있다. 일반적인 구조는 다음과 같다.

```
switch flag
case value1
     block 1 computation
case value2
     block 2 computation
otherwise
     last block computation
end
```

위 구조는 만약 `flag = value1`이라면 `block 1 computation`이 실행되고, `flag = value2`라면 `block 2 computation`의 순서로 되는 것을 의미한다. 만약 `flag`의 값이 어떤 경우(case)와도 일치하지 않을 경우에는 `last block computation`이 실행된다.

또한 `switch`에서 `flag`는 수치뿐만 아니라 문자열까지도 가능하다. 다음 프로그램은 입력한 색에 따라 어떤 변수의 값을 조정하는 것이다.

```
color = input( 'color = ', 's');
switch color
case 'red'
     c = [ 1 0 0 ];
case 'green'
     c = [0 1 0];
case 'blue'
     c = [0 0 1];
otherwise
     error( 'invalid choice of color')
end
```

■ break

break는 for 또는 while loop의 내부에서 수행중인 프로그램을 중지하고 루프의 외부로 프로그램의 제어를 전달하는 기능을 가진다. 아래 두 종류의 예를 보자.

```
for i = 1: length(v)
   if  v(i)  <  0                  % v가 음의 값을 가지는지를 확인
      break                        % 만족되면 loop의 실행을 중지
   end
   a = a +v(i);                    % 만족되지 않으면 loop의 내부를 계속 실행
end
```

위 스크립터의 경우 만약 벡터 $[v]$ 의 요소 중에서 음의 값을 가지는 것이 존재한다면 그 시점에서 for loop의 실행을 중지, 즉 for ~ end의 바깥으로 프로그램의 제어가 옮겨가는 것을 의미한다.

```
x = exp(sqrt(163));
while 1
   n = input( 'Enter max. number of iterations ');
   if n < 0, break, end            % n이 음의 값을 가지면 반복을 중지
   for i = 1: n
      x = log(x) ;                 % n이 양의 값이면 그 회수만큼 반복계산
   end
end
```

위 스크립터는 음의 정수값이 입력되면 while loop의 진행을 중지하고 제어를 loop 바깥으로 돌려주는 것을 나타내고 있다.

■ error

함수나 스크립터 파일에서 명령어 '>>error(' message ')'를 실행하면 화면에 message를 나타내고 프로그램의 제어를 키보드로 돌려준다.

```
function aa = crossprod(a, b)
% example for command ERROR
if nargin ~= 2                                   % 입력변수가 두 개가 아닌 경우
   error( 'Sorry, need two input vectors')      % 프로그램의 실행을 중지
end
c = a.*b;                                        % 입력이 두 개면 프로그램을 계속 실행
 …
```

■ return

명령어 return은 단순히 그 함수를 실행시킨 곳으로 프로그램의 제어를 돌려주는 역할을 한다. 위에서 언급한 break와 다른 점은 함수형식의 파일(function file)에서 사용되며, 프로그램의 제어를 한 단계 상위로 돌려주는 기능을 가진다는 점이다.

```
function animation(t0, tf, x0);
% example for command RETURN
  …
disp(' Do you want to see the motion of the results ? ')
ans = input(' Enter 1 if YES, 0 if NO ');   % 1 또는 0를 입력한다
if ans == 0                                % YES 또는 NO에 따른 실행구분
   return                                  % NO이면 함수의 실행을 중지하고 제어를
                                           % 상위로 돌린다
else
   plot( … )                               % YES이면 plot을 실행한다
end
```

1.8 MATLAB에서의 프로그래밍

■ 스크립터와 함수 파일

MATLAB는 두 종류의 파일형식을 가지고 있다. 하나는 '스크립터(script)형식'과 '함수(function)형식'의 두 종류이다. 먼저 이에 대하여 간단하게 언급한다.

• 스크립터 파일형식

스크립터 파일은 입력이나 출력을 가지지 않기 때문에 가장 간단한 종류의 M파일이라고 할 수 있다. 다시 말하면 실행 가능한 MATLAB의 함수의 집합으로 이루어진 M파일을 의미한다. 스크립터 파일은 작업윈도에서 파일명을 확장자 없이 입력함으로서 실행되며, 이는 작업윈도에서 파일에 있는 모든 명령어를 하나씩 전부 입력한 것과 동등한 효과를 나타낸다. 스크립터 파일의 실행으로 생성된 변수들과 그 결과데이터는 모두 작업공간상에 남아 있게 된다[8].

다음의 프로그램은 식(1.1)로 주어진 연립방정식의 해를 구하고자 하는 것이다.

$$\begin{bmatrix} 5 & 2r & r \\ 3 & 6 & 2r-1 \\ 2 & r-1 & 3r \end{bmatrix} \begin{bmatrix} x_1 \\ x_2 \\ x_3 \end{bmatrix} = \begin{bmatrix} 2 \\ 3 \\ 5 \end{bmatrix} \rightarrow \boldsymbol{A}\vec{x} = \vec{b} \tag{1.1}$$

8) 이런 의미에서 스크립터 파일에 사용되는 변수는 global이라고 한다.

```
% --------------- This is a script example program ---------------
% It solves linear equation (3.1) for given r and also cslaulates det(A)

A = [5 2*r r; 3 6 2*r-1;2 r-1 3*r];      % matrix A
b = [2 3 5]';                           % vector b
det_A = det(A)                          % determinant of A
x = A\b                                 % find x
```

위 프로그램을 예를 들어 'solvex.m'의 파일명으로 저장한 뒤 이를 명령윈도에서 이를 실행하면 다음 결과를 얻는다.

```
r = 1;  ↲
solvex  ↲
   det_A = 64
x = - 0.0312
    - 0.2344
      1.6875
```

상기의 스크립터 파일이 실행되기 위해서는 반드시 변수 r이 작업공간상에 존재하고 있어야 한다. 다시 말하면 스크립터 파일은 작업공간에 있는 모든 변수들을 사용가능하며, 동시에 실행한 결과로 생성되는 변수인 det_A와 b 역시 작업공간에 남아있게 된다는 것이다. 따라서 만약 스크립터의 파일의 실행으로 인한 불필요한 변수의 생성을 막고 필요한 변수만을 남기고자 할 경우에는 스크립터 파일은 적합하지 않으며 다음에서 설명하는 함수형식의 파일(function file)이 필요할 것이다. ■

• 함수 파일 형식

함수 파일 역시 M파일이지만, 스크립터 파일과는 달리 함수 파일에 사용된 모든 변수는 파일의 실행 후 작업공간에 남아 있지 않다[9].

함수 M파일의 작성에 있어 지켜야 할 몇 가지의 규정과 그로 인해 가지는 특징을 정리한다.

(1) 함수 M파일의 첫 줄은 반드시 다음의 형식으로 되어야 한다.

```
function [ output variable ] = function_name( input variables );  % 함수의 정의
% Compute Integral by Numerical Method                             % H1 line
% function_name returns results of numerical methods               % Help text
% by Runge-Kutta Method
```

9) 이런 의미에서 함수 파일의 변수는 local이라고 한다.

이때 M파일명과 함수 파일의 첫 줄에 나타나는 함수이름(function_name)은 (확장자를 제외하고) 반드시 동일해야 한다.

(2) 함수 M파일의 입출력은 `input variables`과 `output variables`로서 수행하며, 입력은 M파일의 실행에 필요한 데이터를 가지고 있으며, 출력에는 M파일의 결과를 제공한다. 출력변수가 하나인 경우에는 '[ ]'를 사용하지 않아도 된다.

(3) M파일의 함수를 선언하는 행 다음에서 %로 시작되는 부분(즉 주석 라인)은 그 함수의 용도 등을 설명하는 `help`용 텍스트로 사용된다.

(4) 함수 M파일은 파일 내의 모든 명령어가 수행되거나, 혹은 도중에 명령어 `return`을 만났을 경우 실행을 정지하고 MATLAB에서의 진행권리를 명령윈도에 돌려준다.

(5) 함수 M파일에서 다른 함수 M파일이나 스크립터 파일 등의 실행이 가능하다. 이때 실행은 함수 M파일 자신의 작업공간 내에서 이루어진다. 따라서 여기서 생성된 모든 변수는 출력변수(즉 output variables)를 제외하고는 함수 M파일의 종료와 함께 사라지므로 MATLAB의 작업공간에는 나타나지 않는다. ■

xy평면에 지정한 반지름을 가지는 원을 그리는 함수 파일을 다음 순서에 따라 작성하여 보자.

i) MATLAB가 제공하는 M파일 편집기를 이용하여 함수 파일의 형식으로 다음 프로그램을 입력한다.

ii) 입력이 끝나면 상기 파일은 **File** 메뉴의 **Save As**를 이용하여 적절한 곳에 `circlefn.m`으로 저장한다.

iii) 반지름을 지정하여(예를 들어 r = 5) 상기 파일을 다음과 같이 실행하여 반지름이 5인 원이 그려지는 것을 확인한다.

```
function [x,y] = circlefn(r);
% CIRCLEFN - Function to draw a circle of radius r.   % H1 line
% Call syntax: [x,y] = circle(r); or just circlefn(r);
% Input: r = specified radius
% Output: [x,y] = the x- and y-coordinates of data points

theta = linspace(0,2*pi,100);               % create vector theta
x = cos(theta);                             % generate x-coordinates
y = sin(theta);                             % generate y = coordinates
plot(x,y)                                   % plot the circle
axis('equal')   % set equal scale on axes
title(['Circle of radius r =', num2str(r)])   % put a title with the value
of r
```

■ **효율적인 프로그래밍 기법**

(1) 반복적인 루프의 사용은 가능한 억제한다.

(2) 대부분의 경우, 반복루프에 의한 행렬계산 등은 MATLAB의 행렬조작 함수 등을 사용하면 회피할 수 있다.

(3) 가능하다면 필요한 배열은 미리 만들어 둔다.

(4) 사용자 작성의 함수를 사용하기 보다는 MATLAB가 제공하는 수많은 built-in 함수를 적극적으로 활용한다.

[예제 1.1]

다음 함수의 계산을 수행하는 프로그램을 작성하여 보자.

$$y(n) = 1^3 * (1^3 + 2^3) * (1^3 + 2^3 + 3^3) * \cdots (1^3 + 2^3 + \cdots + n^3),\ (n = 1 \sim 20) \quad ①$$

% Method 1	% Method 2 (avoid inner loop)

<pre>y = zeros(20,1);
y(1) = 1;temp = 0;
for n = 2:20
    for m = 1:n
        temp = temp+m^3;
    end
    y(n) = y(n-1)*temp;
    temp = 0;
end</pre>
	<pre>y = zeros(20,1);
	y(1) = 1;
	for n = 2:20
	    temp = 1:n;
	    y(n) = y(n-1)*sum(temp.^3);
	end</pre>

% Method 3 (avoid both loops)

```
X = tril(ones(20)*diag(1:20));
x = sum(X.^3,2);
Y = tril(ones(20)*diag(x))+triu(ones(20))-eye(20);
y = prod(Y,2)
```

[예제 1.2]

이전의 데이터를 이용하여 향후의 미국 인구를 예측하는 프로그램을 작성하고 이것의 정확도 등을 확인하여 보기로 한다[10].

① 1900년부터 2000년까지 10년 간격으로 미국의 인구에 관한 데이터를 이용하여 인구증가 현황 등에 대하여 알아본다.

10) 이 예제는 MATLAB이 사용자의 이해를 돕기 위해 제공하는 예제 프로그램으로 help 등을 이용하면 쉽게 확인할 수 있다.

```
% Time interval
t = (1900:10:2000)';

% Population
p = [75.995 91.972 105.711 123.203 131.669 ...
    150.697 179.323 203.212 226.505 249.633 281.422]';

% Plot
plot(t,p,'bo');
axis([1900 2020 0 400]);
title('Population of the U.S. 1900-2000');
ylabel('Millions');
```

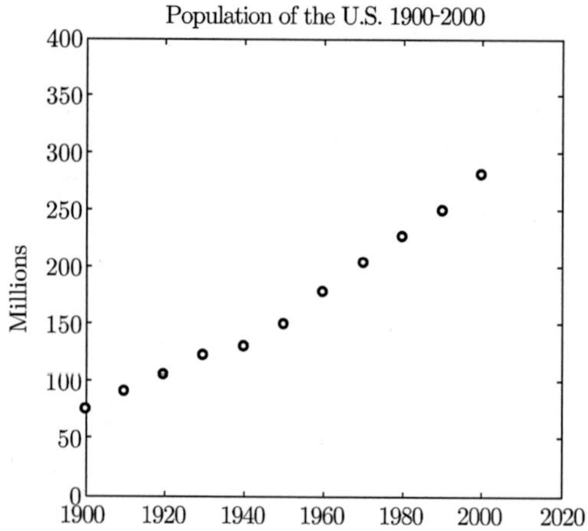

[그림 1.5] 1900–2000까지의 미국인구의 변화

② 2010년의 인구를 예측하기 위해서는 [그림 1.5]로부터 x축(년도)과 y축(인구) 사이의 다항식이 필요하다. 이 다항식의 계수는 크기 11×11를 가지는 반데르몬드(Vandermonde) 행렬[11]을 포함하는 선형연립방정식으로부터 얻을 수 있다. 단 반데르몬드 행렬의 각 요소는 시간축에 대한 멱급수로 주어진다.

```
n = length(t);
s = (t-1950)/50;
A = zeros(n);
A(:,end) = 1;
for j = n-1:-1:1, A(:,j) = s .* A(:,j+1); end
```

11) 반데르몬드행렬(Vandermonde matrix)이란 행렬의 구성요소가 특별한 형식을 가지는 행렬을 의미한다. 예를 들어 V를 $m\times n$인 반데르몬드행렬이라고 하면, V의 각 요소 사이에는 $V(i,j)=\alpha_i^{j-1}$, $(i=2\sim m,\ j=2\sim n)$의 관계가 있다.

위 프로그램에서 시간축은 1950년을 기준하여 그 크기를 -1에서 0.2 간격으로 +1까지로 두었다. 여기서 주어진 데이터의 가장 근접한 곳을 지나가는 d차 다항식의 계수 c는 상기의 반데르몬드 행렬 A의 $(d+1)$개의 열벡터를 이용하여 다음의 관계식을 이용하면 계산가능하다.

$$\mathrm{A(:,n-d:n)*c \cong p} \tag{1.2}$$

위 식으로 알 수 있는 바와 같이 d가 10보다 작은 값을 가진다면 식(1.2)는 미지수의 개수보다 식의 개수가 더 많은 경우로 되어 정확한 해는 존재하지 않지만 근사해는 계산가능하다. 만약 $d = 11$이라면 정확한 해, 다시 말하면 [그림 1.5]의 11개의 점을 전부 지나가는 다항식을 얻을 수 있다.

d가 어떤 값을 가지는 경우라도 MATLAB의 '\'를 이용하면 쉽게 계산가능하다.

```
c = A(:,n-3:n)\p                          % d=3인 경우, 즉 3차 다항식의 계수

    c =
        1.2629
       23.7261
      100.3659
      155.9043
```

③ 위 결과를 이용하여 2020년까지의 인구를 예측하고 이를 그래프로 나타내어 본다.

```
v = (1900:2020)';                         % 1900년 ~ 2020년을 대상
x = (v-1950)/50;                          % 시간축을 기준으로 변경한다.
w = (2010-1950)/50;                       % 2010년의 예측값을 표시
y = polyval(c,x);                         % 주어진 시간축(x)에 대한 예측값을 계산한다.
z = polyval(c,w);                         % 2010년의 예측값 계산
hold on, plot(v,y,'k-');plot(2010,z,'ks');   % [그림 1.6]
text(2010,z+15,num2str(z));hold off
```

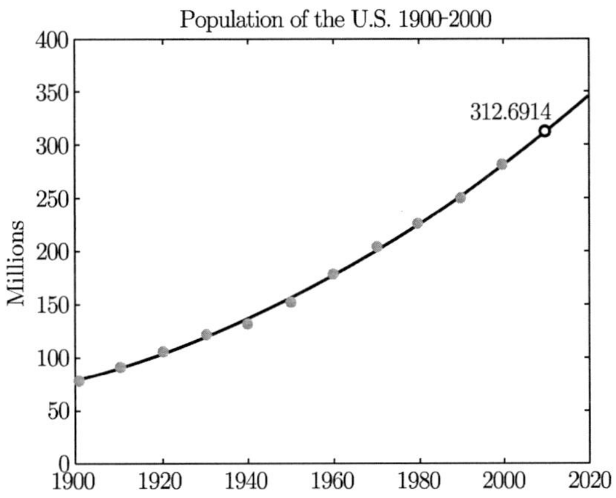

[그림 1.6] 2010년의 인구예측 결과

④ d의 변화에 따른 예측값을 [그림 1.7]에 나타내었다. 이로부터 d가 증가함에 따라 예측값의 변화가 불규칙적인 것을 확인할 수 있다.

```
cla, plot(t,p,'bo'); hold on; axis([1900 2020 0 400]);
colors = hsv(8); labels = {'data'};
for d = 1:8
   [Q,R] = qr(A(:,n-d:n));
   R = R(1:d+1,:); Q = Q(:,1:d+1);
   c = R\(Q'*p);                           % Same as c = A(:,n-d:n)\p;
   y = polyval(c,x);
   z = polyval(c,11);
   plot(v,y,'color',colors(d,:));
   labels{end+1} = ['degree = ' int2str(d)];
end
legend(labels,2)
```

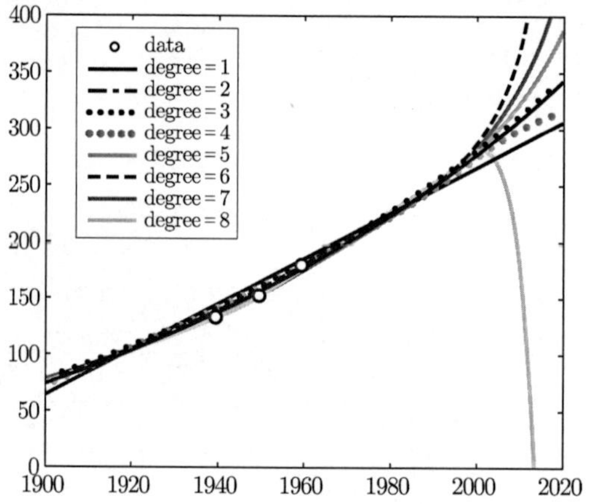

[그림 1.7] d의 변화에 따른 예측값

[연습문제]

MATLAB을 사용하여 아래의 각 문제를 해결하여 본다.

1.1 다음의 각 물음에 답하라.

(1) $\frac{2^5}{2^5-1}$를 계산하고 이를 $\left(1-\frac{1}{2^5}\right)^{-1}$과 비교하여 보라.

(2) $3\frac{\sqrt{5}-1}{(\sqrt{5}+1)^2}-1$를 계산하라.

(3) $\ln(e^3)$, $\log_{10}(e^3)$, $\log_{10}(10^5)$를 계산하라.

(4) $3^x = 17$의 해를 구하여라.

(5) $e^{i\frac{\pi}{4}}$를 계산하고, 오일러의 정리를 확인하라.

(6) $\exp(\pi/2*i)$와 $\exp(\pi/2i)$를 계산하고, 그 차이점을 설명하여라.

1.2 자연대수(natural logarithm)의 기저는 $e = 2.71828\cdots$로 주어진다. 다음 식의 한계값으로부터 e의 값을 확인하여 보자. 즉 e는 다음으로 정의된다.

$$e = \lim_{n\to\infty}\left(1+\frac{1}{n}\right)^n$$

이 공식을 이용하여 MATLAB으로서 $n = 50,\ 150,\ 250,\ 350$의 각 경우에 대하여 e를 계산하고, 이 결과 이 값이 e에 수렴하는지를 확인하여 보자. MATLAB의 화면표시를 `format long`을 두고 계산을 수행한다.

1.3 $x = r\cos\theta$와 $y = r\sin\theta$로 주어진 점 (x, y)는 반지름이 r인 원주상에 존재한다. 다시 말하면 이들 점은 $x^2+y^2=r^2$을 만족한다. 각도 $\theta = [0,\ \pi/4,\ \pi/2,\ 3\pi/4,\ \pi]$로 주어졌을 경우, 이때 점 $(x_i,\ y_i)$를 계산하는 프로그램을 작성하여 보자. 단 $r=2$로 둔다. 이 결과가 원의 공식인 $x^2+y^2=r^2$를 만족하는 지의 여부를 확인하여 보자.

1.4 아래의 몇 종류의 행렬을 함수 zeros, eye 및 ones의 도움을 받아 생성하여라.

$$D = \begin{bmatrix} 0 & 0 & 0 \\ 0 & 0 & 0 \end{bmatrix},\ E = \begin{bmatrix} 5 & 0 & 0 \\ 0 & 5 & 0 \\ 0 & 0 & 5 \end{bmatrix},\ F = \begin{bmatrix} 3 & 3 \\ 3 & 3 \end{bmatrix}$$

또한 상기행렬로서 함수 rempat와 cat에 적용하여 적당한 크기의 행렬을 작성하여보라.

1.5 아래의 행렬 $[G]$는 문제 1의 행렬 $[A]$, $[B]$ 및 $[C]$를 이용하여 작성되었다. 가능한 여러 가지 방법을 동원하여 $[G]$ 행렬을 작성하는 방법을 만들어 보아라.

$$[G]=\begin{bmatrix} 2 & 6 & 0 & 0 & 0 & 0 \\ 3 & 9 & 0 & 0 & 0 & 0 \\ 0 & 0 & 1 & 2 & 0 & 0 \\ 0 & 0 & 3 & 4 & 0 & 0 \\ 0 & 0 & 0 & 0 & -5 & 5 \\ 0 & 0 & 0 & 0 & 5 & 3 \end{bmatrix}$$

1.6 '>>A=rand(10)'을 이용하여 (10×10)의 행렬을 생성하고 이에 대해 아래의 각 문제를 수행하여라.

(a) 모든 요소에 100을 곱한 뒤, 함수 fix(A)를 사용하여 모든 요소를 정수로 바꾸어라.

(b) A〈10의 요소를 모두 0으로 바꾸어라.

(c) A〉90의 요소를 Inf로 바꾸어라.

(d) 30보다 같거나 크고 50보다 같거나 작은 모든 요소를 찾아서 이를 벡터로 표시하여라.

1.7

(a) 구간 $0<t<\pi/2$에서 함수 $x(t)=t$, $y(t)=e^{-t/2}\sin t$를 그래프로 나타내어라.

(b) 구간 $0<\theta<2\pi$에서 $r(\theta)=1+\cos\theta$를 그래프로 표시하여라.

(c) 컨투어 곡선 $x^2+\sin(xy)+y^2-z^2=0$를 구간 $-\pi/2<x<\pi/2$ 및 $-\pi/2<y<\pi/2$에서 함수 ezcontour을 이용하여 표현하여라.

(d) $H(x,y)=\dfrac{x^2}{2}+(1-\cos y)$의 컨투어 곡선의 표면을 구간 $-\pi<x<\pi$와 $-2<y<2$에서 나타내어라

1.8 주어진 x에 대한 sin(x)의 값을 계산하는 아래의 무한급수를 n번째의 항까지 계산하는 스크립터 M 파일 series.m을 아래 순서에 따라 작성하여 보자.

$$\sin(x)=x-\frac{x^3}{3!}+\frac{x^5}{5!}-\cdots=\sum_{k=1}^{n}(-1)^{k-1}\frac{x^{2k-1}}{(2k-1)!} \qquad ①$$

(1) 파일을 작성하기 전에 ①과 유사한 계산을 수행하는 MATLAB가 제공하는 함수가 존재하는 지의 여부를 확인하여 보자. 이때 함수 exist 등을 참조한다.

(2) ①을 계산하는 함수 파일을 작성한다. 이때 작성한 함수의 사용법을 포함한 기능을 상세히 설명서가 명령윈도에서 '>>help series'를 실행하였을 때 나타날 수 있도록 한다.

(3) 작성한 파일을 저장하고 $\sin(\pi/6)$의 계산을 $n=1, 5, 10$ 및 20으로 하여 파일을 실행하여 보고, 계산결과의 차이점을 설명하여 본다.

1.9 sin 함수와 cos 함수의 테일러급수 전개식은 다음과 같이 주어진다.

$$\sin(x) = x - \frac{x^3}{3!} + \frac{x^5}{5!} - \cdots = \sum_{k=0}^{n} (-1)^k \frac{x^{2k+1}}{(2k+1)!}$$

$$\cos(x) = 1 - \frac{x^2}{2!} + \frac{x^4}{4!} - \cdots = \sum_{k=0}^{n} (-1)^k \frac{x^{2k}}{(2k)!}$$

(1) 위 계산을 k 번째 항까지 실행하는 함수 파일을 만들어 제대로 동작하는지를 확인한 뒤, 파일명을 각각 `sine_series.m` 및 `cos_series.m`으로 하여 root directory에 저장하여라.

(2) (1)의 결과를 이용하여 다음과 같은 형식의 함수 파일을 새로 만들어라. 예를 들어 '`>>[results,err]=trigseries(x,k,'sin')`'을 실행하면 테일러급수에 의한 sin(x)의 계산결과(result)와 실제값과의 차이(err)가 출력되는 함수 파일을 작성한다. 물론 '`>>[results, err]=trigseries(x,k,'cos')`'를 실행하면 cos(x)에 대한 동일한 결과가 얻어진다.

(3) (2)의 결과를 이용하여 k=[3, 6, 10, 15, 30]로 주어졌을 경우의 sin 또는 cos의 테일러급수 계산결과와 실제값과의 오차를 x=pi/4에 대하여 실행한 결과를 화면에 이해하기 쉽도록 표시하는 프로그램을 작성하라.

1.10 다음 세 개의 방정식을 익명함수의 셀배열을 이용하여 작성하고 이를 함수 `fplot`에 전달하여 하나의 그래프에 세 개의 방정식이 동시에 표현되는 스크립터 파일을 작성하여 보라[12].

(1) $y_1(x) = \dfrac{\sin(x)}{x}$ (2) $y_2(x) = \dfrac{\cos(x)}{x}$, (3) $y_3(x) = \dfrac{\tan(x)}{x}$

1.11 함수 `rand`를 사용하여 적당한 크기의 벡터를 생성하고(예를 들어 '`>>test=rand(50,1);`'), 벡터의 요소를 크기 순서로 재배치하는 프로그램을 `for~end` 루프를 사용하여 작성하여 보아라. 이 과정에서 만약 같은 값을 가지는 요소가 있으면 함수 `rand`를 재사용하여 새로운 벡터를 작성하는 것으로 한다.

12) 익명 함수(anonymous function)와 셀 배열(cell array) 등에 관한 내용은 MATLAB 관련서적을 참조.

Chapter 2

Simulink의 사용법

2.1 Simulink란 무엇인가?

Simulink는 동적시스템(연속시간시스템·이산시간시스템의 선형시스템이나 비선형시스템 등)을 블록으로 표현하여 시뮬레이션을 수행하기 위한 플랫폼(platform)이다.

MATLAB는 Simulink나 그 외의 옵션제품(MATLAB/Simulink Family 제품 등)과 함께, 설계요구의 파악 및 사양, 설계, 조립, 테스트, 검증 등 제품의 최종단계에 이르기까지의 모든 개발과정을 지원하고 있다.

Simulink의 특징을 간략히 요약하면 다음과 같다.

(1) Simulink는 입·출력의 시뮬레이션을 위한 GUI Block Diagram이다,
(2) Simulink는 시뮬레이션을 위한 연속 및 이산시간 시스템의 모델로 구성된 Library를 제공한다.
(3) 사용자가 자유로이 블록을 추가하여 새로운 Library를 형성할 수 있다.
(4) MATLAB와 연동하여 시뮬레이션 결과의 분석 및 재설정 등을 간단하게 수행한다.

[그림 2.1]과 같이 '질량·스프링·마찰'로 구성된 간단한 시스템을 이용하여 Simulink가 가지는 상기의 특징을 확인해보자.

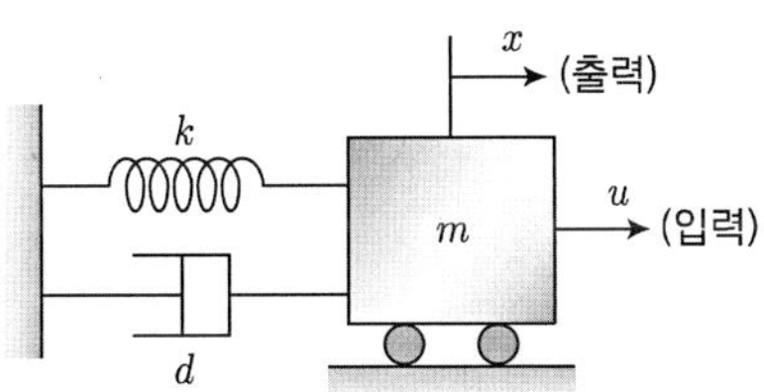

[그림 2.1] 질량·마찰·스프링 시스템

그림에서 나타낸 바와 같이 u를 입력(힘), 출력을 x, 즉 질량 m의 위치변화량으로 두었을 경우, 입력과 출력 사이의 관계는 다음과 같은 2계1차 선형미분방정식의 형식으로 주어진다.

$$m\ddot{x}(t)+d\dot{x}(t)+kx(t)=u(t) \tag{2.1}$$

이와 같이 주어진 물리적 대상을 수식 등을 이용하여 표현하는 과정을 모델링(modeling)이라고 한다. 일단 식(2.1)과 같이 수식모델이 얻어졌다면 이 모델의 정확성 등을 확인하기 위한 시뮬레이션이 필요하다. 이 과정에 Simulink를 사용하기 위해서는 먼저 식(2.1)을 다음과 같이 변형하는 것이 필요하다.

$$\ddot{x}(t)=-\frac{d}{m}\dot{x}(t)-\frac{k}{m}x(t)+\frac{1}{m}u(t) \tag{2.2}$$

Simulink에서 제공하는 각종 블록을 이용하면 식(2.2)는 다음과 같이 나타낼 수 있다.

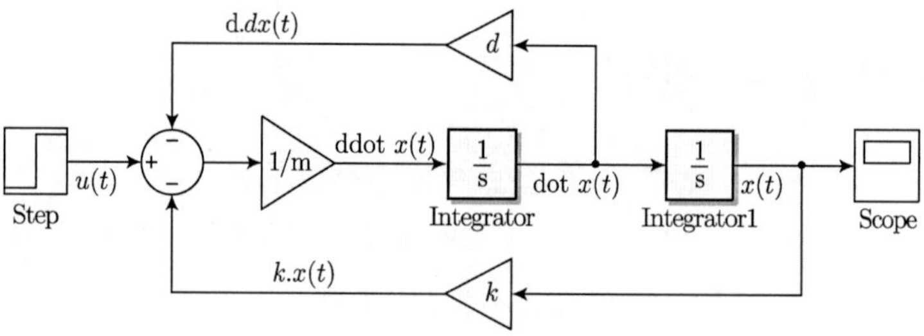

[그림 2.2] '질량·스프링·마찰'시스템의 Simulink 블록선도

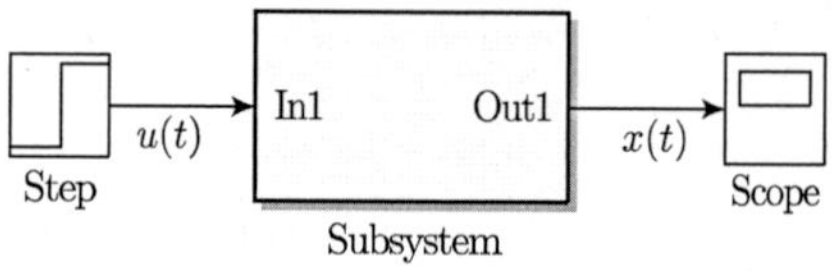

[그림 2.3] [그림 2.2]를 하나의 블록(Subsystem)으로 표현

[그림 2.2]에서 시스템이 가지는 각 변수, m, d 및 k을 인가하여 시뮬레이션을 실행하면 그 결과가 **Scope** 블록에 나타난다. 이 결과는 [그림 2.1]에서 일정한 크기의 힘을 입력 u로서 인가하였을 경우의 출력 $x(t)$, 즉 질량 m의 위치변화를 의미한다. [그림 2.2]에서 입력인 '**Step** 블록'과 출력인 '**Scope** 블록'을 제외한 나머지 부분을 하나의 블록으로 표현하여 [그림 2.3]과 같이 부시스템(subsystem)으로 간단히 나타낼 수 있으며, 이와 같은 부시스템 블록을 적극 활용한다면 제어기를 포함한 여러 종류의 시스템이 혼재하는 경우 등에 대한 시뮬레이션 역시 어렵지 않게 수행할 수 있을 것이다[1].

다양한 형태의 물리적 대상(제어대상)에 대해서, 예를 들어 [그림 2.4]의 모델링 기법을 적

1) 제3장 이후에서 자세히 설명한다.

용하여 얻어진 모델에 [그림 2.5]와 같은 Simulink 블록을 사용하여 시뮬레이션을 수행할 수 있다. 이로부터 물리법칙을 적용하여 유도된 수식모델의 정확도나 혹은 시스템의 동특성 등을 어렵지 않게 파악할 수 있을 것이다.

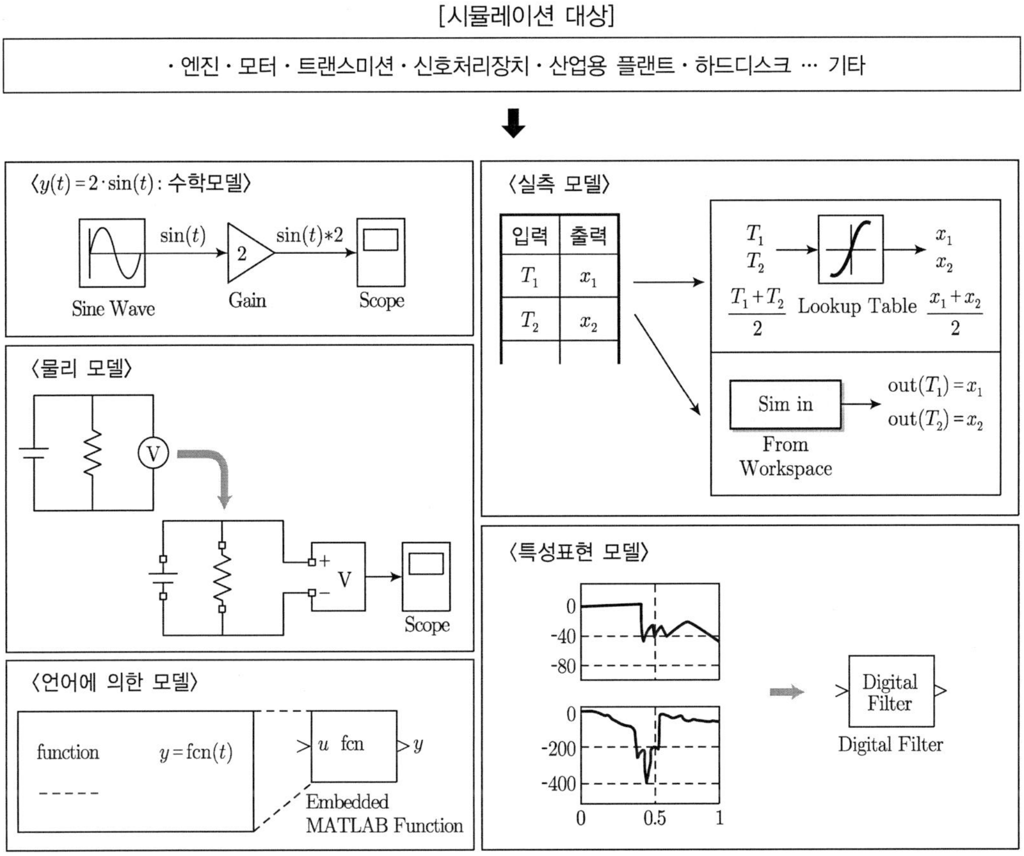

[그림 2.4] Simulink를 사용할 경우의 모델링 기법

[그림 2.4]에서 제시한 모델링 기법 중에서 수학모델, 실측모델, 및 물리모델로서 표현하는 대표적인 시스템과 이때 사용하는 Simulink의 블록 등을 다음 [그림 2.5]에 나열하였다. 여기서 각 모델의 방식과 이들이 사용되는 시스템의 종류 등에 관해 간략히 언급한다.

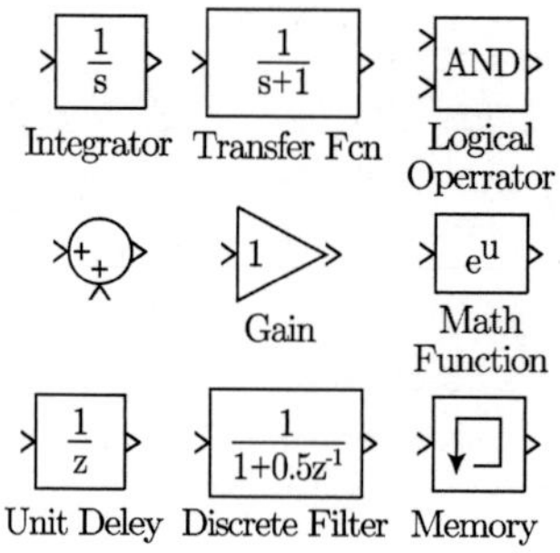

(a) 수학모델

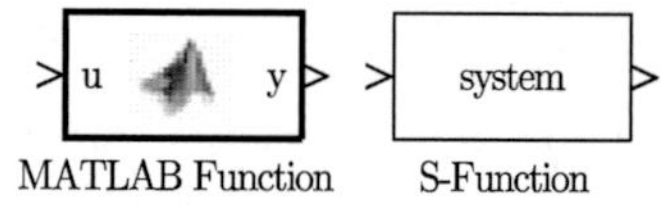

(b) 언어에 의한 모델

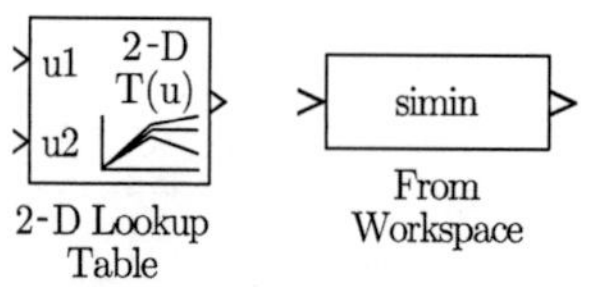

(c) 실측모델

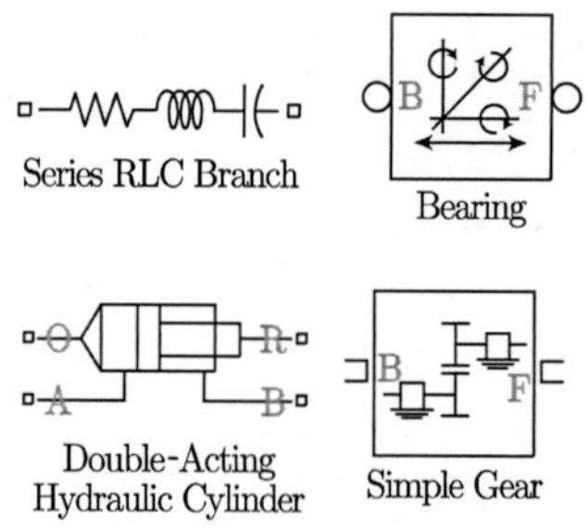

(d) 물리모델

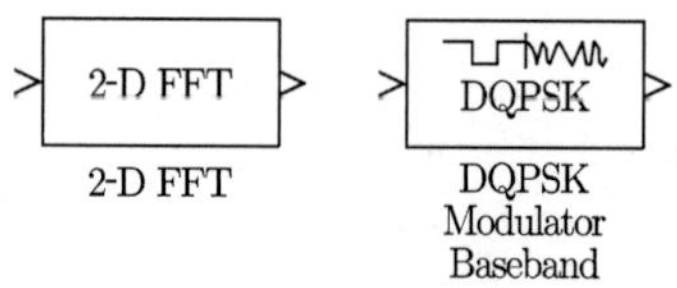

(e) 신호·화상·통신모델

[그림 2.5] 모델의 블록과 물리모델

(1) 수학모델 : 이론식, 조건식 등을 이용하여 모델링한다.

- 동적시스템(dynamic system), 아날로그회로 등 : 상미분방정식, 전달함수(s 영역), 사칙연산, 삼각함수, 지수함수 등.
- 디지털회로 : 차분방정식, 전달함수(z 영역), 등
- 제어회로 : 논리연산, 비교연산, 제어구문, 조건실행 등.

(2) 언어에 의한 모델 : C/C++나 MATLAB의 프로그램을 이용하여 모델링한다.

- M파일의 블록화
- C/C++, Fortran 코드의 블록화

(3) 실측모델 : MATLAB으로 읽어 들인 데이터를 이용하여 모델링한다.

- 실측데이터의 n차원 mapping
- 실측데이터의 취득

• 시스템동정(System Identification)을 위한 Toolbox 이용

(4) 물리모델 : 물리소자를 이용하여 모델링한다(MATLAB의 옵션제품을 사용).

• 전기회로모델(SimPowerSystems)
• 기구모델(SimMechanics)
• 유압모델(SimHydraulic)
• 동력전달모델(SimDriveline)

(5) 분야별 특화모델 : 전문분야에 특화한 블록을 이용하여 모델링한다(옵션제품을 사용).

• 신호처리시스템(Signal Processing Blockset)
• 동화상시스템(Video and Image Processing Blockset)
• 통신시스템(Communication Blockset)

2.2 Simulink의 기본조작

여기서는 Simulink의 작업환경과 시뮬레이션을 위한 기본적인 과정을 간단히 언급한다.

[그림 2.6] Simulink의 Library Browser

■ Simulink의 시작

MATLAB 작업윈도의 위쪽 중간에 있는 Simulink Library Browser의 아이콘 을 클릭하거나, 작업윈도의 화면에서 다음과 같이 입력한다.

```
>>simulink ↵
```

이를 실행하면 Simulink Library Browser화면([그림 2.6])이 나타난다. 여기에는 시뮬레이션을 위한 기본적인 블록의 집합체인 Simulink 라이브러리 외에, 사용자의 컴퓨터에 인스톨되어 있는 각종 툴박스(Toolbox)와 관련된 Simulink 라이브러리, 예를 들어 Control System Toolbox 등이 차례로 표시된다.

■ Simulink 라이브러리

Simulink 라이브러리에는 시뮬레이션의 실행을 위한 필요한 범용성이 높은 여러 종류의 블록이 16개의 소그룹으로 정리되어 있으며, 대부분의 시뮬레이션은 여기에 들어 있는 블록만으로도 충분히 실행가능하다. 이들을 간단히 설명하면 다음과 같다.

① **Commonly Used Blocks** : Simulink에서 이용 빈도가 높은 블록의 집합
② **Continuous** : 연속시간에서의 처리를 수행하는 블록의 집합
③ **Discontinuities** : 시간적으로 연속인 입력에 대한 출력의 특성이 불연속으로 나타나는 블록의 집합
④ **Discrete** : 이산시간에서의 처리를 수행하는 블록의 집합
⑤ **Logic and Bit Operations** : 논리연산과 비트연산을 수행하는 블록의 집합
⑥ **Look-Up Tables** : 입력에 대한 출력의 결정에 사용되는 표(Table)의 설정이 가능한 블록의 집합
⑦ **Math Operations** : 수학연산, 대수연산 및 복소수 연산이 가능한 블록의 집합
⑧ **Model Verification** : 신호의 상하한 값 등을 검증할 수 있는 블록의 집합
⑨ **Model-Wide Utilities** : 모델의 정보기술과 선형화 등이 가능한 블록의 집합
⑩ **Ports & Subsystems** : 입출력 포트 및 부시스템(subsystem)의 생성이 가능한 블록의 집합
⑪ **Signal Attributes** : 데이터 형식의 변환, 비율(rate)의 변환, 초기상태 변경 등이 가능한 블록의 집합
⑫ **Signal Routing** : 신호의 추출, 연결 및 변환 등이 가능한 블록의 집합
⑬ **Sinks** : 신호의 관측이나 저장이 가능한 블록의 집합
⑭ **Sources** : 신호원을 생성하는 블록의 집합
⑮ **User-Defined Functions** : 사용자가 정의한 함수블록의 집합
⑯ **Additional Math & Discrete** : 상기 외의 수학연산과 이산시간 처리를 위한 블록 등의 집합

예를 들어 [그림 2.6]에서 **Commonly Used Blocks**를 클릭하면 그 블록에 소속된, 시뮬레이션을 위해 공통적으로 많이 사용되는 블록들이 [그림 2.7]과 같이 나타난다. 각각의 블록을 더블클릭하면 해당블록에 대한 간단한 설명(Help)을 볼 수 있다.

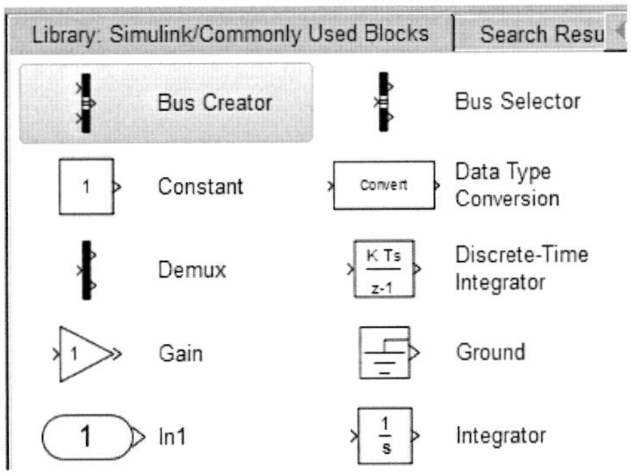

[그림 2.7] Commonly Used blocks의 블록의 일부

■ 비가상 블록

Simulink가 제공하는 블록은 비가상(non-virtual)과 가상(virtual)의 두 종류로 분류된다. 비가상 블록은 시스템의 시뮬레이션 과정에서 능동적(active)인 역할을 한다. 따라서 만약 시스템의 블록선도에 비가상 블록을 추가하거나 제거하면 모델 전체의 움직임이 달라진다. 이와 대조적으로 가상 블록은 시뮬레이션 과정에서 능동적인 역할을 하지 않는다. 이는 단지 전체 모델을 그래픽 상으로 구성하는데 도움을 줄 뿐이다. 몇 개의 블록은 주어진 환경에 따라 가상 혹은 비가상 블록으로 작용하며, 이러한 블록을 조건 가상블록이라고 부른다. [표 2.1]에 Simulink의 가상 및 조건가상 블록을 정리하였다.

[표 2.1] Virtual 및 Conditionally Virtual Blocks

블록의 이름	가상, 조건가상	블록의 이름	가상, 조건가상
Bus Selector	항상 가상	Ground	항상 가상
Data Store Memory	항상 가상	Inport	조건 가상
Demux	항상 가상	Mux	항상 가상
Enable Port	항상 가상	Outport	조건 가상
From	항상 가상	Selector	조건 가상
Goto	항상 가상	Subsystem	조건 가상
Goto Tag Visibility	항상 가상	Terminator	항상 가상
Test Point	항상 가상	Trigger Port	조건 가상

위 표의 조건 가상블록에 대하여 설명을 추가한다.

① **Inport** : 조건에 의해 수행되는 부시스템에 들어 있거나, 출력 블록으로 직접 연결되어 있는 경우에는 비가상이다.

② **Outport** : 부시스템 속에 포함되어 있거나(조건에 의해 수행되는 것과는 무관), 혹은 계층구조를 가지는 블록선도의 최상위 층에 있지 않는 경우는 가상이다.

③ **Selector** : matrix mode[2]에 있는 경우를 제외하고는 가상이다.

④ **Subsystem** : 블록이 조건적으로 수행되거나 혹은 블록의 **Treat as atomic unit**[3]가 선정이 되어 있는 경우를 제외하고는 가상이다.

2.3 모델의 생성과 실행

여기서는 모델을 생성하고 이에 대한 시뮬레이션을 수행하는 과정을 간단한 시스템을 이용하여 설명하기로 한다. 즉, 저항(R)과 캐퍼시터(C)만으로 이루어진 간단한 전기회로([그림 2.8])에 일정한 크기의 입력전압이 인가되었을 경우 출력의 응답특성을 얻는 과정, 다시 말하면 [그림 2.8]에 대한 모델을 작성한 후 이에 대한 시뮬레이션을 수행하는 과정을 통하여 Simulink의 구체적인 사용법을 설명한다. 즉, (i) 사용된 블록의 특성과 그의 파라미터설정법 등을 포함한 '블록을 이용한 모델의 작성법'과, (ii) 작성된 모델에 대한 실제적인 시뮬레이션을 수행하는 방법을 구체적으로 언급한다.

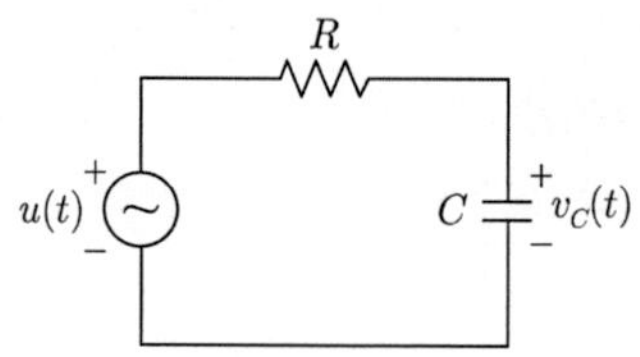

[그림 2.8] RC회로

여기서 한 가지 유의할 점은 다음과 같다. 즉, 제어기의 설계 등에서 사실상 (Simulink를 사용하기 보다는) MATLAB 제공함수를 사용하여 MATLAB의 작업윈도에서 시뮬레이션을 실행하는 것이 편리한 부분도 분명히 존재한다는 점이다. 아래의 예에서는 이러한 점을 고려하여 MATLAB/Simulink를 충분히 이용한다는 관점에서 설명이 진행되며, 이 작업의 순서는 대략적으로 다음의 순서로 진행된다.

(1) 블록의 배치

① 블록 사이의 결선 또는 선의 분지

② 각 블록의 데이터 값 설정

③ 시뮬레이션의 종료시간의 설정

④ 시뮬레이션 실행결과의 실행·결과의 확인

⑤ 모델의 보존

---

2) 'matrix mode'란 **Selector** 블록이 Matrix Input를 가질 경우 Selector는 'Matrix Selector'의 작용을 하는 경우를 말한다.

3) '**Atomic unit**'이란 실행 시에 subsystem 전체를 하나의 단위(unit)로 간주하여, subsystem의 모든 블록을 동시에 실행하는 것을 의미한다.

• A. 모델의 생성(Building Model)

(A.1) 제어대상의 수식모델:

[그림 2.8]과 같이 주어진 RC회로에 대한 시뮬레이션을 수행한다. 그림과 같이 C에 걸리는 전압을 $v_C(t)$로 하여 회로에 키르히호프의 법칙을 적용하면 다음의 미분방정식을 얻는다.

$$\frac{dv_C(t)}{dt} = -\frac{1}{RC}v_C(t) + \frac{1}{RC}u(t) \tag{2.1}$$

위 식에 라플라스변환을 적용하여 Simulink의 블록을 이용할 수 있는 형식으로 변환한다. 즉,

$$sv_C(s) = -\frac{1}{RC}v_C(s) + \frac{1}{RC}u(s) \tag{2.2a}$$

이다. 단,

$$v_C(s) = \mathcal{L}\left[v_C(t)\right],\ u(s) = \mathcal{L}\left[u(t)\right] \tag{2.2b}$$

이다.

(A.2) Simulink 모델의 직성:

Simulink 라이브러리 브라우저의 툴바(Toolbar)에서 'File → New → Model'을 실행하여 ([그림 2.9] 참조) 모델명이 주어지지 않은 상태의 새로운 모델용 윈도를 오픈한다. 여기에 식 (2.2a)에 따라 필요한 블록, 즉 적분기(Integrator) 블록 1개, Summing junction 블록 1개, 이득(Gain) 블록 2개와 입력으로 사용할 계단함수(Step function)블록 및 결과를 보여주기 위한 스코프(Scope) 블록을 각각 Simulink 라이브러리의 블록으로부터 복사한다([그림 2.10]).

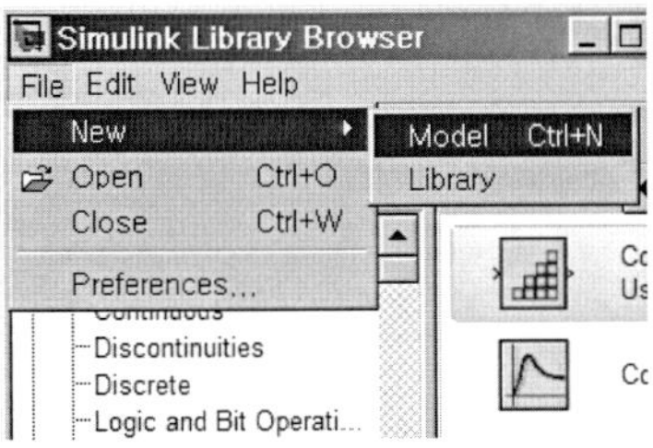

[그림 2.9] New Model의 생성

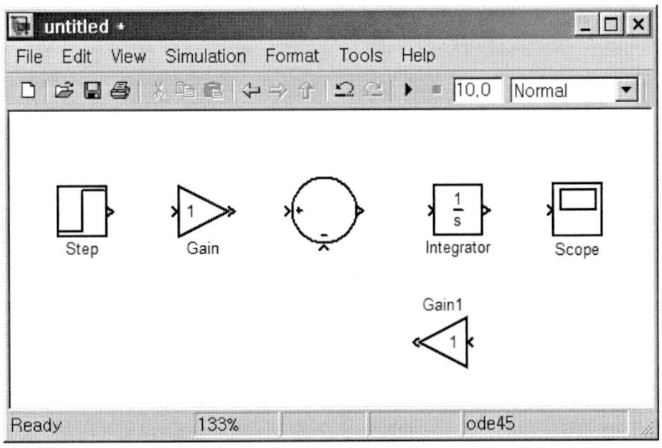

[그림 2.10] RC회로에 필요한 블록

(A.3) 블록의 연결 :

두 개 블록을 연결하는 방법으로 두 가지가 있다. 즉,

① 마우스의 포인터를 입력 측 블록(즉 **source** 블록)의 출력단자에 가져간다. 이때 포인터는 '+'로 변경된다.

② **source** 블록에서 목적 블록의 입력 단자까지 drag한다. 이때 mouse의 포인터가 '+' 모양에서 '╬'으로 변경되면 mouse의 버튼을 놓는다.

③ 만약 연결 작업이 제대로 되었다면 두 블록은 화살표로써 연결될 것이다. 그렇지 않은 경우에는 빨간색의 점선이 나타난다.

이러한 연결을 자동으로 수행하고자 한다면

① **source** 블록을 클릭하고,

② Ctrl key(Control 키)를 누른 채로,

③ 연결하고자 하는 블록을 클릭한다.

을 실행한다([그림 2.11]).

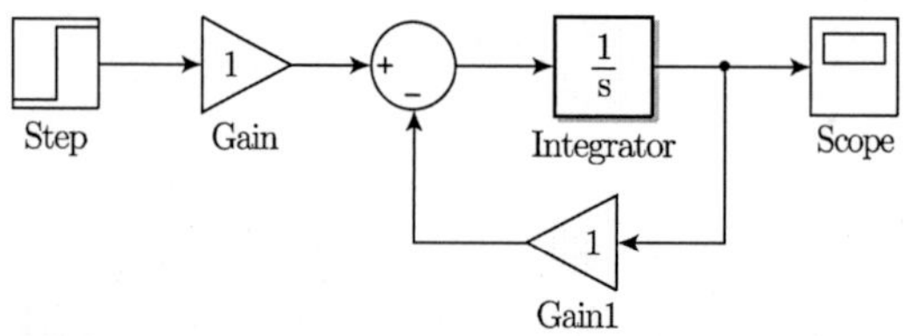

[그림 2.11] RC회로의 시뮬레이션을 위한 블록의 연결

• B. 모델의 편집

[그림 2.11]과 같이 RC회로에 대한 Simulink 모델은 작성되었으나, 실제로 시뮬레이션을 수행하기 위해서는 파라미터의 입력 등을 포함한 모델의 편집과정이 필요하다.

(B.1) 파라미터의 설정 :

대부분의 블록은 그 블록에 특정한 값(즉 파라미터)을 입력하기 위한 대화창(dialog box)을 가지고 있다. 대화창의 오픈을 위해서는 다음과 같이 실행한다.

① 블록을 더블클릭하면 파라미터를 입력하기 위한 대화창([그림 2.12])이 나타난다.

② 적절한 값으로 대화창의 빈 곳에 입력한다.

③ OK 버튼을 클릭한다.

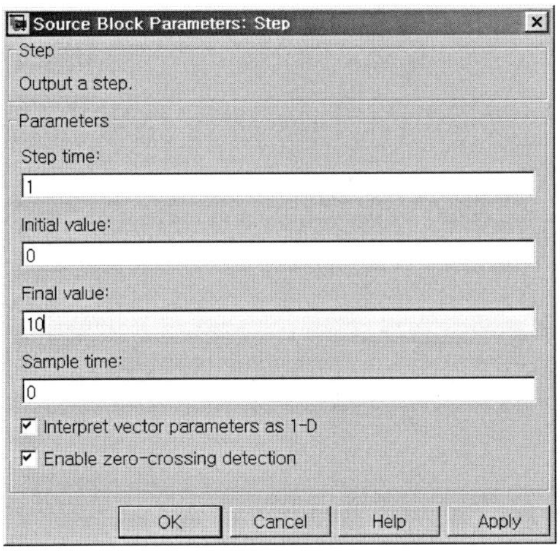

(a) **Step** 블록의 대화창

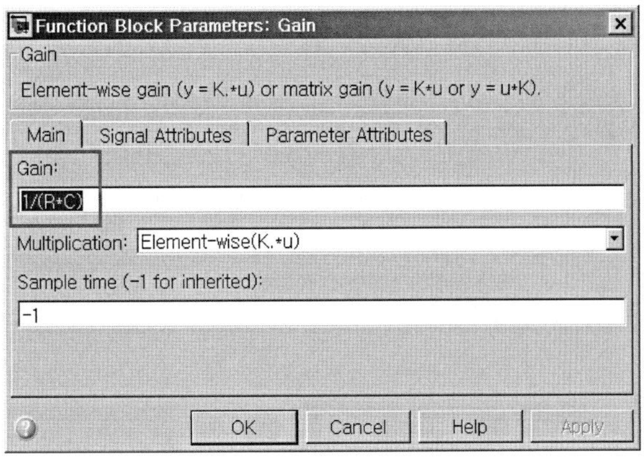

(b) **Gain** 블록의 대화창

[그림 2.12] 각 블록의 대화창

대화창은 그 블록의 작용에 대한 간단한 설명과 파라미터의 값을 지정하기 위한 부분 등으로 구성되어 있다. 예를 들어 [그림 2.12(b)]는 **Gain** 블록의 대화창으로, **Gain** 블록의 설명과 Gain 값(크기)을 설정하기 위한 'Gain' 부분, 실제 두 신호 사이에서 크기(Gain)를 어떤 형식의 곱셈으로 지정할 것인지 대한 '**Multiplication**' 부분[4] 및 입력신호가 이산시간신호인 경우에 필요한 '**Sampling time**' 부분 등으로 이루어져 있다. 또한 대화창에 있는 간단한 설명만으로 블록의 사용법에 대한 이해가 부족한 경우를 대비하여 '**Help**'가 준비되어 있다. 이것을 클릭하면 새로운 윈도가 오픈되며 이로부터 블록에 대한 자세한 내용을 확인할 수 있다.

대부분 블록의 경우 시뮬레이션에 필요한 파라미터는 일정한 크기의 정수 등으로 주어지는 것이 보통이지만, [그림 2.12(b)]와 같이 변수로서 지정할 수도 있다. 물론 이 경우에는 시뮬레이션 실행 전에 MATLAB의 작업공간에 그 변수(즉 R, C) 값이 미리 설정되어 있어야 한다.

한편 [그림 2.12(a)]는 일정한 크기의 신호를 출력하는 **Step** 블록의 대화창으로, 각 파라미터를 이용하여 계단신호를 식으로 나타내면 다음과 같다.

$$u(t)=\begin{cases}\text{Final value}, & t \geq \text{Step time}\\ \text{Initial value}, & t < \text{Step time}\end{cases} \tag{2.3}$$

만약 **Final value** = 1, **Initial value** = 0 및 **Step time** = 0이면 $u(t)$는 $t=0$에서 시작되는 단위계단신호로 된다.

4) 두 신호가 스칼라인 경우 의미를 가지지 않지만, 벡터인 경우에는 지정이 필요하다.

• C. 시뮬레이션의 실행 I

(C.1) 시뮬레이션의 제어 :

[그림 2.11]의 모델에 대한 시뮬레이션을 실행하기 전에 몇 가지 준비단계가 필요하다. 먼저 [그림 2.11]에서 **Simulation → Configuration** (혹은 Ctrl+E)를 실행하여 [그림 2.13]과 같은 시뮬레이션 제어용 화면을 오픈한다.

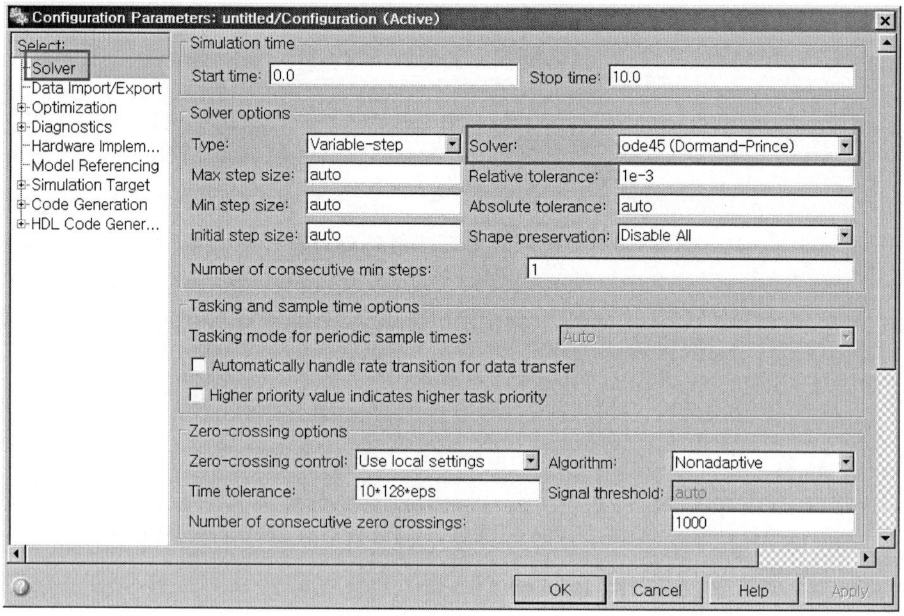

[그림 2.13] [그림 2.11]에 대한 Configuration 화면

여기에는 시뮬레이션의 시간, 시뮬레이션에 필요한 입출력 데이터의 취급 및 최적화뿐만 아니라, 시뮬레이션 도중 문제가 발생했을 경우의 처치방법 등을 지정할 수 있다.

- **Configuration의 파라미터 설정**

  (1) **Simulation time** : 시작시간(**Start time**)과 종료시간(**Stop time**)을 설정한다.

  (2) **Solver options** : 동적인 시스템, 즉 식(2.1)과 같은 미분방정식의 해를 얻기 위해서는 수치적분(numerical integration)이 필요하다. 여기서는 이에 대한 몇 가지 옵션을 지정한다.

  ① Type : 수치적분을 수행할 경우 구간간격(**step size**)을 가변(**variable-step**)으로 할 것인지, 고정(**fixed-step**)으로 할 것인지를 지정한다. 가변인 경우 수치적분의 간격을 자동으로 조정하기 때문에 시뮬레이션의 속도를 향상시킬 수 있다. 예를 들어 모델의 상태가 급격하게 변동한다면 시뮬레이션의 정확도를 높이기 위하여 구간간격을 좁히고, 반대로 상태가 천천히 변동하는 경우에는 간격을 증가시켜 불필요한 단계를

줄이게 되어 계산속도가 향상된다. 고정간격인 경우는 전체 시뮬레이션을 고정된 값의 구간간격 값으로 진행한다. 이 경우는 [그림 2.14]와 같이 필요한 구간간격의 크기를 지정하여야 한다.

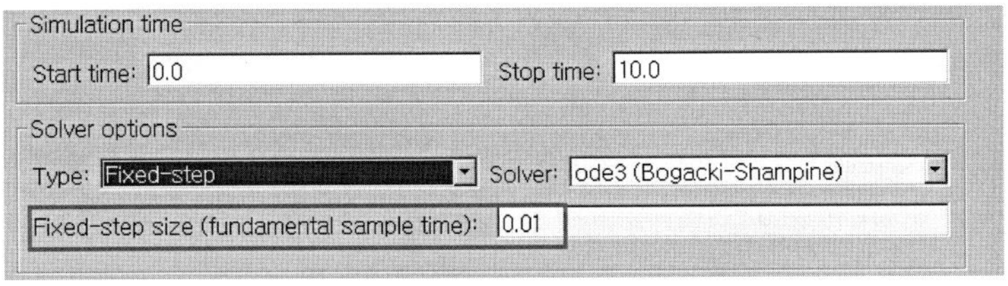

[그림 2.14] **Fixed-step**을 사용한 경우

② **Solver** : 수치적분의 기법을 지정한다. 이는 구간간격의 형식에 따라서도 달라진다. 대부분의 경우 그림에 나타난 바와 같이 '**ode45(Dormand-Prince)**'로 충분하다[5].

③ **기타** : 나머지의 옵션은 특별한 경우를 제외하고는 디폴트(default)의 상태로 두면 된다. 자세한 내용은 Simulink의 **Help**를 참조한다.

(C.2) 시뮬레이션의 실행 :

• 실행(running)

[그림 2.11]의 모델에 대한 시뮬레이션을 실행하기 위해서는 먼저 두 개의 변수 R과 C의 값을 MATLAB의 작업에서 설정할 필요가 있다.

```
R = 1;C = 1;                    % R,C의 설정
```

이 결과 [그림 2.11]의 **Gain** 블록의 크기가 결정된다. 이제 [그림 2.11]의 실행버튼([그림 2.15] 참조)을 클릭한다.

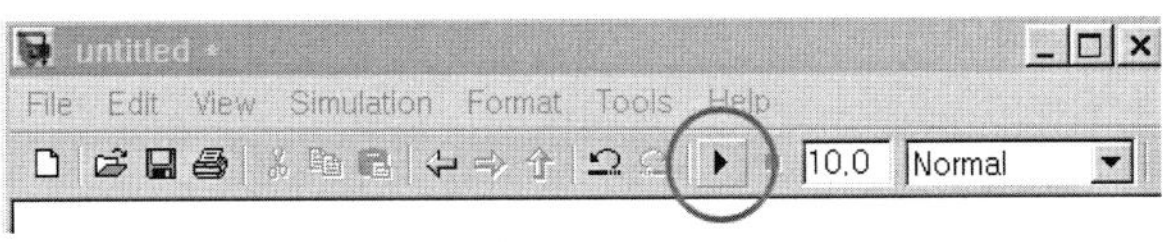

[그림 2.15] 시뮬레이션의 실행버턴

• **출력의 확인**

[그림 2.11]의 **Scope** 블록을 더블클릭하여 얻어진 그림의 스케일을 변경하기 위해서는 그림 위에서 마우스의 오른쪽 버턴을 클릭하면 나타나는 [그림 2.16(a)]에서 **Autoscale**을 클릭하거나, 그림에서 ▣ 를 클릭하면 [그림 2.16(b)]가 얻어진다.

5) 이에 대한 자세한 설명은 다른 전문서적을 참조 바란다.

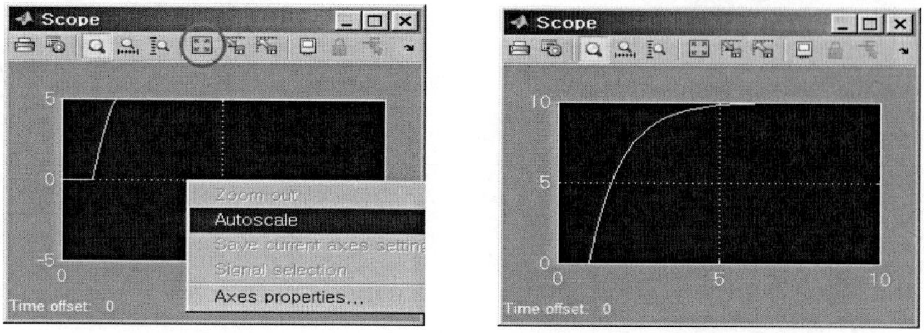

(a) **Scope** 화면 (b) **Scope** 화면

[그림 2.16] 스케일 조정을 위한 Scope 화면

- **Scope의 스케일의 변경**

[그림 2.16(a)]에서 **Autoscale** 대신 **Axes properties**를 클릭하면 y축의 크기를 지정할 수 있는 화면([그림 2.17(a)])이 나타나므로 여기에서 적절한 값을 지정하면 [그림 2.17(b)]를 얻을 수 있다.

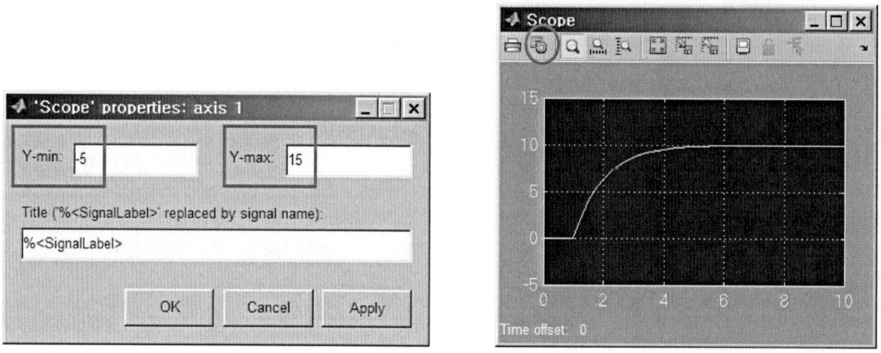

(a) y축의 크기를 지정 (b) **Scope** 화면

[그림 2.17] y축 스케일 변경

이 경우 x축은 시뮬레이션의 시간으로 그 크기가 지정되어 있으나 이를 변화시키고자 한다면 [그림 2.17(b)]의 **Toolbar**에서 을 클릭하여 나타나는 **Scope**의 파라미터 설정화면 [그림 2.18]에 나타나는 '**Time range**'를 적절한 값으로 변경한다[6].

6) 당연히 시뮬레이션 시간 이내의 값을 설정해야 한다.

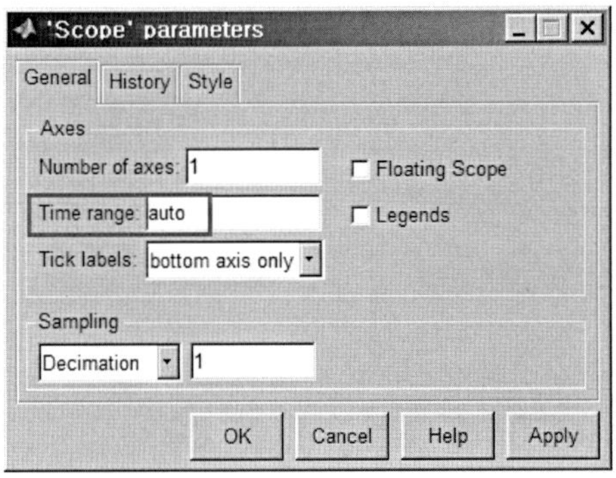

[그림 2.18] Scope의 x축 스케일 조정

- **Scope 화면의 저장**

현재 Scope에 보이는 신호를 저장해두기 위해서는 시뮬레이션 결과를 MATLAB의 작업공간으로 전송하여야 한다. 이를 위해서는 **Scope**의 **History** 패널인 [그림 2.19]의 화면에서 **Save data to workspace**를 체크하고 그의 아래 부분에 있는 **Variable name**에 변수 이름(예를 들어, ScopeData)을 입력한다. 이때 저장되는 데이터를 어떤 형식, 즉 **array** 또는 **structure**로 할 것인가를 결정하여야 한다. 만약 **array**로 하면 반드시 첫 번째 열에는 시간의 데이터가 들어가고 두 번째 열에는 신호의 데이터가 들어가게 된다[7]. 이 결과 시뮬레이션으로 얻어진 신호의 데이터가 MATLAB의 작업공간에 저장되므로 `simplot`과 같은 명령어, 즉

```
simplot(ScopeData(:,1),ScopeData(:,2))
```

를 실행하면 Simulink의 **Scope** 블록과 유사한 형태의 그래프를 얻을 수 있다[8].

- **입출력 데이터의 전송**

종종 시뮬레이션에 사용된 입력과 그 결과물인 출력을 MATLAB의 작업윈도에서 그래프로 나타내는 등의 작업이 필요하다. 이를 위해서는 여러 가지 방법이 있지만 여기서는 [그림 2.11]의 모델을 약간 수정하는 방법을 취한다. [그림 2.11]에 **Out** 블록을 두 개 추가하여 [그림 2.20]를 얻는다.

7) 열의 개수는 들어오는 입력의 숫자에 의존한다. 따라서 입력이 두 개면 $(n\times3)$인 행렬로 된다. 여기서 n은 시간 데이터의 개수이다.

8) 명령어 `simplot`는 특히 `Simulink`를 이용한 시뮬레이션 결과 데이터로부터 Scope 블록과 유사한 그래픽 화면을 얻는데 주로 사용된다. 최종단계의 그림은 반드시 `plot` 함수를 사용하는 것이 유리하다.

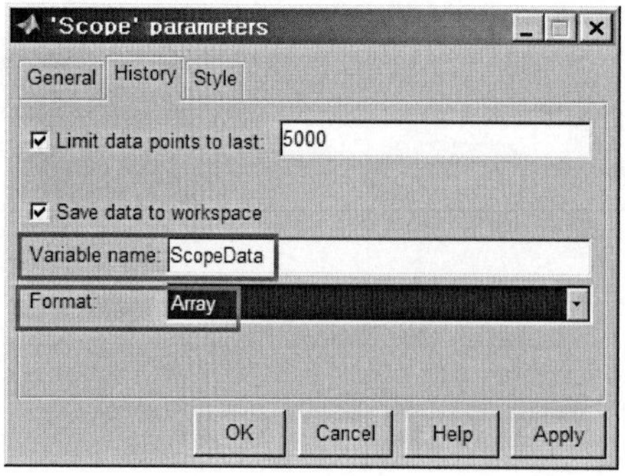

[그림 2.19] Scope 데이터의 저장

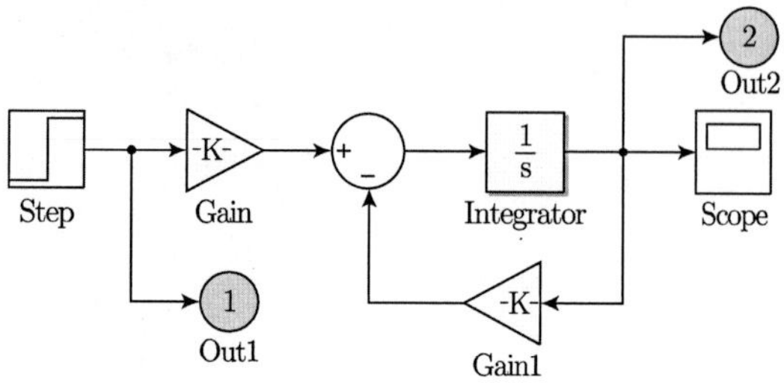

[그림 2.20] RC회로의 모델에 Out 블록을 추가

여기서 추가한 **Out** 블록으로 인해 출력 데이터가 어디에 저장되는지를 확인하기 위하여 [그림 2.13]의 시뮬레이션 제어화면(Configuration)의 왼쪽 패널에서 **Data Import/Export**를 클릭하면 [그림 2.21]로 된다. 이로부터 x축(시간축) 데이터는 변수 **tout**로, y축 데이터는 변수 **yout**로 되어 있음을 볼 수 있다. [그림 2.20]의 경우는 두 개의 **Out** 블록이 사용되었으므로 **yout**는 두 개의 열벡터로 이루어진다.

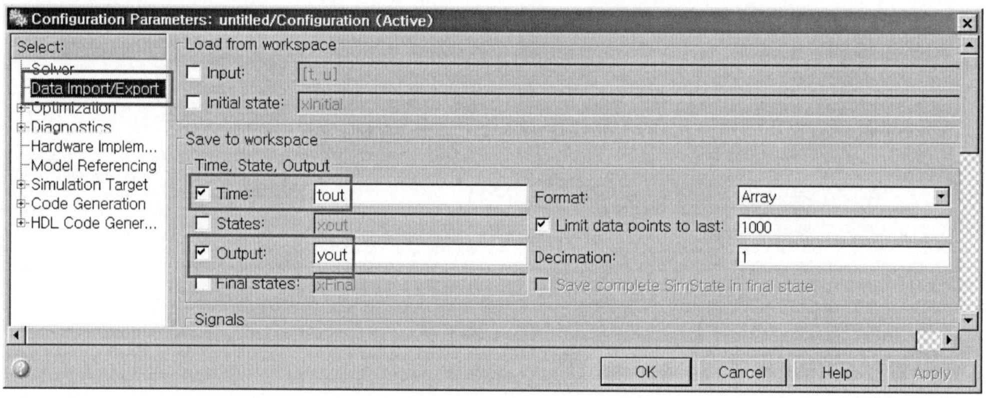

[그림 2.21] 입출력 변수의 지정

실제로 [그림 2.20]의 시뮬레이션을 실행하고 MATLAB의 작업윈도에서 변수들을 확인해보자.

```
whos                                    % workdpace의 변수를 확인

  Name        Size          Bytes  Class     Attributes
  C           1x1               8  double
  R           1x1               8  double
  tout        53x1            424  double
  yout        53x2            848  double
```

이로부터 변수 yout는 53개의 크기인 두 개의 벡터, 즉 yout(:,1) → input samples의 값 및 yout(:,2) → output samples의 값으로 이루어져 있음을 확인할 수 있다. 이 데이터를 이용하여 [그림 2.20]의 입출력 신호의 그래프를 얻기 위해서는 다음과 같이 하면 된다[9].

```
% M Script to Plot Simulink Data
plot(tout,yout(:,1),tout,yout(:,2))          % [그림 2.22]의 생성
xlabel('Time (secs)');ylabel('Amplitude (volts)'),grid
st1 = 'Capacitor Voltage Plot: R = ';
st2 = num2str(R);                             % 숫자 R을 문자열(string)으로 변환
st3 = ' \Omega';
st4 = ',  C = ';
st5 = num2str(C);
st6 = ' F ';
stitle = strcat(st1,st2,st3,st4,st5,st6);    % 제목의 삽입
title(stitle)
legend('input voltage','output voltage'),axis([0 10 -5 15]);
```

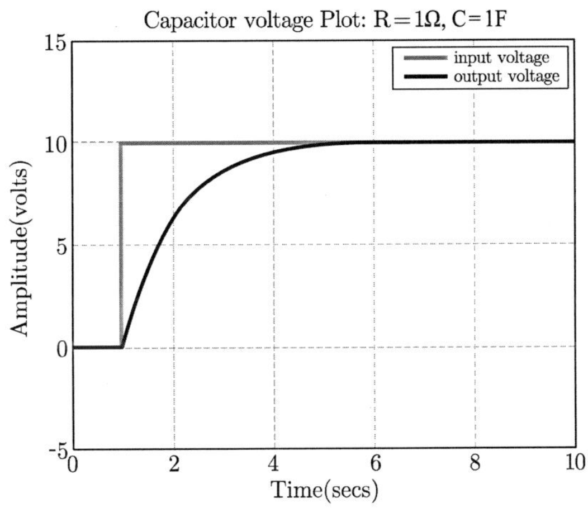

[그림 2.22] RC회로의 입력과 출력

(C.3) MATLAB를 이용한 시뮬레이션

[그림 2.8]의 회로에서 예를 들어 세 종류의 캐퍼시터 C 값에 대한 출력응답곡선을 얻어 이를 하나의 그래프에서 비교하고자 하는 경우를 생각하여 보자. 이를 [그림 2.20]의 Simulink 블록선도를 이용하여 응답곡선을 얻고자 한다면 세 번의 시뮬레이션을 수행해야 함과 동시에, 각 경우의 응답을 별도로 MATLAB의 작업공간에 저장해 두어야 하는 등의 과정이 필요하여 상당히 번거롭다. 이러한 경우에는 다음에 설명하는 명령어 sim을 사용하면 편리하다.

9) 본 프로그램에서 사용된 MATLAB의 명령어는 제1장, 혹은 help로서 그 사용법을 이해하기 바란다.

- **명령어 sim의 사용**

(1) 시뮬레이션을 위한 모델을 저장한다. [그림 2.20]을 **File→Save As**를 클릭하여 적절한 이름, 예를 들어 'RC_circuit.mdl'의 파일명으로 저장한다. 이때 저장된 파일의 디렉터리에는 반드시 MATLAB의 경로가 설정되어 있어야 한다는 점에 유의한다.

(2) 아래의 프로그램과 같이 sim을 실행한다. 이 결과 출력데이터는 vc(:,k)의 형식으로 저장된다. 이를 명령어 plot에 적용하면 세 종류의 C 값에 따른 결과를 하나의 그래프에 나타낼 수 있다.

```
% SIM command
R = 1;
CAP = [1 1/2 1/4];                                  % C를 설정
for k=1:3
    C = CAP(k);
    sim('RC_circuit');                              % 시뮬레이션 실행
    vc(:,k) = yout(:,2)                             % 결과를 다른 변수로 저장
end
plot(tout,vc(:,1),tout,vc(:,2),tout,vc(:,3))
xlabel(' Time (secs) ');grid,ylabel(' Amplitude (volts) ')
st1 = 'R = ';
st2 = num2str(R);                                   % R을 string으로 변환
st3 = ' \Omega';
st4 = ',  C = ';
st5 = num2str(CAP(1));
st6 = ' F ';
sl1 = strcat(st1,st2,st3,st4,st5,st6);              % legend 1
st5 = num2str(CAP(2));
sl2 = strcat(st1,st2,st3,st4,st5,st6);              % legend 2
st5 = num2str(CAP(3));
sl3 = strcat(st1,st2,st3,st4,st5,st6);              % legend 3
title(' Capacitor Voltage Plot USing SIM ')
legend(sl1,sl2,sl3),axis([0 10 -5 15]);
```

위 프로그램의 실행에 있어 한 가지 유의할 점은 다음과 같다. 모델 [그림 2.20]의 시뮬레이션을 위한 **Solver** 옵션에서 구간간격(**step size**)을 '가변'으로 설정하였다면, for 루프 내의 명령어 ">>sim('RC_circuit');"이 실행될 때마다(즉 C 값이 변화할 때마다) 출력 yout의 개수(크기)가 달라질 수도 있다는 것이다. 이렇게 되면 그 다음 명령어인 ">> vc(:,k) = yout(:,2);"의 실행에서 에러가 발생하게 되어 프로그램의 실행이 중지되는 결과가 발생한다. 이러한 상황을 방지하려면 위 프로그램을 약간 수정하면 가능하나, 가장 간단한 방법은 구간간격을 '고정'으로 설정하는 것이다.

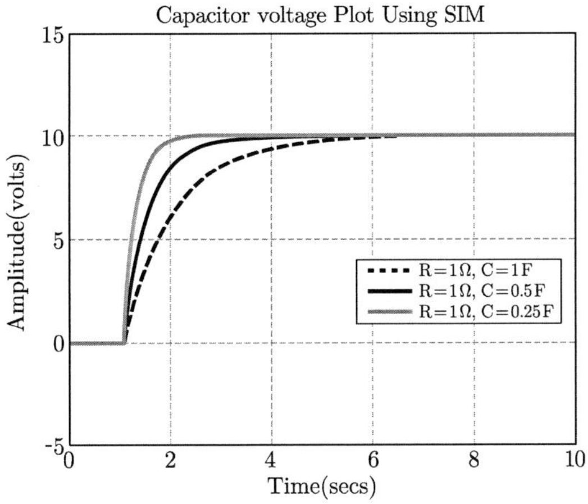

[그림 2.23] sim의 실행결과

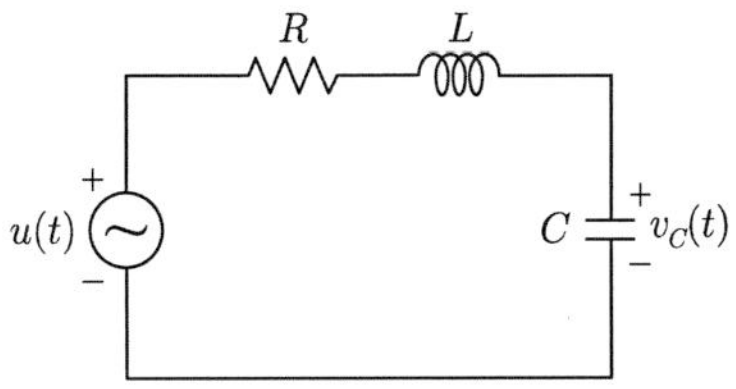

[그림 2.24] RLC회로

• D. 시뮬레이션의 실행 II

[그림 2.8]의 전기회로에 인덕턴스 L을 직렬로 추가한 경우의 응답특성을 살펴보자. L의 추가에 의해 [그림 2.8]이 [그림 2.24]로 된다. 전과 마찬가지로 캐퍼시터의 양단에 걸리는 전압 $v_C(t)$에 대한 미분방정식은

$$\frac{d^2v_C(t)}{dt^2} = -\frac{R}{L}\frac{dv_C(t)}{dt} - \frac{1}{LC}v_C(t) + \frac{1}{LC}u(t) \tag{2.4}$$

로 된다. 위 식에 대한 Simulink블록선도를 작성하기 위하여 식(2.4)를 다음과 같이 두 개의 1계미분방정식으로 분할한다. 즉 새로운 변수 $z_1(t) = v_C(t)$를 도입하면

$$\frac{dz_1(t)}{dt} = z_2(t) = \frac{dv_C(t)}{dt} \tag{2.5a}$$

$$\frac{dz_2(t)}{dt} = -\frac{R}{L}z_2(t) - \frac{1}{LC}z_1(t) + \frac{1}{LC}u(t) \tag{2.5b}$$

가 얻어진다. 위 식을 Simulink의 블록을 이용하여 나타낸 것이 [그림 2.25]이다.

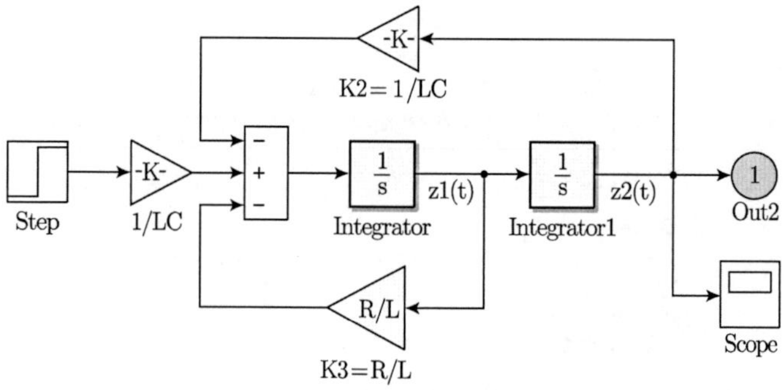

[그림 2.25] 식(2.5)의 Simulink 모델

[그림 2.25]에 대해 이전의 RC회로와 마찬가지로 세 종류의 C 값이 주어졌을 경우의 출력 $v_C(t)$의 변화를 확인하기 위한 프로그램을 아래에 제시하였다. 먼저 시뮬레이션을 위해 [그림 2.25]를 파일명 'RLC_circuit.mdl'로 저장한 뒤 명령어 sim을 사용하여 얻어진 응답곡선을 [그림 2.26]에 표시하였다.

```
% Run RLC Circuit Model
R = 1;L = 1;
CAP = [1/2 1/4 1/8];                                % C 값의 설정
for k=1:3
    C = CAP(k);
    sim('RLC_circuit');                             % 시뮬레이션 실행
    vc(:,k) = yout;
end
plot(tout,vc(:,1),tout,vc(:,2),tout,vc(:,3))        % [그림 2.26]
xlabel(' Time (secs) ');grid,ylabel(' Amplitude (volts) ')
st1 = 'C = ';
st2 = num2str(CAP(1));
st3 = ' F ';
sl1 = strcat(st1,st2,st3);                          % legend 1
st2 = num2str(CAP(2));
sl2 = strcat(st1,st2,st3);                          % legend 2
st2 = num2str(CAP(3));
sl3 = strcat(st1,st2,st3);                          % legend 3

st1 = ' Capacitor Voltage Plot, R = ';
st2 = num2str(R);st3 = ' \Omega ';
st4 = ' , L = ';st5 = num2str(L);
st6 = ' H ';
stitle = strcat(st1,st2,st3,st4,st5,st6);
title(stitle),legend(sl1,sl2,sl3),axis([0 10 -5 20]);
```

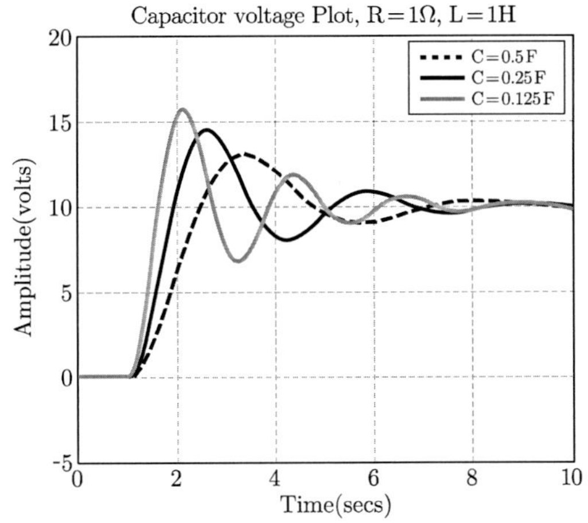

[그림 2.26] RLC회로의 응답특성

- **각 소자의 출력특성 비교**

[그림 2.24]의 회로에서 출력으로 C 양단의 전압 $v_C(t)$뿐만 아니라 R과 L에 걸리는 전압까지도 하나의 그래프에 나타낼 수 있도록 위의 프로그램을 약간 수정한다.

먼저 R에 걸리는 전압은 식(2.5)의 두 변수인 $z_1(t)$, $z_2(t)$를 이용하여 표현하면 다음으로 된다.

$$v_R(t) = Ri(t) = RC\frac{dv_C(t)}{dt} = RCz_2(t) \tag{2.6}$$

으로 되며, L에 걸리는 전압은 키르히호프의 전압법칙에 의해 다음과 같이 계산된다.

$$v_L(t) = u(t) - v_R(t) - v_C(t) \tag{2.7}$$

[그림 2.27]은 [그림 2.25]에 식(2.6)과 (2.7)의 관계를 적용한 Simulink 모델이다.

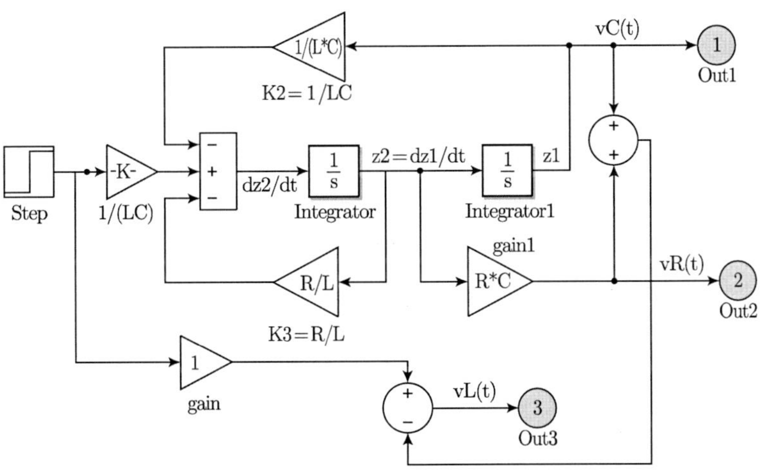

[그림 2.27] R, L 및 C의 응답특성을 얻기 위한 모델

[그림 2.27]을 파일명 'RLC_modified.mdl'으로 저장한 뒤 다음 프로그램을 실행하면 [그림 2.28]을 얻는다.

```
% Running the Modified RLC Circuit Model
R = 1;C = 1/8;L = 1/2;
sim('RLC_modified');                              % simulation 실행
vC = yout(:,1);                                   % capacitor 전압
vR = yout(:,2);                                   % resistor 전압
vL = yout(:,3);                                   % inductor 전압
plot(tout,vR,tout,vC,tout,vL)                     % [그림 2.28]
xlabel(' Time (secs) ');grid,ylabel(' Amplitude (volts) ')
legend(' v_R ',' v_C ',' v_L ');                  % 그림에 legend 삽입
% Build plot title
st1 = 'RLC Circuit Voltage Plot, R = ';
st2 = num2str(R);st3 = ' ₩Omega  ';
st4 = ' , L = ';st5 = num2str(L);
st6 = ' H ';st7 = ' , C = ';
st8 = num2str(C);st9 = ' F ';
stitle = strcat(st1,st2,st3,st4,st5,st6,st7,st8,st9);
title(stitle),axis([0 10 -10 15]);
```

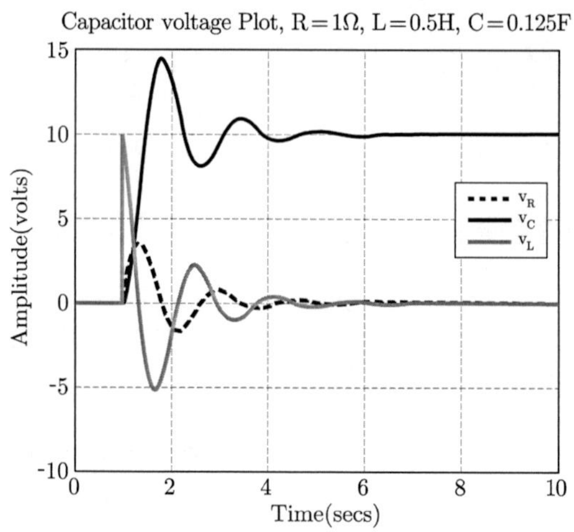

[그림 2.28] 수정된 RLC회로의 출력응답

2.4 Simulink 블록의 분류

여기서는 Simulink를 활용하여 제어시스템을 설계한다는 본서의 목적에 필요불가결한 Simulink의 블록에 대한 설명을 진행하기로 한다. 이를 위해 먼저 Simulink가 제공하는 모든 블록을 다음과 같이 네 종류의 그룹으로 재분류한다.

(A) **시스템 관련 블록** : 시스템을 표현하는 블록과 그의 응답특성의 확인 등을 위한 입출력 장치 등을 위한 블록이다.

- 입출력 장치 : Inport, Outport, Scope 등
- 시스템 : Integrator, Derivative, State-Space, Transfer Fcn 등

(B) **신호흐름의 제어 및 처리 관련 블록** : 각 블록 사이의 신호 흐름과 그 과정의 수학적 표현법 등과 관련된 블록이다.

- 신호흐름 제어 : Bus Creator, Mux, Switch, Sum, Selector 등
- 신호의 처리 : Gain, Divide, Math Function, Product 등

(C) **결과 검증 관련 블록** : 시뮬레이션 도중의 검토 혹은 최종결과의 확인을 위한 블록이다.

- 결과확인 블록 : Check Static Lower Bound, Check Dynamic Gap 등

(D) **편의 블록** : 상기 외에 모델의 생성에 도움을 주는 블록

- 모델관련 : Model Info, DOC, Model, Trigger 등

예를 들어 [그림 2.29]와 같이 DC모터의 각속도를 제어하는 제어기를 설계한다고 생각해 보자. 이 경우

(A1) 그룹(입출력) : Step, Scope 블록

(A2) 그룹(시스템) : Integrator, Transfer Fcn(또는 State-Space), PID블록

(B1) 신호의 흐름 : Sum, Bus Creator 블록

(B2) 신호의 처리 : Gain, Math Function 블록

(C) 결과의 확인 : Check Dynamic Gap 블록

(D) 모델의 설명 : Model Info, DOC 블록

등이 필요할 것이다. 이들을 결합하여 시뮬레이션을 수행하고, 이 결과에 따라 제어기의 파라미터 등을 재설정할 수 있을 것이다[10].

---

10) 여기에 필요한 Simulink의 블록선도 등은 제3장에서 자세히 설명한다.

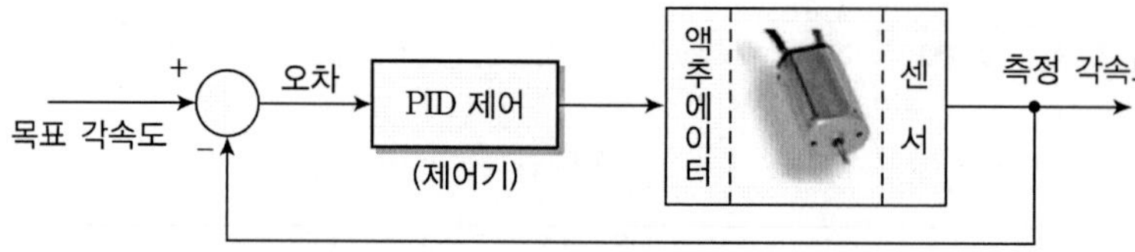

[그림 2.29] DC모터의 속도제어시스템

여기서는 앞에서 사용된 블록 외에 향후 제어기의 설계과정 등에서 꼭 필요한 블록을 선정하여 상기의 분류 (A) ~ (D)에 입각하여 설명한다.

• A1. 입출력 관련 블록

시뮬레이션을 위해 시스템에 인가되는 각종 신호의 생성과, 시뮬레이션의 결과 얻어진 응답신호의 처리 등과 관련된 블록이다.

■ (A1.1) Inport와 Outport 블록

- **Inport** : 시스템의 외부입력단자, 혹은 부시스템의 입력으로 사용된다.
- **Outport** : 시스템의 외부출력단자, 혹은 부시스템의 출력으로 사용된다.

[예제 2.1] (Inport와 Outport의 사용법)

[그림 2.30]에서 시뮬레이션의 입력으로 사용된 **Step** 블록 대신 외부에서 새로이 입력신호를 작성하여 인가하는 문제를 생각하여 보자.

먼저 시뮬레이션의 입력신호 발생용 블록인 **Step**을 제거하고 그 자리에 **Inport** 블록을 추가한 [그림 2.30]를 'Fig_2_30.mdl'란 파일명으로 저장한다. 다음 [그림 2.30]의 모델의 Toolbar의 **Simulation → Configuration Parameters** 대화창에서 **Load from workspace** 항목을 체크한다([그림 2.31] 참조). 이러한 과정은 모델의 시뮬레이션에 필요한 입력데이터를 Simulink의 모델 내부에서 공급하는 것이 아니고, 시간축을 변수 t, 크기를 변수 u로 하여 외부, 즉 MATLAB의 작업공간에서 제공하겠다는 것을 의미한다.

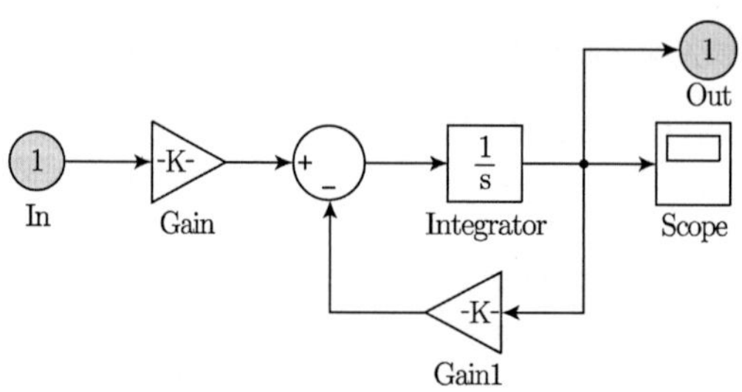

[그림 2.30] **Inport**와 **Outport** 블록

따라서 시뮬레이션을 실행하기 전에 필요한 입력신호가 변수 t와 u로서 MATLAB의 작업공간에 존재하여야 한다(프로그램 참조)[11].

또한 [그림 2.31]의 **Save to workspace** 항목의 체크표시로 인해 모델 [그림 2.30]의 시뮬레이션 결과는 **Outport**를 통해 변수 yout (크기)와 tout (시간)로서 MATLAB의 작업공간에 저장된다[12]. 이 경우 **Outport**가 하나뿐이므로 변수 yout는 하나의 열을 가지는 벡터로 된다. 따라서 모델의 내부에 **Outport**가 하나 이상 존재하는 경우에는 모델에서 지정되어 있는 순서(번호)에 따라 yout에 열벡터로서 차례로 저장된다. **Inport**의 경우에도 마찬가지이다.

Inport 혹은 **Outport**를 복수개 사용하는 경우에는 그 순서에 주의하여야 한다.

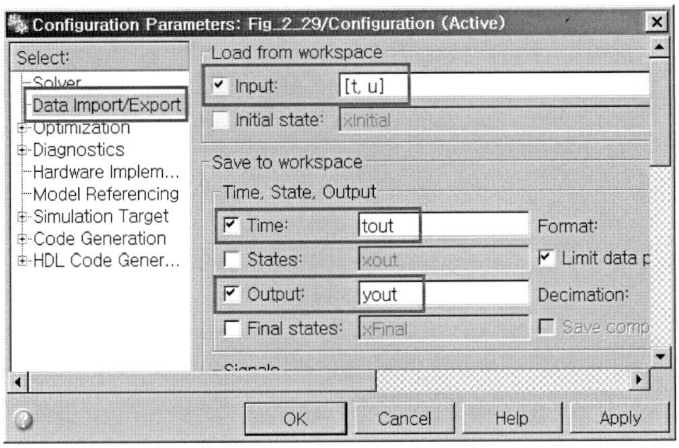

[그림 2.31] **Configuration Parameters**의 대화창

```
% Run RLC Circuit Model with Inport & Outport blocks
R = 1;
CAP = [1 1/2 1/4];
t = [0:0.1:1,1:0.1:10]';                                    % 시뮬레이션 시간의 설정
u = [zeros(size(0:0.1:1)),10*ones(size(1:0.1:10))]'; % 인가할 입력의 생성
for k=1:3
    C = CAP(k);
    sim('FIg_2_29');
    vc(:,k) = yout(:,1);
end
plot(tout,vc(:,1),tout,vc(:,2),tout,vc(:,3))          % [그림 2.23]로 됨을 확인
xlabel(' Time (secs) ');grid, ylabel(' Amplitude (volts) ')
title(' Capacitor Voltage Plot USing SIM ')
axis([0 10 -5 15]);
```

11) 즉 '>> plot(t,u)'를 실행하면 시뮬레이션에 필요한 입력신호의 그래프가 얻어진다.
12) yout와 tout의 크기는 시뮬레이션의 구간간격의 크기에 따라 달라진다. 이 경우는 고정변수(fixed variable)을 사용하였기 때문에 for 루프의 구간에서 동일한 크기의 벡터가 생성된다.

■ **(A1.2) From File와 To File 블록**

- **From File 블록** : 시뮬레이션에 필요한 신호를 MAT 파일로부터 읽어 들인다. 이때 MAT 파일에 저장된 행렬의 첫 번째 행은 시뮬레이션 시간, 두 번째 이후의 행은 각 시각에 있어서의 입력 데이터를 의미한다. 따라서 첫 번째 행은 반드시 증가형의 정수로 주어져야 한다.
- **To File 블록** : 시뮬레이션 과정에서 발생한 신호를 행렬의 형식으로 MAT 파일에 저장한다. **To File** 블록의 대화창으로부터 저장되는 데이터의 형식을 결정한다. 사용법은 다음 예제를 참조한다.

[예제 2.2] (From File와 To File 블록의 사용법)

행렬 C가 다음과 같이 주어져 있다.

$$C=\begin{bmatrix} 1 & 2 & 3 & 4 \\ -1 & 1 & 0 & -1 \\ 4 & 0 & 3 & -2 \\ -3 & -1 & 2 & -4 \end{bmatrix} \tag{2.8}$$

위에서 언급한 바와 같이 행렬 C의 첫 번째 행은 시뮬레이션 시간, 즉 $t=1$에서 $t=4$를 나타내며, 두 번째 이후의 행은 각 시각에 있어서의 입력 값이다. 예를 들어 $t=3$에서의 입력데이터는 0, 3, 2로 주어진다.

식(2.8)을 MATLAB의 작업공간에서 생성하고, 명령어 **save**를 사용하여 다음과 같이 변수 C를 `matrixC.mat`의 이름의 파일로 현재의 디렉터리에 저장한다.

```
save ('matrixC.mat','C')   % 현재의 디렉터리에 변수 C를 matrixC.mat 파일명으로 저장
load matrixC               % matrixC 파일의 내용물을 작업공간으로 가져온다.
```

[그림 2.32]와 같이 **From File**과 **To File**로 이루어진 Simulink 모델을 작성한다.

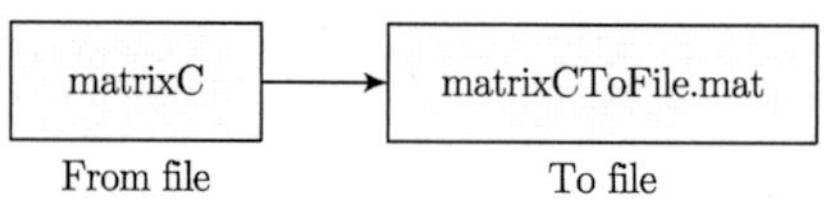

[그림 2.32] **From File**와 **To File** 블록 모델

[그림 2.32]의 **To File** 블록을 더블클릭하여 대화창을 오픈하고(그림 2.33), 여기서 **File name, Variable name** 및 **Save format** 항목을 그림과 같이 각각 설정한다. 이 설정의 결과로 현재 디렉터리 내에 파일 `matrixCToFile.mat`이 생성되고[13] 여기에 시뮬레이션의 실행결과가 `Cmatrix`의 변수명으로 저장된다. 파일의 내용, 즉 시뮬레이션 결과를 MATLAB의 작업공간으로 가져오기 위해서는 명령어 `load`를 사용하면 편리하다(프로그램 참조).

---

13) 파일명(File name)을 입력할 때 확장자 ~.mat까지 표시하는 것을 잊지 않도록 한다.

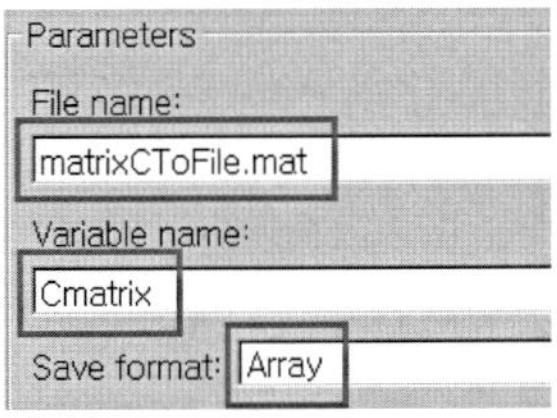

[그림 2.33] To File 블록의 대화창(일부)

■ (A1.3) From Workspace와 To Workspace 블록

- **From Workspace** : MATLAB의 작업공간에 있는 데이터를 모델로 읽어 들인다. 이때 블록의 대화창에서 데이터의 변수명 등을 지정한다. 이 경우 2D 데이터(즉 행렬)를 가져오기 위해서는 **structure-with-time** 형식을 이용하고, 1D 데이터(즉 벡터)의 경우는 배열(array) 혹은 **structure** 형식을 사용한다([예제 2.3A] 참조).
- **To Workspace** : 시뮬레이션의 실행결과 등을 MATLAB의 작업공간에 저장하기 위한 블록이다. 이 블록의 대화창에서 변수명과 저장형식 등을 설정한다([예제 2.3B] 참조).

[예제 2.3(A)] (From Workspace 블록의 사용법)

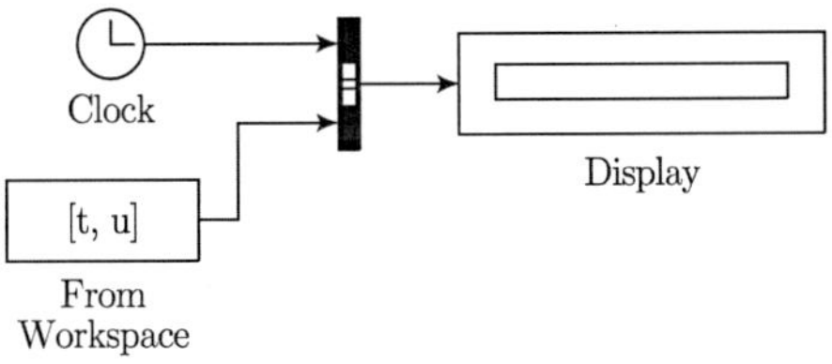

[그림 2.34] From Workspace의 사용법

[그림 2.34]로 주어진 모델에 대하여 MATLAB의 작업공간에서

```
t = 1:10;u = log10(t);
```

를 실행하여 입력용의 변수를 확보하고 모델 [그림 2.34]의 시뮬레이션을 실행한다[14]. 이 결과 Display 블록의 처음 1에서 10까지에는 변수 t가, 다음 11번째에서 20번째까지에는 u의 값이 표시되는 것을 확인할 수 있다.

이때 [그림 2.35]의 대화창에서 입력 데이터의 형식은 [t, u]로 되어 있음에 주의해야 한다. 즉, 반드시 1×20 인 행벡터의 형식으로 설정되어야 한다는 것이다.

14) 이때 시뮬레이션의 시간은 1초로 설정한다.

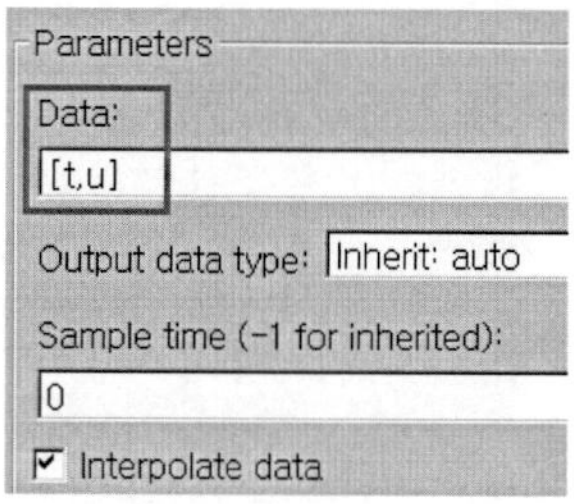

[그림 2.35] **From Workspace**의 대화창의 일부

[예제 2.3(B)] **(To Workspace 블록의 사용법)**

열벡터와 행벡터의 곱을 Simulink를 이용하여 확인하여 보자. 즉, 열벡터 $A=[1\ -1\ 2]^T$와 행벡터 $B=[2\ 3\ 4]$와의 곱의 실행을 위한 모델을 작성한다([그림 2.36]).

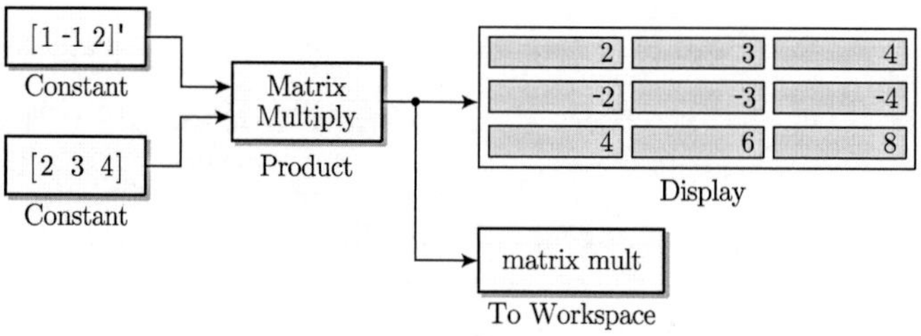

[그림 2.36] **To Workspace** 블록을 위한 예제

시뮬레이션을 위해서는 먼저 **To Workspace**의 대화창을 오픈하여 작업공간에 저장하기 위한 데이터용의 변수 등을 지정하여야 한다. 대화창 [그림 2.37]에서 변수명을 '`matrixmult`'로 한 뒤, 데이터의 포맷을 지정해야 한다. 대화창의 **Save format**에는 네 종류의 형식이 있으나 그림처럼 '**Structure With Time**'을 지정하고 시뮬레이션을 수행하면 변수 `matrixmult`가 **structure** 배열의 형식으로 (시뮬레이션) 시간 데이터와 계산결과 값이 저장된다[15].

```
matrixmult                         % 변수명을 실행하면 structure의 형식 등을 알 수 있다.

matrixmult =
        time: [51x1 double]
     signals: [1x1 struct]
   blockName: 'Example_2_3B/To Workspace'
```

즉, 시간 데이터는 `matrixmult.time`에 크기 (51×1)의 배열로, 시뮬레이션 결과는 `matrixmult.signals`에 **structure** 형식으로 각각 저장되어 있음을 볼 수 있다.

만약 저장형식을 'array'로 설정하였다면 변수 `matrixmult`는 $(3\times3\times51)$의 크기를 가지는 배열

15) MATLAB의 **structure** 배열의 사용법 등에 대해서는 MATLAB 설명서 등을 참조한다.

로 된다[16]. 3차원의 배열로 된 이유는 (3×1)인 벡터와 (1×3)인 벡터가 모델의 입력으로 인가되었기 때문이다. [그림 2.36]의 **Display** 블록의 표시는 `matrixmult(:, :, 51)`의 값을 의미한다. 이 경우 계산결과가 시뮬레이션의 시간에 따라 변화하지 않기 때문에 `matrixmult(:, :, 1)` ~ `matrixmult(:, :, 51)`은 동일한 값으로 된다. 여기서 '51'이란 숫자는 시뮬레이션 실행 시의 구간간격(**step size**)에 의해 결정되는 값이다. [그림 2.36]의 경우는 0에서 1초 사이를 51개의 구간으로 나누어 계산되었음을 의미한다.

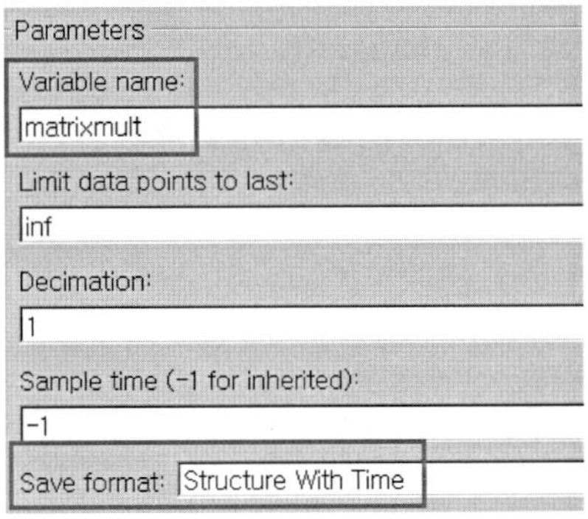

[그림 2.37] **To Workspace**의 대화창

■ (A1.4) Clock 블록

[그림 2.13]의 **Solver** 대화창에서 지정한 구간간격에 따라 각 시뮬레이션 구간에서의 현재 시간을 출력한다. 따라서 [그림 2.38]과 같이 이 블록에 **To Workspace** 블록을 연결하면 그래프작성에 필요한 x축의 데이터가 변수 `sim_time`에 저장되며 그 크기는 설정된 구간간격에 따른다. 만약 시뮬레이션 **Configuration** 대화창의 **Data Import/Export**에서 **Time** 항을 체크하였다면([그림 2.21] 참조) 시뮬레이션 종료 후 변수 `tout`에도 동일한 결과가 저장된다.

제어기 설계 등에서 여러 종류의 시간간격으로 시뮬레이션을 수행해야 하는 경우에는 시뮬레이션의 대화창을 이용하는 것보다 상기의 **Clock** 블록을 사용하여 시간 데이터를 취득하는 것이 편리한 경우가 많다.

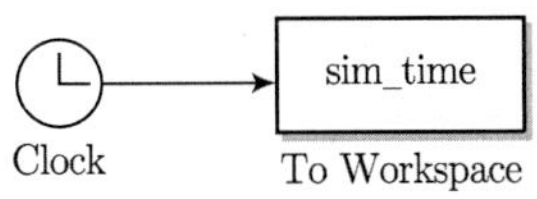

[그림 2.38] **Clock** 블록의 사용

16) 위의 structure 형식인 경우에도 `matrixmult.signals.values`의 크기는 역시 $(3\times3\times51)$이다.

■ (A1.5) XY Graph 블록

MATLAB의 그림윈도에 XY 그래프를 작성한다. 이 블록은 두 개의 스칼라 입력단자, 즉 첫 번째를 x축으로 하고 두 번째를 y축으로 하는 그래프를 생성한다. 이 블록은 두 개의 상태를 가지는 자료를 분석하는 경우 등에 편리하다.

XY Graph 블록을 더블클릭하여 표시된 대화창에서 x축 및 y축의 구간을 지정할 수 있으며, 이때 설정된 구간 외의 데이터는 그래프에 나타나지 않는다.

[예제 2.4] (XY Graph 블록의 사용법)

모델 [그림 2.39]은 xy그래프의 원점에 중심을 가지는 반지름 4인 원의 그래프를 생성한다.

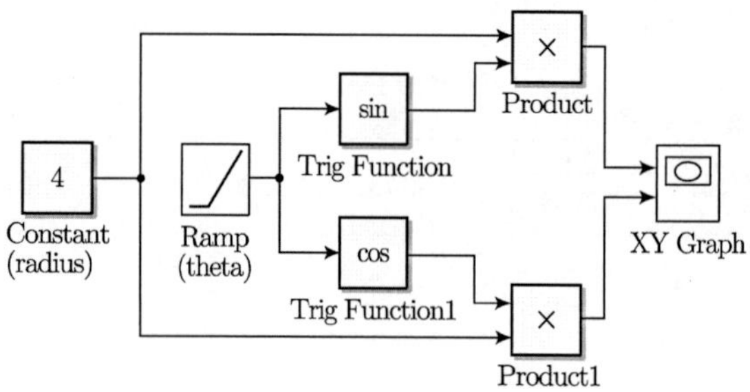

[그림 2.39] XY Graph 블록의 사용 예

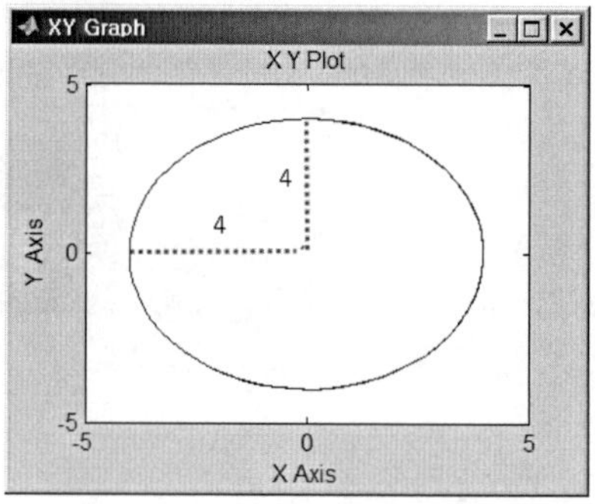

[그림 2.40] [예제 2.4]의 실행결과

[그림 2.39]를 실행하면 [그림 2.40]의 그림윈도가 오픈된다.

■ (A1.6) Ground와 Terminator 블록

시뮬레이션을 위한 모델을 작성하는 중간과정에서, 최종적인 결과를 얻기 전까지 입력이 필요한 블록선도 등에서 입력을 오픈시키고 예비적인 시뮬레이션을 수행하는 경우가 종종 발생한다. 이 경우 시뮬레이션이 실행은 되지만 MATLAB의 작업윈도에서 입력단이 오픈되어 있다는 경고메세지가 화면가득 나타난다. 이를 방지하기 위해서는 임시적으로 Ground 블록을 입력단에 연결시키면 시뮬레이션에는 영향을 주지 않고 경고메세지가 나타나는 것을 피할 수 있다.

마찬가지로, 임의 블록의 출력단이 오픈되어 있을 경우에도 상기와 동일한 경고메세지가 나타난다. 이 경우 출력단에 Terminator 블록을 연결시켜 두면 이를 방지할 수 있다.

• A2. 시스템 관련 블록

■ (A2.1) 적분기 블록(The Integrator Block):

들어온 신호를 시간적으로 적분한다. 대부분의 물리시스템의 표현식에는 미분방정식이 사용되기 때문에 시뮬레이션을 위한 모델링(즉 Simulink 모델)에는 반드시 적분기가 요구하다. 따라서 이들 모델의 시뮬레이션을 수행하기 위해서는, 주어진 모델의 특성에 부응하여 어떤 종류의 수치적 기법을 사용하여 적분을 수행할 것인지를 사전에 지정하여야 한다. [그림 2.13]에서 'Solver: Ode45 (Dormand-prince)'로 되어 있는 부분은 시뮬레이션의 실행 시에 사용되는 적분의 수치적 기법을 의미한다.

일반적으로 적분의 계산에는 몇 가지의 조건이 필요하다. 예를 들어 적분의 하한·상한 및 적분의 포화한계 등이 그것이다. Simulink의 적분기 블록을 더블클릭하여 대화창을 오픈하면 [그림 2.41]과 같이 여러 종류의 옵션이 나타난다. 이 중 필요한 몇 가지만 간단히 언급한다.

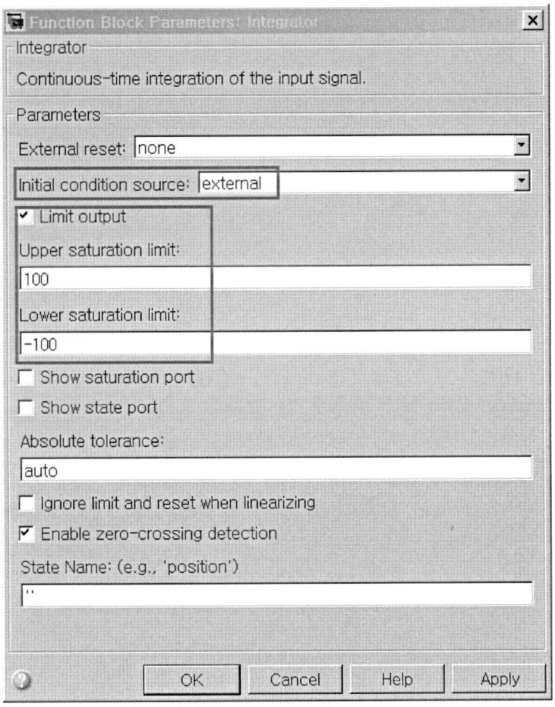

[그림 2.41] Integrator의 대화창

① **초기조건의 지정**: 대화창에서 'Initial condition source'로 되어 있는 부분으로 여기에는 'internal'과 'external'의 두 종류가 있다. internal을 지정하면 바로 그 아래의 'initial condition:' 박스에 초기조건의 값을 직접 입력한다. external로 설정한 경우에는 초기조건의 대화창은 사라지고 적분기의 블록이 초기조건의 입력을 위한 외부입력단

자가 하나 추가된 모양으로 바뀐다([그림 2.42] 참조).

② **적분의 한계값 설정** : 대화창의 'Limit output'를 체크하고 그 아래의 상한값(Upper saturation limit)과 하한값(Lower saturation limit) 박스에 적절한 값을 입력한다.

③ 상기 외에, 외부에서 인가되는 구형파의 상승(rising), 하강(falling) 등에 따라 적분의 수행하는 단자, 혹은 적분기의 현재 상태(state) 등을 보여주는 출력단자 여러 종류의 옵션이 존재한다. 모든 옵션을 설정하였을 경우 적분기 블록의 모양은 [그림 2.42]와 같이 변화한다. 각 옵션의 상세한 설명은 Help를 참조 바란다.

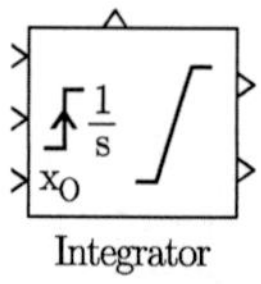

[그림 2.42] 적분기 블록의 풀 옵션 설정

[예제 2.5] 적분기 블록의 사용 예 :

다음의 간단한 2계미분방정식을 적분기를 이용하여 실현하여 보자.

$$\frac{d^2x(t)}{dt^2}+4\frac{dx(t)}{dt}+3x(t)=3u(t) \tag{2.9a}$$

$$x(0)=0.5,\, x'(0)=0 \tag{2.9b}$$

위 식을 라플라스변환을 이용하여 해를 구하면 다음과 같다.

$$x(t)=\left(1+\frac{1}{4}e^{-3t}-\frac{3}{4}e^{-t}\right),\ (t\geq 0) \tag{2.9c}$$

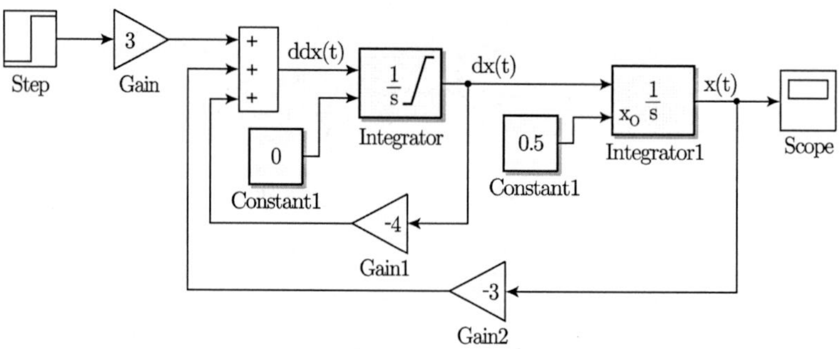

[그림 2.43] 적분기블록을 이용한 예

[그림 2.43]을 실행하면 미분방정식의 해 식(2.9c)의 그래프를 얻는다. 위 블록선도에서 두 개의 Constant 블록은 적분기의 초기값을 제공하는 역할을 한다.

■ **(A2.2) 미분기 블록(The Derivative block) :**

입력신호의 근사적인 미분, 즉 $\Delta u/\Delta t$ 의 계산을 수행한다. 여기서 Δu는 입력신호의 변화량, Δt는 시간의 변화, 즉 시뮬레이션의 구간간격을 의미한다. 미분의 정확도는 시뮬레이션에서 취하는 구간간격의 크기에 의존한다. 다시 말하면 시뮬레이션의 구간간격이 좁을수록 더 정확한 미분값을 출력하지만, 시뮬레이션의 **Solver**는 입력신호가 급격하게 변화하지 않는다면 구간간격을 무작정 작게 취하지 않는다. 따라서 이러한 경우에는 가능한 미분기를 사용하지 않도록 Simulink 모델을 작성하는 것이 필요하다.

• **전달함수를 이용한 미분기의 성능향상**

만약 미분기와 전달함수 블록을 직렬로 연결하여 사용하는 경우를 생각하여 보자. 이 경우 [그림 2.44]에서와 같이 미분기를 전달함수에 포함시킨다면 훨씬 정확한 결과를 예측할 수 있을 것이다.

미분기 블록은 입력신호의 미분을 근사적으로 다음과 같이 수행한다.

$$\frac{s}{\frac{1}{N}s+1} \tag{2.10}$$

식(2.10)이 근사적으로 s (즉 미분)의 역할을 할 수 있도록 하는 N값을 미분기 블록의 대화창에서 설정하면 된다. 이 값은 모델의 (주파수) 특성에 따라 달라지기 때문에 값의 지정에 주의가 필요하다.

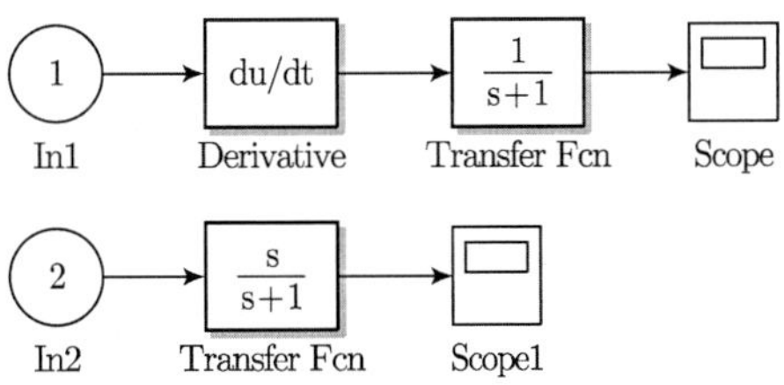

[그림 2.44] 미분기와 전달함수 블록의 사용

■ **(A2.3) PID제어기 블록(The PID Controller block) :**

PID제어기 블록이란 비례기 블록(Proportional), 적분기 블록(Integral) 및 미분기 블록(Derivative)의 세 종류의 블록으로 구성된 부시스템 블록이다. PID제어기(PID Controller)란 서보(servo)시스템 등의 설계에 가장 일반적으로 사용되는 제어기의 한 형태이다(제3장 참조).

여기서는 Simulink가 제공하는 PID블록의 사용법에 대해서만 간단히 언급하고, 실제로 제어기 설계 시에 필요한 각 블록의 파라미터 설정법 등에 대해서는 제3장을 참조한다.

[그림 2.45]를 더블클릭하여 나타나는 대화창([그림 2.46])에서 필요한 값을 입력한다. 이 경우 각 변수는 PID제어기의 파라미터로서 다음과 같이 사용된다.

$$K_p + K_i \frac{1}{s} + K_d \frac{N}{1 + N\frac{1}{s}} \tag{2.11}$$

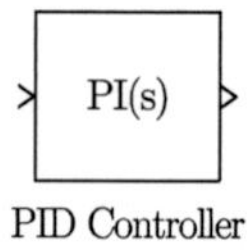

[그림 2.45] PID제어기 블록

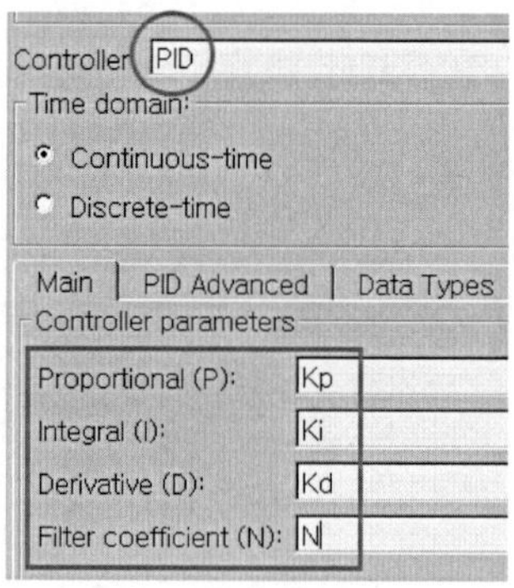

[그림 2.46] PID블록의 대화창

■ **(A2.4) 상태방정식(State-Space), 전달함수(Transfer Fcn) 및 영점 • 극점(Pole-Zero) 블록 :**

시스템의 수식모델을 Simulink에서 나타내기 위해 사용되는 블록으로 상태방정식 블록과 전달함수 블록이 있다. 이외 전달함수와 동일하지만 분자·분모다항식을 인수 분해하여 영점과 극점만을 입력하는 영점·극점 블록이 있다([그림 2.47]).

상태방정식블록의 경우는 그림과 표시한 바와 같이 네 개의 행렬 A, B, C, D의 입력이 필요하며, 전달함수의 경우는 분자와 분모다항식을 내림차순(descending order)으로 입력하여야 한다. 또 영점·극 블록의 경우는 영점과 극점의 위치를 차례로 입력하면 된다. 이 경우, 만약 복소수를 영점 또는 극점으로 입력하는 경우에는 반드시 공역(conjugate)으로 주어져야 한다는 점에 유의한다.

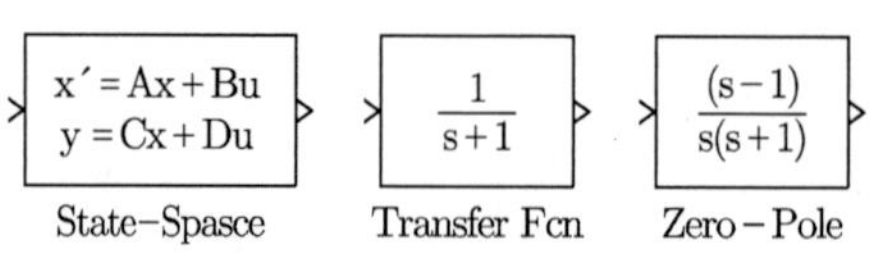

[그림 2.47] 상태방정식(왼쪽)과 전달함수(가운데) 및 영점·극 블록

[예제 2.6] **상태방정식, 전달함수 및 영점·극점 블록의 사용 예 :**

[그림 2.48]은 동일한 시스템을 세 종류의 블록을 사용하여 표현하였다. 동일한 출력이 얻어짐을 확인한다[17].

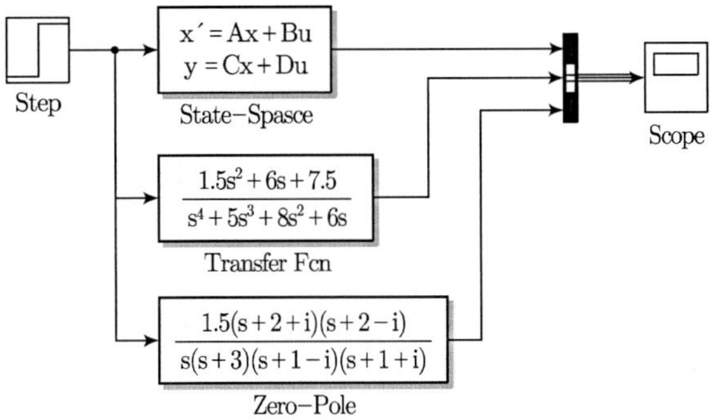

[그림 2.48] [예제 2.6]의 Simulink 모델

(A2.5) 전송지연블록(Transport Delay Block)

인가된 입력이 지정된 시간만큼 지연되어 출력으로 나타나는 특징을 가진다. 다시 말하면 입력에서 출력까지 진행되는 과정에서 지정된 시간만큼 늦어져서 출력으로 전달된다는 것을 의미한다. 지연시간의 크기는 [그림 2.13]에서 설정하는 시뮬레이션의 구간간격보다 큰 값을 가져야 정확한 결과를 얻을 수 있다[18].

전송지연과 관련되어 두 종류의 블록, 즉 하나는 지연시간이 고정된 값을 가지는 블록(Transport Delay)과 지연시간을 외부입력으로 조절할 수 있는 블록(Variable Transport Delay)이 있다. 따라서 가변전송지연블록은 두 개의 입력단자, 즉 일반적인 데이터입력 단자와 시간지연 설정용 단자가 그것이다.

[예제 2.7] **가변전송지연블록의 예 :**

[그림 2.49]는 Signal Generator Block으로부터 발생되는 신호를 90° 지연시켜 출력으로 내보고 있는 것을 확인할 수 있다.

---

17) 상태방정식의 경우 A = [−5 −8 −6 0;1 0 0 0;0 1 0 0;0 0 1 0], B = [1 0 0 0]T, C = [0 1.5 6 7.5] 및 D = 0을 각각 입력한다.

18) 가변, 즉 variable step size를 지정한 경우에도 구간간격의 정확한 값은 알 수 없지만, 대략적으로 이보는 큰 값이 주어져야 한다.

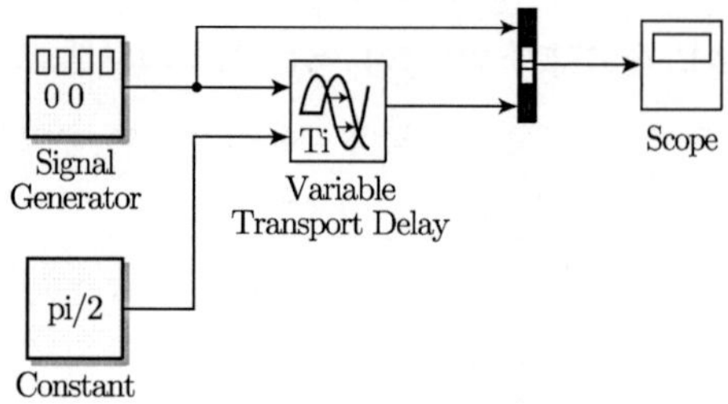

[그림 2.49] 가변전송지연블록의 사용

• B1. 신호의 흐름

■ **(B1.1) Bus Creator와 Bus Selector Block :**

위 블록에 대한 설명을 위해서는 먼저 여러 개의 신호를 묶어서 하나의 선으로 표시한 신호 버스(signal bus)의 개념이 필요하다. 즉, Simulink의 블록에서는 여러 종류의 신호를 하나의 선, 또는 복수개의 선의 그룹으로 나타낸다. 이러한 경우 **Bus Creator**와 **Bus Selector** 블록이 사용된다.

[예제 2.8]을 이용하여 위 블록에 대하여 설명한다.

[예제 2.8]

[그림 2.50]과 같이 입력신호로서 3개의 신호로서 이루어진 그룹 x, 하나의 신호만을 가지는 그룹 v 및 9개의 신호를 가지는 그룹 dx/dt로 주어진 총 13개의 신호를 **Bus Creator**를 통하여 하나의 버스신호로 생성되었다. 따라서 이 버스신호에는 총 13개의 신호가 포함되어 있다. 또한 **Bus Creator**는 생성한 버스의 각 신호에 이전 신호의 라벨이 그대로 할당된다는 점에 유의한다(default).

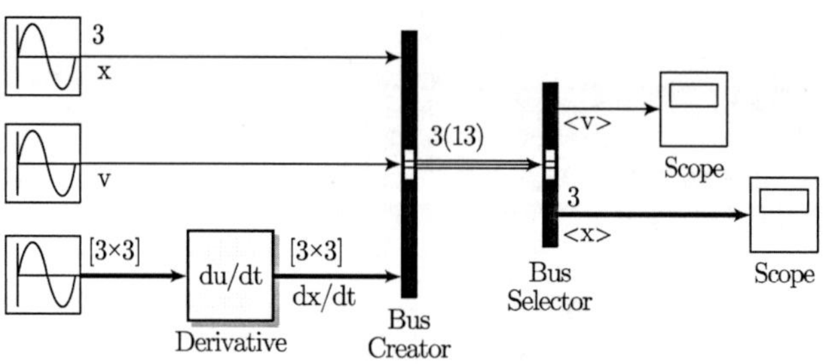

[그림 2.50] [예제 2.8]의 블록선도

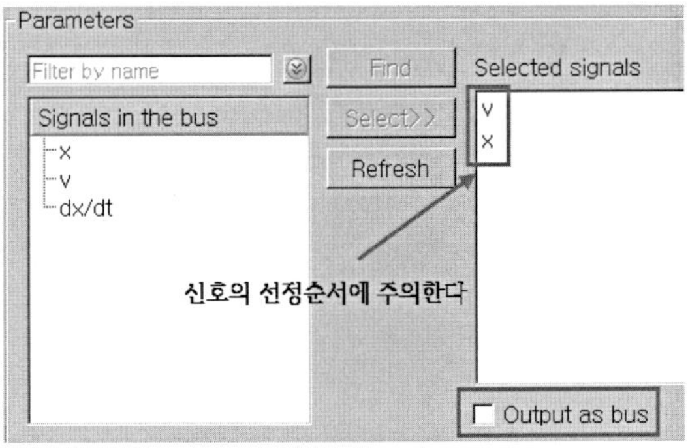

[그림 2.51] Bus Selector의 대화창

Bus Selector는 하나의 입력포트를 가지며 출력포트는 Bus Selector 블록을 더블클릭하여 오픈되는 대화창의 오른쪽 아래에 있는 Output as bus의 체크상자의 상태에 의존한다. 다시 말하면, 이것을 체크하면 입력으로 인가된 모든 신호는 하나의 버스로서 취급되어 하나의 출력포트만을 가지게 되며, 그렇지 않은 경우는 Bus Creator에서 생성되어진 신호의 라벨에 의해 신호의 선정이 가능하기 때문에([그림 2.51] 참조), 출력포트의 개수는 대화창에서 선정된 신호그룹의 개수에 따른다. [그림 2.51]의 경우 13개의 신호 중에서 v(1개)와 x(3개) 만이 선정[19]되었기 때문에 [그림 2.50]의 오른쪽 위의 Scope에는 하나의 신호, 아래쪽 Scope1에는 세 개의 신호가 출력될 것이다.

■ (B1.2) Mux와 Demux 블록 :

Mux와 Demux는 앞에서 언급한 Bus Creator와 Bus Selector와 유사한 역할을 한다. Mux 블록은 입력으로 인가된 모든 신호를 모두 묶어 하나의 선으로 나타낸다. 그러나 Bus Creator와는 달리 신호의 라벨을 전달하지는 않는다. 반대로 Demux 블록은 복수개의 입력신호를 특정한 몇 개의 그룹으로 분리하는 역할을 한다. 분리되는 그룹의 개수와 각 그룹으로의 입력신호의 배당 등은 아래 [예제 2.9]를 참조한다.

[예제 2.9]

[그림 2.52]에서 Demux 블록으로의 입력은 크기 (1×9)로 주어진다[20]. 이때 Demux 블록을 더블클릭하며 나타나는 대화창에서 [그림 2.53]과 같이 'Number of outputs'로 [-1 4 -1]로 설정한다. 이는 Demux가 인가된 9개의 신호를 세 개의 블록으로 나누어 출력한다는 것을 의미한다. 이때 세 개의 그룹이 가지는 신호의 개수는 두 번째 그룹이 4개로 우선 배정되고, 나머지 첫 번째와 세 번째는 각각 개수가 음의 수('-1')이므로 이는 Demux 블록이 자체적으로 결정한다는 것을 나타낸다. 위의 경우는 첫 번째에 세 개, 세 번째에 두 개가 배정되었음을 [그림 2.52]로부터 알 수 있다.

19) 신호의 선정 순서에 주의한다.
20) [1 2 3 4 5 6 7 8 9]로 주어졌다.

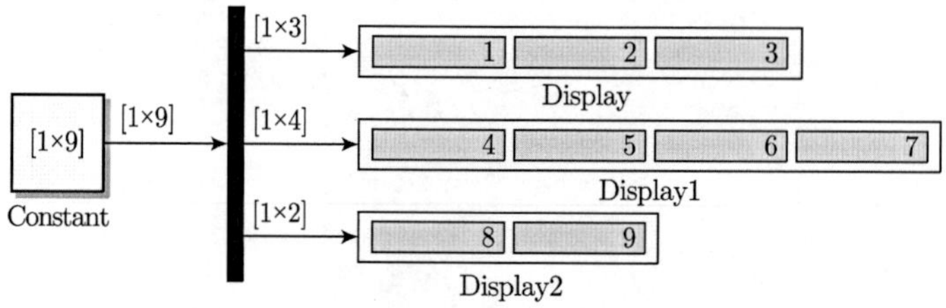

[그림 2.52] [예제 2.9] Demux의 사용법

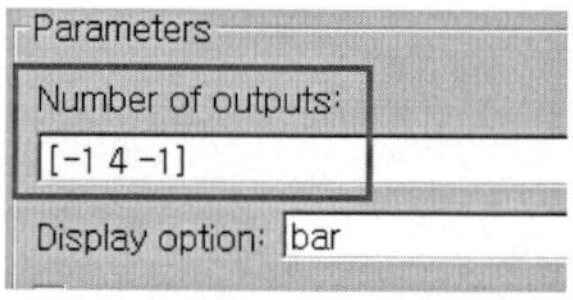

[그림 2.53] Demux의 대화창

■ **(B1.3) 포화블록(The Saturation and Saturation Dynamic Block):**

포화 블록은 이름 그대로 들어온 신호의 크기를 제한하는 역할을 한다. 이때 상한·하한의 크기를 미리 정하지 않고 외부신호로 변경할 수 있는 블록을 동적포화블록이라고 한다.

[예제 2.10]

[그림 2.54]의 모델을 실행하여 Scope에 나타난 신호를 확인하여보자. 이 경우 포화블록의 상한과 하한값은 외부에서 주어지고 있다.

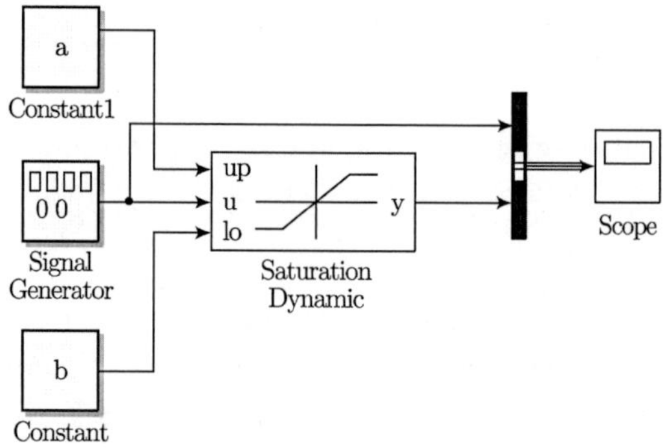

[그림 2.54] Saturation Dynamic Block의 사용

■ **(B1.4) 버스할당 블록(The Bus Assignment Block)**

블록으로 들어오는 신호 중 몇 개에 다른 신호를 할당하는 역할을 한다. 블록을 더블클릭하여 대화창을 오픈하면 [그림 2.55]와 같이 나타난다. 이로부터 이 블록의 입력포터으로부터

세 개의 신호가 들어오며(왼쪽 구획), 이중 2번과 3번의 신호를 다른 외부신호로 할당하겠다는 것을 오른쪽 구획에서 지정한다는 것을 알 수 있다.

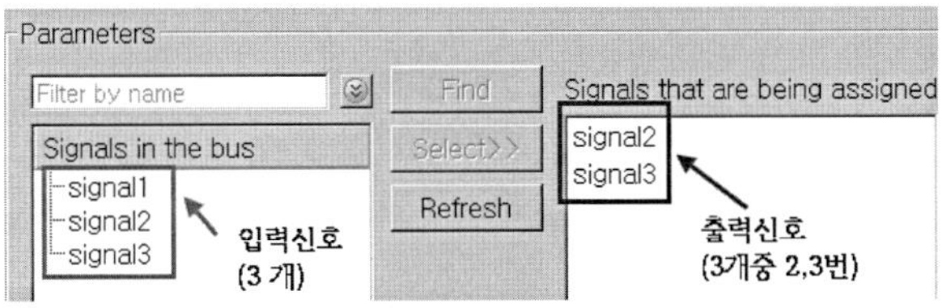

[그림 2.55] The Bus Assignment Block의 대화창

[예제 2.11]

[그림 2.56]은 버스 할당블록을 이용하여 세 개의 입력신호 중 두 번째, 세 번째를 다른 외부신호, 즉 랜덤신호와 백색잡음신호로 교체하는 과정을 보여주고 있다.

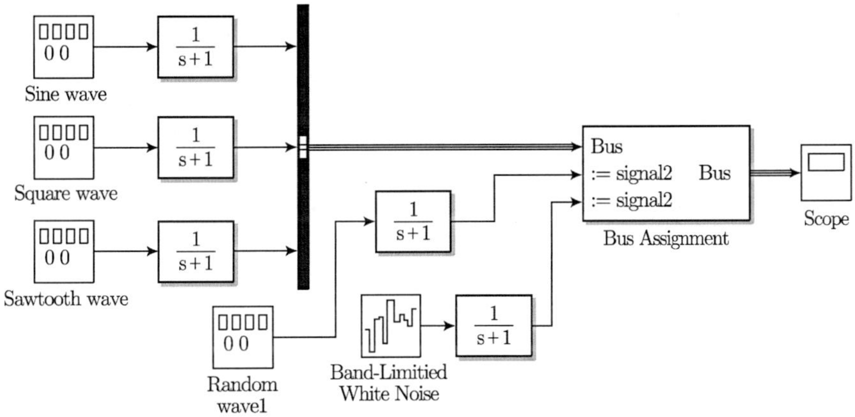

[그림 2.56] The Bus Assignment Block의 사용

이 결과 Scope에는 Sine wave, Random wave1 및 Band-Limited White Noise가 나타난다.

■ (B1.5) Goto와 From 블록

Goto 블록은 자신에게 들어온 신호를 대응하는 From 블록으로 연결해주는 역할을 한다. 즉, Goto와 From을 사용하면 선으로 연결하지 않고서도 두 블록 사이에 신호의 전달을 가능하게 한다. Goto 블록은 입력을 하나 이상의 From 블록으로 전달할 수 있지만, From 블록은 하나의 Goto 블록에서만 신호를 받을 수 있다.

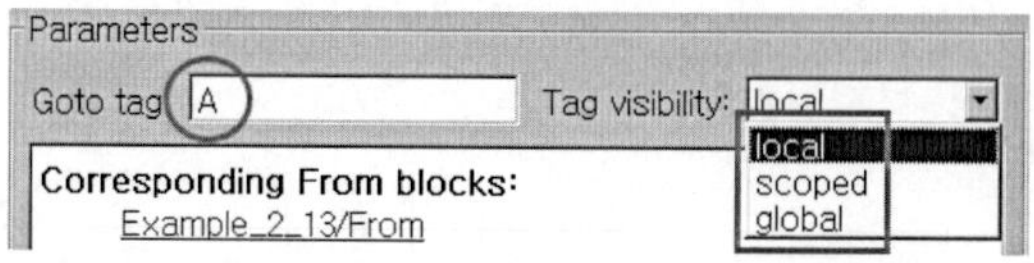

[그림 2.57] Goto 블록의 대화창

Goto와 **From** 블록이 연결되기 위해서는 각 블록의 대화창에 있는 **Goto tag**를 일치시켜야 한다. 또한 **Goto** 블록의 대화창에는 이러한 데이터의 전달이 가능한 범위를 지정하기 위한 세 종류의 파라미터 - **Local, Global, Scoped** - 가 존재한다([그림 2.57]).

① **Local** : **Goto**와 **From** 블록은 반드시 동일한 부시스템(subsystem) 내에서 **tag**를 일치시켜야 한다(default).

② **Global** : 동일한 **tag**를 사용하는 **Goto**와 **From** 블록은 모델 내의 어디에나 존재할 수 있다. 즉, 모델 내의 부시스템이나 그의 상위 시스템에 각각 존재하는 경우를 의미한다[21].

③ **Scoped** : 동일한 **tag**를 사용하는 **Goto**와 **From** 블록은 반드시 동일한 부시스템에 존재하거나 혹은 **Goto Tag Visibility** 블록보다 아래의 계층구조 속에 있어야 한다[22].

[예제 2.12]

Local로 사용된 **Goto**와 **From** 블록을 이용한 [그림 2.58]을 실행하여 본다.

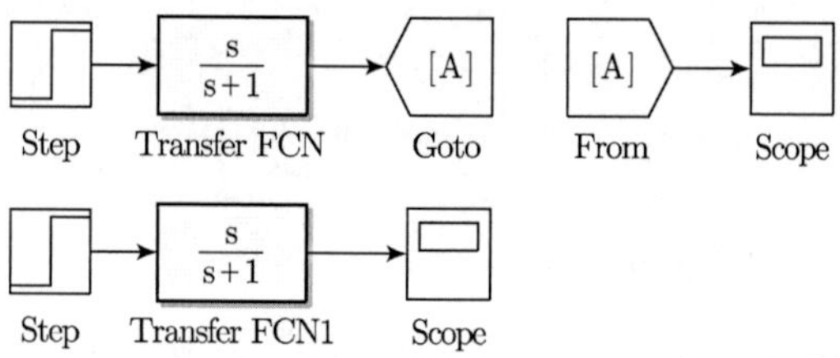

[그림 2.58] Goto와 From 블록의 사용

• B2. 신호의 처리 관련블록

■ (B2.1) 이득 블록(The Gain Block) :

이득 블록은 일정한 크기를 입력에 곱한 결과를 출력하는 역할을 한다. 이때 입력과 이득의 크기가 모두 스칼라이면 문제가 발생하지 않으나, 만약과 입력 혹은 이득이 벡터, 또는 행렬 등으로 주어지는 경우에는 두 양의 곱의 형식에 따라 계산결과가 달라지기 때문에 주의가 필요하다. 이득블록에 대한 대화창인 [그림 2.59]에는 네 종류의 계산방식이 제공되고 있음을 볼 수 있다. [예제 2.13]을 이용하여 각 방식에 대하여 설명한다.

21) 비가상인 부시스템의 경우는 예외로 한다.
22) Scoped는 여기서 별로 사용되지 않기 때문에 상세한 설명은 생략한다.

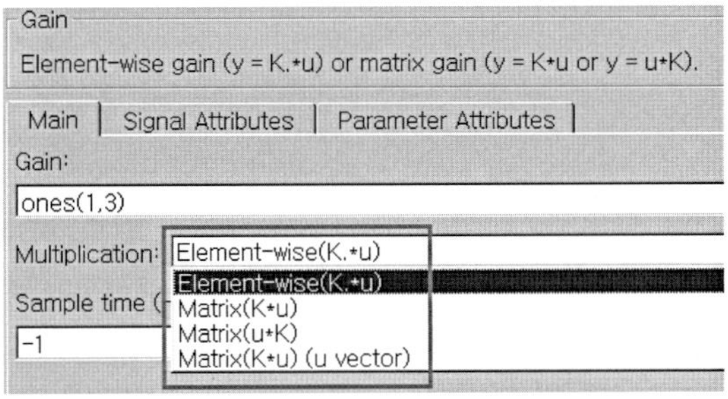

[그림 2.59] **Gain** 블록의 대화창

[예제 2.13]

[그림 2.60]로 주어진 모델에 대하여 생각하여 본다. 이때 이득블록의 이득으로 크기 (1×3)인 행벡터가 인가되었다고 한다.

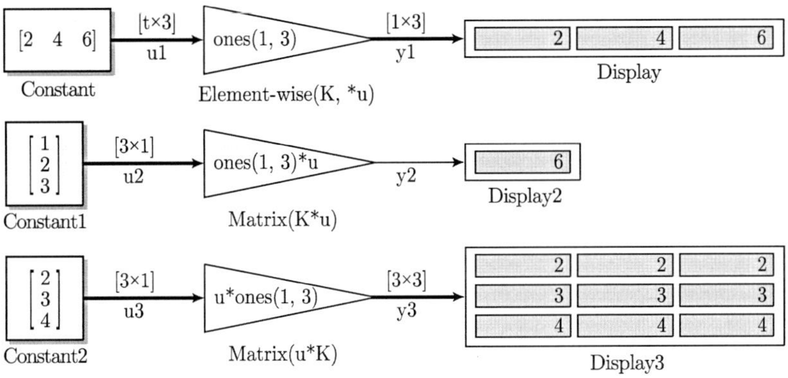

[그림 2.60] **Gain** 블록의 사용법([예제 2.13])

① 첫 번째 경우 : 입력으로 크기 (1×3) 인 벡터가 인가되었기에 두 개의 행벡터의 곱이 가능하기 위해서는 두 벡터의 서로 대응하는 각 요소의 곱을 얻는 방식인 **Element-wise** (K.*u)를 선정한다[23].

② 두 번째의 경우 : 입력이 크기 (3×1)인 열벡터이므로 (1×3)인 이득벡터와의 곱의 형식을 **Matrix** (K*u)를 취하면 그 결과는 스칼라로 된다.

③ 세 번째의 경우 : 위의 (2)와 동일한 입력과 이득이 지정되어 있으나 곱의 방식을 **Matrix** (u*K)로 하면, 크기 (3×1)인 열벡터에 (1×3)인 벡터를 곱하는 형식을 취하고 있기 때문에 결과는 (3×3)인 행렬로 된다. 즉,

$$\begin{bmatrix}1\\2\\3\end{bmatrix}\begin{bmatrix}1 & 1 & 1\end{bmatrix}=\begin{bmatrix}1 & 1 & 1\\2 & 2 & 2\\3 & 3 & 3\end{bmatrix}$$

의 값으로 된다.

23) MATLAB의 도트 연산과 동일하다(1.3절을 참조).

■ **(B2.2) 곱셈 블록(The Product Block) :**

두 개 이상의 입력의 곱을 수행하기 위해 Simulink는 세 종류의 블록-**Product, Divide, Product of Elements**-을 제공한다. 그러나 **Product** 블록의 설정을 이용하면 다른 두 종류의 블록의 역할을 대신할 수 있다.

여기서는 **Product** 블록이 가지는 두 종류의 곱셈방식(**Element-wise mode**와 **Matrix mode** [그림 2.61])에 대하여 설명한다.

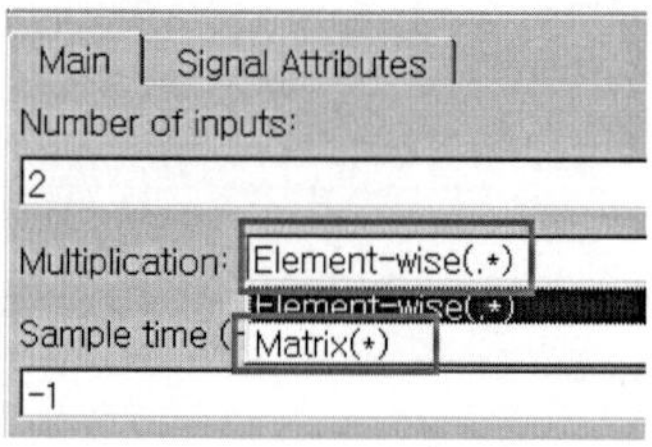

[그림 2.61] **Product** 블록의 대화창

- **Element-wise mode :**

디폴트인 곱셈방식으로 MATLAB에서 도트 연산(Dot Operation: .*)과 동일한 작용을 한다. 입력으로 스칼라뿐만 아니라 행렬이나 벡터와 같은 비스칼라도 가능하지만, 차원이 동일해야 한다는 조건이 필요하다. 다음과 같이 세 가지 경우를 생각할 수 있다.

① **스칼라×스칼라 :** 예를 들어 2×4=8의 계산과 같은 경우로서, 입력은 스칼라로 주어지는 어떤 양이라도 가능하다.

② **스칼라×비스칼라 :** 비스칼라의 각 요소에 스칼라 값이 곱해진 값을 출력으로 보낸다. [그림 2.62]는 MATLAB에서 '>> `2.*[4 8]`'을 실행한 결과와 같다.

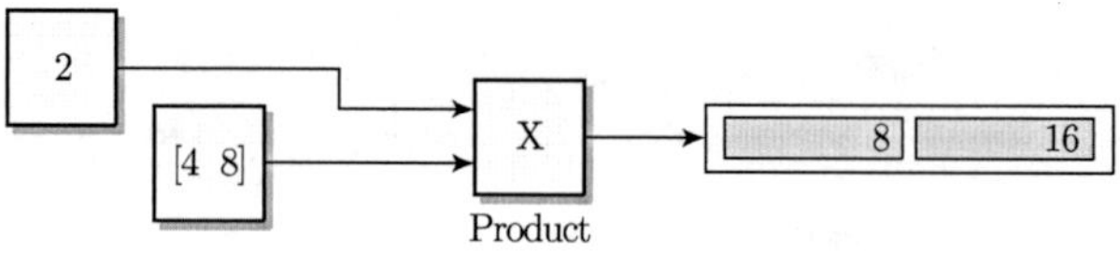

[그림 2.62] 스칼라 × 비스칼라

③ **비스칼라 × 비스칼라 :** 입력은 반드시 동일한 차원의 비스칼라가 인가되어야 하며, 입력의 서로 대응하는 요소의 곱을 출력으로 가진다. [그림 2.63]는 MATLAB에서 수행하면 다음과 같다.

```
A = [1 2;3 4];B = [5 6;7 8];
A.*B                                    % dot 연산을 실행한다
```

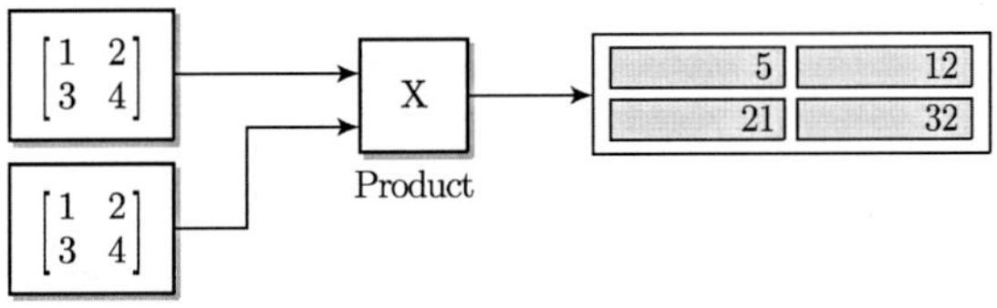

[그림 2.63] 비스칼라×비스칼라

상기 세 가지의 기본적인 방식 외에 [그림 2.61]의 대화창에서 'Number of inputs'란의 '2' 대신 곱셈 혹은 나눗셈의 기호를 직접 입력함으로서 다양한 계산이 가능하다. 이때 계산의 방침은 위의 ①~③을 따른다. 이에 대한 몇 가지 예를 [표 2.2]에 제시한다.

[표 2.2] Product 블록의 곱셈방식의 지정

Number of inputs 란의 표시	예 시
**	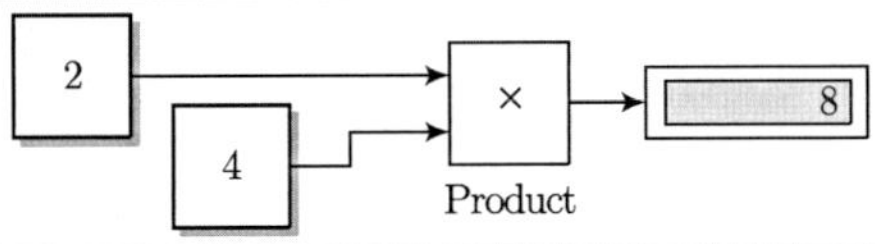
*/	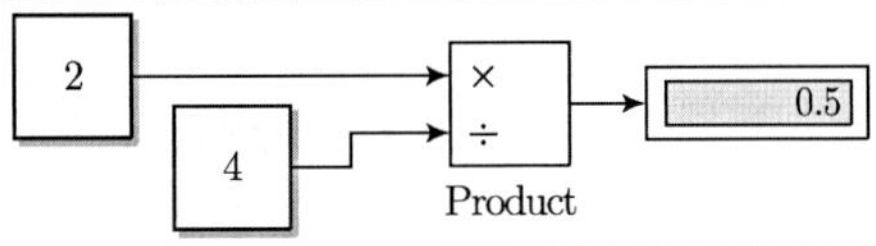
/**/	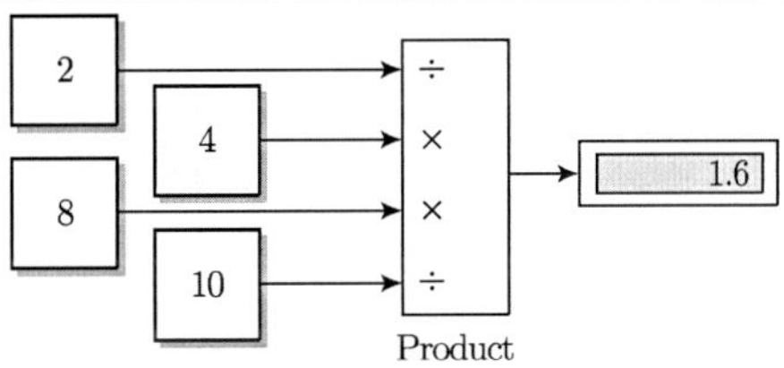
**	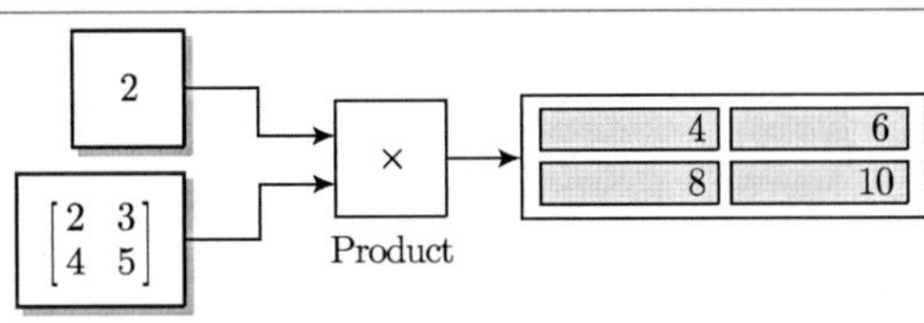
/	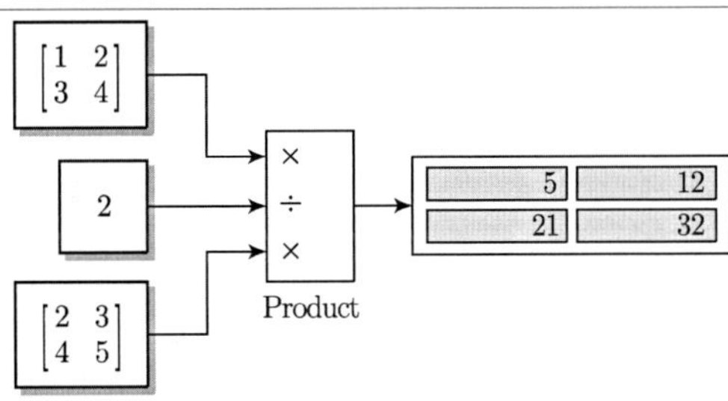

- **Matrix mode :**

블록의 대화창 [그림 2.61]에서 곱셈의 방식으로 **Matrix**를 선정하면, **Product** 블록의 비스칼라 입력은 모두 행렬로 간주하여 계산한다. 즉, MATLAB의 (*) –연산과 같은 작용을 한다. 이 모드에서는 수학적으로 행렬의 곱셈에 대한 계산이 성립하는 입력이 인가된다면, 이 블록으로 역행렬, 여러 행렬의 곱, 및 행렬로 나누기[24] 등을 수행할 수 있다. [그림 2.61]의 'Number of inputs'에서 입력의 개수와 곱셈을 할 것인가 나눗셈을 할 것인가 등을 지정한다([표 2.2] 참조).

■ (B2.3) 도트 곱셈 블록(The Dot Product Block) :

위의 **Product** 블록과는 달리 두 벡터의 내적을 계산한다. 이 블록의 두 입력벡터를 각각 u1, u2로 두면 **Dot Product** 블록의 작용은 다음과 같다.

```
y = sum(conj(u1).*u2);
```

■ (B2.4) Algebraic Constraint 블록 :

입력으로 들어온 신호 $f(z)$를 영으로 만드는 z를 출력한다. 다시 말하면 이 블록의 출력은 입력을 영으로 만들기 위해 필요한 값이기 때문에 출력은 반드시 입력 측으로 피드백 되어야 한다. 이 블록은 $f(z)=0$로 만들기 위한 초기 예상값(initial guess)의 입력을 요구한다. 보통의 경우 디폴트로서 '0'을 입력하지만, 계산효율의 향상 등을 위해서는 정확한 값에 가까운 입력하는 것이 필요하다.

[예제 2.14]

다음으로 주어진 비선형방정식의 해를 Simulink로서 구하여보자. 이와 같은 비선형방정식은 일반적으로 근사적 수법을 이용해야 하므로 해를 구하기가 쉽지 않지만, **Algebraic Constraint** 블록을 사용하면 비교적 간단히 정확한 해를 얻을 수 있다.

$$f(z)=z^2+4z+3+\sin z-z\cos z \tag{2.12}$$

식(2.12)에서 z^2을 실현하기 위하여 **Math function** 블록을 사용하였다. [그림 2.64]의 경우 **Algebraic Constraint**를 위한 초기값으로 '0 (디폴트)'을 사용하였지만 문제없이 정확한 해를 얻었다.

24) 행렬의 나누기란, 행렬에 다른 행렬의 역행렬을 곱한다는 것을 말한다.

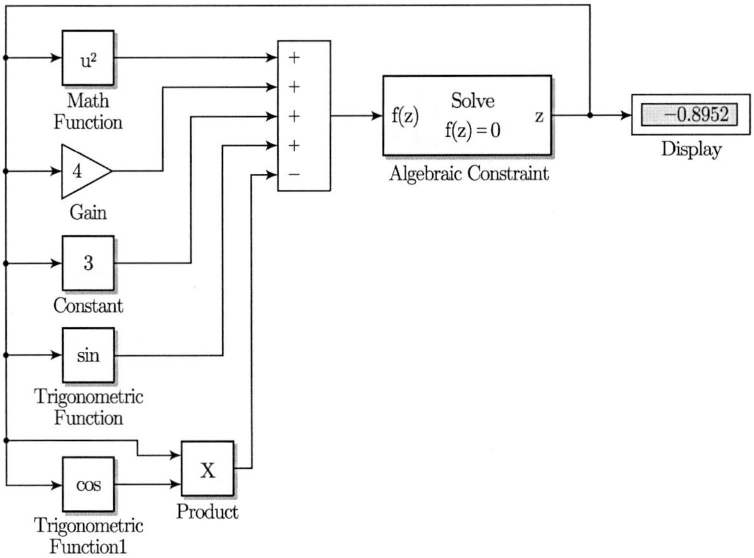

[그림 2.64] **Algebraic Constraint 블록의 사용**

■ **(B2.5) Fcn 블록 :**

(복수의) 입력신호에 대한 특정한 수식연산을 실행한다. 블록에 대한 입력 u가 벡터라면 u(i)는 이것의 i 번째 요소를 의미하며, 이들 요소를 이용하여 수식연산을 표현한다. 이때 이용 가능한 수식표현에는 다음이 있다.

① 정수, 4칙 연산 등 (+, −, * /, ^)

② 관계연산 (==, !=, 〉, 〈, =〉, =〈 등, 단 관계연산이 사용되면 출력은 1 (true), 혹은 0 (false)로 된다.

③ 논리연산 (&&, | |, !) 등, 이 경우의 출력은 관계연산과 같다.

④ 수학적인 표현 – `sin`, `cos`, `tan`, `sqrt` 등, 단 반올림, 반내림 등에 사용되는 `round`와 `fix`는 사용할 수 없다.

[예제 2.15]

다음 미분방정식

$$\frac{d^2y}{dt^2} + 4y = \tan 2t \qquad (2.13a)$$

의 해는 다음으로 주어진다.

$$y = -\frac{1}{4}\cos 2t \cdot \ln(\sec 2t + \tan 2t) + k_1 \cos 2t + k_2 \sin 2t \qquad (2.13b)$$

여기서 k_1, k_2는 초기값에 의해 결정되는 상수이다. 따라서 식(2.13b)를 계산하기 위해서는 시간 t와 상수 k_1, k_2가 주어져야 한다. 여기서 $u(1)= t = \pi/6$, $u(2)= k_1 = -1$ 및 $u(3)= k_2 =-3$ 두었을 때의 $y(t)$의 계산을 Fcn 블록을 이용하여 수행한다.

먼저 식(2.13b)를 세 개의 입력 $u(i), (i = 1 \sim 3)$으로 표현하고, 이때 사용한 변수 y를 **Fcn**블록의 '**Expression:**'에 입력한다([그림 2.65] 참조). [그림 2.66]의 모델을 실행하면 $y(\pi/6)$의 계산결과가 얻어진다[25]. 이 모델을 적절히 이용하면 시간 t의 변화에 대한 $y(t)$에 대한 그래프를 작성할 수 있을 것이다.

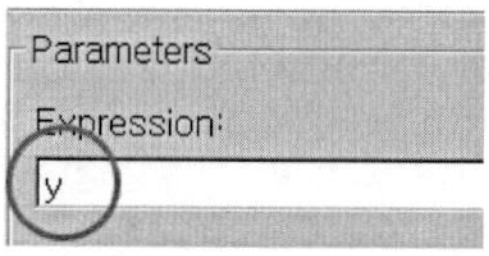

[그림 2.65] **Fcn** 블록의 대화창

```
% Fcn 블록의 내용
u(1) = pi/6;u(2) = -1;u(3) = -3;
y = -(1/4)*cos(2*u(1))*log(sec(2*u(1))+tan(2*u(1)))+u(2)*cos(2*u(1))
        +u(3)*cos(2*u(1));
```

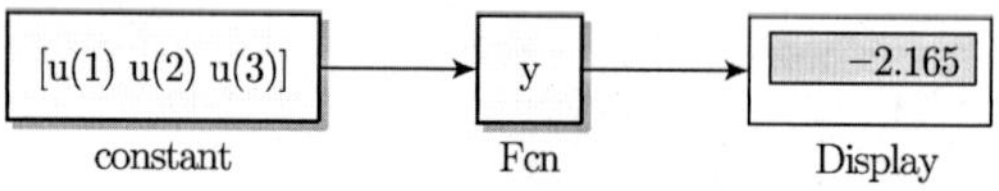

[그림 2.66] **Fcn** 블록의 사용

■ **(B2.6)** Interpreted MATLAB Fcn **블록:**

MATLAB의 함수를 블록의 입력신호에 적용한 값을 출력한다. u를 입력신호라고 하면, 스칼라의 경우는 sin, 벡터의 경우는 atan(u(1), u(2)), u(1)^u(2) 등으로 설정할 수 있다. 그러나 이 블록은 앞의 **Fcn** 블록 등보다는 실행속도가 느리기 때문에 다른 블록(**Fcn** 블록이나 **Math Function** 등)의 사용이 유리할 수도 있다.

[예제 2.16]

[그림 2.67]의 모델은 주어진 행렬에 대한 고유값을 계산하여 출력한다. 이때 블록은 계산함수로서 MATLAB가 제공하는 고유값 계산 명령어인 'eig'를 설정하였다.

25) [그림 2.65]의 **Expression**에 식(2.12b)의 MATLAB 표현식을 직접 입력할 수도 있다.

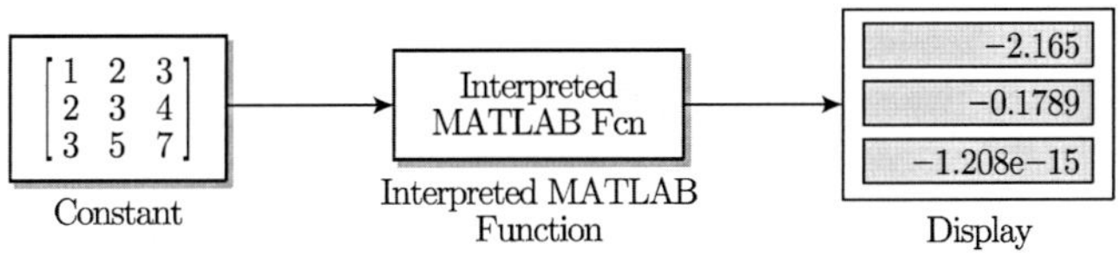

[그림 2.67] interpreted MATLAB Fcn 블록의 사용

• C. 결과 확인용 관련블록

제어기의 설계에는 반드시 설계사양이라는 것이 필요하다. 즉 제어기의 설계란 요구되는 설계사양을 어느 정도까지 만족시키는 제어기를 설계할 수 있는가가 요점이다. 따라서 일단 여러 가지 방법을 동원하여 얻어진 제어기는 시뮬레이션을 통하여 설계사양을 만족하고 있는지의 여부를 체크하고 이 결과에 따라 재설계 등의 과정이 필요하게 될 것이다.

여기서는 Simulink가 제공하는 **Model Verification Library**에서 이러한 용도에 적합한 몇 개를 예제를 이용하여 간단하게 그 사용법을 설명한다.

■ (C.1) 신호의 하한값 확인을 위한 블록(Check Static Lower Bound Block):

입력신호의 각 요소가 특정하게 주어진 값보다 같거나 큰지의 여부를 체크한다. 블록의 대화창에서 이 값을 지정할 수 있으며, 만약 조건이 만족되면 이 블록은 아무런 역할을 하지 않지만, 그렇지 않을 경우에는 시뮬레이션이 중지되고 에러 메시지를 발생시킨다.

[예제 2.17]

[그림 2.68]의 모델에서 Signal Generator 블록은 진폭이 1.1 [v]이고 주파수가 0.3 Hz인 sine파를 생성한다. 여기서 Check Static Lower Bound 블록의 대화창인 [그림 2.69]에 나타난 몇 개의 체크박스에 대하여 간단히 언급한다.

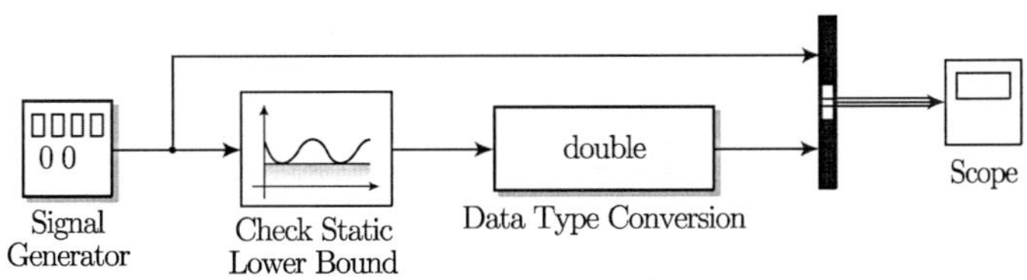

[그림 2.68] Static Lower Bound 블록의 사용

- **Lower bound** : 하한값을 설정한다. 여기서는 '-1'로 두었다.
- **Inclusive boundary** : 경계값인 '-1'을 포함하는지의 여부로서 체크하면 포함한다.
- **Enable assertion** : 이 부분을 체크하지 않으면 이 블록은 아무런 역할을 하지 않는다. 다시 말하면 블록이 존재하지 않는 상태로 된다.
- **Output assertion signal** : 이것을 체크하였다면 블록의 출력으로, 조건이 만족되면 '1', 만족되

지 않으면 '0'을 각각 출력한다. 따라서 [그림 2.68]의 경우 1과 0으로 이루어진 데이터로 Scope에 그래프로 나타내기 위해서 **Data Type Conversion** 블록을 통하여 데이터의 형식을 **double**로 변환하였다[26].

- **Select icon type**: **Static Lower Bound** 블록의 그림모양을 [그림 2.68]과 같이 그림으로 할 것인가, 아니면 Text(수식표현)로 할 것인가를 정한다.
- **Stop simulation when assertion fails**: 이 부분을 체크하면 조건이 만족되지 않으면 시뮬레이션이 중지된다.

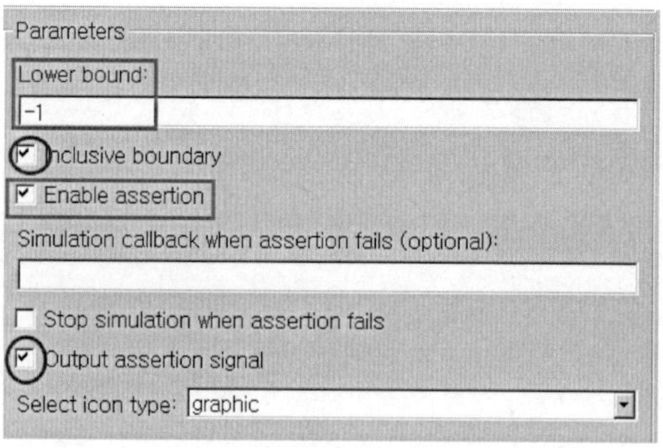

[그림 2.69] **Static Lower Bound** 블록의 대화창

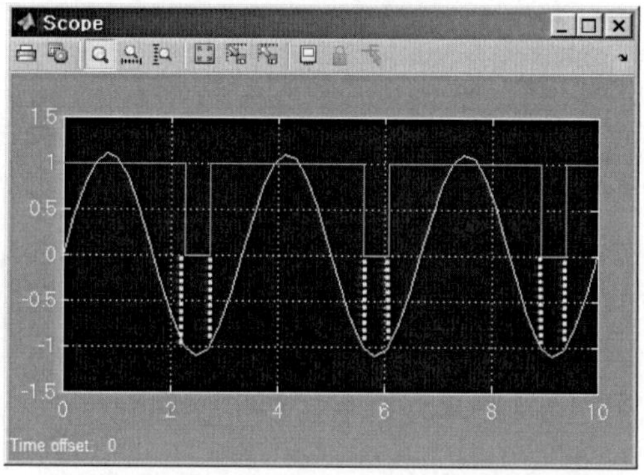

[그림 2.70] [그림 2.68]의 **Scope** 화면

[그림 2.68]의 모델을 실행하면 하한인 '-1'을 벗어난 부분에서 '0'이 출력된다는 것을 알 수 있다([그림 2.70] 참조).

■ **(C.2) 신호의 상한값 확인을 위한 블록(Check Static Upper Bound Block):**

입력신호의 각 성분이 주어진 어떤 특정한 값을 초과 하였는지의 여부를 확인하는 역할을 하며, 위의 **Static Lower Bound** 블록의 사용법과 거의 동일하다.

[예제 2.18]

[그림 2.71]의 모델은 입력신호의 성분이 '+1'보다 크게 되는 부분이 존재하는 지의 여부를 그래프로 확인하기 위한 것이다.

26) 논리연산으로 얻어지는 '1', 또는 '0'은 수치계산에 사용되는 1과 0과는 다른 형식의 데이터 형을 사용하기 때문에, 이를 그래프로 나타내기 위해서는 배정도 형식으로의 변환이 필요하다.

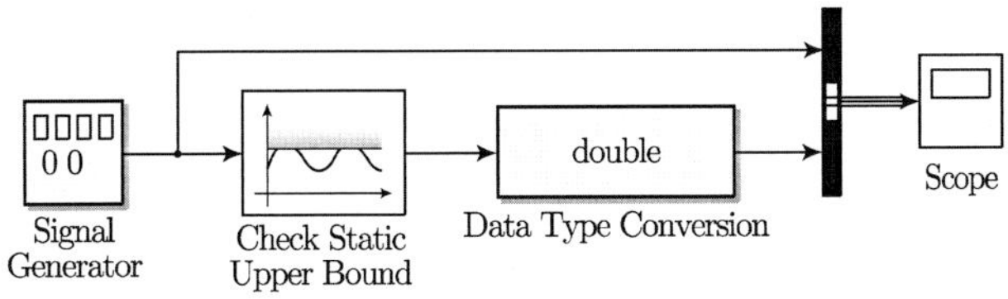

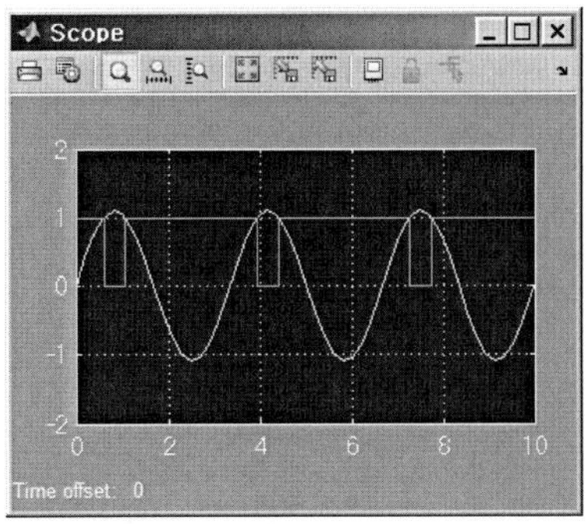

[그림 2.71] Check Static Upper Bound 블록의 사용

[그림 2.72] 모델 [그림 2.71]의 실행결과

■ **(C.3) 신호의 상·하한 확인을 위한 블록(Check Static Range & Static Gap Block):**

입력신호의 각 성분의 상·하한이 주어진 값의 범위 내에 존재하는지의 여부의 확인을 위해 Check Static Range 블록을 사용하며. 이때의 사용법 등은 위의 블록과 동일하다. 이 블록과 반대의 작용, 즉 입력신호의 성분이 주어진 범위 바깥에 있는 지를 확인하기 위해서는 Static Gap Block을 사용한다.

[예제 2.19]

[그림 2.73]의 모델은 입력신호의 각 성분이 '0'과 '+1' 사이에 존재하는지의 여부를 그래프로 확인하기 위한 것이다.

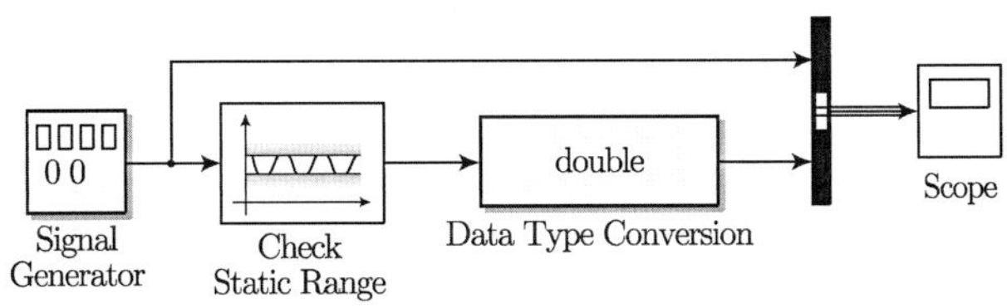

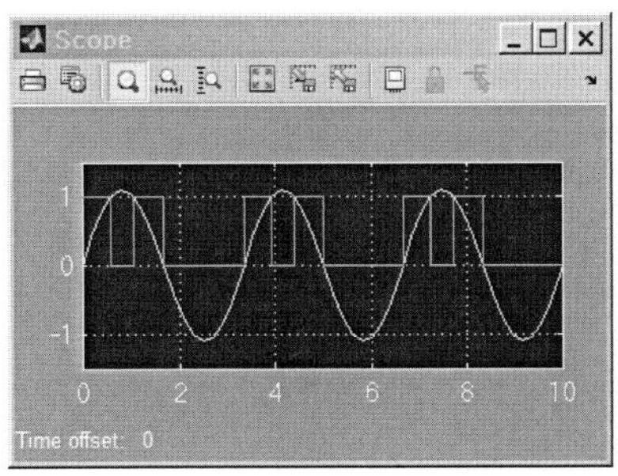

[그림 2.73] Check Static Range 블록의 사용

[그림 2.74] [그림 2.73]의 실행결과

[예제 2.20]

모델 [그림 2.75]는 입력신호의 크기가 +0.5 이상, 혹은 −0.5 이하이면 '1'을 출력하고, 그 외의 경우(범위 내에 존재)에는 '0'을 출력하여 이를 Scope에 나타낸다.

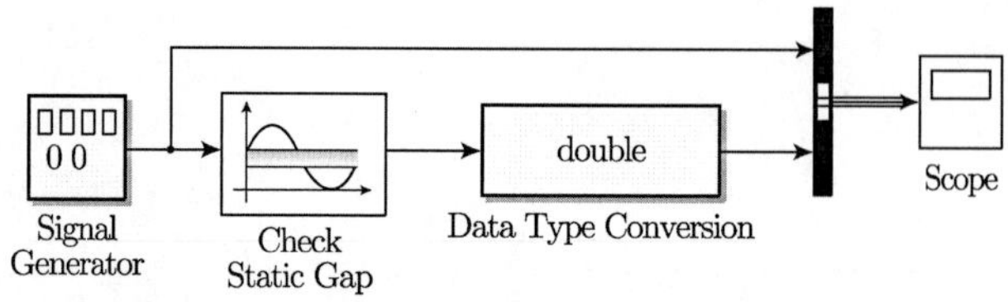

[그림 2.75] **Check Static Gap** 블록의 사용

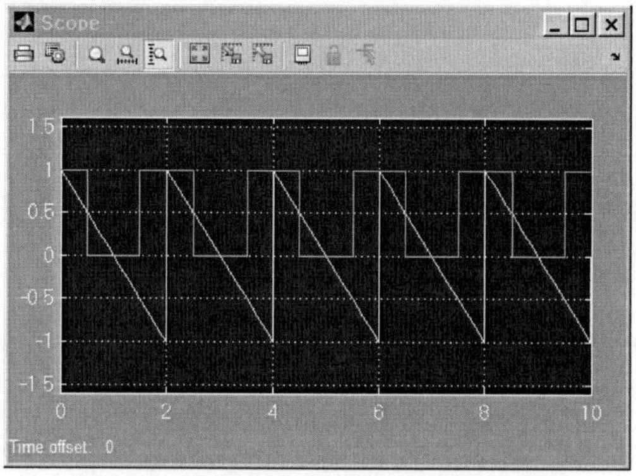

[그림 2.76] [그림 2.75]의 실행결과

■ **(C.4) 신호의 하한값의 동적인 범위 확인용 블록(The Static Dynamic Lower Bound Block):**

(C.1)과 동일한 작용을 하지만, 이 경우는 하한값의 크기를 외부에서 인가한다는 점이 다르다. 즉, 이 블록은 두 개의 입력단자 – **sig**(테스트 신호용)과 **min**(하한값 신호) –를 가진다.

[예제 2.21]

모델 [그림 2.77]은 외부의 **Pulse Generator**에서 생성한 0과 −1의 값만을 가지는 펄스신호를 하한값으로 인가하였다. 이때 테스트 신호로서 진폭이 1.1이고 주기 10초인 sine파가 펄스신호로 주어진 하한값보다 작은 값을 가지는 경우 '0'을 출력하여 이를 그래프로 나타낸다.

[그림 2.78]로부터 알 수 있는 바와 같이 하한값은 구간 $5 \le t \le 8$에서 0으로 설정되어 있으나 이 구간에서 테스트신호는 0 이하로 내려간다. 따라서 이 구간에서의 출력은 '0'[27]으로 된다. 다음 구간 $8 \le t \le 12$에서의 하한값은 −1로 되나 테스트신호는 $t = 8.18$ 부근에서 -1보다 큰 값을 가지게 되므로 $t = 8.18$에서 출력은 '1'의 값을 가진다는 것을 확인할 수 있다.

27) 여기서의 '0'은 Boolean 대수의 0(즉 fail)이다.

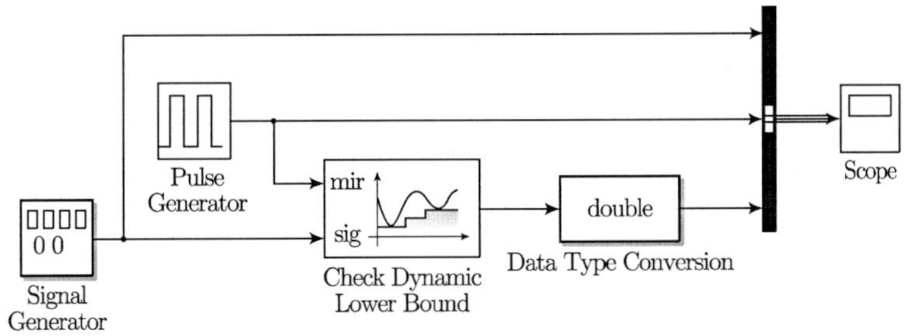

[그림 2.77] Static Dynamic Lower Bound 블록의 사용

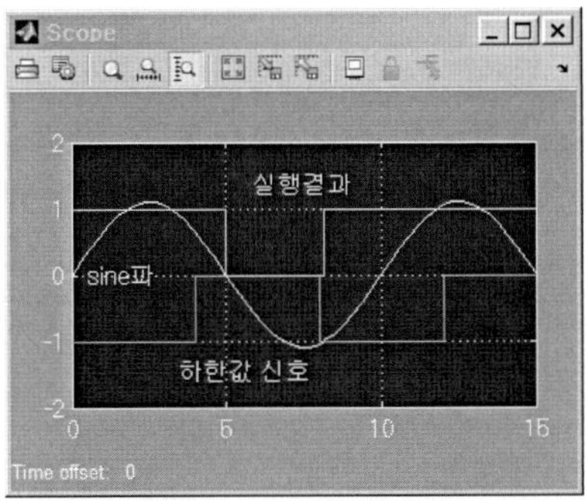

[그림 2.78] [그림 2.77]의 실행결과

■ (C.5) **신호의 상한값의 동적인 범위 확인용 블록**(The Static Dynamic Upper Bound Block):

[예제 2.22]

[예제 2.21]을 참조하여 모델 [그림 2.79]를 실행한다.

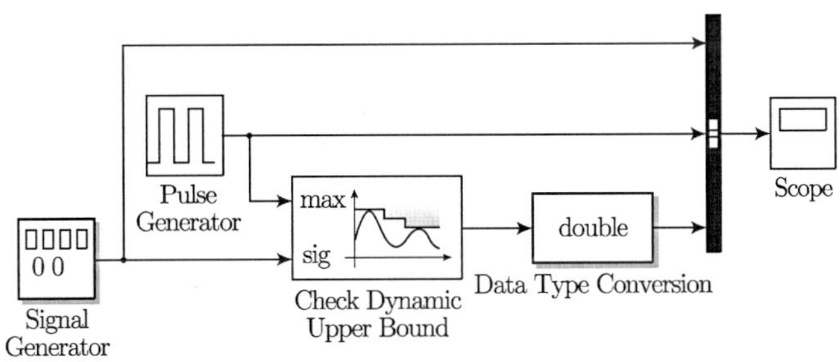

[그림 2.79] Static Dynamic Upper Bound 블록의 사용

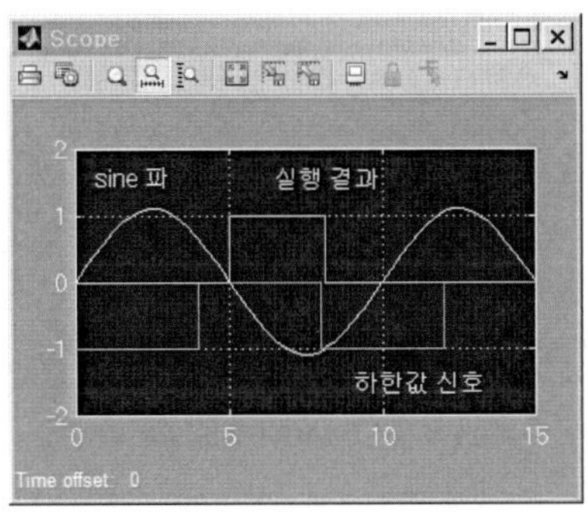

[그림 2.80] [그림 2.79]의 실행결과

■ **(C.6) 신호의 상·하한의 동적인 확인용 블록(Check Dynamic Range & Gap Block):**

(C.3)과 마찬가지의 역할을 하지만, 상·하한값을 외부에서 동적으로 인가할 수 있다는 점이 다른 점이다.

[예제 2.23]

모델 [그림 2.81]은 입력신호의 상·하한값을 설정하기 위하여 Simulink의 **Signal Builder** 블록을 이용하여 별도로 작성하였다. 모델을 실행하여 얻어진 **Scope**의 파형을 [그림 2.82]에 나타내었다.

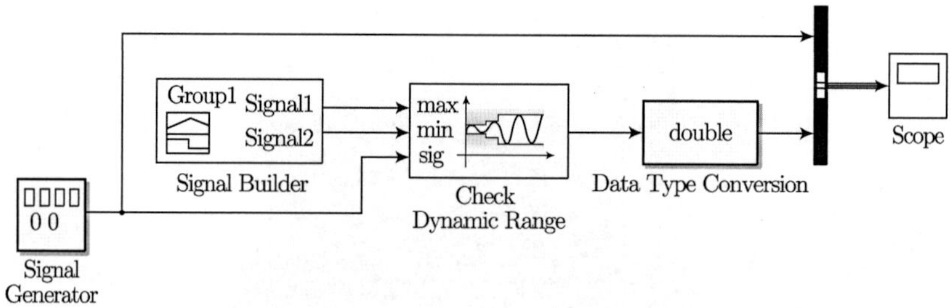

[그림 2.81] **Dynamic Range** 블록의 사용

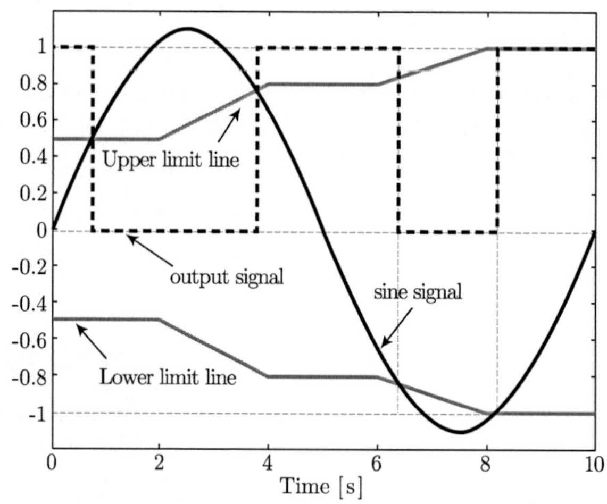

[그림 2.82] 모델 [그림 2.81]의 실행결과

[예제 2.24]

[그림 2.81]에서 **Check Dynamic Range** 블록을 **Check Dynamic Gap**인 [그림 2.83]의 블록으로 대치하여 동일한 조건에서 시뮬레이션을 수행한 후 **Scope** 블록에 나타난 파형을 [그림 2.84]에 나타내었다. [그림 2.82]의 경우와 비교하면 두 블록의 차이점을 이해할 수 있을 것이다. 모델의 블록선도는 [그림 2.84]를 참조한다.

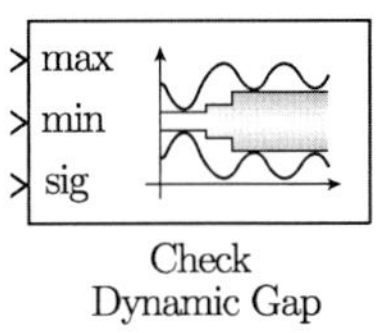

[그림 2.83] Gap 블록

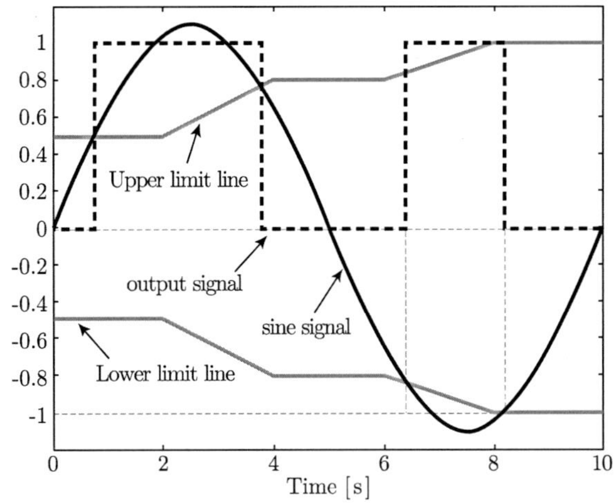

[그림 2.84] [그림 2.81]에서 Check Dynamic Gap 블록을 사용한 결과

• D. 모델의 설명 관련 블록

■ (D.1) 모델의 정보블록(The Model Info Block) :

작성한 모델과 관련된 정보, 예를 들어 처음 생성된 날자, 개정된 날자, 및 작성자의 정보 등을 모델과 함께 저장해 두기 위해 사용된다.

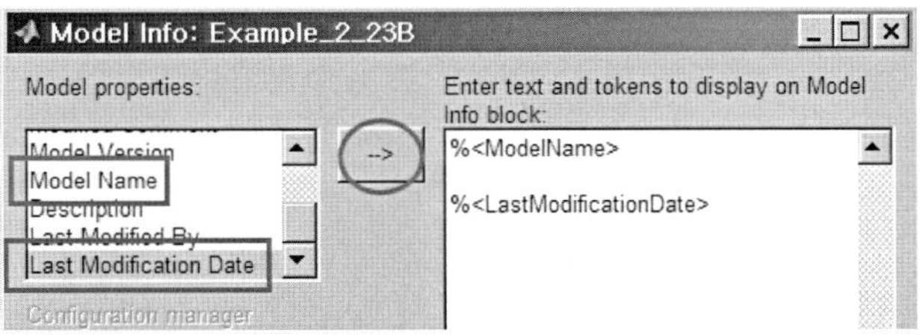

[그림 2.85] Model Info 블록의 대화창 (일부)

Model Info 블록의 대화창을 오픈하고([그림 2.85]) 이것의 왼쪽의 항목 중에서, 예를 들어 **Model Name**을 클릭한 뒤 중간의 화살표를 클릭하면 [그림 2.85]와 같이 **Model Name** 항목이 오른쪽 구획으로 % 표시와 함께 들어간다. **Last Modification Date**도 마찬가지로 한 뒤 OK를 클릭하면 [그림 2.86]과 같이 모델명과 이것이 마지막으로 수정된 날자가 모델의 내부에 표시된다.

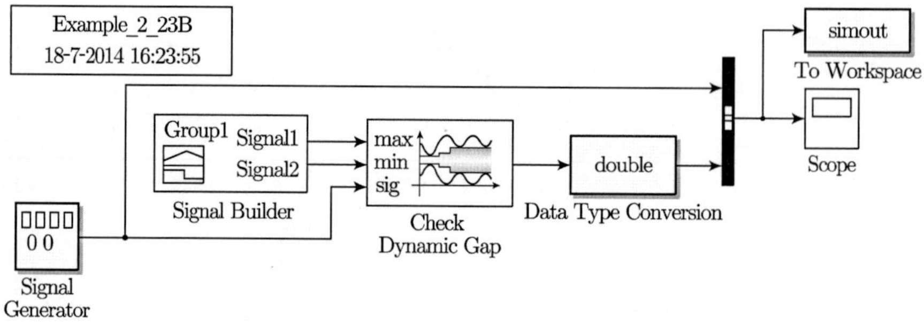

[그림 2.86] **Model Info** 블록의 사용

■ **(D.2) 모델 설명을 위한 문서 블록(The Doc Text Block) :**

모델에 대한 상세한 설명을 작성하여 모델과 함께 저장할 수 있다. 즉, 이 모델을 더블클릭하면 MATLAB의 편집용 화면이 나타나므로 여기에 필요한 설명을 작성한다. 이 결과는 ~.txt 파일의 형식으로 모델과 함께 저장된다.

일반적으로 시간이 흐르면 직접 작업한 모델이라고 하더라도 그 내용을 이해하기 어려운 경우가 발생한다. 이러한 경우를 대비하여 누가 보더라도 이해가능 하도록 모델에 대한 자세한 설명을 기록해두는 습관이 필요하다.

[그림 2.87] **Doc Text** 블록

2.5 시뮬레이션을 위한 몇 가지 도구(Tool)

여기서는 생성한 모델를 가지고 시뮬레이션을 수행할 때 유용한 두 가지 도구를 설명한다.

먼저 도구의 설명에 필요한 모델을 [그림 2.88]에 나타낸다. 이 모델의 오른쪽 위 **Scope**에는 신호 $(3\sin t+1)$을 크기 ± 0.5를 가지는 **Saturation** 블록을 통과한 신호가 나타나고, 아래 **Scope1**에는 **Scope**의 신호와 **Saturation** 블록을 통과하지 않은 신호를 같이 보여주고 있다.

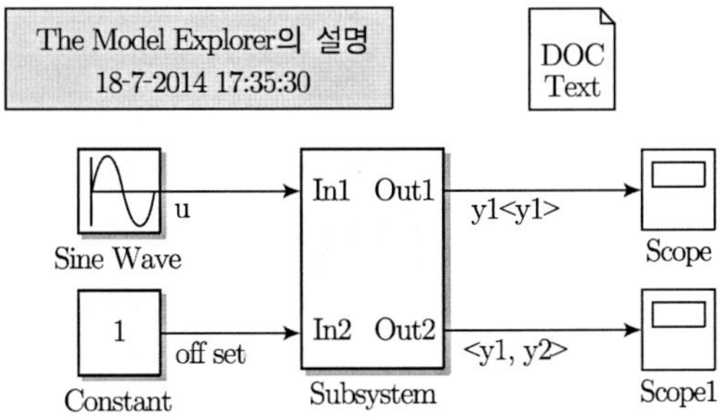

[그림 2.88] Model Explorer의 사용

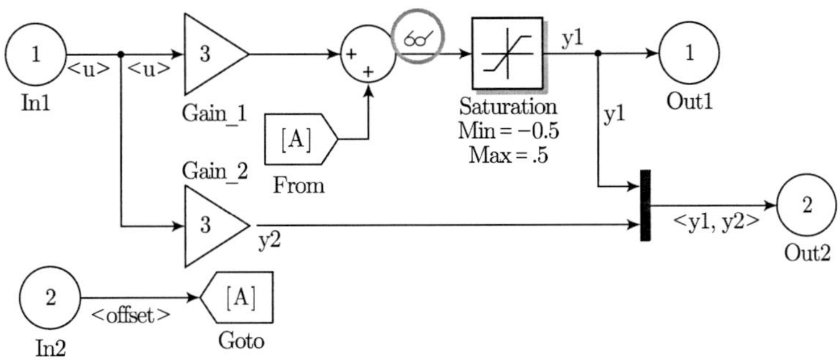

[그림 2.89] [그림 2.88]의 Subsystem의 블록

■ 모델 익스플로러(Explorer)

모델 익스플로러를 이용하면 블록선도에 사용된 블록의 위치나 종류를 파악하거나 그 블록의 파라미터 및 입출력 변수의 설정까지도 한 번에 변경할 수 있기 때문에 여러 작업을 동시에 빠르게 수행할 수 있다. 모델의 익스플로러는 Toolbar 메뉴의 **View → Model Explorer** (단축키 : ctrl+H)를 선택하거나, 혹은 블록선도 내에서 임의의 모델(즉 **subsystem**)[28)]을 클릭하여 활성화시킨 뒤 마우스의 오른쪽 버튼으로 나타나는 메뉴에서 **Explorer**를 클릭하면 [그림 2.90]과 같은 대화창이 나타난다. 그림에서는 시뮬레이션을 위한 **Solver**의 옵션과 관련된 항목을 보여주고 있다. 이는 물론 모델 [그림 2.88]에서 **Simulation → Configuration parameters**를 실행하여도 가능하다.

[그림 2.90]의 중간패널 부분을 보면 **Solver** 뿐만 아니라 **Data Import/Export**를 포함한 대부분의 작업을 **Configuration parameters**에서와 동일한 작업을 통하여 할 수 있다는 사실을 알 수 있다.

만약 예를 들어 [그림 2.89]에서 3으로 설정되어 있는 **Gain_1** 블록의 크기를 변경하여 시뮬레이션을 수행하고자 하는 경우, 그때마다 **Gain_1** 블록의 대화창을 오픈하여 이를 수정하는 작업은 번거로울 뿐만 아니라 기존의 데이터를 보존할 수 없다는 사실도 간과할 수 없는 문제

28) 블록선도 내에 있는 임의의 (단독)블록에 대해서도 Explorer의 사용이 가능하다.

이다. 이러한 경우에는 [그림 2.90]의 왼쪽 구획에서 제일 아랫부분에 있는 **Subsystem**을 클릭하면 나타나는 중간 구획의 내용에서 **Gain_1**을 클릭하면 이 블록에 대한 내용이 오른쪽 구획에 나타나기 때문에 여기서 크기를 수정하면 된다([그림 2.91] 참조).

이와 같이 모델 내의 데이터를 변환하여 시뮬레이션을 수행한 결과를 참조하여 최종값 등을 결정하고자 하는 경우 등에는 상기의 모델 익스플로러를 사용하는 것이 편리할 것이다.

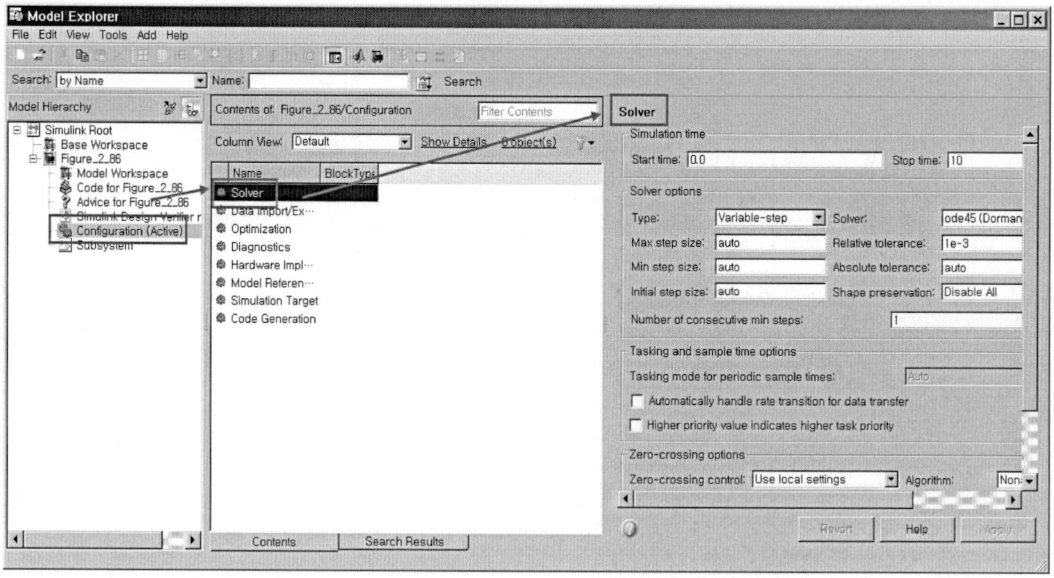

[그림 2.90] [그림 2.88]의 모델에서 **Explorer**의 실행화면

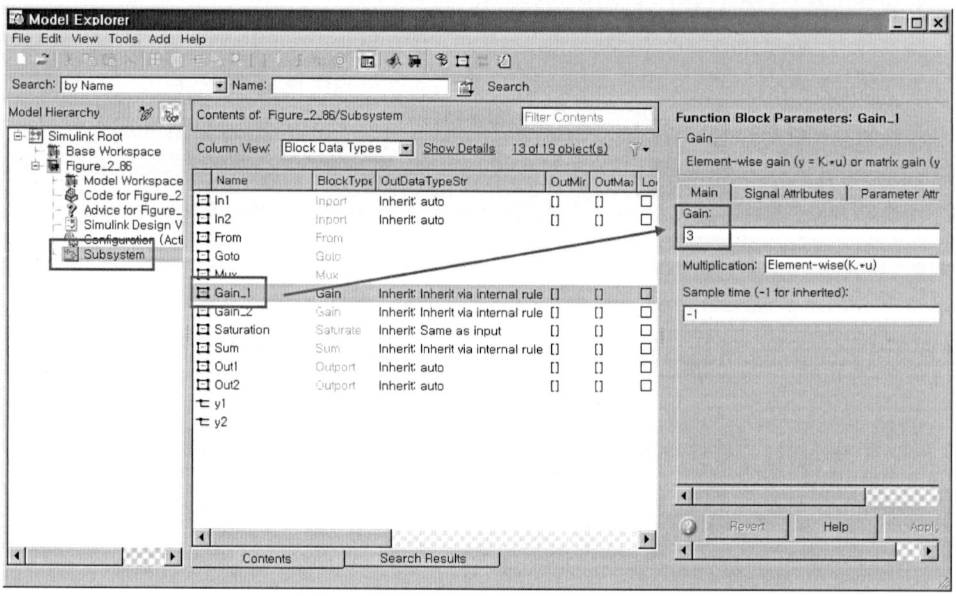

[그림 2.91] **Explorer**의 **Subsystem** 구획의 표시

■ Signal & Scope Manager 매니저의 활용

블록선도의 Toolbar 중의 **Tools→Signal & Scope Manager**를 이용하면 특정한 블록을 사용하지 않고서도 시뮬레이션의 결과나 블록선도 내의 어떤 부분에 있어서도 신호의 내용을 확인할 수 있다. 이를 위한 과정은 다음과 같다.

① **Signal & Scope Manager**를 선정하면 대화창이 오픈된다. 여기서 왼쪽의 **Types** 구획에서 **Viewers**의 아래에 속해 있는 Simulink의 ⊞을 클릭하면 [그림 2.92]의 화면으로 된다.

② 이 작업은 시뮬레이션에서 (출력으로 지정되어 있지 않은) 어떤 특정신호의 내용을 확인하기 위한 것이므로, 먼저 Scope을 클릭하여 활성화하고, 그 아래에 있는 '**Attach to model**'을 클릭한다. 이 결과 그림과 같이 **Scope2**가 대화창의 오른쪽 구획에 첨부된다.

③ 첨부된 **Scope2**에 나타내기 위한 신호를 설정하기 위해서는 [그림 2.92]의 오른쪽에 있는 버튼을 클릭하면 [그림 2.93]과 같이 현재 블록선도에서 화면에 나타낼 수 있는(즉 **scope**로 확인 가능한) 신호의 종류가 나타나므로 이중의 하나(둘 이상도 가능)를 체크한다. 여기서는 [그림 2.89]의 **Sum** 블록의 출력을 확인하기 위해 **Sum**을 체크하였다.

④ ③의 결과로 블록선도 내의 신호(위의 경우에는 u)에는 [그림 2.89]와 같이 안경모양의 표시가 나타난다. 시뮬레이션 수행 후 이것을 더블클릭하면 **Scope2**의 내용을 확인할 수 있다.

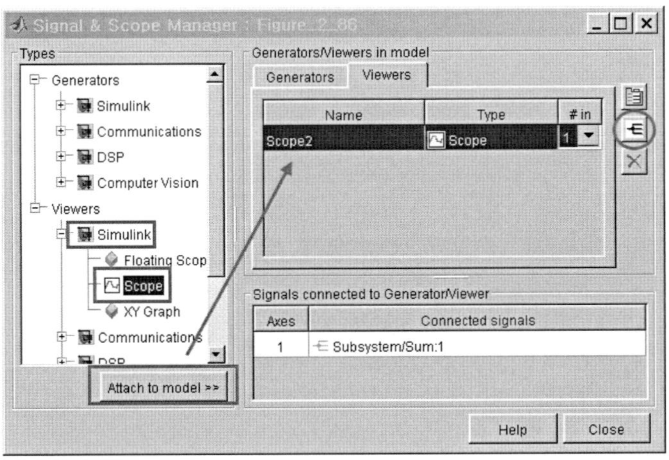

[그림 2.92] **Signal & Scope Manager** 블록의 사용 I

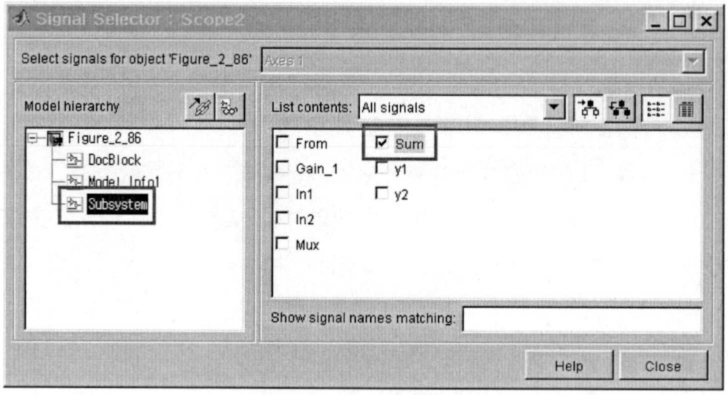

[그림 2.93] [그림 2.91] **Signal & Scope Manager** 블록의 사용 II

Part 2

제어기 설계

1, 2장을 통하여 습득한 MATLAB/Simulink의 사용법을 활용하여 여기서는 제어기 설계를 위한 각종 설계이론을 설명한다. 제3장에서 시간응답법의 기본인 근궤적을 이용한 설계법, 제4장에서는 주파수 응답특성을 이용한 설계법, 및 제5장에서는 상태공간법을 이용한 현대제어이론에 의한 설계법을 각각 자세히 설명한다. 제6장에서는 지금까지 습득한 제어기 설계법을 활용한 예를 다루고 있다.

Chapter 3

근궤적을 이용한 설계

제0장에서 제어기를 필요로 하는 물리모델에 대한 수식표현법의 하나인 전달함수와 상태공간표현에 대하여 언급하였다. 여기서는 전달함수 표현법과 관련된 여러 문제를 먼저 간단히 언급한 다음 근궤적을 이용한 시간영역에서의 제어기설계 문제를 심도 있게 알아본다. 이 과정에서 MATLAB와 Simulink가 제공하는 제어기 설계용 도구(Tool)의 사용법 등을 구체적인 예제를 중심으로 자세히 언급한다.

제0장의 [그림 0.9]를 참고로 하여 제어목적과 그에 따른 제어시스템의 구성요건은 대략 다음과 같이 정리할 수 있다.

(1) 시스템을 안정하게 한다.
(2) 제어량 $y(t)$를 목표값 $r(t)$에 오차 없이 추종시킨다.
(3) 예측할 수 없는 외란 $d(t)$의 출력에의 영향을 최소화한다.
(4) 제어대상의 시간경과에 따른 파라미터 변동 등과 같은 특성의 변화에 대처한다.

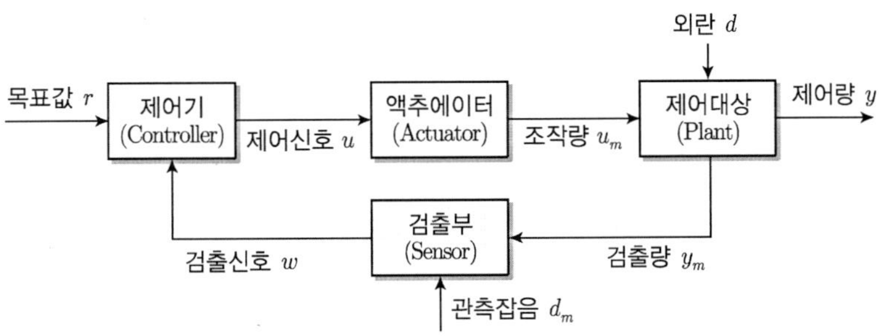

[그림 3.1] 일반적인 제어시스템의 구성

이 장에서는 이러한 구성요건을 만족시키는 제어기의 설계를 근궤적법을 이용하여 시간영역(time-domain)에서 수행하고자 한다. 이를 위해서는 우선 전달함수의 조작 등과 관련된 몇 가지의 수학적인 준비가 필요하다.

3.1 시스템의 기본요소

3.1.1 전달함수

[그림 3.1]에서 제어대상, 조작부 및 제어기 등은 대부분의 경우 전달함수를 이용하여 표현한다. 전달함수란 그 이름이 의미하는 바와 같이 입력신호에 대한 출력신호의 비를 라플라스 변환을 이용하여 나타낸 것이다[1]. 시스템의 전달함수를 알고 있다는 것은 시스템 전체의 동특성을 이해하고 있다는 의미로도 받아들여진다. [그림 3.2]로 주어진 RLC직렬회로로서 전달함수의 실제적인 의미를 다시 한 번 살펴보자.

먼저 키르히호프의 전압법칙을 회로에 적용하여 시스템의 입력 $u(t)$와 출력 $y(t)$와의 관계식, 즉 미분방정식을 유도한다.

$$LC\frac{d^2y(t)}{dt^2}+RC\frac{dy(t)}{dt}+y(t)=u(t) \tag{3.1}$$

여기서 $y(t)$는 캐퍼시터 C의 양단에 걸리는 전압을 의미한다. 식(3.1)의 양변에 라플라스변환을 적용하여 입력에 대한 출력의 비를 구하면 다음으로 됨을 쉽게 확인할 수 있을 것이다.

$$\frac{y(s)}{u(s)}=\frac{1}{LCs^2+RCs^2+1} \tag{3.2}$$

이 경우 인덕턴스 L과 캐퍼스턴스 C에 존재하는 초기값은 무시하였으며, $y(s), u(s)$는 각각 $y(t), u(t)$의 라플라스변환 값이다.

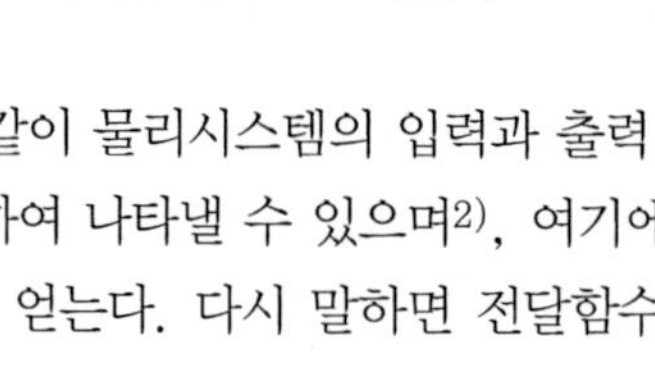

[그림 3.2] RLC직렬회로

이 과정에서 알 수 있는 바와 같이 물리시스템의 입력과 출력 사이의 관계는 대부분 식(3.1)과 같은 선형미분방정식을 이용하여 나타낼 수 있으며[2], 여기에 라플라스변환을 적용하면 식(3.2)와 같은 형식의 전달함수를 얻는다. 다시 말하면 전달함수는 미분방정식의 다른 형식의 표현이라고 할 수 있다.

여기서는 전달함수, 즉 s영역에서 표현된 제어대상에 대하여 주로 시간영역에서의 조건으

1) 이 경우 시스템이 가지고 있는 초기조건은 무시한다.
2) 물론 시스템이 복잡하거나 하면 비선형미분방정식, 또는 편미분방정식 등을 사용해야 할 경우가 발생하지만, 여기서는 선형인 상미분방정식으로 표현되는 시스템만을 대상으로 한다.

로 부과되는 설계사양을 만족시키는 제어시스템의 설계에 관하여 자세히 설명한다.

3.1.2 시스템의 기본요소

제어시스템은 다음과 같은 여섯 가지의 기본적인 요소로 이루어진다.

(1) **비례요소** : 입력의 크기에 비례하는 출력을 생성한다.

$$y(t)=Ku(t) \rightarrow \frac{y(s)}{u(s)}=K, \ (K\text{는 비례상수}) \tag{3.3}$$

(2) **적분요소** : 입력을 시간적으로 적분한 값을 출력한다.

$$y(t)=\int_0^t Ku(\tau)d\tau \rightarrow \frac{y(s)}{u(s)}=\frac{K}{s} \tag{3.4}$$

(3) **미분요소** : 입력의 시간적 미분, 그 시각에서의 입력신호의 기울기를 출력한다.

$$y(t)=\frac{d}{dt}u(t) \rightarrow \frac{y(s)}{u(s)}=s \tag{3.5}$$

(4) **1차지연(first-order lag)요소** : 출력과 입력의 관계가 s 영역에서 1차식으로 주어진다. 다시 말하면 입력 $u(t)$와 출력 $y(t)$ 사이에

$$\frac{dy(t)}{dt}+ay(t)=bu(t) \tag{3.6a}$$

의 관계가 성립하는 경우, 두 신호에 대한 전달함수는

$$\frac{y(s)}{u(s)}=\frac{b}{s+a} \tag{3.6b}$$

로 된다. 이때 식(3.6b)의 형식으로 주어진 시스템을 1차지연요소라고 한다.

(5) **2차지연요소(second-order system)** : 출력과 입력이 시간영역에서 2계미분방정식의 관계로 연결되어 있다. 즉 입력 $u(t)$와 출력 $y(t)$ 사이에

$$a\frac{d^2y(t)}{dt^2}+b\frac{dy(t)}{dt}+y(t)=u(t) \tag{3.7}$$

의 관계가 성립한다면, 라플라스변환을 이용하면 s 의 2차식으로 이루어진 전달함수를 얻을 수 있다.

$$\begin{aligned}\frac{y(s)}{u(s)}=G(s)&=\frac{1}{as^2+bs+1}=\frac{(1/a)}{s^2+(b/a)s+(1/a)} \\ &=\frac{\omega_n^2}{s^2+2\zeta\omega_n s+\omega_n^2}\end{aligned} \tag{3.8}$$

식(3.8)을 표준 2차시스템이라고 하며, 이 식에서 출력신호의 모양(수렴속도, 진동 등)을 결정하는 두 변수 ζ과 ω_n을 각각 감쇄비(damping ratio) 및 고유진동수(natural frequency)라고 한다[3].

(6) **시간지연(time-delay 혹은 dead-time)요소** : 인가된 신호가 출력단으로 전달될 때까지 걸리는 시간을 시간지연, 혹은 데드타임이라고 한다. 예를 들어 수도 파이프 등과 같이 들어온 입력이 배출될 때까지 걸리는 시간을 L로 둔다면

$$y(t)=u(t-L) \tag{3.9a}$$

로 쓸 수 있고, 위 식의 양변을 라플라스변환 하여 전달함수를 구하면 시간지연에 대한 전달함수는 다음과 같이 됨을 확인할 수 있다.

$$\frac{y(s)}{u(s)}=e^{-Ls} \tag{3.9b}$$

제어시스템을 포함한 대부분 시스템의 표현식, 즉 전달함수는 위에서 언급한 여섯 가지의 요소의 조합으로 실현가능하다.

3.2 기본 시스템의 시간응답

시간응답(time response)이란 이름 그대로 시스템의 출력신호의 시간적 변화를 의미한다. 예를 들어 단위계단 함수 $u(t)=1, (t \ge 0)$를 시스템의 입력으로 인가하였을 경우의 출력 $y(t)$의 움직임을 시스템의 단위계단응답(unit-step response)이라고 하며 시스템의 특성을 이해하는 데 중요한 역할을 한다.

앞에서 언급한 바와 같이 시스템은 여섯 가지의 기본요소의 결합으로 실현되기 때문에, 임의의 시스템의 시간응답은 결국 여섯 가지 요소의 시간응답을 계산함으로서 얻을 수 있다[4]. 여기서는 여섯 가지 기본요소의 시간응답에 대하여 알아본다.

3.2.1 각 요소의 시간응답

(1) 비례요소

식(3.3)으로부터 비례요소의 시간응답은 입력의 종류에 관계없이 입력신호에 비례요소의 크기를 곱한 값으로 주어진다.

$$y(t)=K_P \cdot u(t) \tag{3.10}$$

3) 시스템에서 감쇄비와 고유진동수가 가지는 실제적인 의미는 뒤에서 다시 언급한다.
4) 이는 선형시스템의 특징인 중첩의 원리(Principle of Superposition)에 의한 것이다.

(2) 적분요소

식(3.4)로부터 출력은 입력신호의 적분으로 주어진다. 예를 들어 입력이 단위계단신호로 주어졌다면

$$y(t)= K_I\int_0^t 1\cdot d\tau= K_I\cdot t\,,(t\geq 0) \tag{3.11}$$

으로 되어 램프(ramp)신호로 된다. 적분요소는 '적분'이라는 특성에 의해 그 출력이 영의 값을 가지지 않는다는 점에 유의한다.

(3) 미분요소

식(3.5)의 관계로부터 출력은 입력신호를 시간적으로 미분하여 얻어진 값이다. 예를 들어 입력이 램프신호, 즉 $u(t)= t,(t\geq 0)$라면 출력은

$$y(t)= \frac{d}{dt}(t)= 1,(t\geq 0) \tag{3.12}$$

로 되어 계단신호로 된다.

(4) 1차지연요소

입력과 출력 사이에 1계미분방정식 표현인 식(3.6a)가 성립하는 경우이다. 여기서는 예를 들어 크기 b인 계단신호를 인가하였을 경우의 출력을 확인하여 보자. 이 경우 식(3.6a)의 우변항은 $b\cdot u(t)=b$, $(t\geq 0)$으로 되며, 양변에 라플라스변환을 적용하면

$$y(s)= \frac{1}{s+a}\cdot\frac{b}{s}= \frac{b}{a}\left(\frac{1}{s}- \frac{1}{s+a}\right) \tag{3.13a}$$

이므로, $y(s)$의 라플라스 역변환을 수행하면 출력은 다음으로 된다.

$$y(t)= \frac{b}{a}(1-e^{-at}),(t\geq 0) \tag{3.13b}$$

위 식으로부터 출력 $y(t)$는 $t\to\infty$로 됨에 따라 b/a에 수렴한다는 것을 알 수 있다. 이때 수렴의 속도는 변수 a의 크기에 따르며, 특히 $t=1/a$에서

$$y\left(\frac{1}{a}\right)= \frac{b}{a}(1-e^{-a\frac{1}{a}})=\frac{b}{a}\cdot 0.632 \tag{3.14}$$

로 된다([그림 3.3] 참조). 다시 말하면 $t=1/a$에서 출력은 자신의 최종값의 63.2%에 도달한다는 것을 의미한다. 이와 같이 출력이 최종값의 63.2%에 도달하는 시간을 시정수(Time constant)라고 하며, 시스템의 동특성을 정의하는데 있어 중요한 요소의 하나이다.

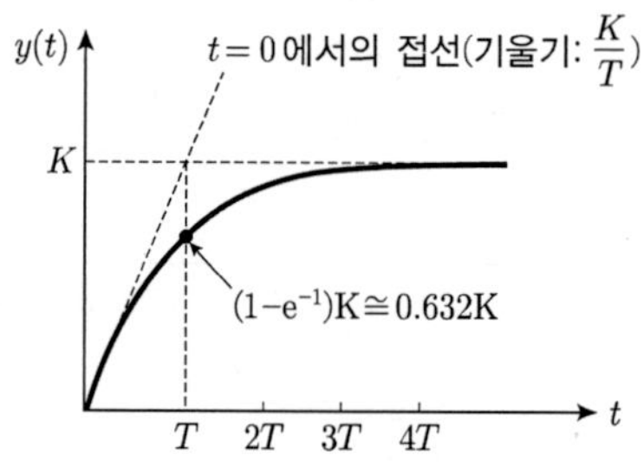

[그림 3.3] 1차지연요소의 응답

시정수를 구하는 또 하나의 방법은 식(3.13b)의 $t=0$에서의 미분값, 즉 출력신호의 $t=0$에서의 기울기를 계산하여 최종값과 만나는 시간이 시정수로 된다. 즉, $t=0$에서의 기울기는

$$\left.\frac{dy(t)}{dt}\right|_{t=0} = \frac{b}{a}\left(ae^{-a\cdot 0}\right) = b \tag{3.15}$$

이므로 직선 $b\cdot t,\ (t\geq 0)$가 최종값인 b/a와 만나는 시각은 당연히 $t=1/a$, 즉 시정수이다.

다음의 예제를 이용하여 '1차지연'의 의미를 살펴보자.

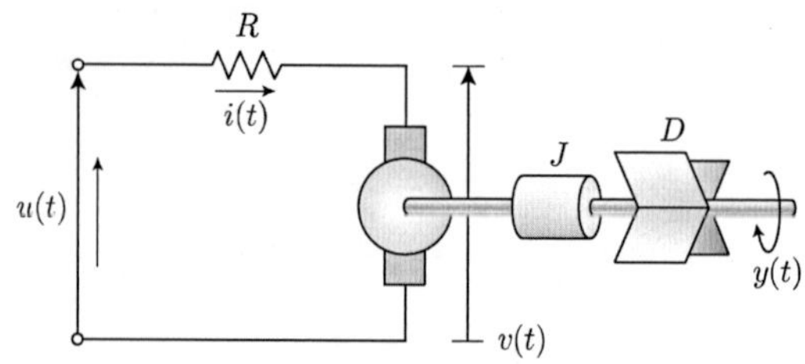

[그림 3.4] DC모터와 부하

[예제 3.1]

[그림 3.4]는 DC모터에 부하를 인가한 상태를 나타내고 있다. 이때 입력 $u(t)$를 모터의 전기자전압, 출력 $y(t)$를 회전자의 각속도로 하면 다음의 관계식이 성립한다.

$$Ri(t)+v(t)=u(t),\ v(t)=K_i y(t) \tag{3.16a}$$

여기서 R은 전기자저항, $v(t)$는 모터의 역기전력 및 K_i는 역기전력상수이다.

풀이 식(3.16a)로부터 [그림 3.4]의 입력과 출력 사이의 전달함수를 얻기 위해서는 식(3.16a)의 전기자전류 $i(t)$를 출력 $y(t)$로서 표현해야한다. 이를 위해 모터의 발생토크 $\tau(t)$와 전기자전류 $i(t)$ 사이의 관계식이 필요하다. 즉,

$$\begin{aligned}\tau(t) &= K_t\, i(t) \\ &= J\frac{dy(t)}{dt} + Dy(t)\end{aligned} \tag{3.16b}$$

의 관계를 식(3.16a)에 대입하여 정리하면 최종적인 미분방정식이 얻어진다. 단, 부하의 관성모

멘트를 J, 토크정수를 K_t 및 부하의 제동계수를 D로 두었다.

$$J\frac{dy}{dt}+\left(D+\frac{K_t \cdot K_i}{R}\right)y(t)=\frac{K_t}{R}u(t) \tag{3.16c}$$

식(3.16c)의 양변을 라플라스변환하면 1차지연의 전달함수를 얻는다.

$$\frac{y(s)}{u(s)}=\frac{K_m}{1+sT_m} \tag{3.17a}$$

$$K_m=\frac{K_t}{J \cdot R},\ T_m=\frac{1}{J}\left(D+\frac{K_i \cdot K_t}{R}\right) \tag{3.17b}$$

식(3.17a)로 주어진 1차지연시스템의 시정수는 T_m의 역수, 즉 $1/T_m$이다. [그림 3.5]는 $K_m=1$로 두고 $T_m=0.5$, 1, 2로 변경하였을 경우의 출력응답을 나타낸 것이다. 그림으로부터 시정수가 작은 값을 가질수록 빠르게 출력의 최종값에 접근하고 있을 볼 수 있다.

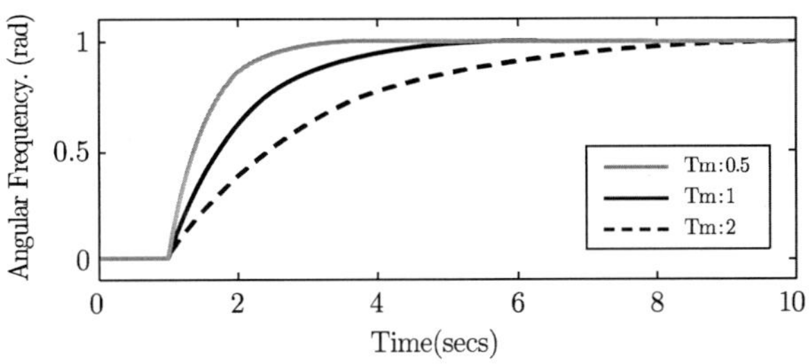

[그림 3.5] T_m의 변화에 따른 출력특성

```
% [예제 3.1]
Km = 1;
Tm_v = [0.5 1 2];                          % 캐퍼시터의 값을 설정
for k=1:3
    Tm = Tm_v(k);
    sim('First_Order_Lag');                % Simulink file을 이용한 시뮬레이션
    vc(:,k) = yout(:,2);                   % 계산결과를 저장
end
subplot(211),plot(tout,vc(:,1),tout,vc(:,2),tout,vc(:,3))    %[그림 3.5]
xlabel(' Time (secs) '),ylabel(' Angular Frequency. (rad) ')
axis([0 10 -0.1 1.1])
st1 = num2str(Tm_v(1));st2 = num2str(Tm_v(2));
st3 = num2str(Tm_v(3));st4 = ' Tm : ';
sl1 = strcat(st4,st1);                     % legend 1
sl2 = strcat(st4,st2);                     % legend 2
sl3 = strcat(st4,st3);                     % legend 3
legend(sl1,sl2,sl3)
```

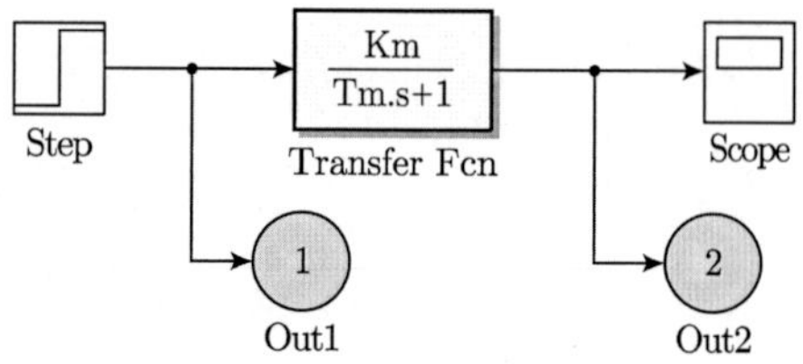

[그림 3.6] [그림 3.5]를 위한 Simulink 모델 'First_Order_Lag'

1차지연요소의 시간응답특성을 정리하면 다음과 같다.

(1) $t \to \infty$ 에서 최종값 $y(\infty) = K$(일정한 값)에 수렴한다. 이때 수렴속도는 요소의 시정수(T)에 따라 정해진다.

(2) 출발점 $t=0$ 에서의 기울기는 시정수에 따라 결정된다.

(3) 시정수 $t=T$ 에서의 출력은 최종값의 63.2%이며, 시간 $t=T,\ 2T,\ 3T$ 일 때 출력은 각각 최종값의 85.3%, 95%, 98.2%에 도달한다([그림 3.7] 참조).

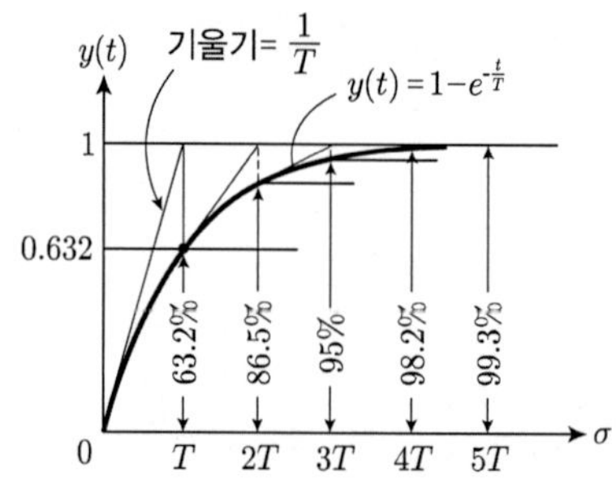

[그림 3.7] 일차지연시스템의 계단응답

(5) 2차지연요소

입력과 출력 사이에 식(3.7)과 같은 2계미분방정식의 관계가 성립한다. 일반적으로 제어시스템의 설계에 있어 기준으로 사용되기 때문에 2차지연요소의 시간응답은 특별히 중요하다. 보통 식(3.8)의 형식으로 주어진 표준 2차시스템의 형식, 즉

$$G(s) = \frac{k\omega_n^2}{s^2 + 2\zeta\omega_n s + \omega_n^2} \tag{3.18}$$

이 주로 사용된다. 위 시스템에 단위계단입력이 인가되었을 경우의 출력은

$$y(t) = \mathcal{L}^{-1}\left\{\frac{k\omega_n^2}{s^2 + 2\zeta\omega_n s + \omega_n^2}\frac{1}{s}\right\} \tag{3.19}$$

로 된다. 라플라스역변환을 수행하기 위해서는 먼저 식(3.19)의 분모다항식의 인수분해가 필

요하다, 여기서는 우선 식(3.18)의 시스템이 안정으로 되기 위한 필요조건인 $\zeta > 0$ 및 $\omega_n > 0$을 가정하고 식(3.18)의 인수분해를 시도한다.

식(3.18)의 극은 2차방정식 근의 공식에 의하여

$$p_{1,2} = -\zeta\omega_n \pm \omega_n\sqrt{\zeta^2 - 1} \tag{3.20}$$

으로 된다. 이로부터 $\zeta > 1$이면 두 개의 극은 서로 다른 값을 가지는 실수로 되고, $\zeta = 1$이면 두 개의 극은 동일한 값, 즉 중근이며, 마지막으로 $0 < \zeta < 1$ 이면 두 개의 극은 한 쌍의 공역인 복소수로 된다. 각각의 경우에 대하여 식(3.19)의 계산을 실행하여보자.

(1) $\zeta > 1$: 두 개의 실수극 p_1, p_2을 가지며, 이 경우 단위계단 응답은 다음과 같이 계산된다.

$$y(t) = \mathcal{L}^{-1}\left[\frac{k\omega_n^2}{(s-p_1)(s-p_2)}\frac{1}{s}\right] \tag{3.21}$$

$$= \frac{k\omega_n^2}{p_1 p_2}\left(k_1 e^{p_1 t} + k_2 e^{p_2 t} + 1\right), \ (t \geq 0)$$

여기서 k_1 및 k_2는 극 p_1과 p_2의 유수(residue)이며, 간단히 계산된다.

(2) $\zeta = 1$: 중복하는 실수극 $p_1 = p_2 = -\omega_n$을 가진다. 이 결과 단위계단응답은

$$y(t) = k\left[1 - (1 + \omega_n t)e^{-\omega_n t}\right], \ (t \geq 0) \tag{3.22}$$

로 된다.

(3) $0 < \zeta < 1$: 서로 공역인 두 개의 복소수 극 $p_{1,2} = -\zeta\omega_n \pm j\omega_d$을 가진다. 단, $\omega_d = \omega_n\sqrt{1-\zeta^2}$ 로 두었다. 단위계단응답은 $y(t)$는

$$y(s) = \left[\frac{k\omega_n^2}{(s+\zeta\omega_n)^2 + \omega_d^2}\frac{1}{s}\right] \tag{3.23a}$$

$$= \left[\frac{-k(s+\zeta\omega_n)}{(s+\zeta\omega_n)^2 + \omega_d^2} - \frac{-k\zeta\omega_n}{(s+\zeta\omega_n)^2 + \omega_d^2} + \frac{k}{s}\right]$$

의 라플라스역변환을 수행하면 다음과 같이 된다.

$$y(t) = k\left[1 - \frac{\omega_n}{\omega_d}e^{-\zeta\omega_n t}\sin(\omega_d t + \phi)\right], \ (t \geq 0) \tag{3.23b}$$

위 식 오른쪽의 두 번째 항은 sine파에 곱해져 있는 지수함수 $e^{-\zeta\omega_n t}$(단, $\zeta\omega_n > 0$)으로 인해 시간이 경과함에 따라 주파수 ω_d인 sine파와 같이 진동하면서 영으로 수렴한다. 따라서 단위계단응답 $y(t)$는 $t \to \infty$ 에서 k에 수렴할 것이다([그림 3.8] 참조). 식(3.23b)에

서 ϕ는 응답신호 $y(t)$의 위상으로 약간의 계산을 거치면 $\phi = \tan^{-1}[\omega_d/(\zeta\omega_n)]$으로 주어진다.

식(3.23b)와 같이 복소수의 극을 가지는 시스템의 응답특성에는 반드시 정현파 성분이 포함된다는 사실은 향후의 제어기 설계에 있어 중요한 요소의 하나이다.

제어시스템의 설계 시에 부과되는 설계사양은 일반적으로 식(3.23b)와 같은 형식의 신호를 기준으로 주어진다. 이때 주로 사용되는 다섯 가지 기준은 다음과 같다.

1) **지연시간(delay time)** t_d : 응답이 출력 최종값의 50%에 도달할 때까지 요구되는 시간을 나타내며, 일반적으로 시스템의 응답특성의 빠르기를 나타내는 지표로 사용된다.
2) **상승시간(rising time)** t_r : 응답이 최종값의 10%에서부터 90% (또는 5%에서 95%)까지 올라갈 때까지 걸리는 시간을 나타낸다.
3) **피크시간(peak time)** t_p : 응답의 첫 번째 피크값에 도달할 때까지 걸리는 시간을 나타낸다.
4) **최대오버슈터(maximum overshoot)** M_p : 응답의 최대 피크값이 최종값에 비해 어느 정도인가를 나타내는 지표로서 다음과 같이 정의된다.

$$M_p = \frac{y(t_p) - y(\infty)}{y(\infty)} \times 100\,(\%) \tag{3.24}$$

5) **정정시간(settling time)** t_s : 응답이 최종값의 어떤 특정한 범위, 예를 들어 $\pm 2\%$ 또는 $\pm 5\%$이내에 머물게 될 때까지 걸리는 시간을 나타내는 것으로, 시스템의 최대 시정수를 의미하는 것으로 해석할 수 있다.

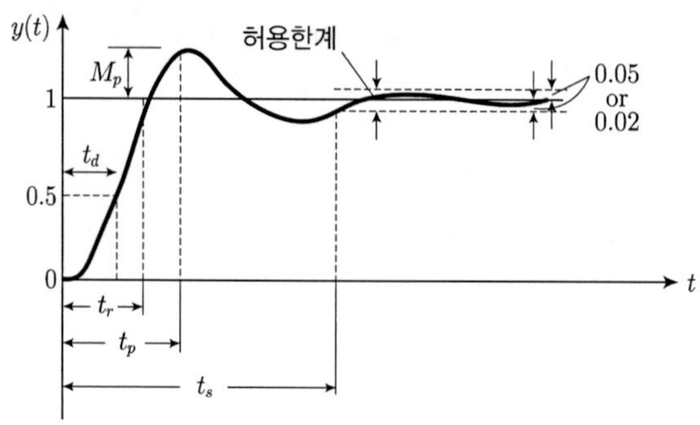

[그림 3.8] t_d, t_r, t_p, M_p, t_s의 정의

아래의 간단한 예를 통하여 2차지연요소가 가지는 특성을 확인하여 보자.

[예제 3.2]

[그림 3.9]와 같이 주어진 시스템에서 출력 $y(t)$의 오버슈터와 진동특성을 가능한 억제하면서, 동시에 시스템의 입력 측에서 인가되는 외란 $d(t)$의 영향을 최소화할 수 있도록 하는 이득 K_a의 값을 계산하여보자.

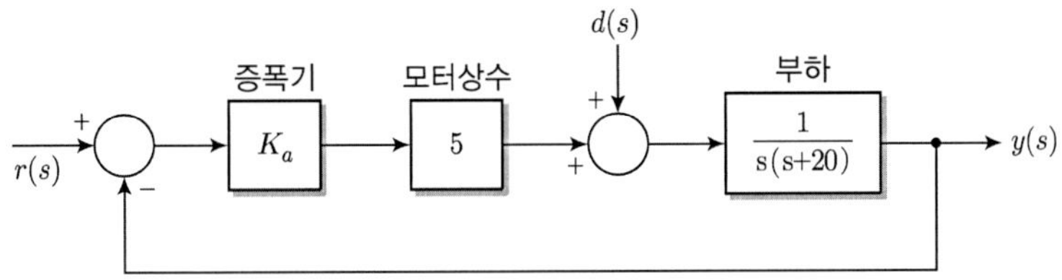

[그림 3.9] 표준 2차시스템을 이용한 설계 예

풀이 [그림 3.9]는 두 개의 입력을 가지고 있기 때문에, 먼저 목표신호 $r(t)$에 대한 $y(t)$의 오버슈터와 진동특성의 억제를 목표로 하는 첫 번째 설계사양을 위해 외란신호는 일단 무시한다. 이 경우 입력 $r(s)$와 출력 $y(s)$사이에는

$$y(s)= \frac{5K_a}{s(s+20)+5K_a} r(s) = \frac{5K_a}{s^2+20s+5K_a} r(s) \quad ①$$

$$= \frac{\omega_n^2}{s^2+2\zeta\omega_n s+\omega_n^2} r(s)$$

로 되어 $\omega_n^2 = 5K_a$ 및 $2\zeta\omega_n = 20$의 관계식을 얻는다. 다음 [그림 3.9]에 대한 Simulink모델을 생성하여([그림 3.10]) 시뮬레이션을 수행한 결과가 [그림 3.11]이다.

다음 외란에 대한 영향을 확인하여 보자. K_a값이 증가하면 출력에서의 외란의 영향이 감소하게 된다. 예를 들어 30에서 60으로 증가하면, 출력에 대한 외란의 영향은 $1/2$로 줄어든다([그림 3.12] 참조). 그러나 [그림 3.11]로부터 알 수 있는 바와 같이 K_a가 커지면 진동성분(따라서 오버슈터)이 증가한다. 이러한 사실로부터 출력에 대한 외란의 영향과 계단응답에 대한 진동성분의 크기 등을 고려하여 적절한 선에서 이득 K_a를 결정하여야 할 것이다.

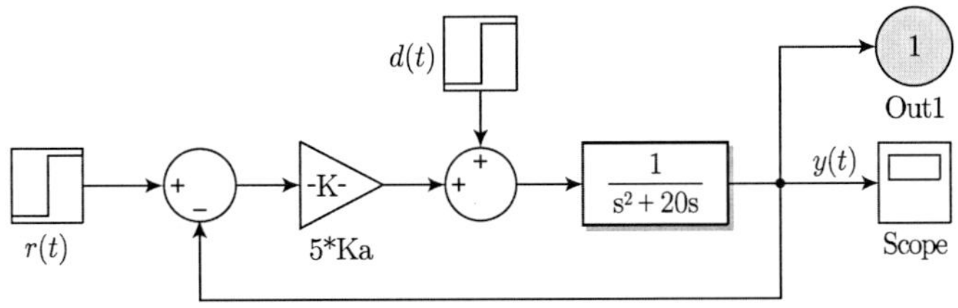

[그림 3.10] [그림 3.9]의 Simulink 모델

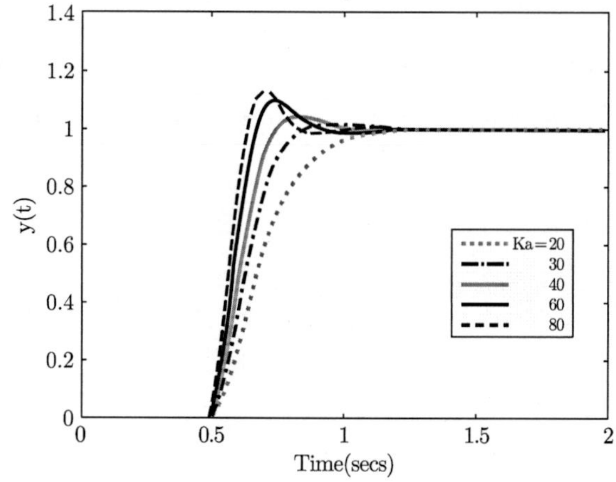

[그림 3.11] 모델 [그림 3.9]의 결과

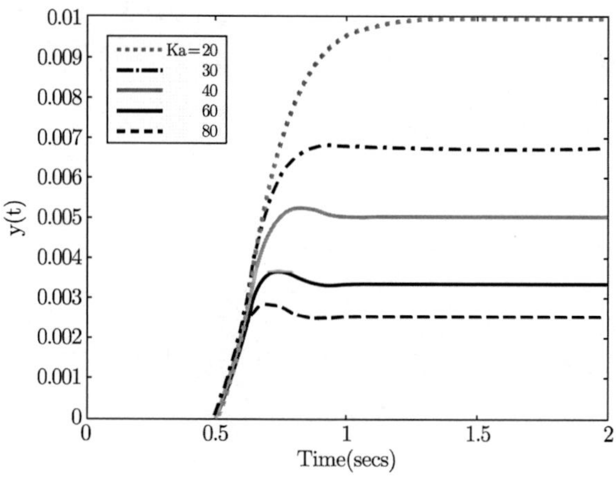

[그림 3.12] [그림 3.10]에서 외란응답 ($r(t)=0$)

```
% [예제 3.2]
% Simulink를 이용한 Simulation
AmP = [20 30 40 60 80];                                    % Ka 값의 설정
for k=1:5
    Ka = AmP(k);
    sim('Example_3_2');                                    % 시뮬레이션의 실행
    simY(:,k) = yout;                                      % 결과를 저장
end
plot(tout,simY),xlabel(' Time (secs) '),ylabel(' y(t) ') %[그림 3.11]
legend('Ka= 20','      30','      40','      60','      80')

% MATLAB를 이용한 [예제 3.2]의 시뮬레이션
```

```
Ka = [20 30 40 60 80];
t = 0:0.01:1;y = zeros(length(t),2);            % 시간축의 설정 및 배열의 준비
numg = 1;deng = [1 20 0];sysg = tf(numg,deng);  % 제어대상의 전달함수
for I = 1:5
    numc = [Ka(i)*5];denc = 1;sysc = tf(numc,denc);
    sysop = series(sysc,sysg);                  % '제어기+제어대상'의 직렬연결
    sysfd = feedback(sysop,[1]);                % [그림 3.10]의 폐루프전달함수
    y(:,i) = step(sysfd,t);                     % 계단응답의 계산
end
plot(t,y),xlabel(' Time (sec)'),ylabel('y(t)')  % [그림 3.11]
```

[표 3.1]에 이득 K_a의 변화에 따른 설계사양의 값을 정리하였다.

[표 3.1] K_a의 변화에 따른 각종 설계지표의 변화

K_a	20	30	40	60	80
백분율 오버슈터	0	1.2%	4.3%	10.8%	16.3%
정정 시간	0.55	0.40	0.40	0.40	0.40
감쇄비	1	0.82	0.707	0.58	0.50
$d(1)=1$인 외란에 대한 출력의 최대 크기	−0.01	−0.0066	−0.0052	−0.0037	−0.0029

```
% MATLAB를 이용한 [그림 3.12] (외란응답)
Ka = [20 30 40 60 80];                          % 값의 지정
t = 0:0.01:1;y = zeros(length(t),2);            % 시간축의 설정과 출력을 위한 배열준비
numg = 1;deng = [1 20 0];sysg = tf(numg,deng);  % 제어대상의 전달함수
for i = 1:5
    numc = [Ka(i)*5];denc = 1;sysc = tf(numc,denc);
    sysfd = feedback(sysg,sysc);                % 피드백시스템의 전달함수 계산
    sysfd = -sysfd;                             % 외란입력은 (-)부호를 가진다.
    y(:,i) = step(sysfd,t);
end
plot(t,y),xlabel(' Time (sec)'),ylabel('y(t)')  % [그림 3.12]
```

(6) 시간지연(dead time)의 시간응답

식(3.9)와 같이 입력신호가 특정한 시간만큼 지연되어 출력된다. 예를 들어 램프신호를 $L=1$ [s]인 시간지연요소를 통과시키면 [그림 3.13(b)]로 된다.

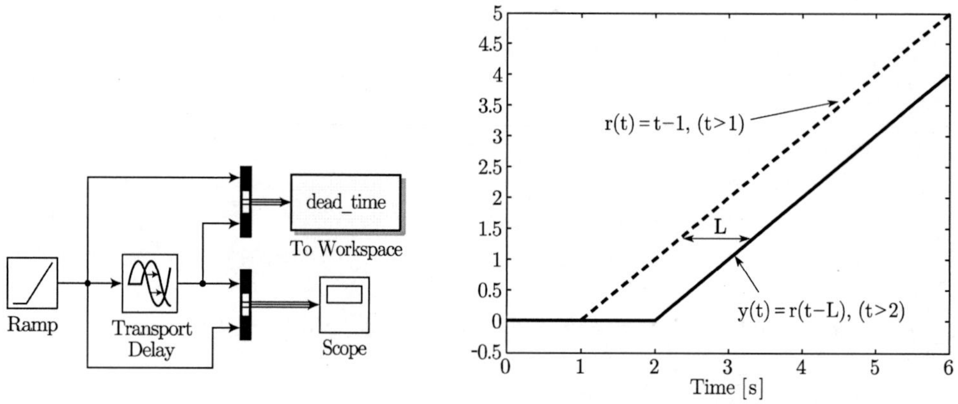

(a) 시간지연요소의 실현　　　(b) 시간지연요소의 응답

[그림 3.13] 시간지연의 응답특성

3.2.2 표준 2차시스템

여기서는 식(3.18)로 정의된 표준 2차시스템의 특성에 대하여 좀 더 구체적으로 알아본다. 표준 2차시스템은 그 이름이 의미하는 바와 같이 앞으로의 제어기 설계에 있어 '표준'의 역할을 한다. 다시 말하면 부과된 설계사양을 만족시키기 위한 설계는 대부분 제어대상이 (근사적으로) 2차시스템이라는 전제 하에서 진행된다. 이러한 의미에서 2차시스템의 극의 변동과 그 결과로 얻어지는 출력응답과의 관련성을 이해하는 것은 제어기 설계에 있어 가장 중요한 요소라고 해도 지나친 말이 아니다.

만약 제어대상이 2차 이상의 고차시스템으로 주어진 경우에는 모델근사화법(model reduction method) 등을 적용하면 어렵지 않게 2차시스템으로의 근사화가 가능하기 때문에, 표준 2차시스템에 대한 아래의 사항은 약간의 수정을 거치면 여전히 적용가능하다는 점에 유의한다.

■ 감쇄비 ζ와 극과의 관계

식(3.18)의 표준 2차시스템을 생각하여 보자.

$$G(s) = \frac{k\omega_n^2}{s^2 + 2\zeta\omega_n s + \omega_n^2} \tag{3.25}$$

감쇄비 ζ의 증감에 대한 두 극의 위치를 복소평면 상에 나타낸 것이 [그림 3.14]이다. 그림에서 알 수 있는 바와 같이 고유진동수 ω_n은 원점에서 극까지의 거리와 같으며, ζ는 음의 실수축과 극이 만드는 각도의 cosine 값과 동일하다. 이때 ω_n을 일정한 값으로 유지하고 감쇄비를 0에서 1로 변화시켰을 경우의 극의 움직임은, 허수축의 두 점 $s = \pm j\omega_n$, $(\zeta = 0)$에서 출발하여 실수축의 한 점 $s = -\omega_n$, $(\zeta = 1)$에서 끝나게 될 것이다[5]. 이 과정은 [그림 3.14]

5) 따라서 $\zeta = 1$이면 중근, 즉 $s_{1,2} = -\omega_n$으로 된다.

에서 점선으로 표시되어 있다. 일반적으로, 극이 허수축에 가까우면 가까울수록 계단응답은 진동이 심하게 된다. 극단적으로 $\zeta \to 0$으로 가져가면 계단응답은 거의 정현파의 모양을 하게 될 것이다. 이를 간단히 확인하여 보자.

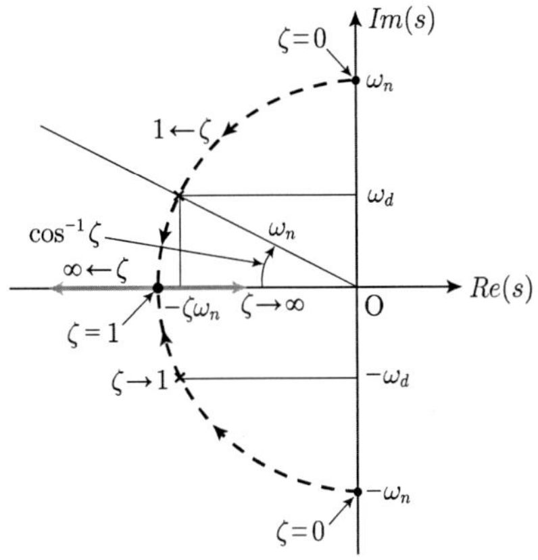

[그림 3.14] 복소평면에서 식(3.25)의 극의 위치

식(3.25)에서 $\omega_n = 1$, $k = 1$로 두고 ζ를 변화시켰을 경우의 단위계단응답을 [그림 3.15]에 나타내었다. 감쇄가 작으면 작을수록 진동이 더욱 커진다는 것을 확인할 수 있다.

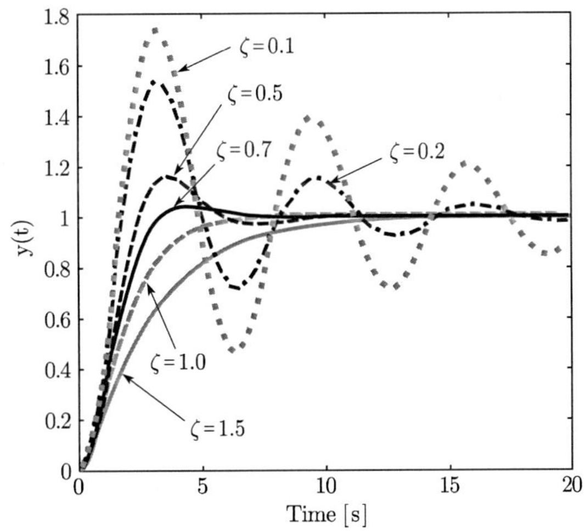

[그림 3.15] 감쇄비의 변화에 따른 계단응답

```
% [그림 3.15]
t = 0:10/200:20;                        % 시간축의 설정
zeta = [0.1 0.2 0.5 0.7 1.0 1.5];
for i = 1:6
```

```
    num = 1;den = [1 2*zeta(i) 1];
    sys = tf(num,den);                        % 각각에 대한 시스템 표현
    y(:,i) = step(sys,t);
end
plot(t, y),xlabel(' Time [s] '), ylabel(' y(t) ')
```

식(3.25)로 주어진 시스템의 계단응답에서 감쇄비 ζ외에 고유진동수 ω_n도 응답파형의 모양을 결정하는 중요한 요소이다. 이것을 확인하기 위하여 ζ를 일정한 값으로 고정하고 ω_n을 변동시켜 보자. 앞에서 이야기한 것처럼 시스템의 위상 ϕ는 감쇄비에 의하여 결정되기 때문에[6], ζ를 일정한 값으로 고정한다는 것은 극의 위상부분만을 일정하게 유지한다는 것을 의미한다. 따라서 ω_n을 증가시키면 극의 위상은 일정하게 유지하면서 크기만 증가하게 된다. 다시 말하면, [그림 3.14]에서 극의 궤적을 나타내는 반지름(점선)이 커지게 되어 극의 실수부값 (즉, $-\zeta\omega_n$)이 증가한다. 이로 인해 계단응답의 출력(식(3.23) 참조)에서 지수부분 $e^{-\zeta\omega_n t}$이 더 빠르게 영으로 수렴하게 되므로 전체적으로 응답이 빠르게 정상상태 값에 수렴하게 된다. 그러나 진동성분인 정현파의 주파수 ω_d가 증가하였기 때문에 높은 진동주파수를 가지게 된다([그림 3.16] 참조).

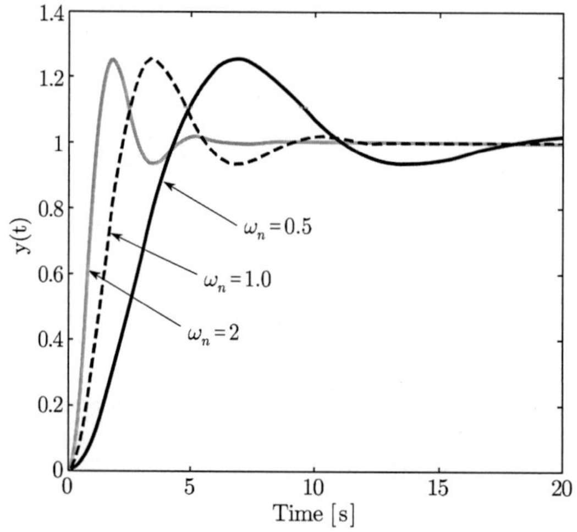

[그림 3.16] ω_n의 변화에 따른 출력응답 ($\zeta = 0.4$의 경우)

```
% [그림 3.16]
t = 0:10/200:20;
omega_n = [0.5 1 2];zeta = 0.4;
for i = 1:3
```

6) $\phi = \tan^{-1}\left(\frac{\omega_d}{\zeta\omega_n}\right) = \tan^{-1}\left(\frac{\sqrt{1-\zeta^2}}{\zeta}\right)$

```
    num = omega_n(i)^2;den = [1 2*zeta*omega_n(i) omega_n(i)^2];
    sys = tf(num,den);
    y(:,i) = step(sys,t);
end
plot(t, y),xlabel(' Time [s] '), ylabel(' y(t) ')
```

3.2.3 시간응답의 설계사양

제어기의 설계를 위해서는 제어대상이 표준 2차시스템 식(3.18)으로 주어졌다고 가정하고 설계사양에 대한 표준 시스템의 두 변수인 감쇄비 ζ와 고유진동수 ω_n를 이용한 (근사)표현식이 필요하다[7]. 여기서는 공식의 유도를 위한 수식전개는 생략하고 그 결과만을 나타내기로 한다. 만약 식(3.18)의 분모가 2차가 아닌 고차다항식인 경우에도 아래의 공식은 상당히 유용하기 때문에, 아래 식(3.26)은 제어기 설계에 있어 필요불가결한 중요한 요소이다.

■ 시간응답과 설계사양

(1) 상승시간(rising time) t_r :

$$\omega_n t_r \approx 1 + 1.15\zeta + 1.4\zeta^2 \tag{3.26a}$$

(2) 정정시간(settling time) t_s :

$$t_s \approx \frac{4}{\zeta\omega_n} : (2\%\ \text{이내}) \tag{3.26b}$$

(3) 퍼센트(%) 오버슈터(overshoot) M_p :

$$M_P \approx 100 \times \exp\left(\frac{-\zeta\pi}{\sqrt{1-\zeta^2}}\right)(\%) \tag{3.26c}$$

(4) 피크시간(peak time) t_p :

$$t_p = \frac{\pi}{\omega_n\sqrt{1-\zeta^2}} \tag{3.26d}$$

특히 설계사양의 단골요소인 퍼센트 오버슈터는 식(3.26c)로부터 알 수 있는 바와 같이 오직 시스템의 ζ값에만 의존한다. [표 3.2]에 감쇄비 ζ값에 대한 퍼센트 오버슈터의 크기를 정리하였다.

7) 근사식이 성립하기 위한 필요조건은 $0 < \zeta < 1$, 즉 부족제동의 경우이다.

[표 3.2] 감쇄비에 대한 퍼센트 오버슈터의 크기

ζ	0.9	0.8	0.7	0.6	0.5	0.4	0.3
% 오버슈터	0.2	1.5	4.6	9.5	16.3	25.4	37.2

이상으로부터 출력파형의 모양(type)(오버슈터가 크다, 혹은 작다 등)은 대부분 감쇄비 ζ에, 수렴시간은 $1/\omega_n$에 의존한다는 사실로부터 다음과 같은 제어기 설계의 기본원칙이 유도된다.

> ω_n은 사양을 벗어나지 않는 범위에서 가능한 크게 취하고, ζ는 대략 $0.5 \sim 0.7$ 정도의 범위에 있는 것이 바람직하다.

[예제 3.3]

[그림 3.17]의 단일피드백시스템에서, 계단응답에 대한 오버슈터를 5% 이내로 억제하면서 정정시간이 4[s] 이내로 될 수 있도록 이득 K와 극 p의 값을 결정해보자.

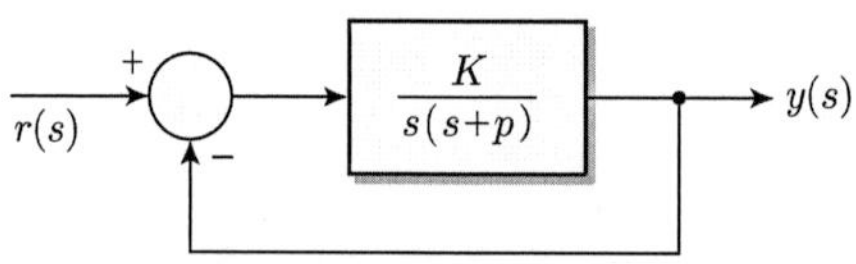

[그림 3.17] [예제 3.3]의 시스템

풀이 [그림 3.17]의 전달함수는 식(3.18)의 형식이므로 식(3.26)의 공식을 적용할 수 있다. 먼저 정정시간의 사양으로부터

$$t_s = \frac{4}{\zeta\omega_n} \leq 4 \ \rightarrow \ \zeta\omega_n \geq 1 \qquad ①$$

를 얻는다. 다음 [표 3.2]로부터 오버슈터 4.3%인 경우의 감쇄비가 0.707 정도이므로 설계사양인 5% 이내로 되기 위한 ζ의 범위를 ①과 함께 나타내면 [그림 3.18]로 될 것이다.

여기서 만약 폐루프의 극으로 $r_{1,2} = -1 \pm j1$을 선정하였다면 정정시간은 4 [s], 오버슈터는 약 4.3%로 되어 설계사양을 만족한다. 감쇄비는 $\zeta = 1/\sqrt{2}$이며, 따라서 $\omega_n = 1/\zeta = \sqrt{2}$이다. 이 경우의 폐루프시스템은

$$\frac{y(s)}{r(s)} = \frac{G(s)}{1+G(s)} = \frac{K}{s^2+ps+K} = \frac{\omega_n^2}{s^2+2\zeta\omega_n s+\omega_n^2} \qquad ②$$

로 되므로 여기서 $K = \omega_n^2 = 2$와 $p = 2\zeta\omega_n = 2$를 얻는다.

폐루프시스템의 극이 위치해야 하는 s평면의 (주어진 설계사양을 만족하는) 영역인 [그림 3.18]

의 빗금친 부분에서 어느 곳에 실제로 극을 배치할 것인가는, 폐루프시스템의 응답특성 등을 참조하여 설계자가 결정해야 할 문제이다.

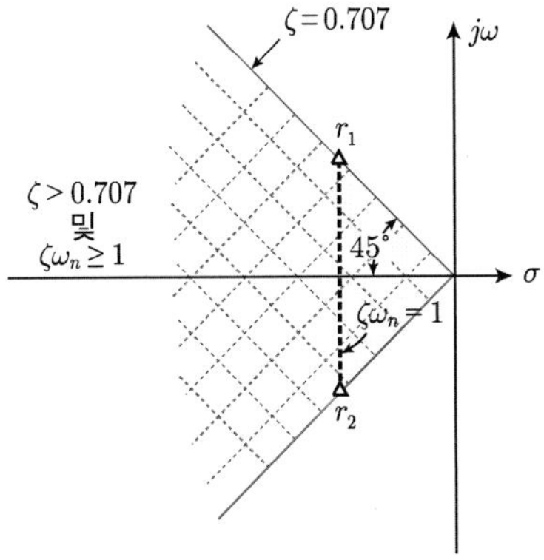

[그림 3.18] s 평면에서의 극의 위치

3.3 안정성과 시스템의 정상상태 특성

여기서는 안정성의 개념과 이를 확인하기 위한 방법 및 폐루프시스템의 정상상태 오차와 관련이 있는 시스템의 형에 대하여 간단하게 언급한다.

3.3.1 안정성의 의미

■ 안정성(Stability)

시스템이 안정하다고 하는 것은 일반적으로 '한정된 크기의 입력이 인가되었을 때 역시 한정된 크기의 출력이 생성'되는 경우를 지칭한다. 이러한 의미에서 보통 BIBO안정(Bounded-Input Bounded-Output Stability)이라고 부른다. 이를 수식을 이용하여 표현하면 다음과 같이 쓸 수 있을 것이다.

$$\text{입력}: |u(t)| \le c_1, (0 \le t < \infty) \Rightarrow \text{출력}: |y(t)| \le c_2, (0 \le t < \infty) \tag{3.27}$$

여기서 c_1과 c_2는 일정한 크기인 양의 정수이다. 이 조건이 성립하기 위해서는 시스템의 임펄스응답 $g(t)$[8]가 다음의 조건을 만족해야 한다.

$$\int_0^\infty |g(\tau)| d\tau < \infty \tag{3.28}$$

8) 임펄스응답이란 시스템에 입력으로 임펄스신호를 인가하였을 때의 출력으로, 전달함수의 라플라스 역변환으로 정의된다. 즉, $g(t) = \mathcal{L}^{-1}[G(s)]$ 이다.

식(3.28)이 성립하기 조건은 시스템의 전달함수의 모든 극이 s평면의 허수축을 제외한 왼쪽 영역에 존재하여야 한다는 것이다.

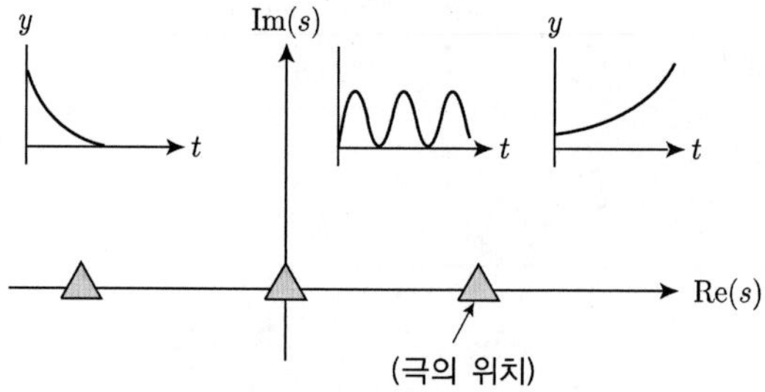

[그림 3.19] s평면에서의 극의 위치와 안정성

■ **특성다항식**

위에서 언급한 바와 같이 안정성은 시스템의 극의 위치, 다시 말하면 전달함수의 분모다항식의 근에 의존한다. 이와 같이 시스템의 분모다항식에 의해 시스템의 대부분의 성격이 결정되기 때문에, 전달함수의 분모다항식을 보통 '특성다항식(characteristic equation)이라고 한다.

따라서 일반적인 피드백형식을 취하고 있는 시스템([그림 3.20] 참조)에서 안정성을 확인하기 위해서는 폐루프시스템에 대한 특성다항식의 확보가 중요하다.

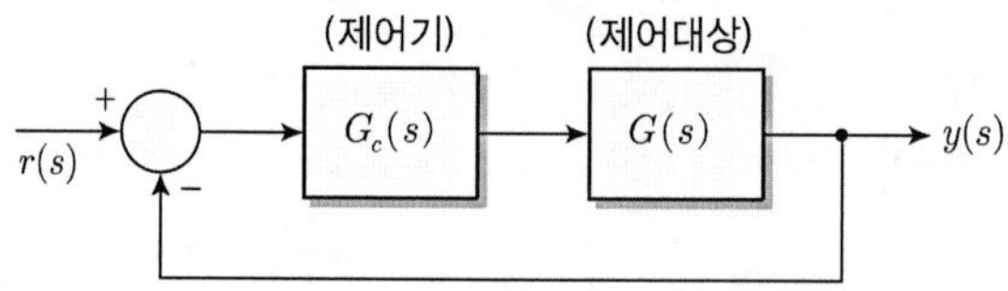

[그림 3.20] 폐루프시스템의 기본구조

[그림 3.20]에서 입력 $r(s)$와 출력 $y(s)$ 사이의 전달함수는

$$\frac{y(s)}{r(s)} = \frac{G(s)G_c(s)}{1+G(s)G_c(s)} \tag{3.29}$$

로 되며 특성다항식은 $1+G(s)G_c(s)=0$으로 주어진다. 즉, 적절한 보상기(제어기)를 추가함으로서 주어진 제어대상 $G(s)$가 가지는 극을 적절한 곳으로 이동시킬 수 있음을 알 수 있다.

3.3.2 안정성 판별법

시스템의 안정성을 확인하기 위해서는 특성다항식의 근을 구하여야 한다. 그러나 보통 2차 이상의 다항식으로 주어지는 특성다항식의 근을 컴퓨터에 의존하지 않고 계산한다는 것은 쉬운 일이 아니다. 다음에 설명하는 방법은 근의 위치를 정확하게 파악할 수 있는 것이 아니라,

단지 s평면에서 허수축을 중심으로 오른쪽에 존재하는 특성다항식의 근, 즉 불안정한 근의 개수를 알려준다. 실제로 안정성의 판별보다는 제어기 설계 등에 간단히 적용할 수 있다는 점이 이 방법의 유용성이라고 할 수 있다.

■ 라우스・후르비츠(Routh-Hurwitz) 안정판별법

시스템의 특성다항식 $1+G(s)G_c(s)=0$을 전개하여 다음과 같이 주어졌다고 한다.

$$\alpha_o s^n + \alpha_1 s^{n-1} + \cdots + \alpha_{n-1}s + \alpha_n = 0 \tag{3.30}$$

(1) 다항식 (3.30)의 모든 계수의 부호가 동일한지의 여부를 확인: 만약 계수의 부호가 하나라도 다르다면, 이는 식(3.30)의 근 중 적어도 하나는 s평면의 불안정 영역(오른쪽 반면)에 존재하므로 주어진 시스템은 불안정하다는 것을 알 수 있다.

(2) 위 조건이 만족되면 다음과 같이 하여 라우스 테이블 [표 3.3]을 작성한다.

[표 3.3] 라우스 테이블

제0행	α_o	α_2	α_4	…
제1행	α_1	α_3	α_5	…
제2행	b_1	b_2	b_3	…
제3행	c_1	c_2	c_3	…
⋮	⋮			
제n행	h_1			

(3) 라우스 테이블이 완성되면 첫 번째 열의 부호변화 회수가 특성다항식이 가지는 불안정한 극의 개수이다.

라우스 테이블 제2행에서 b_i는 제0, 1행을 이용하여 다음의 방법으로 결정된다.

$$b_i = \frac{-\begin{vmatrix} \alpha_o & \alpha_{2i} \\ \alpha_1 & \alpha_{2i+1} \end{vmatrix}}{\alpha_1} \tag{3.31a}$$

즉, 위 식에서 분모는 제1행의 첫 번째 값 α_1으로 고정되며, 분자의 경우는 행렬식의 1열은 제0행과 제1행의 첫 번째 값으로 고정, 2열 이후는 b_1이면 제0행과 제1행의 두 번째 열, b_2는 제0행과 제1행의 세 번째 열의 값을 취하는 형식으로 하여 계산한다,

제3행 이후도 마찬가지로 수행한다. 즉, c_i는 제1행과 제2행을 이용하여

$$c_i = \frac{-\begin{vmatrix} \alpha_1 & \alpha_{2i+1} \\ b_1 & b_{i+1} \end{vmatrix}}{b_1} \tag{3.31b}$$

로 계산한다. 여기서도 분모 b_1와 분자의 첫 번째 열의 값은 고정하고, 두 번째 열을 c_i의 i값에 따라 식(3.31a)의 경우와 동일하게 제1행과 제2행에서 취한다.

[예제 3.4]

라우스·후르비츠 안정판별법을 이용하여 각 다항식의 안정성 여부를 확인하여 보자.

풀이

(a) 다항식 $s^4+5s^3+10s^2+10s+4=0$을 인수분해하면 $(s+1)(s+2)(s+1+j)(s+1-j)=0$로 되어 불안정한 극을 가지지 않음을 알 수 있다. 이를 라우스 표를 이용하여 확인해보자.

라우스 표(a)에서 첫 번째 열의 부호 변화가 없으므로 불안정한 극은 존재하지 않는다.

(a)의 라우스 표

s^4	1	10	4
s^3	5	10	
s^2	8	4	
s^1	7.5		
s^o	4		

(b) 다항식 $2s^3+s^2+s+2=0$에 대한 라우스 표를 작성한다. 표로부터 부호의 변화가 두 번 발생하였기 때문에 두 개의 불안정한 극을 가지는 다항식이다. 확인을 위해 세 개의 극을 계산하면 다음과 같다.

$$s_1=-1,\ s_{2,3}=0.25\pm j0.9682$$

(b)의 라우스 표

s^3	2	1
s^2	1	2
s^1	-3	
s^o	2	

즉, 두 개의 불안정한 극이 확인되었다.

[예제 3.5]

[그림 3.21]로 주어진 시스템에서 폐루프시스템의 안정성을 확보하기 위한 제어기의 두 변수 k와 a의 값의 범위를 계산하여 보자.

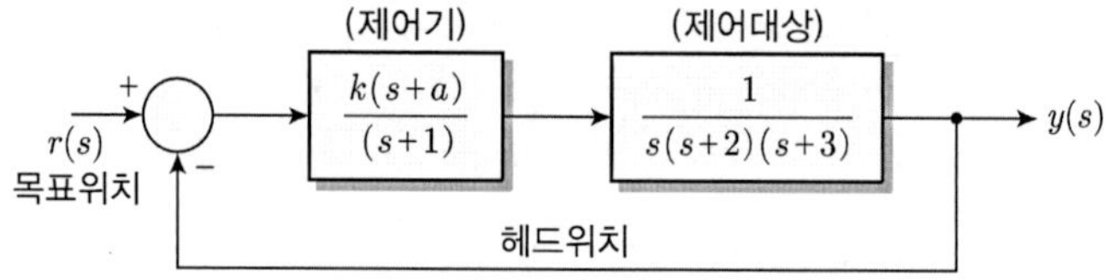

[그림 3.21] [예제 3.5]의 블록선도

풀이 입력 $r(s)$와 출력 $y(s)$ 사이의 전달함수로부터 특성다항식을 얻는다.

$$\frac{y(s)}{r(s)}=\frac{G_c(s)G(s)}{1+G_c(s)G(s)}=\frac{k(s+a)}{s^4+6s^3+11s^2+(k+6)s+ka} \quad ①$$

먼저 특성다항식의 계수가 모두 양으로 되어야 하기 때문에

$$k+6>0,\ ka>0 \quad ②$$

의 조건을 얻는다. 다음 특성다항식에 대한 라우스 표를 작성한다. 단,

$$b_1 = \frac{60-k}{6},\ c_1 = \frac{b_1(k+6) - 6ka}{b_1} \qquad ③$$

이다. 따라서 폐루프가 안정하기 위한 k, a는

(i) $k+6>0,\ ka>0$

(ii) $0<b_1=\dfrac{60-k}{6} \rightarrow k<60$ ④

(iii) $0<c_1 \rightarrow a<\dfrac{(60-k)(k+6)}{36k}$ ⑤

[예제 3.5]의 라우스 표

s^4	1	11	ka
s^3	6	$k+6$	
s^2	b_1	ka	
s^1	c_1		
s^o	ka		

의 조건이 만족되는 값이다. 따라서 예를 들어 $k=40$이라면 $a<0.639$로 될 것이다.

3.3.3 비최소위상시스템(non-minimum phase system)

지금까지 설명한 바와 같이 시스템이 안정하기 위해서는 전달함수의 극이 전부 s평면의 왼쪽 반면에 존재하여야 한다는 것을 알았다. 그러나 전달함수의 영점이 s평면의 오른쪽에 존재하면 어떤 현상이 일어나는지 확인하여 보자.

일반적으로 영점이 오른쪽 반면에 존재하여도 시스템의 안정성과는 무관하다. 그러나 i) 목표신호 $r(t)$의 역방향으로 이동하는 초기동작이 발생하고, ii) 안정 (및 위상) 여유가 감소하기 때문에 제어기의 설계 등에 있어서 상당한 제약으로 작용한다.

안정한 시스템의 경우, 그의 모든 영점이 s평면의 왼쪽 반면에 존재하면 최소위상시스템, 하나 이상의 영점이 오른쪽 반면에 존재하면 비최소위상시스템이라고 부른다. 간단한 시스템을 이용하여 '비최소위상'의 의미를 알아보자.

다음의 두 시스템은 특성다항식은 동일하지만, 영점은 허수축을 중심으로 서로 대칭인 곳에 위치한다.

$$G_m(s) = \frac{1+s}{s^2+s+1}:\ (\text{최소위상}),\ G_n(s) = \frac{1-s}{s^2+s+1}:\ (\text{비최소위상}) \qquad (3.32)$$

(1) **시간응답**: 단위계단신호를 인가하였을 경우의 출력특성을 [그림 3.22]에 나타내었다. [그림 3.22]에서는 보는 바와 같이 비최소위상시스템의 경우는 출력의 초기동작($t=0.7$ 근처)에서 입력신호와 반대방향으로 이동하고 있는 사실을 확인할 수 있다.

(2) **주파수응답**[9]: 두 시스템에 대한 보드선도를 [그림 3.23]에, 극좌표선도를 [그림 3.24]에 각각 표시하였다[10]. 그림으로부터 이득곡선은 동일하지만 위상특성이 현저하게 달라

9) 주파수응답, 즉 보드선도와 극좌표선도 등에 대한 자세한 설명은 다음 장을 참조한다.
10) 그림을 위한 MATLAB 프로그램은 Chapter_3.m을 참조한다.

짐을 확인할 수 있다. 이로부터 '비최소위상'이 가지는 의미를 이해할 수 있을 것이다.

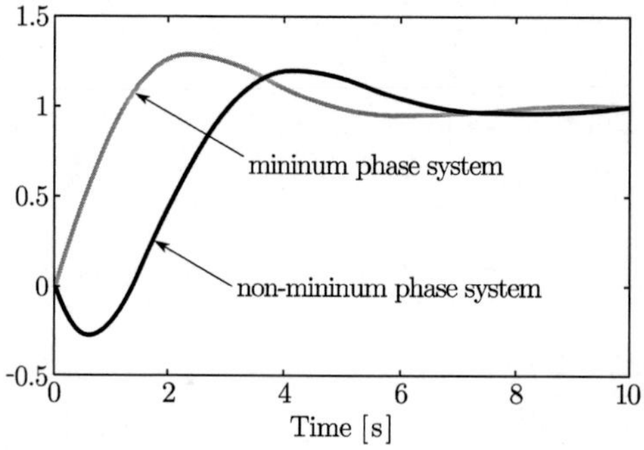

[그림 3.22] 최소위상과 비최소위상시스템의 계단응답

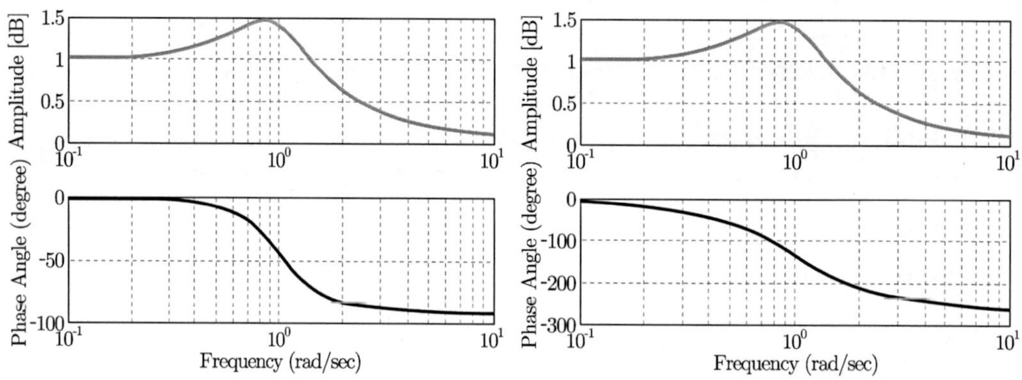

(a) 최소위상시스템 (b) 비최소위상시스템

[그림 3.23] 주파수특성

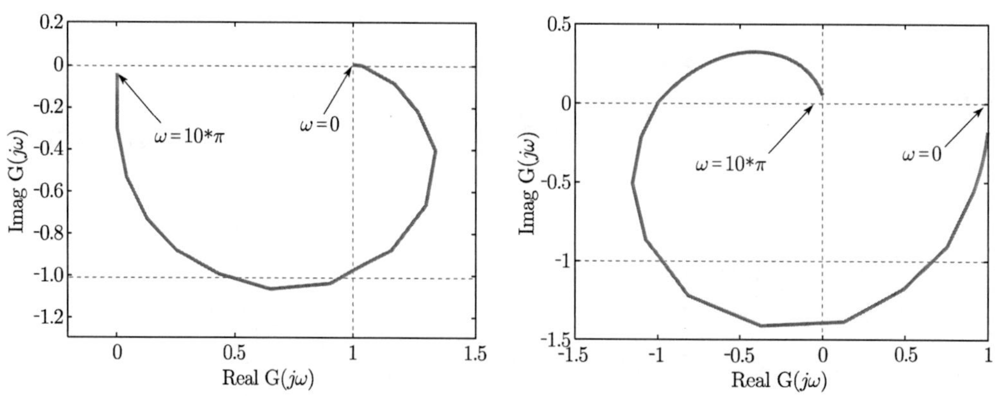

(a) 최소위상시스템 (b) 비최소위상시스템

[그림 3.24] 극좌표선도

3.3.4 피드백시스템의 정상특성

여기서는 $t \to \infty$로 되었을 경우의 시스템의 응답특성에 대하여 알아본다. [그림 3.20]으로 주어진 단위피드백시스템에서 폐루프시스템의 특성을 결정하는 중요한 요소의 하나로 정상오차(steady-state error)가 있다. 정상오차는 '제어대상+제어기'와 목표신호에 의하여 다음과 같이 결정된다.

$$\begin{aligned}\lim_{t\to\infty} e(t) = e_{ss} &= \lim_{s\to 0} s\,e(s) \\ &= \lim_{s\to 0} s\frac{1}{1+G_c(s)G(s)}r(s)\end{aligned} \tag{3.33}$$[11]

정상오차는 제어기 설계의 관점에서 보면 영으로 되어야 하지만, 식(3.33)으로부터 알 수 있는 바와 같이 목표신호 $r(s)$, 즉 $r(t)$가 어떤 신호인가에 따라 그 값이 달라질 수 있다. 정상오차를 결정하는 또 하나의 중요한 요소는 시스템의 형(type)이다.

■ 시스템의 형

제어기와 제어대상을 하나의 시스템으로 간주했을 때 다음과 같이 주어졌다고 한다.

$$G_c(s)G(s) = \frac{Ke^{-sL}\prod_{j=1}^{m}(sT_j+1)}{s^l\{1+2\zeta(s/\omega_n)+(s/\omega_n)^2\}\cdot\prod_{i=1}^{k}(sT_i+1)} \tag{3.34}$$[12]

이때 위 식에서 분모의 l의 값에 따라 각각, $l=0$이면 0형, $l=1$이면 1형, $l=2$이면 2형 시스템으로 부르고 있다.

여기서 [그림 3.20]의 단위피드백시스템에서 제어대상 $G(s)$의 입력 측에 [그림 3.25]와 같이 외란 $d(s)$가 인가되는 것으로 하여 시스템의 형에 따른 정상오차를 살펴보자.

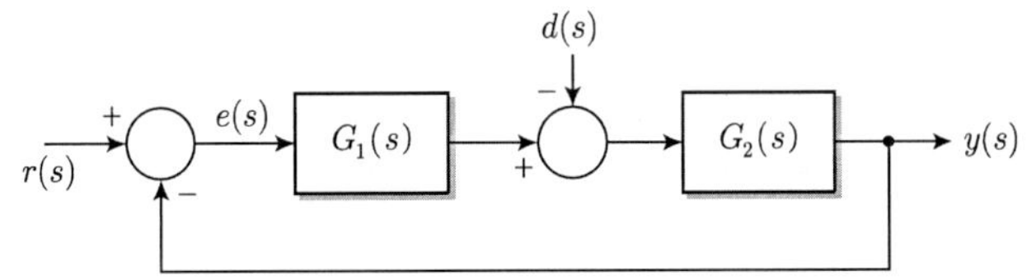

[그림 3.25] 외란을 가지는 피드백시스템

[그림 3.25]의 피드백시스템은 두 개의 입력을 가지므로 이에 의한 정상오차는 다음과 같다.

$$e(s) = \frac{1}{1+G_c(s)G(s)}r(s) - \frac{G(s)}{1+G_c(s)G(s)}d(s) \tag{3.35}$$

11) 전달함수 $e(s)/r(s)$에 라플라스의 최종값의 정리를 적용하면 쉽게 얻어진다.
12) 전달함수가 가질 수 있는 가장 일반적인 형태를 나타냈다.

따라서 정상오차 e_{ss}는 입력과 외란신호의 종류와 시스템의 형에 따라 달라질 것이다.

[예제 3.6]

[그림 3.25]의 피드백시스템에서 제어대상이 다음과 같이 주어졌다. 이때 시스템의 형에 따른 정상오차를 확인하여 보자.

$$G(s)=\frac{10}{s^2+4s+10} \qquad ①$$

풀이 제어대상은 0형이므로, 제어기 $G_c(s)=1/s^i$로 두고 $i=0,1,2$의 경우, 즉 시스템이 0형 1형 및 2형인 경우의 정상오차를 확인하여 보자. 먼저 [그림 3.26]의 Simulink 블록선도를 작성하고 목표신호를 단위계단신호로 하며 외란은 영으로 둔다.

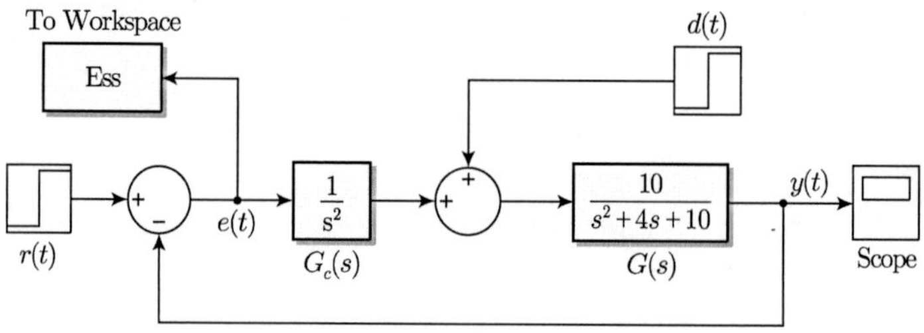

[그림 3.26] [예제 3.6]의 Simulink 블록선도

이 경우 제어기 $G_c(s)$를 차례로 1, $1/s$, $1/s^2$로 두고 시뮬레이션을 수행한 결과를 [그림 3.27]에 나타내었다. 0형의 경우 $e_{ss}=0.5$로 되어 상당한 크기의 정상오차가 발생한다. 여기에 적분기 하나를 추가하여 전체 시스템을 1형으로 만들면 $e_{ss}=0$으로 됨을 볼 수 있다. 그러나 적분기를 두 개 추가하여 2형으로 만들면 폐루프시스템은 불안정[13]으로 되어 출력은 발산하게 된다. 이러한 사실은 식(3.33)의 수식으로도 간단히 확인할 수 있다. 정상오차와 관련된 사항은 외란입력에 대해서도 동일하게 적용된다.

이번에는 목표신호를 램프신호로 두고 시뮬레이션을 수행한 결과가 [그림 3.28]이다. 그림으로부터 0형의 경우는 시간의 증가와 함께 오차 역시 증가하므로 $y(t)$는 결국 발산하게 될 것이다. 적분기를 하나 추가한 1형의 경우는 $t\to\infty$에서 크기 1인 일정한 오차를 발생한다[14]. 그러나 제어기로서 적분기를 두 개 추가하여 2형으로 한다면 위에서 언급한 바와 같이 폐루프가 불안정해지므로 두 개의 적분기를 직렬로 추가하는 것은 바람직하지 못하다.

13) 폐루프시스템의 특성다항식이 $s^4+4s^3+10s^2+10=0$로 되어 두 개의 불안정한 극을 가진다.

14) 램프입력(즉, $r(t)=t,(t\ge 0)$)에서 크기가 1인 오차가 발생한다는 것은, [그림 3.28]의 출력이 $y(t)=t-1,(t\ge 1)$인 신호로 됨을 의미한다. 오차의 크기를 줄이기 위해서는 예를 들어 $G_c(s)=K/s$ 형식의 제어기를 사용하여 K값을 적절히 증가시키면 가능하다.

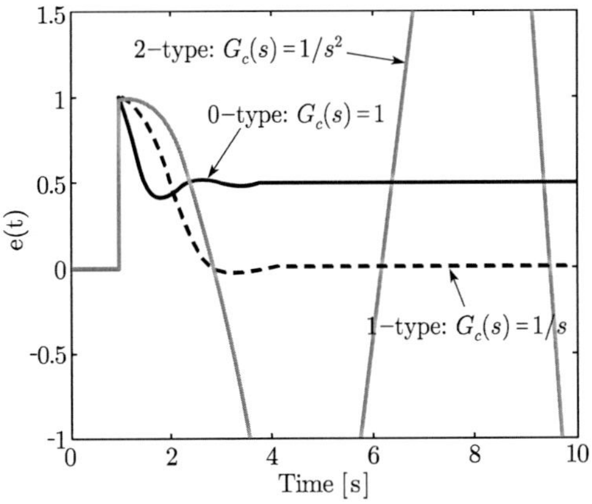

[그림 3.27] $d(s)=0$인 경우의 오차 $e(t)$

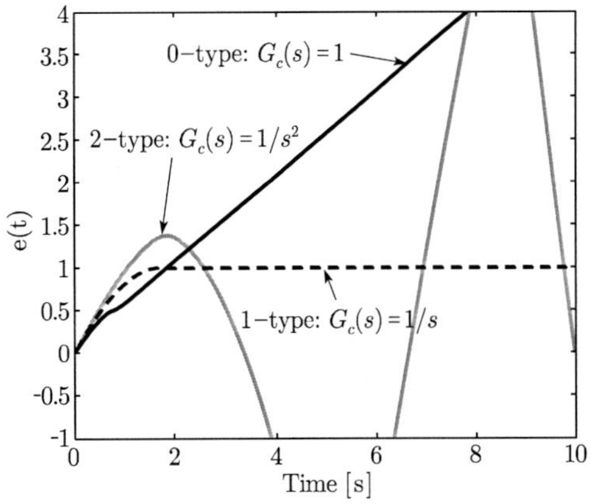

[그림 3.28] 램프입력에 대한 오차 $e(t)$

위의 예제에서 본 바와 같이 추종해야할 목표신호의 종류에 따라 정상오차를 영으로 하기 위해 필요한 시스템의 형(즉 필요한 적분기의 개수)은 다르다. 이를 식(3.33)으로 확인해 보자.

(1) **목표신호가 크기 A인 계단신호인 경우** : $r(t)=A$, $(t \geq 0)$

$$e_{ss}=\lim_{t\to\infty} e(t)=\lim_{s\to 0} s\frac{1}{1+G_c(s)G(s)}\frac{A}{s} \tag{3.36a}$$

$$=\frac{A}{1+G_c(0)G(0)}$$

따라서 e_{ss}가 영, 즉 $t\to\infty$에서 $y(t)=r(t)$로 되기 위해서는 $G_c(0)G(0)=\infty$가 필요하며, 이를 위해서는 $G_c(s)G(s)$가 1형 이상인 경우에 한해서 $\lim_{s\to 0} G_c(s)G(s)=\infty$로 되어 오차 e_{ss}가 영으로 된다. 만약 0형이라면 $s\to 0$에서 $G_c(s)G(s)$는 일정한 값을 가진다. 식(3.36a)에서 $K_p\equiv\lim_{s\to 0} G_c(s)G(s)$로 둔다면 정상상태 오차는

$$e_{ss}=\frac{A}{1+K_p} \tag{3.36b}$$

로 주어지는 일정한 크기로 된다.

(2) **목표신호가 기울기 A인 램프신호인 경우** : $r(t)=At, (t \geq 0)$

$$e_{ss}=\lim_{t\to\infty} e(t)=\lim_{s\to 0} s\frac{1}{1+G_c(s)G(s)}\frac{A}{s^2} \tag{3.37a}$$

$$=\frac{A}{sG_c(0)G(0)}$$

따라서 e_{ss}가 영, 즉 $t\to\infty$에서 $y(t)=r(t)$로 되기 위해서는 $sG_c(0)G(0)=\infty$가 필요

하며, 이를 위해서는 $G_c(s)G(s)$가 2형 이상으로 되어야 한다는 사실을 알 수 있다. 만약 $G_c(s)G(s)$가 0형이면 $\lim_{s\to 0} sG_c(s)G(s)=0$되어 $e_{ss}\to\infty$, 즉 출력은 발산한다.

$G_c(s)G(s)$가 1형인 경우 식(3.37a)의 분모는 일정한 값으로 된다.

여기서 $K_v \equiv \lim_{s\to 0} sG_c(s)G(s)$로 두면

$$e_{ss}=\frac{A}{sG_c(0)G(0)}=\frac{A}{K_v} \tag{3.37b}$$

로 되어 오차는 일정한 크기로 된다.

이상과 같이 목표신호의 종류, 시스템의 형 및 정상오차와의 관계를 [표 3.4]에 정리하였다.

[표 3.4] 정상오차와 시스템의 형

적분기의 개수	계단신호 $(r(t)=A)$	램프신호 $(r(t)=At)$	포물선신호 $(r(t)=At^2/2)$
0 (0형)	$e_{ss}=\frac{A}{1+K_p}$	∞	∞
1 (1형)	$e_{ss}=0$	$\frac{A}{K_v}$	∞
2 (2형)	$e_{ss}=0$	0	$\frac{A}{K_a}$

[표 3.4]에서 K_a는

$$K_a=\lim_{s\to 0} s^2 G_c(s)G(s) \tag{3.38}$$

으로 정의되는 양이다. 여기서 K_p, K_v, K_a를 각각 위치오차상수, 속도오차상수 및 가속도오차상수라고 부르고 있다.

[표 3.4]로부터 다음의 관계를 짐작할 수 있다. 즉, 오차가 영으로 되기 위해서는 목표신호가 계단신호, 즉 $r(s)=1/s$이면 1형(적분기 1개), 램프신호, 즉 $r(s)=1/s^2$이면 2형(적분기 2개) 등으로 되어야 한다는 사실을 알 수 있다. 이는 목표신호와 동일한 모양의 전달함수가 폐루프의 내부에 존재하지 않으면 정상오차가 영으로 될 수 없다는 사실을 보여주고 있다[15].

3.4 근궤적(Root-Locus)

[그림 3.29]로 주어진 단일폐루프시스템의 전달함수는 다음과 같다.

$$T(s)=\frac{y(s)}{r(s)}=\frac{KG(s)}{1+KG(s)} \tag{3.39}$$

15) 이러한 사실을 '내부모델의 원리'라고 하고 선형시스템이론에서 중요한 역할을 한다.

앞에서 언급한 바와 같이 위 시스템의 특성은 분모다항식의 근

$$1 + KG(s) = 0 \tag{3.40}$$

에 의해 결정된다. 위 식에서 K는 극의 위치를 조정하기 위한 파라미터이다. 따라서 폐루프의 극 s_i, $(i = 1 \sim n)$은 식(3.40)을 반드시 만족하여야 하며[16], 이들은 복소평면인 s평면상에 존재한다[17]. 여기서 s가 복소변수이기 때문에 식(3.40)은 복소수로 되어 다음과 같이 크기와 위상으로 표현할 수 있다.

$$|KG(s)| = 1 \tag{3.41a}$$

$$\angle KG(s) = 180^o \pm k360^o, (k = 0, \pm 1, \pm 2, \cdots) \tag{3.41b}$$

이로부터 근궤적이란 K의 변화에 따른 폐루프의 극, 즉 식(3.41)을 만족하는 복소평면상의 점 s의 궤적을 의미한다는 것을 알 수 있다.

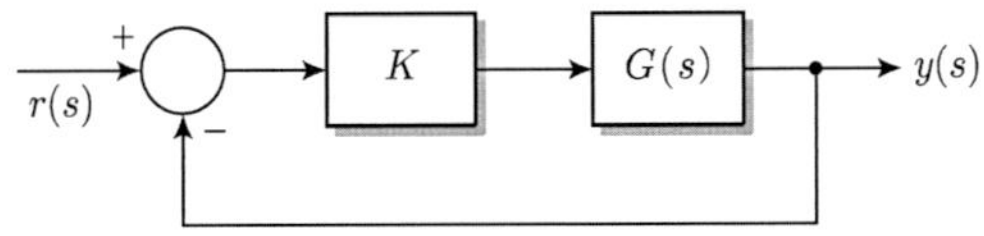

[그림 3.29] 단일피드백시스템

식(3.41)을 복소평면에서 그래픽으로 나타낼 수 있도록 복소수의 벡터표현법을 먼저 간단히 언급한다. 여기서 취급하는 복소평면은 s평면으로서 s는 $s = \sigma + j\omega$로 주어진다. 이를 복소평면에서는 [그림 3.30(a)]와 같이 벡터로 나타낼 수 있다. 이때 물론 크기는 $M = \sqrt{\sigma^2 + \omega^2}$이며, 위상은 $\theta = \tan^{-1}(\omega/\sigma)$로 주어진다. 또 $(s+a), (a>0)$의 경우는 [그림 3.30(b)]와 같이 실수부 σ만이 a만큼 증가하였음을 볼 수 있다. 벡터는 평행이동이 가능하기 때문에 $(s+a)$를 왼쪽으로 $-a$만큼 평행이동 하여 [그림 3.30(c)]와 같이 둘 수도 있다. 만약 $(s+7)$에서 $s = 5 + j2$로 두면 $12 + j2$의 벡터가 되지만 이를 [그림 3.30(d)]와 같이 왼쪽으로 -7만큼 평행이동하여 나타낼 수 있다.

만약 $1/(s+a)$와 같이 분수 형태로 주어졌을 경우에는 물론 이를 유리화하면 (실수부)+j(허수부)의 형식으로 되어 [그림 3.30(b)]와 같은 형식의 벡터를 얻을 수 있지만, 유리화 과정이 간단하지 않다. 그러나 만약 $(s+a) = M_1 \angle \theta_1$이면 $1/(s+a) = 1/M_1 \angle -\theta_1$, 즉 크기는 $(s+a)$ 크기의 역수이며 위상은 $(s+a)$ 위상의 반대(즉 '−'가 붙는다)라는 사실을 이용한다면 분수형식으로 주어진 전달함수의 크기와 위상을 복소평면에서 어렵지 않게 표현할 수 있을 것이다.

이상의 사실을 일반적인 전달함수에 적용하여 보자. 여기서는 계산상의 편의를 위해 전달함수의 분자·분모가 다음과 같이 인수분해되어 있는 것으로 가정한다.

---

16) n은 특성다항식의 차수, 즉 다항식 (3.40)의 차수(order)이다.
17) 복소평면이란, x축이 실수부, y축이 허수부로 정의되는 평면이다.

$$G(s)=\frac{\prod_{i=1}^{m}(s+z_i)}{\prod_{j=1}^{n}(s+p_j)} \tag{3.42}$$

위 식에 벡터형식을 적용한다면 크기와 위상은 다음과 같이 됨을 알 수 있다.

$$M=\frac{\prod_{i=1}^{m}|(s+z_i)|}{\prod_{j=1}^{n}|(s+p_j)|},\quad \theta=\sum_{i=1}^{m}\angle(s+z_i)-\sum_{j=1}^{n}\angle(s+p_j) \tag{3.43}$$

이러한 관계를 생각하면 다항식 $(s+a)$의 벡터표현은 [그림 3.30(c)]의 형식, 즉 $-a$(영점)를 중심으로 하는 표현이 바람직하다는 사실을 알 수 있다[18].

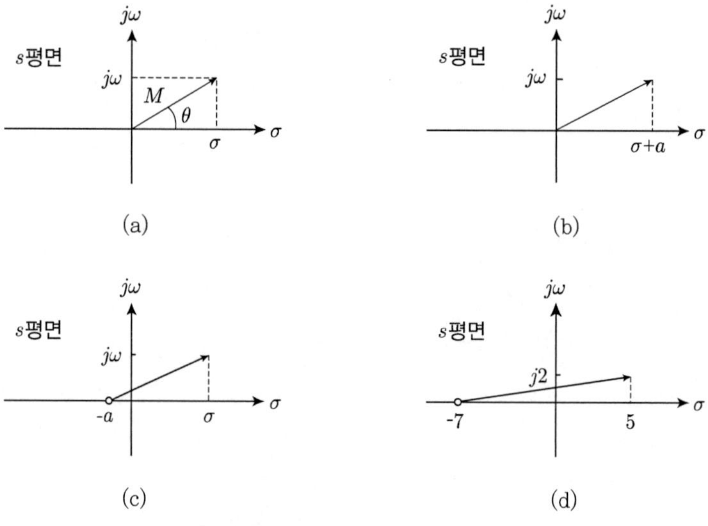

[그림 3.30] 복소수의 벡터표현

■ 간단한 예

여기서 $G(s)$가 2차 시스템으로 주어진 간단한 예를 이용하여 근궤적을 구하는 과정을 알아보기로 한다. 식(3.40)이

$$1+KG(s)=1+\frac{K}{s(s+2)}=0 \tag{3.44}$$

로 주어졌다고 하고 위 식을 정리하면 특성다항식은

$$q(s)=s^2+2s+K=s^2+2\zeta\omega_n s+\omega_n^2=0 \tag{3.45a}$$

18) [그림 3.30(c)]의 벡터는, $s=\sigma+j\omega$인 경우 $(s+a)$를 나타내고 있다. 따라서 σ와 ω가 변동하면 다른 모양의 벡터로 되지만, 벡터의 출발점은 $(-a, 0)$로서 고정된다는 사실이 중요하다.

이며, 이로부터 감쇄비와 고유진동수는 다음으로 된다.

$$\zeta = \frac{1}{2\sqrt{K}}, \ \omega_n = \sqrt{K} \tag{3.45b}$$

근궤적을 얻기 위해서는 K의 변화에 따른 식(3.41)의 조건을 만족하는 s를 계산하고 이를 복소평면에서 선으로 연결한다. 이를 위해 식(3.45a)의 두 개의 근을 K의 함수로 나타내면 다음과 같다.

$$s_{1,2} = -\zeta\omega_n \pm \omega_n\sqrt{\zeta^2 - 1} = -\frac{1}{2} \pm \frac{\sqrt{1-2K}}{2} \tag{3.46}$$

보통 변수 K는 $+0$에서 $+\infty$까지의 값을 가지는 것으로 간주되기 때문에, 이 범위에서 K의 변화에 대한 식(3.46)으로 주어진 두 개 근의 궤적이 특성다항식 (3.44)의 근궤적이다. 이 과정을 확인하여 보자. 식(3.41)의 조건으로부터

$$\angle \frac{K}{s(s+2)}\bigg|_{s=s_1} = -\angle s_1 - \angle(s_1+2) = -180 \tag{3.47a}$$

$$\left|\frac{K}{s(s+2)}\right|_{s=s_1} = \frac{K}{|s_1||s_1+2|} = 1 \rightarrow K = |s_1||s_1+2| \tag{3.47b}$$

를 만족하는 s_1을 계산한다. s_2는 s_1의 복소공역이기 때문에 s_1이 계산되면 실수축에 대한 대칭을 취함으로서 얻을 수 있다. [그림 3.30(c)]의 표현법을 빌리면 위상조건 식(3.47a)를 만족하는 점 s_1은 [그림 3.31(a)]와 같이 실수부의 크기가 -1인 허수축에 평행하는 직선 위에 존재할 것이다. 또한 예를 들어 점 $s=-1.5$ 에서 식(3.44)의 위상은, 근궤적의 위상조건인 식(3.47a)를 만족한다[19]. 이로부터 실수축에서는 -2와 0사이의 구간만이 근궤적으로 됨을 알 수 있다[20].

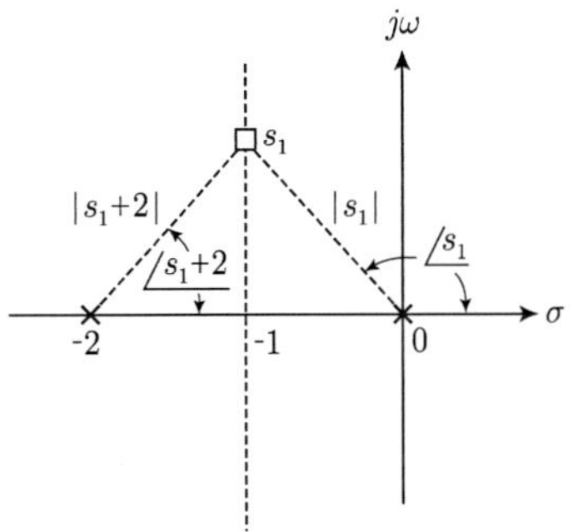

(a) 위상조건 (3.47a)의 확인

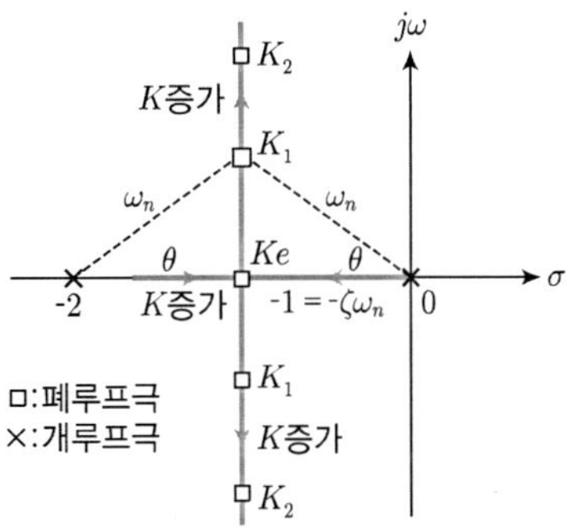

(b) 식(3.44)의 근궤적

[그림 3.31] 식(3.44)의 근궤적

19) $s_1 = -1.5$ 이면 $\angle s_1 + 2 = 0°$, $\angle s_1 = -180°$로 되어 조건을 만족한다.
20) -2와 0은 모두 개루프 전달함수의 극이라는 점에 유의한다.

식(3.46)에 의하면 $0 < K < 1/2$에서 특성다항식의 두 개의 근은 실수이고, $K > 1/2$이면 복소수로 되므로, $K_e = 1/2$을 기준으로 하여 두 개의 근은 실수에서 복소수로 변화한다는 사실을 알 수 있다[21]. 또한 $K = 0$의 경우는 [그림 3.29]에서 폐루프가 형성되지 않은 상태이므로, 근궤적의 출발점은 항상 제어대상 $G(s)$의 극이다. 다시 말하면 개루프시스템의 극(제어대상 $G(s)$의 극)인 -1과 0이 근궤적의 출발점이라는 사실을 의미한다.

이상의 사실과 식(3.47)의 관계를 이용하면 식(3.44)의 근궤적은 [그림 3.31(b)]로 된다.

실제적이고 정확한 근궤적은 MATLAB을 이용하여 간단하게 그릴 수 있기 때문에, 여기서는 근궤적 작도에 있어 기본이 되는 몇 가지 규칙만을 제시한다. 또한 근궤적을 사용하는 큰 이유의 하나는 제어기의 설계에 있으므로, 제어기 설계의 관점에서 근궤적의 활용법(예를 들어 극 혹은 영점을 시스템에 추가한 경우 등)을 구체적으로 설명하기로 한다.

■ 근궤적을 위한 다섯 가지 규칙

(1) **가지의 개수(number of branches)** : 이득 K가 변화함에 따라 폐루프의 모든 극은 이동하므로, 폐루프 극의 개수만큼의 근궤적의 가지가 생성된다([그림 3.31(b)] 참조).

(2) **근궤적의 대칭성** : 실수 계수를 가지는 다항식의 근이 복소수인 경우는 항상 그의 공역이 존재한다[22]. 따라서 근궤적은 실수축에 대하여 대칭이다.

(3) **실수축상의 근궤적** : 실수축에 개루프 전달함수 $G(s)$의 극과 영점이 존재하는 경우, 실수축의 일부분만이 근궤적으로 된다. 이를 확인하여 보자. 이 관계는 $G(s)$의 위상을 나타내는 식(3.43)을 이용한다. 여기서는 [그림 3.32]와 같이 $G(s)$의 극과 영점이 배치되어 있는 경우를 생각한다. 이 경우의 위상조건은

$$\theta = \sum_{i=1}^{3} \angle(s + z_i) - \sum_{j=1}^{5} \angle(s + p_j) = -180° \qquad (3.48)$$

로 된다. 이때 실수축 외에 존재하는 극과 영점에 의한 위상의 기여분은 '근궤적의 대칭성'을 적용하면 항상 영이다. 따라서 식(3.48)은 실수축상의 세 개의 극과 하나의 영점에 의한 영향만을 고려하면 된다. 예를 들어 두 개의 극 p_4과 p_5 사이의 임의의 점 s_1이 근궤적으로 되는지의 여부를 확인하여 보자.

$$\begin{aligned}\theta_{x_1} &= \angle(s_1 + z_1) - \{\angle(s_1 + p_1) + \angle(s_1 + p_2) + \angle(s_1 + p_3)\} \\ &= 0° - \{0° + 0° + 180°\} = -180°\end{aligned}$$

따라서 p_4과 p_5 사이의 구간은 근궤적으로 됨을 알 수 있다. 다음 극 p_1과 p_4 사이의 임의의 점 s_2는

---

21) $K = 1/2$과 같이 두 개의 근이 서로 분리되는 점을 근궤적의 이탈점(breakaway point)이라고 한다.
22) 시스템의 실현가능성(realizability)을 고려한다면 특성다항식의 계수는 항상 실수로 되어야 한다.

$$\theta_{x_1} = \angle(s_2+z_1) - \{\angle(s_2+p_1) + \angle(s_2+p_2) + \angle(s_2+p_3)\}$$

$$= 0° - \{0° + 180° + 180°\} = -360°$$

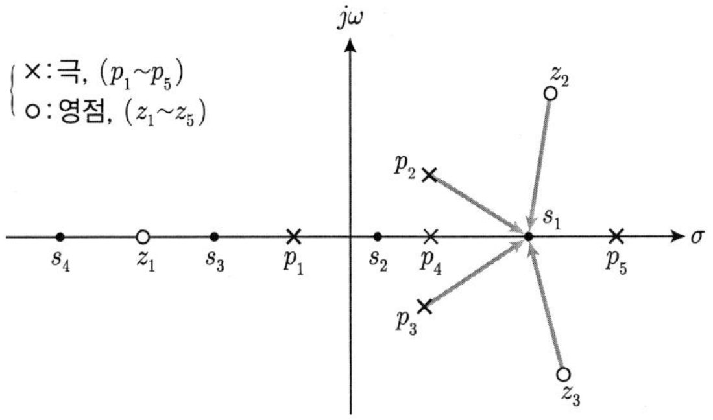

[그림 3.32] 개루프시스템의 극과 영점의 배치

로 되어 근궤적의 조건을 만족하지 않는다. 또한 영점 z_1과 극 p_1사이의 점 s_3는 근궤적의 조건을 만족함으로 근궤적으로 된다. 이러한 사실로부터 실수축의 근궤적 구간에 대해 다음 사실을 성립됨을 알 수 있다.

'실수축상의 한 점 s_1의 오른쪽에 극과 영점을 포함하여 홀수 개수 존재하면 그 점은 근궤적이며, 짝수 개수 존재한다면 s_1은 근궤적으로 되지 않는다.'

(4) **근궤적의 출발점과 도착점** : [그림 3.29]의 단일피드백시스템의 전달함수 식(3.39)에서 $G(s) = n_G(s)/d_G(s)$로 두고 정리한 뒤, $K \to 0$으로 가져가면

$$T(s) = \frac{Kn_G(s)}{d_G(s) + Kn_G(s)} \approx \frac{Kn_G(s)}{d_G(s) + \epsilon} \tag{3.49}$$

로 둘 수 있다. 이로부터 근궤적의 출발은 개루프 전달함수 $G(s)$의 극에서 시작된다는 것을 알 수 있다. 또한 식(3.39)에서 $K \to \infty$로 가져가면

$$T(s) \approx \frac{Kn_G(s)}{\epsilon + Kn_G(s)} \tag{3.50}$$

로 된다. 이로부터 근궤적은 이득이 증가함에 따라 개루프 전달함수 $G(s)$의 영점으로 접근한다고 할 수 있다. 그러나 대부분의 전달함수는 극의 개수(n)가 영점의 개수(m)보다 하나 이상 많기 때문에 $K \to \infty$에서 영점으로 가지 못하는 근궤적의 가지, 즉 $(n-m)$개의 가지는 무한대 방향으로 발산한다.

(5) **$K \to \infty$에서의 근궤적의 수렴모양** : 다음 식으로 주어진 개루프 전달함수에 대해 위의 규칙(4)를 적용하여 본다.

$$KG(s) = \frac{K}{s(s+1)(s+2)} \tag{3.51}$$

이 경우는 극이 세 개 $(n=3)$이고, 일정한 크기의 영점이 존재하지 않기 때문에 $(m=0)$[23], $K \to \infty$에서 세 개의 가지는 모두 무한대에 존재하는 식(3.51)의 영점으로 향하게 될 것이다. 따라서 $K \to \infty$에서 식(3.51)이 영의 값을 가지려면 $s \to \infty$로 되어야 한다. 이 경우 식(3.51)은

$$KG(s) \approx \frac{K}{s^3} = \frac{K}{s \cdot s \cdot s} \tag{3.52}$$

이므로 분모에 세 개의 s가 존재하며, 하나하나가 $s \to \infty$에서 식(3.52)를 영으로 만들기 때문에 세 개의 무한대 영점, 즉 세 개의 가지가 전부 무한대로 간다는 것을 알 수 있다. 이때 발산하는 각도나 모양 등에 관한 식의 유도는 전문서적을 참조하고 $K \to \infty$에서 근궤적이 무한대로 가는 모양을 나타내는 점근선이 실수축과 만나는 점과 점근선이 실수축과 이루는 각도를 구하는 공식만을 제시한다.

- 점근선과 실수축과의 교점 $\sigma_A = \dfrac{(\text{모든 극의 합계}) - (\text{모든 영점의 합계})}{\text{극의 개수}(n) - \text{영점의 개수}(m)}$ (3.53a)

- 점근선이 실수축과 이루는 각 $\theta_A = \dfrac{(2k+1)\pi}{\text{극의 개수}(n) - \text{영점의 개수}(m)}$ (3.53b)

여기서 $k = 0, \pm 1, \pm 2, \cdots$이며, 각도는 래디안으로 주어진다. 식(3.51)의 경우는

$$\sigma_A = \frac{(0-1-2)-(0)}{3-0} = \frac{-3}{3} = -1$$

$$\theta_A = \frac{(2k+1)\pi}{3-0} = \frac{\pi}{3} : (k=0), \pi : (k=1), -\frac{\pi}{3} : (k=-1)$$

로 된다. 즉 실수축의 −1에서 60°, 180°, −60°각으로 그은 직선이 점근선이다.

몇 가지 예제를 통하여 단일피드백시스템 [그림 3.29]에서 설계사양을 만족하는 이득 K를 근궤적을 통하여 결정하여보자.

[예제 3.7]

특성다항식이 다음과 같이 주어진 시스템에 대한 근궤적을 작성하여 감쇄비가 0.45로 되는 이득 K를 결정하여보자.

$$1 + KG(s) = 1 + \frac{K(s+1)}{s(s+2)(s+4)^2} = 0 \quad ①$$

---

23) 이는 '영점은 전달함수를 영(0)으로 만드는 값'이라는 영점의 정의를 생각하면 이해할 수 있을 것이다. 따라서 영점과 극의 개수는 항상 일치한다.

풀이 근궤적은 위에서 언급한 다섯 가지의 규칙에 따라 간단하게 생성가능하다. 실제로 근궤적으로 MATLAB에 의한 정확한 그림이 아니라 설계의 중간과정에서의 대략적인 모양이 필요하다면, 궤적의 점근선을 정확하게 계산하는 것이 필요하다. ①의 경우 $G(s)$가 네 개의 극과 한 개의 유한 영점을 가지므로 $K \to \infty$에서 ∞로 가는 세 종류의 점근선이 요구된다. 이를 식 (3.53)에 따라 계산하면 $\sigma_A = -3$과 60°, 180°, −60로 되며, 이를 [그림 3.33]에 나타내었다. 이때 ①이 가지는 네 개의 극 중에서 감쇄비 0.45를 만족하는 직선은 [그림 3.14]에 의해

$$\theta = 180° - \cos^{-1}(0.45) = 116.7° \qquad ②$$

로 되며 이것을 [그림 3.33]에 직선(점선)으로 표시하였다. 이 직선과 근궤적이 만나는 점에서의 이득은 $K = 40.2$이며, 이때 두 개의 극은 $-1.27 \pm j2.52$이다[24].

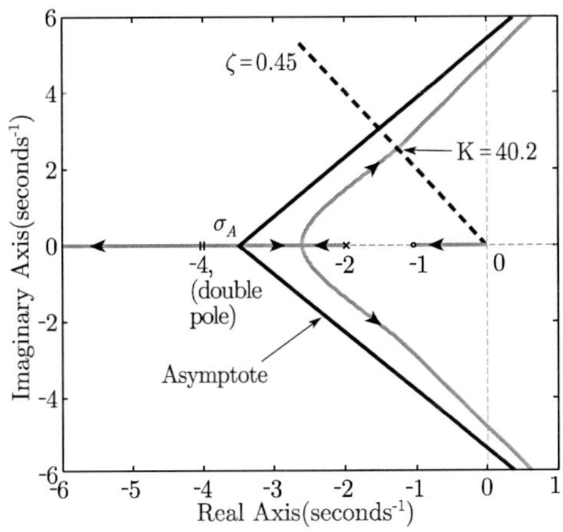

[그림 3.33] [예제 3.7]의 근궤적

[예제 3.8]

[그림 3.34]와 같이 주어진 시스템에 대하여 다음 세 가지 사양을 만족하는 두 변수 K_1과 K_2를 계산하여 보자.

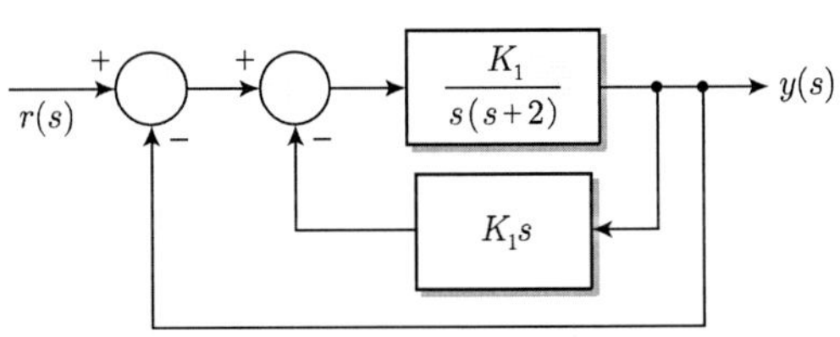

[그림 3.34] [예제 3.8]의 블록선도

24) 이러한 값들의 계산에는 MATLAB가 제공하는 도구인 `sisotool`을 사용하면 편리하다.

i) 램프입력에 대한 정상상태 오차가 입력의 기울기의 35% 이내

ii) 지배극에 대한 감쇄비가 0.707 이하

iii) 3초 이내의 정정시간

풀이 [그림 3.34]의 내부루프로 주어지는 시스템은 1형이므로 [표 3.4]로부터 램프입력에 대한 정상 오차는 다음으로 주어진다.

$$K_v = \lim_{s\to 0} s\frac{\dfrac{K_1}{s(s+2)}}{1+\dfrac{K_1K_2 s}{s(s+2)}} = \frac{K_1}{2+K_1K_2} \to e_{ss} = \frac{1}{K_v} = \frac{2+K_1K_2}{K_1} \qquad ①$$

e_{ss}가 0.35보다 작은 값을 가지기 위해서는 가능한 K_2를 작게 하는 것이 필요하다(i)의 조건).

감쇄비가 0.707 이하로 되기 위해서는 [그림 3.14]로부터 $\cos^{-1}(0.707) = 45°$이므로 폐루프의 지배극이 [그림 3.35]와 같이 왼쪽평면의 45° 이내의 범위에 존재하여야 한다(ii)의 조건).

지배극의 실수부를 σ로 두면 정정시간과 관련된 조건 (3.26b)로부터 다음으로 된다(iii)의 조건).

$$t_s = \frac{4}{\sigma} \le 3 \to \sigma \ge \frac{4}{3} \qquad ②$$

이상의 조건을 만족하는 복소평면에서의 영역을 [그림 3.35]에 표시하였다.

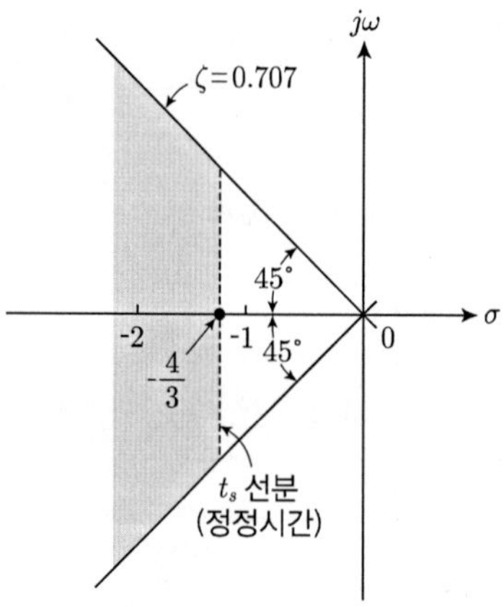

[그림 3.35] [예제 3.8]의 지배극의 바람직한 영역

여기서 $\alpha = K_1$ 및 $\beta = K_1K_2$로 두면 [그림 3.34]의 특성다항식은 다음으로 된다.

$$s^2 + 2s + \beta s + \alpha = 0 \qquad ③$$

위 식은 두 개의 변수를 가지므로 우선 $\beta = 0$로 두고 α의 변화에 따른 극의 위치를 확인하기 위해

$$1+\frac{\alpha}{s(s+2)}=0 \qquad ④$$

에 대한 근궤적을 [그림 3.36]에 표시하였다. 이 그림으로부터 적절한 α의 값으로 $\alpha=K_1=20$로 고정하고, 이번에는 β의 변화에 대한 폐루프 극의 위치 변화를 확인하기 위해 ③을 정리하여

$$1+\frac{\beta s}{s^2+2s+20}=0 \qquad ⑤$$

에 대한 근궤적선도를 작성하면 [그림 3.37]이 얻어진다. 단 $\beta=20K_2$이다. 이 경우 감쇄비가 0.707로 되기 위한 β값은 $\beta=4.3=20K_2$이므로 $K_2=0.215$가 얻어진다. 이때 실수부의 크기는 $\sigma=3.15$로 되어 ii)의 조건이 만족된다는 것을 알 수 있다(허수부 값은 3.17). [그림 3.37]에서 $\beta=6.94$에서 두 개의 근이 한 곳에서 만나며(중근), $\beta\to\infty$로 됨에 따라 하나의 근은 왼쪽, 즉 $-\infty$로 가며[25], 나머지 하나는 영점인 원점으로 접근한다는 것을 알 수 있다.

위에서 구한 값을 [그림 3.34]에 대입하여 램프신호와 계단신호를 각각 입력하였을 경우의 출력을 [그림 3.38]에 표시하였다. 부과된 설계사양을 잘 만족하고 있음을 볼 수 있다.

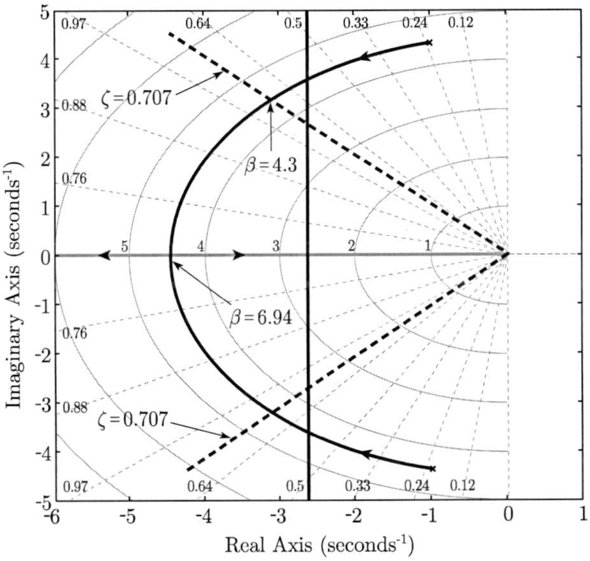

[그림 3.36] α의 변화에 대한 근궤적($\beta=0$)

25) 점근선과 실수축과의 교점은 −2이며, 점근선의 각도는 −180°(즉 실수축)이다.

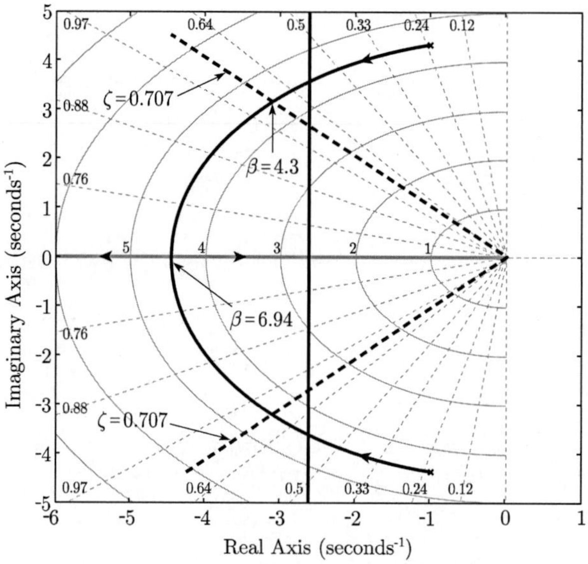

[그림 3.37] β 의 변화에 대한 근궤적($\alpha = 20$)

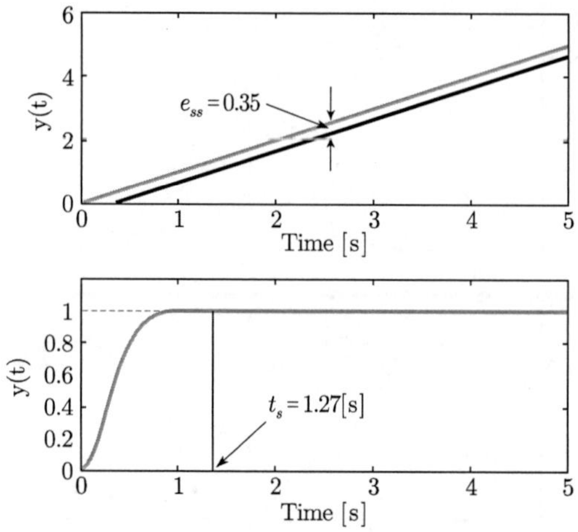

[그림 3.38] (위) 램프입력응답, (아래) 계단입력응답

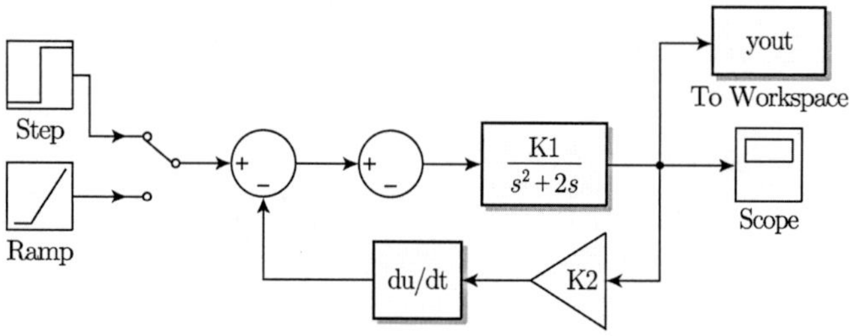

[그림 3.39] [예제 3.8]을 위한 Simulink 블록선도

[예제 3.9]

불안정한 시스템의 안정화를 위한 피드백루프의 이득을 계산하여 보자.

$$G(s)= \frac{K(s+1)}{s(s-1)(s^2+4s+16)} \qquad ①$$

풀이 먼저 근궤적선도를 작성하고 이로부터 폐루프가 안정으로 되기 위한 K의 범위를 구하여 보자.

```
% [그림 3.40]
num = [1 1];den = conv([1 -1 0],[1 4 16]);
r = rlocus(num,den);
plot(r,'-');v = [-4 4 -4 4];axis(v);axis('square');
xlabel(' Real Axis '),ylabel('Imag Axis')
```

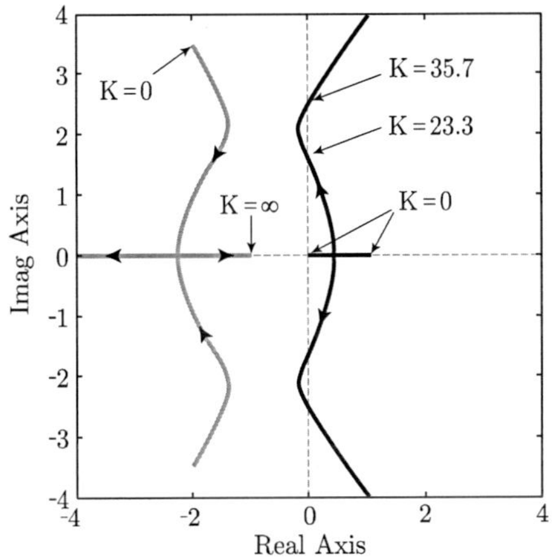

[그림 3.40] [예제 3.9]의 근궤적선도

그림으로부터 폐루프가 안정하기 위한 K의 범위는 $23.3 < K < 35.7$이라는 사실을 알 수 있다. 이러한 사실을 근궤적선도가 아니라 3.3.2절에서 설명한 라우스·후르비쯔 테이블을 이용하여 확인하여 보자. 다항식 $1+G(s)=0$에 대한 라우스테이블을 작성하고, 폐루프의 극이 모두 왼쪽 반면에 존재하기 위한 필요충분조건은 표의 첫 번째 열의 부호가 동일하여야 한다. 그런데 s^1열은 $K=35.7$과 $K=23.3$의 값에서 영으로 된다. 즉, 이 값에서 폐루프의 극은 허수축에 존재하게 된다. 이는 s^1열로부터

$$\frac{52-K}{3}s^2+K=0 \rightarrow \begin{cases} s= \pm j2.56, (K=35.7) \\ s= \pm j1.56, (K=23.3) \end{cases} \qquad ②$$

로 되므로 폐루프가 안정으로 되기 위한 $23.3 < K < 35.7$임을 확인할 수 있다.

[표 3.5] [예제 3.9]의 라우스테이블

s^4	1	12	K
s^3	3	$K-16$	0
s^2	$\frac{52-K}{3}$	K	0
s^1	$\frac{-K^2+59K-832}{52-K}$	0	c_3
s^0	K		

위의 예제를 통하여 이득조정만으로 원하는 감쇄비를 가지는 폐루프시스템이 가능하다는 사실을 확인하였다. 특히 [예제 3.7]의 경우 $K=40.2$에서 $\zeta=0.45$의 감쇄비를 가지므로 식(3.26c)에 의해 폐루프시스템의 계단응답은 약 20.5%의 오버슈터를 발생시킬 것이다. 따라서 만약 오버슈터를 줄이고자 한다면 K를 감소시켜 ζ의 크기를 증가시켜야 할 것이다([표 3.2] 참조). 그러나 이 경우 식(3.26b)에 따라 정정시간이 증가할 것이다. 이와 같이 이득의 조정만으로 예를 들어, 오버슈터의 감소는 가능하지만 이 결과로 발생하는 정정시간의 증가를 감수하여야 할 것이다.

■ **이득조정을 통한 과도특성의 개선**

이득조정을 통한 폐루프시스템의 특성변화에 대한 기준은 식(3.25)로 주어진 표준 2차시스템이다. 다시 말하면 제어대상이 2차시스템이라는 전제 아래 이득의 조정이 이루어진다. 위 [예제 3.9]의 경우 제어대상의 시스템은 4차이므로 네 개의 극을 가진다. 그러나 [그림 3.40]에서 폐루프가 안정으로 되기 위한 K의 범위 내에서 폐루프의 두 개의 극은 허수축 근처에 있지만 나머지 두 개는 허수축에서 왼쪽으로 상당히 떨어진 부분에 존재한다는 것을 알 수 있다. 따라서 이 경우 4차의 시스템이지만 근사적인 2차 시스템으로 간주하여 오버슈터 등의 설계사양에 적절한 이득을 결정할 수 있다.

[예제 3.10]

특성다항식이 다음과 같이 주어진 시스템의 이득 K를 오버슈터가 1.52%로 될 수 있도록 결정하여 보자. 이때 정정시간, 피크시간 및 정상상태 오차 등을 확인하여 본다.

$$1+KG(s)=1+\frac{K(s+1.5)}{s(s+1)(s+10)}=0 \qquad ①$$

풀이 [그림 3.41]에 ①의 근궤적을 나타내었다. 이로부터 근궤적은 $K=2.51$에서 $\sigma_A=-0.62$ 및 $K=28.89$에서 $\sigma_A=-4.4$의 이탈점을 가진다는 것을 확인할 수 있다.

①의 제어대상은 4차시스템이지만, 영점을 가지지 않는 2차시스템으로 근사화가 가능하다고 가정하면, 오버슈터가 1.52%로 되기 위해서는 감쇄비 0.8 정도가 필요하다([표 3.2] 참조). 따라서 [그림 3.41]과 같이 $\zeta=0.8$의 직선을 그으면 근궤적과 만나는 두 개의 점은 각각

$$K = 7.36 \quad \rightarrow \; s_{1,2} = -0.87 \pm j0.66 \qquad ②$$

$$K = 12.79 \; \rightarrow \; s_{1,2} = -1.19 \pm j0.90$$

로 됨을 알 수 있다. 각 점에서의 정정시간과 피크시각은 식(3.26b)와 (3.26d), 즉

$$t_s = \frac{4}{\zeta\omega_n}, \quad t_p = \frac{\pi}{\omega_n\sqrt{1-\zeta^2}} \qquad ③$$

으로 계산가능하다. 여기서 $\zeta\omega_n$은 폐루프 극의 실수부이며, $\omega_n\sqrt{1-\zeta^2}$ 은 폐루프 극의 허수부 값이다([그림 3.14] 참조).

[그림 3.41]로부터 $\zeta = 0.8$의 직선과 만나는 근의 궤적은 ② 외에 $K = 39.64$이며 이때 근은 $s_{1,2} = -4.60 \pm j3.45$이다. 따라서 부과된 조건을 만족하는 이득 K로서 세 종류가 존재한다. 또한 나머지 하나의 폐루프 극 s_3은 [그림 3.41]에 의해 세 경우 모두 대략 −1.5와 −10의 사이에 존재한다는 것을 알 수 있다. 각 경우에 있어서 세 번째 극의 정확한 위치, 정정시간 및 피크시간 등을 [표 3.6]에 정리하였다. 여기서 K_v는 [표 3.4]에서 정의된 속도오차상수이다.

[표 3.6] [예제 3.10]의 결과

	폐루프 극	폐루프 영점[26]	이득 K	세 번째 극	정정시간	피크시간	K_v
1	$-0.87 \pm j0.66$	−1.5	7.36	−9.25	4.60	4.76	1.1
2	$-1.19 \pm j0.90$	−1.5	12.79	−8.61	3.36	3.49	1.9
3	$-4.60 \pm j3.45$	−1.5	39.64	−1.80	0.87	0.91	5.9

[표 3.6]의 첫 번째와 두 번째 경우 모두 세 번째 극은 폐루프의 영점인 −1.5보다 상당히 왼쪽에 존재하기 때문에 극·영점 소거는 발생하지 않는다. 따라서 3차를 2차로의 근사화 과정에는 오차가 발생할 것으로 예상된다. 그러나 세 번째 경우의 세 번째 극은 −1.8로서 영점과 상당히 근접하기 때문에 2차시스템으로 간주할 수 있다. 따라서 앞의 두 경우에 비하여 양호한 결과를 보일 것으로 생각된다[27].

[그림 3.42]로부터 부과된 설계사양만을 생각한다면 바람직한 이득은 $K = 7.36$이나, 이 경우 정정시간이 상당히 크게 되어 응답특성이 좋지 못함을 알 수 있다. [그림 3.41]에 의하면 세 종류의 K값은 모두 주어진 조건을 만족시키는 것으로 설계되었으나 사실상 세 개 중 하나만이 사양을 만족시키고 있다는 사실은, 위의 계산과정에서 사용한 계산식 (3.26)은 주어진 시스템이 2차식이라고 가정하고 유도된 것이라는 점을 다시 한 번 강조하고 있는 것으로 볼 수 있다. 따라서 최종적인 K값은 반드시 시뮬레이션 결과를 통해 결정되어야 할 것이다.

---

26) 폐루프의 영점은 제어대상의 영점과 일치한다. 다시 말하면 제어대상의 영점은 폐루프를 형성하여도 변화(이동)하지 않는다.

27) 왜냐하면, 모든 설계과정은 제어대상이 2차시스템이라고 가정하고 설계가 진행되었기 때문이다. 따라서 극과 영점이 근처에 존재한다면, 사실상 차수가 하나 줄게 되어 원래 시스템에 대한 근사화과정을 거치지 않고서도 2차시스템으로 될 수 있기 때문이다.

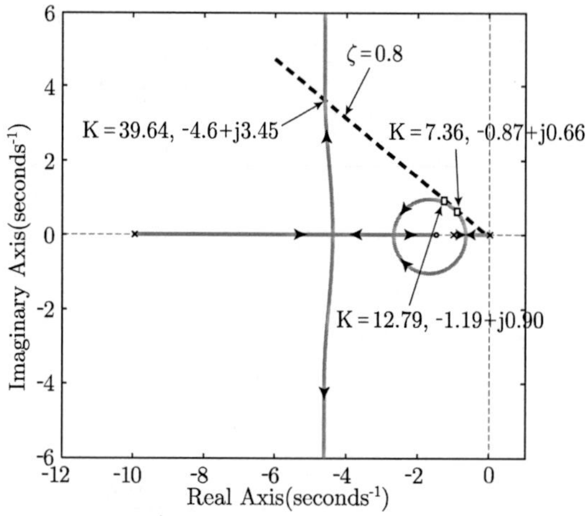

[그림 3.41] [예제 3.10]의 근궤적

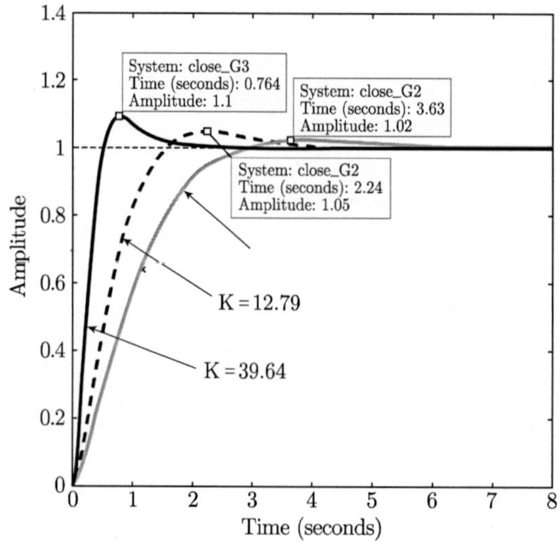

[그림 3.42] 이득의 크기에 따른 계단응답

% [그림 3.41]의 작성

```
numG = [1 1.5];denG = poly([0 -1 -10]);
G = tf(numG,denG)                          % 전달함수의 화면 표시
rlocus(G)
POS = input('Type %OS ');                  % Percent Overshoot의 입력
% 식(2.26c)에 의한 ζ의 계산
z = -log(POS/100)/sqrt(pi^2+[log(POS/100)]^2);
sgrid(z,0)                                 % 근궤적에 cos^-1 ζ=θ의 표시
[K,p] = rlocfind(G)                        % 만나는 점에서의 K와 폐루프 극의 획득
```

3.5 근궤적을 이용한 설계

근궤적은 폐루프시스템의 과도특성과 안정성에 관한 정보를 제공하기 때문에 이득의 변동에 따른 폐루프의 특성변화를 빠르고 간단하게 파악할 수 있다. 앞 절의 예제에서도 언급한 바와 같이 예를 들어 오버슈터의 크기와 정정시간 사이에는 서로 상반되는 관계가 성립하기 때문에 오버슈터에 대한 설계사양을 만족시키는 이득의 조정은 결과적으로 정정시간을 증가시켜 바람직하지 못한 응답특성을 보이게 된다. 또한 이득의 조정은 응답의 과도특성에만 영향을 미치기 때문에, 정상상태응답특성을 개선하기 위해서는 근궤적을 적용할 수 없다. 이러한 관점에서 근궤적을 제어기 설계에 적용하는 문제에 대하여 언급한다.

■ 과도특성의 개선

바람직한 과도특성을 나타내는 폐루프의 극이 근궤적 상에 존재하지 않는 경우를 생각해보자. 즉, [그림 3.43(a)]와 같이 설계사양이 요구하는 오버슈터와 정정시간을 만족하는 폐루프의 극이 점 B로 표시되어 있지만, 근궤적이 이곳을 지나지 않는다. 따라서 오버슈터(즉 감쇄비)의 조건만을 만족시키는 점 A를 지나는 이득 K을 선정하는 것이 현 상태에서 가장 바람직한 선택이라고 할 수 있다. 그러나 [그림 3.43(b)]에 나타낸 바와 같이 만약 근궤적이 점 B를 지날 수 있도록 할 수 있다면 현재의 오버슈터를 유지하면서 정정시간의 조건도 만족시키는 설계결과 얻을 수 있을 것이다.

이와 같이 점 A를 지나가는 궤적이 점 B를 지나도록 하기 위한 하나의 방법은 시스템에 극과 영점을 추가하는 것이다. 앞에서 언급한 바와 같이 실수축에 극과 영점을 추가한다면 이로 인해 현재의 근궤적의 모양이 상당히 다른 모습[28]을 가지게 되어 궤적이 사양을 만족하는 점 B를 지나게 할 수 있다. 물론 추가된 극과 영점이 시스템에 또 다른 부담으로 작용해서는 안 될 것이다. 이러한 목적으로 사용되는 시스템을 일반적으로 보상기(compensator)라고 부른다.

보상이란 원래의 시스템이 가지고 있지 못하는 특성을 외부에서 보충(또는 보상)해준다는 의미로 이해될 수 있다.

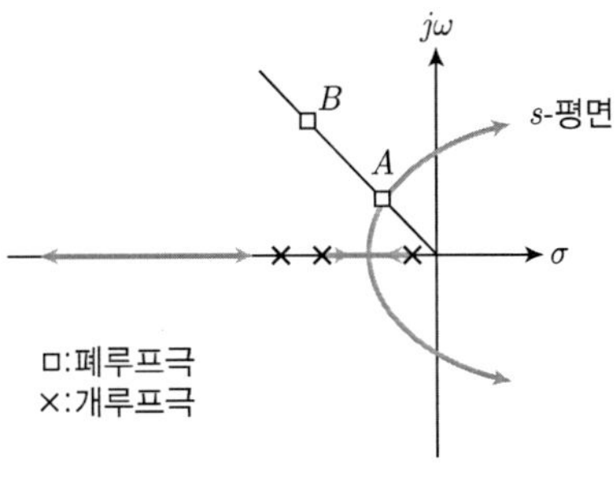

(a) 폐루프 극의 표시

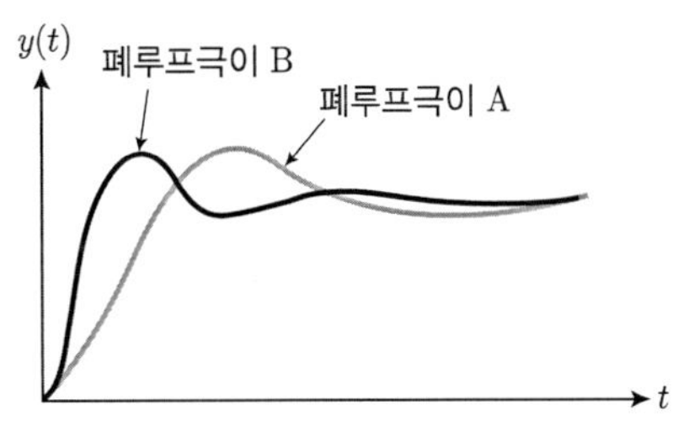

(b) 계단응답

[그림 3.43] 보상기의 역할

28) '근궤적을 위한 다섯 가지 규칙' 중 세 번째인 '실수축상의 근궤적' 부분을 참조한다.

■ **정상특성의 개선**

앞에서 언급한 보상기는 과도특성의 개선을 위해 사용될 뿐만 아니라, 이와 독립적으로 정상특성(오차 등)의 향상을 위해서도 사용된다. 일반적인 피드백시스템에서 이득을 증가시키면 과도특성은 악화되나 정상오차는 감소하는 것이 보통이다. 따라서 과도특성을 위해 정상특성을 희생시켜야 하는 것이지만, 이러한 경우에도 극과 영점을 적절히 추가함으로서 다른 특성을 희생시키지 않고 정상특성을 향상시키는 것이 가능하다. [표 3.4]에 따라 시스템의 형이 증가되면 정상오차는 감소, 혹은 영으로 되기 때문에, 추가적인 원점 극(즉 $s=0$)은 시스템의 형을 증가시켜 정상특성의 개선을 가져온다.

이상과 같이 과도특성 및 정상특성의 개선을 위해서는 극과 영점을 추가하는 것이 필요하다. 이러한 목적으로 사용되는 보상기의 자세한 설계법은 다음 장에서 다루고 여기서는 이와 유사한 역할을 하지만, 훨씬 간단한 형식을 취하고 있는 비례·적분·미분 제어기(PID)를 이용한 보상기의 역할에 대하여 알아본다.

3.5.1 PID제어의 구성

제어의 사전적 설명에 의하면 '어떤 목적에 적합하도록 그 대상에 필요한 조작을 인가하는 것'이다. 따라서 'PID제어'라는 것은 필요한 조작을 위한 방법으로 PID를 사용하고 있는 것으로 볼 수 있다. 여기서 P는 비례(Proportional), I는 적분(I : Integral), D는 미분(Derivative)을 각각 나타낸다.

PID제어의 기본식은 식(3.54)로 주어지며, 제어출력 $u(t)$은 현재의 오차 $e(t)$에 비례하는 양을 만들어 내는 비례동작과, 과거에서 현재까지의 오차 누적값에 비례하는 양을 생성하는 적분동작 및 오차의 증가 혹은 감소하는 경향의 정도에 비례하는 양을 만들어 내는 미분동작 등의 세 가지 양을 합산한 값으로 주어진다.

$$u(t)= K_P\left(e(t)+ \frac{1}{T_I}\int_0^t e(\tau)d\tau + T_D\frac{de(t)}{dt}\right) \tag{3.54}$$

단,

$u(t)$: 제어출력, $e(t)$: 오차신호, K_P : 비례이득, T_I : 적분시간, T_D : 미분시간

으로 정의된다.

PID제어 기본식 (3.54)에서 각 항이 가지는 역할을 분석하면 [표 3.7]과 같이 정리할 수 있을 것이다.

[표 3.7] PID제어의 제어출력 결정방법

동작		I : 적분	P : 비례	D : 미분
연산식		$\dfrac{K_P}{T_I}\int e(\tau)d\tau$	$K_P \cdot e(t)$	$K_P \cdot T_D \dfrac{de(t)}{dt}$
제어방법		'과거의 오차'의 누적값에 대응	'현재의 오차'의 크기에 대응	'장래의 오차'의 변화예측에 대응
보기	판단방법	'과거'의 데이터를 중시	'현재'의 데이터를 중시	'장래'의 데이터를 중시
	변화에의 대응	'계속성'-현재의 유지에 대응	'즉응성'-즉시 대응	'예견성'-미리 대응

PID제어의 각 항의 특징은 다음과 같이 요약할 수 있을 것이다.

(1) 표에 나타낸 바와 같이, PID제어의 적분동작은 과거에서 현재까지의 오차의 누적값, 다시 말하면 '과거' 데이터에 대한 중요도, 비례동작은 현재 오차의 크기, 즉 '현재' 데이터의 중요도, 미분동작은 오차의 장래 예측값, 즉 '장래' 데이터의 중요도를 각각 나타내고 있는 것으로 볼 수 있다. 일반적으로 더 나은 결과를 나타내기 위해서는 각 문제의 특성에 대응하여 '과거', '현재' 및 '장래'의 정보의 중요도를 적절히 조정해야 할 것이다.

(2) PID제어에서 목표신호와 출력 사이에 갭이 발생하였을 경우, 즉 오차 $e(t)$가 생겼을 경우에 비례동작은 오차의 변화에 대하여 즉각적으로 대응한다고 하는 '즉응성'의 동작, 적분동작은 오차가 영으로 될 때까지 제어출력을 계속 유지한다고 하는 '계속성'의 동작, 미분동작은 오차의 변화율의 크기로부터 장래의 움직임을 예측하여 이것에 대응하는 출력을 생성하는 '예견성'의 동작을 각각 하고 있는 것으로 볼 수 있다.

이와 같은 '즉응성', '계속성' 및 '예견성'이라고 하는 세 종류의 동작은 '제어' 뿐만 아니라 목표관리나 품질향상 등과 같은 분야에서도 공통적으로 사용될 수 있는 기본적 수법이라는 사실로부터, PID제어는 목표달성을 위한 가장 근본적인 모형(paradigm)을 보여주고 있는 것으로 이해할 수 있을 것이다.

PID제어의 성능을 실제로 결정하는 중요한 요소는 비례이득(K_P), 적분시간(T_I) 및 미분시간(T_D)이다. 이들을 결정방법 등에 관해서는 전문서적을 참조해 주기 바란다.

3.5.2 비례·적분(PI)을 이용한 정상오차의 개선

과도특성을 변화시키지 않고 정상오차를 개선시킬 수 있는 방법[29]으로, i) 순수적분기(I)를 시스템에 추가하거나, ii) 원점 근처에 극을 가지는 시스템을 추가하는 것이다. i)의 방법은 추기된 적분기로 인해 시스템의 형이 증가되어 정상오차를 영으로 가져갈 수는 있지만, 적분기의 실현에는 증폭기와 같은 능동소자가 필요하다. ii)의 방법은 원점 근처에 극을 가지는 시스

29) '과도특성을 변화시키지 않는다'는 것은 사실상 불가능하며, 뚜렷한 변화를 발생시키지 않는다는 것을 의미한다.

템으로 순수적분기의 역할을 대신하는 것으로 결과적으로 정상오차를 영으로 가져갈 수는 없지만, 오차의 크기를 대폭적으로 줄일 수 있으며, 동시에 단순한 수동소자만으로도 시스템의 실현이 가능하다는 장점이 있다.

■ 이상적인 적분보상 (PI제어)

[그림 3.44(a)]와 같이 근궤적선도 상의 점 A가 부과된 설계사양을 만족하는 점으로 결정되어 있다고 가정한다. 이때 설계된 폐루프의 정상오차를 영으로 하기 위하여 [그림 3.44(b)]와 같이 적분기를 추가하면, 추가된 원점의 극으로 인해 근궤적의 모양이 변한다[30]. 따라서 원래 결정되어 있던 근궤적선도 상의 점 A를 더 이상 지나지 않게 되어 지금까지의 설계결과를 사용할 수 없게 된다.

이러한 문제를 해결하기 위해서는 [그림 3.44(c)]와 같이 원점 극 근처에 영점을 추가하는 것이다. 이 결과 근궤적의 각도조건이 원래의 [그림 3.44(a)]와 거의 같게 되어 근궤적이 점 A를 여전히 지나므로 원래 설정된 이득 K를 그대로 사용할 수 있게 된다. 이 결과 원래의 설계조건을 만족하면서 정상오차를 영으로 하는 시스템을 얻을 수 있음을 알 수 있다. 이와 같이 원점의 극과 원점 근처의 영점으로 이루어진 보상기를 이상적인 적분보상(ideal integral compensator)이라고 한다.

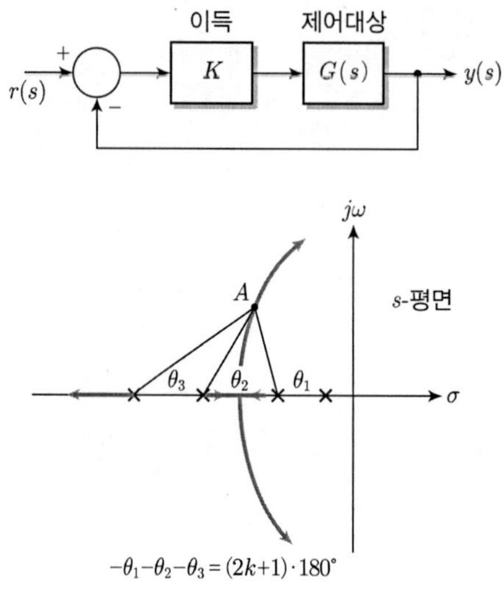

(a) 이득 K에 의한 보상

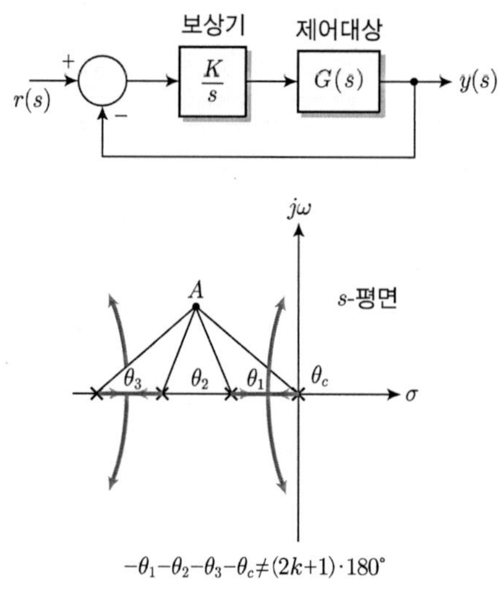

(b) 순수적분기에 의한 보상

[그림 3.44] 이상적인 적분보상

30) 식(3.41b)로 주어진 근궤적의 각도조건을 생각하면 쉽게 이해된다.

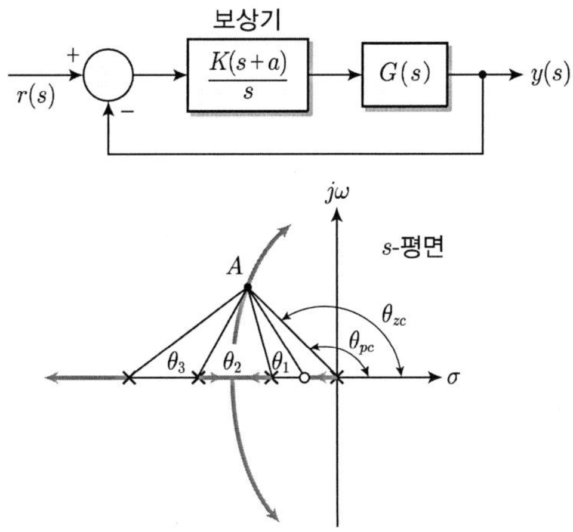

$$-\theta_1-\theta_2-\theta_3-\theta_{pc}+\theta_{zc} \cong (2k+1)\cdot 180°$$

(c) 적분기+영점에 의한 보상

[그림 3.44] 이상적인 적분보상(계속)

[예제 3.11]

[그림 3.45(a)]에서 폐루프시스템의 감쇄비가 0.174의 값을 가지도록 이득 $K=165$가 설정되어 있다고 한다. 이때 현재의 감쇄비 값을 유지하면서 계단응답에 대한 정상오차를 영으로 할 수 있도록 보상기를 추가하는 방법에 대하여 알아보자.

풀이 앞에서 언급한 바와 같이 원점의 극 근처인 −0.1에 영점을 가지는 [그림 3.45(b)]와 같은 이상적인 적분보상기를 추가하면 원래의 감쇄비 값을 변화시키지 않고 시스템의 형을 증가시켜 계단신호에 대한 정상오차를 영으로 만들 수 있다. 이를 확인하여 보자.

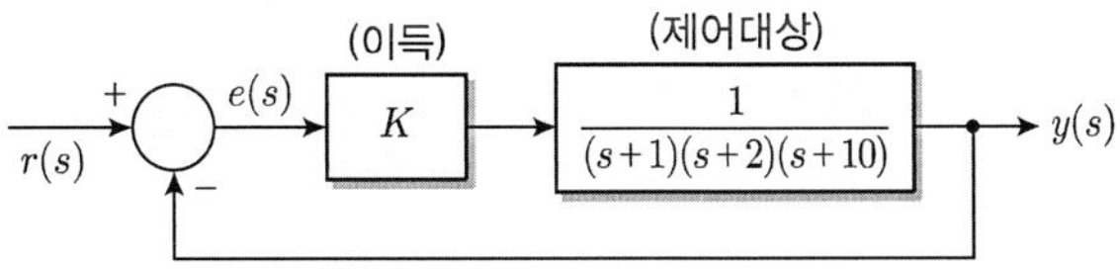

(a) 이득조정에 의한 설계

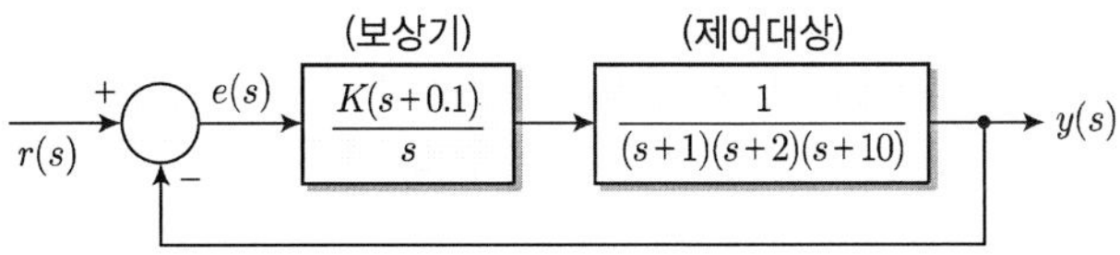

(b) PI 보상의 추가

[그림 3.45] [예제 3.11]

[그림 3.45(a)]에서 $K=165$이면 폐루프의 극은 $-0694 \pm j3.926$, -11.61로 되어 두 개의 지배극에 의한 감쇄비는 대략적으로 $\zeta=0.174$를 만족하며, 위치오차상수는 $K_p=8.23$의 값을 가진다. 따라서 계단입력에 대한 정상오차는 [표 3.4]에 따라 다음으로 주어진다.

$$e(\infty) = \frac{1}{1+K_p} = \frac{1}{1+8.23} = 0.108 \qquad ①$$

[그림 3.45(b)]와 같이 이상적인 적분보상을 수행하고 이에 대한 근궤적을 작성하면 [그림 3.46]이 된다. 그림에서 보는 바와 같이 근궤적의 모양은 적분보상 전의 것과 거의 변화가 없으나, 단지 이득 K의 값이 추가된 적분보상기로 인해 약간 변동하였다. 적분이 추가되었기에 시스템의 형이 증가하여 $K_p = \infty$로 되며, 이 결과 정상오차는 영으로 된다.

[그림 3.47]에 보상기를 추가하기 전과 추가한 후의 계단응답을 나타내었다. 그림으로부터 추가된 보상기의 효과를 확인할 수 있으나, 허수축 근처에 존재하는 폐루프의 극으로 인해 정정시간이 상당히 커진 것을 볼 수 있다. 이로부터 이상적인 적분보상은 그 자체로서 정상오차를 감소시키는 목적으로는 효과가 있지만, [그림 3.47]에 표시된 시간응답에 의하면, i) 정정시간이 대폭적으로 크게 되었다 ii) 오버슈터가 증가되었다 iii) 상승시간이 커졌다 등과 같은 바람직하지 않은 결과를 보이고 있음을 알 수 있다.

이러한 이유로서 단지 정상오차를 영으로 만들기 위해 원점에 극을 추가(즉 적분기를 추가)하는 것은 바람직한 설계법이라고 보기 어렵다. 이에 대한 자세한 대처법 등은 제4장을 참고한다.

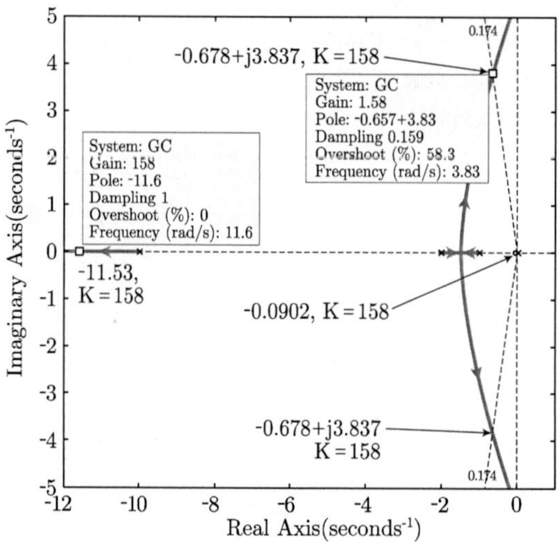

[그림 3.46] 이상적인 적분보상에 의한 근궤적

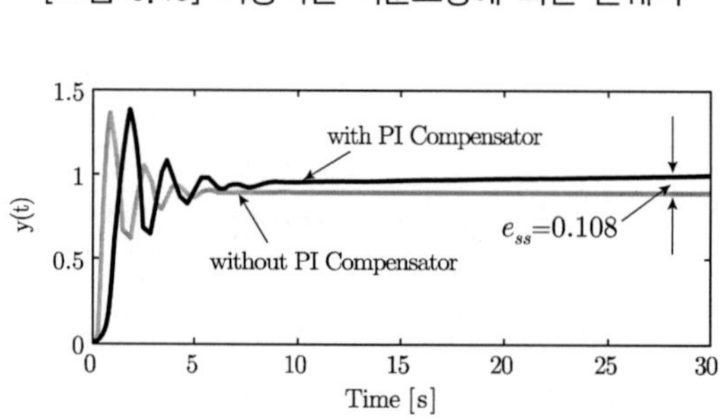

[그림 3.47] [예제 3.11]의 시간응답

```
% [그림 3.46]의 작성
numG = [1];denG = poly([-1 -2 -10]);
numC =[1 0.1];denC = [1 0];
G = tf(numG,denG)                      % 전달함수의 화면 표시
C = tf(numC,denC)                      % 보상기의 전달함수
GC = series(G,C)
rlocus(GC),axis([-12 1 -5 5])
z = 0.174;sgrid(z,0)                   % 근궤적에 zeta의 표시
```

식(3.54)의 양변을 라플라스변환하여 정리하면 PI제어를 이상적인 적분보상기의 형식으로 나타낼 수 있다[31].

$$G_{II}(s) = K_P\left(1 + \frac{1}{T_I}\frac{1}{s}\right) \equiv K_P + K_I\frac{1}{s} \tag{3.55}$$

$$= \frac{K_P\left(s + \dfrac{K_I}{K_P}\right)}{s}$$

다시 말하면 [그림 3.44(c)]와 같은 이상적인 적분보상이란 결과적으로 PI제어를 수행한 것으로 볼 수 있다.

■ 순수적분을 사용하지 않은 보상기

이상적인 적분보상(PI제어)을 위해서는 OP Amp와 같은 능동소자로 이루어진 적분기가 필요하다. 그러나 극과 영점이 [그림 3.48(c)]와 같이 원점 근처의 실수축에 배치된 시스템을 구성한다면 수동소자만으로 이를 실현할 수 있다. 이러한 시스템은 극을 원점에 가지지 않기 때문에 시스템 형을 증가시키지는 못해 계단신호에 대한 정상오차를 영으로 만들지는 못하지만, 대폭적인 감소는 가능하다. 이상의 사실을 제어대상이 1형이라고 가정하고 확인하여 보자.

[그림 3.48(a)]의 경우 속도오차상수는 식(3.37b)로부터

$$K_{vo} \equiv \lim_{s\to 0} sKG(s) = \frac{Kz_1z_2\cdots}{p_1p_2\cdots} \tag{3.56}$$

으로 주어진다. 적분기를 사용하지 않고 극·영점을 [그림 3.48(b)]와 같이 배치한 시스템[32]을 추가하면 식(3.56)은 다음과 같이 된다.

$$K_{vL} = \frac{(Kz_1z_2\cdots)(z_c)}{(p_1p_2\cdots)(p_c)} \tag{3.57}$$

여기서 먼저 [그림 3.48(a)]의 근궤적이 [그림 3.49(a)]로 주어졌을 경우 적분을 사용하지

31) $T_D = 0$으로 두었다.
32) 극과 영점을 [그림 3.48(b)]와 같이 배치한 시스템을 위상지연보상기라고 하며, 제4장에서 자세히 설명한다.

않은 보상기의 추가로 인한 근궤적의 변화를 확인하여 보자. 추가된 보상기는 원점 근처에 극과 영점이 배치되어 있기 때문에 추가된 극과 영점은 근궤적의 위상조건 식(3.41b)에 거의 영향을 미치지 않는다[33]. 다시 말하면 근궤적 상의 한 점 P에 대하여, 추가된 보상기의 극과 영점에 의한 위상의 변화는 거의 없는 것으로 볼 수 있기 때문에 근궤적은 [그림 3.49(b)]로 되어 [그림 3.49(a)]와 거의 동일한 모습을 유지한다.

적분기를 사용하지 않은 보상기를 추가하였기 때문에 시스템의 형은 변화가 없으므로 [그림 3.48(b)]의 시스템은 기울기 A인 램프입력에 대하여 정상오차를 생성할 것이다. 이는 [표 3.4]에 의해 A/K_{vN}으로 된다. 이때

$$K_{vL} = K_{vK} \cdot \frac{z_c}{p_c} > K_{vK} \tag{3.58}$$

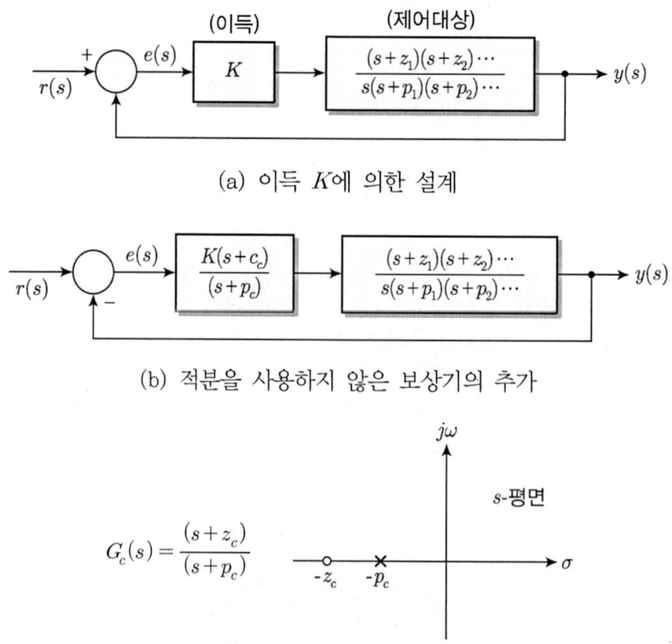

(a) 이득 K에 의한 설계

(b) 적분을 사용하지 않은 보상기의 추가

(c) (b)에서 사용한 보상기의 극-영점의 배치

[그림 3.48] 보상기의 추가

33) 극과 영점이 서로 근처에 배치되어 있는 것으로 가정했기 때문에, $-p_c$와 $-z_c$에서 점 P로의 각은 거의 같다고 보아도 무방하다.

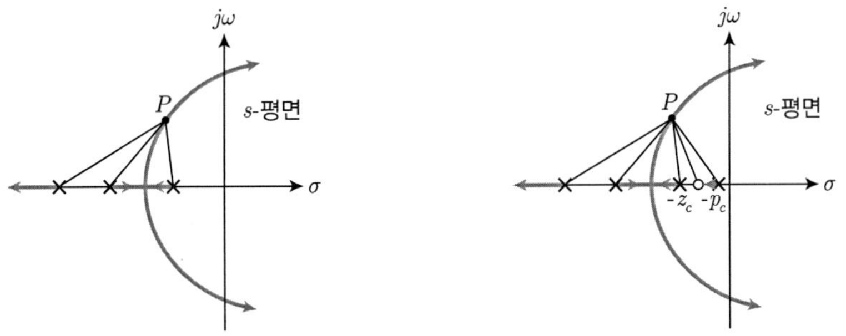

(a) 보상기 사용 전 (b) 보상기 사용 후

[그림 3.49] 보상기에 의한 근궤적의 변화

의 관계가 성립하기 때문에 적분기를 추가하지 않은 경우에도, p_c와 z_c를 적절히 선정한다면 정상오차의 감소가 가능하다. 예를 들어 $p_c = -0.001$, $z_c = -0.01$로 둔다면 이전에 비해 오차를 1/10로 줄일 수 있으며, 동시에 근궤적의 모습은 이전과 변화가 없기 때문에 직전에 설정해 둔 과도특성과 관련된 설계사양의 변화를 억제할 수 있다.

[예제 3.12]

[예제 3.11]의 경우를 생각한다.

풀이 [그림 3.45(a)]에서의 위치오차상수는 $K_p = 8.23$이므로 계단입력에 대하여 목표신호 $r(t)$의 약 10%에 해당하는 정상오차

$$e_{ss} = e(\infty) = \frac{1}{1+K_p} = \frac{1}{9.23} = 0.108 \qquad ①$$

를 발생시킨다([그림 3.47] 참조). 이를 1/10로 줄이기 위해서는 K_p가

$$e_{ss} = \frac{1}{1+K_p} = 0.0108 \rightarrow K_p = 91.59 \qquad ②$$

로 되어야 한다. 보상기를 사용한 경우와 사용하지 않은 경우의 위치오차상수의 비는

$$\frac{K_{pL}}{K_{pK}} = \frac{z_c}{p_c} = \frac{91.59}{8.23} = 11.13 \qquad ③$$

이므로, 임의로 $p_c = 0.01$로 하였다면 ③에 의해

$$z_c = 11.13\,p_c \approx 0.111 \qquad ④$$

로 된다. 따라서 적분기를 사용하지 않은 보상기는 다음으로 된다([그림 3.50] 참조).

$$C(s) = \frac{158(s+0.111)}{(s+0.01)} \qquad ⑤$$

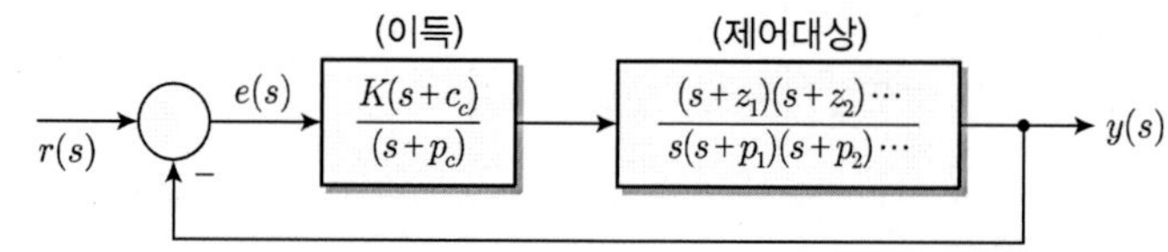

[그림 3.50] 적분기를 사용하지 않은 보상기의 설계

⑤의 보상기를 사용한 시스템의 근궤적은 [예제 3.11]의 [그림 3.46]과 거의 동일하기 때문에 감쇄비 $\zeta = 0.174$를 만족하는 이득 K 역시 158 정도로서 역시 [그림 3.46]과 거의 동일하지만, 추가된 보상기 ⑤에 의한 원점 근처에서의 근궤적은 다르다([그림 3.51] 참조). [표 3.8]에 ⑤의 보상기를 사용한 경우와 이득 K만을 사용한 경우에 대한 폐루프시스템의 특성을 비교하였다.

[표 3.8]로부터 ⑤의 보상기를 사용한 경우와 이득 K만을 사용한 경우 두 폐루프 시스템의 세 개의 극은 서로 거의 비슷한 곳에 위치하고 있음을 알 수 있다. 이는 위에서 언급한 두 시스템의 근궤적이 거의 동일한 모습을 가진다는 점으로부터 예측할 수 있는 사실이다. 그러나 ⑤의 보상기를 사용한 [그림 3.50]이 가지는 폐루프의 네 번째 극은 허수축에 근접하는 값 −0.101을 가지기 때문에 사실상 지배극의 역할을 해야 할 것으로 예상되지만, 극 근처에 존재하는 영점 −0.111로 인해 출력에 미치는 영향이 거의 없다고 볼 수 있다[34]. 이 결과 위의 두 시스템은 비슷한 위치에 극을 가지므로 이들의 과도특성은 당연히 비슷한 모습으로 될 것으로 생각된다. 그러나 ⑤의 보상기를 사용한 경우는 정상오차가 1/10로 감소하였기 때문에 정상상태응답의 모양은 K만을 사용한 경우와는 다르다는 점에 유의한다([그림 3.52] 참조).

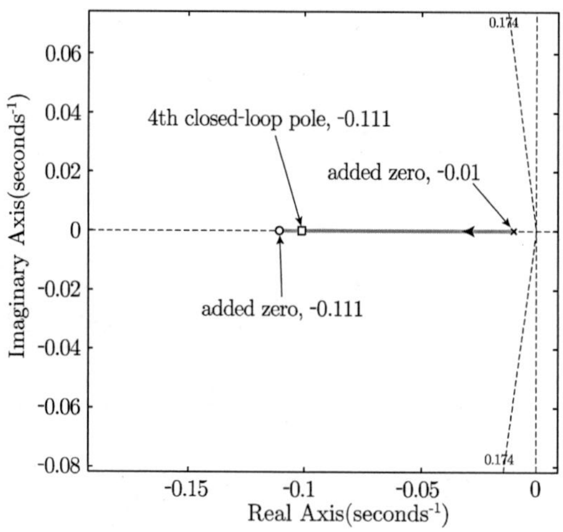

[그림 3.51] [예제 3.12]의 근궤적 일부분

34) 근처에 영점을 가지는 극에 대한 유수(residue)값은 영에 가까운 작은 값을 가진다는 사실에 의한다. 따라서 이는 사실상 극·영점 소거가 이루어진 것으로 볼 수 있다.

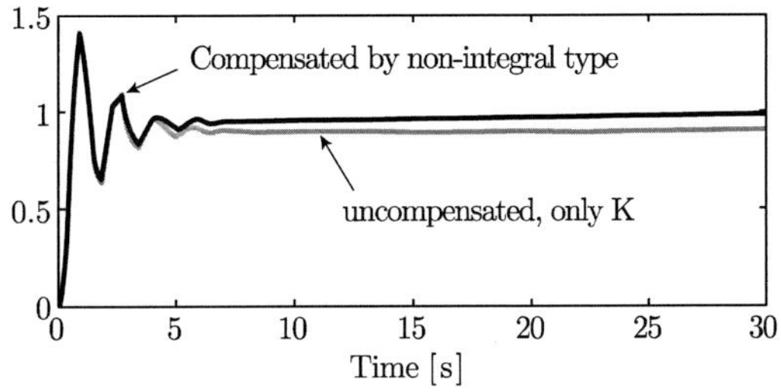

[그림 3.52] [예제 3.12]의 시간응답

[표 3.8] [예제 3.12]의 설계 결과

변수	이득 K에 의한 보상	식 ⑤에 의한 보상
개루프 전달함수	$\dfrac{K}{(s+1)(s+2)(s+10)}$	$\dfrac{K(s+0.111)}{(s+1)(s+2)(s+10)(s+0.01)}$
K의 크기	164.6	158.1
위치오차상수 K_p	8.23	87.75
$e(\infty)=e_{ss}$	0.108	0.011
지배극	$-0.694\pm j3.926$	$-0.678\pm j3.836$
세 번째 극	-11.61	-11.55
네 번째 극	없음	-0.101
영점	없음	-0.111

위의 예제에서 보상기 ⑤는 정상오차를 1/10로 감소시킬 수 있도록 설계되었다. 이 과정에서 보상기의 극을 임의로 $p_c=-0.01$로 둔 결과로 영점 $z_c=-0.111$이 결정되었다. 여기서 만약 극을 원점에 더 접근시키면 어떤 결과가 나타나는 지를 알아보자. 예를 들어 $p_c=-0.001$로 하면 영점은 $z_c=-0.0111$로 되며, 이 결과를 원래의 보상기 ⑤의 경우와 비교한 결과가 [그림 3.53]이다.

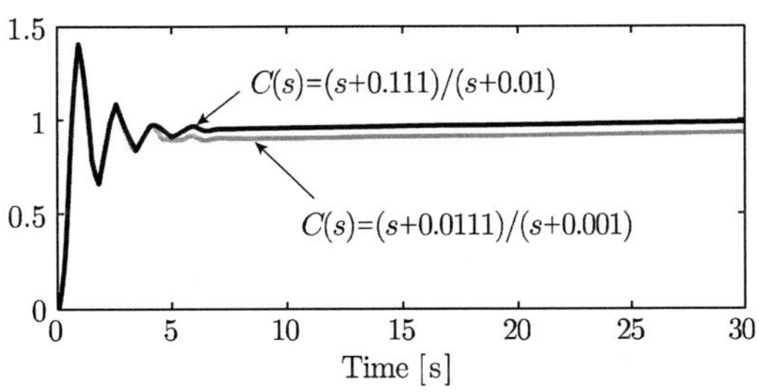

[그림 3.53] 두 종류의 보상기에 의한 응답비교

그림으로부터 보상기의 극을 원점에 더욱 가깝게 설정한 시스템은 원래의 시스템보다 훨씬 늦게 정상상태에 도달한다. 이는 [예제 3.12]의 보상기 ⑤를 사용한 경우 폐루프의 네 번째 극이 −0.101이었지만, 극을 더욱 왼쪽으로 옮긴 보상기의 경우는 폐루프의 극이 −0.01로 되어 정상상태 값에 도달하는 데 훨씬 더 많은 시간이 필요하다는 사실을 알 수 있다[35].

```
%[그림 3.52]와 [그림 3.53]의 작성
numG = [1];denG = poly([-1 -2 -10]);
numC =[1 0.111];denC = [1 0.01];          % 식⑤의 표현식
G = tf(numG,denG);C = tf(numC,denC);
GC = series(G,C);                         % [그림 3.50]의 개루프 전달함수 (K는 제외)

sys_CL = feedback(GC*158.1,1)             % 폐루프전달함수 (K=158.1 경우)
[numCL,denCL] = tfdata(sys_CL,'v');
denCLstep = [denCL,0];                    % 폐루프전달함수의 분자와 분모 추출
[r,p,k] = residue(numCL,denCLstep)        % 인수분해를 위한 유수의 계산
%
numC =[1 0.0111];denC = [1 0.001];C2 = tf(numC,denC) %
GC2 = series(G,C2);sys_CL2 = feedback(GC2*158.1)
ltiview(sys_CL,sys_CL2)                   % 두 방법의 비교 [그림 3.53]
```

3.5.3 비례 · 미분(PD)을 이용한 과도특성의 개선

여기서는 이상적인 미분기를 비례기와 함께 보상기로서 사용하는 방법에 대하여 생각한다. 비례·미분제어기는 시스템에 영점을 추가하지만, 미분작용으로 인한 잡음의 증폭문제 등이 발생한다. 따라서 이러한 문제에 대처하기 위한 하나의 방법으로 근사적으로 미분작용을 하는 시스템을 도입하여 순수미분에 대치하는 방법 등에 대하여 언급한다.

■ 이상적인 미분보상 (PD제어)

시스템의 과도특성의 개선은 복소평면(즉 s 평면)에서 폐루프 극의 위치를 적절히 선정함으로서 얻어질 수 있다. 다시 말하면 바람직한 폐루프의 극이 근궤적 상에 존재한다면 이득의 조정으로 가능하지만, 그렇지 않을 경우에는 극과 영점을 루프 내에 추가하여 과도특성을 만족시키는 폐루프의 극이 근궤적 위에 존재하도록 해야 한다.

먼저 과도특성의 하나인 상승시간을 개선시키는 방법에 대하여 생각해본다. 가장 간단한 방법은 영점을 추가하는 것이다. 즉, 비례·미분보상기

$$C(s) = s + z_c \tag{3.59}$$

35) 계산 결과 [예제 3.12]의 보상기의 경우 계단입력에 대한 정정시간은 약 14.8[초]이나 극을 왼쪽으로 이동시킨 보상기를 사용한 경우의 정정시간은 162[초]로 되었다.

를 추가하는 것이다. 식(3.59)는 PD보상기(또는 순수미분보상기)라고 불리며, 영점의 위치를 적절히 선정함으로서 빠른 응답특성을 얻을 수 있다. 루프에 식(3.59)가 추가됨으로서 근궤적에 어떤 변화가 발생하는 지를 [그림 3.54]로부터 알아보자.

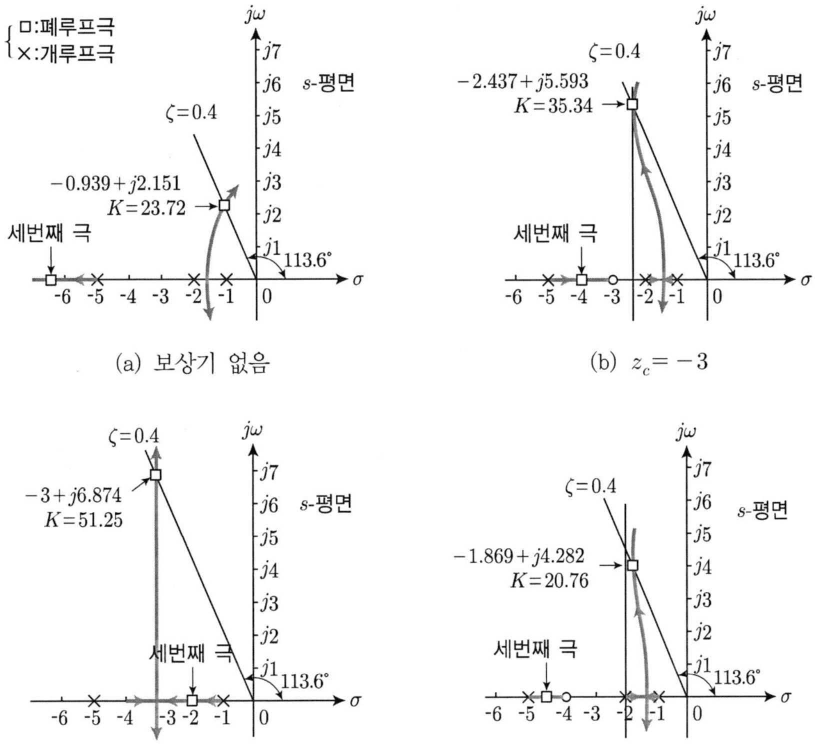

(a) 보상기 없음

(b) $z_c=-3$

(c) $z_c=-2$

(d) $z_c=-4$

[그림 3.54] 영점의 추가에 의한 근궤적의 변화

[그림 3.54(a)]는 영점을 추가하기 전의 근궤적으로 $K=23.72$에서 감쇄비 $\zeta=0.4$를 만족하는 두 개의 지배극 $-0.939\pm j2.151$을 가진다는 것을 보여주고 있다. [그림 3.54(b)]~[그림 3.54(d)]는 영점 z_c를 −2, −3 및 −4로 두었을 경우의 근궤적의 모양을 나타내고 있다. 각 그림은 모두 동일한 감쇄비를 가지는 점에서의 이득을 취하고 있으므로 폐루프시스템의 오버슈터는 모두 동일한 값을 가질 것이다. 그러나 보상기를 사용한 [그림 3.54(b)]~[그림 3.54(d)]에서의 폐루프의 지배극은 [그림 3.54(a)]에 비해 허수축에서 왼쪽으로 멀리 떨어진 곳에 위치하고 있음을 볼 수 있다. 이 결과 정상상태로의 수렴이 훨씬 빨라질 것으로 예상된다([그림 3.55] 참조)[36].

---

36) 영점을 추가하지 않은 경우 위치오차상수 $K_p\approx 2.3$이므로 정상오차가 $e_{ss}\approx 0.3$이다. 따라서 영점을 추가한 경우인 0.1에 비하여 정상오차가 크기 때문에 [그림 3.55]에서 오버슈터의 양은 다르게 보이나 실제는 모두 동일한 크기를 가진다.

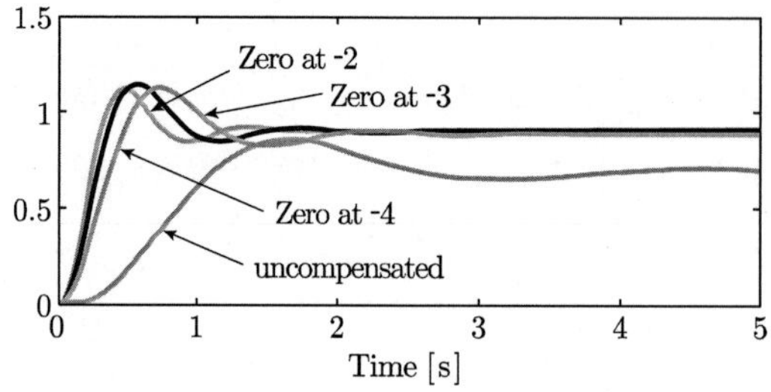

[그림 3.55] 영점의 위치에 따른 출력의 변화

[표 3.9]에 [그림 3.54]의 네 가지 경우에 대한 각종 지표를 정리하였다. 이로부터 보상기 (c), (d)의 경우는 (b)의 경우에 비하여 과도응답의 속도가 느리긴 하지만, 결과적으로 이상적인 미분기를 이용한 영점의 추가로 오버슈터의 양을 변화시키지 않고 과도특성의 속도를 대폭적으로 개선시킬 수 있음을 알 수 있다[37].

[표 3.9] 영점의 위치변화에 의한 결과

변수	이득 K	영점보상 (b)	영점보상 (c)	영점보상 (d)
개루프 전달함수	$\frac{K}{(s+1)(s+2)(s+5)}$	$\frac{K(s+2)}{(s+1)(s+2)(s+5)}$	$\frac{K(s+3)}{(s+1)(s+2)(s+5)}$	$\frac{K(s+4)}{(s+1)(s+2)(s+5)}$
K의 크기	23.72	51.25	35.34	20.76
지배극	$-0.939\pm j2.151$	$-3\pm j6.874$	$-2.437\pm j5.583$	$-1.869\pm j4.282$
상승시간 t_r	4.26	1.33	1.64	2.14
피크시각 t_p	1.46	0.46	0.56	0.733
$e(\infty)$	0.297	0.089	0.086	0.107
세 번째 극	-6.123	없음	-3.127	-4.262
영점	없음	없음(극 - 영점 소거)	-3	-4

[그림 3.54]와 같이 영점을 추가한 보상의 결과 시스템의 형은 변화가 없으므로(0형) 영점보상을 실시하지 않은 시스템과 같이 모두 정상오차를 가진다는 것을 [표 3.9]로부터 확인할 수 있다. 즉 영점의 추가로 과도특성은 개선되었지만 정상상태특성은 별 변화가 없다는 사실에 유의하여야 한다.

[예제 3.13]

①로 주어진 시스템에서 16% 정도의 오버슈터를 발생시키는 이득 K을 먼저 결정하여 루프를 구성하면 정정시간이 상당히 길어지는 것을 확인한다. 여기서 폐루프시스템의 정정시간이 현재보다 3배 이상의 개선이 이루어질 수 있도록 하는 PD보상기를 설계하여 보자.

37) 이득 K의 조정으로도 과도특성의 속도를 향상시킬 수 있으나(K를 증가시킨), 이 경우 오버슈터가 상당히 증가하게 된다.

$$G(s) = \frac{1}{s(s+4)(s+6)} \quad ①$$

풀이 식(3.26c)를 이용하여 16%의 오버슈터를 발생시키는 감쇄비를 계산하면 $\zeta = 0.504$로 된다. 이 경우 근궤적 선도에서 $\zeta = 0.504$의 직선과 근궤적은 이득 $K = 43.35$에서 만나며, 이때의 지배극은 $-1.2 \pm j2.06$으로 됨을 쉽게 확인할 수 있다. 이때의 정정시간은 식(3.26b)에 의하여

$$t_s = \frac{4}{\zeta\omega_n} = \frac{4}{1.2} = 3.33 \quad ②$$

이다[38]. 설계사양으로 현재 정정시간, 즉 ②의 1/3을 요구하고 있으므로 $t_s \approx 1.11$ 정도의 정정시간을 가질 수 있도록 적당한 위치에 영점을 추가하기로 한다. 부과된 정정시간의 조건에 맞는 바람직한 지배극의 실수부는 ②로부터

$$\sigma_{dm} = \frac{4}{t_s} = \frac{4}{1.11} \approx 3.60 \quad ③$$

으로 되어야 한다. 따라서 이때 $\cos^{-1}\zeta = 59.7°$이므로 지배극의 허수부는 [그림 3.14]로부터

$$\omega_d = 3.613 \times \tan(59.73) = 6.19 \quad ④$$

로 된다. 따라서 조건을 만족하는 지배극은 $-3.60 \pm j6.19$로 되어야 할 것이다.

다음 근궤적이 새로운 위치의 지배극인 ④를 지날 수 있도록 추가하는 영점의 위치를 근궤적의 각도조건인 식(3.41b)를 이용하여 결정한다.

바람직한 지배극 $s_1 = -3.60 + j6.19$이 영점을 추가한 폐루프의 근궤적 위에 존재해야 하기 때문에 [그림 3.56]과 같이 s_1에 각도조건을 대입한다. 먼저 시스템 ①의 세 개의 극에서 s_1으로 그은 세 개 벡터의 각도의 합은 다음과 같다

$$\begin{aligned}\theta_{\text{pole}} &= -\sum_{j=1}^{3} \angle(s + p_j) \quad ⑤\\ &= -\angle(s_1 - 0) - \angle\{s_1 - (-4)\} - \angle\{s_1 - (-6)\}\\ &= -120.26° - 86.42° - 68.92° = -275.6°\end{aligned}$$

여기서 바람직한 영점의 위치를 $-z_c$로 두면

$$\angle(s_1 + z_c) - 275.6° = 180° \rightarrow \angle(s_1 + z_c) = 95.6° \quad ⑥$$

을 만족한다. 따라서 점 s_1과 영점 z_c로 이루어진 삼각형으로부터 다음 식을 얻는다.

$$\frac{6.19}{3.60 - z_c} = \tan(180° - 95.6°) \quad ⑦$$

38) 두 개의 지배극 외에 나머지 하나의 극이 지배극의 극에 비하여 적어도 여섯 배 이상 떨어져 있는 지를 확인이 필요하다. 여기서는 극인 -7.59에 위치하므로 지배극의 실수부인 -1.2에 비해 여섯 배 이상 떨어져 있음이 확인되었다. 만약 이 조건이 만족되지 않으면 ②등으로 주어진 조건이 정확하지 않을 가능성이 높아진다.

이로부터 추가하는 영점은 -3, 즉 $z_c = 3$임을 알 수 있다. 보상기로서 영점을 추가한 근궤적을 [그림 3.57]에 나타내었다. 그림에서 보는 바와 같이 폐루프시스템은 이득 $K \approx 47.5$ 근처에서 정정시간의 조건을 만족하는 세 개의 지배극을 가진다는 것을 알 수 있다.

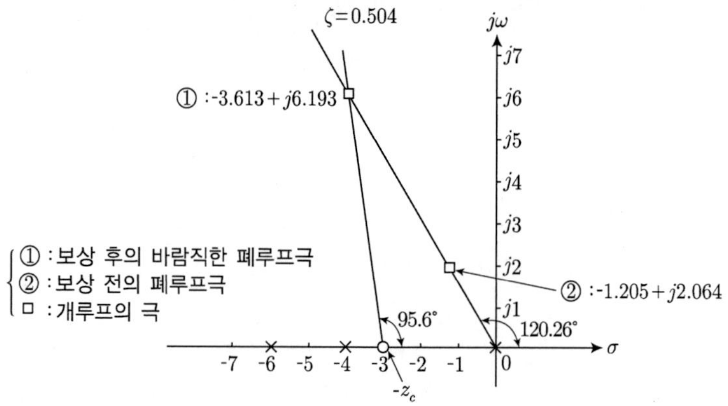

[그림 3.56] [예제 3.13]의 영점 위치의 결정

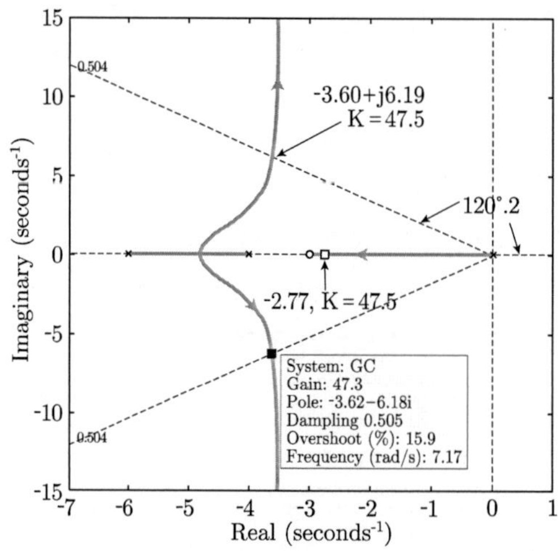

[그림 3.57] 영점을 추가한 근궤적

설계한 보상기를 추가한 폐루프시스템에 대한 계단응답을 [그림 3.58]에 나타내었다. 그림으로부터 정정시간이 1/3 이상 감소되어 부과된 사양을 잘 만족하고 있음을 확인할 수 있다.

식(3.54)의 PID제어기에서 적분항을 제거한 뒤 양변을 라플라스변환하면

$$G_{PD}(s) = K_P(1 + T_D s) = K_P T_D (s + z_c), \left(z_c \equiv \frac{1}{T_D}\right) \tag{3.60}$$

로 되어 영점의 추가는 PD제어를 수행한 것으로 볼 수 있다.

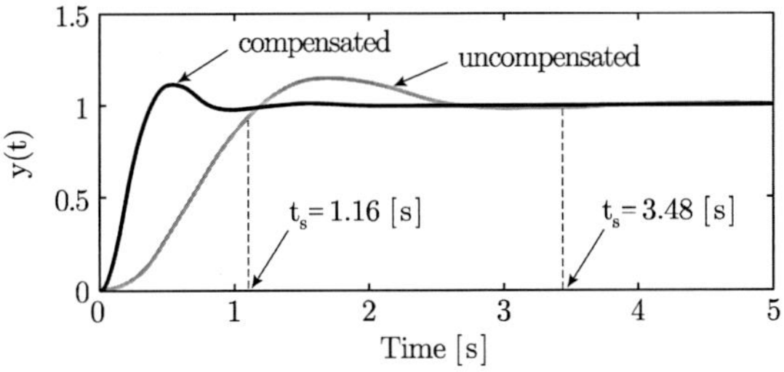

[그림 3.58] [예제 3.13]에 대한 계단응답

■ 순수미분을 사용하지 않은 보상기

이상적인 PD보상기로 시스템의 과도응답을 개선시키기 위해서는 미분작용의 실현을 위한 OP-앰프와 같은 능동소자가 필요하며, 동시에 이러한 미분작용은 시스템의 고주파잡음에 나쁜 영향을 미친다. 이와 같은 단점을 극복하는 하나의 방법으로 식(3.60)과 같은 순수 미분보상기보다는, 거의 동일한 작용을 하는 수동소자만으로 이루어진 진상보상기(lead compensator)를 사용한다.

수동소자로는 시스템에 영점만을 추가하도록 구성할 수 없기 때문에, 영점과 극을 추가하는 보상기의 형식을 취하게 된다. 이 경우 극을 영점보다 s평면에서 왼쪽에 배치함으로서 보상기의 위상을 PD보상기와 같이 플러스(+)로 유지할 수 있다. 동시에 허수축에서 멀리 떨어진 곳에 배치된 극은 지배극이 아니므로 결과적으로 영점만을 추가한 경우와 거의 동일한 과도응답특성 개선효과를 나타내게 된다.

보상기의 극과 영점의 위치는 다음과 같이 결정한다. 예를 들어 [그림 3.59]와 같이 제어대상의 극과 영점이 배치되어 있고 보상기의 극과 영점이 각각 p_c와 z_c로 주어져 있다고 한다. 이 경우 바람직한 폐루프극의 위치가 결정되어 이 지점을 근궤적이 지나기 위해서는 근궤적의 조건식 (3.41b)를 만족하여야 한다. 즉,

$$\theta_2 - \theta_1 - \theta_3 - \theta_4 + \theta_5 = (2k+1)\times 180° \tag{3.61}$$

이다. 여기서 보상기의 기여각은 $(\theta_2 - \theta_1) = \theta_c$이다. 따라서 보상기의 극과 영점은 식(3.61)이 만족되는 범위에서 적절히 선정할 수 있다. 이때 주의하여야 할 점은, 선정된 보상기의 극과 영점의 위치에 따라 i) 정상오차상수 ii) 근궤적에서의 이득 K의 크기 및 iii) 2차식으로의 근사화에 따른 과도특성 값의 변동이 발생할 수 있다는 점이다.

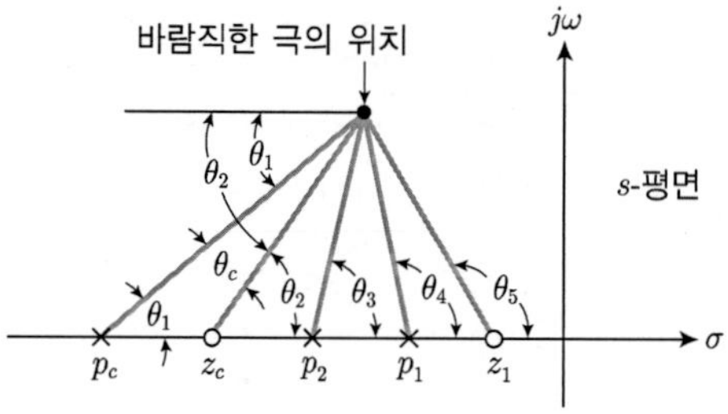

[그림 3.59] 진상보상기의 기여각도

[예제 3.14]

[예제 3.13]의 ①로 이루어진 폐루프시스템에서, 보상 전에 비해 오버슈터는 30% 이하를 유지하지면서 정정시간을 1/2 이하로 줄일 수 있는 진상보상기를 설계하여 보자.

$$G(s)= \frac{1}{s(s+4)(s+6)} \qquad ①$$

풀이 먼저 30%의 오버슈터를 가지는 비보상 폐루프시스템의 경우 정정시간이 어느 정도인지를 확인하여 보자. 식(3.26c)에 의해 오버슈터 30%인 경우 감쇄비인 $\zeta = 0.358$과 ①의 근궤적이 만나는 점은 이득 $K = 63.2$에서 $s_{1,2} = -1.007 \pm j2.627$으로 된다([그림 3.60]의 ②의 위치). 따라서 식(3.26b)에 의해 정정시간은 $t_s = 4/1.007 = 3.97$ [s]이므로, $3.97/2 = 1.98$ [s]가 설계사양으로 요구되는 정정시간이다.

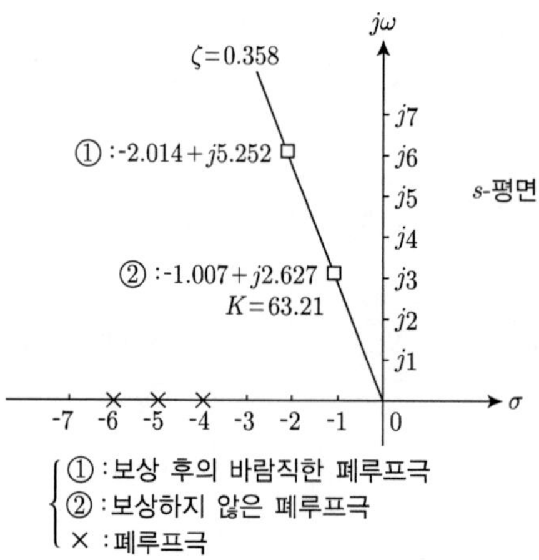

[그림 3.60] 보상 전과 후의 폐루프 극의 위치

[그림 3.60]과 같이 비보상인 폐루프시스템의 지배극과 보상 후의 폐루프시스템의 지배극은 감쇄비 $\zeta = 0.358$ 선상에 존재하여야 하므로, 보상 후 폐루프시스템의 지배극의 실수부는 식(3.26b)로부터 $-\zeta\omega_n = -4/t_s = -2.014$로 되며, 허수부는 [그림 3.14]로부터

$$\omega_d = 2.014 \times \tan\left(\cos^{-1}\zeta\right) = 5.252 \qquad ②$$

으로 됨을 알 수 있다([그림 3.60]의 ①의 위치).

이제 근궤적이 [그림 3.60]의 두 개의 극 $s_{1,2} = -2.01 \pm j5.25$를 지날 수 있도록 보상기의 극과 영점의 위치를 결정하여야 한다. 이를 위해 먼저 보상기의 영점을 임시적으로 $z_c = -5$에 두고 근궤적의 조건식 (4.41b)를 이용하여 보상기의 극을 결정하는 방법을 취한다.

즉, ①의 극과 영점에 의한 각도의 기여분과 $z_c = -5$의 영점의 각도 기여분을 전부 합하면 −172.7°이므로 근궤적 조건인 −180°에 약 −7.3° 정도 부족하다. 따라서 이 부족분을 보충할 수 있는 위치에 보상기의 극 p_c을 가져간다. 이 과정은 [그림 3.61]을 이용하면 다음과 같이 간단히 얻을 수 있다.

$$\frac{5.25}{p_c - 2.01} = \tan(7.3^o) \ \rightarrow \ p_c = 42.96 \qquad ③$$

이상의 보상기를 추가하여 얻은 근궤적은 [그림 3.62]에 나타내었다. 이로부터 보상기로 인해 근궤적인 원하는 위치 $s_{1,2}$를 이득 $K = 1423$에서 지나가고 있음을 확인할 수 있다.

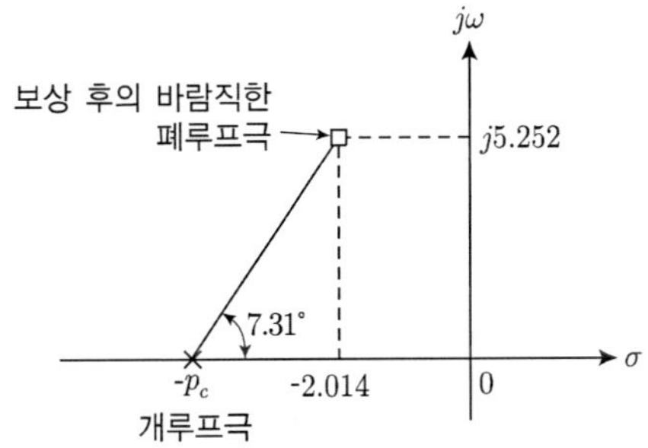

[그림 3.61] 극의 위치 설정법

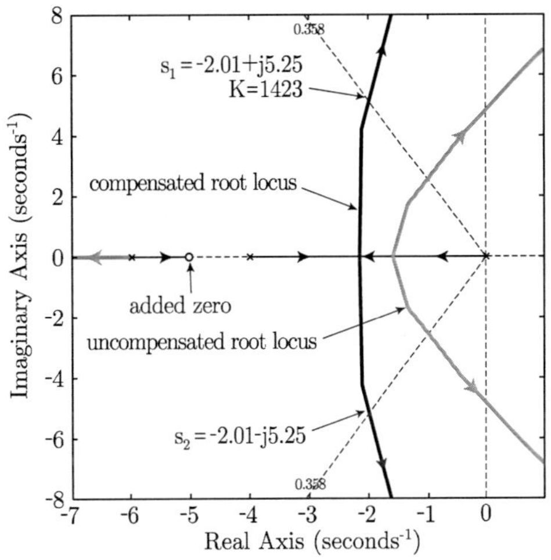

[그림 3.62] [예제 3.14]의 근궤적

$K = 1423$에서 폐루프의 지배극인 $s_{1,2}$를 제외한 나머지 극은 각각 −5.13과 −43.8에 존재한다. 이 경우 −43.8의 극은 지배극에 비하여 20배 이상 복소평면의 왼쪽에 위치하기 때문에 시스템에 거의 영향을 미치지 않으며, 또한 −5.13의 극은 −5에 배치한 영점 근처에 위치하기 때문에 그 영향이 미미하다. 따라서 위 시스템을 두 개의 지배극 $s_{1,2}$를 가지는 2차시스템으로 간주하여 설계를 진행한 지금까지의 과정에는 큰 문제가 발생하지 않을 것으로 생각된다.

위에서 진상보상기의 영점 z_c을 −5에 두고 설계를 진행하였지만, 진상보상기의 영점의 위치는 임의적이다. 여기서 보상기 영점의 위치선정과 폐루프응답 특성과의 관계를 확인하여 보자. 먼저 영점을 −2와 −4에 두고 위와 동일한 과정으로 설계를 진행하면 다음 두 종류의 보상기를 얻을 수 있다.

$$G_{c2} = \frac{K_2(s+2)}{(s+8.97)},\ \ G_{c4} = \frac{K_4(s+4)}{(s+20.09)} \quad ④$$

위의 각 보상기에 대한 폐루프의 특성을 [표 3.10]에 정리하였으며[39], 각각의 보상기를 사용한 경우의 출력응답은 [그림 3.63]에 나타내었다. 이로부터 영점의 위치선정의 중요성을 이해할 수 있을 것이다. 예를 들어 z_c를 제어대상의 극인 −4보다 오른쪽으로 선정하면 폐루프의 극 중에서 지배극보다 허수축에 더 가까운 극이 발생하여 2차시스템의 근사식을 사용할 수 없게 된다. ④의 G_{c2}의 경우는 z_c를 −2에 설정한 경우로서 지배극보다 더 작은 실수부를 가지는 폐루프의 극이 −1.64에서 존재하여 전반적으로 느린 응답특성을 보인다([그림 3.63] 참조).

④의 보상기 중 G_{c4}는 z_c를 제어대상의 극인 −4로 설정하였기 때문에 극·영점 소거가 발생하여 2차시스템으로의 근사가 가능하며, 이 결과 지배극이 폐루프응답에서 주된 역할을 하기 때문에 빠른 응답특성을 보인다[40].

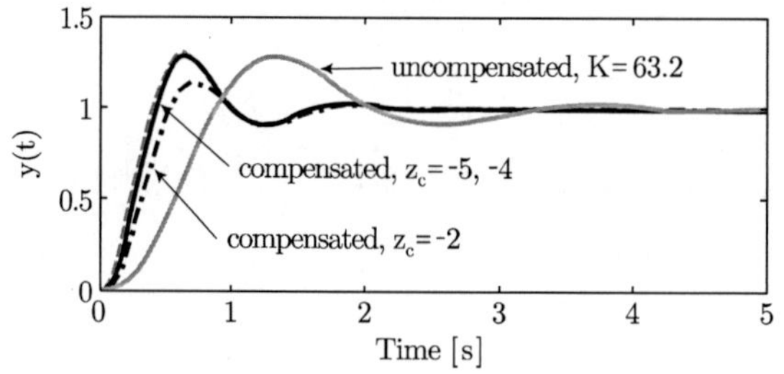

[그림 3.63] [예제 3.14]의 출력응답

```
% [그림 3.62]
numG = [1];denG = poly([0 -4 -6]);G = tf(numG,denG)
rlocus(G), z = 0.358;sgrid(z,0)
axis([-20 1 -8 8]),hold on
numC =[1 5];denC = [1 42.9];C5 = tf(numC,denC)      % 보상기의 전달함수
GC5 = series(G,C5),rlocus(GC5)
%
C2 = tf([1 2],[1 8.971]);C4 = tf([1 4],[1 20.09]);
GC2 = series(G,C2);,GC4 = series(G,C4);
rlocus(GC2),hold on
rlocus(GC4)                               % ④의 보상기를 사용한 경우의 근궤적 확인
%
ys_CL5 = feedback(GC5*1423,1)
sys_CL4 = feedback(GC4*698,1)
sys_CL2 = feedback(GC2*354,1)
```

39) [예제 3.15]의 결과와 함께 187쪽에 나타내었다.
40) 빠른 응답특성이란 상승시간이 짧다는 것을 의미한다.

```
sys_CL = feedback(G*63,1)
ltiview(sys_CL5,sys_CL4,sys_CL2)                    % [그림 3.63]
```

위 예제의 결과를 정리하면 다음과 같다.

1) 먼저 임의의 위치에 보상기 영점을 정한다.
2) 근궤적의 법칙에 따라 보상기의 극을 설정한다.
3) 근궤적을 그려서 이득 K를 결정한다.
4) 시뮬레이션으로 설정한 영점과 극의 효과를 검증하고, 필요하면 1) ~ 3)을 반복한다.

3.5.4 정상응답과 과도응답특성의 개선

앞에서 지상·진상보상기를 사용하여 정상상태와 과도응답특성의 개선이 서로 독립적으로 이루어질 수 있다는 사실을 확인하였다. 즉, 3.5.3절의 방법을 적용하여 과도응답특성을 개선하고, 여기에 3.5.2절의 방법으로 정상오차의 개선이 가능하다는 것이다. 그러나 정상오차의 개선이 이루어지는 반면, 이 결과로 응답특성이 조금 늦어진다.

이에 대한 대안으로 먼저 정상오차를 개선시킨 다음, 과도특성의 개선을 시도하는 방법을 취할 수 있지만, 이 결과 전 단계에서 결정된 정상오차가 조금 증가하게 된다. 어느 쪽을 취하더라 결과적으로 추가된 보상기로 인해 이미 결정되어 있는 설계사양에 변화가 발생한다는 점에 유의한다.

여기서는 앞에서 언급한 두 종류의 보상기(PI 및 PD)를 하나로 통합하여 과도특성과 정상상태특성의 개선을 동시에 얻을 수 있는 방법을 간단하게 언급한다. 자세한 내용은 다음 장의 설계법을 참조한다.

■ PID보상기의 설계

식(3.54)를 라플라스변환하여 정리하면 PID보상기는 다음과 같이 표현할 수 있다.

$$G_c(s) = K_P\left(1 + \frac{1}{T_I s} + T_D s\right) \equiv K_1 + \frac{K_2}{s} + K_3 s \tag{3.62}$$

$$= \frac{K_3\left(s^2 + \dfrac{K_1}{K_3}s + \dfrac{K_2}{K_3}\right)}{s}$$

위의 식으로부터 PID보상기는 두 개의 영점과 원점에 하나의 극을 가진다는 것을 알 수 있다. 이와 같은 PID보상기의 설계는 대략 다음과 같은 순서로 진행되는 것이 일반적이다.

(1) 보상 전의 시스템을 평가하여 설계사양을 만족시키기 위해서 어느 정도의 과도특성이 개선되어야 하는지를 평가한다.
(2) (1)의 평가결과에 따라 PD보상기를 설계한다. 이 과정에서 보상기 영점의 위치선정과

루프이득이 결정된다.

(3) 설계사양이 만족되었는지 시뮬레이션을 통해 확인하고, 만약 부족한 점이 발생하면 위 (2)의 과정을 반복한다.

(4) 정상오차에 대한 설계사양을 만족시키기 위해 PI보상기를 설계한다.

(5) PI와 PD를 합하여 식(3.62)의 계수 K_1, K_2, 및 K_3를 결정한다.

(6) 시뮬레이션을 통하여 설계사양의 만족여부를 확인하고, 만약 부족하다면 위 과정을 반복한다.

[예제 3.15]

[그림 3.64]로 주어진 시스템에 대하여, i) 계단입력에 대한 정상오차는 영, ii) 20%의 오버슈터 및 iii) 비보상시스템의 피크타임의 2/3를 가지도록 하는 PID보상기를 설계하여 보자.

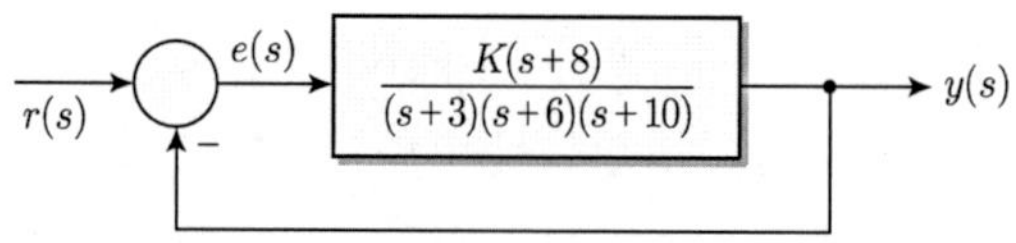

[그림 3.64] [예제 3.15]의 비보상 시스템

풀이

[단계 1] : [그림 3.64]의 근궤적이 20%의 오버슈터, 즉 $\zeta = 0.456$ 선과는 이득 $K = 121.5$에서 점 $s_{1,2} = -5.415 \pm j10.57$에서 만나며, 이때 세 번째 극은 −8.17에 존재한다. 또한 $K = 121.5$로 두고 [그림 3.64]에 대한 시뮬레이션을 실행하면 피크타임은 약 20%의 오버슈터에서 $t_p = 0.297$[s]임을 확인할 수 있다.

[단계 2] : 피크타임을 2/3로 줄이기 위한 보상기의 설계를 위해서는 보상한 시스템의 지배극의 위치가 필요하다. 이는 식(3.26d)로부터 보상된 시스템의 (지배극의) 허수부는 다음과 같이 계산된다[41].

$$\omega_d = \omega_n \sqrt{1-\zeta^2} = \frac{\pi}{t_p} = \frac{\pi}{(2/3)(0.297)} = 15.87 \quad ①$$

이로부터 (지배극의) 실수부는 [그림 3.14]를 참조하면 $\cos^{-1}\zeta = 62.87°$이므로

$$\sigma = \frac{\omega_d}{\tan(62.87°)} = \frac{15.87}{1.951} = 8.13 \quad ②$$

로 된다. 이 결과를 이용하여 PD보상기의 영점 z_c의 위치를 결정한다. 즉 근궤적의 각도조건을 적용하여 보상된 시스템의 지배극 $s_{pd} = -8.13 + j15.87$이 근궤적 위에 존재하기 위한 보상기의 영점의 위치를 결정한다. 이 경우 점 s_{pd}에서 비보상시스템의 기여각은 −198.37°이므로 영점에 의해 18.37°의 각도기여가 필요함을 알 수 있

41) [그림 3.14] 참조.

다. 따라서 [그림 3.65]을 참고하면 영점은

$$\frac{15.87}{z_c - 8.13} = \tan 18.37° \rightarrow z_c = 55.92 \qquad ③$$

으로 된다. [그림 3.66]에 PD보상기를 추가한 시스템의 근궤적을 표시하였으며, 전체 시스템의 성능을 [표 3.10]에 정리하였다.

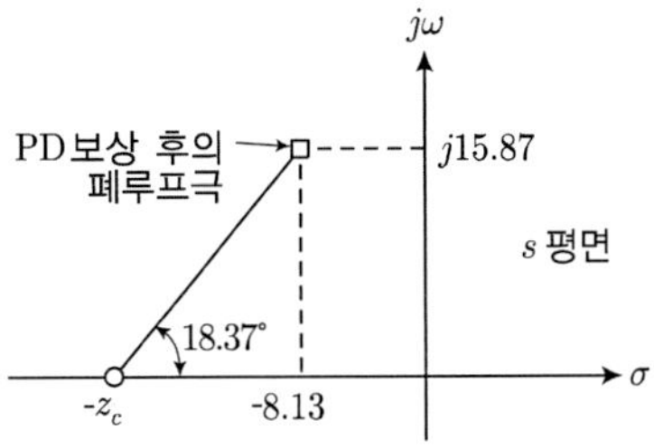

[그림 3.65] 영점 z_c의 위치선정

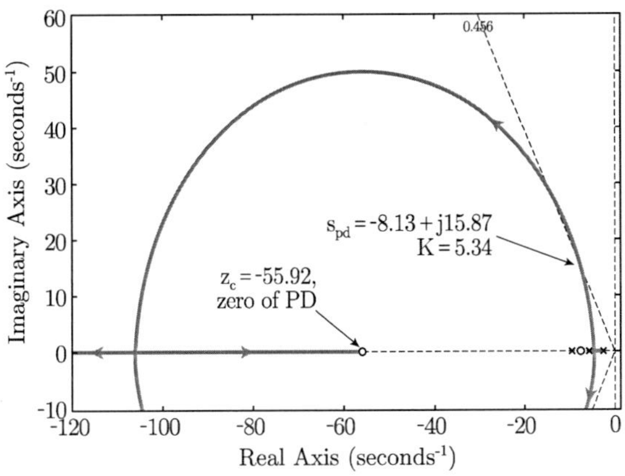

[그림 3.66] 영점 추가 후의 근궤적

PD보상기를 추가하여 시뮬레이션을 수행한 결과를 나타낸 [그림 3.67]로부터 피크타임과 정상상태 오차가 비보상시스템에 비해 상당히 개선되었을 확인할 수 있다.

[단계 3] : PD보상기를 추가한 시스템은 0형 시스템이므로 계단입력에 대한 정상오차가 여전히 존재한다. 이를 영으로 만들기 위해서는 적분기의 추가가 요구되나, 적분기 단독으로의 추가보다는 PI보상기의 형식으로 사용한다. 예를 들어 PI를 보상기를

$$G_{PI}(s) = \frac{s + 0.5}{s} \qquad ④$$

와 같이 설정한다면 극과 영점이 근접하게 위치하고 있기 때문에, PI보상기를 추가한 시스템의 근궤적의 전반적인 모습은 PD보상기만을 추가한 [그림 3.66]과 유사하지만, 지배극은 이득 $K = 4.6$에서 $s_{1,2} = -7.516 \pm j14.67$로 약간 이동한다. 결과적으로

[그림 3.67]의 시뮬레이션 결과로부터 알 수 있는 바와 같이 거의 유사한 응답특성을 보여주고 있지만, 시스템의 형이 1형으로 되어 계단응답에 대한 정상오차는 영으로 되었다.

[단계 4] : 상기의 PD 및 PI 설계를 결합하여 식(3.62)의 계수를 계산하여보자. 즉,

$$G_{PID}(s)=\frac{K(s+55.92)(s+0.5)}{s}=\frac{4.6\left(s^2+56.42s+27.96\right)}{s} \qquad ⑤$$

이므로

$$K_1=259.5,\ K_2=128.6,\ K_3=4.6 \qquad ⑥$$

로 된다.

일반적으로 PID보상기의 응답특성은 느린 편이다. [그림 3.67]에서 보는 바와 같이 최종값에 도달하기까지 약 3초가 소요되었다. 만약 폐루프시스템의 응답특성을 빠르게 하고자 한다면 PD보상기의 영점의 위치를 조절하거나, PI보상기의 영점을 원점에서 조금 더 멀리 떨어진 곳에 배치하는 등의 재설계가 필요하다. 그러나 이 경우에는 과도특성, 예를 들어 오버슈터 양이 증가하므로 주의가 필요하다.

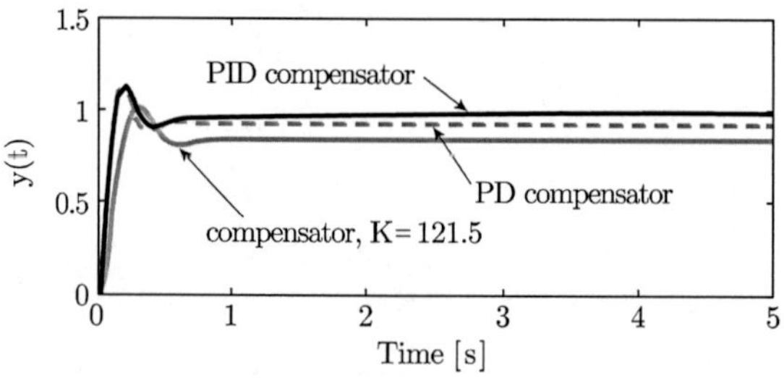

[그림 3.67] [예제 3.15]의 출력응답

[표 3.10] PD, PID 및 비보상시스템의 성능

변수	비보상	PD 보상	PID 보상
제어대상 +보상기	$\frac{K(s+8)}{(s+3)(s+6)(s+10)}$	$\frac{K(s+8)(s+55.92)}{(s+3)(s+6)(s+10)}$	$\frac{K(s+8)(s+55.92)(s+0.5)}{s(s+3)(s+6)(s+10)}$
K의 크기	121.5	5.34	4.6
지배극	$-5.415\pm j10.57$	$-8.13\pm j15.87$	$-7.516\pm j14.67$
피크타임 t_p	0.297	0.198	0.214
정정시간 t_s	0.739	0.492	0.532
%오버슈터	20	20	20
기타 극	-8.169	-8.079	$-8.099, -0.468$
영점	-8	$-8, -55.92$	$-8, -55.92, -0.5$

3.6 Simulink를 이용한 제어기 설계

전달함수를 이용한 다양한 종류의 제어기설계 기법을 설명하기 전에, 이러한 설계법을 효율적으로 적용할 수 있도록 도와주는 Simulink가 제공하는 설계용 도구(Tools)에 대해서 알아본다. 이러한 도구의 목적은 주어진 설계사양에 맞는 제어기의 설계를 GUI를 이용하여 사용자가 효율적으로 설계를 수행할 수 있도록 하는 것이다. 이 절에서는 이들의 사용법에 대하여 자세히 언급한다.

이러한 목적으로 여기서는 [그림 3.68]과 같이 주어진 'PID제어기를 이용한 DC모터의 회전 각속도 제어문제'에 대한 설계를 수행하는 과정을 이용하여 Simulink가 제공하는 제어기설계용 도구를 설명한다[42].

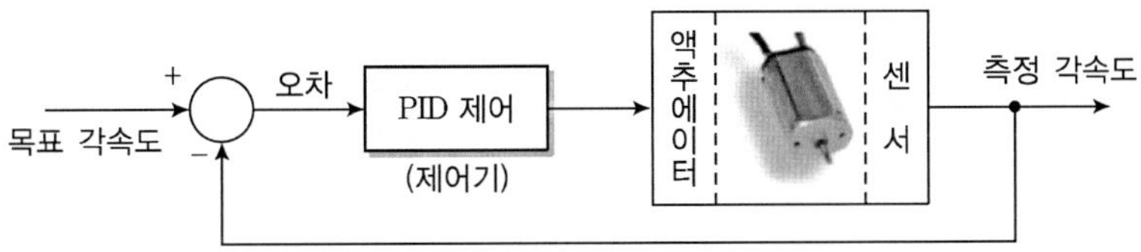

[그림 3.68] DC모터의 각속도제어

DC모터의 각속도제어를 위한 PID제어기 설계과정을 차례로 확인해 보자.

3.6.1 DC모터의 특정해석과 PI제어

• A : DC모터의 수식모델

DC모터는 [그림 3.69]와 같이 모터의 회전을 위한 전기회로부분과 부하를 회전시키는 회전자 부분으로 나눌 수 있다.

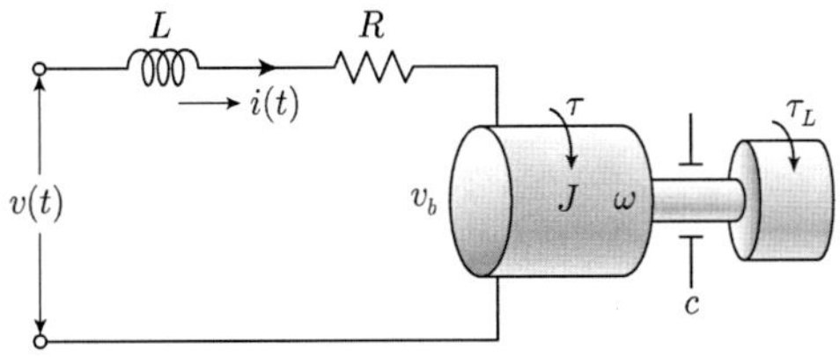

[그림 3.69] DC모터의 모델

(1) 전기시스템 :

$$L\frac{di(t)}{dt}+Ri(t)+v_b(t)=v(t),\ \ v_b(t)=K_b\omega(t) \tag{3.63a}$$

42) [그림 3.68]은 제2장의 [그림 2.28]에서도 사용되었다.

(2) 기계시스템 :

$$J\frac{d\omega(t)}{dt}+c\,\omega(t)+\tau_L(t)=\tau(t) \tag{3.63b}$$

$$\tau(t)=K_t\,i(t),\ \ \omega(t)=\frac{d\theta(t)}{dt}$$

식(3.63)에서 사용된 각 변수를 [표 3.11]에 정리하였다.

위 식을 이용하여 [그림 3.69]와 같이 입력전압 $v(t)$와 출력각속도 $\omega(t)$ 사이의 전달함수를 유도하기 위해 각 항을 세 부분으로 나눈다. 이때 부하토크는 영, 즉 $\tau_L=0$으로 두었다.

$$G_{motor}=\frac{\Omega(s)}{v(s)}=\frac{K_t}{JLs^2+(JR+cL)s+cR+K_bK_t} \tag{3.64a}$$

$$G_{ele}=\frac{T(s)}{v_m(s)}=\frac{1}{Ls+R} \tag{3.64b}$$

$$G_{mecha}=\frac{\Omega(s)}{T(s)}=\frac{1}{Js+c}$$ (3.64c)[43)]

[표 3.11] DC모터의 각 파라미터 값

파라미터	물리량
$L\,[H]$	전기자 인덕턴스, (= 0.5)
$R\,[\Omega]$	전기자 저항, (= 2)
$K_b\,[V/(rad/s)]$	역기전력 정수, (= 0.1)
$K_t\,[N\cdot m/A]$	토크 정수, (= 0.1)
$J\,[Kg\cdot m^2]$	로터의 관성모멘트, (= 0.02)
$c\,[N\cdot m/(rad/s)]$	로터의 동적마찰계수, (= 0.2)
$\tau_L\,[N\cdot m]$	부하토크

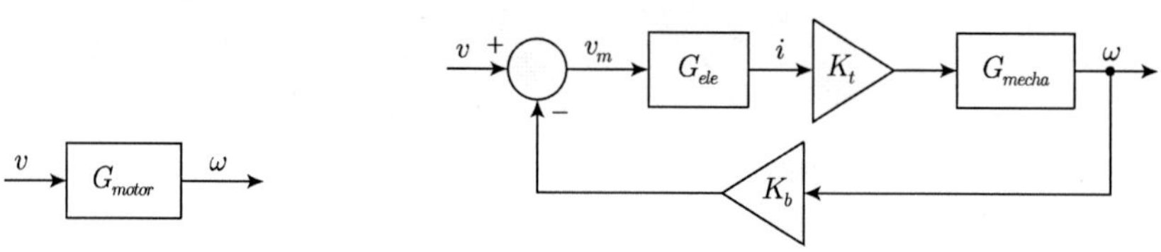

(a) 식(3.63a)　　(b) 식(3.63b)와 (3.63c)

[그림 3.70] DC모터의 블록선도 표현

43) $\Omega(s)=\mathcal{L}[\Omega(t)]$, $T(s)=\mathcal{L}[\tau(t)]$, $v(s)=\mathcal{L}[v(t)]$이다.

• B : 전달함수에 의한 LTI 스템의 정의

LTI란 선형·시불변(Linear Time-Invariant)의 의미로서 여기서 다루는 거의 대부분의 시스템은 선형이며 동시에 시불변인 시스템이다. MATLAB에서는 LTI 시스템을 나타내기 위한 편리한 함수인 'tf'를 제공하기 때문에 이를 사용하여 상기 시스템을 MATLAB에 저장한다.

```
num = Kt;
den = [J*L,J*R+c*L,c*R+Kb*Kt];
Gmotor = tf(num,den)                          % 모터의 전달함수

Gmotor =
            0.1
    -----------------------------
    0.01 s^2 + 0.14 s + 0.41
step(Gmotor)                                  % 모터의 단위계단응답
```

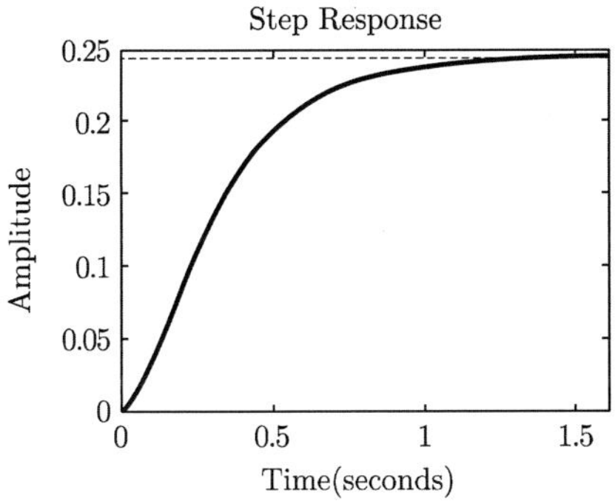

[그림 3.71] G_{motor}의 계단응답

식(3.64a)로 주어진 모터의 전달함수는, 식(3.64b)와 (3.64c)를 이용하여 [그림 3.70]과 같이 구성되어 있음을 먼저 확인하여 보자.

```
Gmotor = feedback(Gele*Kt*Gmecha,Kb);
figure,step(Gmotor)                           % [그림 3.71]과 동일함을 확인
```

전달함수의 특성을 나타내는 그래프로서 [그림 3.71]과 같은 계단응답 외에도, 앞에서 언급한 보드선도, 극좌표선도 및 니콜스선도 등이 있다. 제어기의 설계를 위해서는 이러한 선도를 이용하여 각 전달함수가 가지고 있는 특성을 미리 확인해 두는 것이 필요하다. 이러한 목적으로 MATLAB는 LTI Viewer라는 도구를 제공한다. 이는 이름 그대로 LTI 시스템에 대한 각종 특성을 한 눈에 파악할 수 있게 도와주는 아주 편리한 도구로서, MATLAB의 작업공간에서 '>>ltiview'를 입력하면 기동되며, 이것의 자세한 사용법은 부록을 참조 바란다.

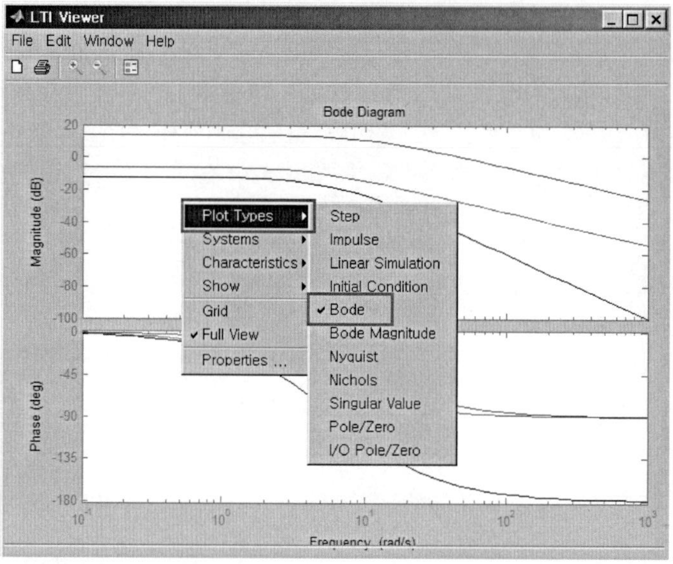

[그림 3.72] LTI Viewer의 실행화면

• C : PI제어기에 의한 DC모터 각속도제어 특성

미분기를 제외한 PI제어를 사용하여 [그림 3.73]과 같이 폐루프를 구성하고 각속도의 제어를 수행한다. 이때 PI제어기의 비례이득과 적분시간은 각각 1과 0.05로 두고 폐루프의 특성을 확인한다[44].

```
s = tf('s');                          % 라플라스변수 s를 고정변수로 지정
Cpi1 = 1+20/s;                        % PI제어기: 1+20/s
% 개루프특성
OLpi1 = Cpi1*Gmotor;                  % 개루프 전달함수
ltiview(OLpi1)                        % LTI Viewer의 기동
[Gm,Pm,Wg,Wp] = margin(OLpi1)         % 폐루프의 이득·위상여유 확인
Gm_dB = 20*log10(Gm)                  % 이득여유의 단위 변환(dB)
```

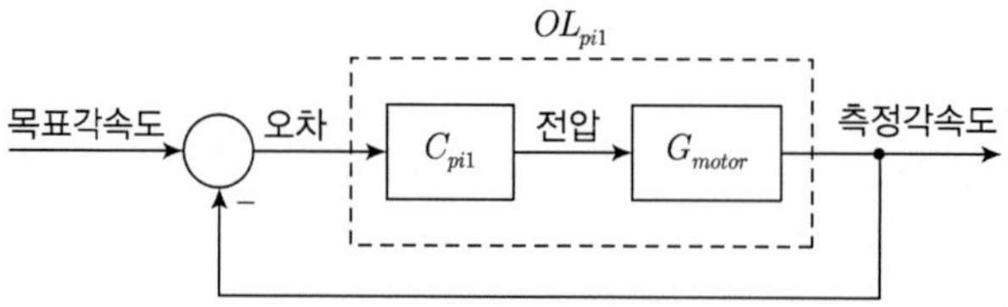

[그림 3.73] PI제어를 이용한 시스템

44) 비례이득과 적분시간의 결정방법에 대해서는 전문서적을 참조한다.

이상의 사실로부터 [그림 3.73]의 폐루프는 약 20[dB]의 이득여유와 약 40°의 위상여유를 가진다는 것을 확인할 수 있다. [그림 3.74]에 LTI Viewer에 의한 화면을 나타내었다.

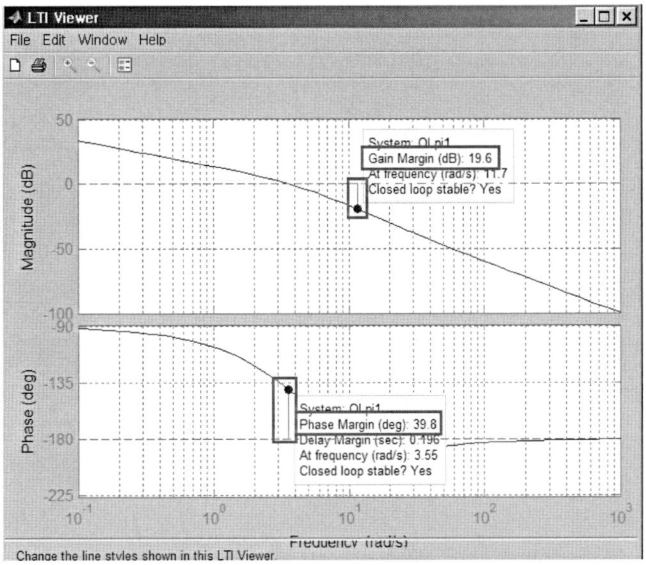

[그림 3.74] PI제어를 사용한 경우의 이득 및 위상여유

PI제어로 얻어진 폐루프의 대역폭은 약 5.83이며([그림 3.75] 참조), 단위계단입력에 의한 출력특성으로부터 약 29%의 오버슈터, 약 0.35초의 상승시간 및 2.6초의 정정시간을 가지는 시스템으로 설계되었음을 확인할 수 있다([그림 3.76] 참조).

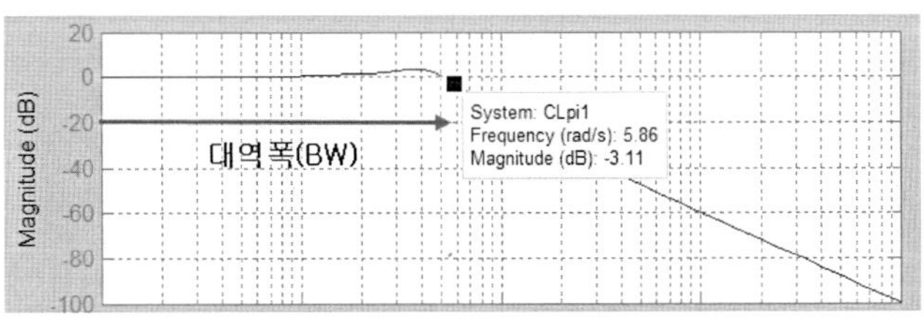

[그림 3.75] 폐루프의 대역폭 확인

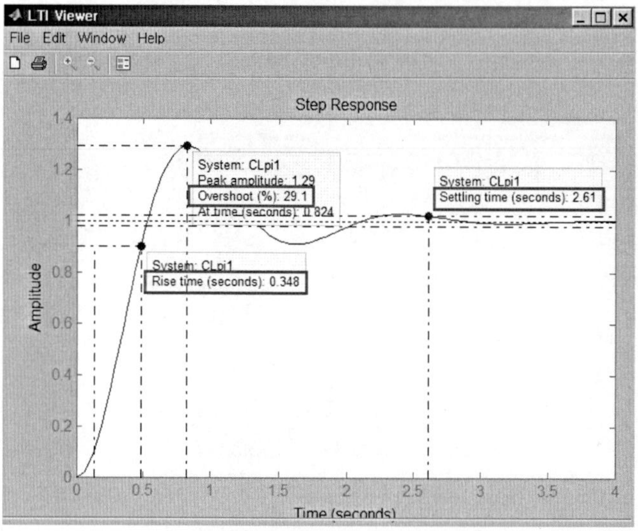

[그림 3.76] PI제어에 의한 계단응답특성

위에서 사용한 PI제어기에서 적분시간을 0.0167로 변경한 제어기와 미분기를 추가한 PID 제어기[45] 등 세 종류의 제어기에 대한 성능을 비교하여 보자.

```
Cpi2 = 1+60/s;                          % PI_2제어기
Cpid = 3+24/s+0.1*s;                    % PID제이기
OLpi2 = Cpi2*Gmotor;                    % 개루프 전달함수 (PI_2)
OLpid = Cpid*Gmotor;                    %     "           (PID)
CLpi2 = feedback(OLpi2,1);              % 폐루프 시스템    (PI_2)
CLpid = feedback(OLpid,1);              %     "           (PID)
ltiview(OLpi1,OLpi2,OLpid)              % 개루프 LTI View
ltiview(CLpi1,CLpi2,CLpid)              % 폐루프 LTI View
```

PI_2 제어기는 PI_1에 비해 적분시간이 줄어들었기 때문에, 다시 말하면 적분항 $1/s$의 이득이 커졌기 때문에 [그림 3.77]로부터 알 수 있는 바와 같이 이득·위상여유가 대폭 줄어들었다. 따라서 폐루프가 불안정으로 되기 쉬운 상태에 있다고 할 수 있을 것이다. 이를 확인하기 위해 각 시스템의 단위계단응답을 나타낸 것이 [그림 3.78]이다. 이로부터 PI_2제어기는 진동성분이 강하게 나타나고 이로 인해 정정시간이 대폭 커졌음을 볼 수 있다.

45) $K_P=3$, $T_I=0.0417$ 및 $T_D=0.1$로 두었다.

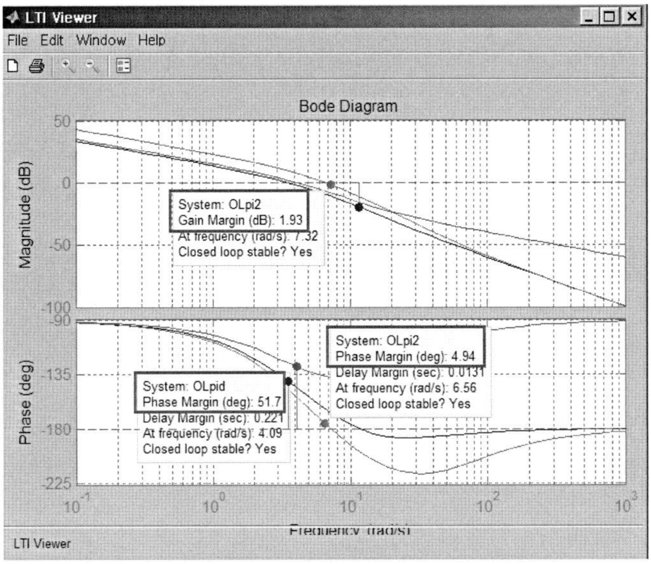

[그림 3.77] 세 종류의 제어기에 의한 보드선도

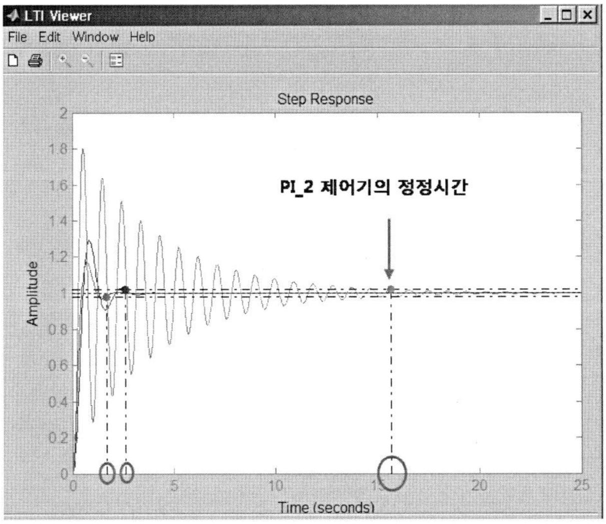

[그림 3.78] 세 종류의 제어기에 의한 폐루프의 계단응답

• D : 불안정 제어기의 예

위에서 안정한계로 가져가는 PI_2 제어기의 적분시간을 더욱 줄이면 폐루프는 불안정, 즉 폐루프의 극은 $\{-14.33, 0.167 \pm j7.468\}$로 된다. 이를 확인하여 보자.

```
Cpi3 = 1+80/s;
OLpi3 = Cpi3*Gmotor;
CLpi3 = feedback(OLpi3,1);
ltiview(OLpi3)                                  % [그림 3.79]
ltiview(CLpi3)                                  % [그림 3.80]
```

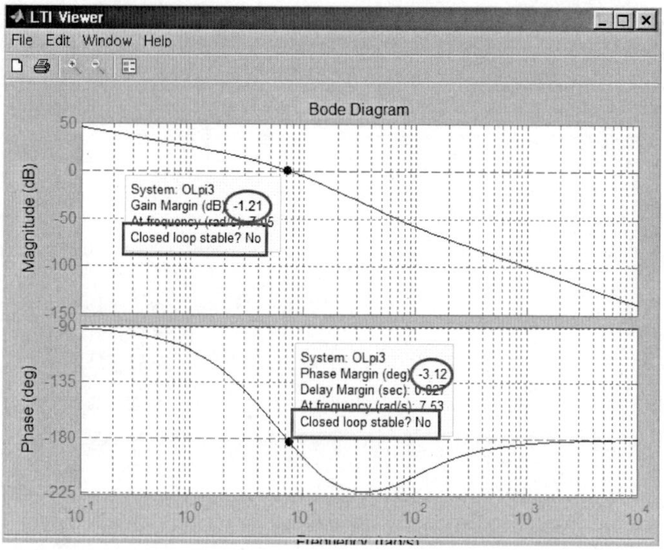

[그림 3.79] 불안정 제어기에 의한 보드선도

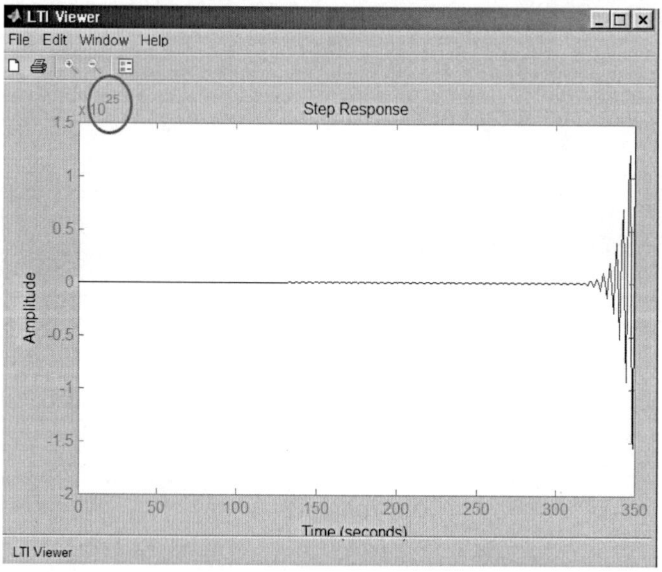

[그림 3.80] 폐루프시스템의 계단응답

• E : SISO Tool을 이용한 PID 계수의 자동조정

PID제어기는 1940년대에 시작된 역사가 오래된 제어기법이지만, 그 구조가 단순하면서도 제어효과가 뛰어나기 때문에 현재도 산업현장에서 주요한 역할을 담당하고 있다. PID제어에서 중요한 역할을 하는 비례계수, 적분시간 및 미분시간의 설정을 위해 다양한 기법에 제안되어 있지만 자세한 내용은 전문서적에 맡기고 여기서는 MATLAB가 제공하는 자동조정법의 사용법에 대하여 간단히 언급한다.

MATLAB는 하나의 입력(Single-Input)과 하나의 출력(Single-Output)을 가지는 시스템을 대상으로 제어기 설계를 용이하게 수행할 수 있도록 도와주는 GUI의 하나로서 SISO Tool을 제공한다. 이 도구의 자세한 사용법은 부록을 참조하기 바란다.

(1) MATLAB의 작업공간에서 '>>`sisotool`'을 실행하면 [그림 3.81]의 메인화면이 기동된다.
(2) 폐루프시스템의 구조를 지정한다. 여기서는 [그림 3.29]의 형식을 사용하기 때문에 [그림 3.81]에서 [**Control Architecture**]를 클릭하면 [그림 3.82]가 나타나므로 여기서 왼쪽 위 첫 번째 구조를 선택한다.

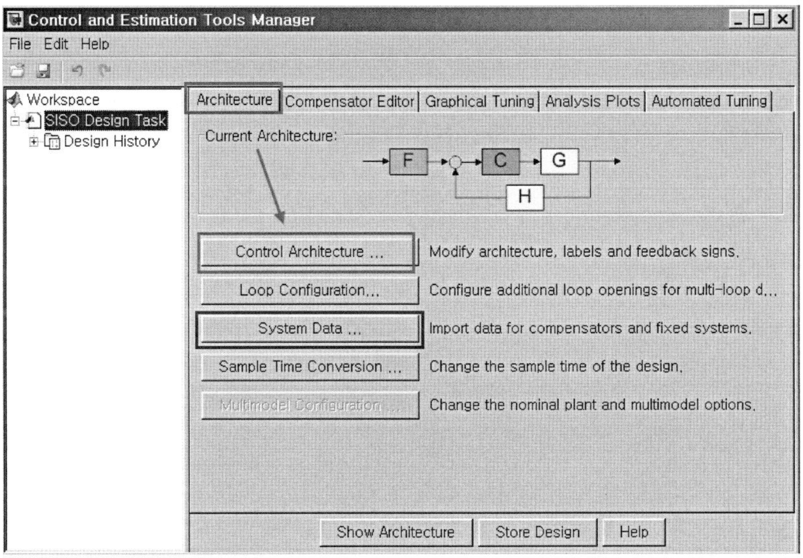

[그림 3.81] `sisotool`의 메인화면

[그림 3.81]에서 '**System Data**'를 클릭하여 [그림 3.82]의 구조에 필요한 전달함수를 지정한다. 즉 G는 제어대상이므로 식(3.64a)를 나타내는 전달함수인 **Gmotor**를 선정하고 H와 F는 '1'의 상태로 둔다. 이때 제어기 C는 자동조정을 통하여 설계예정이므로 '**Current Value**'의 상태로 둔다([그림 3.83] 참조).

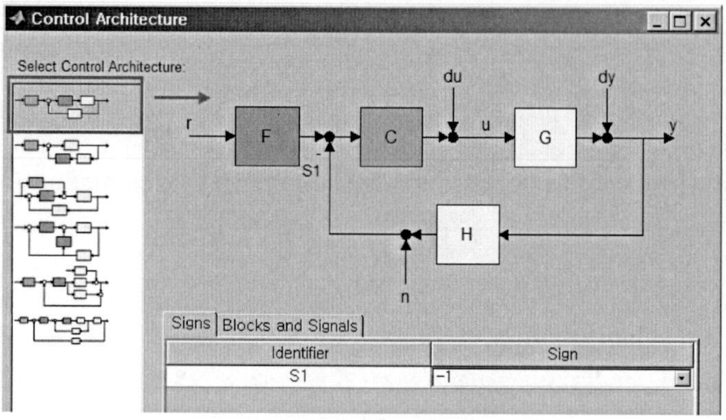

[그림 3.82] Control Architecture 화면

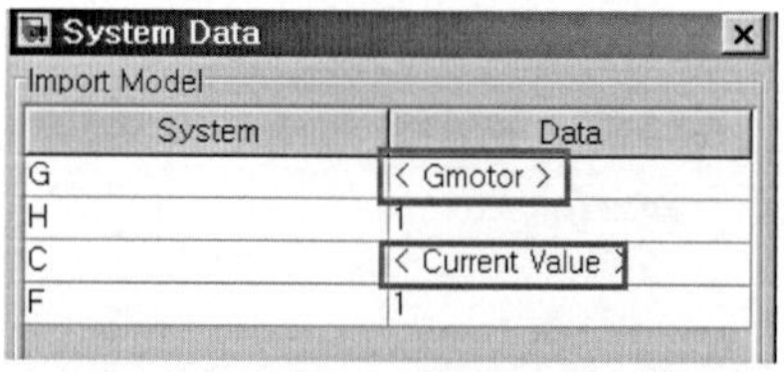

[그림 3.83] System Data의 화면

[그림 3.81]에서 오른쪽 위의 'Automated Tuning'을 클릭하여 PID제어기의 자동조정 실행한다. [그림 3.84]의 화면에서 PI제어(즉 D항은 영으로 둔다)를 선택하고, 'tuning method'를 'Robust response time'으로 한 뒤 'Update compensator'를 클릭하면 설정에 가장 적합한 PI제어기가 화면에 나타난다.

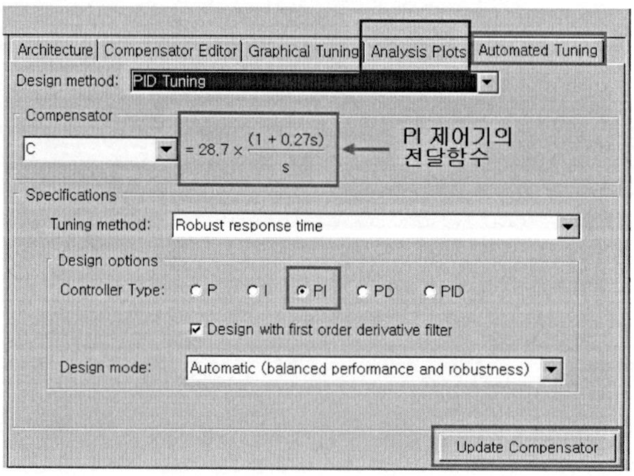

[그림 3.84] sisotool에서 Automated Tuning 화면

(4)의 과정으로 얻은 제어기에 의한 폐루프의 특성, 즉 계단응답, 임펄스응답, 보드선도 등

은 [그림 3.84]의 '**Analysis Plots**'를 클릭하면 얻을 수 있다([그림 3.85] 참조). [그림 3.86]에는 설계된 제어기로 얻어진 시스템의 특성, i) 계단응답, ii) 보드선도, iii) 극좌표선도, iv) 극·영점 배치 등을 동시에 표시하였다.

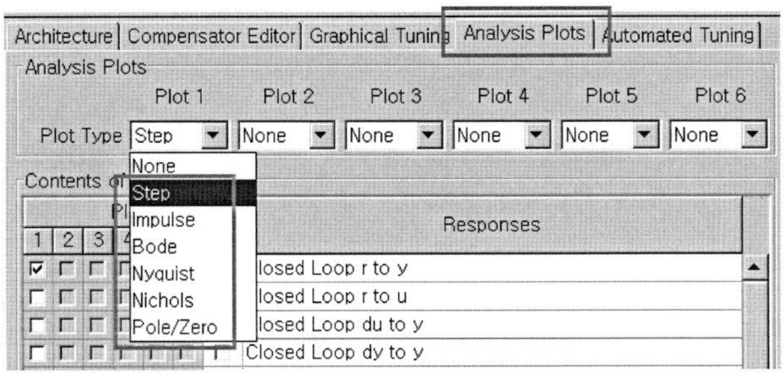

[그림 3.85] 자동조정으로 얻어진 제어기의 성능확인

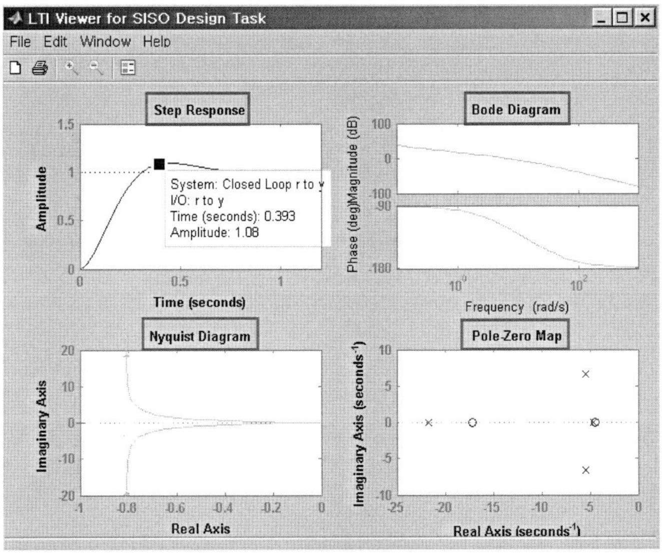

[그림 3.86] 폐루프의 특성(계단응답, 보드선도, 극좌표, 극·영점)

3.6.2 Simulink를 이용한 보상기 계수자동조정법

DC모터를 나타내는 식(3.64)을 Simulink의 블록선도로 나타내면 [그림 3.87]로 된다. 여기에 **Simulink Control Design**을 적용하여 PID제어기의 계수를 (자동으로) 설정하고[46] 이를 시뮬레이션을 통하여 확인한다.

46) 이를 이용하기 위해서는 Optimization Toolbox, Simulink response optimization 등의 제품이 필요하다.

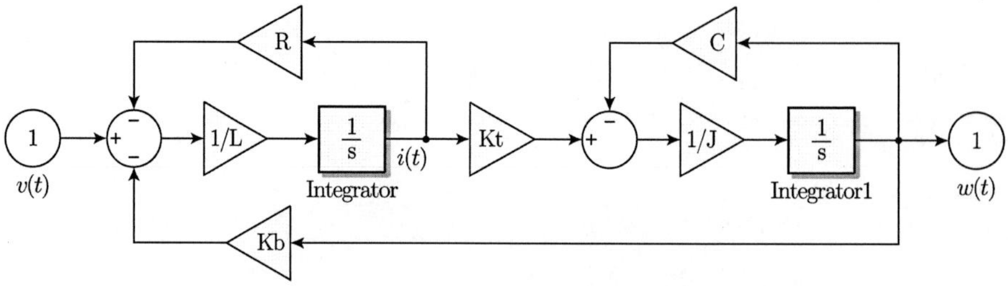

[그림 3.87] 식(3.64)에 대한 Simulink 블록선도

지금까지의 경우와 마찬가지로 PID제어기를 사용하기로 하고 [그림 3.88]과 같이 블록선도를 작성한다. 그림에서 **Gmotor**는 [그림 3.87]을 부시스템(subsystem)으로 변환한 것이다.

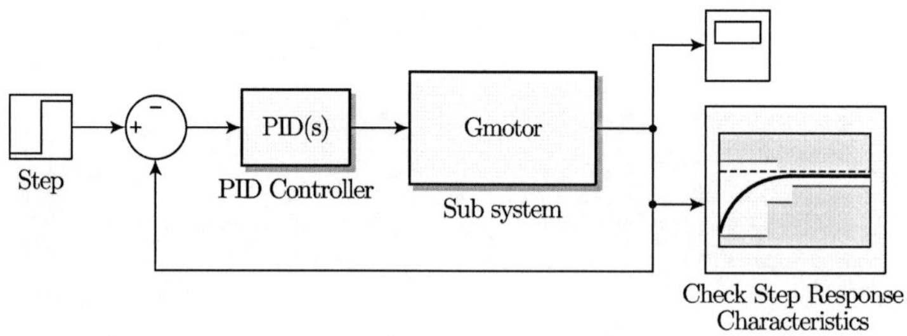

[그림 3.88] PID제어기 파라미터 자동설정을 위한 블록선도

PID와 같이 미분항을 포함하는 시스템의 시뮬레이션은 문제가 발생할 소지가 많다. 신호의 미분이란 임의시각에서의 기울기 값으로 주어지기 때문에 급격하게 변동하는 신호, 또는 불연속을 가지는 신호 등에 대한 미분은 시스템 전체에 나쁜 영향을 미치게 된다. 이러한 이유로서 대부분의 경우 '근사미분'을 사용한다. [그림 3.88]의 **PID Controller** 블록은 미분항 $T_D s$ 대신

$$T_D\left(\frac{N}{1+N\dfrac{1}{s}}\right) \tag{3.65}$$

의 형식으로 주어지는 근사식을 사용한다. 여기서 N은 사용자 설정하는 정수로서 대략 100 정도의 크기로 주어진다.

• PID 파라미터의 자동조정 I

(1) **Simulink Design Optimization**의 **Signal Constraint** 라이브러리에서 **Check Step Response Characteristic** 블록을 출력에 연결한다([그림 3.88] 참조).

(2) 추가한 블록을 더블클릭하여 오픈된 화면([그림 3.89])에서 출력이 만족시켜야 할 시간응답 사양을 지정한다. 예를 들어 상승시간 0.6[초], 정정시간 3[초], 오버슈터 10% 등의 값을 입력한다. 오른쪽의 항의 **% Rise**는 상승시간을 최종값의 몇 %로 할 것인지를,

또한 **% Settling**은 정정시간을 최종값의 몇 %로 할 것인지 등을 입력하여야 한다[47]. 오른쪽 아래의 '**Show Plot**'를 클릭하면 현재의 설정이 표시된 그래프가 나타난다([그림 3.91] 참조).

(3) 자동조정을 위한 초기값을 MATLAB의 작업공간에서 입력한다. 위에서 사용한 PI제어의 파라미터를 초기값으로 지정한다.

```
Kp = 1;Ki = 20; Kd = 0;                    % 조정을 위한 초기값을 설정
```

(4) [그림 3.89]의 오른쪽 아래에 있는 '**Response Optimization**'을 클릭하여 자동조정을 원하는 파라미터를 지정해야 한다. 즉, **Design Optimization** 화면 왼쪽 위의 **Design Variable Set**를 클릭하여 [그림 3.90]과 같이 **New**를 클릭한다. [그림 3.91]과 같이 오른쪽 변수 중에서 PID제어의 세 변수인 K_p, K_i, K_d를 각각 클릭하고 중간의 화살표를 클릭하면 세 변수가 왼쪽의 박스로 들어간다. 단 여기서는 표현상의 편의를 위해 식 (3.54)를 다음과 같이 변경하였다.

$$u(t) = K_P\left(e(t) + \frac{1}{T_I}\int_0^t e(\tau)d\tau + T_D\frac{de(t)}{dt}\right) \tag{3.66}$$

$$= K_p + K_i\int_0^t e(\tau)d\tau + K_d\frac{de(t)}{dt}$$

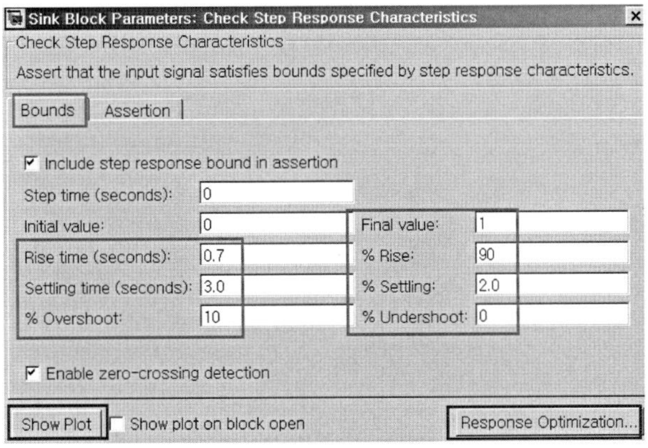

[그림 3.89] 시간응답 사양설정 화면

47) 일반적으로 상승시간은 최종값의 10~90%, 정정시간은 최종값의 ±2 %이다.

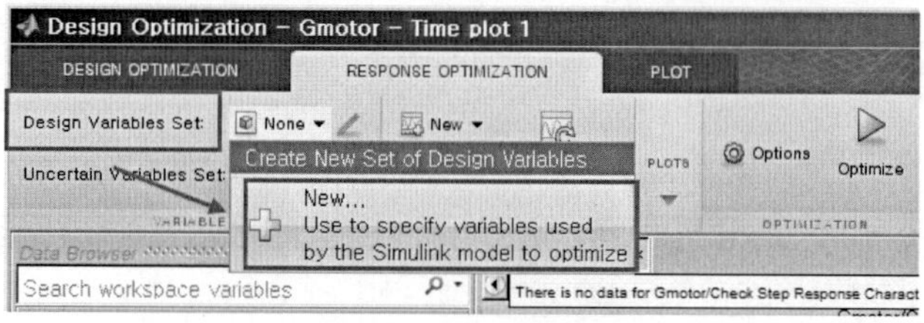

[그림 3.90] 파라미터 지정화면

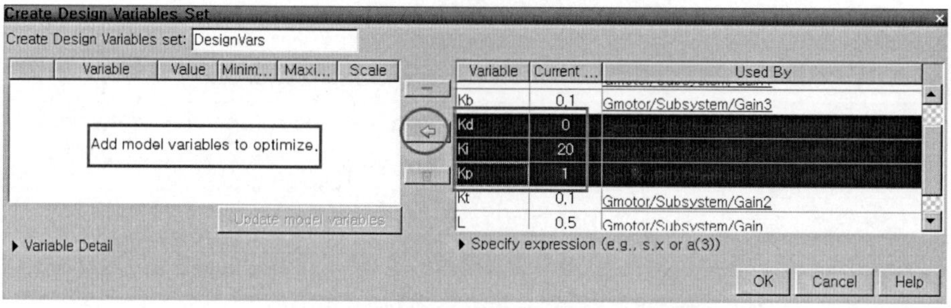

[그림 3.91] 세 개의 파라미터 지정을 위한 화면

(5) **Design Optimization** 화면에서 '**Plots**'를 클릭하여 현재 파라미터에서의 시뮬레이션 결과를 화면에 표시한다([그림 3.92] 참조). 그림으로부터 정정시간의 설정은 만족하고 있으나 오버슈터가 실계사양보다 상당히 큰 값을 보이고 있음을 알 수 있다. 또한 [그림 3.92(b)]에서 설정사양을 나타내는 선분을 마우스로 이동시켜 사양을 변경하거나, 혹은 선분을 더블클릭하여 오픈되는 사양편집용 화면을 이용할 수도 있다.

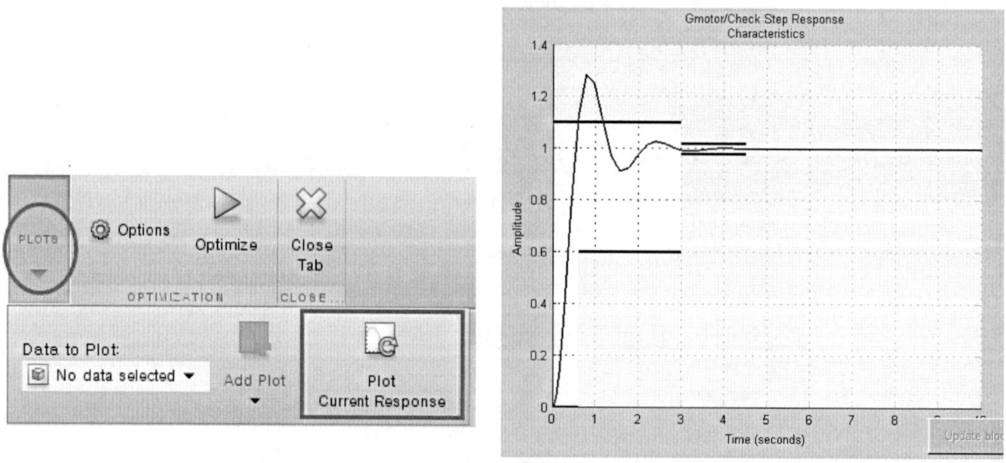

(a) 현재의 설정값에서 출력확인

(b) 확인용 그래프

[그림 3.92] 설계용 화면

(6) [그림 3.92(a)]에서 '**Optimize**'를 클릭하면 설계사양을 만족하는 세 개의 파라미터를 얻기 위한 최적화과정이 진행되고, 세 변수의 초기값은 최종값으로 변환되어 MATLAB 작업공간에 저장된다. 이 경우의 최적값은 $K_p = 1.2712$, $K_i = 12.4359$, $K_d = 0.1347$로 주어진다. [그림 3.93]으로부터 최적화에 의해 부가된 설계사양을 완전하게 만족하고 있음을 알 수 있다.

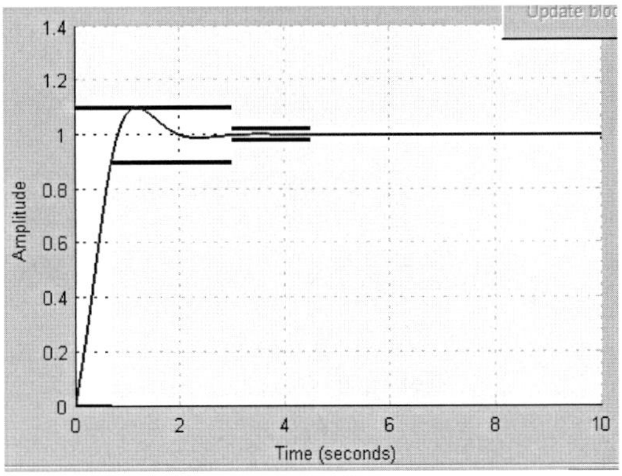

[그림 3.93] 최적화에 의한 출력응답

• PID 파라미터의 자동조정 II

여기서는 미분을 사용하지 않고 PI 만으로 최적화를 수행하여 앞의 경우와 비교하여 보기로 한다. 이를 위해서는 **Design Optimization** 화면 왼쪽의 '**Design variables Set**'의 오른쪽에 있는 연필모양을 클릭하면 [그림 3.95]와 같이 최적화대상인 세 파라미터와 관련된 항이 나타난다. 여기서 미분계수은 K_d항 왼쪽박스의 체크표시를 제거한다. 이는 최적화 과정에서 K_d는 제외하겠다는 것을 의미한다. 다음 K_p와 K_i를 초기값으로 되돌리고, 그 최소값을 −inf에서 0으로 변경한다. 이후 최적화를 수행한 결과 설계사양을 100% 만족하는 파라미터 값으로 $K_p = 1.3961$, $K_i = 11.3185$를 얻었다.

위의 미분을 사용한 경우에도 미분계수 값이 $K_d = 0.1347$와 같이 작은 값이 주어졌기 때문에 사실상 미분을 사용하지 않는 상황과 유사한 상태로 볼 수 있다. 따라서 미분항을 제거하고 최적화 수행의 결과는 이러한 사실을 재확인시켜주는 것으로, 결과적으로 미분을 제거한 대신 비례이득을 조금 증가시키고 적분계수를 조금 감소시킴으로서 더 나은 응답특성을 얻을 수 있음을 알 수 있다([그림 3.94] 참조).

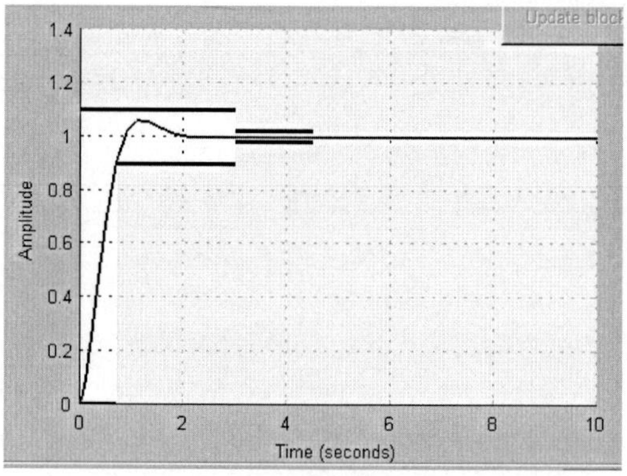

[그림 3.94] 미분을 제거한 응답특성

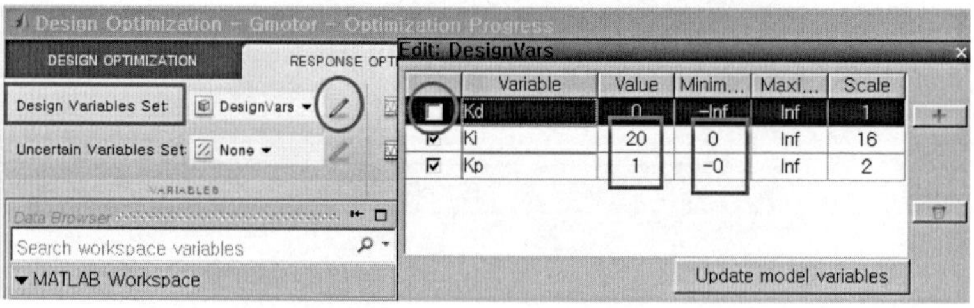

[그림 3.95] 변수의 최대·최소값 변경화면

출력응답을 눈으로 확인하면서 시행착오적으로 수행하는 제어기의 파라미터의 결정과정도 **Simulink Response Optimization**을 이용하면 응답의 범위만을 설정함으로서 자동적으로 가장 적절한 파라미터를 얻을 수 있다.

[연 습 문 제]

3.1 [그림 P3.1]과 같이 단위피드백을 가지는 시스템에서 제어대상의 전달함수가 다음과 같이 주어져 있다.

$$G(s)=\frac{(s+6)}{(s+2)(s+3)(s+5)}$$

현재 단위피드백 시스템은 지배극의 감쇄비가 0.707로 되도록 K값이 설정되어 있는 것으로 한다. 이때 시스템의 정정시간이 현재보다 $1/2$로 될 수 있도록 하는 PD 제어기를 설계하고, 과도와 정상상태에서의 시스템 응답을 원래의 경우와 비교하여 보아라.

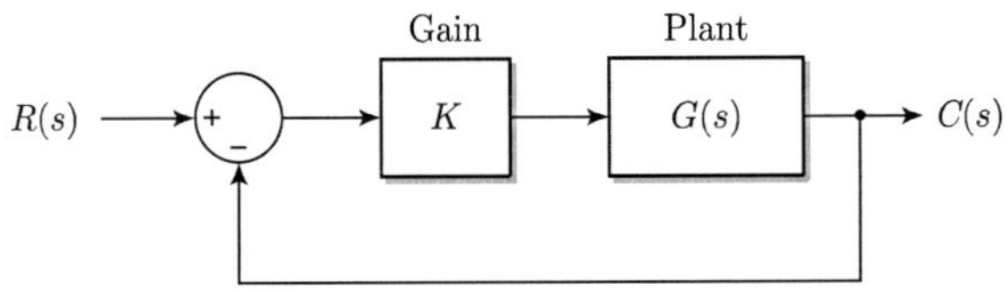

[그림 P3.1]

3.2 [그림 P3.1]에서 제어대상이 다음 식으로 주어져 있다고 한다. 아래의 각 물음에 답하라.

$$G(s)=\frac{1}{(s+3)^3}$$

(1) 1.6[초]의 정정시간과 25%의 오버슈터를 나타내도록 폐루프의 지배극을 결정하여라.

(2) 위 (1)의 사양을 만족시키기 위해 만약 영점을 -1에 가지는 보상기를 사용한다면, 이때 보상기의 극을 각도의 조건으로부터 결정하여라.

(3) (1)의 사양을 만족시키기 위한 이득은 어떻게 되나?

(4) (2)에서 결정한 외의 방법으로 보상기의 극을 결정하여 보아라.

(5) 이상의 결과를 시뮬레이션으로 확인하여 보아라.

3.3 [그림 P3.1]의 단위피드백시스템에서 제어대상이 다음과 같이 주어져있다. 다음 각 물음에 답하라.

$$G(s)=\frac{1}{s^2(s+4)(s+12)}$$

(1) 20.5%의 오버슈터와 3초의 정정시간을 가지도록 하는 진상보상기를 설계하여라. 이때 이득 K의 크기에 주의한다.

(2) (1)의 과정에서 얻어진 2차의 시스템은 유효한가?

(3) MATLAB 등을 이용하여 위의 결과를 확인하여 보자.

3.4 [그림 P3.1]의 단위피드백시스템에서 제어대상이 다음과 같이 주어져있다. 다음 각 물음에 답하라.

$$G(s)=\frac{1}{s(s+1)(s+3)}$$

(1) 정정시간이 2.86[초], 오버슈터가 4.32%, 정상상태 오차가 (비보상의) 1/2로 될 수 있도록 하는 보상기를 설계하여라.

(2) 보상전과 보상후의 시스템에 대한 시뮬레이션을 실행하여 비교·분석하여라.

(3) 보상전과 보상후의 이득을 비교하여라.

(4) (1)의 설계 시에 사용한 표준 2차시스템의 유효성을 검증하여라.

3.5 [그림 P3.2]의 시스템에 대하여 다음의 각 물음에 답하라.

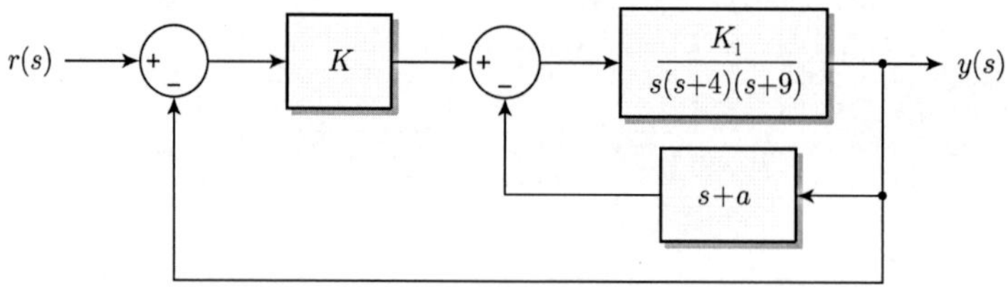

[그림 P3.2]

(1) 그림에서 내부의 작은 루프의 입력단에 단위계단신호가 인가되었을 경우, 정정시간 1[초], 오버슈터 5%로 될 수 있도록 이득 K_1와 a를 결정하여라.

(2) 전체 시스템이 단위계단입력에 대하여 10%의 오버슈터를 가지도록 K를 설계하여라.

(3) 위의 결과를 시뮬레이션으로 확인하여라.

(4) 정상상태 오차를 영으로 하도록 PI보상기를 추가하고, 이를 시뮬레이션으로 확인하여라.

Chapter 4

주파수응답을 이용한 설계

여기서는 제3장에서 언급한 근궤적을 이용한 설계법의 일반화로 간주할 수 있는 시스템의 주파수응답을 이용한 설계법에 대하여 상세하게 언급한다. 이를 위한 준비과정으로 주파수응답과 관련된 기본적인 내용을 먼저 설명한 뒤, 이를 바탕으로 하는 보상기의 설계법을 제3장의 설계법을 참고하여 정리한다.

이 과정에서 MATLAB이 제공하는 주파수응답 관련 도구의 사용법과 Simulink 상에서 가동되는 최적화 제어기 설계방법 등을 예제를 이용하여 자세히 설명한다.

4.1 시스템의 주파수응답

■ 주파수응답(frequency response)

선형시스템은 정상상태[1)]에서 정현파 입력에 대하여 동일한 주파수를 가지지만 진폭과 위상이 달라진 정현파신호를 출력한다. 예를 들어 [그림 4.1]과 같이 안정한 전달함수 $G(s)$를 가지는 시스템에 입력신호의 진폭이 A이고 주파수가 ω인 sine파, 즉 $r(t)= A\cos(\omega t)$를 인가한다면 출력은 라플라스 역변환을 이용하여 다음과 같이 주어진다.

$$y(t)= \mathcal{L}^{-1}\left[G(s)\frac{A\,s}{s^2+\omega^2}\right] \tag{4.1a}$$

여기서 $t\to\infty$로 하여 과도특성을 제거하면 출력은 반드시 다음의 형식으로 주어진다는 것을 확인할 수 있다.

$$y(t) = A\cdot|G(j\omega)|\cos\{\omega t+\phi(\omega)\}$$ (4.1b)[2)]

1) 여기서 정상상태란, 시간이 충분히 경과한 후의 응답, 즉 $y(\infty)$를 의미한다.

2) 라플라스 역변환에서 부분분수 전개 등을 이용하면 쉽게 확인할 수 있다. 이 식의 정확한 표현은 복소지수함수를 이용하면 가능하다. 즉 $f(t)= M_i\cos(\omega t+\phi_i)= M_i\,\mathrm{Re}\left\{e^{j(\omega t+\phi_i)}\right\}$이다. 여기서 Re란 복소수의 실수부분을 의미한다.

$$\equiv A \cdot M(\omega) \angle \phi(\omega)$$

여기서 $M(\omega)$와 $\phi(\omega)$는 $G(j\omega)$의 크기와 위상으로 다음과 같이 주어진다.

$$G(j\omega) = \text{Re}\,[G(j\omega)] + j\,\text{Im}\,[G(j\omega)] \tag{4.2a}$$

$$= M(\omega) \angle \phi(\omega)$$

$$M(\omega) = |G(j\omega)|,\ \phi(\omega) = \tan^{-1}\left(\frac{\text{Im}\ G(j\omega)}{\text{Re}\ G(j\omega)}\right) \tag{4.2b}$$

이상의 결과로부터 출력은 입력과 동일한 주파수를 가지지만, 진폭은 $|G(j\omega)|$ 만큼 증가(혹은 감소)하고, 위상은 $\angle\phi(\omega)$만큼 달라진다. 식(4.2b)는 달라진 진폭과 위상이 입력신호의 주파수와 그에 따른 시스템의 성질, 즉 시스템의 주파수에 따른 특성에 의존한다는 사실을 나타내고 있다.

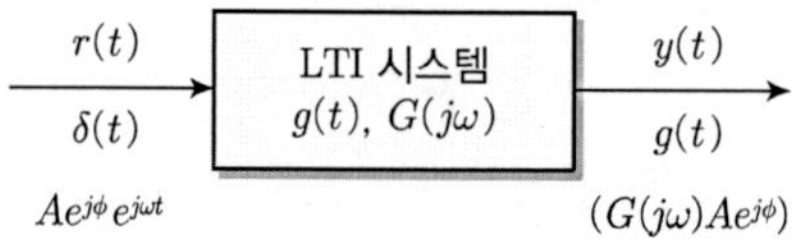

[그림 4.1] 선형시스템의 입력과 출력[3)]

이와 같이 시스템의 주파수에 따른 특성을 보통 시스템의 주파수응답이라고 하며, 이는 입력신호의 주파수 변화에 따른 출력의 (진폭과 위상의) 변화로서 표시한다. 식(4.2)는 전달함수 $G(s)$의 s에 순허수인 $j\omega$를 대입하여 이를 크기와 위상으로 각각 정리한 것을 나타낸다.

예를 들어 [그림 4.2]와 같이 '질량·스프링·마찰'로 이루어진 간단한 기계시스템을 생각하여 보자. 그림과 같이 힘 $f(t)$를 정현파 형식으로 인가하면 질량의 변위 $x(t)$ 역시 정현파 형식으로 변화할 것이다. 이 관계를 식(4.2)의 수식표현을 이용하여 전개하여 보자. 인가된 힘과 이로 인한 질량의 변위가 그림과 같이 주어졌다면 복소지수함수의 표현법에 의해 다음의 관계식이 성립된다는 것을 쉽게 이해할 수 있을 것이다. 즉, 그림으로부터

$$\begin{cases} G(j\omega) = M(\omega) \angle \phi(\omega) \\ f(j\omega) \ = M_i(\omega) \angle \phi_i(\omega) \end{cases}$$

로 주어졌으므로

$$y(t) = \mathcal{L}^{-1}[G(s)f(s)] \equiv M_o(\omega)\cos(\omega t + \phi_o(\omega)) \tag{4.3a}$$

$$= M_i(\omega)M(\omega)\cos(\omega t + \phi_i(\omega) + \phi(\omega))$$

3) $r(t) = \delta(t)$인 경우의 출력은 $y(t) = \mathcal{L}^{-1}[G(s)\cdot 1] = g(t)$로 되며, 이를 임펄스응답(impulse response)이라 한다.

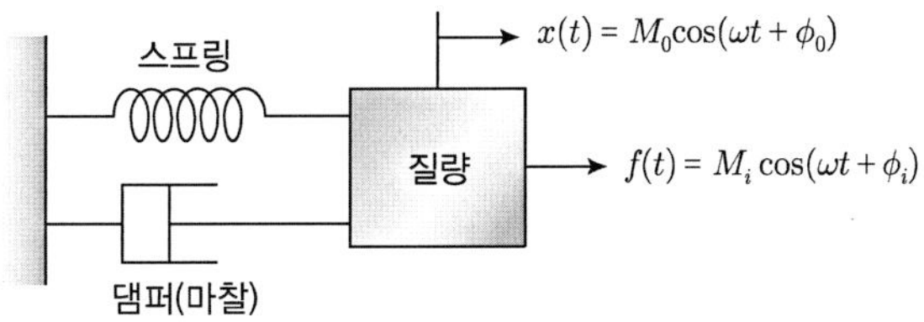

(a) 물리적 표현

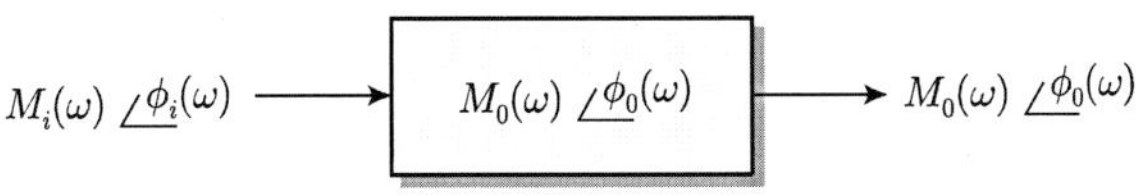

(b) [그림 4.1] 형식의 표현

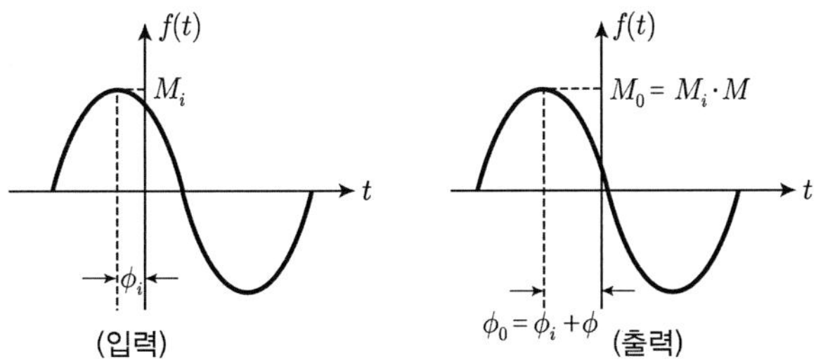

(c) 입력과 출력신호

[그림 4.2] 질량·스프링·마찰 시스템

로 되어 입력과 출력신호에 대한 다음의 관계식을 얻을 수 있다.

$$M_o(\omega) \angle \phi_o(\omega) = M_i(\omega) M(\omega) \angle \left[\phi_i(\omega) + \phi(\omega)\right] \tag{4.3b}$$

이로부터 입력 주파수에 따른 질량·스프링·마찰 시스템의 크기와 위상, 즉 시스템의 주파수응답과 입·출력신호 사이의 관련성을 나타내는 식을 얻을 수 있다.

$$M(\omega) = \frac{M_o(\omega)}{M_i(\omega)}, \quad \phi(\omega) = \phi_o(\omega) - \phi_i(\omega) \tag{4.4}$$

위 식은, 시스템의 주파수응답의 크기는 입력신호의 진폭에 대한 출력신호의 진폭의 비이며, 위상은 출력신호의 위상에서 입력신호의 위상을 뺀 양이라는 것을 보여주고 있다.

▪ 푸리에급수 표현

푸리에급수 표현을 이용한다면 임의의 신호를 정현파신호의 무한급수의 합으로 나타낼 수 있다. 예를 들어 진폭이 ± 1이고 주기가 2π인 구형파신호를 푸리에 전개하면 다음과 같다.

$$f(t) = \frac{4}{\pi} \sum_{N=1}^{\infty} \frac{\sin(2N-1)t}{2N-1} = \frac{4}{\pi}\left(\frac{\sin t}{1} + \frac{\sin 3t}{3} + \frac{\sin 5t}{5} + \cdots\right) \tag{4.5}$$

[그림 4.3]은 진폭이 2이고 주기가 6인 구형파 $f(t)$를, $N=5, 15, 20$으로 두었을 경우의 식(4.5)를 각각 나타낸 것이다. 그림에서 보는 바와 같이 N의 값이 클수록 원래의 신호인 구형파에 접근하고 있음을 알 수 있다.

이로부터 제어공학에서 사용되는 대부분의 신호(계단신호, 구형파신호 등)는 식(4.5)와 같이 정현파의 합으로 이루어져 있다고 볼 수 있다. 따라서 이러한 신호를 시스템에 인가한다는 것은 결국 정현파를 인가하는 것이므로, 이 신호에 의한 시스템의 출력 역시 정현파의 합으로 주어진다. 이러한 점에 있어서 시스템의 주파수특성을 이해한다는 것은 결과적으로 임의의 신호에 대한 시스템의 응답특성을 예측가능하게 하는 것으로 볼 수 있을 것이다.

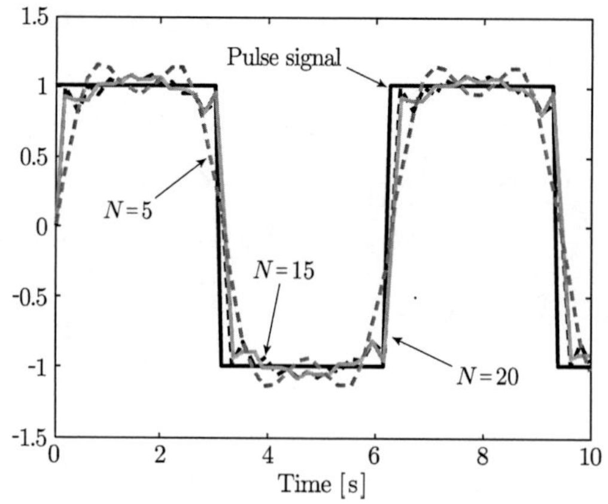

[그림 4.3] 푸리에급수에 의한 구형파의 표현($N=5, 15, 20$의 경우)

```
% [그림 4.3]
N = [5 15 20];t_axis = (0:0.1:10)';                    % 시간축의 설정
k = 0;
for j = 1:3
   for i = 1:2:N(j)
       k = k+1;
       if i == 1;ft(:,k) = 4/pi.*sin(i*t_axis)/i;
       else ft(:,k) = ft(:,k-1)+sin(i*t_axis)/(i);      % 식(4.5)
       end
   end
   Four_ft(:,j) = ft(:,floor(N(j)/2));
end
plot(t_axis,Four_ft)                                   % [그림 4.3]
```

위에서 언급한 바와 같이 시스템에 정현파 신호를 인가하면 출력은 크기와 위상이 변화된 동일한 주파수를 가지는 정현파 신호로 된다. 따라서 입력신호의 주파수 증감에 따른 시스템의 특성(즉 주파수응답)을 정확하게 파악한다는 것은 설계사양을 만족하는 제어시스템의 설계

에 있어 중요한 요소의 하나이므로, 이를 그래프 등을 이용하여 시각적으로 나타내는 과정이 설계에 있어서 필요하다.

간단한 시스템의 주파수응답을 계산하고 이를 그래프로 표현하여 보자.

[예제 4.1]

[그림 4.4]의 RC회로의 주파수응답을 계산하여 보자. 다시 말하면 입력으로 주파수 ω를 가지는 정현파를 인가하였을 때, 캐퍼시터 양단에 걸리는 전압 $v_c(t)$를 출력 $y(t)$으로 하여 ω의 증감에 대한 $y(t)$의 진폭과 위상의 변화를 확인하고 이를 그래프로 나타내는 것이다.

풀이 먼저 RC회로의 전달함수는 간단한 계산에 의해

$$G(s)=\frac{1}{1+RCs} \quad ①$$

로 주어진다. 여기에 s 대신에 $j\omega$를 대입하여 정리하면 다음으로 된다.

$$G(j\omega)=\frac{1/(RC)}{j\omega+1/(RC)}=\frac{1}{j(\omega/\omega_B)+1} \quad ②$$

단, $\omega_B=1/(RC)$이다. 따라서 주파수응답함수의 크기와 위상은 각각

$$|G(\omega)|=\frac{\omega_B}{\sqrt{\omega^2+\omega_B^2}},\ \phi(\omega)=-\tan^{-1}(\omega/\omega_B) \quad ③$$

로 된다. 여기서 $RC=0.001$로 두고 주파수 ω를 변동시켰을 때의 $y(t)$의 크기와 위상을 그래프로 나타낸 것이 [그림 4.5]이다. 그림으로부터 주파수가 무한대로 접근하면 크기는 영으로 수렴하므로 출력은 영, 즉 캐퍼시터는 단락된 상태로 된다.

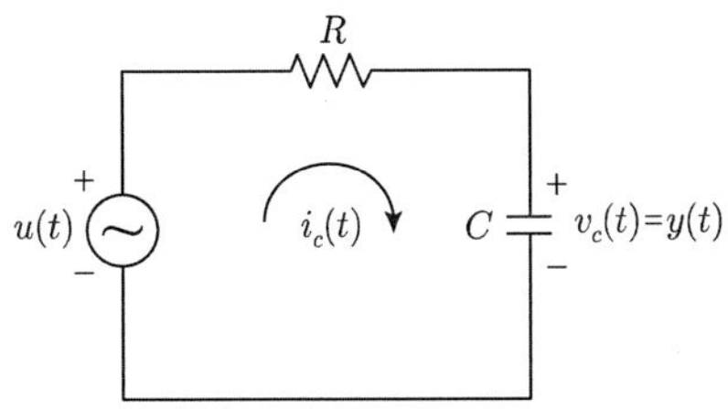

[그림 4.4] RC회로

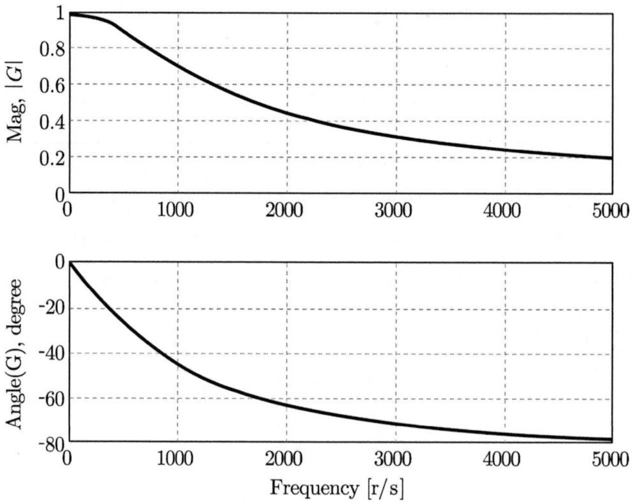

[그림 4.5] RC회로의 주파수 특성(위 : 크기, 아래 : 위상)

% [그림 4.5]

```
RC = 0.001;                                        % RC 값의 지정
w = linspace(0,5000,50);                           % 주파수 축의 결정(0에서 까지)
G = (1/RC)./(j*w+1/RC);                            % 주파수 함수 ②의 지정
magG = abs(G);                                     % 크기 계산
angG = 180*angle(G)/pi;                            % 위상 계산(degree)
subplot(211), plot(w,magG),ylabel('Mag, |G|'),grid    %[그림 4.5]
subplot(212),plot(w,angG),grid
ylabel('Angle(G), degree'),xlabel('Frequency [rad/s]')
```

주파수응답은 전달함수의 라플라스 변수인 's' 자리에 허수인 '$j\omega$'를 대입하여 얻어진 복소수를 실수부와 허수부의 합의 형식으로 정리하면 얻을 수 있다. 만약 시스템이 블랙박스의 형식으로 주어져서 전달함수를 얻기 어려운 경우에는 실험적으로 다음과 같이 하면 대략적인 주파수응답을 얻을 수 있다.

(1) 특정한 주파수를 가진 정현파를 인가하여 시스템을 구동한다.
(2) 과도상태가 사라지고 난 뒤 입력신호와의 진폭비와 위상차를 측정한다.
(3) 입력신호의 주파수를 변동하여 (2)의 과정을 되풀이한다.

■ **주파수응답선도**

시스템의 주파수적인 특성을 x축을 주파수 ω로 하여 그래프로 나타낸 것을 주파수응답선도라고 한다. 이와 같은 주파수응답선도로서 극좌표선도(polar plot)와 보드선도(Bode diagram)가 있으며 모두 제어기설계에 있어 중요한 역할을 한다.

앞에서 설명한 바와 같이 시스템을 나타내는 전달함수 $G(s)$에서 변수 s를 허수인 $j\omega$로 대치한 $G(j\omega)$는 복소수로 된다. 따라서 복소수의 특성에 의해 $G(j\omega)$는 각각 주파수의 함수인 크기 $|G(\omega)|$와 위상 $\phi(\omega)$을 가진다.

$$G(j\omega) = \mathrm{Re}\,[\,G(j\omega)\,] + j\,\mathrm{Im}\,[\,G(j\omega)\,] = |G(\omega)| \angle \phi(\omega) \tag{4.6}$$

극좌표선도란 $G(s)$평면[4]에 ω의 변화에 따른 $G(j\omega)$의 크기와 위상을 동시에 나타낸 것이고, 보드선도는 x축을 ω로 하는 두 개의 그래프에 주파수의 변화에 따른 크기와 위상변화를 각각 나타낸 것이다. 특히 보드선도의 경우, 주파수의 급격한 증가에 따른 이득과 위상의 변화량에 대한 이해도를 높이기 위하여 x축인 ω는 한 눈금의 변화에 대해 10배씩 증가하는 대수눈금(logarithm scale)을 취하여 사용한다. 특히 이득의 경우는 크기에 log를 취하고 여기에 20을 곱하여 사용한다. 즉, 보드선도의 이득곡선은 주파수의 변화에 대한 크기

$$g(\omega) = 20 \cdot \log_{10}|G(\omega)| \tag{4.7}$$

를 표시하며, 이때의 크기의 단위는 데시벨([dB], decibel)이다. 따라서 x축이 한 눈금 변화되었을 때, 즉 주파수가 10배 증가되었을 때 만약 이득이 1/10로 감소하였다면 식(4.7)에 따라 $g(\omega)$는 −20 [dB] 감소한다. 만약 이득이 $1/\sqrt{2}$로 감소하였다면 $g(\omega)$는 −3 [dB] 감소할 것이다.

제어기의 설계를 위해서는 제어대상에 대한 보드선도, 혹은 극좌표선도의 작성이 불가결하다. 여기서는 제3장에서 다룬 다섯 가지의 시스템의 기본요소에 대한 개략적인 극좌표 및 보드선도의 작성법을 정리한다.

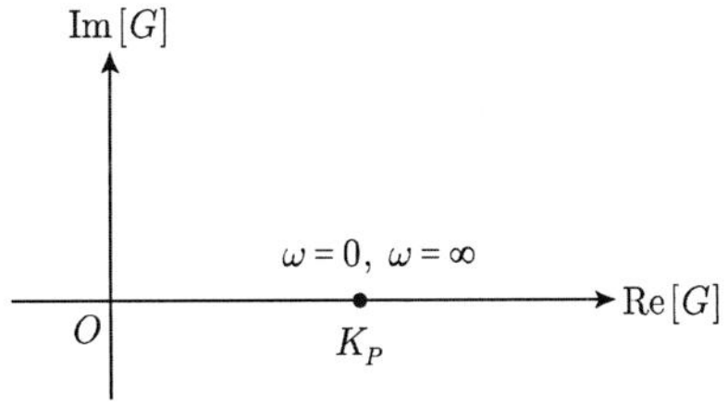

[그림 4.6] 비례요소의 극좌표선도

(1) 비례요소 : 식(3.10)으로부터

$$y(s) = K_P u(s) \;\; \rightarrow \;\; G(j\omega) = K_P \tag{4.8}$$

이로부터 비례요소의 경우, 이득은 주파수와 관계없이

$$g(\omega) = 20\log_{10}|K_P| = \log|K_P|, \;\; ([\mathrm{dB}]^{5)})$$

---

4) $G(s)$평면이란 x축을 $\mathrm{Re}[G(j\omega)]$, y축을 $\mathrm{Im}[G(j\omega)]$로 하여, ω를 변수로 하여 나타낸 그래프를 말한다. 예를 들어 $G(s)$평면의 한 점은 임의의 주파수 ω_i와 1대 1대응한다. 즉, $G(j\omega_i) = |G(\omega_i)|e^{\phi(\omega_i)}$에 대응한다.

5) 정확한 표현은 $\log_{10}|\bullet|$이지만, 이후 첨자 '10'은 제외하고 $\log|\bullet|$으로 표기한다. 그러나 MATLAB에서 $\log_{10}|\sqrt{2}|$를 계산하기 위해서는 '`>>log10(sqrt(2))`'로 입력하여야 한다.

이고, 위상은 허수부가 존재하지 않기 때문에 0° [deg]임을 알 수 있다. 따라서 극좌표선도의 경우는 $G(s)$ 평면의 실수축의 한 점(=K_P)으로 되며([그림 4.6] 참조), 보드선도는 [그림 4.7]로 됨을 쉽게 이해할 수 있을 것이다.

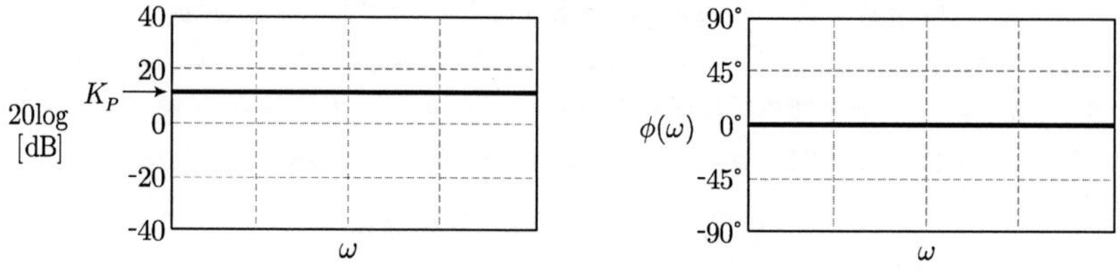

(a) 크기 (b) 위상

[그림 4.7] 비례요소의 보드선도

(2) 적분요소 : 식(3.11)로부터

$$y(s)=\frac{K_I}{s}u(s) \rightarrow \ G(j\omega)=\frac{K_I}{j\omega} \tag{4.9}$$

이므로 이득과 위상은 각각 다음과 같이 얻어진다.

$$g(\omega)=20\log\left|\frac{K_I}{j\omega}\right|=-20\log(K_I\cdot\omega) \tag{4.10a}$$

$$\phi(\omega)=-90° \tag{4.10b}$$

$K_I=1$로 두고 이를 극좌표와 보드선도로 나타낸 것이 [그림 4.8]과 [그림 4.9]이다.

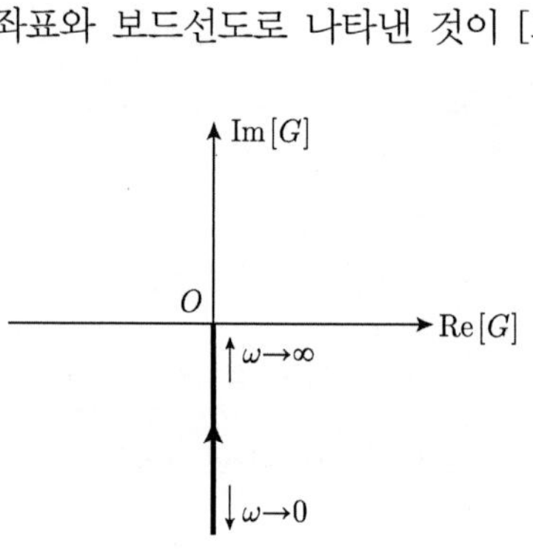

[그림 4.8] 적분요소의 극좌표선도

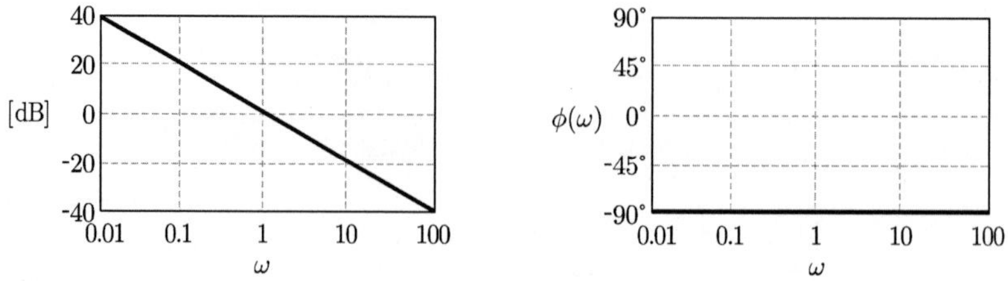

(a) 크기 (b) 위상

[그림 4.9] 적분요소의 보드선도

(3) 미분요소 : 식(3.12)로부터

$$y(s) = s\,u(s) \;\rightarrow\; G(j\omega) = j\omega \tag{4.11}$$

이득과 위상은 각각 다음과 같이 얻어진다.

$$g(\omega) = 20\log|j\omega| = 20\log(\omega) \tag{4.12a}$$

$$\phi(\omega) = 90° \tag{4.12b}$$

이를 극좌표와 보드선도로 나타낸 것이 [그림 4.10]과 [그림 4.11]이다.

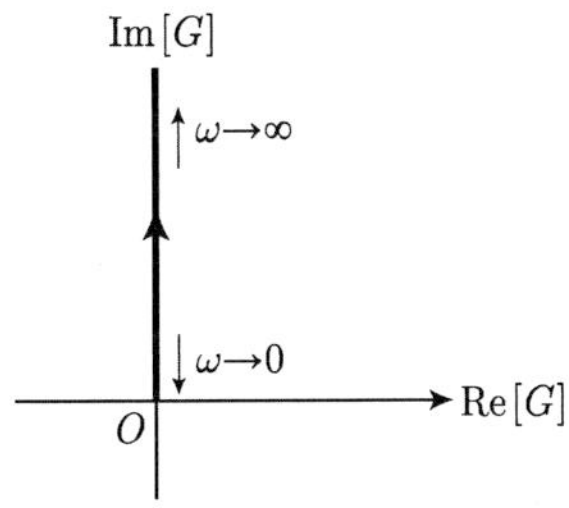

[그림 4.10] 미분요소의 극좌표선도

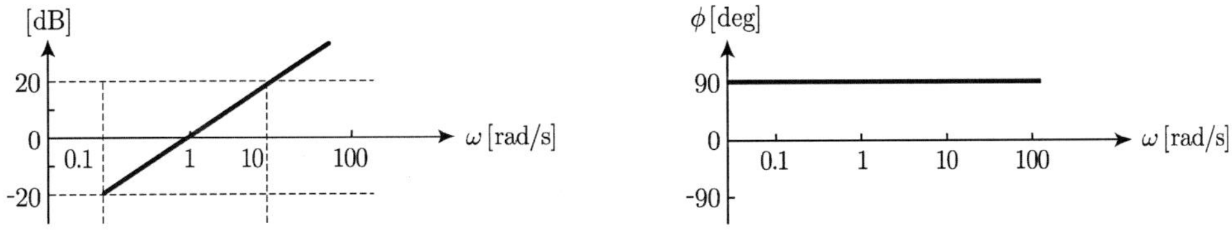

[그림 4.11] 미분요소의 보드선도

(4) 1차지연요소 : 식(3.13a)로부터

$$y(s) = \frac{b}{s+a}u(s) \;\rightarrow\; G(j\omega) = \frac{K}{1+sT} \tag{4.13}$$ 6)

이에 대한 이득과 위상은 다음과 같이 얻어진다.

$$|G(\omega)| = \frac{K}{\sqrt{1+(\omega T)^2}} \tag{4.14a}$$

$$\phi(\omega) = -\tan^{-1}(\omega T) \tag{4.14b}$$

식(4.14)로부터 $\omega \rightarrow \infty$ 이면 크기는 0, 위상은 $-90°$로 수렴할 것이라는 것을 알 수 있다. 따라서 만약 주파수 $\omega_1 = 1/T$일 때의 이득과 위상은 각각 $K/\sqrt{2}$, $-45°$이다. 또한

---

6) 보드선도를 그리기 위한 시스템의 표현식은 $\frac{b}{s+a}$보다 $\frac{K}{1+sT}$의 형식이 유리하다.

$\omega_2 = 10\omega_1$이면 이득은 $K/\sqrt{101} \approx 0.1K$이며, 위상은 $\phi(\omega_2) = -\tan^{-1}(10) \approx -84.3°$로 된다. 이상을 극좌표선도로 나타내면 [그림 4.12]와 같이 될 것이다[7].

한편 1차지연시스템의 보드선도의 작성을 위해 주파수인 $\omega_1 = 1/T$를 기준으로[8] 하여 식(4.14a)을 간략화한다. 즉, $\omega T \ll 1$ (ω_1보다 낮은 주파수), $\omega T = 1$ 및 $\omega T \gg 1$ (ω_1보다 높은 주파수)에서 이득은 각각 다음과 같이 나타낼 수 있다.

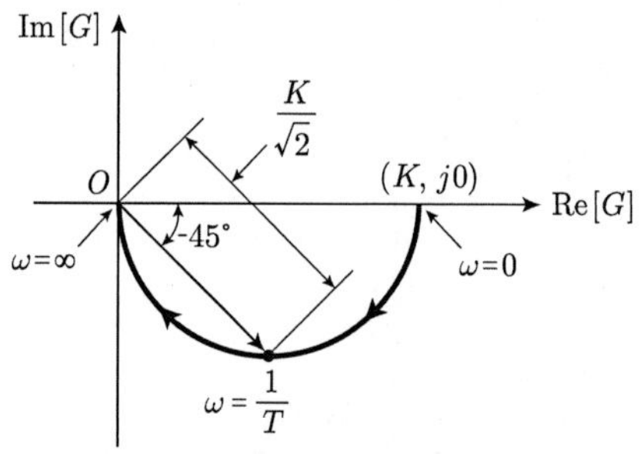

[그림 4.12] 1차지연요소의 극좌표선도

$$\omega T \ll 1 : g(\omega) = -20\log\sqrt{1+\omega^2 T^2} \approx -20\log\sqrt{1} = 0\,[\text{dB}] \tag{4.15a}$$

$$\omega T = 1 : g(\omega) = -20\log\sqrt{2} = -3.01\,[\text{dB}] \tag{4.15b}$$

$$\omega T \gg 1 : g(\omega) = -20\log\sqrt{1+\omega^2 T^2} \approx -20\log(\omega T)\,[\text{dB}] \tag{4.15c}$$

식(4.15)를 참조하여 1차지연요소에 대한 보드선도를 나타낸 것이 [그림 4.13]이다. 그림에서 실선은 식(4.15)의 오른쪽 끝부분에 표현된 근사식이며, 점선은 근사식이 아닌 실제값을 나타낸다.

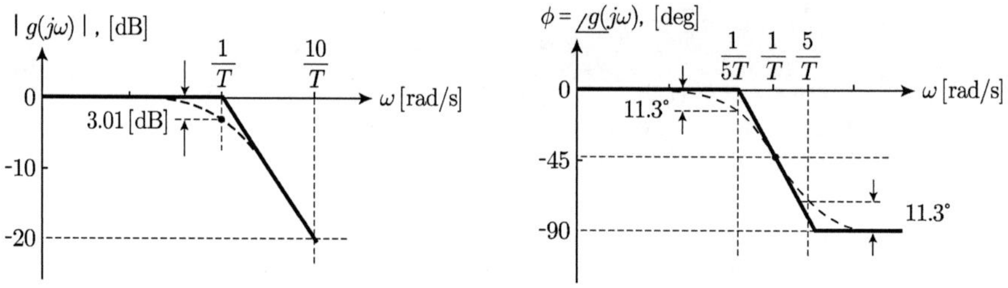

[그림 4.13] 1차지연요소의 보드선도

이득의 경우 실제값과 근사값의 최대오차는 약 3 [dB]이며, 기준 주파수 $\omega_1 = 1/T$에서

7) 식(3.13)의 극좌표선도는 [그림 4.12]와 같이 반지름 $K/2$인 반원으로 된다.

8) 1차지연요소의 경우 ω_1에서 식(4.14a)의 분모가 $\sqrt{2}$ 된다. 이와 같이 이득을 $\sqrt{2}$ 또는 $1/\sqrt{2}$ 배로로 만드는 주파수를 기준으로 주파수의 범위를 설정한다. 또한 이득은 기준이 되는 주파수에서 그 기울기가 변화한다.

0 [dB]이며, 10배 증가한 $\omega_2 = 10/T$에서는 이득이 -20 [dB]로 되었음을 알 수 있다. 이와 같이 주파수가 10배 증가할 때 이득이 −20 [dB] 감소하는 경우 이득곡선은 −20 [dB/decade]의 기울기를 가진다고 한다.

(5) 2차지연요소 : 식(3.18)의 표준 2차시스템의 형식을 사용한다. 즉, 전달함수

$$G(s) = \frac{\omega_n^2}{s^2 + 2\zeta\omega_n s + \omega_n^2} \tag{4.16}$$

의 이득과 위상은 각각 다음과 같이 얻어진다.

$$\begin{aligned} G(j\omega) &= \frac{1}{1 + 2\zeta\left(\dfrac{j\omega}{\omega_n}\right) + \left(\dfrac{j\omega}{\omega_n}\right)^2} = \frac{1}{1 - \left(\dfrac{\omega}{\omega_n}\right)^2 + j2\zeta\left(\dfrac{\omega}{\omega_n}\right)} \\ &= \frac{1}{1 - u^2 + j2\zeta u}, \quad \left(u = \frac{\omega}{\omega_n}\right) \end{aligned} \tag{4.17}$$

위 식을 이용하면 이득과 위상은 각각 다음과 같이 표현된다.

$$g(u) = 20\log|G(u)| = -10\log\left\{(1-u^2)^2 + 4\zeta^2 u^2\right\} \tag{4.18a}$$

$$\phi(u) = -\tan^{-1}\left(\frac{2\zeta u}{1-u^2}\right) \tag{4.18b}$$

식(4.18a)로부터 이득은 $u = 1$, 즉 주파수 $\omega = \omega_n$을 중심으로 그 기울기가 변화가 발생함을 알 수 있다. 이를 확인하여 보자.

① $u = 1, (\omega = \omega_n) \;\rightarrow\; g(1) = -20\log(2\zeta), \; \phi(1) = -90°$ (4.19a)

② $u \ll 1, (\omega \ll \omega_n)$
$\rightarrow g(u) = 20\log|G(u)| \approx -10\log(1) = 0\,[\mathrm{dB}], \; \phi(\mathrm{u}) \approx 0°$ (4.19b)

③ $u \gg 1, (\omega \gg \omega_n)$
$\rightarrow g(u) = 20\log|G(u)| \approx -10\log(u^2) = -40\log(u)\,[\mathrm{dB}], \; \phi(\mathrm{u}) \approx -180°$ (4.19c)

이상의 관계를 이용하면 2차지연요소에 대한 극좌표선도를 얻는다([그림 4.14]).

[그림 4.14]로부터 주파수 $\omega = \omega_n$을 기준으로 하여, 식(4.19b)로부터 $\omega \rightarrow 0$이면 이득은 0 [dB] 및 위상은 0°로 각각 수렴하며, 또한 식(4.19c)에 의해 $\omega \rightarrow \infty$로 되면 이득은 기울기 −40 [dB]로 감소하고 위상은 −180°에 접근한다는 것을 알 수 있다. 이와 같이 근사값을 나타내는 두 개의 점근선은 $\omega = \omega_n$인 0 [dB]인 점에서 만나게 된다.

그러나 1차지연요소와는 달리 $\omega = \omega_n$에서 이득은 식(4.19a)에 의해 $-20\log(2\zeta)$로 주어지므로, 실제값과 근사값과의 오차는 전달함수의 감쇄비 ζ의 값에 따라 달라지며, 이 값 또한 감쇄비가 $\zeta < 0.707$의 조건을 만족하는 경우에만 해당한다([그림 4.15] 참조).

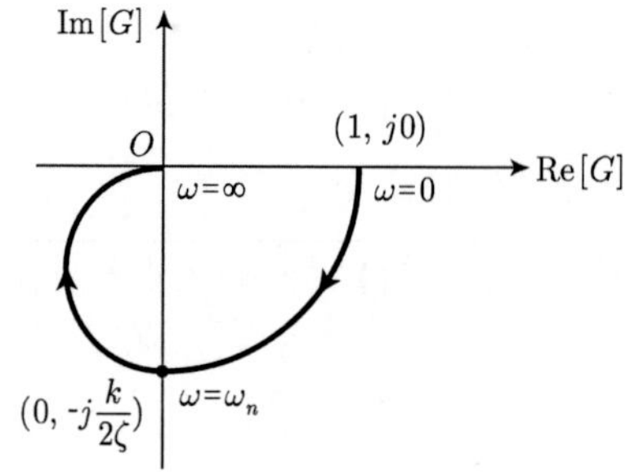

[그림 4.14] 2차지연요소에 대한 극좌표선도

만약 크기 $|G(\omega)|$가 어떤 주파수에서 피크를 가진다면, 이 주파수를 공진주파수라고 부른다. 식(4.17)의 경우 크기는

$$|G(j\omega)| = \frac{1}{(1-u^2)^2 + 4\zeta^2 u^2}$$

이다. 따라서 분자가 1이기 때문에 $|G(\omega)|$의 최대값은 위 식의 분모가 최소값을 가질 때 발생한다. 즉,

$$d(u) = (1-u^2)^2 + (2\zeta u)^2 \tag{4.20a}$$

가 최소로 되는 경우이다. 위 식을 다시 쓰면

$$d(u) = \left[(1-2\zeta^2) - u^2\right]^2 + 4\zeta^2(1-\zeta^2) \tag{4.20b}$$

로 되어, 위 식의 최소값은 $(\bullet)^2$의 항이 영으로 되는 값 $u = \sqrt{1-2\zeta^2}$, 즉

$$\omega_r = \omega_n \sqrt{1-2\zeta^2},\ (0 < \zeta < 0.707) \tag{4.21}$$

에서 발생한다는 것을 알 수 있다. 따라서 크기 $|G(j\omega)|$의 피크 값 M_p는 공진주파수 ω_r에서 발생하며, 감쇄비가 영에 가까워지면 ω_r은 ω_n, 즉 고유진동수에 가까워진다. 또 공진주파수 ω_r에서 크기의 최대값은 다음과 같다.

$$M_p = |G(\omega_r)| = \left(2\zeta\sqrt{1-\zeta^2}\right)^{-1},\ (0 < \zeta < 0.707) \tag{4.22}$$

[그림 4.15]에 감쇄비 ζ의 변화에 따른 보드선도를 표시하였다. $\zeta > 0.707$이면 피크값은 항상 1로 됨은 그림으로부터 확인할 수 있다.

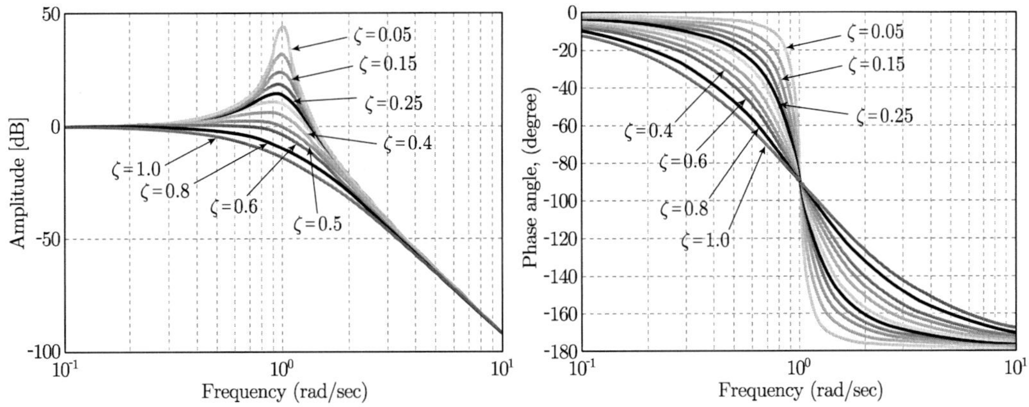

(a) 크기 곡선 (b) 위상곡선

[그림 4.15] 2차지연요소의 보드선도

```
% [그림 4.15]
zeta = [0.05 0.10 0.15 0.20 0.25 0.30 0.40 0.50 0.60 0.80 1];
w = logspace(-1,1,100);                    % 주파수 영역의 설정
for i = 1:11
   num = [1];den=[1 2*zeta(i) 1];
   sys = tf(num,den);                      % 시스템으로 변경
   [mag,phase,w] = bode(sys,w);            % 크기와 위상의 계산
   magG(:,i) = reshape(mag,100,1);
   phaseG(:,i) = reshape(phase,100,1);     % 배열의 재배치(3차원을 2차원으로 변경)
end
semilogx(w,20*log(magG)),grid              % [그림 4.15(a)]
ylabel(' Amplitude [dB]) ')
semilogx(w,phaseG),grid                    % [그림 4.15(b)]
xlabel(' Frequency (rad/sec)'),ylabel(' Phase Angle, (degree) ')
```

(6) **시간지연**(dead time) **요소** : 식(3.9)에 의해 전달함수 $G(s)=e^{-Ls}$에 오일러의 정리를 적용하면

$$G(j\omega)=e^{-j\omega L}=\cos\omega L-j\sin\omega L \tag{4.23}$$

로 된다. 이로부터 시간지연요소의 크기와 위상은 다음과 같다.

$$|G(\omega)|=1,\ \phi(\omega)=-\omega L \tag{4.24}$$

즉, 크기는 주파수에 관계없이 항상 1이며, 위상은 주파수의 증가에 비례하여 지연된다는 것이다.

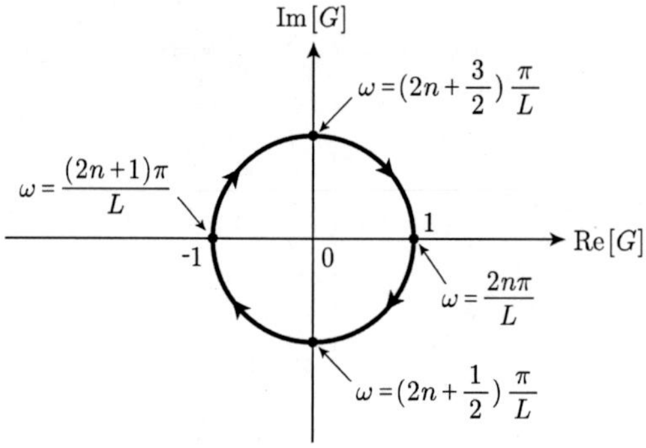

[그림 4.16] 시간지연요소의 극좌표선도

$$\omega = 0 \;\rightarrow\; \phi(0) = 0°$$

$$\omega = \frac{\pi}{2L} \;\rightarrow\; \phi(0) = -90°$$

$$\omega = \frac{\pi}{L} \;\rightarrow\; \phi(0) = -180°$$

$$\omega = \frac{2\pi}{L} \;\rightarrow\; \phi(0) = -360°$$

이로부터 시간지연요소의 극좌표선도는 [그림 4.16]과 같이 주파수의 증가와 함께 반지름 1인 원주의 위를 시계방향으로 회전하고 있다. 시간지연이 1초 $(L=1)$로 누었을 경우의 시간지연요소의 보드선도는 [그림 4.17]로 된다.

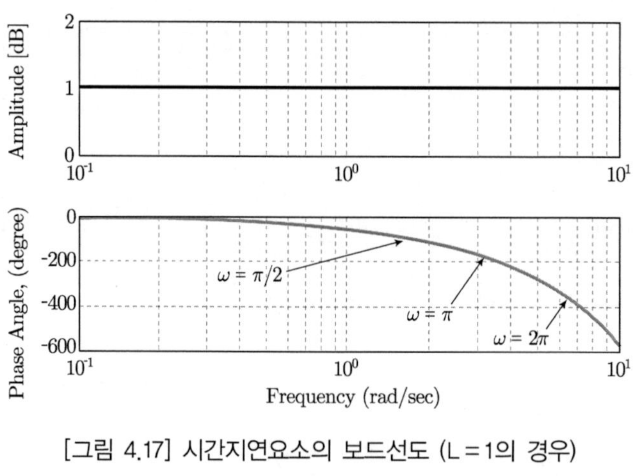

[그림 4.17] 시간지연요소의 보드선도 (L=1의 경우)

```
% [그림 4.17]
L = 1;num = 1;den = 1;
sysL = tf(num,den,'ioDelay',L);                    % 시간지연을 가지는 시스템의 설정
w = logspace(-1,1,100);
[mag,phase,w] = bode(sysL,w);                      % 크기와 위상의 계산
magG = reshape(mag,100,1);                         % 배열의 재배치
phaseG = reshape(phase,100,1);
subplot(211),semilogx(w,magG),grid,ylabel(' Amplitude [dB]) ')
subplot(212),semilogx(w,phaseG),grid
xlabel(' Frequency (rad/sec)'),ylabel(' Phase Angle, (degree) ')
```

[그림 4.17]에서 보는 바와 같이 주파수의 증가와 함께 위상지연이 심해짐을 알 수 있다.

일반적으로 복잡한 형식을 가지는 선형시스템의 전달함수라고 하더라도 지금까지 언급한 여섯 가지의 기본요소로서 이루어져 있기 때문에 이에 대한 주파수응답은 각 요소의 이득과 위상의 합으로 주어진다. 예를 들어 전달함수를 다음과 같이 n개의 기본요소로 분리하였다고 하면

$$G(s)= G_1(s)G_2(s)\cdots G_n(s) \tag{4.25}$$

이며, $G(j\omega)$의 크기와 위상은 각각 다음과 같이 계산된다.

$$\begin{aligned} g(\omega) &= 20\log|G_1(\omega)G_2(\omega)\cdots G_n(\omega)| \\ &= 20\log|G_1(\omega)| + 20\log|G_2(\omega)| + \cdots + 20\log|G_n(\omega)| \end{aligned} \tag{4.26a}$$

$$\begin{aligned} \phi(\omega) &= \angle\{G_1(j\omega)G_2(j\omega)\cdots G_n(j\omega)\} \\ &= \angle G_1(j\omega) + \angle G_2(j\omega) + \cdots + \angle G_n(j\omega) \end{aligned} \tag{4.26b}$$

다시 말하면 임의 주파수에서 각 기본요소의 크기와 위상을 구하여 대수적인 합을 계산함으로서 전체 전달함수의 주파수응답을 얻을 수 있기 때문에 그 계산이 비교적 용이하다.

4.2 페루프시스템의 안정성

지금까지 주어진 시스템의 주파수특성을 극좌표와 보드선도를 이용하여 알아보았다. 이와 같은 시스템의 주파수특성을 이용하면 제어기설계에 있어 중요한 요소의 하나인 페루프시스템의 안정성과 관련된 문제를 좀 더 효율적으로 파악할 수 있다.

여기서는 제어대상 $G(s)$에 보상기 $G_c(s)$를 추가하였을 경우의 피드백시스템 [그림 4.18]의 안정성 문제, 즉 보상기의 추가로 인한 페루프의 안정성의 정도 등을 파악하여 이를 설계에 어떻게 반영할 것인지의 문제를 살펴보기로 한다.

[그림 4.18]에서 입력 $r(s)$와 출력 $y(s)$ 사이의 전달함수는

$$\frac{y(s)}{r(s)} = \frac{G(s)G_c(s)}{1+G(s)G_c(s)} \tag{4.27}$$

로 되며 특성다항식은 $1+G(s)G_c(s)=0$으로 주어진다. 적절한 보상기를 추가함으로서 폐루프시스템의 극을 바람직한 곳으로 이동시킬 수 있음을 알 수 있다.

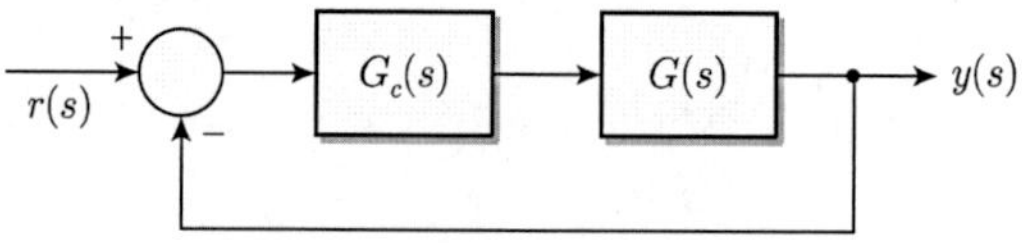

[그림 4.18] 폐루프시스템의 구조

4.2.1 주파수응답에 의한 안정성의 확인

시스템의 안정성을 시간영역에서는 '한정된 크기의 입력(Bounded-Input)에 의해 한정된 크기의 출력(Bounded-Output)을 생성하는 것', 즉 BIBO안정이라고 정의할 수 있을 것이다. 제3장의 설명에 의하면, BIBO안정으로 되기 위해서는 시스템의 특성다항식의 근이 전부 s평면의 왼쪽 반면에 존재해야 한다는 것이었으며, 이것의 확인을 위한 라우스·후르비쯔 방법 등이 제시되었다.

여기서는 피드백시스템 [그림 4.18]에서 $G_c(s)=1$, 즉 보상기를 추가하지 않은 경우의 폐루프시스템의 안정성을 3장과는 다른 방법으로 확인하고자 한다. 다시 말하면 폐루프시스템의 특성다항식 $1+G(s)=0$의 근이 불안정한 영역(즉 s평면의 오른쪽 반쪽)에 존재하는지의 여부를 확인을 위한 방법인 나이퀴스트 안정판별법을 소개한다.

■ **나이퀴스트 안정판별 정리(Nyquist Stability Theory)**

먼저 전달함수 $G(s)$가 다음과 같이 인수분해 되어 있다고 한다.

$$G(s) = \frac{K_m(s-z_1)(s-z_2)\cdots(s-z_m)}{(s-p_1)(s-p_2)\cdots(s-p_n)} \tag{4.28}$$

이때 식(4.28)의 s대신에 $j\omega$를 대입하고 다음과 같은 관계식을 도입한다.

$$K_{n_i}(\omega) = |(j\omega - z_i)|,\ \theta_{n_i}(\omega) = \angle(j\omega - z_i),\ (i=1,\cdots,m) \tag{4.29a}$$

$$K_{d_k}(\omega) = |(j\omega - p_k)|,\ \theta_{d_k}(\omega) = \angle(j\omega - p_k),\ (k=1,\cdots,n) \tag{4.29b}$$

위 식은 식(4.28)로 주어진 시스템의 분자·분모의 각 항이 가지는 임의의 주파수 ω에서의

크기와 위상을 나타낸다. 이 관계를 이용하면 식(4.28)의 주파수응답은 다음과 같이 나타낼 수 있다.

$$|G(\omega)| = K_m \frac{\prod_{i=1}^{m} K_{n_i}(\omega)}{\prod_{k=1}^{n} K_{d_k}(\omega)} \tag{4.30a}$$

$$\angle G(\omega) = \sum_{i=1}^{m} \theta_{n_i}(\omega) - \sum_{k=1}^{n} \theta_{d_k}(\omega) \tag{4.30b}$$

s 평면에서 복소변수[9] s가 어떤 닫혀 있는 어떤 경로 Γ를 따라서 시계방향으로 한 바퀴 회전한다고 생각해보자. 경로 Γ의 내부에 있는 영점 z_1과 관련한 벡터 $(s-z_1)$는 s의 이러한 움직임에 따라 시계방향으로 한 바퀴 회전하게 된다. 따라서 식(4.30b)의 $\theta_{n_1}(s)$는 -2π만큼 변화하게 된다[10]. 한편 영점 z_2가 Γ의 외부에 있다면 벡터 $(s-z_2)$는 s가 Γ를 따라 회전하여도 약간 변화한 뒤 제자리로 돌아오기 때문에 s의 움직임에 따른 전체적인 각도의 변화는 없다([그림 4.19] 참조). 이러한 사실은 극에 대해서도 마찬가지로 성립한다. 이러한 관계를 이용하면 하나의 법칙을 유도할 수 있다. 먼저 Γ의 내부에 있는 영점의 개수를 Z, 극의 개수를 P개로 한다면, s가 경로 Γ를 따라서 시계방향으로 한 바퀴 회전하였을 경우 식(4.29b)에 의해 $\angle G$는 $-2\pi \times (P-Z)$만큼 변화할 것이다. 다시 말하자면 s가 경로 Γ를 시계방향으로 한 바퀴 회전하는 동안 벡터 $G(j\omega)$는 복소 $G(s)$평면[11]의 원점을 시계 반대방향으로 $(P-Z)$회 회전하게 된다는 것이다[12].

이러한 사실을 바탕으로 하여 경로 Γ를 [그림 4.20]과 같이 취하는 경우를 생각하여 보자. [그림 4.20]에서 Γ의 반지름을 $R \to \infty$로 한다면 Γ는 s평면의 오른쪽 반면을 전부 포함하게 될 것이다. 이와 같은 경로를 따라 s가 이동하는 경우, 벡터 $G(s)$[13]의 궤적을 복소평면인 $G(s)$평면에 그려보기로 하자. 다시 말하면 s가 폐경로(closed path) Γ를 따라 이동하는 경우 경로 상의 s의 값을 대입하여 얻어진 $G(s)$의 값 역시 어떠한 폐경로를 이루게 될 것이다[14]. 이러한 폐경로를 $G(s)$평면에 그림으로 나타낸다면 위에서 언급한 '원점을 시계 반대방향으로 $(P-Z)$회 회전'해야 한다는 사실을 확인할 수 있을 것이다. 이와 같이 어떤 평면의 한 점, 예를 들어 s평면에서의 점 s_1을 또 다른 평면인 $G(s)$평면에서의 점 $G(s_1)$으로 옮기는 과정을 사상(mapping)이라고 한다.

---

9) s평면에서의 s는 $s=\sigma+j\omega$로 주어지며, 이는 전달함수 $G(s)$에서의 s이다.

10) 시계방향으로 회전하기 때문에 θ_{n_1}는 음의 각도를 가지므로, Γ를 따라 한 바퀴 회전하면 결과적으로 -2π의 변화량을 보이게 된다.

11) 복소 $G(s)$평면이란 x축으로 $G(s)$의 실수부, y축으로 $G(s)$의 허수부를 각각 취한 평면이다. 앞에서 자주 나온 s평면은 x축으로 s의 실수부인 σ, y축으로 s의 허수부인 ω를 사용하는 복소평면이다.

12) 사실상 $G(\sigma+j\omega)$의 표현이 정확하지만, 실제의 계산에서 실수부 σ의 증가, 즉 $\sigma\to\infty$로 됨에 따라 영으로 되기 때문에 일반적으로 σ를 제외하고 $G(j\omega)$의 표현을 사용한다.

13) s가 복소수이므로 $G(s)$도 복소수로 되며, 이것은 $G(s)$평면에서 하나의 점, 즉 벡터이다.

14) 이는 사상의 정리(Mapping theorem)로부터 명백하다.

s평면에서 $G(s)$평면으로의 사상과정에서 전달함수 $G(s)$의 극이 허수축에 존재하는 경우를 생각하여 보자. 다시 말하면 $G(s)$는 $s_1 = +j\omega_1$에 극을 가진다. 이 경우 [그림 4.20]에서 보는 바와 같이 경로 Γ는 s평면의 허수축을 포함하고 있으므로, s가 이 점을 지나가는 경우의 사상, 즉 $G(s)|_{s_1 = j\omega_1} = G(j\omega_1)$ 는 분모가 영으로 되어 계산이 불가능하게 된다. 이러한 상황을 회피하기 위한 하나의 방법으로, 전달함수의 허수축 극의 근처에서는 경로 Γ를 약간 변경하는 것이다. 즉 허수축에 존재하는 $G(s)$의 극 근처에서 [그림 4.21]과 같이 경로 Γ를 오른쪽으로 미소한 크기의 반지름 ϵ(단 $\epsilon \to 0$)를 가지는 경로를 따라 우회하도록 하는 것이다. 이렇게 설정하면 $G(j\omega_1)$의 분모가 영으로 되는 것을 피할 수 있게 된다. 이 경우 당연히 폐경로 Γ 내부에는 $G(s)$의 원점상의 (즉 불안정한) 극이 포함되지 않는다는 사실에 유의한다.

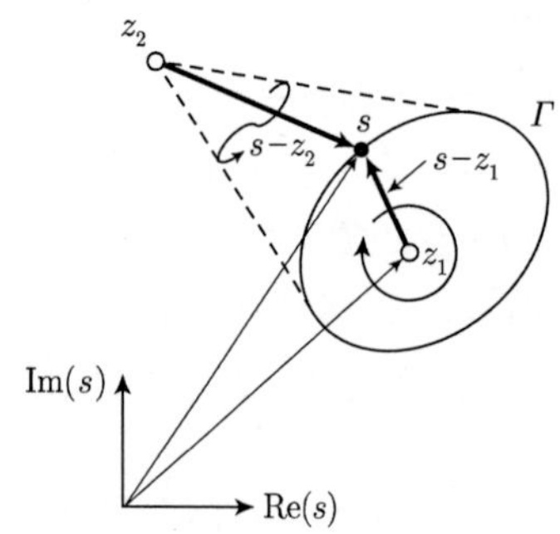

[그림 4.19] 벡터 $(s - z_i)$의 회전

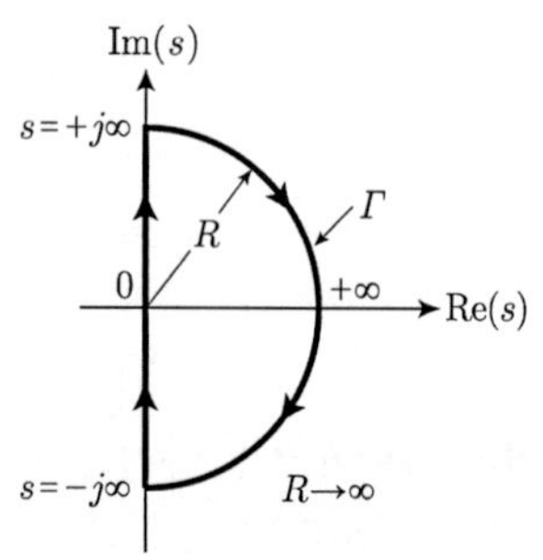

[그림 4.20] 폐곡선 경로 Γ(s평면)

지금까지 설명한 내용은 [그림 4.20]과 같은 경로를 따라 s가 이동하는 경우, 전달함수 $G(s)$의 영점과 극점의 위치에 의해 $G(s)$평면에서 원점에 대한 반시계방향으로의 회전수가 결정된다는 것이었다. 만약 $G(s)$가 안정하면서 최소위상시스템이라면 경로 Γ내부에는 영점과 극점이 존재하지 않기 때문에 P와 Z는 모두 영이다. 따라서 $G(s)$평면에서의 폐경로 역시 원점을 회전하지 않을 것이다. 이러한 사실로부터 복소변수 s가 경로 Γ의 이동에 따른 $G(s)$의 크기와 위상을 $G(s)$평면에 도시하였다면, 원점을 몇 번 둘러싸는지의 여부로부터 $(P-Z)$의 값을 쉽게 확인할 수 있다. 이때 P의 값(즉 불안정한 $G(s)$의 극의 개수)은 주어진 전달함수로부터 쉽게 확인할 수 있기 때문에, 이로부터 나머지 하나의 값인 Z의 크기가 얻어진다.

이러한 관계를 피드백시스템 [그림 4.18]의 안정성 확인에 적용하여 보자. 즉, [그림 4.18]의 안정성은 폐루프전달함수인 식(4.27)의 분모다항식 $1+G(s)=0$에 의해 결정된다. 다시 말하면 다항식 $1+G(s)=0$의 근이 모두 s평면의 왼쪽 반면에 존재한다면 [그림 4.18]의 폐루프는 안정하다. $F(s)=1+G(s)$로 두고 위에서 언급한 사상의 정리를 적용하면 다음과 같다.

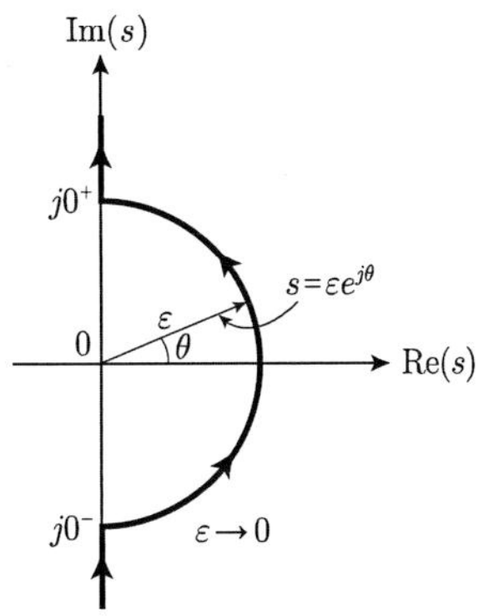

[그림 4.21] 허수축 상의 극의 회피

> 복소변수 s의 [그림 4.20]의 경로 Γ에 따른 $F(s)$평면으로의 사상한 결과, 원점을 반시계방향으로 N회 둘러싸고 있다고 한다. 즉, $N=P-Z$로 되었다. 이때 P는 $F(s)$, 즉 $1+G(s)$의 불안정한 극의 개수이며, Z는 $1+G(s)$의 불안정한 영점의 개수이다.

이 결과로부터 $Z=P-N$가 얻어지며, 폐루프가 안정하기 위해서는 $Z=0$, 즉 $N=P$가 만족되어야 한다는 사실을 알 수 있다. 또한 아래에서 언급한 바와 같이 $1+G(s)$의 불안정한 극의 개수인 P는 사실상 $G(s)$의 불안정한 극의 개수와 일치하기 때문에 쉽게 얻을 수 있으므로, 폐루프의 안정성은 $F(s)$평면의 사상결과로부터 쉽게 파악할 수 있다.

그러나 $F(s)$는 $[1+G(s)]$이므로 '+1'로 인해 s의 이동에 따른 사상과정이 상당히 번거롭게 된다. 이를 해소하기 위한 하나의 방법은 $[1+G(s)]$평면을 $G(s)$평면으로 수정하는 것이다. 즉 원래대로 $G(s)$평면으로 사상하는 대신에 회전의 기준축을 '−1' 만큼으로 이동, 다시 말하면 회전의 중심이 원점(즉 $(0, j0)$)에서 $(-1, j0)$으로 이동한다는 것이다. 따라서 '$G(s)$평면의 원점을 시계반대 방향으로 … '가 '$G(s)$평면의 점 $(-1, j0)$을 시계반대 방향으로 … '로 변경하면 위에서 언급한 내용을 그대로 적용할 수 있게 된다.

한편 특성다항식 $1+G(s)=0$에서 $G(s)=n(s)/d(s)$로 두면

$$1+G(s)=1+\frac{n(s)}{d(s)}=\frac{d(s)+n(s)}{d(s)} \tag{4.31}$$

로 된다. 따라서 피드백시스템의 안정성은 식(4.31)의 영점, 즉 $d(s)+n(s)=0$의 근에 의해 결정되며, $1+G(s)$의 극은 $G(s)$의 극, 즉 $d(s)=0$와 같다는 것을 알 수 있다. 이상의 사실을 정리하면 다음의 결과를 얻는다.

• 나이퀴스트 안정판별 기준(Nyquist's stability criterion)

나이퀴스트 경로 Γ(그림 4.20)를 따라 s를 시계방향으로 한 바퀴 회전시켰을 경우, $G(s)$평면에서 $G(s)$의 궤적이 점 $(-1, j0)$의 주위를 시계 반대방향으로 회전하는 회수를 N이라고 한다면 $N=P-Z$, 즉

$$Z=P-N \tag{4.32a}$$

가 성립한다. 여기서 P는 $G(s)$가 가지는 불안정한 극의 개수이며, Z는 식(4.31)의 불안정한 영점의 수(즉 피드백시스템의 불안정한 극의 수)이다. 따라서 피드백시스템이 안정으로 되기 위해서는 $Z=0$으로 되어야 하므로 결국 안정조건으로서

$$P=N \tag{4.32b}$$

이 유도된다.

[그림 4.18]과 같은 피드백시스템의 안정성과 관련된 정보는 개루프 전달함수 $G(s)$에 대해 나이퀴스트정리를 적용함으로 어렵지 않게 확보할 수 있다.

여기서 [그림 4.20]에서 경로 Γ에 따라 s가 이동할 경우의 $G(s)$평면으로의 사상과정을 조금 더 자세히 알아보기 위해 경로 Γ를 다음과 같이 세 부분으로 분할한다.

(1) **첫 번째 구간** : 변수 s가 $s=0^+$에서 출발하여 $s=+j\infty$까지, 즉 s평면의 (양의) 허수축을 따라 이동했을 때의 $G(s)$의 궤적을 $G(s)$평면에 나타낸 것은 바로 극좌표선도이다[15].

(2) **두 번째 구간** : 변수 s가 $s=0^-$에서 출발하여 $s=-j\infty$까지의 궤적은 첫 번째 구간에서의 궤적의 실축에 대한 대칭으로 된다.

(3) **세 번째 구간** : $s=+j\infty$에서 $-j\infty$까지의 반지름이 ∞인 구간으로, 반지름이 무한대이므로 이 구간에서 $G(s)$의 분모는 ∞로 되므로, $G(s)$의 궤적은 영으로 된다[16].

따라서 식(4.32)의 확인을 위한 $G(s)$의 나이퀴스트궤적 작성은 결국 위의 첫 번째 구간만을 사용하여 $G(s)$평면에 나타내면 된다는 사실을 알 수 있다. 이는 결국 $G(s)$의 극좌표선도를 작성하는 것과 동일한 과정이라는 점에 유의한다.

15) 이 사실은 극좌표선도를 그리는 방법을 생각해보면 쉽게 알 수 있다.

16) 예를 들어 $G(s)=1/s$이라면 경로 Γ의 오른쪽 한 점은 $s=Re^{j\theta}, (R\approx\infty)$로 나타낼 수 있다. 이를 $G(s)$에 대입하면 $R\approx\infty$이기 때문에 $G(s)$의 크기는 거의 영으로 된다.

[예제 4.2]

[그림 4.22]의 피드백시스템이 안정하기 위한 이득 K의 범위를 구하여 보자.

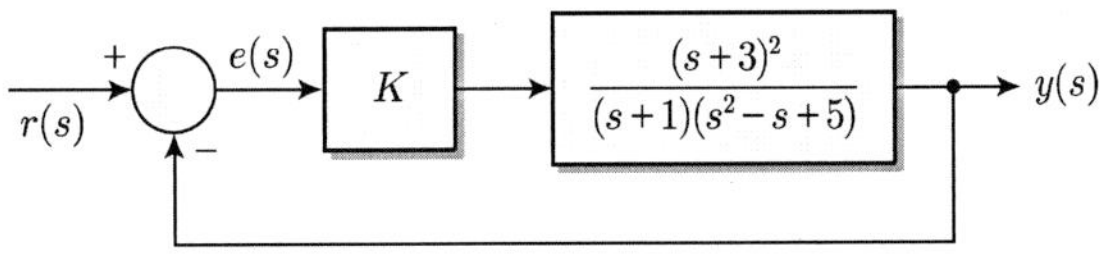

[그림 4.22] [예제 4.2]의 블록선도

풀이 그림의 특성다항식

$$1+\frac{K(s+3)^2}{(s+1)(s^2-s+5)}=0 \qquad ①$$

을 전개하여 라우스·후르비쯔의 방법을 이용하면 $K>1.42$에서 폐루프는 안정으로 된다. 이를 $K=1,\ 5$의 경우에 대하여 나이키스트선도를 이용하여 확인한 것이 [그림 4.23]이다. [그림 4.22]의 $G(s)$는 불안정한 극을 두 개 가지므로 $P=2$이다. 따라서 폐루프가 안정하기 위해서는 $N=2$로 되어야 $Z=0$으로 된다. 먼저 $K=1$의 경우 $N=0$이므로 $Z=2$, 즉 폐루프는 두 개의 불안정한 극을 가진다. 다음 $K=5$의 경우 $N=2$이므로 $Z=0$으로 되어 피드백시스템은 안정하다.

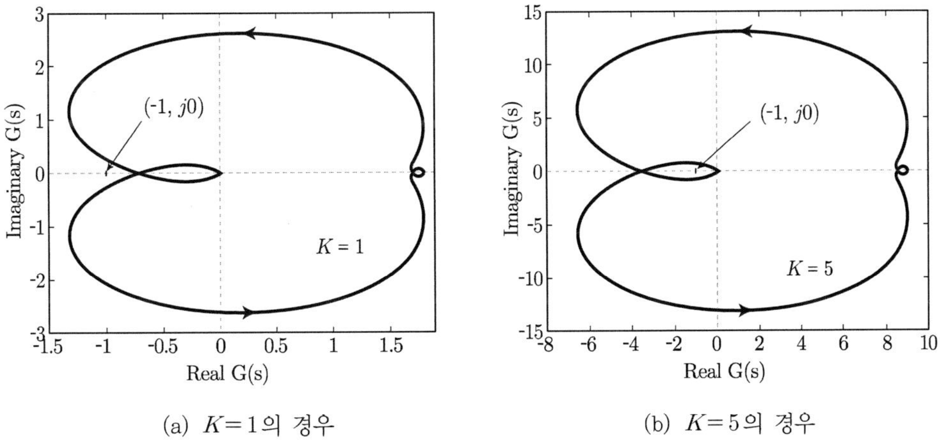

[그림 4.23] [예제 4.2]의 나이퀴스트 선도

4.2.2 안정성의 수치적 평가

[그림 4.18]의 시스템에서 $G_c(s)=1$, 즉 보상기를 제어대상 $G(s)$에 포함시킨 것으로 간주하고 폐루프시스템의 안정성의 정도, 다시 말하면 폐루프시스템은(시스템 혹은 외부환경의 변

화 등에 대해서) 어느 정도 안정한지를 수치로 표현하는 방법을 생각한다. 단 이 경우 $G(s)$는 안정하다고 간주한다[17].

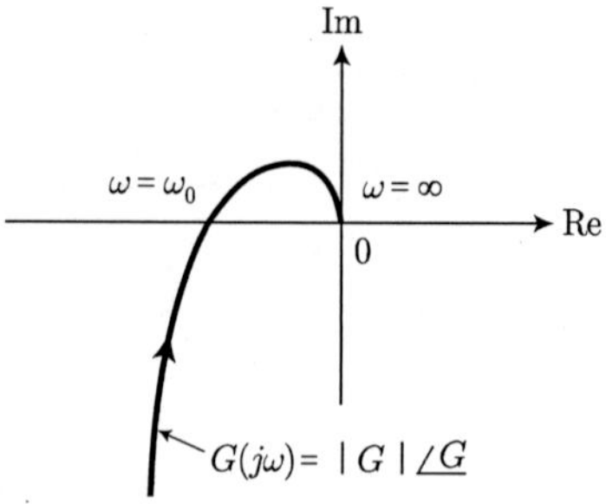

[그림 4.24] $G(j\omega)$의 벡터궤적

먼저 나이퀴스트의 안정판별 정리를 적용하기 위하여 전달함수 극좌표선도를 작성한 것이 [그림 4.24]와 같이 되었다고 가정한다. 이때 그림과 같이 주파수 $\omega = \omega_0$에서 크기가 1, 위상이 $-180°$, 즉

$$G(j\omega_0) = -1 + j0 = e^{-j\pi} \tag{4.33}$$

로 되었다고 한다. 이 사실은 [그림 4.18]에 입력으로 $r(t) = \sin(\omega_o t)$, 즉 크기가 1이고 주파수가 ω_0인 정현파를 인가하면 역시 크기가 1이고 주파수가 ω_0인 정현파가 출력된다는 것을 의미한다. 다시 말하면 이러한 경우 [그림 4.18]의 시스템은 출력이 무한대로 증가하지 않기 때문에 불안정하다고 할 수는 없지만, 그렇다고 출력이 일정한 값으로 수렴하지 않기 때문에 안정하다고 할 수도 없는 상태이다. 이러한 상태는 $G(s)$의 벡터궤적이 $G(s)$평면의 실수축 (Re $[G(s)]$) 위의 점 $(-1, j0)$를 지나갈 때 발생하는 것으로 일반적으로 안정한계라고 한다[18].

따라서 나이퀴스트의 안정판별 정리에 의해 다음과 같이 결론을 내릴 수 있을 것이다([그림 4.25] 참조).

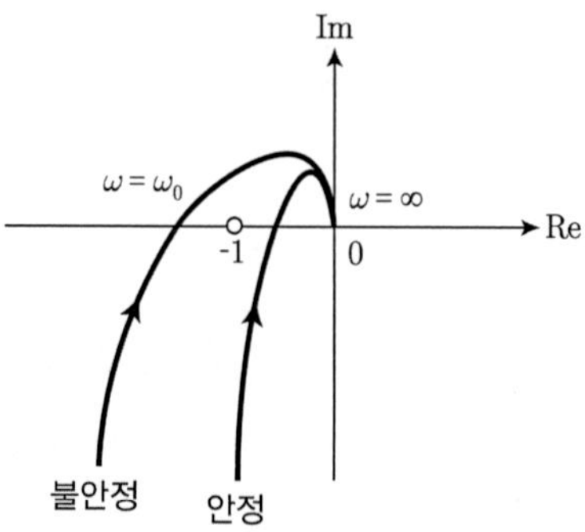

[그림 4.25] 피드백시스템의 안정성

17) $G(s)$가 불안정한 경우에도 동일한 전개가 가능하나, 식의 전개가 약간 복잡해진다.
18) 벡터궤적이란 표현을 사용한 것은, $G(j\omega_o)$는 복소수이기 때문에 $G(s)$평면에서 벡터로 표현되기 때문이다.

(1) $\omega = \omega_0$에서 $G(s)$평면의 점 $(-1, j0)$의 왼쪽을 통과할 경우 → 폐루프시스템은 불안정.

(2) $\omega = \omega_0$에서 $G(s)$평면의 점 $(-1, j0)$의 오른쪽을 통과할 경우 → 폐루프시스템은 안정.

[그림 4.12]와 [그림 4.14]로부터 알 수 있는 바와 같이 1차지연요소와 2차지연요소는 그 벡터궤적이 항상 $(-1,\ j0)$의 오른쪽을 통과하기 때문에 이들로 구성된 피드백시스템은 반드시 안정으로 된다[19].

다음 단계로 안정한 시스템의 안정성의 정도를 수치적으로 평가할 수 있는 두 가지의 평가지표에 대하여 생각해 보자. 두 종류의 전달함수 $G_i(s)$, $(i = 1, 2)$로서 [그림 4.18]과 같은 단일피드백시스템을 구성하고 이들의 안정성 확인을 위한 극좌표가 [그림 4.26]과 같이 주어졌다고 한다.

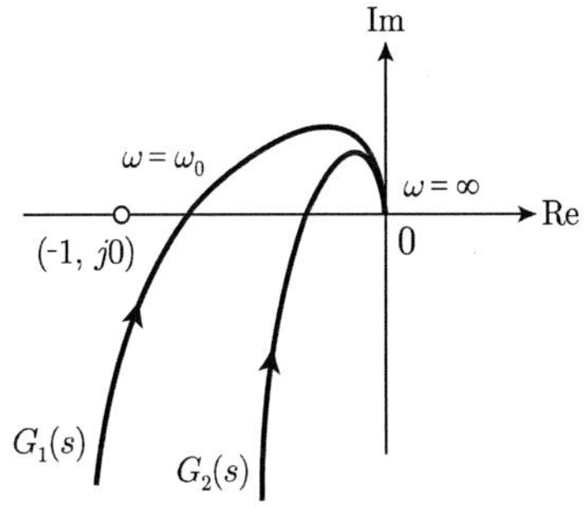

[그림 4.26] $G_1(s)$, $G_2(s)$의 벡터궤적

그림에서 보는 바와 같이 두 시스템 모두 안정하기는 하나, $G_2(s)$의 실수축과의 교점이 $G_1(s)$의 그것보다 점$(-1,\ j0)$에서 오른쪽으로 멀리 있기 때문에 $G_2(s)$를 이용한 폐루프시스템의 안정도가 좀 더 높은 것으로 생각된다. 이러한 관점에서 폐루프시스템의 안정도를 수치화한 것으로 위상여유와 이득여유가 있다.

▪ 위상여유(phase margin)

[그림 4.18]과 같이 단일피드백을 구성하는 개루프 시스템 $G(s)$의 벡터궤적이 [그림 4.27]로 주어졌다고 가정한다. 이때 그림에서와 같이 $G(s)$평면의 원점을 중심으로 하는 반지름이 1인 원을 그리고 주파수 ω_2에서 $G(s)$의 벡터궤적이 원과 만난다고 한다. 즉, $\omega = \omega_2$에서 폐루프시스템은 크기가 1이고 위상이 $-\pi + \phi_M$(rad/s)이다[20]. 현재 안정한 상태에서 있는 폐루프시스템을 불안정하게 만들기 위해서는 크기는 변화시키지 않고[21] 위상만을 변경한다고

---

19) 사실상 두 시스템 모두 음의 실수축을 지나가지 않는다.

20) 폐루프시스템에 입력으로 크기가 1이고 주파수 ω_2인 정현파를 인가하였을 때 동일한 크기와 주파수를 가지지만 위상이 $-\pi+\phi_m$[r/s]인 정현파를 출력한다는 것을 의미한다.

21) 크기는 변화시키지 않는다는 것은 [그림 4.27]에서 $G(j\omega_2)$의 궤적과 반지름 1인 원이 만나는 점이 항상 원주 위에 존재한다는 것이다.

할 경우, ϕ_M만큼의 여유가 있다고 볼 수 있다. 다시 말해서 위상만을 변화시키는 전달함수인 $G_c(s)=e^{-j\phi}$을 [그림 4.18]의 루프내부에 삽입하였다면, $\phi < \phi_M$에서는 폐루프의 안정성이 유지된다는 것이다. 이러한 이유로서 ϕ_M을 폐루프시스템의 위상여유라고 한다.

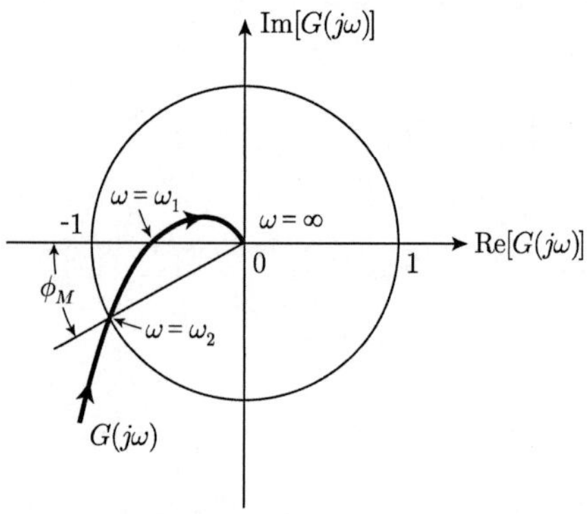

[그림 4.27] 위상여유와 이득여유를 위한 벡터궤적

• Simulink를 이용한 위상여유의 예

위상지연의 의미를 Simulink 모델을 이용하여 알아보자. [그림 4.28]과 같이 주어진 시스템에서 폐루프시스템이 안정하기 위해서는 $G(s)$의 분자가 $K<2$인 범위 내에 있어야 한다는 사실은 쉽게 확인할 수 있다. 예를 들어 $K=1$이면 폐루프는 $\omega=0.63$[r/s]에서 약 21°의 최대 위상여유를 가진다[22]. 따라서 보상기 $G_c(s)$로서 크기를 변화시키지 않고 위상만을 지연시키는 요소를 삽입한다면 ($\omega=0.63$[r/s]에서) 최대 21°까지의 위상지연이 가능하다. 그러나 Simulink에서는 위상만을 지연시키는 요소를 삽입하는 것이 불가능하기 때문에 지상보상기를 설계하여 삽입하였다. 그러나 이로 인해 위상만이 아니라 크기도 변화되기 때문에 위에서 계산한 것과 같이[23] 주파수가 $\omega=0.63$[rad/s]이 아니라 $\omega=0.3$[rad/s]에서 약 2°의 최대 위상여유로 되어 피드백시스템은 거의 한계안정에 있다는 사실을 확인할 수 있다.

이때 사용한 보상기는

$$G_c(s)=\frac{1+s}{1+\alpha s}$$

이다. 여기서 $\alpha=10.0$로 두었으며 이 경우 $G_c(s)$는 $\omega=0.3$[rad/s]에서 약 −55°의 위상을 가진다. 이 사실은 $G(s)$가 $\omega=0.3$[rad/s]에서 약 −125°의 위상을 가진다는 것과 잘 일치하고 있다([그림 4.29] 참조).

Simulink의 블록선도 [그림 4.28(a)]에 입력으로 $\omega=0.3$[rad/s]이며 크기가 1인 정현파를

22) $\omega=0.63$[rad/s] 외의 주파수에서는 위상여유가 21°보다 작다.
23) 이와 관련한 자세한 내용은 뒤에서 자세히 언급한다.

입력하였을 때의 Scope의 출력파형을 [그림 4.28(b)]에 나타내었다. 시간의 경과와 함께 조금씩 발산하고 있는 것을 볼 수 있다. ■

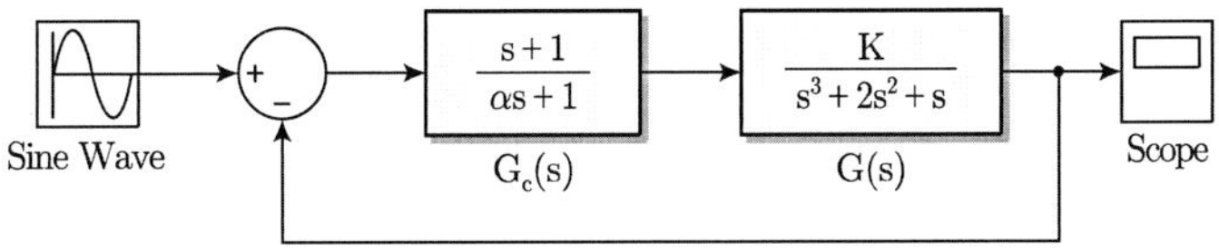

(a) 위상여유의 확인을 위한 블록선도

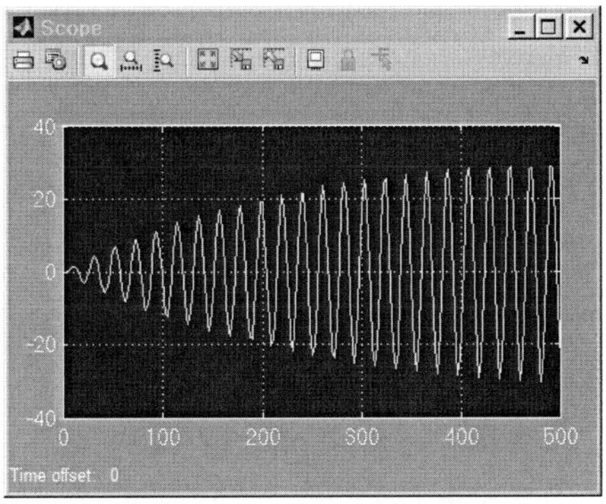

(b) Scope 블록

[그림 4.28] 위상여유의 확인

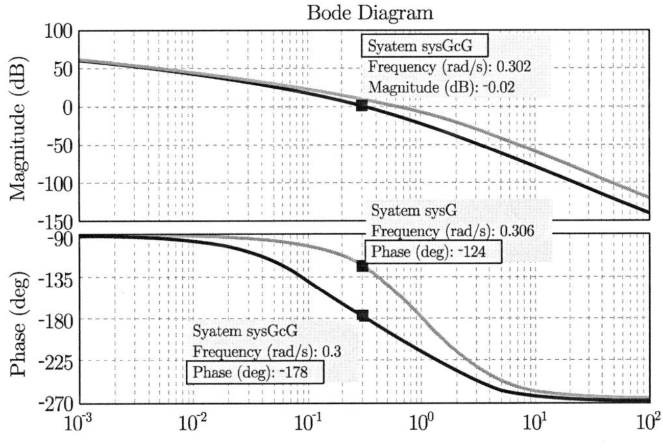

[그림 4.29] $G(s)$와 $G_c(s)G(s)$의 보드선도

■ 이득여유(gain margin)

[그림 4.27]과 같이 $G(s)$의 벡터궤적이 주파수 ω_1에서 $G(s)$평면의 음의 실수축과 만난다고 한다. 이 사실은 피드백시스템 [그림 4.18]에서 $r(t)=\sin(\omega_1 t)$, 즉 입력으로 크기가 1이고 주파수 ω_1인 정현파를 인가하면, 크기(진폭)가 $|G(\omega_1)|$이고 위상은 $-\pi$ [rad/s]인 정현파,

즉 $y(t) = |G(j\omega_1)|\sin(\omega_1 t - \pi)$를 출력한다는 의미로 해석할 수 있다. 이때 크기 $|G(\omega_1)| = \mathrm{Re}[G(\omega_1)]$가 $(-1, j0)$보다 오른쪽에 위치하기 때문에 피드백시스템은 안정하다[24]. 실수축과 만나는 점이 $(-1, j0)$로 되기 위해서는 피드백시스템에 위상은 변화시키지 않고 크기만을 변화시키도록 보상기 $G_c(s) = 1/|G(\omega_1)|$를 삽입하면 루프의 벡터궤적이 실수축의 점 $(-1, j0)$을 지나게 되어 피드백시스템은 한계안정으로 된다. 다시 말해서 현재의 안정한 상태에서 불안정한 상태로 되기까지(위상은 변화하지 않는다는 전제 아래) 이득은 $1/|G(\omega_1)|$의 여유가 있다고 할 수 있다. 이를 이득여유라고 하며 다음과 같이 정의된다.

$$g_M = -20\log|G(\omega_1)| \tag{4.34}$$ [25]

여기서 ω_1은 $G(s)$의 벡터궤적이 $G(s)$평면의 음의 실수축과 만나는 점에서의 주파수이다. 위에서 언급한 바와 같이 $|G(\omega_1)|$가 1보다 작으면 폐루프가 안정하기 때문에, 식(4.35)에 의해 안정한 시스템의 이득여유 g_M은 항상 '양(+)'의 값을 가진다.

이득여유에 대한 확인은 [그림 4.28]의 Simulink 블록선도를 이용하면 위상여유의 경우보다 훨씬 쉽게 확인할 수 있을 것이다. 예를 들어 [그림 4.28]에서 $G_c(s) = 1$로 두면 폐루프가 안정하기 위해서는 $K < 2$로 되어야 하므로, 만약 $K = 1.5$로 둔다면 $G(s)$의 벡터궤적은 주파수 $\omega_1 = 1$[rad/s]에서 실수축의 점 -0.75에서 만나기 때문에 이득여유는 대략 2.5[dB]이다. 따라서 [그림 4.28]의 피드백시스템에 $G_c(s) = M$인 이득을 삽입할 경우 M의 최대값은 $1/0.75 = 1.33$이다([그림 4.30] 참조).

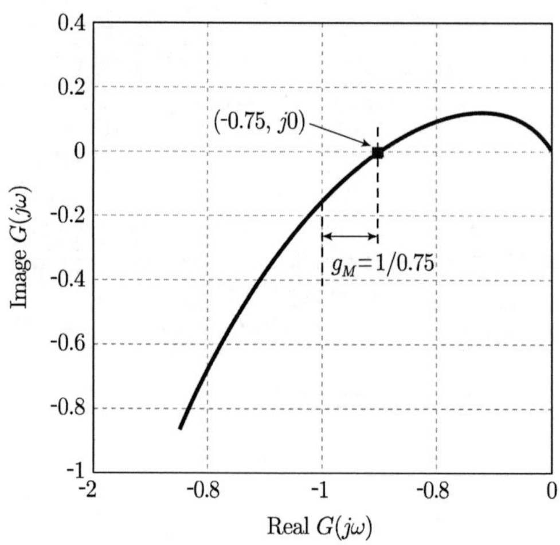

[그림 4.30] 이득여유를 위한 벡터궤적

24) 즉 $N=0$이므로 $Z=0$이다. $G(s)$가 안정이라고 가정했기 때문에 $P=0$이다.
25) 이득여유의 단위 [dB] (decibel)이다.

■ **보드선도와 위상여유 · 이득여유**

[그림 4.27]과 같이 벡터궤적을 이용하여 폐루프시스템의 위상여유와 이득여유를 확인할 수 있지만, 실제 제어기 설계상의 관점에서는 보드선도를 이용하는 것이 편리하다.

위에서 언급한 바와 같이 위상여유는 확인하기 위해서는 벡터궤적의 크기가 1, 즉 0[dB]인 주파수에서의 위상으로부터 얻어지며, 이득여유는 벡터궤적의 위상이 −180°인 주파수에서의 이득크기의 역수로 주어진다. 이러한 관계를 보드선도에서 나타내면 [그림 4.31]로 될 것이다.

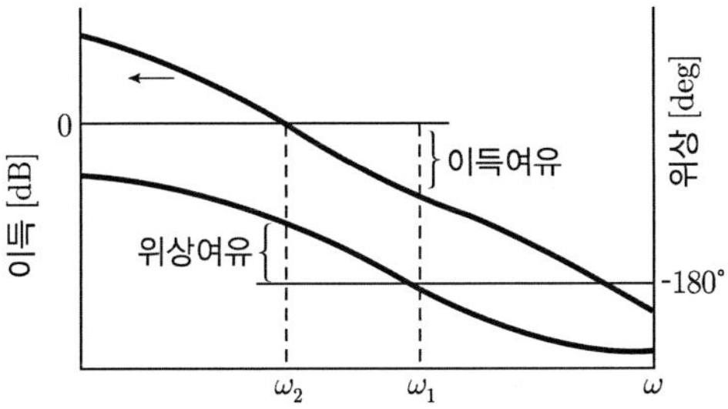

[그림 4.31] 보드선도와 위상여유 · 이득여유

[예제 4.3]

[그림 4.18]의 단일피드백시스템에서 $G(s)$가 다음과 같이 주어졌을 경우의 폐루프시스템의 위상여유와 이득여유를 확인하여 보자.

$$G(s) = \frac{20(s+1)}{s(s+5)(s^2+2s+10)} \quad ①$$

풀이

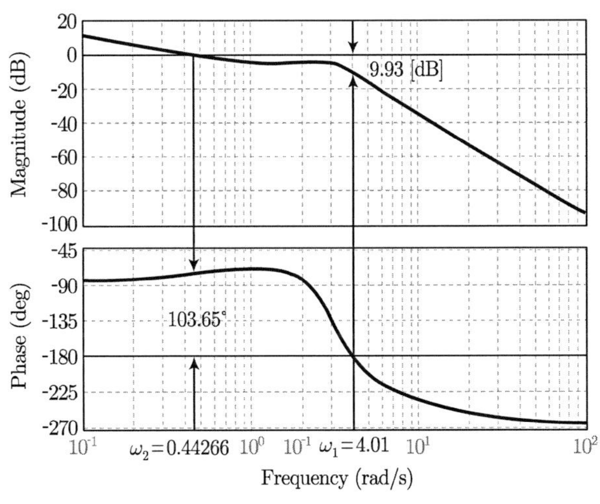

[그림 4.32] [예제 4.3]의 보드선도에 의한 결과

```
% [예제 4.3]의 MATLAB 프로그램
sysG = tf(20*[1 1],[1 7 20 50 0]);
w = logspace(-1,2,100);                % 주파수의 범위를 지정
bode(sysG,w),grid                      % 보드선도 [그림 4.32]
[Gm,Pm,wg,wp] = margin(sysG);          % 위상여유·이득여유의 확인
GmdB = 20*log10(Gm);                   % 이득여유의 단위를 [dB]로 변환
[GmdB Pm wg wp]
```

[예제 4.4]

[예제 4.2]에서 사용된 시스템 [그림 4.22]의 위상여유·이득여유를 확인하여 보자. 이 경우 $K > 1.42$에서 폐루프시스템이 안정으로 되기 때문에 [예제 4.2]와 같이 $K = 5$로 두고 폐루프의 위상여유·이득여유를 확인하여 본다.

풀이 위상여유의 경우 [그림 4.33]에서 보는 바와 같이 궤적과 반지름 1인 단위원(점선부분)은 $\omega_2 = 6.62$[rad/s]에서 만나며 이때의 위상은 −140°이다. 따라서 피드백시스템의 위상여유는 40°임을 알 수 있다.

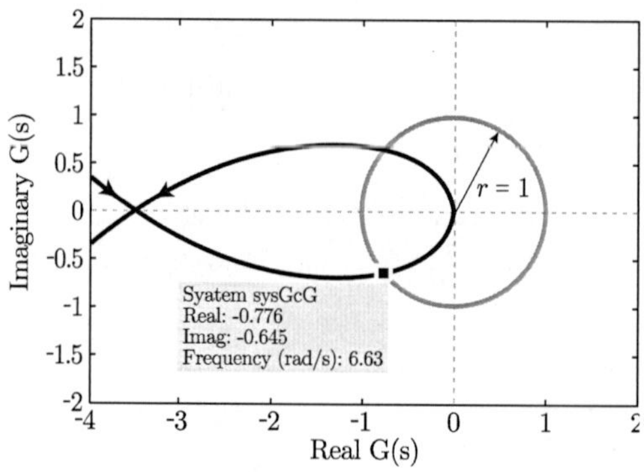

[그림 4.33] $K = 5$에서의 벡터궤적과 단위원과의 교점

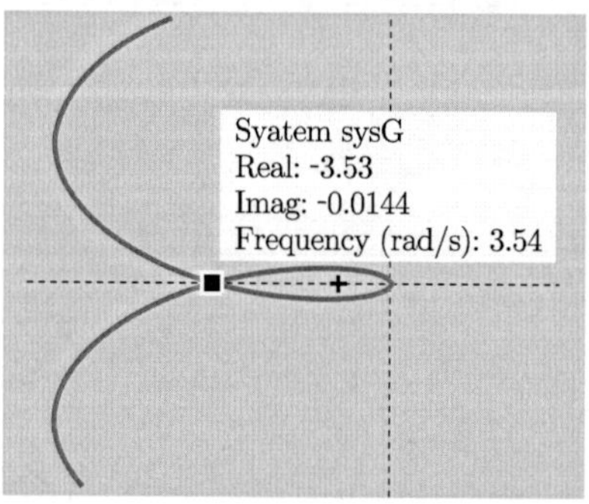

[그림 4.34] $K = 5$에서의 벡터궤적과 실수축과의 교점

[그림 4.22]로 주어진 폐루프시스템의 경우 이득이 $K > 1.42$이면 폐루프는 항상 안정으로 되기 때문에 사실상 이득여유는 무한대이다. 그러나 위에서 언급한 이득여유의 정의의 관점에서 이를 생각해보자. $K = 5$인 경우의 $G(s)$의 벡터궤적은 [그림 4.34]로 되며, 이때 $\omega_1 = 3.53$ [rad/s]에서 궤적이 실수축의 점 -3.52에서 만난다. 따라서 이 점이 $(-1, j0)$로 되기 위한 이득은 $1/3.52 \approx 0.284$로 되어 이득 K가 감소하는 방향으로의 이득여유는 현재 0.284임을 알 수 있다([그림 4.35]의 보드선도 참조). 현재의 이득이 $K = 5$이므로 여기에 0.284를 곱하면 $K = 1.42$로 된다. 이 값은 [그림 4.22]의 시스템이 안정하기 위한 최소값임을 알 수 있다. 이와 같이 불안정한 시스템 $G(s)$를 피드백으로 안정화시키고자 하는 경우에는 폐루프시스템의 이득여유의 결정에 주의가 필요하다.

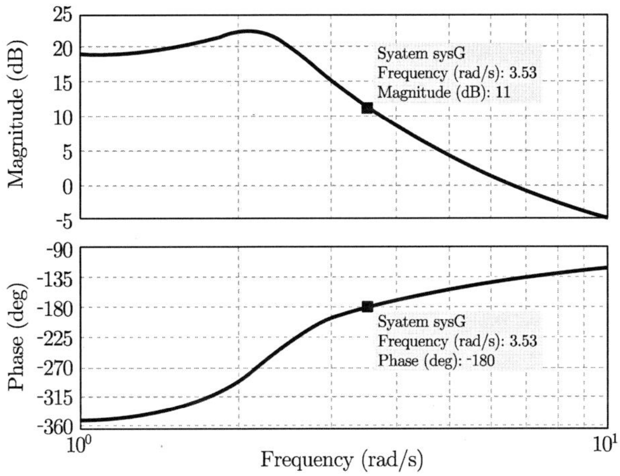

[그림 4.35] [예제 4.4]의 $K = 5$에서의 보드선도

```
% [예제 4.4]
K = 5;                                  % 안정한 경우
sysG = tf(K*[1 6 9],[1 0 4 5]);
bode(sysG),grid                         % [그림 4.35]
[Gm,Pm,wg,wp] = margin(sysG);
GmdB = 20*log10(Gm);
[GmdB Pm wg wp]                         % 이득여유, 위상여유의 표시
rlocus(sysG)
% 단위원의 작성
theta = linspace(0,2*pi,100);
x =cos(theta);y =sin(theta);
plot(x,y,':')                           % [그림 4.33]
```

4.3 폐루프와 개루프의 주파수응답 사이의 관계

지금까지 개루프 전달함수 $G(s)$의 주파수응답과 관련된 여러 특성을 살펴보았다. 앞에서 언급한 바와 같이 $G(s)$에 대한 주파수응답, 즉 보드선도는 간단한 계산만으로 작성가능하기 때문에 만약 개루프 주파수응답으로부터 폐루프의 주파수특성, 예를 들어 피크값 M_p 및 이때의 주파수 ω_p 등을 얻을 수 있다면 보상기의 설계 등에 많은 도움이 될 것이다.

여기서는 이와 같이 간단하게 얻을 수 있는 개루프의 주파수특성과 폐루프응답과의 관련성을 살펴보고, 이 결과로부터 얻어지는 폐루프의 과도특성에 대한 정보를 확인해 보기로 한다.

4.3.1 폐루프의 주파수응답과 폐루프의 과도특성과의 관계

제3장에서 시스템의 시간응답특성(%오버슈터, 정정시간 등)과 시스템의 전달함수에 대한 정보(예를 들어 ζ, ω_n 등) 사이의 관련성을 언급하였다. 여기서는 이 관계, 다시 말하면 시간응답으로 주어진 시스템의 정보를 주파수응답으로의 관계식으로 유도할 수 있는 지를 먼저 알아보기로 한다.

먼저 피드백시스템이 [그림 4.36]과 같이 주어졌다고 가정하고 이 시스템의 주파수응답과 시간응답특성 사이의 관련성을 알아보기로 한다. [그림 4.36]의 경우 폐루프 전달함수가 표준 2차시스템의 형식으로 되어 제3장에서 취급한 여러 공식들의 적용이 가능해지기 때문에 폐루프와 개루프 사이의 관련성 확인에 유리하다.

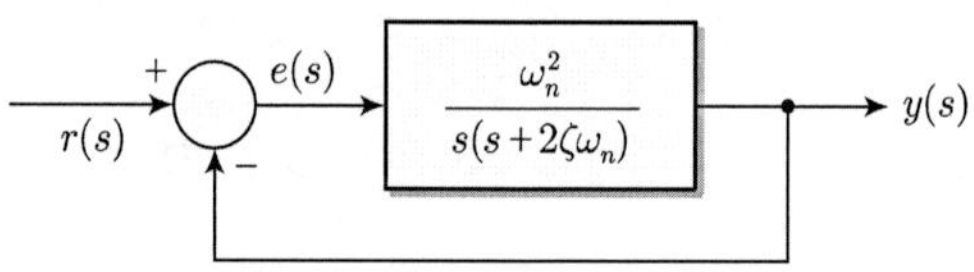

[그림 4.36] 2차 시스템의 단위피드백시스템

[그림 4.36]의 폐루프 전달함수는

$$\frac{y(s)}{r(s)} = T(s) = \frac{\omega_n^2}{s^2 + 2\zeta\omega_n s + \omega_n^2} \tag{4.35}$$

로 되며, 여기에 $s = j\omega$를 대입하면 폐루프의 주파수특성을 얻을 수 있다. 이때 주파수응답의 크기(amplitude)는 간단한 계산에 의해

$$M = |T(j\omega)| = \frac{\omega_n^2}{\sqrt{\left(\omega_n^2 - \omega^2\right)^2 + 4\zeta^2\omega_n^2\omega^2}} \tag{4.36}$$

로 주어지며, 이것의 개략적인 모양을 [그림 4.37]에 나타내었다. 식(4.36)을 이용하여 감쇄비와 피크값 M_p와의 관계를 구하여 보자. 즉, 식(4.36)의 양변을 제곱하여 이를 주파수 ω^2으

로 미분하여 영으로 두면 다음의 식을 얻을 수 있다. 즉, 주파수응답의 최대값은 주파수

$$\omega_p = \omega_n \sqrt{1-2\zeta^2} \qquad (4.37a)^{26)}$$

에서

$$M_p = \frac{1}{2\zeta\sqrt{1-\zeta^2}} \qquad (4.37b)$$

로 주어진다는 것을 확인할 수 있다. 또한 ζ는 오버슈터 양과 관련이 있기 때문에(식(3.26c) 참조) 이 관계를 그림으로 나타낸 것이 [그림 4.38]이다.

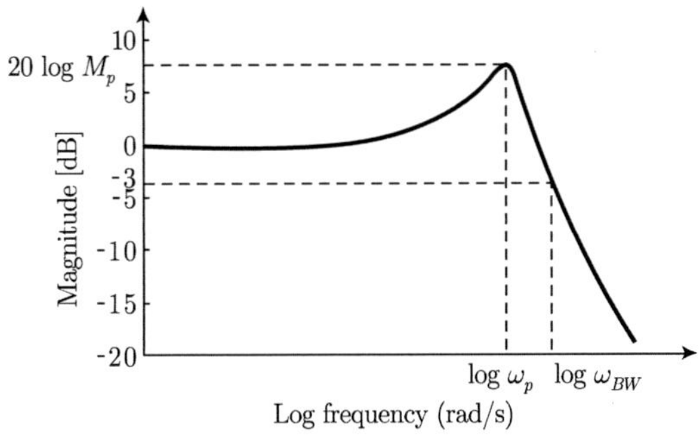

[그림 4.37] 식(4.36)의 개략적인 그림

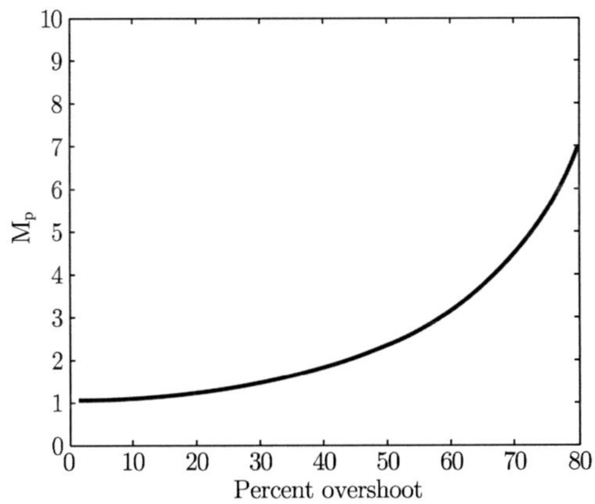

[그림 4.38] 폐루프의 피크값과 %오버슈터 값의 관계

식(3.26c) 또는 [표 3.2]로부터 알 수 있는 바와 같이 감쇄비가 작은 값을 가질수록 오버슈터량이 증가하며, 이 결과 [그림 4.38]로부터 오버슈터가 커짐에 따라 폐루프의 피크 M_p 역시 증가한다. 또한 식(4.37a)에 의해 감쇄비의 감소에 따라 ω_p는 ω_n, 즉 시스템의 고유진동수에 접근하게 된다. 여기서 주의할 점은 식(4.37b)에 의해 $\zeta > 1/\sqrt{2} \approx 0.707$이면 폐루프의

26) 식(4.21), (4.22)를 참조한다.

주파수응답에는 피크가 존재하지 않는다는 사실이다. 이는 페루프의 시간응답에서 출력 $y(t)$는 $\zeta < 1$에서 항상 오버슈터가 존재한다는 점과는 다른 이야기이기 때문에 주의하여야 한다.

```
% [그림 4.38]을 위한 MATLAB 프로그램
per_OS = @(zeta) exp(-(zeta.*pi./sqrt(1-zeta.^2))).*100
Peak_Val = @(zeta) 1./(2.*zeta.*sqrt(1-zeta.^2))
zeta = (0:0.01:0.8)';
Percent = per_OS(zeta);
Mp = Peak_Val(zeta);
plot(Percent,Mp),axis([0 80 0 10])
xlabel(' Percent overshoot '), ylabel(' M_p ')
```

■ 주파수응답과 시스템의 응답속도

일반적으로 시스템의 대역폭이 넓으면 넓을수록 응답속도가 빠른 것으로 알려져 있다. 보통 시스템의 응답속도는 정정시간, 피크시간, 상승시간 등으로 주어지므로 시스템의 주파수응답으로부터 얻어지는 대역폭과 이들과의 관련성을 알아보기로 한다. 대역폭이란 주파수응답의 크기가 주파수가 0일 때의 값[27]으로부터 -3[dB] 떨어지는 점에서의 주파수 ω_{BW}로 주어진다([그림 4.37] 참조).

전달함수가 식(4.35)로 주어진 경우의 대역폭은, 크기인 식(4.36)이 $1/\sqrt{2}$ (즉 -3[dB])로 되었을 때의 주파수가 대역폭이다. 계산된 대역폭은 다음과 같다.

$$\omega_{BW} = \omega_n \sqrt{(1-2\zeta^2) + \sqrt{4\zeta^4 - 4\zeta^2 + 2}} \tag{4.38}$$

식(3.26b)로부터 고유진동수는 $\omega_n = 4/(t_s\zeta)$로 주어지므로, 이를 식(4.38)에 대입하면 정정시간 t_s와 감쇄비 ζ를 연결시키는 식을 얻을 수 있다.

$$\omega_{BW} = \frac{4}{t_s\zeta} \sqrt{(1-2\zeta^2) + \sqrt{4\zeta^4 - 4\zeta^2 + 2}} \tag{4.39a}$$

또한 식(3.26d)으로부터 얻어진 $\omega_n = \pi/\left(t_p\sqrt{1-\zeta^2}\right)$를 식(4.38)에 대입하면 피크시각과 대역폭과의 관계식을 얻는다.

$$\omega_{BW} = \frac{\pi}{t_p\sqrt{1-\zeta^2}} \sqrt{(1-2\zeta^2) + \sqrt{4\zeta^4 - 4\zeta^2 + 2}} \tag{4.39b}$$

마지막으로 상승시간 t_r과 대역폭과의 관계는 식(3.26a)로부터 얻을 수 있다. 즉, 감쇄비 ζ와 고유진동수 ω_n에 대한 정보가 확보되어 있으므로

27) 실제로 주파수가 0일 때의 값보다는, 0에 가까운 아주 작은 크기의 주파수에서의 크기를 의미하며, 보통 0[dB]로 둔다.

$$t_r \approx \frac{1+1.15\zeta+1.4\zeta^2}{\omega_n} \tag{4.39c}$$

에 의해 대략적인 상승시간을 추정할 수 있다. [그림 4.39]는 식(4.39)의 관계식을 대역폭과 고유진동수로 규정화(normalize)하여 그래프로 나타낸 것으로, 이로부터 감쇄비와 과도응답을 나타내는 각 값 사이의 관련성을 어느 정도 파악할 수 있다.

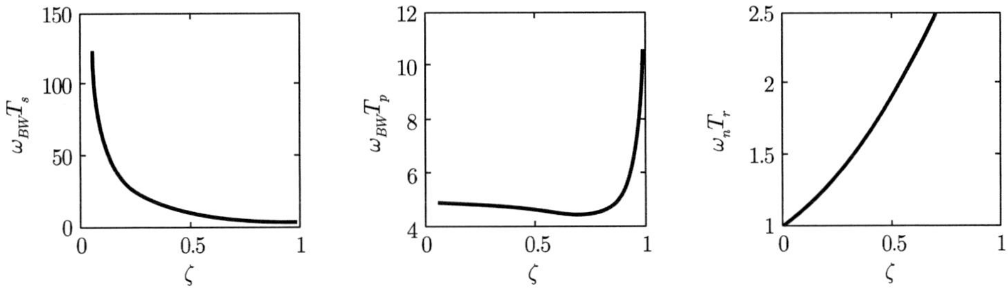

[그림 4.39] 감쇄비에 대한 과도특성의 각 변수 사이의 관련

```
% [그림 4.39]를 위한 MATLAB 프로그램
wBW_ts = @(zeta) 4*sqrt((1-2*zeta.^2)
         +sqrt(4*zeta.^4-4*zeta.^2+2))./zeta
wBW_tp = @(zeta) pi*sqrt((1-2*zeta.^2)
         +sqrt(4*zeta.^4-4*zeta.^2+2))./sqrt(1-zeta.^2)
wn_tr = @(zeta) 1+1.15*zeta+1.4*zeta.^2

zeta = (0.05:0.01:0.98)';zeta2 = (0:0.01:0.7)';
Ts_BW = wBW_ts(zeta);
Tp_BW = wBW_tp(zeta);
Tr_WN = wn_tr(zeta2);

subplot(221), plot(zeta, Ts_BW)
xlabel(' ₩zeta '), ylabel('₩omega_B_WT_s')
subplot(222), plot(zeta, Tp_BW)
xlabel(' ₩zeta '), ylabel('₩omega_B_WT_p')
subplot(223), plot(zeta2, Tr_WN)
xlabel(' ₩zeta '), ylabel('₩omega_nT_r')
```

4.3.2 개루프와 폐루프 주파수응답의 관계 – 니콜스선도(Nichols chart)

여기서는 [그림 4.18]의 단위피드백시스템을 이용하여 개루프시스템의 주파수응답으로부터 폐루프의 주파수응답특성에 대한 정보를 얻는 방법에 대하여 알아본다. 만약 보상기 $G_c(s)$를 이용하여 제어대상의 주파수특성을, 최종적인 폐루프의 특성을 예측하면서 적절히 변경할 수

있다면 설계사양을 만족시키는 보상기를 어렵지 않게 얻을 수 있을 것이다.

[그림 4.18]에서 $G_c(s)=1$, 즉 보상기를 포함하는 전달함수 $G(s)$로 이루어진 단일폐루프 시스템을 대상으로 하여 폐루프와 개루프의 주파수응답 사이의 관련성에 대하여 알아본다. 먼저 폐루프의 주파수응답은 다음과 같이 주어진다.

$$T(s)|_{s=j\omega} = \frac{G(j\omega)}{1+G(j\omega)} \tag{4.40}$$

위 식에서 $G(j\omega)$는 복소수이므로 이를 $G(j\omega)=P(\omega)+jQ(\omega)$로 하여 식(4.40)에 대입한다.

$$T(j\omega) = \frac{P(\omega)+jQ(\omega)}{[(P(\omega)+1)+jQ(\omega)]} \tag{4.41}$$

여기서 식(4.41)의 크기의 제곱, 즉 M^2은

$$M^2 = |T^2(j\omega)| = \frac{P^2(\omega)+Q^2(\omega)}{[(P(\omega)+1)^2+Q^2(\omega)]} \tag{4.42}$$

로 주어진다. 위 식의 양변을 정리하면 다음의 관계식이 얻어진다.

$$\left(P+\frac{M^2}{M^2-1}\right)^2 + Q^2 = \frac{M^2}{(M^2-1)^2} \tag{4.43}$$

위 식은 중심이 $\{-M^2/(M^2-1), 0\}$ 이며 반지름이 $[M/(M^2-1)]$인 원을 나타내는 방정식이므로, M의 값에 따라 여러 종류의 원이 복소평면에 생성된다([그림 4.40] 참조). 따라서 [그림 4.40]에 $G(s)$의 주파수응답을 겹쳐 나타낸다면, 이로부터 폐루프주파수응답의 크기 ($|T(j\omega)|$)를 얻을 수 있다. 예를 들어, [그림 4.40]에서 $M=1.5$의 원과 $G(j\omega_1)$가 한 점에서 만났다면, 주파수 $\omega=\omega_1$에서 식(4.40)의 크기는 1.5로 된다는 것을 알 수 있다.

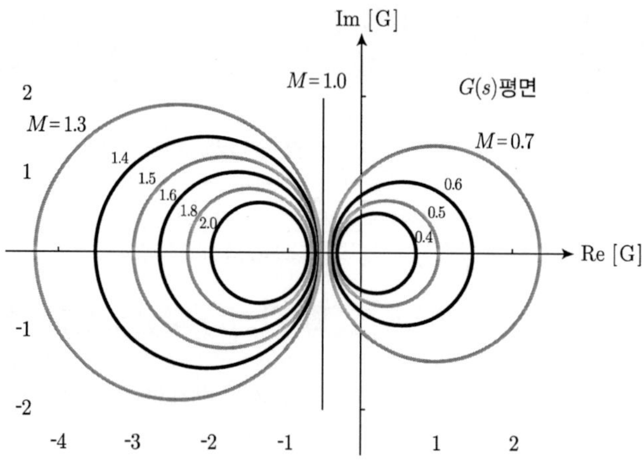

[그림 4.40] 일정한 M값의 원 (M-circle)

이와 비슷한 과정을 거치면 폐루프의 위상에 대한 정보를 개루프에서 얻을 수 있다. 식 (4.41)로부터 폐루프의 위상은 다음으로 주어진다.

$$\phi = \tan^{-1}\frac{Q(\omega)}{P(\omega)} - \tan^{-1}\frac{Q(\omega)}{P(\omega)+1} \tag{4.44}$$

$$= \tan^{-1}\frac{\dfrac{Q(\omega)}{P(\omega)} - \dfrac{Q(\omega)}{P(\omega)+1}}{1+\dfrac{Q(\omega)}{P(\omega)}\left(\dfrac{Q(\omega)}{P(\omega)+1}\right)}$$

여기에 $\tan(\alpha-\beta)=(\tan\alpha-\tan\beta)/(1+\tan\alpha.\tan\beta)$를 적용하여 정리하면

$$\tan\phi = N = \frac{Q}{P^2+P+Q^2} \tag{4.45a}$$

로 되며, 이를 정리하면 다음과 같은 N원에 관한 식이 얻어진다.

$$\left(P+\frac{1}{2}\right)^2 + \left(Q-\frac{1}{2N}\right)^2 = \frac{N^2+1}{4N^2} \tag{4.45b}$$

여러 종류의 N값에 대한 식(4.45b)의 원을 [그림 4.41]에 나타내었다. 이 그림 위에 $G(s)$의 주파수응답을 겹쳐 나타내면 폐루프의 위상특성에 대한 정보를 얻을 수 있다.

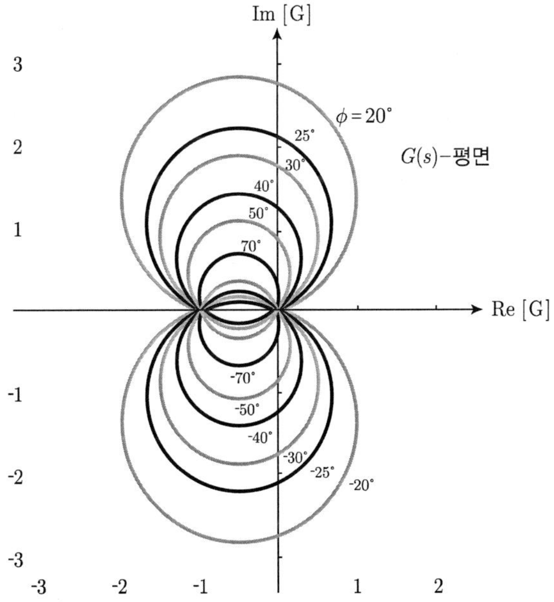

[그림 4.41] 일정한 크기의 N값에 대한 원 (N-circle)

이상과 같이 두 개의 원, 즉 [그림 4.40]의 M원과 [그림 4.41]의 N원을 하나로 통합하여 하나의 그래프로 나타낸 것이 니콜스선도(Nichols chart)이다([그림 4.42] 참조). 단, 이 과정에

서 크기에는 log를 취해서 표시하였다. 니콜스선도에 개루프 전달함수 $G(s)$의 주파수특성을 표시함으로서 폐루프의 주파수특성, 즉 크기와 위상을 동시에 얻을 수 있게 된다.

보드선도와 마찬가지로 위상과 이득을 하나의 그래프에서 확인할 수 있으면서, 동시에 폐루프의 주파수특성까지도 파악할 수 있다는 점에서 보상기설계에 많이 사용되고 있다.

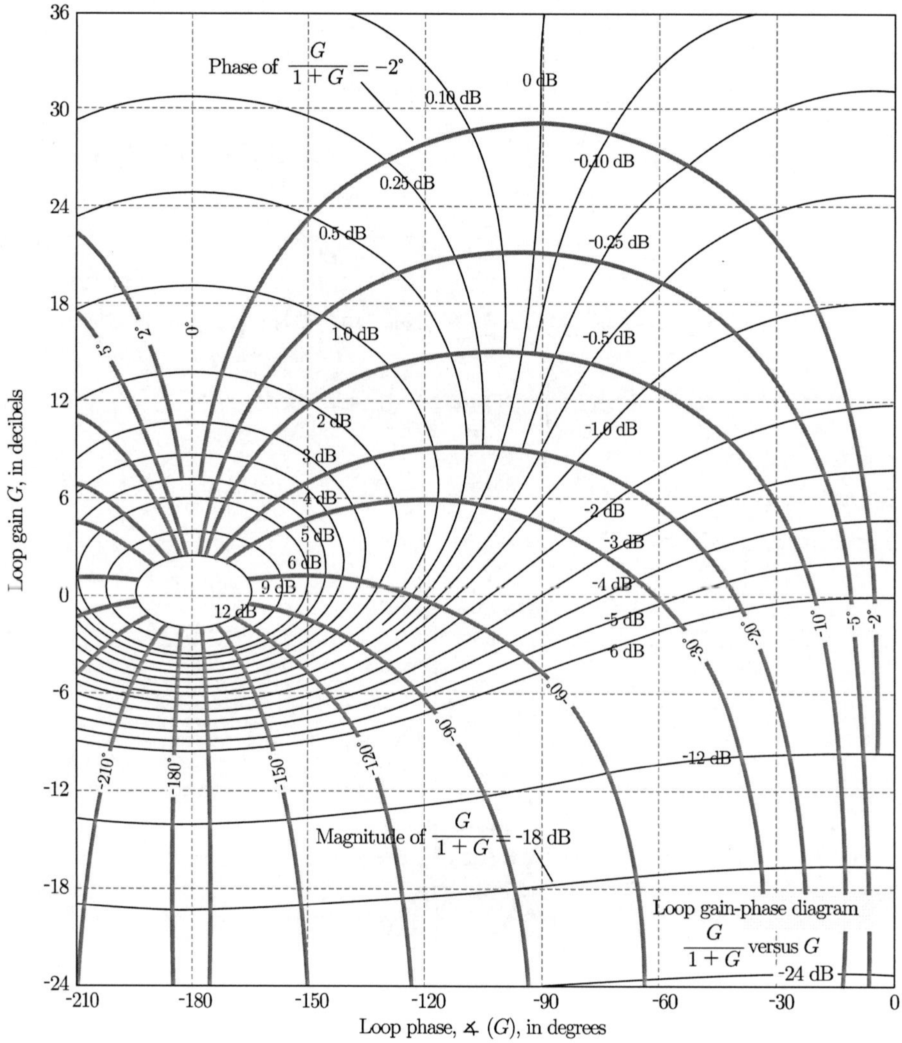

[그림 4.42] 니콜스선도

[그림 4.42]의 니콜스선도는 x축이 위상($\angle G(s)$)으로 크기가 0°에서 −240°까지 이며, y축은 크기($20\log10(|G(s)|)$)로 -24 ~ 36 [dB]까지 표시되어 있다[28]. 또한 벡터궤적에서 중요한 역할을 하는 복소평면상의 점 $(-1, j0)$은 니콜스선도 상에서 점 (−180°, 0 [dB])로 주어진다. 그림

28) x축, y축의 최대·최소는 주어진 $G(s)$에 따라 물론 달라진다.

에서 보는 바와 같이 니콜스선도에는 많은 곡선이 존재하는데, 짙은 색의 실선은 폐루프의 위상을, 옅은 색의 실선은 역시 폐루프의 크기를 각각 나타낸다. 따라서 보상기설계에 필요한 위상·이득여유뿐만 아니라 폐루프의 피크값, 공진주파수 및 대역폭 등을 이로부터 바로 얻을 수 있다. 또한 니콜스선도는 $-180°$ 선을 기준으로 하여 좌우가 대칭으로 된다는 점에 유의한다.

[예제 4.5]

[그림 4.18]의 단위피드백시스템에서 개루프 전달함수가 다음과 같이 주어져 있다고 한다. 이 시스템의 니콜스선도를 그려보고 이와 관련된 폐루프시스템의 특성에 대하여 알아보자.

$$G(s)=\frac{K}{s(s+7.5)} \quad ①$$

풀이 주파수 $1 \le \omega \le 100$ 범위에서 임의로 추출한 값을 사용하여 ①에서 $K=100$, 250, 35로 주어졌을 경우의 니콜스선도를 [그림 4.43]에 나타내었다. 그림으로부터 이득이 증가하면 니콜스선도는 왼쪽 위로, 이득이 감소하면 오른쪽 아래로 각각 이동해 가는 모습을 볼 수 있다[29].

$K=100$의 경우 니콜스선도는 $\omega=8$에서 3 [dB]곡선과 접하고 있기 때문에 ①로 주어진 단위피드백시스템의 피크값은 3 [dB]임을 알 수 있다. 이는 [그림 4.18]의 단위피드백시스템에서

$$\frac{y(j\omega)}{r(j\omega)}=\frac{G(j\omega)}{1+G(j\omega)}=M(\omega)e^{j\phi(\omega)} \quad ②$$

로 두면 $M(\omega)$은 $\omega=8$에서 최대값 1.41, 즉 +3 [dB]로 된다는 것을 의미한다. 이는 물론 폐루프시스템 ②에 대한 보드선도를 작성하여 확인할 수도 있다.

또한 $K=250$에서는 6 [dB]의 곡선, $K=35$에서는 0.25 [dB] 곡선과 각각 접하고 있다는 사실로부터 폐루프의 이득을 증가시키면 피크값이 커진다는 사실을 알 수 있다. 이는 [그림 4.18]에서 입력으로 단위계단신호를 인가하고(즉 $r(t)=1,\ (t \ge 1)$, 폐루프 이득을 증가시키면 피드백시스템의 출력에는 진동성분이 크게 나타난다는 사실에 기인한 것이다[30].

이와 같이 니콜스선도를 이용하면 개루프시스템의 특성으로부터 폐루프시스템의 특성(피크값, 위상·이득여유 등)의 추측이 가능하기 때문에 제어기 설계에 있어 유용한 도구의 하나이다.

29) [그림 4.43]에서 $K=35$의 경우는 주파수 대역을 $0.1 \le \omega \le 10$로 변경하였기 때문에 오른쪽 위쪽으로 이동한 것 같이 보이나, 동일한 주파수 대역이라면 오른쪽 아래로 이동해 갈 것이다.

30) [그림 4.38]에서 입력으로 진폭이 1이고 주파수가 8 [rad/s]인 정현파를 인가하였을 경우에 출력 정현파의 진폭이 최대값 1.41로 된다는 의미와 같다.

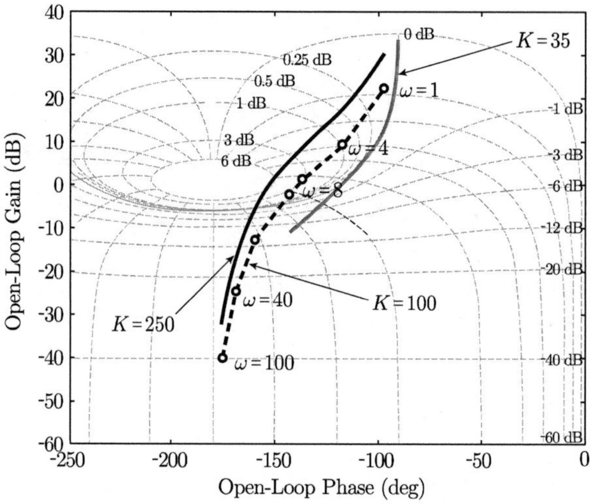

[그림 4.43] [예제 4.5]의 니콜스선도

```
% [예제 4.5]
num = [100];den = [1 7.5 0];
w = [1 4 8 10 20 40 100];                              % 주파수의 지정
[mag,phase,w] = nichols(num,den,w);
magdB = 20*log10(mag);
plot(phase,magdB,':')                                  % [그림 4.43]
v = [-250 0 -60 40];axis(v);ngrid
xlabel('Open-Loop Phase (deg)'),ylabel(' Open-Loop Gain (dB) ')
text(-90,22,'₩omega = 1');
text(-115,9,'₩omega = 4');
text(-132,0,'₩omega = 8');
text(-165,-26,'₩omega = 40');
text(-170,-41,'₩omega = 100');
```

4.3.3 개루프의 주파수응답과 폐루프응답의 과도특성과의 관계

이전 절에서 작성한 니콜스선도를 이용하면 개루프의 주파수특성으로부터 폐루프의 과도응답에 대한 정보를 얻을 수 있다. 먼저 [그림 4.40] 위에 겹쳐서 나타낸 개루프의 주파수응답과 접하는 M의 최대값이 폐루프 주파수응답의 피크값 M_p이다. 일단 M_p가 얻어지면 이로부터 폐루프의 감쇄비 ζ와 % 오버슈터 양을 식(4.37)로부터 계산할 수 있게 된다.

다음의 예제는 개루프 주파수응답을 이용하여 폐루프 주파수응답의 피크값과 감쇄비, 이로부터 오버슈터 값을 어떻게 얻는지를 보여주고 있다.

[예제 4.6]

[그림 4.18]에서

$$G(s) = \frac{50}{s(s+3)(s+6)},\ G_c(s) = 1 \qquad ①$$

으로 주어졌다고 한다. 니콜스선도를 이용하여 폐루프의 주파수응답을 계산하여 보자.

풀이 MATLAB의 명령어 '**nichols**'를 사용하여 얻은 결과가 [그림 4.44]이다. 그림으로부터 각 주파수에서의 M원의 크기를 다음과 같이 정리하였다.

$$\omega = [0.8, 0.9, 1, 1.3, 1.5, 1.7, 2, 2.2, 2.5, 3, 3.5, 4.2, 5] \qquad ②$$

$$M = [1.079, 1.103, 1.132, 1.227, 1.318, 1.424, 1.595,$$
$$\cdots\ 1.678, 1.663, 1.214, 0.785, 0.454, 0.283]$$

최대 M값, 즉 피크값은 $\omega_p = 2.3$ 근처에서 $M = 1.8$인 M원과 접하고 있으므로 피크값은 $M_p = 5.1$[dB] 정도로 된다는 것을 알 수 있다.

```
% [예제 4.6]
num = [50];den = poly([0 -3 -6]);
sys = tf(num,den);
w = [0.8 0.9 1 1.3 1.5 1.7 2 2.5 3 3.5 4.2 5];
[mag,phase,w] = nichols(num,den,w);
magdB = 20*log10(mag);
plot(phase,magdB,'o'),hold on
plot(phase,magdB)                                    % [그림 4.44]
v = [-200 -100 -15 15];axis(v);ngrid
```

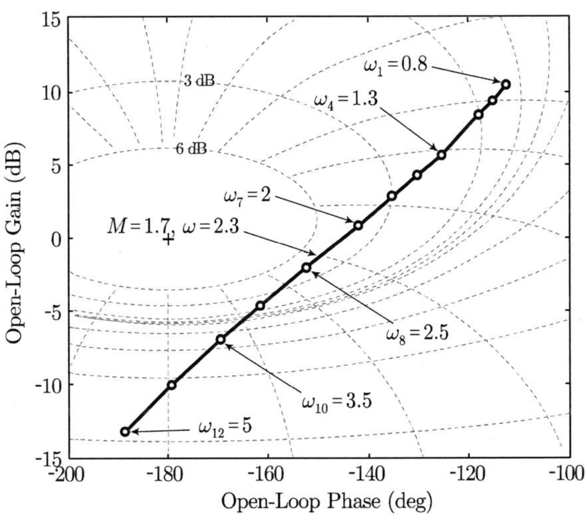

[그림 4.44] [예제 4.6]의 니콜스선도

다음은 위 예제를 참고로 개루프 주파수응답과 폐루프 과도특성과의 관련성을 알아보자. 이러한 관계들은 뒷부분에서 보상기 설계 시에 유용하게 사용된다.

■ 감쇄비와 위상여유

쉽게 작성할 수 있는 개루프의 주파수응답으로부터 얻어지는 위상여유값에서 폐루프 과도특성의 하나인 오버슈터의 크기를 평가할 수 있는 방법을 알아보기로 한다.

[그림 4.36]과 같이 주어진 시스템의 전달함수는 표준2차형식인 식(4.35)로 주어진다.

$$T(s)= \frac{\omega_n^2}{s^2+2\zeta\omega_n s+\omega_n^2} \tag{4.46}$$

[그림 4.36]의 폐루프시스템의 위상여유를 평가하기 위해서는 먼저 $|G(j\omega_1)|=1$을 만족하는 주파수의 계산이 필요하다. 이는 관계식

$$|G(j\omega_1)|= \frac{\omega_n^2}{|-\omega_1^2+j2\zeta\omega_n\omega_1|}=1 \tag{4.47}$$

를 전개하여 정리하면 다음 식으로 주어진다는 것을 확인할 수 있다.

$$\omega_1=\omega_n\sqrt{-2\zeta^2+\sqrt{1+4\zeta^4}} \tag{4.48}$$

따라서 주파수 ω_1에서 $G(j\omega_1)$의 위상은 역시 간단한 계산에 의해

$$\begin{aligned}\angle G(j\omega_1) &= -90^o-\tan^{-1}\left(\frac{\omega_1}{2\zeta\omega_n}\right) \\ &=-90^o-\tan^{-1}\left(\frac{\sqrt{-2\zeta^2+\sqrt{4\zeta^4+1}}}{2\zeta}\right)\end{aligned} \tag{4.49}$$

로 된다. 따라서 식(4.49)과 $-180°$와의 차가 위상여유 ϕ_M이다. 즉

$$\begin{aligned}\phi_M &= 90^o-\tan^{-1}\left(\frac{\sqrt{-2\zeta^2+\sqrt{4\zeta^4+1}}}{2\zeta}\right) \\ &=\tan^{-1}\left(\frac{2\zeta}{\sqrt{-2\zeta^2+\sqrt{4\zeta^4+1}}}\right)\end{aligned} \tag{4.50}$$

가 얻어진다. 위 식은 감쇄비 ζ와 위상여유 사이의 관계를 나타내는 것으로 이를 [그림 4.45]에 그래프로 표시하였다.

식(4.37a)로부터 $\zeta \geq 0.707$이면 피크주파수 ω_p가 존재하지 않는다, 즉 폐루프의 주파수응답에는 오버슈터가 발생하지 않는다는 사실을 이미 언급하였다. 따라서 [그림 4.45]로부터 $\zeta=0.707$이면 위상여유가 대략 65°이므로, 폐루프시스템에서 오버슈터가 발생하기 않기 위

해서는 위상여유가 적어도 65° 이상 되어야 한다는 사실을 알 수 있다.

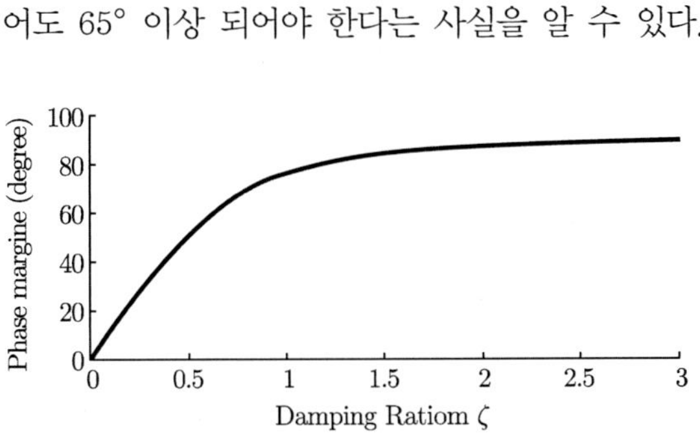

[그림 4.45] 위상여유와 감쇄비와의 관계

```
% [그림 4.45]를 위한 MATLAB 프로그램
PhaseMargin = @(zeta) atan(2.*zeta./sqrt(-2.*zeta.^2+sqrt(4.*zeta.^4+1)))
zeta = (0:0.05:3)';
PM = PhaseMargin(zeta)*180/pi;
subplot(211),plot(zeta,PM)
xlabel('Damping Ratiom  ₩zeta'), ylabel('Phase margine (degree)')
```

■ **개루프 주파수응답과 폐루프의 응답속도**

식(4.39a)와 (4.39b)로부터 폐루프의 감쇄비와 피크시각 및 정정시간과의 관련성을 추측할 수 있다. 여기서는 폐루프의 대역폭을 개루프의 주파수응답으로부터 추정할 수 방법을 알아보자.

[그림 4.42]의 니콜스선도의 일부분을 확대하여([그림 4.46] 참조) 개루프와 폐루프 이득과의 관계를 확인해 보자. 먼저 $M = 0.707$, (-3 [dB])인 선분과 만나는 점에서의 개루프의 이득과 위상과의 관계를 그림으로 나타낸 것이 [그림 4.47]이다. 이 그림은 폐루프의 이득이 -3 [dB][31]로 되었을 때의 개루프의 이득과 위상을 보여주고 있다. 이로부터 폐루프의 대역폭 ω_{BW}은 개루프의 위상응답이 -135°와 -225° 사이에 존재할 경우 개루프의 이득이 대략적으로 -6과 -7 [dB] 사이의 주파수 범위 내에 존재한다는 것을 알 수 있다. 따라서 식(4.39)에 이 값을 적용하면 폐루프의 과도특성에 대한 개략적인 정보를 얻을 수 있다.

31) -3 [dB]에서의 주파수는 앞에서 언급한 바와 같이 낮은 주파수에서의 이득이 1, 즉 0 [dB]인 경우의 시스템의 대역폭을 의미한다.

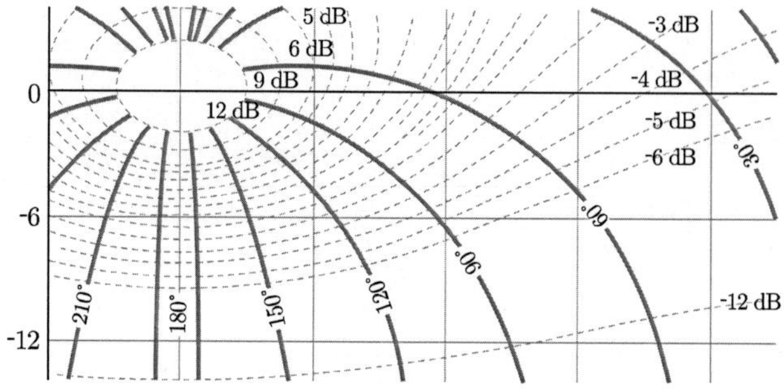

[그림 4.46] 니콜스선도(일부분)

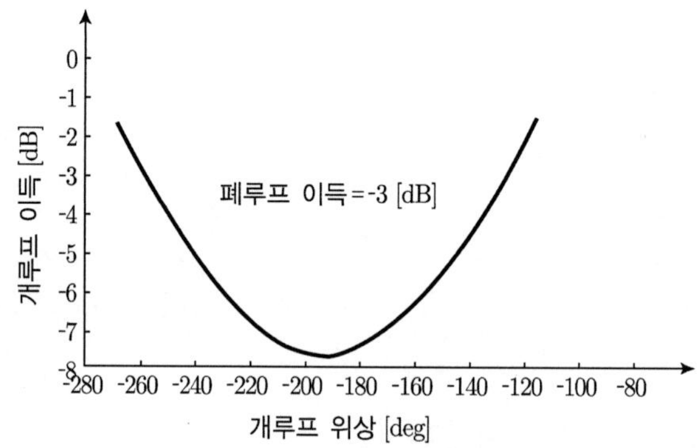

[그림 4.47] ω_{BW}에서 개루프 이득과 위상과의 관계

[예제 4.7]

[그림 4.36]의 형식으로 주어진 피드백시스템에서 $G(s)$가 다음과 같이 주어져 있다. 이 경우 개루프 주파수응답으로부터 폐루프의 정정시간과 피크시간을 계산하여 보자.

$$G(s) = \frac{50}{s(s+3)(s+6)} \qquad ①$$

풀이 먼저 ①에 대한 보드선도를 작성하고 이로부터 위상이 −135°와 −225° 사이에 존재할 경우의 이득이 −6과 −7 [dB]로 되는 주파수는 대략 3.7 [rad/s]이므로 대략 $\omega_{BW} \approx 3.7$ [rad/s] 임을 알 수 있다. 다음 위상여유로부터 감쇄비를 계산하여 보자.

주파수 $\omega = 2.2$ [rad/s]에서의 이득이 0 [dB]이며 이때의 위상이 $-145°$이므로, 위상여유는 $\{-145° - (-180°)\} = 35°$로 된다. 따라서 [그림 4.45]로부터 $\zeta = 0.32$로 됨을 알 수 있다. 마지막으로 식(4.39a)와 (4.29b)로부터 $t_s = 4.86$ 및 $t_p = 1.29$가 얻어진다. ①을 [그림 4.36]에 대입하여 시뮬레이션을 수행한 결과 정정시간과 피크시각의 정확한 값은 $t_s = 5.5$ 및 $t_p = 1.43$[s]로 되어 근접한 결과가 얻어졌음을 알 수 있다.

4.4 보상기의 설계를 위한 준비

제어대상 $G(s)$에 부과된 설계사양을 만족하는 시스템의 구축을 위해 대부분 동적시스템인 보상기(또는 제어기) $G_c(s)$를 이용하여 [그림 4.18]과 같은 단위피드백시스템을 구성한다. 이때 보상기의 설계를 위한 사양은 일반적으로 i) 시간응답특성, 즉 과도응답특성과, ii) 주파수응답특성, 즉 정상응답특성으로 주어진다. 여기서는 이러한 관계를 활용하여 필요한 보상기를 어떻게 설계할 것인가에 대하여 자세히 언급한다.

먼저 보상기 설계의 기본적인 순서는 다음과 같다.

■ 보상기 설계의 순서

(1) 제어대상의 모델, 즉 전달함수를 확보한다[32].

(2) 제어대상의 특성을 해석한다.

(3) 부과된 설계사양과 제어대상과의 차이 등을 확인하고, 필요한 보상기의 형식 등을 결정한다.

(4) 적절한 방법으로 보상기를 결정하고, 그 결과를 시뮬레이션 등으로 확인한다.

주어진 설계사양의 종류에 따라 대략 다음의 과정을 거쳐 설계가 이루어진다.

• A : 정상응답특성의 개선

제어대상과 보상기를 포함한 전달함수의 일반적인 형식은 다음과 같다.

$$G_c(s)G(s) = \frac{Ke^{-sL}\prod_{j=1}^{m}(sT_j+1)}{s^l\{1+2\zeta(s/\omega_n)+(s/\omega_n)^2\}\cdot\prod_{i=1}^{k}(sT_i+1)} \tag{4.51}$$

식(4.51)로부터 시스템의 정상특성에 부과된 사양을 만족시키기 위한 필요최소한의 K값과 적분기의 개수 l(즉 시스템의 형)을 결정한다. 이는 정상오차의 크기 사이의 관계를 보여주는 제3장의 [표 3.4]를 이용하여 결정한다. 예를 들어 $l=0$, 즉 제어대상이 적분기를 가지지 않는 경우 [그림 4.18]의 단일피드백 시스템이 크기 A인 계단입력 $r(t)=A$, $(t \geq 0)$에 대해서 정상오차를 0.1 이하로 하고자 한다면

$$e_{ss} = \left|\frac{A}{1+K_p}\right| \leq 0.1 \;\;\rightarrow\;\; K_p = \lim_{s\to 0} G_c(s)G(s) \geq (10A-1) \tag{4.52}$$

로부터 이득 K의 범위를 얻을 수 있다. 만약 정상오차를 영으로 만들고자 한다면 시스템에 적분기를 하나 추가하여 1형으로 만들어야 할 것이다. ■

---

32) 이 과정을 일반적으로 시스템의 동정(Identification)이라고 하며, 여기서는 이에 대해서는 언급하지 않고 전달함수 $G(s)$가 주어진 상태에서 설계를 시작하기로 한다.

• B : 정상상태와 과도응답의 개선

부과된 설계사양을 만족시키기 위해 가장 일반적으로 사용되는 보상기 $G_c(s)$로는 진상(phase-lead)보상기와 지상(phase-lag)보상기가 있다[33]. 각 보상기가 가지는 결점으로는 정상오차의 개선이 이루어지면서 과도응답이 약간 나빠지게 되며, 반대로 과도응답이 개선되면 정상오차가 약간 커진다는 것이다. 이러한 점을 개선하기 위하여 상기 두 개의 보상기를 결합하여 사용하기도 하며, 이러한 형태의 보상기를 '지상·진상보상기'라고 부른다[34].

진상과 지상보상기의 특성을 요약하면 다음과 같다.

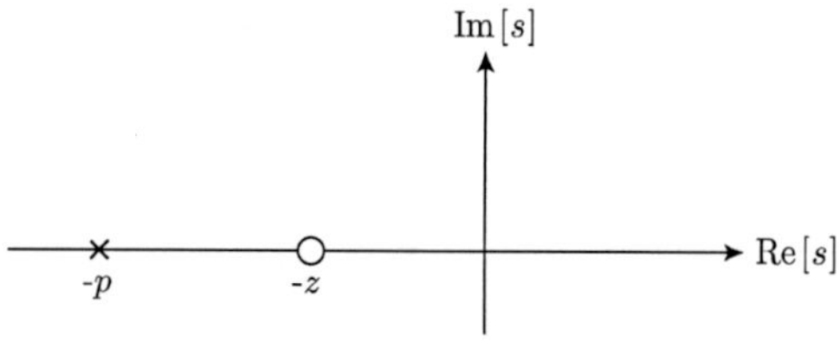

[그림 4.48] 진상보상기의 극·영점 배치 ($|z| < |p|$)

• 지상 및 진상보상기의 역할

(1) 진상보상기를 추가하면 시스템의 과도응답특성은 상당히 개선되나 정상응답에는 거의 변화를 일으키지 않는다.

(2) 진상보상기로 인해 고주파 영역에서 발생되는 잡음이 더욱 강화되는 좋지 않는 결과를 가져오기도 한다.

(3) 지상보상기는 정상응답특성에는 상당한 정도의 향상을 가져오며 동시에 고주파 잡음을 억제하는 등의 바람직한 작용도 갖지만, 과도응답특성을 악화시키는 등의 좋지 않는 현상을 나타내기도 한다.

(4) 보상기의 사용은 전체 시스템의 차원을 하나 이상 증가시키는 결과를 가져오므로, 이는 결국 시스템 자체가 복잡해지며 이로 인해 시스템의 과도응답특성을 정밀하게 조절하기가 어려워진다는 것을 의미한다.

4.4.1 각 보상기의 특성해석

여기서는 [그림 4.18]과 같은 단일피드백 형식의 시스템에 아래 식(4.53)의 형식으로 주어진 보상기 $G_c(s)$가 시스템에 삽입되었을 때 위에서 언급한 두 종류의 보상기가 하는 역할에 대해서 먼저 알아본다.

33) 이들 보상기는 제3장에서 언급한 PD 및 PI보상기의 일반형으로 볼 수 있다.

34) 제3장에서 설명한 PID제어기는 지상·진상보상기의 일반형이다.

$$G_c(s) = \frac{K(s+z)}{(s+p)} \tag{4.53}$$

제어대상 $G(s)$에 연결된 식(4.53)으로 주어진 보상기 $G_c(s)$의 역할을 요약하면 다음과 같다.

(1) 정상오차의 요구조건을 만족시킬 수 있도록 전체 시스템의 루프이득을 변화시키고,
(2) 정상상태의 요구조건에 대한 (1)번의 설정에 영향을 미치지 않으면서 전체 시스템의 과도특성에 대한 사양을 만족시키는 극과 영점을 제공한다.

■ 진상보상기

보상기의 전달함수인 식(4.53)에 의해 시스템에 제공되는 극 p과 영점 z의 위치를 적절하게 배치함으로써 원래의 제어대상이 가지고 있지 않는 (혹은 부족한) 특성을 외부에서 '보상' 함으로써 부과된 설계사양을 만족시킬 수 있게 된다. 이 경우 극과 영점의 배치상태에 따라 진상보상기와 지상보상기로 분류한다.

진상보상기는 극과 영점을 [그림 4.48]과 같이 배치함으로써 보상기의 위상특성이 항상 양(+)의 값을 가지도록 하는 경우를 말한다.

[그림 4.48]과 같이 극·영점을 배치하면 극과 영점 사이에는 $|z| < |p|$의 관계가 성립된다. 우선 진상보상기의 특성을 살펴보기 위하여 좀 더 극단적인 극·영점 배치를 가정하여 $|z| \ll |p|$로 둔다. 그러면 식(4.53)은

$$G_c(s) \approx \left(\frac{K}{p}\right)s \tag{4.54}$$

와 같이 되어 일종의 미분기의 역할을 하게 된다. 이러한 이유로 인해 식(4.53)은 전체적으로는 미분작용을 하는 것으로 해석할 수 있다. 완전한 미분기인 식(4.54)는 다음과 같은 주파수 특성을 가진다.

$$G_c(s) = j\left(\frac{K}{p}\right)\omega = \left(\frac{K}{p}\omega\right)e^{+j90^o} \tag{4.55}$$

즉, 위상은 주파수에 관계없이 항상 +90°를 가지게 된다. 마찬가지로 식(4.53)의 주파수특성은 다음과 같이 될 것이다.

$$G_c(j\omega) = \frac{K(j\omega+z)}{(j\omega+p)} = \frac{(Kz/p)[j(\omega/z)+1]}{[j(\omega/p)+1]} = \frac{K_1(1+j\omega\alpha\tau)}{(1+j\omega\tau)} \tag{4.56}$$

단, $\tau = 1/p$, $p = \alpha z$ 및 $K_1 = K/\alpha$로 두었다. 진상보상기의 주파수응답을 [그림 4.49]에 표시하였다. 먼저 위상의 주파수 특성곡선은 식(4.55)로부터

$$\phi(\omega) = \tan^{-1}(\alpha\omega\tau) - \tan^{-1}(\omega\tau) \tag{4.57}$$

로 됨을 알 수 있다. 극과 영점 사이에는 $|z| < |p|$의 관계가 있으므로 $\alpha > 1$이다. 따라서 식

(4.57)의 위상은 주파수 ω의 변동에 있어서 항상 양의 값을 가지게 되어 [그림 4.49]와 같이 위상곡선은 0°선의 위에 존재한다. 또한 진상보상기의 크기에 대한 주파수 특성은 [그림 4.13]의 1차지연요소에 대한 보드선도를 참고하면, $\omega = z$와 $\omega = p$로 주어지는 두 곳에 브레이크 주파수[35]를 가지며, $\omega = z$에서 +20 [dB/decade]의 기울기로 증가하고, $\omega = p$에서 기울기가 다시 −20 [dB/decade]만큼 감소하여 처음과 같은 0 [dB/decade]로 되어 [그림 4.49]의 이득곡선을 얻는다.

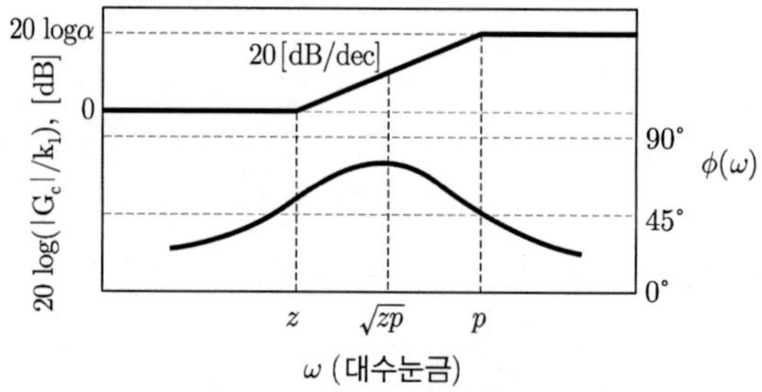

[그림 4.49] 진상보상기의 보드선도

진상보상기에 의해 발생하는 최대진상각도는 [그림 4.49]에서 알 수 있는 바와 같이 주파수 $\omega_m = \sqrt{zp}$에서 발생한다. 이 주파수는 수학적으로 $p = 1/\tau$인 극과 $z = 1/(\alpha\tau)$인 영점의 기하학적인 평균점으로 주어진다. 이를 수식을 이용하여 표현하면, 최대 진상각도를 나타내는 주파수 ω_m은 주파수 축을 보드선도와 같이 log값을 취하였을 경우(즉, 대수눈금)에 영점과 극의 정확히 중간 지점에서 발생한다는 것이다([그림 4.49] 참조). 따라서

$$\log(\omega_m) = \frac{1}{2}(\log(p) + \log(z)) = \log(\sqrt{pz})$$

로 되어

$$\omega_m = \sqrt{zp} = \frac{1}{\tau\sqrt{\alpha}} \tag{4.58}$$

가 얻어진다. 이때 얻어지는 최대진상각도를 구하기 위해서 식(4.56)을 유리화하여 위상을 표현하면 다음 식과 같이 된다.

$$\phi(\omega) = \tan^{-1}\left(\frac{\alpha\omega\tau - \omega\tau}{1 + (\omega\tau)^2\alpha}\right) \tag{4.59}$$

위 식의 ω에 식(4.88)의 ω_m을 대입하면

$$\tan(\phi_m) = \frac{(\alpha/\sqrt{\alpha}) - (1/\sqrt{\alpha})}{1+1} = \frac{\alpha - 1}{2\sqrt{\alpha}} \tag{4.60}$$

35) 크기곡선의 기울기가 변동하기 시작하는 주파수를 의미한다.

을 얻는다. 식(4.60)에 삼각함수의 관계식을 적용하면 최종적으로 아래의 관계식을 구해진다.

$$\sin(\phi_m) = \frac{\alpha - 1}{\alpha + 1} \tag{4.61}$$

식(4.61)은 요구조건을 만족하는 최대 진상각도를 얻기 위한 보상기의 영점과 극을 결정하는 경우에 있어 상당히 편리한 공식이다. [그림 4.50]에 α의 변화에 따른 최대 진상각도 ϕ_m를 나타내었다. 이때 최대로 얻을 수 있는 진상각도는 대략 70°가 한계이며, 만약 70°이상의 진상각도가 필요한 경우에는 진상보상기 두 개를 직렬로 연결하여 사용하면 가능하다.

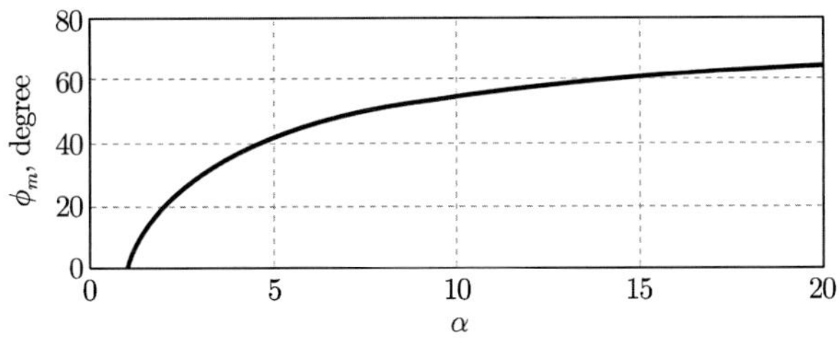

[그림 4.50] α의 변화에 따른 최대진상각도 곡선

```
% [그림 4.50]
alpha = 1:0.1:20;                                         % [그림 4.50]의 x축 설정
mm = max(size(alpha));
for I = 1:mm
    phi(i) = (asin((alpha(i)-1)/(alpha(i)+1)))*180/pi;   % 식(4.61)에 의한 계산
end
subplot(211),plot(alpha,phi),grid                         % [그림 4.50]
xlabel('₩alpha'),ylabel('₩phi_m, degrees')
```

■ 지상보상기

진상보상기 식(4.86)에 대응하여 지상보상기는 다음과 같이 표현한다.

$$G_c(s) = \frac{1 + \tau s}{1 + \alpha \tau s} = \frac{1}{\alpha} \frac{(s+z)}{(s+p)} \tag{4.62}$$

여기서 $z = 1/\tau$ 및 $p = 1/(\alpha\tau)$로 두었다. 이 경우 $\alpha > 1$이기 때문에 식(4.62)의 극과 영점은 $|p| < |z|$의 관계가 성립하여, [그림 4.51]과 같이 극이 영점보다 허수축에 가깝게 배치될 것이다. 식(4.62)과 같은 형태의 보상기의 주파수응답의 위상특성을 조사하여 보면, 분자의 위상 $\phi_n(\omega) = \tan^{-1}(\omega\tau)$은 항상 분모의 위상 $\phi_d(\omega) = \tan^{-1}(\alpha\omega\tau)$보다 작기 때문에 결과적으로 위상은 항상 음(−)의 값을 나타내게 된다. 이러한 이유로서 식(4.62)과 같은 보상기를 지상보상기라고 한다.

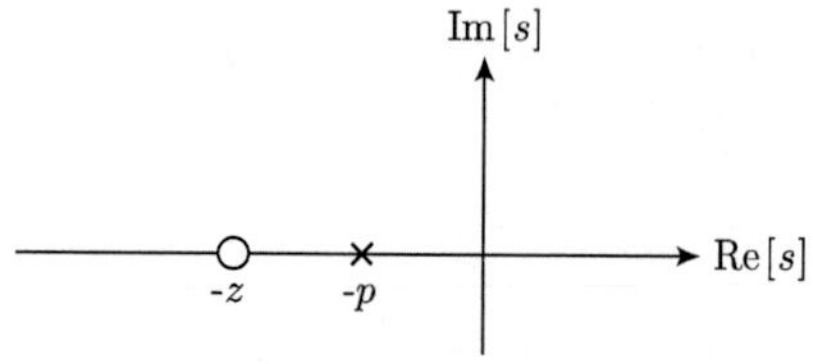

[그림 4.51] 지상보상기의 극·영점 배치

식(4.62)의 지상보상기에 대한 보드선도(즉, 주파수응답)을 [그림 4.52]에 표시하였다. 그림에서 보다시피 전체적인 모양은 진상보상기와 유사하나, 주파수의 증가에 따른 이득의 감소와 지연되는 위상의 크기에서 그 차이점을 찾을 수 있을 것이다. 그러나 [그림 4.49]와 [그림 4.52]에서 위상곡선의 모양은 위 아래로 방향만이 바뀌었을 뿐 완전히 일치한다. 따라서 지상회로에서도 최대 지상각은 주파수 $\omega_m = \sqrt{zp}$ 에서 발생한다는 것을 짐작할 수 있을 것이다.

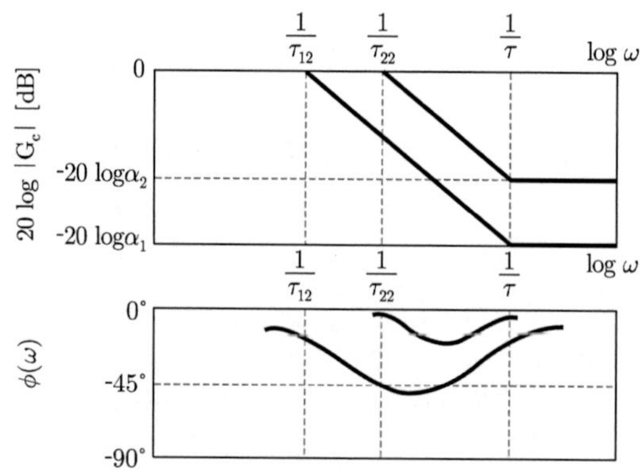

[그림 4.52] 지상보상기의 보드선도

4.4.2 보상기에 의한 주파수특성의 정형

보상기의 설계를 수행하는 경우 폐루프시스템의 설계사양은 앞에서 언급한 바와 같이 정상오차(steady-state error), 상승시간(rising time), 정정시간(settling time) 및 오버슈터(overshoot) 등과 같이 단위 계단응답의 특성으로서 주어지는 시간영역에서의 사양과, 개루프 전달함수의 주파수특성에 대한 조건 등과 같이 주파수 영역에서의 사양(위상여유, 이득여유 등)으로서 주어진다. 이와 같이 다양한 형식으로 부과되는 설계사양을 적절하게 반영하는 보상기의 설계를 위해서는 전절에서 다룬 여러 형태의 공식들이 필요불가결하다.

여기서는 [그림 4.18]의 형식으로 주어진 제어시스템을 채용하여 제어대상 $G(s)$의 주파수특성을 보상기 $G_c(s)$로서 정형(shaping)하여 부과된 설계사양을 만족시키는 방법에 대하여 알아본다. 먼저 설계에 들어가기 전에, 설계자가 어떤 종류의 보상기를 쓸 것인가를 결정하는 일반적인 규칙에 대하여 간단하게 언급한다. 이것을 다음과 같이 두 가지의 설계원칙으로 정리한다.

• **원칙 1**

(1) 원래의 제어대상 $G(s)$가 안정한 경우, 설계사양이 [그림 4.18]의 폐루프시스템의 안정성만을 목적으로 한다면 어떤 종류의 보상기도 사용 가능하다.
(2) 그러나 제어대상이 불안정하다면 진상보상기만 사용되어야 할 것이다.

• **원칙 2**

(1) 진상보상기는 일반적으로 위상여유를 증가시킴으로써 시스템의 상대안정도를 향상시키는 작용을 한다.
(2) 진상보상기는 정상오차를 증가시킨다.
(3) 진상보상기는 이득교차주파수(gain crossover frequency)를 증가시킨다. 이것은 시간영역에서 계단응답의 정정시간을 감소시키는 작용을 한다(즉, 감쇄비를 크게 한다).
(4) 진상보상기에 의해 증가된 이득교차주파수로 인해 시스템의 대역폭이 커져서 결과적으로 불필요한 신호나 잡음 등이 시스템 내부에 유입될 가능성이 높아진다.
(5) 지상보상기의 경우는 대략 위와 반대되는 작용을 하는 것으로 볼 수 있다.

앞에서도 언급한 바와 같이, 전달함수, 즉 고전제어에 기초를 두는 제어기법은 비교적 간단하게 낮은 차수의 보상기를 설계할 수 있다는 장점이 있지만, 이것은 어디까지나 고차의 시스템을 두 개의 지배극을 가지는 2차의 시스템으로 간주하여 설계를 수행하는 것으로, 실제로 설계된 보상기가 원래의 시스템에서 설계된 바와 같은 동작 특성을 나타낼 것이라는 보장이 없다. 따라서 설계사양에 가장 근접한 특성을 나타내는 보상기를 얻기 위해서는 반복적인 설계과정이 필수적으로 요구된다.

4.5 주파수응답에 의한 보상기의 설계

이전 절에서 언급한 두 종류의 보상기를 이용하여 주어진 설계사양을 만족하는 보상기의 설계를 시도한다. 여기서는 간단히 이득조정에 의한 설계, 진상·지상보상기의 사용 등의 순서로 예제를 중심으로 설계과정을 자세히 언급한다.

4.5.1 이득조정에 의한 과도특성의 개선

4.4절에서 개루프 전달함수가

$$G(s)=\frac{\omega_n^2}{s(s+2\zeta\omega_n)} \tag{4.63}$$

의 형식으로 주어졌을 경우로 한정하여 감쇄비(혹은 오버슈터)와 위상여유 사이의 관계식을 유도하였다. 이로부터 위상여유를 변동시키면 오버슈터 값이 변동한다. [그림 4.53]에서 만약 위상여유의 조건이 그림에서 점 CD로 주어진 ϕ_M으로 주어졌다면, 이는 그림과 같이 이득을 증가시켜 크기를 점 B를 점 A로 이동시키면 가능하다. 이와 같이 이득조정이라는 간단한 작업만으로 오버슈터 값을 개선시킬 수 있다.

폐루프가 두 개의 지배극을 가지는 2차시스템이라는 가정 아래, 개루프 주파수응답을 이용하여 폐루프의 %오버슈터 조건을 만족시키기 위한 이득조정의 과정은 다음과 같다.

(1) 필요한 주파수 영역에서 개루프의 보드선도를 작성한다.
(2) 식(3.26c)와 (4.50)를 이용하여 %오버슈터 값을 만족하는 위상여유를 결정한다.
(3) 보드선도로부터 위상여유 조건을 만족하는 주파수 ω_{PM}을 결정한다([그림 4.53]에서 점 C에서 D로 되는 주파수).
(4) ω_{PM}에서 이득이 0 [dB]로 되기 필요한 이득증가량, 즉 [그림 4.53]의 점 B가 A로 되기 위해 필요한 이득크기를 계산한다.

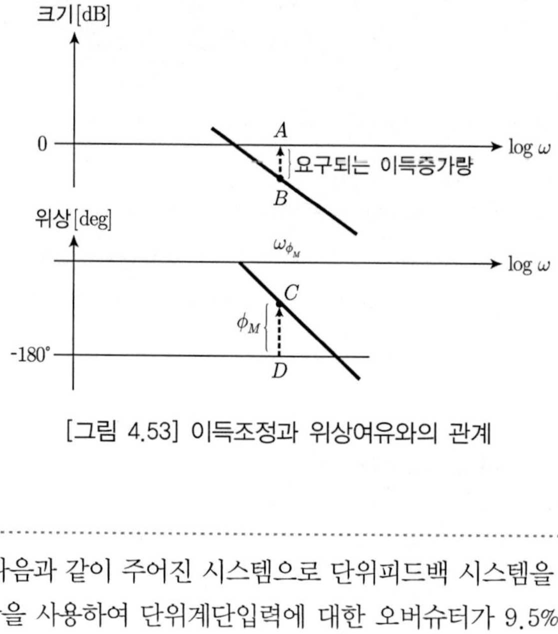

[그림 4.53] 이득조정과 위상여유와의 관계

[예제 4.8]

개루프 전달함수가 다음과 같이 주어진 시스템으로 단위피드백 시스템을 구성하였을 경우, 개루프의 주파수응답만을 사용하여 단위계단입력에 대한 오버슈터가 9.5%로 되기 위해 필요한 이득 K를 결정하여 보자.

$$G(s) = \frac{100}{s(s+100)(s+36)} \qquad ①$$

풀이

(1) 먼저 주파수 $\omega = 0.1$에서 0 [dB]로 만들기 위해 $K = 3.6$으로 둔다([그림 4.54] 참조).
(2) 식(3.26c)로부터 9.5%의 오버슈터인 경우의 감쇄비를 계산하고, 이 결과를 식(4.50)에 대입한다. 이 결과 감쇄비 $\zeta = 0.6$를 위해 필요한 위상여유는 대략 59°이다.

(3) 보드선도에서 위상여유가 59°로 되는 주파수, 즉 14.8[rad/s]을 확인한다.

(4) 주파수 14.8 [rad/s]에서의 이득이 대략 −44 [dB]이므로, 이 값을 0 [dB]로 하기 위한 이득은 $10^{(44/20)} \approx 159$이다. 따라서 전제 이득은 $K = 3.6 \times 159 = 572.4$로 된다.

이상의 결과로 얻어진 이득을 이용한 시뮬레이션을 통하여 오버슈터의 양을 확인한다.

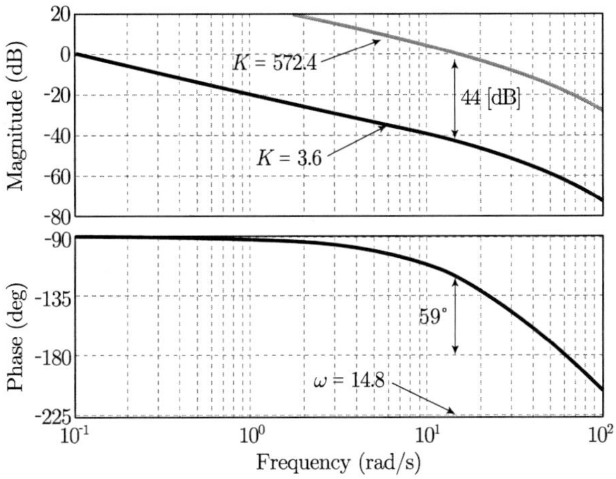

[그림 4.54] [예제 4.8]의 보드선도

4.5.2 진상보상기의 설계

진상보상기는, 보상 후의 개루프 전달함수의 이득교차주파수 ω_{gc}는 변화하지 않고 위상만을 앞세움으로서 위상여유를 증가시키기 위해 사용된다([그림 4.55(a)] 참조). 그러나 [그림 4.49]로부터 알 수 있는 주파수가 증가함에 따라 크기가 최대 $20\log\alpha$ [dB] 만큼 증가하기 때문에, 이로 인해 ω_{gc}가 오른쪽으로 이동하게 된다. 이 결과 (이상적인) 진상작용으로 발생하게 될 위상여유의 증가분이 감소하게 된다([그림 4.55(b)] 참조). 따라서 설계 시에 이러한 점에 충분한 주의를 기울여야 한다.

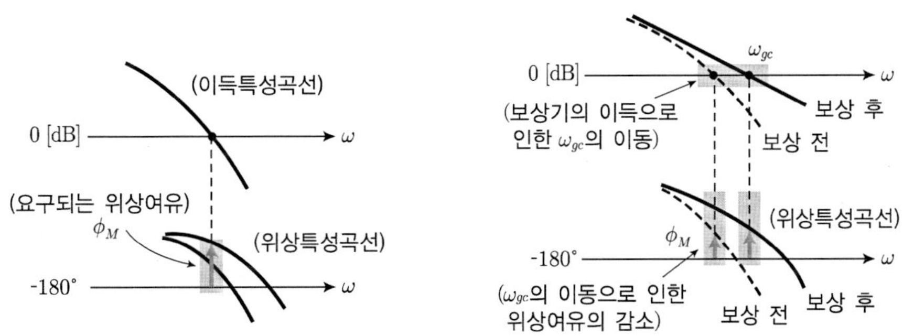

(a) 이상적인 진상보상기의 경우 (b) 식(4.83)의 진상보상기의 경우

[그림 4.55] 진상보상기의 작용

■ **보상기의 설계원칙**

보드선도를 이용한 일반적인 보상기의 설계의 기본적인 방침은 다음과 같다.

(1) 정상오차와 외란제거 특성을 위해 바람직한 저주파 영역에서의 이득을 가질 것
(2) 응답속도의 향상을 위해서는 바람직한 이득교차주파수를 가질 것
(3) 충분한 안정여유(이득여유 및 위상여유)를 가질 수 있도록 개루프 전달함수를 조정

이와 같은 방침 아래 기본적으로 식(4.56)의 형식으로 주어진 시스템에서 변수 α, τ 및 K를 구하는 과정을 알아보자.

식(4.56)으로부터

$$G_c(s)=\frac{K(j\omega+z)}{(j\omega+p)}=\frac{K_1(1+j\omega\alpha\tau)}{(1+j\omega\tau)}\equiv K_1\,K_c(s) \tag{4.64}$$

을 얻는다. 여기서 $\tau=1/p$, $p=\alpha z$ 및 $K_1=K/\alpha$이다. 이와 같이 식을 변경하는 이유로서는 보상기의 삽입에 의한 전체 시스템 크기나 위상의 변화를 계산하는 데 있어 $(j\omega+p)$와 같은 다항식 표현보다는 $(1+j\omega\tau)$의 형식으로 두는 것이 편리하기 때문이다.

식(4.64)에서 여기서 K_1은 정상오차를 만족하는 관점에서 이미 계산되어 있는 양이므로, 설계는 $K_c(s)$에 대한 위상과 이득의 관계를 결정하는 것으로 충분하다. 진상보상기의 최대진상각 ϕ_m은 식(4.61)로 주어지며, 이는 식(4.58)로 주어지는 주파수 ω_m에서 발생한다. 여기서 설계의 단순화를 위해 최대진상각은 위상여유의 기준주파수인 ω_{gc}에서 발생하도록 한다. 즉 $\omega_m=\omega_{gc}$로 설정한다. 또한 보상기의 삽입에 의해 $\omega=\omega_{gc}=\omega_m$에서 발생하는 이득의 증가는 다음과 같이 계산된다.

$$M=|G(\omega_m)|_{[\mathrm{dB}]}=|G(\omega_{gc})|_{[\mathrm{dB}]}=10\log(\alpha)\ [\mathrm{dB}] \tag{4.65}$$

이상과 같은 준비 아래 진상보상기의 설계과정을 정리하면 다음과 같다.

● **진상보상기의 설계순서**

(1) 정상오차 조건을 만족하는 K_1을 결정한다.
(2) $K_1G(j\omega)$의 보드선도를 그리고, 이것이 가지는 위상여유를 결정한다.
(3) 필요한 진상각도의 양 ϕ를 계산한다.
(4) $\alpha=\dfrac{1+\sin(\phi)}{1-\sin(\phi)}$를 이용하여 α를 계산한다.
(5) $|G_c(\omega_{gc})|_{[\mathrm{dB}]}=-10\log(\alpha)$로 되는 주파수를 보드선도로부터 찾아 이것을 이득 교차주파수 ω_{gc}로 한다.
(6) $\tau=\dfrac{1}{\sqrt{\alpha}\,\omega_{gc}}$로부터 τ를 계산한다.
(7) $G_c(j\omega)G(j\omega)$의 보드선도를 그려서 설계사양의 만족 여부를 확인한다.

(8) 폐루프시스템의 특성을 시뮬레이션을 이용하여 재확인한다.

이 방법으로 반드시 사양을 완전히 만족하는 보상기가 항상 설계 가능한 것은 아니기 때문에 반복적인 설계가 필요하다.

[예제 4.9]

다음의 전달함수로 주어지는 제어대상에 대하여, i) 속도 오차상수 K_v가 10, ii) 위상여유를 45°로 할 수 있는 보상기를 설계하여 보자.

$$G(s) = \frac{400}{s(s^2 + 30s + 200)} \quad ①$$

풀이 보상기의 형태를 $G_c(s) = K_1 K_c(s)$로 둔다. 속도 오차상수를 만족하는 이득 K_1은 제3장의 [표 3.4]로부터

$$K_v = \lim_{s \to 0} s K_1 G(s) = 10$$

에서 $K_1 = 5$를 얻는다. 다음 $K_1 G(j\omega)$의 보드선도는 [그림 4.56]에 표시되어 있으며, 이 그림으로부터 위상여유는 약 32°임을 알 수 있다[36]. 목표로 하는 위상여유가 45°이므로 반복과정의 첫 번째로서 $\phi = 13°$로 두고 여기에 설계의 안정성을 위하여 5° 정도를 추가하여 α를 계산하면 $\alpha = 1.89$를 얻는다. 다음 단계로서 $-10\log(\alpha) = -2.77$[dB]이므로 [그림 4.56]에서 -2.77[dB]를 나타내는 주파수를 찾아 이를 이득 교차 주파수로 한다. 즉, $\omega_{gc} = 9$ [rad/sec]이다. 이로부터 위 설계순서의 (6)번으로부터 τ를 계산하면 $\tau = 0.08$로 되며, 이에 따라 최종적인 보상기는 다음 식으로 주어진다.

$$G_c(s) = 5\frac{1 + 0.15s}{1 + 0.08s} = 9.375\frac{(s + 6.67)}{(s + 12.5)} \quad ②$$

설계한 보상기를 삽입하여 폐루프시스템의 계단응답은 [그림 4.57]과 같이 되며, 이때의 오버슈터는 약 28%, 정정시간은 1.4초 정도이다.

또한 속도오차상수가 10이 되도록 설계했기 때문에, 제3장의 [표 3.4]에 의해 램프입력이 인가되었을 경우의 정상상태 오차는 $e_{ss} = 1/10 = 0.1$으로 된다([그림 4.58] 참조).

36) 임의 주파수에서의 크기와 위상 등을 간단하게 취득하기 위해서는 명령어 '`ltiview`'를 사용하면 편리하다. 사용법은 부록을 참고한다.

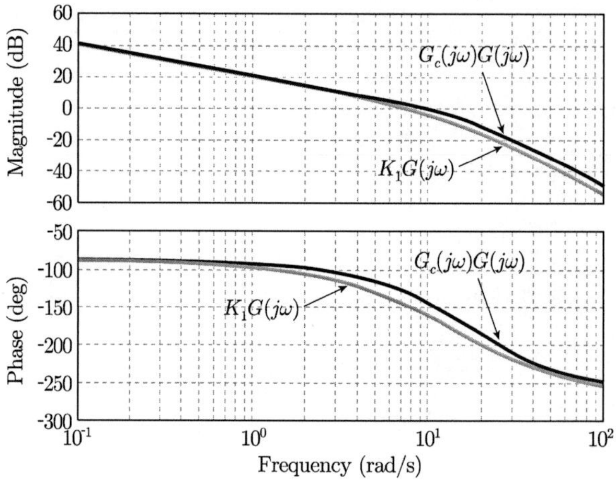

[그림 4.56] [예제 4.9]의 보드선도

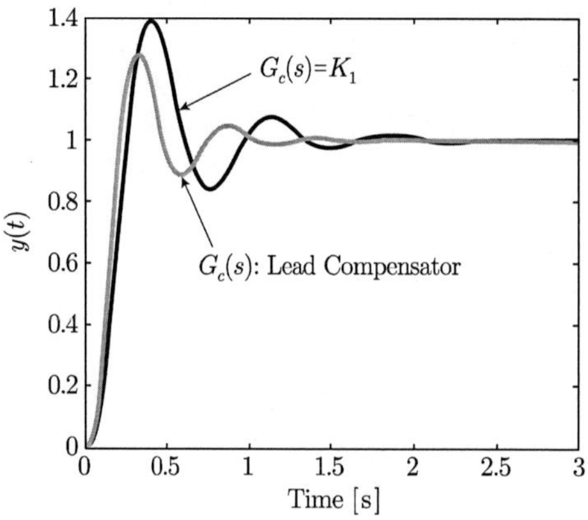

[그림 4.57] [예제 4.9]의 계단응답

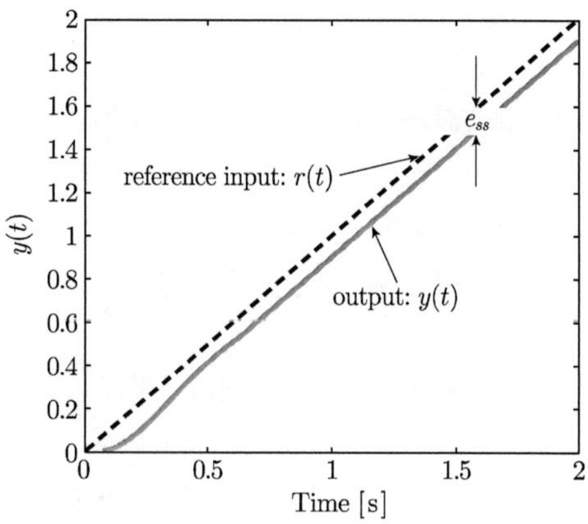

[그림 4.58] [예제 4.9]의 램프응답

```
% [예제 4.9]
numG = 5*400;denG = [1 30 200 0];              % ①의 전달함수 설정
sysG = tf(numG,denG);
w = logspace(-1,2,100);                        % bode선도의 주파수 범위
[magG, phaseG] = bode(sysG,w);                 % 크기와 위상의 계산
magG = reshape(magG,100,1);                    % 3차원 행렬을 2차원으로 변경
phaseG = reshape(phaseG,100,1);
subplot(211),semilogx(w,20*log10(magG)),grid, hold
ylabel(' Amplitude [dB] ')
subplot(212),semilogx(w,phaseG),grid, hold   % [그림 4.56]
xlabel(' Frequency [rad/s] '),ylabel(' Phase [deg] ')
numC = [0.15 1];denC = [0.08 1];
sysC = tf(numC,denC);                          % 보상기의 전달함수
```

```
sysGC = series(sysC,sysG);                          % (보상기+제어대상) 의 전달함수
[magGC,phaseGC] = bode(sysGC,w);
magGC = reshape(magGC,100,1);                       %
phaseGC = reshape(phaseGC,100,1);
subplot(211),semilogx(w,20*log10(magGC),':')
subplot(212),semilogx(w,phaseGC,':'),hold off % [그림 4.56]
```

```
cloop = feedback(sysGC,[1]);                        % 폐루프시스템의 전달함수
cloop_no = feedback(sysG,[1]);                      % 보상 전의 폐루프시스템 전달함수
t = 0:0.01:3;
[y,t] = step(cloop,t);                              % 폐루프시스템(보상 후)의 계단응답
[yNo,t] = step(cloop_no,t);                         % 보상 전의 시간응답 계산
plot(t,y,t,yNo),xlabel('Time [s]'),ylabel('y(t)')  % [그림 4.57]
```

위 예제의 시뮬레이션 결과인 [그림 4.57]로부터 알 수 있는 바와 같이, 설계한 보상기 ②에 의한 응답은 상승시간이 길며 동시에 20% 이상의 오버슈터를 보이고 있기 때문에 사양을 만족하고는 있지만 결코 바람직한 보상기라고 하기는 어렵다. 여기서는 보상기 ②를 기본으로 하여 다음 절에서 언급하는 Simulink의 자동조정에 의한 설계법을 적용하여 보기로 한다. Simulink의 블록선도인 [그림 4.59(a)]에 대하여 다음 절의 [그림 4.76]에서 [그림 4.83]까지를 실행한다. 단 이 과정에서 부가적인 설계사양으로 상승시간을 0.1[초], 오버슈터를 10% 이내로 설정하였다. 이 결과 최적인 보상기 $G_{opt}(s)$가 설계되었으며, 이를 이용한 계단응답을 [그림 4.59(b)]에 표시하였다.

$$G_{opt}(s) = \frac{203.45s + 819.82}{s + 163.88} \tag{4.66}$$

그림에서 보는 바와 같이 상승시간과 오버슈터가 대폭 향상되었음을 볼 수 있다. 그러나 램프입력에 대한 정상상태 오차 e_{ss}는 전과 마찬가지로 0.1의 크기로 변화가 없다.

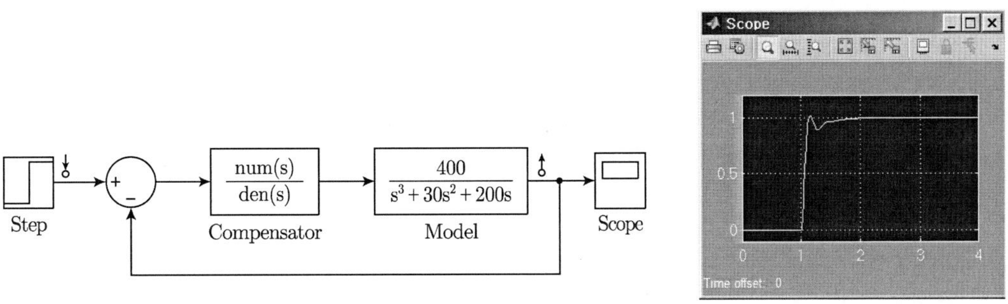

(a) [예제 4.9]의 자동조정을 위한 Simulink 블록선도　　(b) Scope 화면

[그림 4.59] Simulink 자동조정법의 적용

[예제 4.10]

다음과 같이 두 개의 적분기와 비례 제어기로 이루어진 제어대상에 대하여 i) 정정 시간이 4초 이내, ii) 시스템의 감쇄비 ζ가 0.45이상으로 되도록 하는 보상기를 설계하여 보자.

$$G(s)=\frac{K_1}{s^2} \qquad ①$$

풀이 위 시스템과 같이 비례 제어기만으로 단위 피드백을 가지는 폐루프시스템을 구성하였을 경우의 전달함수는

$$\frac{Y(s)}{R(s)}=\frac{K_1}{s^2+K_1} \qquad ②$$

로 되어 출력은 감쇄가 없는 정현파로 된다는 것을 알 수 있다. 따라서 위 시스템을 안정화시킴과 동시에 주어진 설계사양을 만족시키는 진상보상기를 순서에 따라 설계한다.

(1) K_1의 계산 : 여기서는 설계사양이 정상오차로 주어지지 않고 정정시간에 대한 제약으로 주어졌기 때문에 이를 이용하여 다음과 같이 K_1을 얻는다.

먼저 정정시간과 감쇄비와의 관계는 식(3.26b)로 주어진다. 여기서 감쇄비의 조건이 0.45 이상이므로 고유진동수 ω_n의 한계는

$$\omega_n=\frac{1}{\zeta}=\frac{1}{0.45}=2.22$$

로 된다. 즉, ②로 주어진 폐루프시스템의 고유 진동수는 $\omega_n=\sqrt{K_1}$이므로 $K_1=\omega_n^2\approx 5$로 두면 고유 진동수의 조건은 만족된다. 그러나 정정시간의 조건에 대한 어느 정도의 여유를 주기 위해 $K_1=10$로 둔다.

(2) $K_1G(j\omega)$의 보드선도를 그린다([그림 4.60]). 이 경우 ②는 불안정한 시스템이므로 위상여유를 가지지 않는다. 또한 주어진 설계사양도 위상여유로 주어진 것이 아니라 감쇄비에 대한 제약으로 주어져 있으므로, 이것을 보드선도에 적용하기 위해서는 감쇄비의 조건과 위상여유를 연결시키는 식이 필요하다. 이 경우 감쇄비와 위상여유 사이에 다음과 같은 근사식이 성립하는 것이 알려져 있다.

$$\zeta=0.01\phi_{pm} \qquad ③[37]$$

따라서 사양 (ii)로부터 요구되는 위상여유는 대략 다음으로 될 것이다.

$$\phi_{pm}=\frac{\zeta}{0.01}=45°$$

(3) α를 계산한다.

$$\alpha=\frac{1+\sin(\phi_{pm})}{1-\sin(\phi_{pm})}=5.8$$

37) 이 조건은 위상여유가 30~60°의 범위에 있을 경우에 대략적으로 만족한다.

이 경우에도 약간의 여유를 두기 위해 $\alpha = 6$으로 둔다.

(4) $10\log(\alpha) = 7.78\,[\mathrm{dB}]$이므로, [그림 4.60]로부터 이득이 −7.78 [dB]로 되는 주파수를 찾아 이를 이득 교차 주파수 $\omega_{gc} = 4.95$로 한다.

(5) 공식에 의해 $\tau = 1/(\sqrt{\alpha}\,\omega_{gc}) = 0.082$이므로, 이로부터 $p = 1/\tau = 12$ 및 $z = p/\alpha = 2$를 얻는다.

이상의 과정으로 얻어진 최종적인 보상기는 다음과 같다.

$$G_c(s) = 10\left(\frac{1+6(1/12)s}{1+(1/12)s}\right) = \frac{60(s+2)}{(s+12)} \qquad ④$$

진상보상기를 연결하였을 경우 폐루프시스템의 전달함수는

$$\frac{Y(s)}{R(s)} = \frac{60(s+2)}{(s^2+6s+20)(s+6)}$$

로 되어, 안정화되었음을 확인할 수 있다. 또 [그림 4.61]에 표시한 계단응답으로부터 대략 34%의 오버슈터와 약 1.4초의 정정시간을 보이고 있음을 알 수 있다.

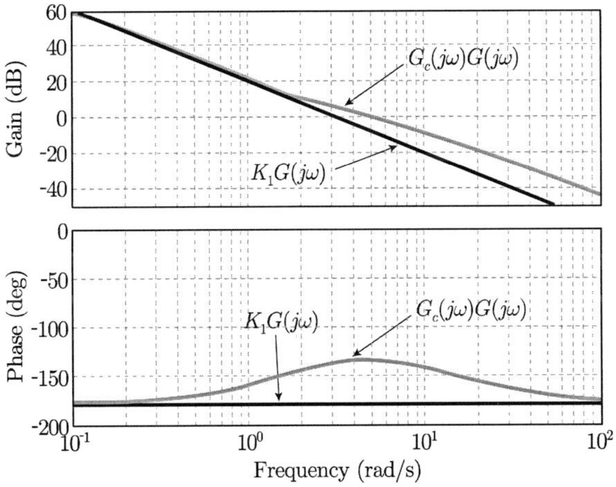

[그림 4.60] [예제 4.10]의 보드선도

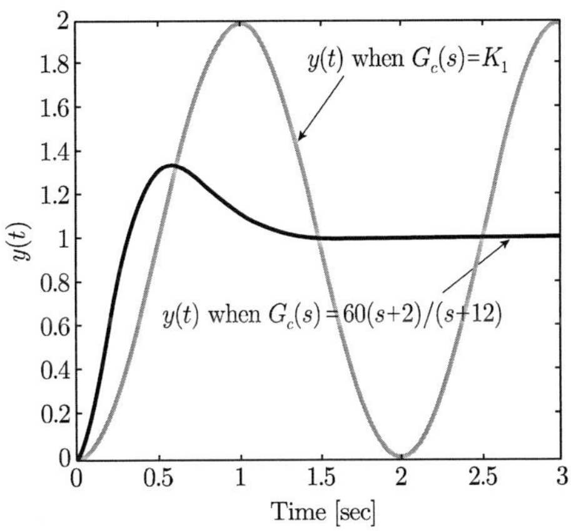

[그림 4.61] [예제 4.10]의 계단응답

위 예제의 사양에 의한 보상기 ④에 의한 계단응답은 역시 상승시간이 길며 오버슈터 양이 크다. 이를 해결하기 위하여 Simulink의 자동조정을 적용한 결과를 [그림 4.62(b)]에 나타내었다. 이 경우 상승시간을 0.15 [초], 오버슈터를 10% 이내로 억제한 설계사양을 적용하였다.

$$G_{\mathrm{Sim}}(s) = \frac{264.45s + 138.54}{s + 22.11} \qquad (4.67)$$

이 결과 약 9%의 오버슈터, 무한대의 이득여유 및 약 61°의 위상여유를 가지는 보상기가 설계되었다.

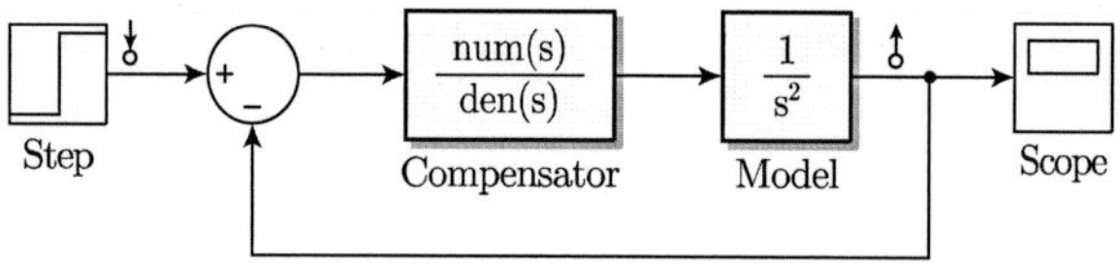

(a) [예제 4.10]의 자동조정을 위한 Simulink 블록선도

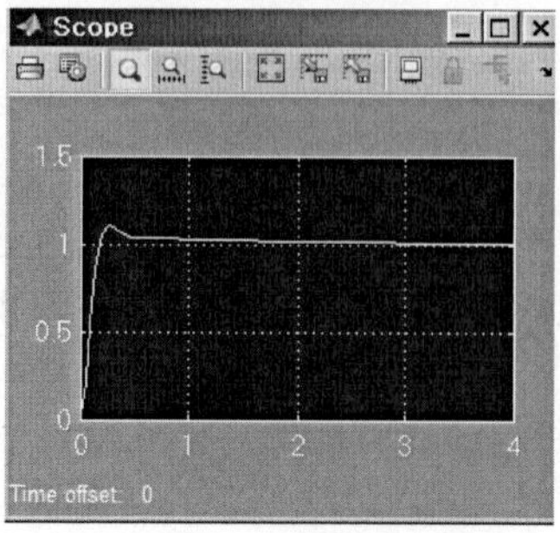

(b) Scope 화면

[그림 4.62] Simulink 자동조정법의 적용

마지막으로 진상보상기를 제3장에서 언급한 비례 미분(PD)보상기와 비교하여 보기로 한다. 이상적인 PD보상기의 전달함수는 식(3.54)에서 적분기를 무시하고 양변을 라플라스변환하면 다음으로 된다.

$$G_{pd}(s)= K_P(1+ T_D s) \tag{4.68}$$

제3장에서 언급한 바와 같이 이상적인 PD보상기는 미분기의 예측작용으로 인하여 시스템의 과도특성을 개선시키는 역할을 하지만, 미분기의 특성상 많은 잡음을 수반하므로 실제적으로 식(4.68)의 형태로 사용되는 경우는 없다. 미분기의 단점을 보완하면서 좀 더 실제적인 PD보상기는 제3장의 식(3.65)의 형태로 사용된다. 이를 식(4.68)에 적용하고, 미분시간 T_D를 미분계수 K_D로 변환하면 다음과 같이 됨을 쉽게 확인할 수 있을 것이다.

$$G_{pd}(s)= K_P + \frac{K_D s}{s\tau_d + 1} \tag{4.69}$$

식(4.69)의 분자 분모를 통분하여 정리하면

$$G_{pd}(s)= \frac{K_P \tau_d s + K_P + K_D s}{s\tau_d + 1} = K_P \frac{(\tau_d + K_D/K_P)s + 1}{s\tau_d + 1} \tag{4.70}$$

와 같이 되어 진상보상기 식(4.64)과 동일한 모양으로 된다. 이로부터 실제적인 형식의 PD보상기는 진상보상기와 등가이며, 동시에 진상보상기의 극을 무한대 값으로 취하면 이상적인 PD보상기로 된다는 사실을 알 수 있다.

4.5.3 지상보상기의 설계

지상보상기는 그 주파수특성([그림 4.52] 참조)으로 인해 다음의 특성을 가진다.

(1) 주로 고주파영역의 특성에 주목하여 사용된다. 즉, 지상보상 후의 개루프 전달함수의 위상특성은 가능한 변화를 억제하고, 대신 고주파영역에서 이득이 감소되도록 하는 목적으로 사용된다.

(2) 시스템에 위상의 지연을 일으키기 때문에 전체 시스템이 불안정화 되는 경향을 보인다. 이 때문에 제어대상 자체가 불안정한 경우, 또는 안정여유가 작은 경우 등에는 지상보상기를 사용하지 않는다.
(3) 정상오차가 감소한다. 예를 들어 지상보상기의 극을 원점에 가깝게 설정하면 지상보상기가 거의 적분기와 유사한 작용을 하게 된다. 이 경우 지상보상기는 시스템에 적분기를 하나 추가하는 것과 같은 역할을 하게 되며, 이로 인해 시스템의 형(type)이 하나 증가하고 그 결과 정상오차가 감소하게 된다.

일반적인 지상보상기의 전달함수 표현은 식(4.62)에 이득 K_1을 곱한 형태를 취한다. 즉

$$G_c(s) = K_1 \frac{(1+\tau s)}{(1+\alpha\tau s)} \equiv K_1 K_c(s) \tag{4.71}$$

이다. 식(4.71)의 보드선도는 [그림 4.52]에 표시되어 있다. 일반적으로 지상보상기의 극과 영점은 보상을 하지 않은 시스템(제어대상)이 가지고 있는 (절대값이) 가장 작은 극보다도 훨씬 작은 값을 가지도록 설계하기 때문에, 지상보상기로 인한 위상지연의 효과는 미미하다. 지상보상기의 보상기로서의 주된 역할은 $-20\log(\alpha)$로 주어지는 이득의 감소로 인한 것이다. 이득의 감소로 인해 시스템의 이득 교차 주파수 ω_{gc}가 낮은 주파수 쪽으로 이동하게 되고, 이 결과 시스템의 위상여유가 증가하여 설계사양을 만족시키게 된다. 이러한 원칙에 기초를 두는 지상보상기의 설계법을 정리한다.

• 지상보상기의 설계순서

(1) 설계사양에 따른 정상오차 조건을 만족하도록 이득 K_1을 선정하고 $K_1 G(j\omega)$의 보드선도를 작성한다.
(2) 보상기를 사용하지 않은 시스템의 위상여유를 확인하고, 만약 만족스럽지 못하다면 다음 단계로 넘어간다.
(3) 보드선도에서 위상여유가 만족되는 주파수 ω_{gc}를 찾아낸다. 이 주파수가 보상된 시스템의 이득 교차 주파수 ω_{gc}로 된다. 이 과정에서 설계사양의 위상여유에 약 5°정도를 더한 값을 위상여유로 하여 주파수를 선정한다.
(4) 보상기의 영점 z을 ω_{gc}의 10분의 1로 되는 값으로 한다. 즉, $1/\tau = \omega_{gc}'/10$이다.
(5) $\omega = \omega_{gc}'$에서 $K_1 G(j\omega)$의 이득 G_m을 보드선도로부터 구한다. 이 값이 원래 시스템(즉 보상 전)에서 감소되어야 할 이득이며, 따라서 이 값이 보상기의 이득으로 되어야 한다.

$$G_m = |K_1 G(\omega_{gc}')|_{[\mathrm{dB}]} \;\rightarrow\; \alpha = 10^{G_m/20} \tag{4.72}$$

(6) $p = z/\alpha$로서 보상기의 극을 계산한다.
(7) 폐루프시스템의 시뮬레이션을 통하여 주어진 설계사양을 확인한다.

[예제 4.11]

다음 식으로 주어지는 제어대상에 대한 보상기의 설계를 생각해 보자.

$$G(s)=\frac{1000}{s(s+10)(s+5)} \quad ①$$

풀이 위 시스템의 보드선도 [그림 4.63]으로부터 이득 및 위상여유가 전부 음의 값으로 되어 폐루프시스템은 불안정으로 됨을 알 수 있다([그림 4.64] 참조).

여기서 위 시스템에 대해 위상여유를 40°이상 확보하고, 동시에 안정하며 응답특성이 양호하도록 보상기를 설계하여보자.

(1) 먼저 보상에 의해 위상선도는 별로 변하지 않는다고 가정하고, 보드선도로부터 부과된 위상여유를 약간의 여유를 가지면서 만족시키는 주파수인 $2.46\,[\mathrm{rad/s}]$을 찾아 이 주파수를 새로운 이득교차주파수 $\omega_{gc}{}'$로 한다([그림 4.63] 참조).

(2) 보상기의 설계순서 (4)에 의해 $1/\tau=\omega_{gc}{}'/10$이므로 $\tau\approx 4.065$을 얻는다. 따라서 보상기의 영점 z는 0.246로 된다.

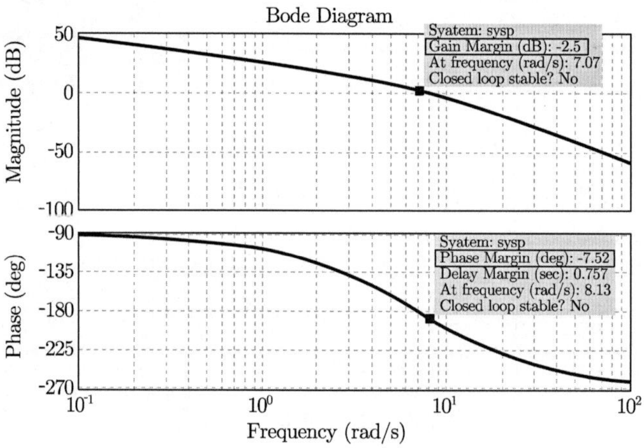

[그림 4.63] 개루프의 보드선도

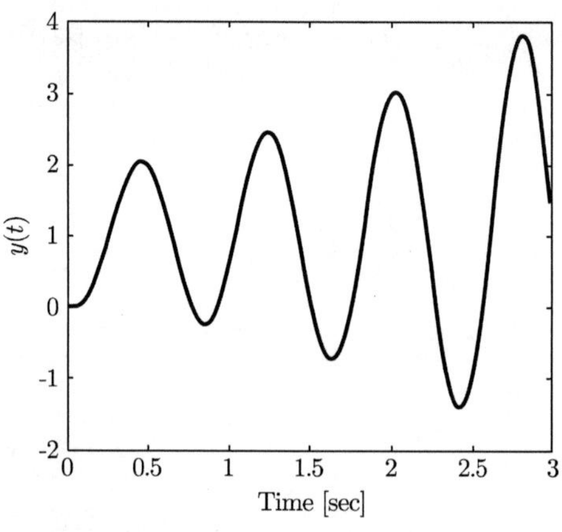

[그림 4.64] 피드백의 계단응답($G_c(s)=1$)

(3) $\omega_{gc}{}'$에서의 이득을 확인하면 $G_m = 17$로 된다. 따라서 식(4.72)로부터 $\alpha = 7.0795$으로 되어 보상기의 극 p는 $z/\alpha = 0.279/7.0795 \approx 0.0394$이다.

이상의 결과 지상보상기는 다음으로 주어진다.

$$G_c(s) = \frac{(1+4.065s)}{(1+28.7782s)} \quad ②$$

위 보상기를 사용한 개루프 전달함수의 보드선도는 [그림 4.65]로 주어진다. 그림으로부터 약 45°정도의 위상여유가 확보되었음을 알 수 있다.

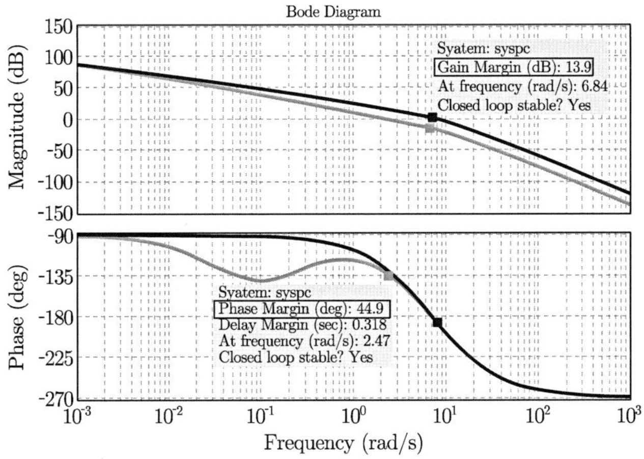

[그림 4.65] [예제 4.11]의 보드선도

위 예제의 결과로 얻어진 보상기 ②에 의한 응답특성은 양호한 편이지만 정정시간이 4초 이상으로 좀 큰 편이다([그림 4.66]). 따라서 여기에 정정시간이 2.5 [s] 이내라는 새로운 제약을 부과하고 이를 Simulink의 자동조정법으로 얻은 보상기와 기존보상기에 의한 출력을 비교한 것이 [그림 4.66]이다. 이로부터 응답의 대체적인 모습에는 큰 변화가 없으나 정정시간이 약 1/2로 줄어들었음을 확인할 수 있다. 이때 얻어진 보상기는 다음과 같다.

$$G_{\mathrm{Sim}}(s) = \frac{0.095s + 0.0016}{s + 0.00158}$$

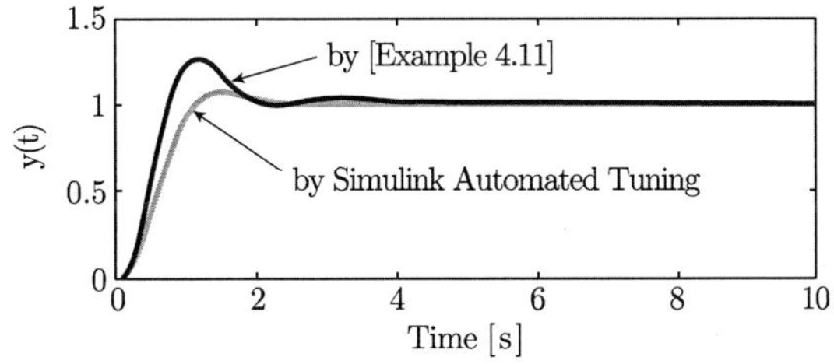

[그림 4.66] [예제 4.11]의 출력응답

```
numG = 20;denG = [1 15 50 0];
sysG = tf(numG,denG);                                    % 제어대상의 전달함수
sysC = tf([4.065 1],[28.7782 1]);                        % 보상기의 전달함수
sysGC = series(sysG,sysC)
Csim = tf([0.095 0.0016],[1 0.00158]);                   % Simulink에 의한 보상기
sysGCsim = series(sysG,Csim);
cLoop = feedback(sysGC,[1]);                             % 폐루프시스템
cLoopSim = feedback(sysGCsim,[1]);
t = 0:0.01:10;
[yC,t] = step(cLoop,t);
[yCsim,t] = step(cLoopSim,t);
subplot(211),plot(t,yC,t,yCsim), xlabel('Time [s]'),ylabel('y(t)')  % [그림 4.67]
```

[예제 4.12]

다음과 같이 주어진 시스템에 대하여, i) 속도 오차상수가 20, ii) 지배극에 대한 감쇄비가 0.707로 될 수 있도록 하는 보상기를 설계하여 보자.

$$G(s)= \frac{1}{s(s+10)^2}$$

풀이 [예제 4.11]의 ③에 의하면 $\zeta = 0.707$인 경우의 위상여유는 대략 70°정도로 되어야 한다.

(1) 속도 오차상수의 조건으로부터 보상기의 이득 $K_1 = 2000$으로 된다.

(2) [그림 4.67]에 $K_1 G(j\omega)$의 보드선도를 표시하였다. 이로부터 보상을 하지 않은 시스템의 위상여유는 0°임을 알 수 있다. 따라서 5° 정도의 여유를 포함하여 위상여유가 $\phi(\omega) = -105°$로 되는 주파수를 [그림 4.67]에서 찾으면 대략 $\omega_{gc}' = 1.27$이다.

(3) 보상기의 영점은 $\tau = 10/\omega_{gc}' = 7.874$이므로 $z = 1/\tau = 0.127$로 설정한다.

(4) ω_{gc}'가 새로운 이득 교차 주파수로 되기 위해서는 ω_{gc}'에서 24 [dB] 정도의 이득감소가 필요하다. 따라서 $23 = 20\log(\alpha) \rightarrow \alpha = 10^{24/20} = 15.849$을 얻는다.

(5) 최종적인 지상보상기는 다음과 같다.

$$G_c(s)= 2000\frac{(1+7.84s)}{(1+124.25s)}$$

(6) [그림 4.67]에서 주파수 $\omega_{gc}' = 1.27$에서 실제 위상여유는 $\phi_{pm} = 70.3°$로 되어 설계사양을 만족하고 있음을 확인할 수 있다.

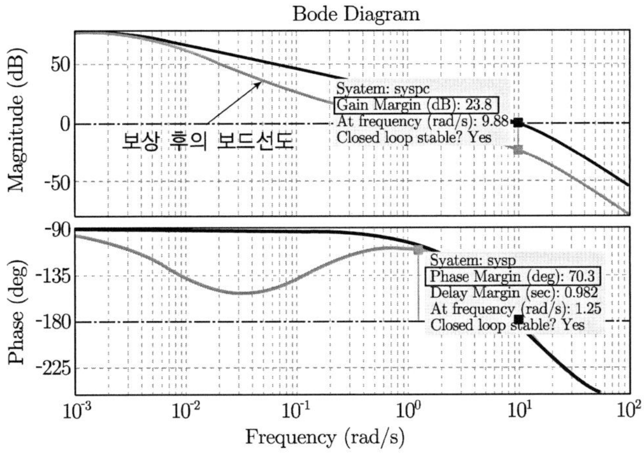

[그림 4.67] 보상 전과 보상 후의 개루프 보드선도

지상보상기의 설계순서에 입각한 보상기의 설계법에 의한 출력응답은 대체적으로 과도특성은 양호하지만, 정상상태특성이 좋지 않았다. [예제 4.12]의 경우 역시 정정시간이 14.2초로 상당히 크게 나타났다. 여기서는 정정시간을 6초 이내라는 제약조건을 두고 Simulink의 자동조정법을 적용한 결과 [그림 4.68]에서 보는 바와 같이 약 1.52초의 정정시간을 가지는 시스템이 얻어졌으나, 오버슈터가 20% 정도 발생하여 과도응답특성이 악화하였음을 볼 수 있다. 이때 얻어진 보상기의 전달함수는 다음과 같다.

$$G_{\mathrm{Sim}}(s) = \frac{402.93s + 27.69}{s + 0.0138}$$

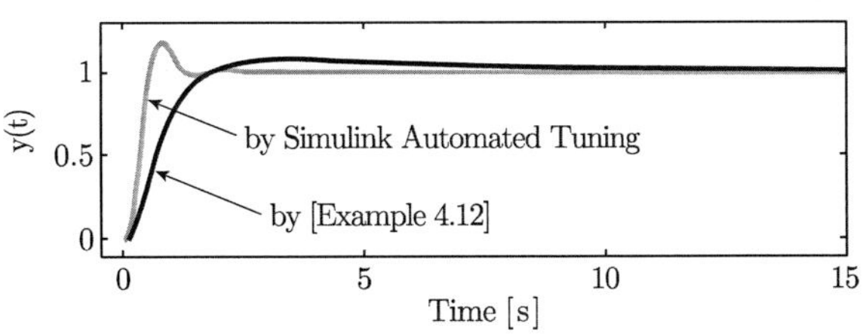

[그림 4.68] [예제 4.12]의 출력응답

위 두 예제의 결과를 참고로 하면, 지상보상기는 기본적으로 고주파 영역에서 시스템의 이득을 낮추어 줌으로써 위상여유 조건을 만족시키고 있는 것으로 볼 수 있다. 이 과정에서 보상기의 영점과 극을 원점 근처에 배치함으로써 고주파 영역에서 보상기로 인한 위상의 변동을 최대한 억제하여 처음에 설정한 위상여유가 감소되는 것을 막고 있다.

다음으로 비례적분(PI)보상기와 지상보상기와의 관계를 확인하여 보자. 이상적인 PI보상기의 전달함수는 식(3.54)에서 미분기를 무시하고 양변을 라플라스변환하면 다음과 같이 된다.

$$K_P\left(1+\frac{1}{T_I s}\right)=K_P\left(\frac{T_I s+1}{T_I s}\right)=K_P\,\frac{s+1/T_I}{s} \tag{4.73}$$

위 식과 식(4.71)과 비교하면 PI보상기는 지상보상기의 특별한 경우로서, 보상기의 극을 원점까지 이동시킨 것으로 생각할 수 있다.

4.5.4 지상 · 진상보상기의 설계

(1) 진상보상기는 기본적으로 대역폭을 증가시켜 시스템의 응답속도를 향상시키지만, 계단응답에 있어서 최대 오버슈터를 감소시키는 작용을 한다.
(2) 지상보상기는 저주파영역에서의 이득을 증가시키므로[38] 그 결과 시스템의 정상상태 응답이 개선되나, 이로 인해 대역폭이 감속되어 시스템의 응답속도가 느려지는 효과를 보이는 것이 일반적이다.
(3) 과도응답과 정상상태 응답의 양쪽을 개선하고자 한다면, 진상보상기와 지상보상기를 동시에 사용하여야 할 것이다.

지상과 진상의 양쪽 특성이 모두 필요한 경우에는, 진상과 지상보상기를 따로따로 설계하여 시스템에 삽입하는 것이 아니라 하나의 보상기(회로)로서 진상과 지상의 양쪽 성능을 다 가지고 있는 '지상·진상보상기'를 설계하는 것이 일반적이다. 지상·진상보상기는 지상과 진상의 성능을 동시에 가져야 하므로 두 개의 극과 두 개의 영점을 가지는 시스템으로 된다. 이로 인해 전체 시스템의 차원이 둘 이상 증가하게 되어 시스템이 복잡하게 되고 이는 결국 설계의 어려움으로 귀착된다.

주파수응답에 기초한 지상·진상보상기의 설계과정은 앞서 설명한 진상보상기와 지상보상기의 설계법을 합친 것으로 볼 수 있지만, 실제의 설계에 있어서는 서로 간의 영향을 최소로 한다는 점에 유의한다. 식(4.56)과 (4.62)를 참고하면 지상·진상보상기는 기본적으로 다음과 같은 형태를 가지는 것으로 볼 수 있다.

$$G_c(s)=K_1\frac{(1+\alpha\tau_1 s)}{(1+\tau_1 s)}\cdot\frac{(1+\beta\tau_2 s)}{(1+\tau_2 s)} \tag{4.74}$$

여기서 $\alpha>1$ 및 $\beta<1$이라는 점에 유의한다. 식(4.74)의 오른쪽 첫 번째 항은 $\alpha>1$이므로 진상특성을 나타내며, 두 번째 항은 $\beta<1$로 설정되어 있으므로 지상특성을 각각 나타내고 있다. 위와 같은 지상-진상보상기의 설계에 있어서 보통 $\alpha\beta=1$로 되도록 설정하는 경우가 많다.

식(4.74)에서 $\alpha=1/\beta=10$ 및 $\tau_2=10\tau_1$로 두었을 경우의 보드선도를 [그림 4.69]에 표시하였다. 이 그림에서, 중간대역을 제외한 주파수영역에서의 이득이 0 [dB]로 설정되어 있음에 유의한다.

---

38) 앞의 예제에서는 저주파 영역에서의 이득을 증가시키기 보다는, 고주파 영역에서의 이득을 감소시켜 동일한 효과를 내고 있다.

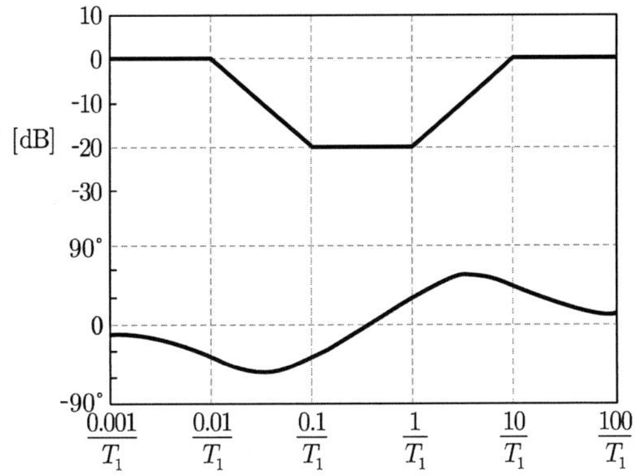

[그림 4.69] 식(4.74)의 보드선도(단, $\alpha = 1/\beta = 10$ 및 $\tau_2 = 10\tau_1$ 이다)

식(4.74)의 특성을 정리하면 다음과 같다.

(1) 진상부분(τ_1과 관련)은 (이득의 증감 없이) 고주파 영역에서 위상을 추가함으로써 이득 교차 주파수 근처에서 위상여유를 증가시키게 된다.

(2) 지상부분(τ_2와 관련)은 이득 교차 주파수 근방(즉, 고주파 영역)에서 (위상의 증감 없이) 이득의 감소를 일으키고, 이것은 결국 저주파 영역에서의 이득의 증가로 이어져서 정상상태 응답 특성을 개선시킨다(즉, 정상상태 오차의 감소).

지상·진상보상기의 설계과정을 예제를 통하여 알아보기로 한다.

[예제 4.13]

다음과 같은 전달함수로 주어진 시스템에 대하여, i) 속도 오차상수를 10, ii) 위상여유를 50°, iii) 이득여유를 10[dB] 이상 되도록 하는 보상기를 설계하여 보자.

$$G(s) = \frac{1}{s(s+1)(s+2)} \qquad ①$$

풀이 먼저 식(4.74) 형식의 보상기를 염두에 두고 $G_c(s) = K_1 K_c(s)$ 및 $\alpha\beta = 1$로 하여 다음과 같은 형식의 보상기를 생각한다.

$$G_c(s) = K_1 \frac{(1 + (\tau_1/\beta)s)}{(1+\tau_1 s)} \cdot \frac{(1+\beta\tau_2 s)}{(1+\tau_2 s)} \qquad ②$$

(1) 속도 오차상수의 조건으로부터 K_1을 확보한다.

$$K_v = \lim_{s \to 0} s\, G_c(s) G(s) = \frac{K_1}{2} = 10 \rightarrow K_1 = 20$$

(2) $K_1 G(j\omega)$의 보드선도를 그린다([그림 4.70] 참조). 이 그림으로부터 보상을 하지 않은 시스템의 위상여유는 −28° 및 이득여유는 −10.5[dB]이므로 시스템이 불안정하다는 것을 알 수 있다. 따라서 진상보상기에 의해 시스템의 안정화가 필요하다.

(3) 위상여유와 이득여유의 조건을 동시에 만족하기 위해서는 고주파 영역에서 위상의 조정(즉, 진상보상기)만으로는 불가능하므로, 이와 동시에 이득의 감소가 동반되어야 한다(지상·보상기). 우선 설계사양을 만족하는 위상여유를 얻기 위하여 이득교차주파수를 새로이 선정한다. [그림 4.70]로부터 $\omega = 1.41$ [rad/sec]에서 위상이 $\angle G(j\omega) = -180°$ 이므로 새로운 이득교차주파수로서 $\omega_{gc}{}' = 1.41$를 선정한다. 따라서 진상보상기의 진상각도는 $\omega = 1.41$ 부근에서 약 50°로 되어야 하며, 동시에 $\omega = 1.41$에서의 루프이득이 0 [dB]로 될 수 있도록 한다.

(4) 보상기의 진상부분의 최대 진상각도는 식(4.61)로부터

$$\sin(\phi_{pm}) = \frac{1/\beta - 1}{1/\beta + 1} = \frac{1-\beta}{1+\beta} \qquad ③$$

로 주어진다. 따라서 이 경우 50°의 진상각이 필요하므로 대략 $\beta = 0.1$로 두면 $\phi_m = 55°$로 되어 필요로 하는 진상각도에 5°정도의 여유를 가지는 최대 진상각도를 가지는 진상보상기를 얻을 수 있다.

(5) 이득 교차 주파수가 결정되었으므로 지상·진상보상기에서 지상부분의 영점을 다음과 같이 설정한다.

$$z_{lag} = \frac{1}{\beta\tau_2} = \frac{\omega_{gc}{}'}{10} = 0.141$$

(6) 지상부분의 극은 단계 (5)로부터 $p_{lag} = 1/\tau_2 = 0.15\beta = 0.015$로 되므로, 지상부분을 나타내는 보상기의 최종 형태는 다음과 같이 될 것이다.

$$\frac{s + z_{lag}}{s + p_{lag}} = \frac{s + 0.15}{s + 0.0141} = 10.638\left(\frac{6.67s + 1}{70.92s + 1}\right)$$

이 지상보상기로 인해 저주파 영역에서 이득이 증가하여 정상응답이 개선될 것이다.

(7) [그림 4.70]로부터 $\omega_{gc}{}' = 1.41$에서의 이득이 약 11 [dB]이므로 만약 진상보상기가 $\omega = 1.41$ [rad/sec]에서 −11 [dB]를 공급할 수 있다면 $\omega = 1.41$는 이득교차주파수로 되어 위의 단계에서 설정한 여러 사항을 만족시킬 수 있을 것이다. 이를 위한 하나의 방법으로 [그림 4.71]의 점 (−11 [dB], 1.41 [rad/sec])을 지나는 기울기 +20 [dB/dec]인 직선을 긋는다. 이때 이 직선과 −20 [dB] 및 0 [dB]이 만나는 점의 주파수가 보상기의 절점 주파수(corner frequency)로 된다. [그림 4.70]의 경우에는 주파수 $\omega = 0.5$과 $\omega = 5$[rad/sec]에서 서로 교차하고 있으므로, 지상·진상보상기의 진상부분의 전달함수는 다음과 같다.

$$\frac{s + 0.5}{s + 5} = \frac{1}{10}\left(\frac{2s + 1}{0.2s + 1}\right)$$

따라서 위에서 설계한 지상과 진상보상기를 결합한 지상·진상보상기의 전달함수는

$$G_c(s) = 20\left(\frac{s + 0.5}{s + 5}\right)\left(\frac{s + 0.15}{s + 0.0141}\right) = 21.28\left(\frac{2s + 1}{0.2s + 1}\right)\left(\frac{6.67s + 1}{70.92s + 1}\right)$$

로 된다. 보상기를 포함한 개루프 전달함수 $G_c(j\omega)G(j\omega)$의 주파수응답을 역시 [그림

4.70]에 나타내었다. 이 그림으로부터 보상된 시스템의 위상여유는 50.5°이며, 이득여유는 13[dB]라는 것을 확인할 수 있다. 또 (1)에서 설정한 대로 속도 오차상수는 10이므로 주어진 모든 설계사양이 만족되고 있음을 알 수 있다. 또한 설계된 보상기에 의한 폐루프시스템의 계단응답을 [그림 4.72]에 표시하였다.

앞의 예제들과 마찬가지로 [예제 4.13]의 설계결과 역시 정정시간이 상당히 크게 나타났다. 정정시간의 감소를 목표로 [그림 4.71]의 블록선도를 이용한 Simulink의 자동조정법에 의한 보상기의 시간응답을 보면 오버슈터 양은 조금 크게 되었지만 정정시간이 1/2 이하로 줄어들었음을 [그림 4.72]으로부터 확인할 수 있다.

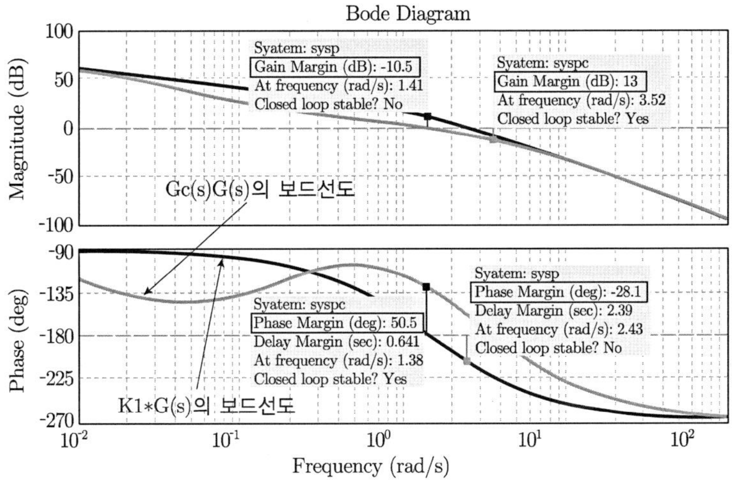

[그림 4.70] [예제 4.13]의 개루프 보드선도

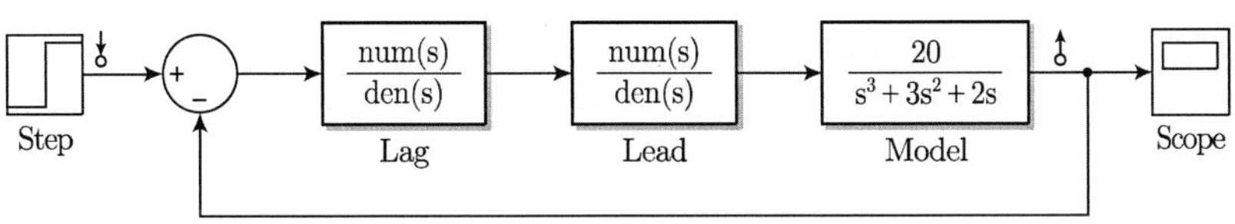

[그림 4.71] Simulink의 자동조정법 적용을 위한 블록선도

[그림 4.71]의 블록선도에서, 1) Lag와 Lead 블록, 2) Lead 블록 및 3) Lag 블록을 각각 자동조정을 위한 블록으로 각각 지정하여 Automated Tuning을 적용한 결과를 [그림 4.72]에 나타내었다. 그림으로부터 당연히 두 개의 블록을 이용한 자동조정의 결과가 가장 좋은 응답을 보여주고 있는 것을 볼 수 있다.

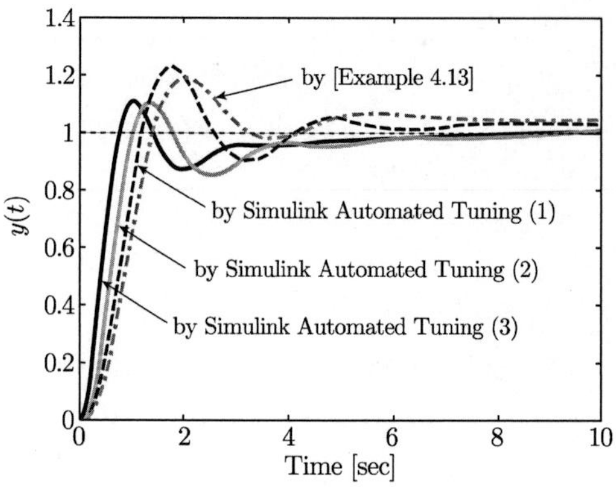

[그림 4.72] [예제 4.13]의 출력응답

4.5.5 보상기 설계법의 요약

지금까지 주파수응답에 기초한 보상기의 특성과 설계법을 설명하였다. 실제적으로 어떤 부과된 설계사양을 모두 만족시키는 보상기의 설계가 4.5.2절에서 언급한 보상기 설계의 일반적인 순서를 따른다고 해서 반드시 가능한 것은 아니다. 이를 위해서는 각 보상기의 특성에 의존하는 설계법을 이해하여 좀 더 창조적인 방향으로의 적용이 필요하다. 여기서는 지금까지 언급한 보상기 설계법을 요약하고, 또 설계의 과정에 발생할 수 있는 문제에 대하여 간단하게 설명한다.

■ 설계법의 비교

(1) 진상보상기는 제어대상에 위상을 추가함으로써 바람직한 결과를 얻는 방법이며, 지상보상기는 고주파영역에서의 이득감소를 통하여 목적을 달성하고 있다(진상보상기나 지상보상기의 어느 쪽을 사용하여도 사양을 만족시킬 수 있는 경우도 있다).

(2) 진상보상기는 위상여유와 대역폭을 증가시키고, 지상보상기를 사용하는 경우보다 이득교차주파수를 크게 한다. 높은 이득교차주파수는 대역폭의 증가를 의미하며, 이는 결국 시간영역에서 정정시간의 감소를 나타낸다. 진상보상기를 사용한 시스템의 대역폭은 지상보상기를 사용한 경우보다 항상 크기 때문에 큰 대역폭, 즉 빠른 응답특성이 요구된다면 진상보상기를 사용하여야 한다. 그러나 대역폭이 커지면 잡음이 시스템에 흘러 들어갈 가능성이 높아지기 때문에, 제어대상에 잡음이 존재한다면 지상보상기의 사용이 더 유용할 것이다.

(3) 지상보상기는 정상오차를 개선시키지만, 시스템의 대역폭을 감소시킨다. 만약 지상보상기로 인해 시스템의 대역폭이 심하게 줄어들었다면, 보상된 시스템은 늦은 응답특성을 보이게 된다. 따라서 만약 빠른 응답속도와 정상응답의 정확성이 동시에 요구된다면 지상·진상보상기를 사용하여야 할 것이다.

(4) 진상회로의 본질적인 특성으로 인하여 발생하는 이득감소를 보상하기 위하여, 진상보상

기는 추가적인 이득의 증가가 필요하다. 다시 말하면, 진상보상기는 지상보상기의 경우보다 큰 이득이 요구되며, 이로 인해 대부분의 경우 회로가 차지하는 공간 및 무게 등이 커진다는 것을 의미한다(즉, 비용의 증가로 이어진다).

(5) 복잡한 제어대상에 대한 보상기의 설계는 쉽지 않으며, 동시에 한 종류의 보상기만으로는 원하는 결과를 얻지 못하는 경우가 종종 있다. 이러한 경우에는 서로 다른 극과 영점을 가지는 여러 형태의 보상기를 채용하여야 할 것이다. 일단 보상기의 극·영점이 결정되면 이것의 실현은 기본적인 회로의 합성원리를 적용하면 간단하게 해결할 수 있다.

[그림 4.73(a)]는 보상을 하기 전의 시스템의 단위계단응답 및 단위램프응답을 나타내고 있으며, (b)는 진상보상기, (c)는 지상보상기 및 (d)는 지상·진상보상기로서 보상한 시스템의 응답을 각각 표시하였다. 그림으로부터, 진상보상기를 가진 시스템의 빠른 응답특성을 보여 주고 있으나, 지상보상기를 이용한 시스템은 상당히 느린 응답특성을 보이지만 램프응답에 대한 정상상태 오차가 훨씬 줄어들었음을 알 수 있다. 그림(d)의 지상·진상보상기는 그림(b), (c)의 중간 정도의 성능, 즉 과도응답과 정상상태 응답의 양쪽 면에서 상당히 합리적인 성능을 보여 주고 있다. [그림 4.73]은 다른 종류의 보상기를 사용하여 얻어지는 시스템의 개선 부분은 서로 달라진다는 것을 보여 주고 있다.

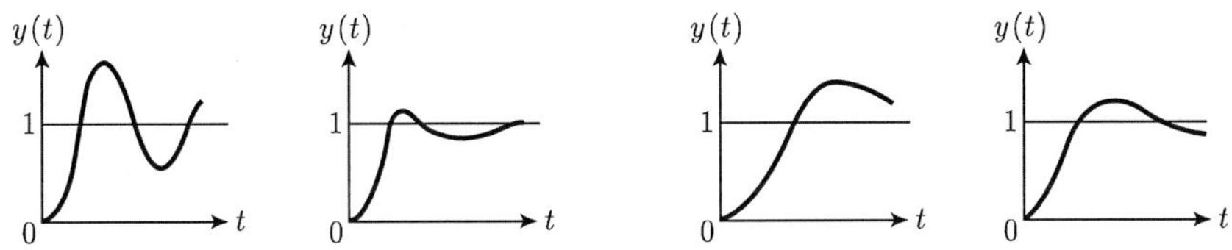

(a) 계단응답과 램프응답　　　(b) 진상보상기를 이용한 응답

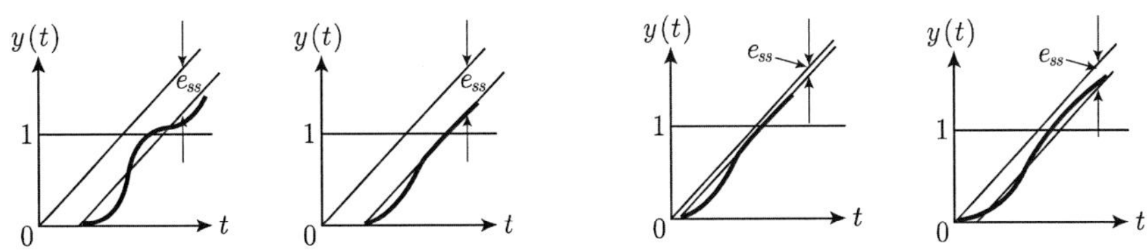

(c) 지상보상기에 의한 응답　　　(d) 지상·진상보상기에 의한 응답

[그림 4.73] 단위계단과 단위램프응답의 비교

4.6 Simulink를 이용한 파라미터의 자동조정

제3장에서 Simulink가 제공하는 자동조정법을 이용하여 PID제어기의 계수를 설정하였다. 물론 PID제어뿐만 아니라 다양한 형태의 보상기의 설계도 가능하다. 여기서는 Simulink Control Design이라는 도구를 이용하여 일반적인 용도의 보상기 설계법을 예제를 이용하여 간단히 설명한다. 다양한 설계사양에 대처하는 보상기의 설계법은 다음 절에서 다룬다.

• Simulink의 자동조정을 이용한 보상기의 설계

지금까지 설명한 Simulink에 의한 파라미터의 자동조정법은 물론 PID보상기의 경우뿐만 아니라 앞에서 설명한 보상기의 설계에도 적용가능하다. 여기서는 간단한 보상기를 예로 들어 자동조정에 의한 설계법을 알아본다[39].

제어대상의 전달함수는 다음 식으로 주어진다.

$$G(s) = \frac{1.5}{s^2 + 14s + 40} \tag{4.75}$$

보상기의 설계사양으로 다음과 같다.

- 상승시간 : 0.5 [s] 미만
- 정상오차 : 5% 미만
- 이득여유 : 20 [dB] 이하
- 위상여유 : 40 [deg] 이상

4.6.1 Simulink 모델의 작성

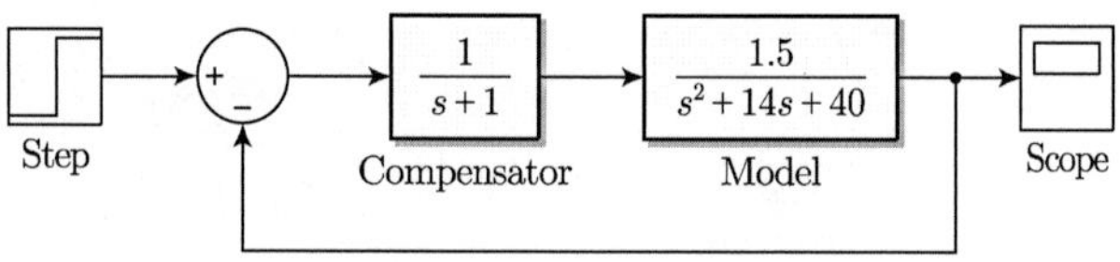

[그림 4.74] 보상기 설계를 위한 블록선도

보상기의 설계를 수행하기 위해 Simulink의 **Control and Estimation Tool Manager**를 실행한다. 이는 [그림 4.74]의 화면에서 **Tools → Control Design → Compensator Design**'을 차례로 선택하면 [그림 4.75]가 기동된다.

39) 설계를 첫 단계로서는 자동조정을 이용하는 것보다 앞에서 설명한 보상기의 설계법에 의존하는 것이 효과적이다. 일반적인 설계법에 의한 보상기가 얻어진 후 미세조정의 단계에서 상기의 자동조정법이 훨씬 효과적일 것이다.

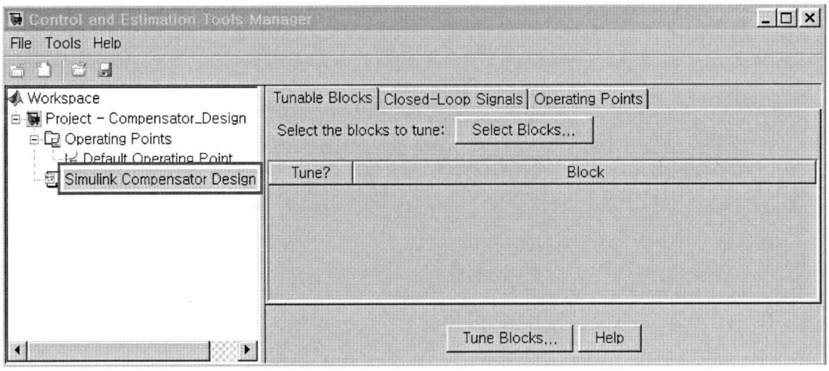

[그림 4.75] Control and Estimation Tools Manager 화면

4.6.2 조정을 위한 블록의 정의

조정을 시작하기 전에 '조정을 해야 할 블록'과 '조정에 이용되는 페루프의 입출력'을 [그림 4.75]의 'Control and Estimation Tool Manager'를 이용하여 정의한다.

i) **조정을 위한 블록의 선정** : [그림 4.75]에서 'Select Blocks'를 클릭하면 [그림 4.76]과 같이 현재 모델에서 사용되는 전달함수블록이 나타나므로 이 중에서 보상기로 사용할 블록인 'Compensator'를 체크한다.

ii) **폐루프 입출력의 정의** : Control and Estimation Tool Manager에서 'Closed-Loop Signals'를 클릭한다([그림 4.77] 참조). 먼저 입력은 [그림 4.74]의 화면에서 입력으로 사용하는 Step 블록의 출력에 마우스를 가져가서 오른쪽 버튼을 눌러서 나타나는 메뉴에서 'Linearization Points→Input Point'를 선정하면 정의된다. 출력도 마찬가지로 'Linearization Points→Output Point'를 선정한다([그림 4.77] 참조). 이 결과 [그림 4.74]의 Simulink블록선도에 [그림 4.78]와 같이 화살표로서 입·출력이 정의되어 있는 곳을 나타내고 있다.

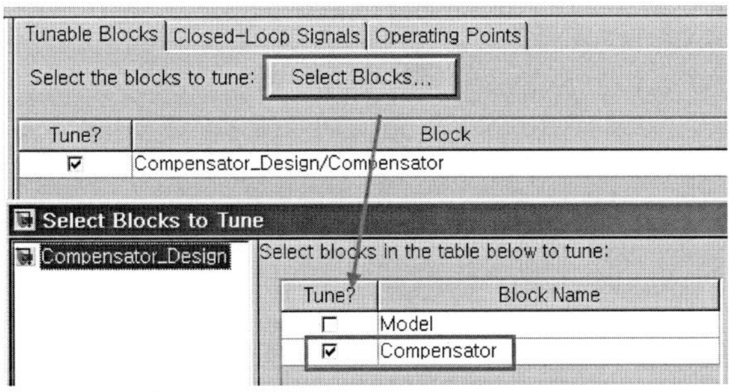

[그림 4.76] 조정용 블록의 선정을 위한 화면

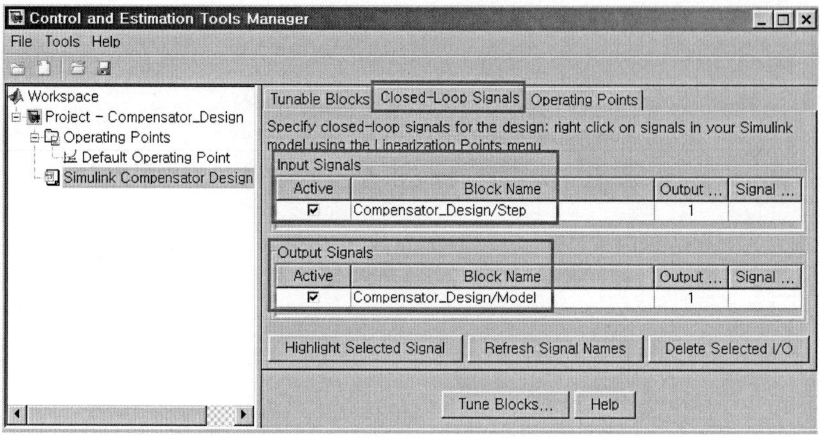

[그림 4.77] 입출력을 정의하기 위한 화면

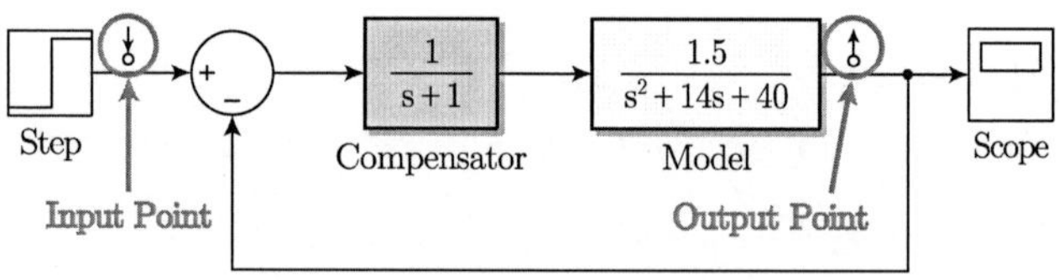

[그림 4.78] 입출력 정의 후의 블록선도

4.6.3 보상기의 설계

이후 보상기의 설계는 다음과 같이 네 단계로 나누어서 진행하기로 한다.

A. 설계에 필요한 그래프의 표시
B. 속응성의 개선(보상기의 이득을 조정)
C. 정상오차의 개선(적분기의 추가)
D. 이득여유·위상여유의 확보(진상보상기의 추가)

(1) 설계에 필요한 그래프의 표시

보상기를 설계하기 위해서 주파수응답 그래프를 마우스로 조작한다. 다시 말하면 응답곡선을 마우스로 드래그(drag)하여 위쪽, 아래쪽 등으로 이동시키면, 이에 따라 시간응답의 화면이 즉각적으로 변동한다. 따라서 설계용의 화면(주파수응답)과 확인용의 화면(시간응답)이 필요하다. 이를 위해서는 다음의 과정이 필요하다.

■ 설계용 화면의 생성

설계를 위한 준비([그림 4.78]의 표시)가 끝나면 [그림 4.77]의 **Control and Estimation Tool Manager**에서 **Tune Blocks…**를 클릭한다. 이후의 설계과정을 설명하는 **Design Configuration Wizard** 화면에서 **Next >**를 클릭하여 나타나는 화면에서 설계에 필요한 개루

프의 보드선도의 그래프를 생성한다. [그림 4.79]의 Plot 1에서 설계에 사용할 Open Loop 1의 보드선도의 작성을 지정하고, 그 아랫부분에서는 Open Loop 1을 설명하고 있다. 즉, [그림 4.78]의 **Compensator** 블록의 Output 1에서 연결이 끊어진 경우(즉, 폐루프가 open 상태)가 Open Loop 1이라는 의미이다.

■ 확인용 화면의 생성

[그림 4.74]의 폐루프시스템에서 계단응답으로 설계사양을 확인할 것이므로 확인용 그래프를 다음과 같이 생성한다. [그림 4.79]의 **Design Configuration Wizard** 화면에서 오른쪽 아래에 있는 **Next 〉**를 클릭하면[40] 설계확인용의 화면을 최대 여섯 개까지 생성할 수 있다([그림 4.80] 참조). 여기서는 계단응답(**Step**)을 지정하고 **Finish**를 클릭하면 [그림 4.81]과 같이 보드선도와 계단응답을 얻을 수 있다.

설계용 그래프에서 '×'는 폐루프의 극, 즉 청색 두 개는 제어대상, 마젠타 하나는 보상기의 극을 각각 나타낸다. 극의 x축 좌표(주파수)가 극의 크기이며, 'O'는 영점의 위치를 의미한다. 보상기의 극·영점은 그래프 상에서 마우스로 이동이 가능하며, 이동 후의 극·영점의 위치에 따라서 확인용의 그래프도 변동한다.

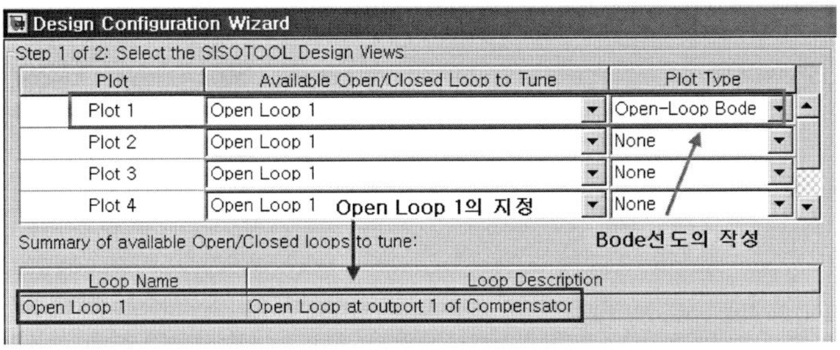

[그림 4.79] **Design Configuration Wizard** 화면

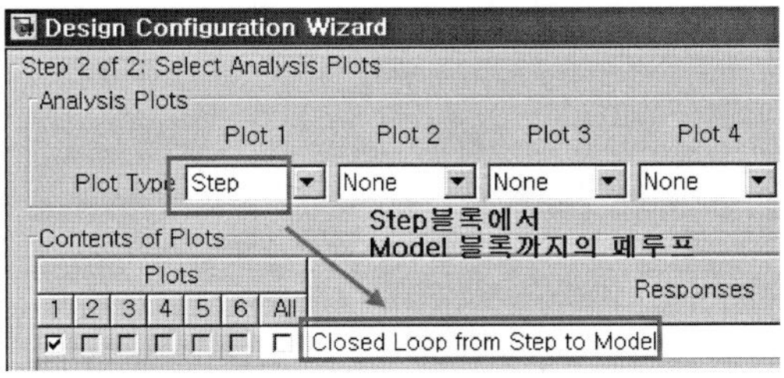

[그림 4.80] 확인용의 화면을 지정

[그림 4.78]의 블록선도에 의하면 현재 보상기는 극을 '-1'에 가지도록 설정되어 있다. 여기서는 위에서 언급한 보상기 설계의 네 단계를 적용하기 위하여 먼저 현재 보상기의 극과 영점

40) [그림 4.80]에서는 오른쪽 아랫부분이 생략되었다.

을 모두 소거한다(즉 보상기의 전달함수를 '1'로 한다). 이 과정은 다음과 같다. '(1) 설계에 필요한 그래프의 표시' 단계의 실행이 끝난 단계의 **Control and Estimation Tool Manager** 화면에서 **Compensator Editor**를 클릭하면 현재 설정된 보상기의 극과 영점이 [그림 4.82]와 같이 표시된다. 여기서 그림과 같이 현재 극의 위치에서 마우스의 오른쪽을 클릭하면 나타나는 화면에서 **Delete Pole/Zero**를 실행한다.

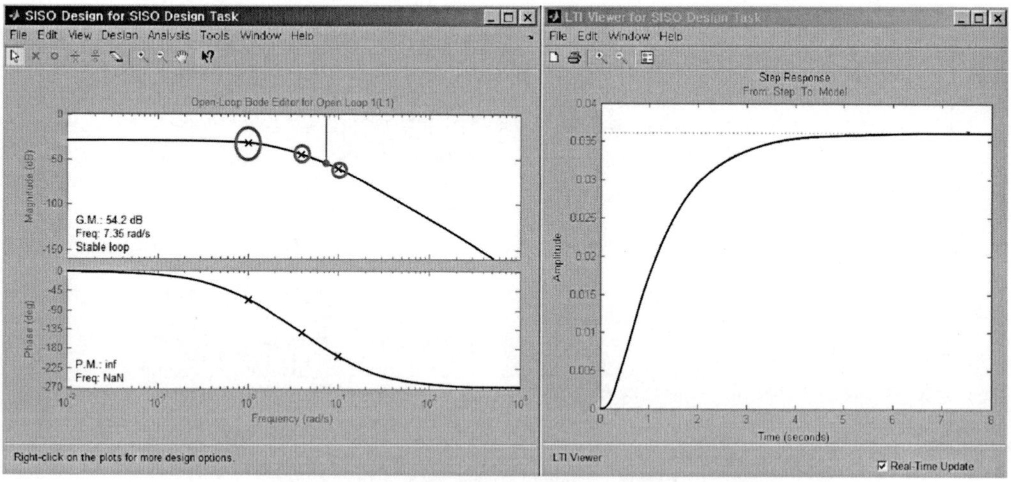

[그림 4.81] 설계용(왼쪽)과 확인용(오른쪽)의 그래프

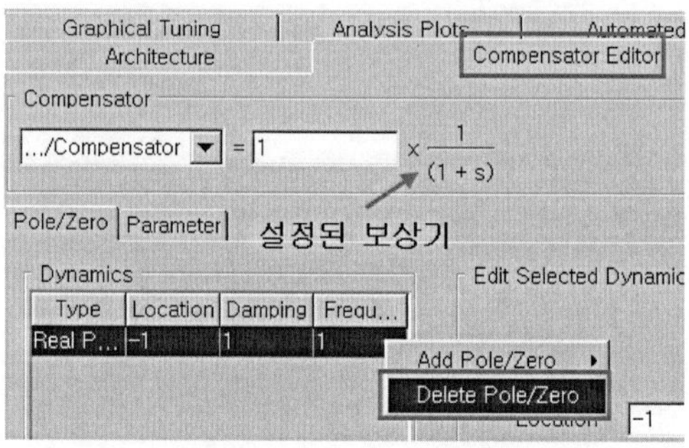

[그림 4.82] 보상기 설정화면

(2) 속응성의 개선(보상기의 이득을 조정)

설계사양에 의하면 상승시간이 0.5 [s] 이내로 되어야 한다. 이를 위한 가장 간단한 방법은 보상기의 이득을 크게 하는 것이다[41]. 이는 확인용 그래프를 보면서 설계용 그래프인 보드선도의 이득을 마우스로 위쪽으로 드래그 하는 것이다. 즉, 확인용 그래프에서 마우스의 오른쪽 버턴을 클릭하여 **Characteristics → Rise Time**을 실행하면 현재의 상승시간이 화면에 나타

41) 폐루프시스템에서 보상기의 이득을 크게 하면 상승시간을 짧아지지만, 일반적으로 오버슈터가 커지는 등 출력에 진동성분이 강하게 나타난다.

난다([그림 4.83] 참조). 따라서 상승시간이 0.5 [s]로 될 때까지 보드선도의 이득을 위쪽으로 드래그 한다.

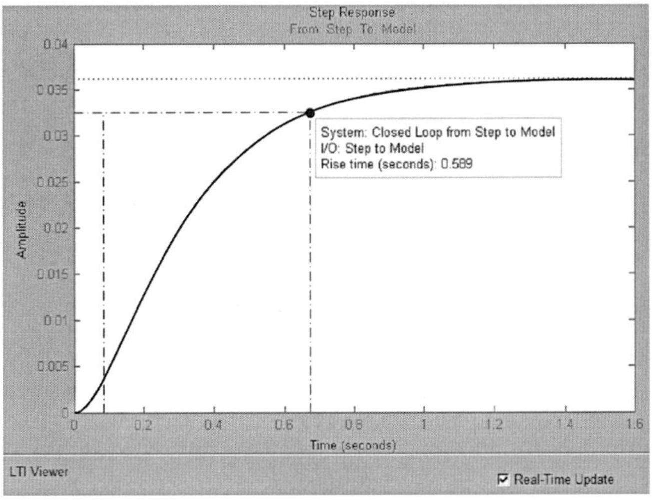

[그림 4.83] 계단응답에서 상승시간의 표시

상승시간이 0.497 [s] 되어 사양을 만족하는 할 때 보상기의 이득은 약 5.1로서 된다. 이는 **Control and Estimation Tool Manager** 화면으로 확인할 수 있다([그림 4.84] 참조).

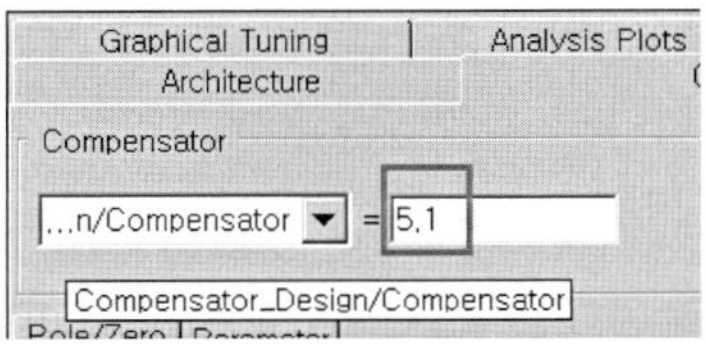

[그림 4.84] 상승시간이 0.497[초]일 때의 이득

(3) 정상오차의 개선(적분기의 추가)

정상오차가 5% 이내라고 하는 설계사양을 만족시키기 위해서 여기서는 적분기를 추가하기로 한다[42]. **Control and Estimation Tool Manager**의 **Compensator Editor**의 **Dynamic**의 안쪽으로 마우스를 가져가서 오른쪽 버턴을 클릭하여 **Add Pole/Zero→Integrator**를 실행한다([그림 4.85] 참조). 이 결과 보상기에 적분기가 추가되어 보상기는 다음과 같이 되었다([그림 4.86] 참조).

$$C(s) = \frac{5.1}{s} \tag{4.76}$$

이 결과 확인용 그래프의 시간응답으로부터 정상오차가 영으로 되었음을 알 수 있다([그림

42) 다음 절의 내용을 이해하면 적분기를 추가하지 않고 일반적인 보상기로서도 가능하다.

4.83])와 [그림 4.87]을 비교).

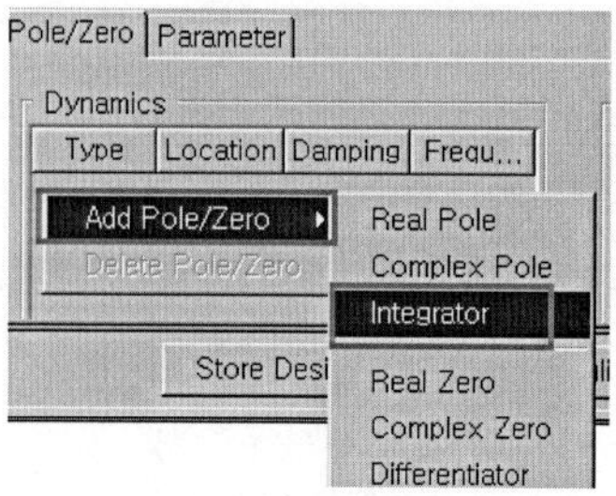

[그림 4.85] 보상기에 적분기의 추가

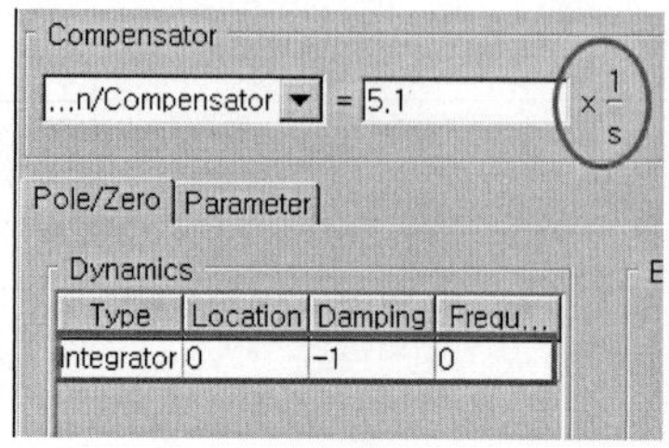

[그림 4.86] 적분기 추가 확인

그러나 적분기를 추가한 탓으로 상승시간이 대폭 커지게 되었기([그림 4.88] 참조) 때문에 앞의 방법과 동일하게 이득을 증가시켜 상승시간을 감소시킨다. 이번 경우에는 이득이 약 76.4 정도에서 상승시간이 0.5 [s] 정도로 되었다([그림 4.88] 참조). 이 경우 10정도의 이득에서도 상승시간의 조건이 만족되기는 하나 수렴시간이 아주 크게 되어 현실적이지 않다.

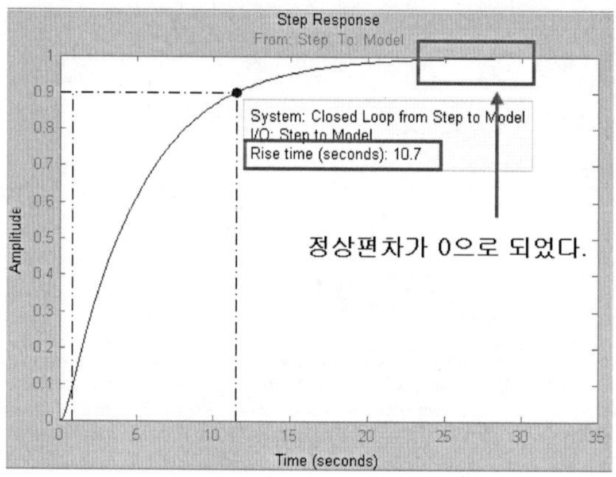

[그림 4.87] 정상오차의 확인

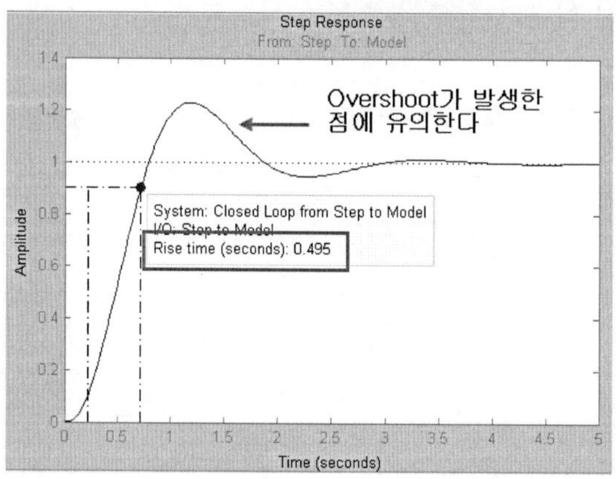

[그림 4.88] 이득의 증가에 의한 출력

(4) 이득여유·위상여유의 확보(진상보상기의 추가)

지금까지의 과정에서 얻어진 보상기, 즉

$$C(s) = \frac{76.4}{s} \tag{4.77}$$

을 [그림 4.78]의 Compensator로 사용한 경우의 보드선도로부터 현재의 이득여유가 14.8 [dB], 위상여유가 45.7 [deg]로 되었음을 볼 수 있다([그림 4.89] 참조). 부과된 설계사양은 이득여유가 20 [dB] 이상이며, 위상여유가 40 [deg] 이상으로 주어졌기 때문에 위상여유는 만족되었으며, 이득여유만을 증가시키기 위해서는 [그림 4.90]과 같이 (현재의 크기곡선에는 변화를 주지 않고) 위상만을 앞서도록 (phase-lead) 한다면 이득여유가 증가할 것으로 예상되기 때문에 진상보상기를 추가하기로 한다.

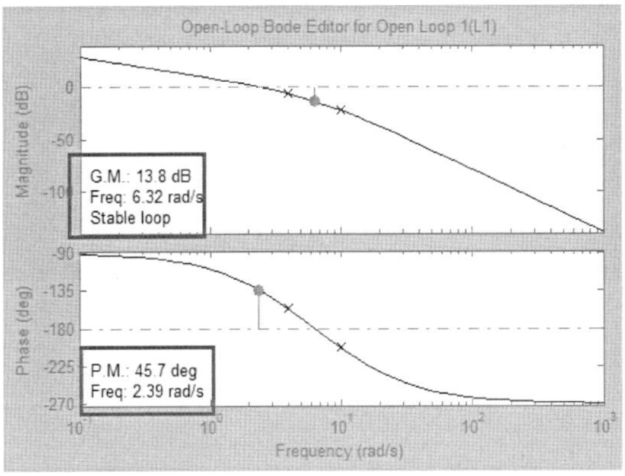

[그림 4.89] 적분기+이득조정 후의 보드선도

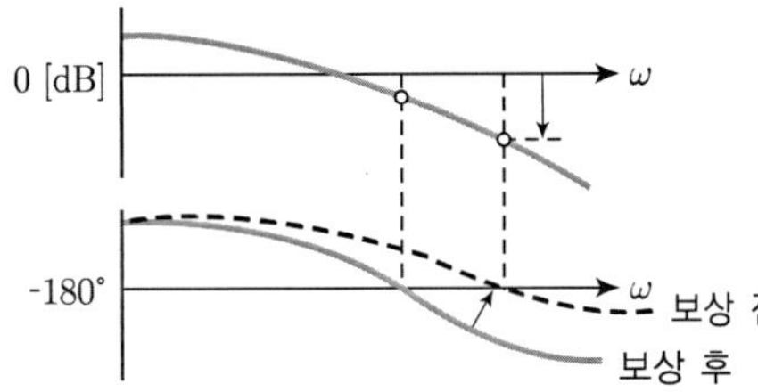

[그림 4.90] 이득여유의 증가

적분기를 추가한 경우와 동일하게 [그림 4.85]의 화면에서 **Add Pole/Zero → Lead**를 실행한다([그림 4.91] 참조). 이 결과 [그림 4.92]와 같이 1차식의 보상기가 추가되고 이에 따라 보드선도와 출력의 시간응답 역시 변동한다. 이때 보상기의 극과 영점은 자동적으로 -1과 -10으로 주어진다.

[그림 4.93]으로부터 현재의 진상보상기로는 여전히 이득여유를 만족하지 못하고 있기 때문에 보상기의 극과 영점의 위치를 다음의 방법으로 조정한다.

보상기의 극으로 시스템의 거동을 제어할 수 있도록 하기 위해, 보상기의 영점으로 제어대상 식(4.75)의 지배극인 '−4'를 소거한다[43]. 이 과정은 설계용 그래프인 보드선도에서 마우스를 이용하여 보상기의 영점([그림 4.94(a)]에서 마젠타색으로[44] 표시된 ○)을 제어대상의 지배극(그림의 가장 왼쪽에 표시된 ×)으로 드래그하여 겹친다.

43) 지배극이란 시스템의 출력에 가장 큰 영향을 미치는 극으로서 전달함수가 가지는 극 중에서 허수축에 가장 가까운 극을 의미한다. 이 경우 두 개의 극, −4, −10을 가지므로 −4가 지배극이다.

44) 그림에서는 흑백이지만, 컴퓨터 화면에서는 마젠타로 표시된다.

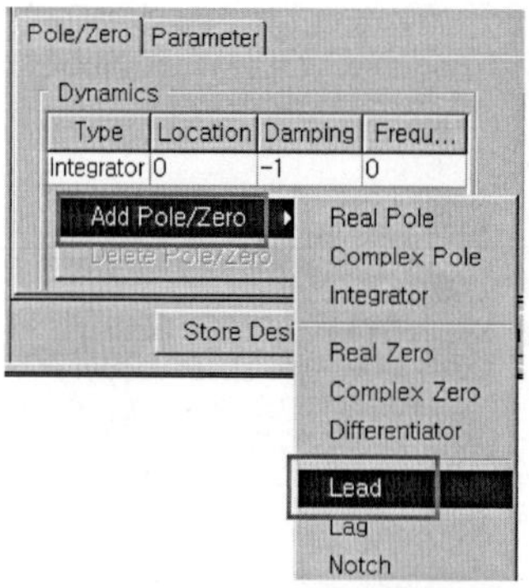

[그림 4.91] 진상보상기의 추가 I

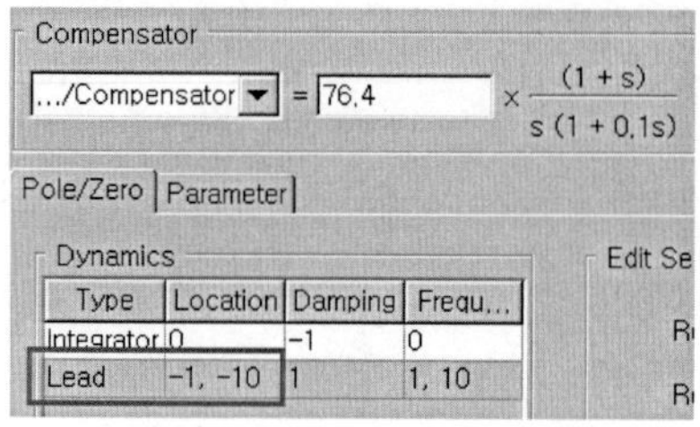

[그림 4.92] 진상보상기의 추가 II

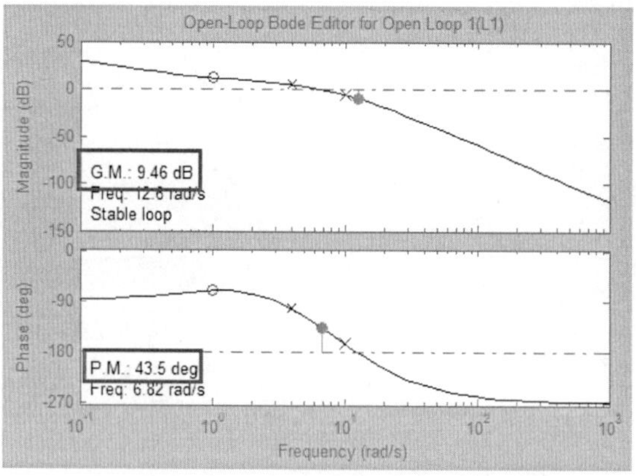

[그림 4.93] [그림 4.92]에 의한 보드선도

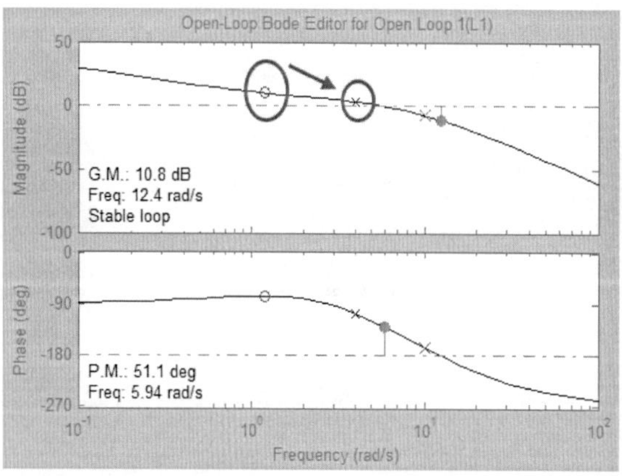

(a) 보상기 극의 이동결과

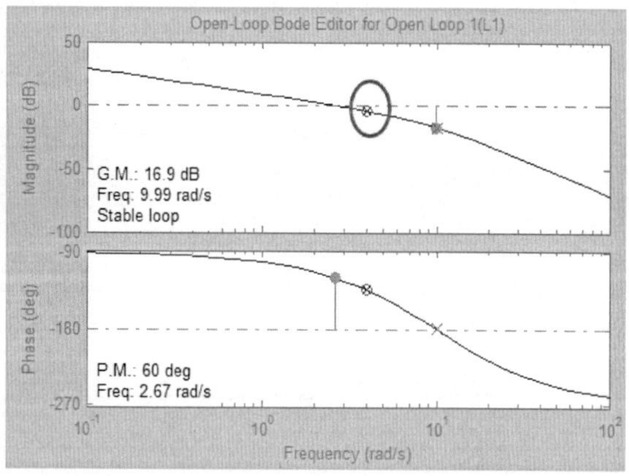

(b) 보상기의 조정에 의한 출력

[그림 4.94] 보상기 극의 이동

이 결과로 이득여유가 약 17 [dB]로 증가하였지만 사양을 여전히 만족하고 있지 못하기 때문에 보상기의 극을 조정하여 이득여유를 확보한다. 이 경우는 [그림 4.95]와 같이 극을 오른쪽 드래그 하면 20 [dB] 이상의 이득여유를 확보할 수 있다.

확인용 그래프의 시간응답 파형을 보면서 설계용 그래프에서 마우스로 극의 위치를 조정하여 최종결과를 얻는다. [그림 4.96]에 의하면 최종 보상기는

$$C(s) = 76.4\frac{(1+0.24s)}{s(1+0.048s)} \tag{4.78}$$

로 되어 설계사양을 만족한다. 보상기는 영점을 −4.1043에 가지므로 이로 인해 제어대상의 우세극의 영향을 최소한으로 억제할 수 있다.

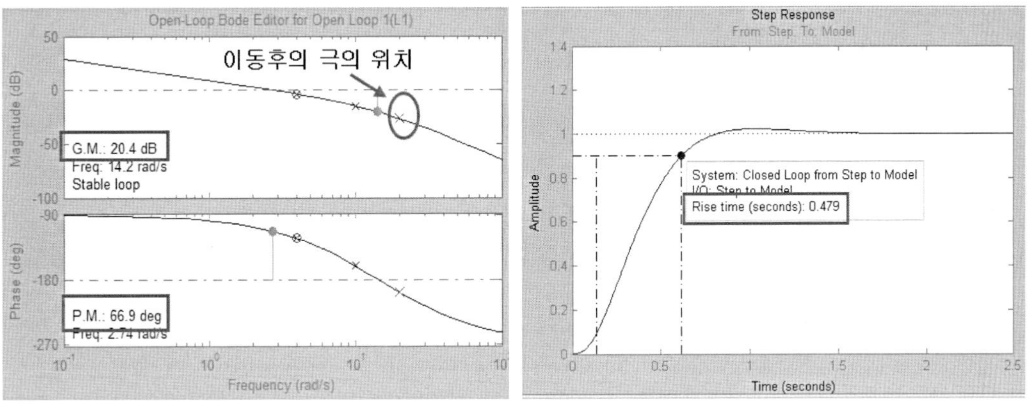

(a) 보상기 극의 이동결과　　　(b) 보상기의 조정에 의한 출력

[그림 4.95] 보상기 극의 이동

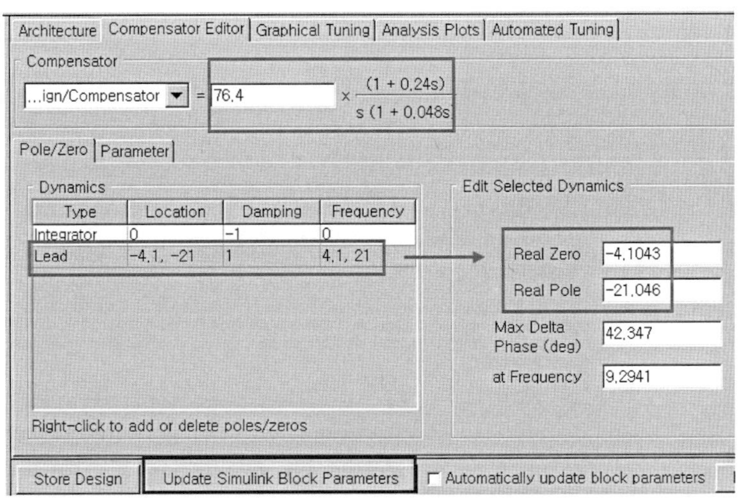

[그림 4.96] 진상보상기의 추가

지금까지 설계한 보상기를 이용하여 시뮬레이션을 수행하고자 한다면, [그림 4.96]의 아랫부분에 있는 **Update Simulink Block Parameters**를 클릭하면 [그림 4.78]의 Compensator 블록의 분자·분모 파라미터가 식(4.78)으로 전환되므로 여러 종류의 시뮬레이션으로 그 성능을 간단하게 확인할 수 있다. 또한 설계한 결과를 저장하고자 한다면 [그림 4.77]의 **Control and Estimation Tool Manager**에서 **File→Export**를 실행하여 나타나는 **SISO Tool Export** 화면에서 MATLAB의 작업공간에서 하드디스크 등으로의 저장이 가능하다.

보상기의 설계에 있어서 기존의 보상기(위의 경우 적분기)에 새로운 보상기(위의 경우 진상보상기)를 추가하면 앞에서 설명한 바와 같이 상승시간 등과 같은 특성의 재계산이 필요하다. 그러나 Simulink를 이용하면 이러한 재계산의 번잡함 없이 새로운 보상기의 파라미터 변동에 따라 즉각적인 특성을 확인할 수 있기 때문에 보다 직감적으로 보상기의 설계가 가능하다.

4.6.4 자동조정에 의한 설계

지금까지 보상기의 구성(적분기 + 진상보상기)를 결정하고 그 파라미터를 Simulink의 화면에서 마우스를 이용하여 결정하였다. 그러나 이 과정에서 최적의 보상기를 결정하기 위해서는 시행착오적으로 위 과정의 반복적인 적용이 필요하였다.

여기서는 이전 절에서 설명한 Simulink Response Optimization을 적용하여 설계사양을 만족하는 보상기의 파라미터를 자동으로 결정하여 보기로 한다.

(1) [그림 4.74]의 블록선도에서 **Tools→Control Design→Compensator Design**을 실행하여 나타나는 **Control and Estimation Tool Manager**에서 [그림 4.75]에서 [그림 4.80]까지의 과정을 실행한다. 이 결과 매니저화면은 [그림 4.97]로 되며, 여기서 **Automated Tuning→Optimize Compensators**를 실행하면 보상기의 최적화를 위한 화면 [그림 4.98]이 기동된다.

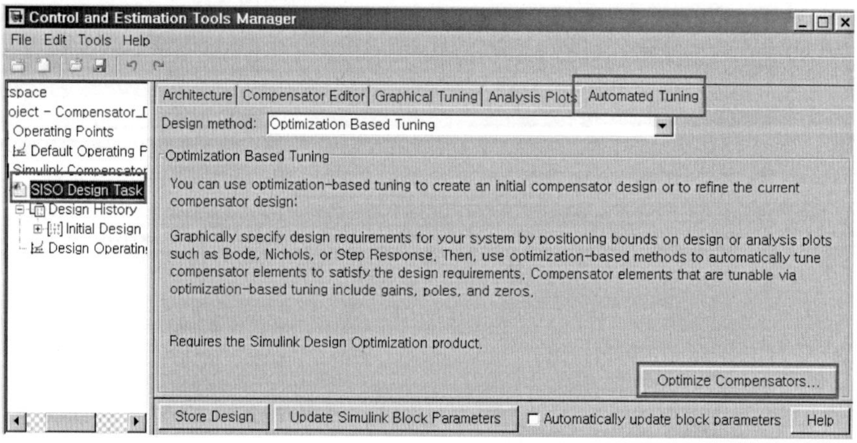

[그림 4.97] **Control and Estimation Tool Manager 화면**

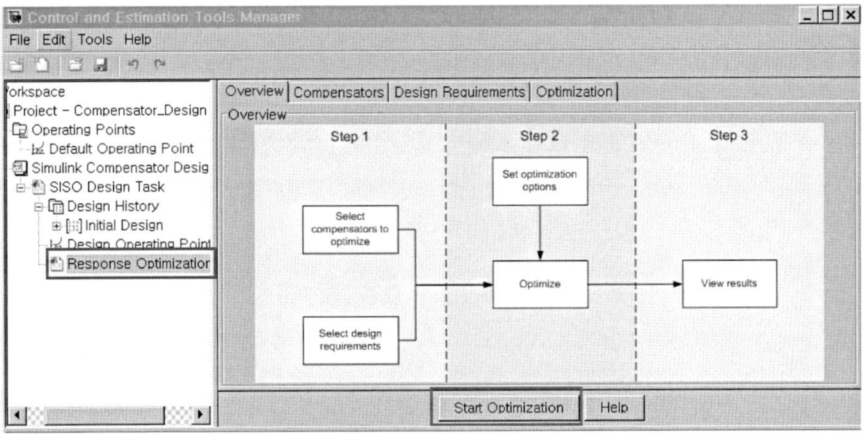

[그림 4.98] 보상기의 최적화를 위한 화면

(2) 자동조정을 위한 파라미터를 선정한다. [그림 4.98]에서 **Compensator**를 클릭하면 현재 설정되어 있는 보상기(적분기+진상보상기)가 표시되므로, 여기서는 이득과 진상보상기의 파라미터만을 조정하기 때문에 [그림 4.99]와 같이 필요한 부분을 체크한다.

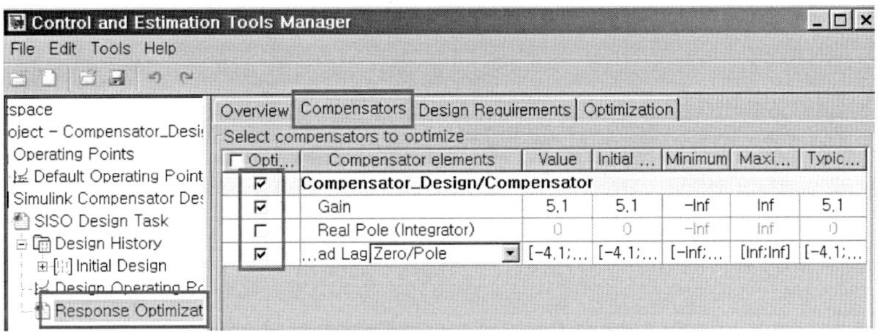

[그림 4.99] 최적화를 위한 파라미터의 선정

(3) 설계사양을 지정한다. [그림 4.99]에서 **Design Requirement**를 클릭하고 여기서 다시 **Add new design requirement**를 클릭하면 설계사양을 위한 화면 [그림 4.100]이 나타난다.

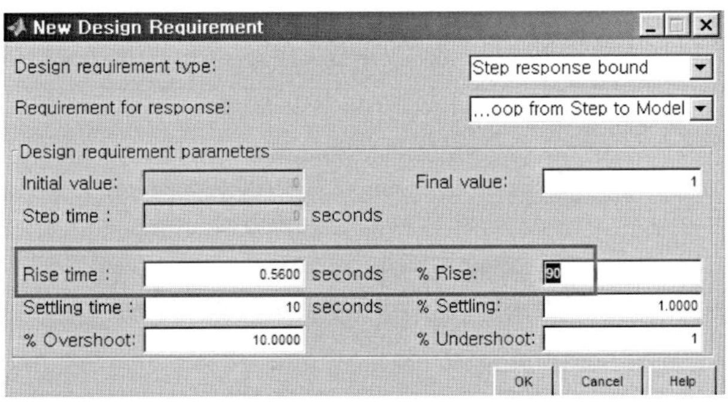

[그림 4.100] 설계사양 지정화면

[그림 4.100]에서 **Rise time**과 **% Rise**는 [그림 4.101]과 같이 정의되는 양이다. 따라서 만약

$$x: \text{상승시간},\ y: \%\ \text{상승시간}$$

와 같이 두면 '응답이 정상상태 값의 (0%에서) y%에 이를 때까지의 시간이 x[s]를 의미하는 요구조건'으로 된다. 현재 주어진 설계사양은 10%에서 90%에 이를 때까지의 시간이 0.5 [s] 이내로 주어져 있기 때문에 이를 [그림 4.100]의 x값으로 근사적으로 변환하기 위해서

$$x = \frac{0.5}{0.8} \times 0.9 = 0.5625 \approx 0.56$$

을 이용한다[45].

또한 주파수영역의 설계사양인 이득여유와 위상여유는 설계용화면인 보드선도에서 마우스의 오른쪽 버튼을 클릭하여 **Design Requirement**→**New**를 실행하여 나타나는 화면 [그림 4.102]에서 **Gain & Phase margin**을 선정하여 입력한다.

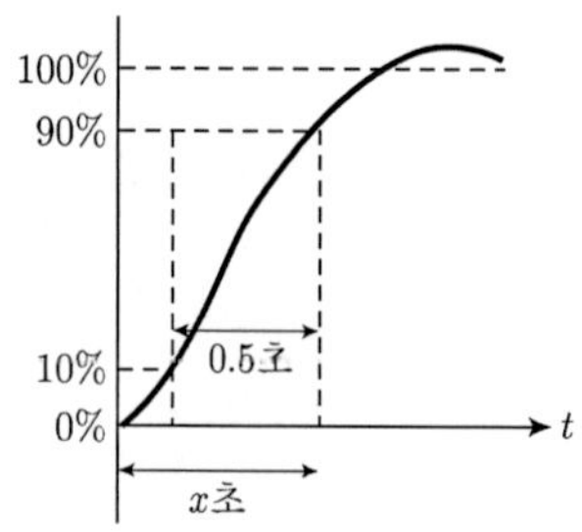

[그림 4.101] 상승시간의 계산

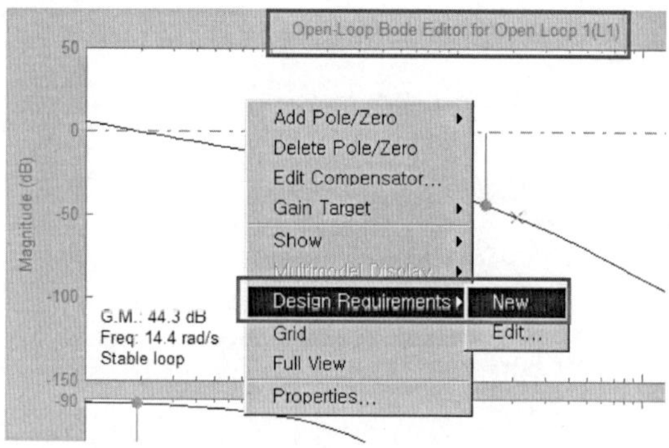

[그림 4.102] 이득·위상여유의 설정

설계사양의 입력이 끝난 **Control and Estimation Tool Manager** 화면 [그림 4.103]에서 **Start Optimization**을 클릭하면 최적화가 진행된다([그림 4.104] 참조).

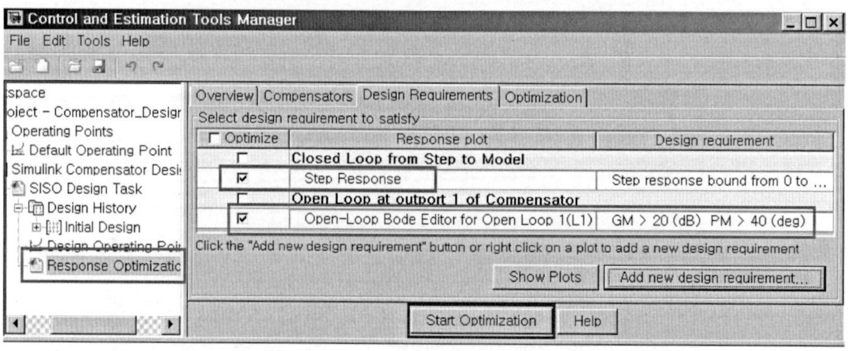

[그림 4.103] 설계사양의 입력 후의 **Control and Estimation Tool Manager** 화면

45) [그림 4.101]의 곡선이 선형이 아니기 때문에 정확한 값의 계산은 어렵다.

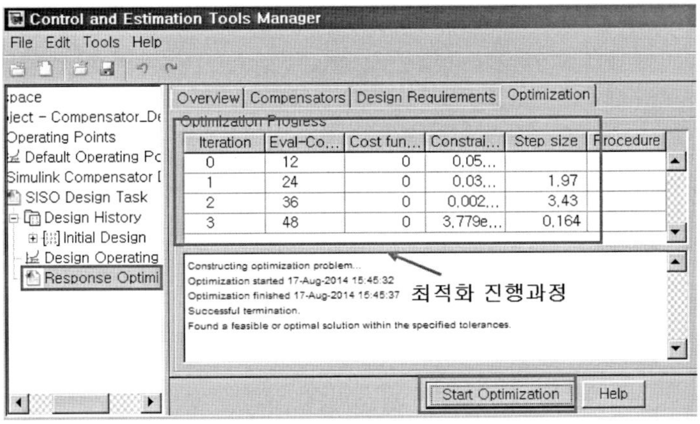

[그림 4.104] 최적화의 진행과정 표시

최적화의 결과로 얻어진 보상기에 의한 이득·위상여유 및 상승시간과 관련된 사양을 설계용과 확인용 그래픽인 [그림 4.105]에서 확인할 수 있다. 이 결과를 Simulink의 블록선도에 대입하기 위해서는 [그림 4.97]에서 **Update Simulink Block Parameters**를 클릭하면 최적화된 보상기의 파라미터가 [그림 4.78]의 **Compensator**의 파라미터(즉 분자·분모)로 대치된다.

[그림 4.78]의 블록선도에서 시뮬레이션을 수행한 결과(**Scope** 화면)인 [그림 4.105(a)]는 확인용 그래프인 LTI Viewer for SISO Design Task 화면([그림 4.105(b)])와 거의 동일함을 확인할 수 있다.

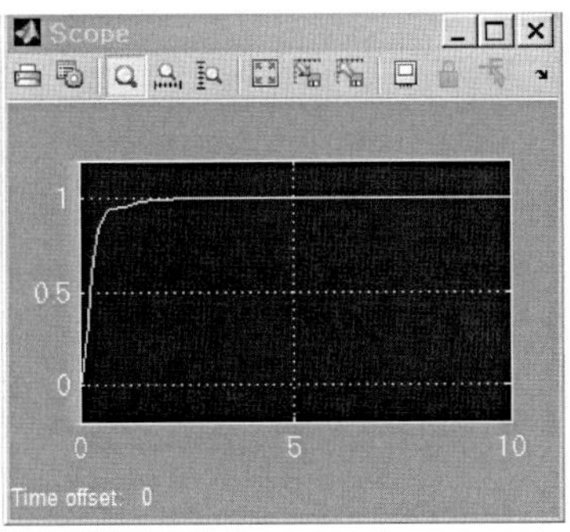

(a) Scope 화면

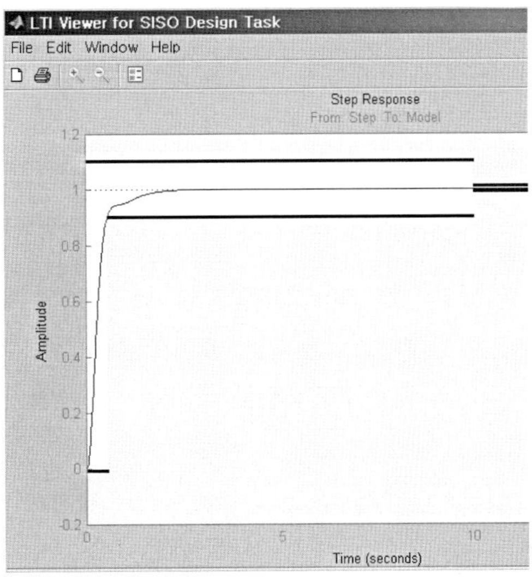

(b) 확인용 화면

[그림 4.105] 출력의 비교

이상과 같이 보상기의 구성이 결정되면 자동으로 설계사양을 만족하는 파라미터를 어렵지 않게 구할 수 있음을 알 수 있다.

[연 습 문 제]

4.1 [그림 P4.1]과 같이 단위 피드백 시스템이 구성되어 있다. 이 경우 제어대상 $G(s)$와 제어기 $G_c(s)$의 전달함수는 각각 다음과 같이 주어져 있다

$$G(s)= \frac{K}{(s+3)},\ \ G_c(s)= \frac{s+a}{s}$$

이때 $R(s)= 1/s$(즉, 단위 계단함수)가 인가되었을 때 출력 $y(t)$의 오버슈터가 5%이내로 되며, 동시에 정정시간(2% 기준 사용)이 대략 1초 정도 될 수 있도록 미지 파라미터 K와 a의 값을 결정하라.

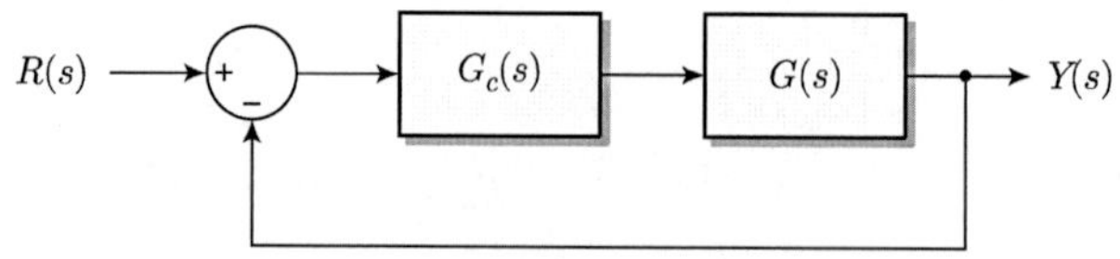

[그림 P4.1]

4.2 전달함수 $G(s)$가 다음과 같이 주어진 시스템이 위 [그림 P4.1]과 같은 단위 피드백시스템을 구성하고 있다. 이때 다음과 같은 비례-적분(PI) 보상기를 사용하고자 한다.

$$G(s)= \frac{400}{s(s+40)},\ \ G_c(s)= K_1 + \frac{K_2}{s}$$

(a) $K_2 = 1$로 두었을 때 위 폐루프시스템의 단위 계단응답이 약 20%이내의 오버슈터를 가지기 위한 비례기의 이득 K_1을 결정하라.

(b) 이때 위 시스템의 정정시간(2% 기준 사용)은 어느 정도로 되는가? 만약 정정시간을 더 단축하고자 한다면 제어기에 어떤 조치가 필요한가?

4.3 다음과 같은 전달함수를 가지는 시스템의 단위 피드백에 대하여 생각하여 보자.

$$G(s)= \frac{K}{s(s+2)(s+4)}$$

위 시스템에 보상기를 추가하여 전체 시스템에 대한 우세극의 고유 진동수가 $\omega_n = 3$ 및 감쇄비 $\zeta = 0.5$로 만들고자 한다. 동시에 위 시스템의 속도 오차상수 K_v가 2.7로 되기를 원한다. 이때 다음 식으로 주어지는 보상기 $G_c(s)$를 사용하였을 때 위의 사양을 만족할 수 있도록 미지수 K를 결정하라.

$$G_c(s) = \frac{7.53(s+2.2)}{(s+16.4)}$$

4.4 다음과 같은 전달함수를 가지는 시스템의 단위 피드백에 대하여 생각하여 보자.

$$G(s) = \frac{1350}{s(s+2)(s+30)}$$

위 시스템에 다음과 같은 진상보상기를 사용하고자 한다.

$$G_c(s) = \frac{(1+0.5s)}{(1+0.025s)}$$

이때 폐루프시스템의 주파수응답을 그려 보고, 이로부터 대역폭과 피크값을 결정하라. 또한 보상기를 사용하지 않았을 경우(즉, $G_c(s) = 1$)와 비교하여 사용된 보상기가 시스템에 기여한 바를 설명하여라.

4.5 [그림 P4.2]의 단위 피드백 시스템에 대하여 생각하여 보자. 이때

a) 폐루프시스템의 위상여유가 45° 이상

b) 이득여유가 8 [dB] 이상

c) 속도 오차상수 K_v 가 4 이상

의 조건을 만족하는 진상보상기를 설계하라.

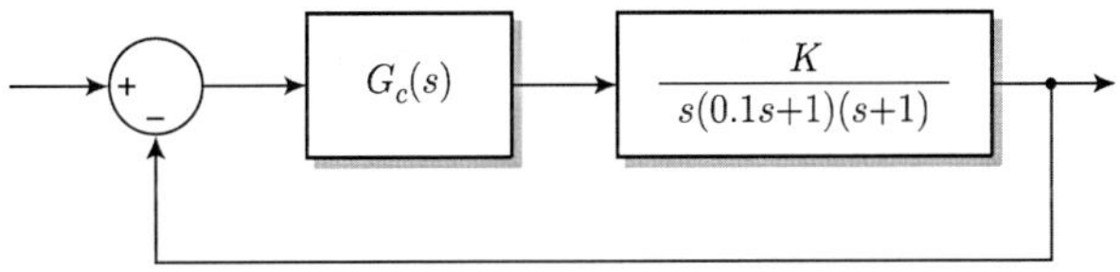

[그림 P4.2]

4.6 [그림 P4.3]으로 주어진 시스템에 있어서 폐루프시스템의 우세극이 $\zeta = 0.5$ 및 $\omega_n = 3$ [rad/sec]를 가질 수 있도록 미지 파라미터 K, T_1 및 T_2 를 각각 결정하라.

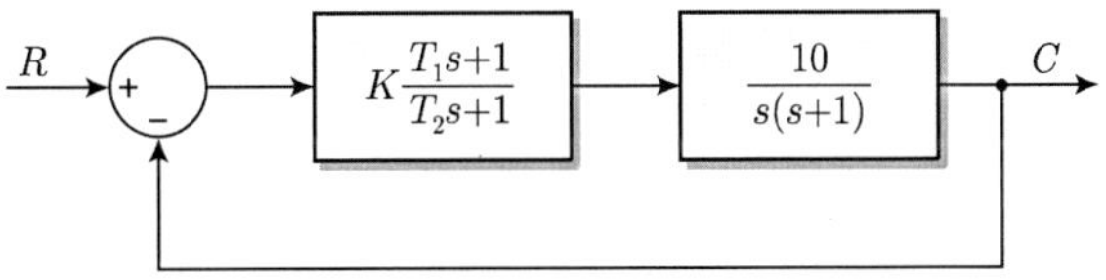

[그림 P4.3]

4.7 [그림 P4.4]의 단위 피드백시스템에 있어서 폐루프시스템의 우세극이 $s_{1,2} = -2 \pm j2$로 될 수 있도록 하는 보상기 $G_c(s)$를 설계하라.

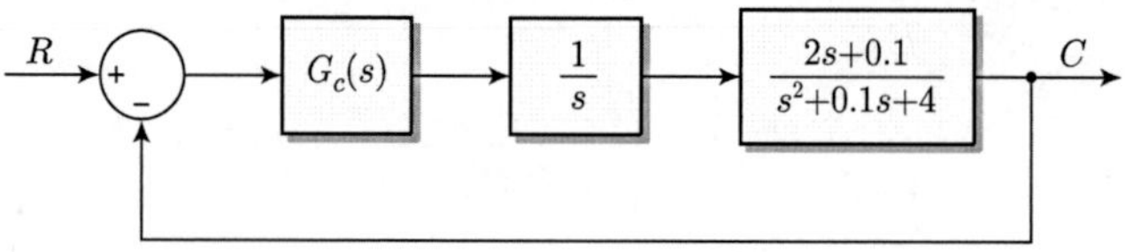

[그림 P4.4]

4.8 [그림 P4.5]로 주어진 시스템에서

$$G(s) = \frac{1}{s^2(s+1)}, \; G_c(s) = K$$

로 주어져 있다. 아래의 각 물음에 답하라.

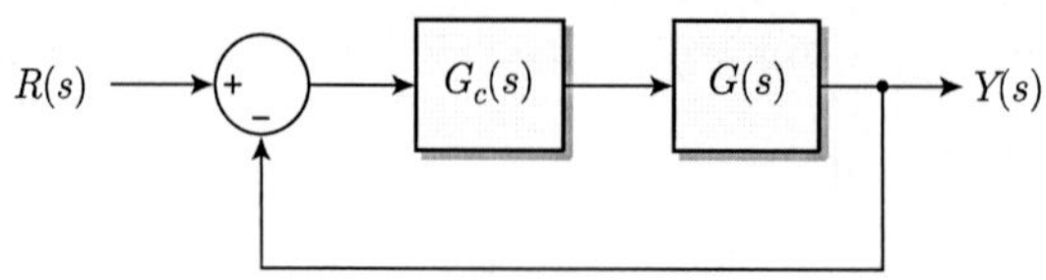

[그림 P4.5]

(a) 위 시스템은 K의 값에 관계없이 항상 불안정 시스템이라는 것을 보여라.

(b) 다음과 같은 비례미분보상기 $G_c(s)$를 사용하여 위 시스템을 안정화시킬 수 있는지의 여부를 설명하라.

$$G_c(s) = K_P + K_D s$$

(c) 비례미분보상기 대신 진상보상기를 사용하여서도 위 시스템을 안정화시킬 수 있는 지의 여부를 확인하여라.

Chapter 5

상태공간을 이용한 설계

제3장과 4장에서 취급한 제어기설계에는 전달함수(transfer function) 표현법이 이용되었다. 전달함수란 앞에서 언급한 바와 같이 물리적 시스템의 수식표현인 선형미분방정식에 라플라스변환을 적용하여 얻어진 대수방정식으로부터 입력신호에 대한 출력신호의 비로서 정의되는 함수 $G(s)$를 지칭한 것이다. 다시 말하면 변수가 시간 t인 함수를 변수가 s인 함수로 변환하는 것으로 볼 수 있다. 여기서 s는 복소수로서 $s = \sigma + j\omega$ 의 형식으로 주어지지만, 전달함수에서는 주로 실수부를 영, 즉 $\sigma = 0$으로 두고 $G(s)$에 대입하여 얻어진 주파수 ω의 함수 $G(j\omega)$에 대한 설계법을 제시하였다. 이로 인해 설계사양은 위상여유, 이득여유 등과 같이 주파수영역으로 주어지는 것이 보통이며, 만약 정정시간 등과 같이 시간영역의 사양이 주어지면 각종 공식을 동원하여 이를 주파수영역으로 변환하여 사용하였다.

여기서는 전달함수보다 더 넓은 범위의 시스템에 적용이 가능한 상태공간(state-space) 개념을 사용하여 시스템을 표현하는 방법을 먼저 언급한 뒤[1], 이 표현법에 맞는 여러 형태의 제어기의 설계법을 제시하기로 한다. 상태공간은 이름 그대로 시스템의 (과거, 현재 및 미래의) 상태를 시간함수로 나타내는 표현법이기 때문에 여기서는 시간 t가 주된 역할을 한다. 이러한 이유로서 이를 시간영역에서의 설계(time-domain design)라고 부른다.

시간영역에서의 설계는 앞에서 취급한 주파수영역에서와 같이 그래프 등을 이용한 직관적인 설계법(예를 들어 보드선도 등)을 적용하기 어려우며, 동시에 최종결과를 얻기 위해서는 더 많은 수식계산이 요구된다는 점 등을 설계의 어려움으로 들 수 있을 것이다.

1) 전달함수 표현법을 위해 적용하는 라플라스변환이 선형변환이기 때문에 비선형시스템은 전달함수 표현이 불가능하다. 또한 입력과 출력이 하나 이상인 시스템의 경우 전달함수 표현은 가능하지만 설계과정이 대단히 번잡하게 되는 등의 어려움이 수반된다. 이러한 과정은 상태공간 표현을 이용하면 대부분 쉽게 극복가능하다.

5.1 상태변수와 상태공간 표현식

먼저 상태공간에 의한 시스템의 표현을 저항(R), 캐퍼시터(C) 및 인덕터(L)의 세 요소로 이루어진 간단한 전기회로를 이용하여 설명하기로 한다. 예를 들어 저항의 전압, 인덕터 전압 또는 캐퍼시터의 충전전압 등을 이용하여 전기회로의 식을 유도하는 과정에는 많은 변수들이 필요하지만, 이들 변수들은 독립적인 것이 아니라 서로 연결되어 있다. 따라서 이러한 점을 고려하여 하나의 전기회로를 표현하기 위하여 꼭 필요한 최소한의 변수를 정의한다면, 나머지 변수들은 이들을 이용하여 어렵지 않게 나타낼 수 있을 것이다.

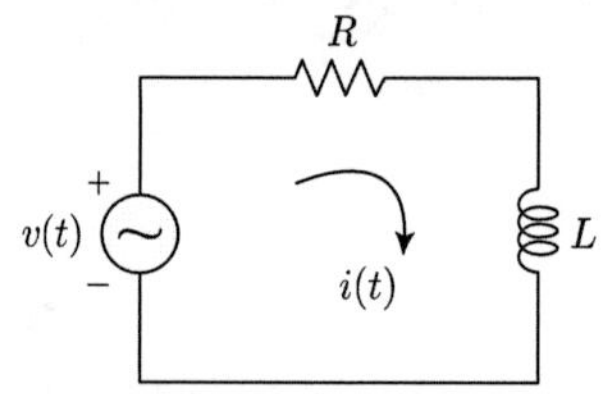

[그림 5.1] RL회로

5.1.1 상태변수

• A : RL회로의 경우

먼저 [그림 5.1]과 같은 RL회로를 이용하여 이를 확인하여 보자. 단 그림에서 인덕터에는 초기전류 $i(0)$가 흐르고 있는 것으로 가정한다.

[그림 5.1]의 회로에 키르히호프 전압법칙(KVL)을 적용하기 위해 인덕터 L에 흐르는 전류 $i(t)$를 변수로 취한다.

$$L\frac{di(t)}{dt}+Ri(t)=v(t) \tag{5.1}$$

여기서 입력으로 크기 1인 계단입력, 즉 $v(t)=1$, $(t \geq 0)$이 인가되었다고 하고 위 식의 양변에 라플라스변환을 적용하여 전류에 대한 식으로 정리하면 다음으로 된다.

$$i(s)=\frac{1}{R}\left(\frac{1}{s}-\frac{1}{s+\frac{R}{L}}\right)+\frac{i(0)}{s+\frac{R}{L}} \tag{5.2a}$$

이로부터

$$i(t)=\frac{1}{R}\left(1-e^{-(R/L)t}\right)+i(0)e^{-(R/L)t} \tag{5.2b}$$

가 얻어진다. 식(5.2b)의 $i(t)$는 입력 $v(t)$과 인덕터 L의 초기전류 $i(0)$가 주어진다면 계산가능한 양이다. 따라서 $i(t)$는 [그림 5.1]의 상태를 나타내는 변수, 즉 상태변수(state variable)이며 상태변수로 이루어진 미분방정식 (5.1)을 상태방정식(state equation)이라고 한다.

[그림 5.1]의 경우 상태변수 $i(t)$의 값 하나만으로 시간 $t \geq 0$에서의 회로 내의 모든 상황을 파악할 수 있다. 예를 들어 저항 R의 양단에 걸리는 전압은

$$v_R(t) = Ri(t) \tag{5.3a}$$

이며, 인덕터에 걸리는 전압은

$$v_L(t) = v(t) - Ri(t) \tag{5.3b}$$

로 된다. 만약 [그림 5.1]의 출력으로 저항 R 양단의 전압을 취하였다면 식(5.3a)는 출력방정식(output equation)으로 된다. 이와 같이 상태변수 $i(t)$를 이용하여 회로를 나타낸 식(5.1)과 출력방정식 (5.3a)를 [그림 5.1]의 상태공간 표현식(state-space representation)이라고 한다[2].

식(5.1)이 [그림 5.1]을 나타내는 유일한 표현식인 것은 아니다. 예를 들어 $i = v_R/R$을 식(5.1)에 대입하면

$$\frac{L}{R}\frac{dv_R(t)}{dt} + v_R(t) = v(t) \tag{5.4}$$

로 된다. 이때 $v_R(0) = Ru(0)$의 관계가 성립되므로, 식(5.4) 역시 입력 $v(t)$와 $i(0)$가 주어진다면 회로의 모든 상황을 파악할 수 있기 때문에, $v_R(t)$는 상태변수, 식(5.4)는 상태방정식으로 된다.

이상의 사항을 [그림 5.2]와 같은 2계미분방정식의 시스템에 적용하여 보자.

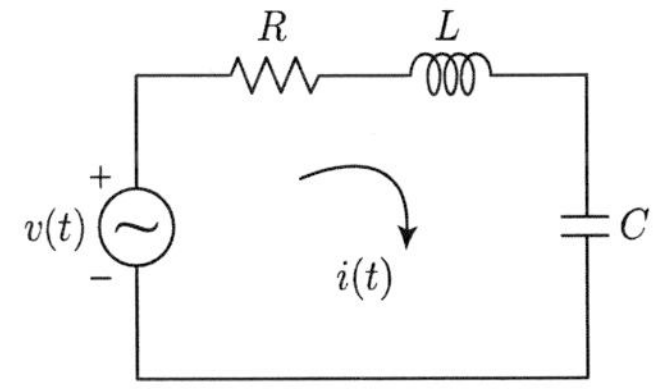

[그림 5.2] RLC회로

• B : RLC회로의 경우

회로에 키르히호프의 전압법칙(KVL)을 적용하면

$$L\frac{di}{dt} + Ri + \frac{1}{C}\int idt = v(t) \tag{5.5a}$$

로 된다. 위 식에서 적분을 소거하기 위하여 $i(t) = dq(t)/dt$의 관계식을 적용하면 2계미분방정식이 얻어진다.

2) 이와 같이 상태방정식은 항상 1계미분방정식의 형식을 취한다.

$$L\frac{d^2q}{dt^2}+R\frac{dq}{dt}+\frac{1}{C}q=v(t) \tag{5.5b}$$

n계미분방정식은 n개의 1계 연립미분방정식으로 변환이 가능하며, 이때 각각의 1계미분방정식은 다음과 같은 형식을 취한다.

$$\frac{dx_i}{dt}=a_{i1}x_1+a_{i2}x_2+\cdots+a_{in}x_n+b_if(t) \tag{5.6}$$

여기서 x_i, $(i=1\sim n)$은 상태변수, a_{ij}, $(j=1\sim n)$과 b_i는 시스템에 의해 결정되는 계수이다. 식(5.6)을 이용하여 식(5.5b)를 2개의 1계미분방정식으로 변환하여 보자.

식(5.5b)의 경우 $q(t)$와 $i(t)$를 두 개의 변수로 취하기로 한다. $dq/dt=i$와 $di/dt=d^2q/dt^2$의 관계를 식(5.5b)에 적용하면 다음과 같은 두 개의 1계미분방정식을 얻는다.

$$\frac{dq}{dt}=i \tag{5.7a}$$

$$\frac{di}{dt}=-\frac{1}{LC}q-\frac{R}{L}i+\frac{1}{L}v(t) \tag{5.7b}$$

연립 1계미분방정식 (5.7)은 입력 $v(t)$와 두 개의 초기값 $q(0)$, $i(0)=\dot{q}(0)$이 주어지면 라플라스변환 등을 이용하여 어렵지 않게 해, 즉 $q(t)$와 $i(t)$를 얻을 수 있다[3]. 또한 [그림 5.2]의 출력으로 인덕터 L의 양단에 걸리는 전압을 고려한다면 이는 식(5.7)의 두 변수인 $q(t)$와 $i(t)$를 이용하여 다음과 같이 표현할 수 있다.

$$v_L(t)=-\frac{1}{C}q(t)-Ri(t)+v(t) \tag{5.8}$$

결론적으로 [그림 5.2]는 회로 내의 두 개의 상태변수 $q(t)$와 $i(t)$로 이루어진 미분방정식 (5.7)로서 회로의 모든 상황의 파악이 가능하므로 식(5.7)은 상태방정식이다. 또한 두 개 상태변수의 선형결합으로 이루어진 식(5.8)은 출력방정식이며, 식(5.7)과 (5.8)은 RLC회로 [그림 5.2]의 상태공간 표현식으로 된다.

앞에서 언급한 바와 같이 [그림 5.2]의 상태공간 표현식은 다양하게 존재한다. 예를 들어 [그림 5.2]에서 저항의 전압 $v_R(t)$와 캐퍼시턴스의 전압 $v_C(t)$를 상태변수로 취하였다면 다음과 같은 두 개의 1계미분방정식을 얻을 수 있다.

$$\frac{dv_R}{dt}=-\frac{R}{L}v_R-\frac{R}{L}v_C+\frac{R}{L}v(t) \tag{5.9a}$$

$$\frac{dv_C}{dt}=\frac{1}{RC}v_R \tag{5.9b}$$

식(5.9) 역시 입력 $v(t)$와 초기값이 주어진다면 간단히 두 개의 상태변수 $v_R(t)$와 $v_C(t)$를 계산할 수 있으며, 동시에 이 두 개의 상태변수로서 회로의 모든 상황을 파악할 수 있음을 쉽

3) $dq/dt=\dot{q}$로 나타내기로 한다.

게 판단할 수 있을 것이다. 따라서 식(5.9) 역시 RLC회로의 상태방정식이다. ■

■ 상태변수의 조건

상태변수가 만족해야 하는 조건을 정리하면 다음과 같다.

• 상태변수가 만족해야 하는 조건

(1) 임의의 초기시각 t_o에 있어서의 값 $x_1(t_o)$, …, $x_n(t_o)$과 $t \geq t_o$에서의 입력 $u(t)$가 주어졌을 경우, $x_1(t)$, …, $x_n(t)$은 유일하게 결정된다.

(2) 임의의 시각 t_o에서의 출력 $y(t)$는 $\{x_1(t), \cdots, x_n(t); u(t); t\}$의 대수식에 의해 표현되어야 한다. 다시 말하면 함수를 이용하여

$$y(t) = h[x_1(t), \cdots, x_n(t); u(t); t] \tag{5.10a}$$

로 나타낼 수 있다. 일반적으로 출력 $y(t)$는 입력 $u(t)$의 직접적인 영향을 받지 않는 경우가 대부분이기 때문에 식(5.10a)는

$$y(t) = h[x_1(t), \cdots, x_n(t); t] \tag{5.10b}$$

와 같은 형식으로 되는 경우가 보통이다.

(3) 임의의 시각 t_o에서 초기상태 $x_1(t_o), \cdots, x_n(t_o)$ 및 $u(t_o)$는 상호간에 아무런 구속력이 없으며, 독립적으로 그 값을 설정할 수 있다.

위 (1)의 경우는, 예를 들어 [그림 5.2]에서 v_R을 상태변수로 지정하였다면 $i(t)$는 상태변수로 될 수 없다는 것을 의미한다. 왜냐하면 v_R과 $i(t)$는 서로 선형적인 관계, 즉 $v_R = R \cdot i(t)$가 성립하기 때문이다. 다시 말하면 각 상태변수는 반드시 서로 선형독립(linearly independent)으로 되어야 한다는 것이다. 또한 출력은 식(5.8)과 같이 상태변수의 선형결합(linear combination)으로 주어져야 한다는 것을 위의 (2)는 나타내고 있다. (3)은 각 상태변수의 초기값 역시 서로 선형독립으로 주어져야 한다는 것을 표현하고 있는 것으로 볼 수 있다.

만약 상태변수의 개수가 많아지면 식(5.9)와 같은 1계미분방정식의 개수 역시 많아지게 되어 그 표현에 불편함이 따른다. 이를 해소하기 위해 벡터와 행렬표현을 도입한다. 예를 들어 식(5.9)의 경우는 2차원인 벡터 $\vec{x}(t)$를 도입하면 다음과 같이 간략하게 나타낼 수 있다.

$$\dot{\vec{x}}(t) = \boldsymbol{A}\vec{x}(t) + \vec{b}u(t) \tag{5.11a}$$ [4]

$$\vec{x}(t) = \begin{bmatrix} q(t) \\ i(t) \end{bmatrix},\ \boldsymbol{A} = \begin{bmatrix} 0 & 1 \\ -\dfrac{1}{LC} & -\dfrac{R}{L} \end{bmatrix},\ \vec{b} = \begin{bmatrix} 0 \\ \dfrac{1}{L} \end{bmatrix},\ u = v(t) \tag{5.11b}$$

4) 벡터의 미분은 벡터의 각 요소 각각을 전부 미분하는 것으로 정의된다. 즉 $\dot{\vec{x}}$는 $\begin{bmatrix} dq/dt \\ di/dt \end{bmatrix}$를 의미한다.

또한 식(5.8)의 출력방정식 역시 벡터를 이용하면 다음으로 된다.

$$y(t) = \vec{c}\,\vec{x}(t) + d\,u(t) \tag{5.12a}$$

$$y(t) = v_L(t),\ \vec{c} = \left[-\frac{1}{C}\ \ -R\right],\ d = 1 \qquad (5.12b)^{5)}$$

식(5.11), (5.12)를 [그림 5.2]의 상태공간 표현이라고 한다. 상태공간 표현에서 상태벡터 $\vec{x}(t)$의 차원은 설정한 상태변수의 개수에 의존한다. 따라서 만약 하나의 입력과 출력을 가지는 시스템에서 상태변수로 n개를 설정하였을 경우의 상태공간 표현은 다음으로 된다.

$$\frac{d}{dt}\vec{x}(t) = \boldsymbol{A}\vec{x}(t) + \vec{b}\,u(t) \tag{5.13a}$$

$$y(t) = \vec{c}\,\vec{x}(t) + d\,u(t) \tag{5.13b}$$

이 경우 위 식의 각 계수 $(\boldsymbol{A},\ \vec{b},\ \vec{c},\ d)$의 크기는 다음과 같다[6].

$$\boldsymbol{A} : (n \times n),\ \vec{b} : (n \times 1),\ \vec{c} : (1 \times n),\ d : (1 \times 1) \tag{5.13c}$$

5.1.2 물리시스템에 대한 상태공간 표현

■ 전기회로의 경우

저항, 캐퍼시턴스 및 인덕턴스로 이루어진 간단한 전기회로에 대한 수식모델을 얻기 위해서는 각 소자에 대한 전압과 전류 사이의 관계를 이용하여, 전기회로의 기본법칙인 키르히호프(Kirchhoff)의 법칙을 적용한다. 이 경우 식 (5.9)와 같은 1계미분방정식을 얻기 위해서는 전기회로의 방정식에 가능한 한 적분 항이 나타나지 않도록 하는 것이 필요하다. 이를 위해 각 소자에 있어서의 전류·전압 관련을 다음과 같이 적용하면 편리하다.

(a) 캐퍼시턴스 : $i(t) = C\dfrac{dv(t)}{dt}$ (5.14a)

(b) 저항 : $v(t) = R\,i(t)$ (5.14b)

(c) 인덕턴스 : $v(t) = L\dfrac{di(t)}{dt}$ (5.14c)

이로부터 전기회로에 대하여 식(5.6)과 같은 형식의 상태방정식을 얻기 위해서는, 캐퍼시턴스 양단의 전압과 인덕턴스에 흐르는 전류를 상태변수로 취한 뒤, 각 상태변수의 일차 미분 항

5) 이 경우 $d=0$으로 되지 않은 특별한 경우로 볼 수 있다.

6) 만약 입력이 r개 출력이 p인 다입력·다출력의 시스템이라면 열벡터인 $\vec{b}$는 크기 $(n\times r)$인 행렬 $\boldsymbol{B}$로, 행벡터인 $\vec{c}$는 크기 $(p\times n)$인 행렬 $\boldsymbol{C}$로 될 것이다. 또한 스칼라인 d는 크기 $(p\times r)$인 행렬 $\boldsymbol{D}$로 된다.

이 항상 방정식의 왼편에 나타나도록 식을 정리한다. 따라서 상태변수의 개수 n은 독립적으로 연결된 캐퍼시턴스와 인덕턴스의 수와 같게 된다. 이를 다음 예제를 이용하여 확인하여 보자.

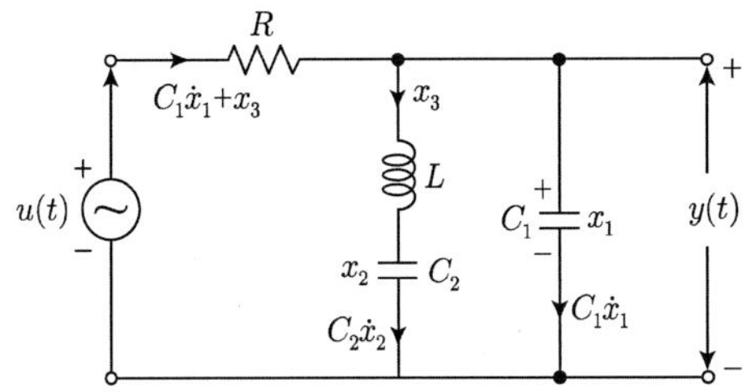

[그림 5.3] [예제 5.1]의 회로

[예제 5.1]

[그림 5.3]의 회로에 대한 상태방정식을 구하여보자.

풀이 [그림 5.3]은 입력전압 $u(t)$를 인가했을 경우의 전기회로이다. 두 개의 캐퍼시턴스 C_1, C_2 양단의 전압과, 인덕턴스 L에 흐르는 전류를 각각 상태변수 $x_1(t)$, $x_2(t)$, $x_3(t)$로 취하기로 한다[7]. 그러면 C_2에 흐르는 전류 $C_2\dot{x}$와 L에 흐르는 전류 x_3가 같다는 사실로부터 $C_2\dot{x}_2 = x_3$를 얻는다. 또 L의 역기전력 $L\dot{x}_3$와 C_2의 양단에 걸리는 전압 x_2의 합이 C_1의 양단에 걸리는 전압 x_1과 같으므로 $L\dot{x}_3 + x_2 = x_1$이 성립한다. 그리고 R에서의 전압강하와 C_1 양단의 전압의 합이 u와 같아야 하므로 $R\left(C_1\dot{x}_1 + x_3\right) + x_1 = u$가 만족된다.

상기 세 개의 식을 미분항이 왼쪽에 나타나도록 정리한 뒤 행렬과 벡터를 이용해서 이를 표현하면 상태방정식은 다음으로 된다.

$$\begin{bmatrix} \dot{x}_1(t) \\ \dot{x}_2(t) \\ \dot{x}_3(t) \end{bmatrix} = \begin{bmatrix} -\dfrac{1}{RC_1} & 0 & -\dfrac{1}{C_1} \\ 0 & 0 & \dfrac{1}{C_2} \\ \dfrac{1}{L} & -\dfrac{1}{L} & 0 \end{bmatrix} \begin{bmatrix} x_1 \\ x_2 \\ x_3 \end{bmatrix} + \begin{bmatrix} \dfrac{1}{RC_1} \\ 0 \\ 0 \end{bmatrix} u \quad ①$$

또한 그림과 같이 x_1을 출력변수로서 취하면 출력방정식은

$$y(t) = \begin{bmatrix} 1 & 0 & 0 \end{bmatrix} \begin{bmatrix} x_1(t) \\ x_2(t) \\ x_3(t) \end{bmatrix} \quad ②$$

으로 된다. ①, ②를 식(5.13)과 비교하면 행렬 $\boldsymbol{A}$, $\vec{b}$, $\vec{c}$를 얻을 수 있다. ②로부터 알 수 있다시피 $d = 0$이다.

7) 상태변수의 선정순서는 임의이다. 다시 말하면 선정순서에 관계없이 동일한 시스템에 대해서는 동일한 특성을 가지는 상태방정식이 얻어진다.

```
% [예제 5.1] (상태방정식의 MATLAB 표현)
R = 1000;C1=50;C2=100;L=20;                    % 전기회로의 각 소자의 값을 지정
A = [-1/R/C1 0 -1/C1;0 0 1/C2;1/L -1/L 0];     % ①의 상태방정식을 입력
B = [1/R/C1 0 0]';C = [1 0 0];D = 0;
sys = ss(A,B,C,D);                             % 상태방정식의 LTI object의 표현
```

■ **기계시스템의 경우**

기계시스템과 관련된 운동은 크게 직선운동과 회전운동으로 나눌 수 있다. 따라서 기계시스템에 대한 상태방정식을 얻기 위해서는 이 두 가지 운동에 관한 정확한 이해가 필요하다.

• A : 직선운동

기계시스템을 구성하는 기본요소인 질량, 마찰 및 스프링에서, 정지상태로부터의 변화량 $x(t)$와 힘 $F(t)$사이의 관련식은 각각 다음과 같다.

(a) 스프링 : $F(t) = Kx(t)$, K: 스프링 상수 (5.15a)

(b) 마찰 : $F(t) = D\dfrac{dx(t)}{dt}$, D : 마찰계수 (5.15b)

(c) 질량 : $F(t) = M\dfrac{d^2x(t)}{dt^2}$, M: 질량 (5.15c)

스프링의 경우 힘 $F(t)$는 늘어난 스프링이 가지고 있는 에너지(위치에너지)이며, 마찰은 질량의 이동에 의해 발생하는 열로 생각할 수 있다. 마지막으로 질량의 경우는 이동을 위한 에너지, 즉 운동에너지로 간주하여 여기에 뉴턴의 제2법칙(에너지보존의 법칙)을 적용하면 상태방정식을 얻을 수 있다. 다음 예제로서 이를 확인하여 보자.

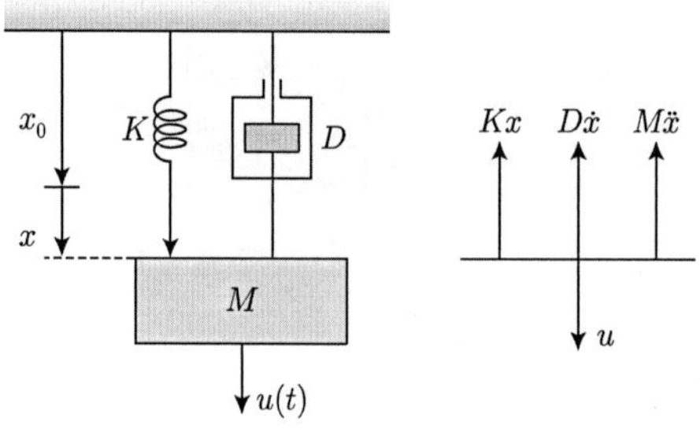

[그림 5.4] [예제 5.2]의 시스템

[예제 5.2]

[그림 5.4]의 기계시스템에 대한 상태방정식 표현을 구하여보자.

풀이 [그림 5.4]에 있어서 $u(t)$는 입력으로 질량 M에 가해지는 힘을 나타낸다. 중력과 평행

을 이루는 위치 x_o로부터 힘 $u(t)$에 의한 질량의 변위 $x(t)$로 하면, 인가된 힘은 늘어난 스프링의 복원력(위치에너지) $Kx(t)$, 마찰에 의한 열 $D(dx/dt)$ 및 질량의 운동으로 인한 운동에너지 $M\left(d^2x/dt^2\right)$ 등과 평형을 이루게 된다. 즉

$$M\frac{d^2x(t)}{dt^2}+D\frac{dx(t)}{dt}+Kx(t)=u(t) \qquad ①$$ [8]

이 성립한다. 이때 상태변수로서 $x_1(t)=x(t)$(위치), $x_2(t)=dx(t)/dt$(속도)로 취하면 ①로부터

$$\frac{dx_1(t)}{dt}=x_2(t),\ M\frac{dx_2(t)}{dt}=-Dx_2(t)-Kx_1(t)+u(t) \qquad ②$$

가 얻어지므로 이를 벡터와 행렬을 이용하여 정리하면

$$\begin{bmatrix}\dfrac{dx_1(t)}{dt}\\ \dfrac{dx_2(t)}{dt}\end{bmatrix}=\begin{bmatrix}0 & 1\\ -\dfrac{K}{M} & -\dfrac{D}{M}\end{bmatrix}\begin{bmatrix}x_1(t)\\ x_2(t)\end{bmatrix}+\begin{bmatrix}0\\ \dfrac{1}{M}\end{bmatrix}u(t) \qquad ③$$

인 상태방정식을 얻을 수 있다. 위 시스템에서 출력으로 질량의 변위 $x(t)$를 취한다면

$$y(t)=\begin{bmatrix}1 & 0\end{bmatrix}\begin{bmatrix}x_1(t)\\ x_2(t)\end{bmatrix} \qquad ④$$

로 된다.

위의 예제로부터 알 수 있는 바와 같이, 기계시스템에서의 변수 $x(t)$에 관한 n계미분방정식으로부터 식(5.11a) 형식의 상태방정식을 얻기 위해서는 상태변수를 다음과 같이 정의하면 편리하다.

$$x_1(t)=x(t),\ x_2(t)=\frac{dx(t)}{dt},\ \cdots,\ x_n(t)=\frac{d^{n-1}x(t)}{dt^{n-1}} \qquad (5.16)$$

이 경우 각 상태변수의 1계미분은 식(5.16)의 정의로부터

$$\frac{dx_1(t)}{dt}=x_2(t),\ \frac{dx_2(t)}{dt}=x_3(t),\ \cdots,\ \frac{dx_{n-1}(t)}{dt}=x_n(t) \qquad (5.17)$$

으로 되며, 상태변수 $x_n(t)$에 대한 1계미분 $dx_n(t)/dt$는 원래의 미분방정식으로부터 얻어진다([예제 5.2]의 ②참조). 이와 같은 상태변수의 선정결과 얻어지는 상태방정식의 행렬 $\boldsymbol{A}$, $\vec{b}$는 반드시 다음과 같은 특별한 형식을 가지게 된다. 예를 들어 기계시스템에 대한 n 계 미분방정식이 다음과 같이 주어졌다고 한다.

---

8) 중력의 영향은 생략하였다.

$$\frac{d^n x(t)}{dt^n} + a_{n-1}\frac{d^{n-1}x(t)}{dt^{n-1}} + a_{n-2}\frac{d^{n-2}x(t)}{dt^{n-2}} + \cdots + a_1\frac{dx(t)}{dt} + a_o x(t) = ku(t) \quad (5.18)$$

이 경우 크기 $(n\times n)$인 행렬 $\boldsymbol{A}$와 $(n\times 1)$인 벡터 $\vec{b}$는 다음과 같은 형식으로 됨을 쉽게 확인할 수 있을 것이다.

$$\boldsymbol{A} = \begin{bmatrix} 0 & 1 & 0 & \cdots & 0 \\ 0 & 0 & 1 & \cdots & 0 \\ \vdots & & & \ddots & \vdots \\ 0 & 0 & 0 & \cdots & 1 \\ a_o & a_1 & a_2 & \cdots & a_{n-1} \end{bmatrix}, \ \vec{b} = \begin{bmatrix} 0 \\ 0 \\ \vdots \\ 0 \\ k \end{bmatrix} \quad (5.19)^{9)}$$

• B : 회전운동

모터나 기어박스와 같이 회전운동을 하는 기계시스템이 정지상태에서의 변화각 $\theta(t)$와 힘(토크, Torque)사이의 관련식은 다음과 같다.

(a) 비틀림 : $T(t) = K\theta(t)$, K: 비틀림계수(torsional stiffness) (5.20a)

(b) 마찰 : $T(t) = D\frac{d\theta(t)}{dt} = D\omega(t)$, D: 마찰계수 (5.20b)

(c) 부하의 관성 : $T(t) = J\frac{d^2\theta(t)}{dt} = J\frac{d\omega(t)}{dt}$, J : 관성모멘트(moment of inertia) (5.20c)

비틀림은 회전운동을 하는 축의 두 끝 사이에서의 각도변화량 $\theta(t)$에, 회전으로 발생하는 마찰은 각속도 $\omega(t)$에 각각 비례한다. 또한 관성모멘트 J를 가지는 물체를 회전시키기 위하여 필요한 힘(토크)은 각가속도 $d\omega(t)/dt$에 비례한다는 것을 의미한다.

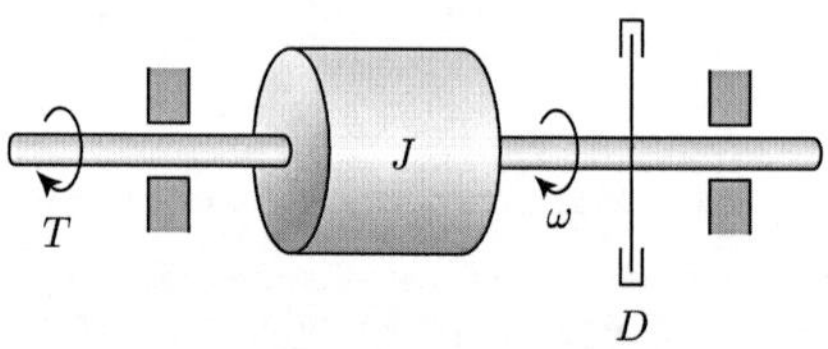

[그림 5.5] 기계적인 회전운동

[예제 5.3]

[그림 5.5]의 기계시스템에 대한 상태방정식을 구하여보자.

풀이 [그림 5.5]에서 T는 인가된 토크, J는 부하의 관성모멘트, D는 마찰 및 ω는 축의 각속도를 각각 나타낸다. 여기에 뉴턴의 제2법칙을 적용하면

$$T = D\omega(t) + J\frac{d\omega(t)}{dt} \quad ①$$

---

9) 이와 같은 형식을 companion matrix라고 한다.

로 되어 일반적인 기계시스템에 대한 미분방정식이 얻어졌다. 식 (5.17)과 같이 상태변수를

$$x_1(t)=\theta(t),\ x_2(t)=\omega(t) \quad ②$$

로 두면 상태방정식은

$$\frac{d}{dt}\begin{bmatrix} x_1(t) \\ x_2(t) \end{bmatrix} = \begin{bmatrix} 0 & 1 \\ 0 & -\frac{D}{J} \end{bmatrix}\begin{bmatrix} x_1(t) \\ x_2(t) \end{bmatrix} + \begin{bmatrix} 0 \\ \frac{1}{J} \end{bmatrix} T \quad ③$$

으로 된다.

■ **비선형 상태방정식의 경우**

여기서는 상태방정식에서 상태변수가 서로 선형이 아니라 비선형으로 연결되어 있는 경우를 예를 들어 간단히 설명한다. 다시 말하면 [예제 5.3]의 상태방정식 ③의 경우, 두 개의 상태변수의 미분과 상태변수가 서로 선형적으로 연결되어 있다. 예를 들어, 만약

$$\dot{x}_2(t) = -D/J \cdot \sqrt{x_2(t)} + 1/J \cdot u(t) \quad (5.21)$$

의 관계가 [그림 5.5]의 시스템에서 성립하고 있다고 한다면 식(5.21)로서는 [예제 5.3]의 ③과 같은 형식의 상태방정식을 얻을 수 없을 것이다. 이와 같은 경우에는 식(5.21)을 시스템의 동작점을 중심으로 선형화의 과정이 필요하다. 다음의 예를 보자.

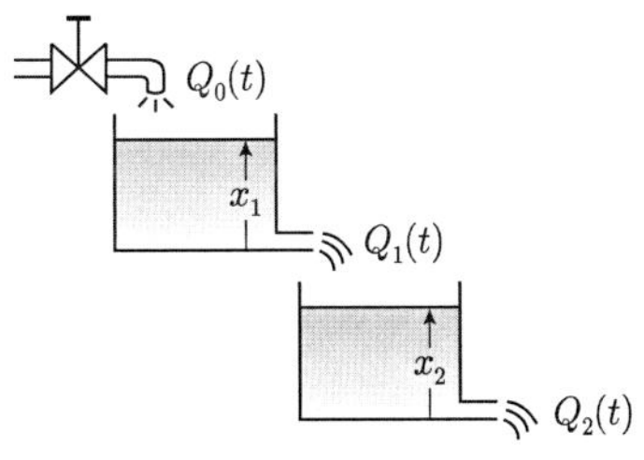

[그림 5.6] 두 개 물탱크를 가지는 시스템

[예제 5.4]

두 개의 물탱크가 [그림 5.6]과 같이 연결되어 현재 평형상태에 있다고 한다[10]. 이때 첫 번째 물탱크로 유입되는 유량 $u(t)=Q_0(t)$와 두 번째 물탱크로부터 유출되는 유량 $Q_2(t)$에 대한 식을 구하여 보자.

풀이 먼저 각 물탱크에 대한 유량의 관계식, 즉

10) 평형상태란 위쪽의 물탱크에 유입되는 수량과 아래 물탱크로부터 유출되는 수량 Q^*로 동일하다면, 이 경우 두 물탱크의 물높이가 각각 x_1^*, x_2^*로 일정하다는 것을 의미한다.

$$변화량 = \frac{d}{dt}\,(저장되는\ 양) = (유입량) - (유출량)$$

을 적용하면 다음의 관계식을 얻는다.

$$A_1 \frac{dx_1(t)}{dt} = Q_0(t) - Q_1(t) \qquad ①$$

$$A_2 \frac{dx_2(t)}{dt} = Q_1(t) - Q_2(t) \qquad ②$$

여기서 A_1, A_2는 각각 물탱크의 단면적을 나타낸다. 이때 베르누이의 정리에 의하면 수위와 유출유량과의 관계는

$$Q_i(t) = k_i \sqrt{x_i(t)}\,,\ (i = 1, 2) \qquad ③$$

로 주어진다. 이를 ①, ②에 대입하여 얻어진 식은 비선형인 미분방정식으로 되기 때문에 선형화의 과정이 필요하다. 선형화에는 반드시 어떤 기준의 상태가 필요한데, 여기서는 물탱크의 수위에 변화가 없는 상태를 평형으로 간주한다. 다시 말하면 같은 양의 물이 흘러들어오고 나간다면 두 물탱크의 수위가 일정하게 될 것이다. 따라서 흘러들어오는 양과 동일한 양의 물이 흘러나가는 상태인 $Q_0 = Q_2 = Q^*$와 이때의 두 물탱크의 수위 $x_1 = x_1^*$, $x_2 = x_2^*$를 기준값으로 하여 ③을 선형화한다[11]. 약간의 계산결과 다음과 같은 선형인 1계미분방정식을 얻는다.

$$\begin{cases} A_1 \Delta \dot{x}_1 = -\dfrac{k_1}{2}\dfrac{1}{\sqrt{x_1^*}}\Delta x_1 + \Delta u \\ A_2 \Delta \dot{x}_2 = \dfrac{k_1}{2\sqrt{x_1^*}}\Delta x_1 - \dfrac{k_2}{2\sqrt{x_2^*}}\Delta x_2 \end{cases} \qquad ④$$

여기서 $\Delta x_1 = x_1 - x_1^*$, $\Delta x_2 = x_2 - x_2^*$ 및 $\Delta u = Q_0 - Q^*$이다. 즉, ④는 [그림 5.6]이 평형상태 (Q^*, x_1^*, x_2^*)에서 미소한 변동이 발생하였을 경우의 [그림 5.6]의 시스템을 나타내는 수식모델, 즉 상태방정식이다[12]. [그림 5.6]에서 출력을 두 번째 물탱크의 수위, 즉 x_2로 두면 출력방정식은 다음으로 된다.

$$y(t) = [\,0 \quad 1\,]\,\vec{x}(t) \qquad ⑤$$

④, ⑤에 라플라스변환을 적용하여 전달함수를 구하면 다음으로 된다.

$$\frac{x_2(s)}{u(s)} = \frac{1}{s^2 + 2s + 1} \qquad ⑥$$

단 A_1, A_2, k_1, k_2, Q^*, x_1^* 및 x_2^*를 1로 두었다. ④, ⑤의 시뮬레이션을 위해 [그림 5.7]의

---

11) 비선형방정식의 선형화에는 테일러급수 전개가 사용된다. 참고문헌 등을 참조한다.

12) ④는 [그림 5.6]이 평형상태에서 약간 변동한 경우, 다시 말하면 입력이 Q^*에서 약간 증감(따라서 수위 역시 x_1^*, x_2^*에서 약간 변동)하였을 경우에만 성립하는 식이다.

Simulink 모델을 작성하였다. 여기서 $k_1 = 1.2$, $k_2 = 1.2$, $A_1 = A_2 = 1$로 두고, 각 물탱크의 수위가 $x_1^* = 0.0772$, $x_2^* = 0.1736$에서 시스템이 평형상태였다고 한다. 이때 크기 1/2인 지속적인 입력, 즉 $u = 1/2$을 [그림 5.7]에 인가하였을 경우의 각 물탱크의 수위를 [그림 5.8]에 나타내었다. 이 결과 각 물탱크의 수위는 약 2초 후에 (새로운) 평형상태인 $x_1(t) = 0.1544$, $x_2(t) = 0.3472$에 도달한다는 것을 알 수 있다.

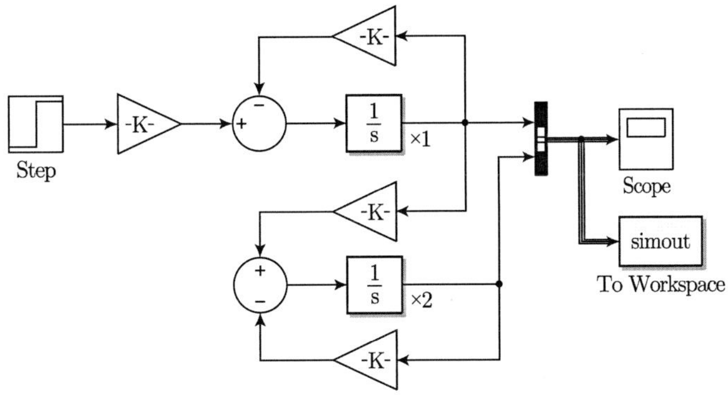

[그림 5.7] ④의 시뮬레이션을 위한 모델

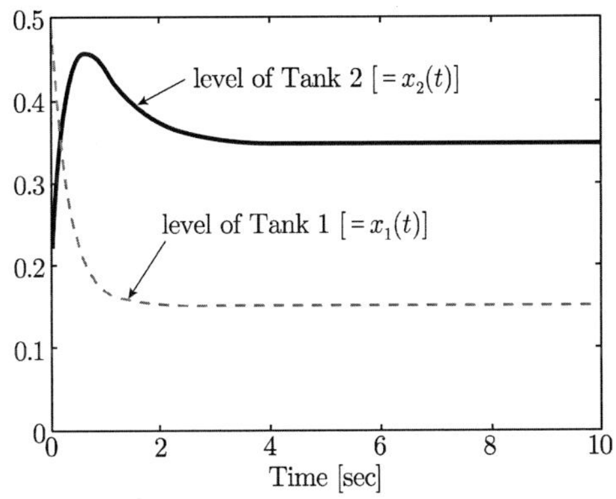

[그림 5.8] 모델 [그림 5.7]의 시뮬레이션 결과

5.1.3 상태공간 표현과 전달함수와의 관계

이전 절에서 취급한 두 종류의 예제로부터 알 수 있는 바와 같이, 상태공간 표현은 물리적인 시스템의 시뮬레이션에 유용하다는 것이다. 다시 말하면 [예제 5.2]의 [그림 5.4]를 나타내는 상태방정식 ②에 대한 시뮬레이션 결과 얻어진 두 개의 상태변수 $x_1(t)$, $x_2(t)$는 질량 M이 움직인 실제의 거리와 속도를 각각 나타내고 있다는 점이다. 그러나 전달함수의 경우 역시 제 3, 4장에서 언급한 바와 같이 제어기의 설계에 있어 많은 이점을 가지고 있기 때문에 필요에 따라 두 표현방식을 나누어 적용하는 것이 도움이 될 것이다.

■ 전달함수를 상태공간 표현으로 변환

전달함수는 시스템을 나타내는 미분방정식의 양변에 라플라스변환을 적용함으로서 얻어진다. 이 경우 시스템을 표현하는 가장 일반적인 형식의 미분방정식은 다음의 형식으로 주어진다.

$$\frac{d^n y}{dt^n}+a_{n-1}\frac{d^{n-1}y}{dt^{n-1}}+a_{n-2}\frac{d^{n-2}y}{dt^{n-2}}+\cdots+a_1\frac{dy}{dt}+a_0 y=b_0 u \tag{5.22}$$

전달함수는 위 식의 양변을 라플라스변환하여 입력에 대한 출력의 비, 즉 $y(s)/u(s)$를 계산함으로서 얻어진다. 식(5.22)에 대한 상태공간표현을 얻기 위한 여러 가지 방법이 존재하지만, 여기서는 가장 단순한 방법을 채용하기로 한다. 다음과 같이 n개의 상태변수를 정의하는 것이다.

$$x_1=y,\ x_2=\frac{dy}{dt},\ x_3=\frac{d^2y}{dt^2},\cdots,x_n=\frac{d^{n-1}y}{dt^{n-1}} \tag{5.23}$$

위 식의 양변을 미분하면

$$\begin{aligned}\dot{x}_1&=\frac{dy}{dt}=x_2\\ \dot{x}_2&=\frac{d^2y}{dt^2}=x_3\\ &\vdots\\ \dot{x}_{n-1}&=\frac{d^{n-1}y}{dt^{n-1}}=x_n\\ \dot{x}_n&=\frac{d^ny}{dt^n}=-a_0x_1-a_1x_2-\cdots-a_{n-1}x_n+b_0u\end{aligned} \tag{5.24}$$

로 된다. 식(5.24)를 벡터형식으로 고치면 다음과 같은 상태방정식을 얻는다.

$$\frac{d}{dt}\begin{bmatrix}x_1\\x_2\\\vdots\\x_{n-1}\\x_n\end{bmatrix}=\begin{bmatrix}0&1&0&\cdots&0\\0&0&1&\cdots&0\\\vdots&&&&\\0&0&0&\cdots&1\\-a_0&-a_1&-a_2&\cdots&-a_{n-1}\end{bmatrix}\begin{bmatrix}x_1\\x_2\\\vdots\\x_{n-1}\\x_n\end{bmatrix}+\begin{bmatrix}0\\0\\\vdots\\0\\b_0\end{bmatrix}u \tag{5.25a}$$

또한 출력으로 y, 즉 x_1을 취한다면 출력방정식은

$$y=[1\ 0\ 0\cdots\ 0]\begin{bmatrix}x_1\\x_2\\\vdots\\x_{n-1}\\x_n\end{bmatrix} \tag{5.25b}$$

으로 된다.

이상과 같이 만약 전달함수에 대한 상태공간 표현식을 얻고자 하면, 먼저 전달함수 표현으로부터 식(5.22) 형식의 미분방정식을 유도한 뒤 식(5.24), (5.25)를 적용한다.

[예제 5.5]

다음 식으로 주어진 전달함수에 대한 상태공간 표현식을 구하여보자.

$$G(s)=\frac{y(s)}{u(s)}=\frac{24}{s^3+9s^2+26s+24} \qquad ①$$

풀이 ①의 양변을 서로 크로스(×)로 곱한다.

$$\left(s^3+9s^2+26s+24\right)y(s)=24u(s) \qquad ②$$

위 식의 양변에 라플라스 역변환의 공식을 적용한다. 이때 전달함수의 정의에 의해 초기값은 모두 영으로 한다.

$$\frac{d^3y}{dt}+9\frac{d^2y}{dt^2}+26\frac{dy}{dt}+24y=24u \qquad ③$$

여기서 상태변수를 다음과 같이 정의한다.

$$x_1=y, x_2=\frac{dy}{dt}, x_3=\frac{d^2y}{dt^2} \qquad ④$$

④를 이용하여 ③을 표현한 뒤 이를 상태벡터 $\vec{x}=\left[\,x_1\;\;x_2\;\;x_3\right]^T$로 두면 다음과 같은 전달함수에 대한 상태공간 표현식을 얻을 수 있다.

$$\frac{d}{dt}\vec{x}=\begin{bmatrix}0&1&0\\0&0&1\\-24&-26&-9\end{bmatrix}\vec{x}+\begin{bmatrix}0\\0\\1\end{bmatrix}u \qquad ⑤$$

$$y=[1\,0\,0]\vec{x}$$

미분방정식 (5.22)은 입력 u의 미분항을 포함하고 있지 않다. 예를 들어

$$\frac{d^3y}{dt^3}+a_2\frac{d^2y}{dt^2}+a_1\frac{dy}{dt}+a_0y=b_0u+b_1\frac{du}{dt}+b_2\frac{d^2u}{dt^2} \qquad (5.26a)$$

의 경우를 생각하여 보자. 식(5.26a)에 대한 전달함수 표현은

$$G(s)=\frac{y(s)}{u(s)}=\frac{b_2s^2+b_1s+b_0}{a_3s^3+a_2s^2+a_1s+a_0} \qquad (5.26b)$$

로 된다. 위 식에 대한 상태공간 표현을 구하여 보자. 이 경우는 [그림 5.9(b)]와 같이 $G(s)$를 두 개의 블록으로 나누어서 생각하면 편리하다. 즉, 먼저 첫 번째 블록의 출력은 [예제 5.4]와 같이 $y=x_1$이므로 식(5.26a)의 출력은

$$y(s)=\left(b_2s^2+b_1s+b_0\right)x_1(s) \qquad (5.27a)$$

로 주어진다. 이를 라플라스 역변환하여 시간함수로 고치면

$$y(t)= b_2\frac{d^2x_1}{dt^2}+b_1\frac{dx_1}{dt}+b_0x_1 \tag{5.27b}$$

로 되며, 여기에 [예제 5.5]의 식④로 정의한 상태변수를 대입하면

$$y(t)= b_0x_1+b_1x_2+b_2x_3= \begin{bmatrix} b_0 & b_1 & b_2 \end{bmatrix}\vec{x} \tag{5.27c}$$

의 출력방정식을 얻을 수 있다[13].

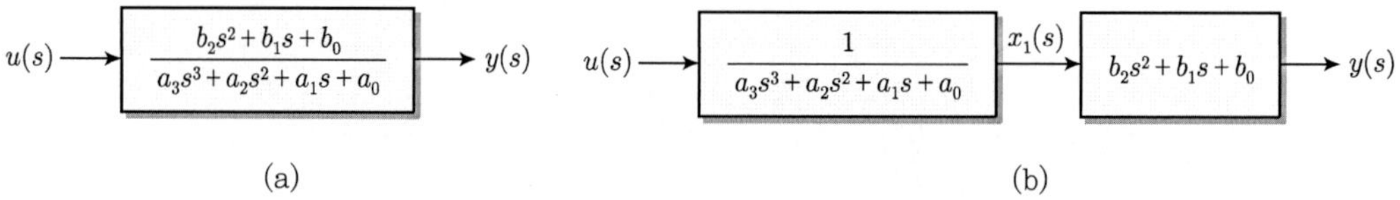

[그림 5.9] 입력의 미분항을 가지는 전달함수의 경우

■ 상태공간 표현을 전달함수로 변환

입력과 출력이 각각 하나이며 n개의 상태변수가 정의된 시스템의 상태공간 표현이 다음과 같이 주어졌을 경우, 이에 대한 전달함수를 구하여 보자[14].

$$\dot{\vec{x}}(t) = \boldsymbol{A}\vec{x}(t)+\vec{b}u(t) \tag{5.28a}$$

$$y(t) = \vec{c}\,\vec{x}(t)+du(t) \tag{5.28b}$$

먼저 위 시스템의 초기값을 모두 영으로 가정하고 식(5.28)의 양변에 라플라스변환을 적용한다[15].

$$s\vec{x}(s) = A\vec{x}(s)+\vec{b}u(s) \tag{5.29a}$$

$$y(s) = \vec{c}\,\vec{x}(s)+du(s)$$

단,

$$\mathcal{L}\left[\vec{x}(t)\right]= \vec{x}(s),\ \mathcal{L}\left[y(t)\right]= y(s),\ \mathcal{L}\left[u(t)\right]= u(s) \tag{5.29b}$$

이다. 식(5.29a)를 입력 $u(s)$와 출력 $y(s)$에 관한 식으로 정리하면 전달함수가 얻어진다.

$$y(s)= \left[\vec{c}(s\boldsymbol{I}-\boldsymbol{A})^{-1}\vec{b}+d\right]u(s) \tag{5.30a}$$

---

13) 입력의 미분항을 가지는 미분방정식의 경우, 상기 방법 외에 상태공간 표현을 얻기 위한 여러 가지 방법이 제안되어 있다.

14) 따라서 행렬 $\boldsymbol{A}$는 크기 $(n\times n)$를 가지는 정방행렬로 된다.

15) 전달함수는 초기값을 영으로 두었을 경우의 입력에 대한 출력의 비로서 정의된다.

$$\rightarrow h(s)=\frac{y(s)}{u(s)}=\vec{c}(s\boldsymbol{I}-\boldsymbol{A})^{-1}\vec{b}+d \tag{5.30b}$$

$$=\vec{c}\,\frac{\mathrm{adj}(s\boldsymbol{I}-\boldsymbol{A})}{|s\boldsymbol{I}-\boldsymbol{A}|}\vec{b}+d$$

[예제 5.6]

다음 식으로 주어지는 상태방정식에 대해 전달함수를 계산해보자.

$$\dot{\vec{x}}(t)=\begin{bmatrix}0 & 1\\ -2 & -3\end{bmatrix}\vec{x}(t)+\begin{bmatrix}1\\1\end{bmatrix}u(t)\equiv\boldsymbol{A}\vec{x}(t)+\vec{b}\,u(t) \qquad ①$$

$$y(t)=[1\ \ 0]\vec{x}(t)\equiv\vec{c}\ \vec{x}(t)$$

풀이 식(5.30)에 ①의 각 항을 대입하여 계산한다. 즉,

$$h(s)=[1\ \ 0]\begin{bmatrix}s & -1\\ 2 & s+3\end{bmatrix}^{-1}\begin{bmatrix}1\\1\end{bmatrix} \qquad ②$$

$$=[1\ \ 0]\frac{1}{s^2+3s+2}\begin{bmatrix}s+3 & 1\\ -2 & s\end{bmatrix}\begin{bmatrix}1\\1\end{bmatrix}$$

$$=\frac{s+4}{s^2+3s+2}$$

```
% [예제 5.6]
A = [0 1;-2 -3];B = [1 1]';C = [1 0];D = 0;      % ①의 입력
sys = ss(A,B,C,D);                                % LTI object로 변환
HS = tf(sys)                                      % LTI object를 전달함수로 표현
```

상태공간 표현과 전달함수 사이의 관계식 (5.30)으로부터 전달함수의 분모, 즉 시스템의 성질을 결정하는 특성다항식은 다음 식으로 주어짐을 알 수 있다.

$$d(s)=|s\boldsymbol{I}-\boldsymbol{A}|=0 \tag{5.31}$$

만약 전달함수 식(5.30b)의 분모다항식의 차수가 n이라면 식(5.31)의 행렬식 역시 n차의 다항식으로 되어야 할 것이다. 이로부터

$$\mathrm{rank}(\boldsymbol{A})\le n \tag{5.32}$$

가 항상 성립한다는 사실을 알 수 있다.

5.1.4 상태방정식의 해

앞에서 언급한 바와 같이, 상태공간표현은 시스템을 나타내는 n계미분방정식을 n개의 1계미분방정식으로 변환하여 해를 구하는 과정으로 볼 수 있다. 여기서는 상태공간표현, 즉 벡터형식으로 주어진 n개의 1계미분방정식의 해를 구하는 문제를 생각하여 본다.

■ 상태천이행렬

먼저 상태공한표현인 식(5.28a)에서 $u(t)=0$이며 초기상태가 $\vec{x}(0),(\neq \vec{0})$인 경우의 해를 구하여보자. 즉,

$$\dot{\vec{x}}(t)=\boldsymbol{A}\vec{x}(t) \tag{5.33}$$ [16]

이다. 위 식의 양변을 시간 t로 미분하면

$$\ddot{\vec{x}}(t)=\boldsymbol{A}\dot{\vec{x}}(t)=\boldsymbol{A}^2\vec{x}(t)$$

로 되며 이런 과정을 k번 반복하면 다음으로 됨을 쉽게 확인할 수 있다.

$$\begin{aligned}\vec{x}^{(3)}(t)&=\boldsymbol{A}^2\dot{\vec{x}}(t)=\boldsymbol{A}^3\vec{x}(t)\\&\vdots\\\vec{x}^{(k)}(t)&=\boldsymbol{A}^k\vec{x}(t)\end{aligned} \tag{5.34}$$

위 식에서 $t=0$을 대입하면

$$\vec{x}^{(k)}(0)=\boldsymbol{A}^k\vec{x}(0) \tag{5.35}$$

로 된다. 식(5.35)는 $\vec{x}^{(k)}(0)$, 즉 상태벡터 $\vec{x}(t)$의 시각 $t=0$에서의 k번째 미분이 모든 k에 대해 존재한다는 것을 의미하고 있다. 이러한 사실은 사실상 해 $\vec{x}(t)$의 모든 요소는 시간 t에 대해 해석함수[17]로 되어, 시각 $t=0$ 근방에서 테일러전개가 가능하다는 것을 알려주고 있다.

이러한 사실을 이용하기 위해 해 $\vec{x}(t)$를 $t=0$ 부근에서 테일러전개하면

$$\begin{aligned}\vec{x}(t)&=\vec{x}(0)+\dot{\vec{x}}(0)t+\frac{1}{2!}\vec{x}^{(2)}(0)t^2+\cdots+\frac{1}{k!}\vec{x}^{(k)}(0)t^k+\cdots\\&=\vec{x}(0)+\boldsymbol{A}\vec{x}(0)t+\frac{1}{2!}\boldsymbol{A}^2\vec{x}(0)t^2+\cdots+\frac{1}{k!}\boldsymbol{A}^k\vec{x}(0)t^k+\cdots\\&=\left(\boldsymbol{I}+\boldsymbol{A}t+\frac{1}{2!}\boldsymbol{A}^2t^2+\cdots+\frac{1}{k!}\boldsymbol{A}^kt^k+\cdots\right)\vec{x}(0)\\&=e^{\boldsymbol{A}t}\vec{x}(0)\end{aligned} \tag{5.36}$$ [18]

16) 입력이 인가되지 않았다는 의미에서 식(5.32)를 자유시스템(free system)이라고도 부른다.
17) 어떤 영역에서 함수의 미분값이 존재하는 경우, 이 함수는 주어진 영역에서 해석적이라고 한다.
18) $\vec{x}^{(k)}(0)$은 $\vec{x}(t)$를 시간 t로 k번 미분한 뒤 $t=0$를 대입하여 얻어진 값을 의미한다.

와 같이 표현된다. 특히 괄호 안의 부분은 유한한 시간 t에 대해 수렴한다는 것을 증명할 수 있다[19]. 식(5.36)은 상태벡터 $\vec{x}(t)$가 $t=0$에서의 값 $\vec{x}(0)$에서 출발하여 시간이 경과함에 따라 어떻게 변화해 가는 가를 나타내고 있기 때문에, 식(5.36)의 괄호부분을 상태천이행렬(state transition matrix)이라고 한다. 이는 행렬지수함수인 $e^{\boldsymbol{A}t}$를 시각 $t=0$에서 테일러급수 전개하면 얻어진다. 즉

$$e^{\boldsymbol{A}t} = \boldsymbol{I} + \boldsymbol{A}t + \frac{1}{2!}\boldsymbol{A}^2 t^2 + \cdots + \frac{1}{k!}\boldsymbol{A}^k t^k + \cdots \tag{5.37}$$

이다. 위 식에서 알 수 있는 바와 같이 $e^{\boldsymbol{A}t}$는 크기가 $(n \times n)$인 행렬로서, 임의의 시각 t_o에서의 상태 $\vec{x}(t_o)$를 t시간 경과 후의 상태인 $\vec{x}(t+t_o)$로 변환시키는 역할을 하는 것으로 볼 수 있다. 이러한 변환은 경과시간 t, 즉 초기시간과 최종시간과의 차이에만 의존한다. 이러한 사실을 이용하면 입력이 영인 경우의 상태방정식 $\dot{\vec{x}}(t) = \boldsymbol{A}\vec{x}(t)$의 해 $\vec{x}_h(t)$를 수치적으로 계산할 수 있다. 다시 말하면, 반복계산을 위한 적당한 간격 Δ를 설정해 두면[20] 임의의 시각 t_1은 $t=0$에서 출발하여 $t_1 = k\Delta$로 둘 수 있다. 이로부터 $\vec{x}(t_1)$은

$$\begin{aligned} \vec{x}(\Delta) &= e^{\boldsymbol{A}\Delta}\vec{x}(0) \\ \vec{x}(2\Delta) &= e^{\boldsymbol{A}\Delta}\vec{x}(\Delta) \\ &\vdots \\ \vec{x}(k\Delta) &= e^{\boldsymbol{A}\Delta}\vec{x}(k \cdot (\Delta - 1)) = \vec{x}(t_1) \end{aligned} \tag{5.38}$$

과 같이 계산된다. 위 식에서 만약 행렬 $e^{\boldsymbol{A}\Delta}$의 값을 미리 계산해 두었다면 식(5.38)의 계산은 반복계산을 이용하여 쉽게 수행할 수 있을 것이다.

[표 5.1]에 상태천이행렬이 가지는 몇 가지 중요한 성질을 정리하였다.

[표 5.1] 상태천이행렬의 특성

	특 성	표현식
(1)	정적상태(stationary)	$e^{\boldsymbol{A}(t_o - t_o)} = \boldsymbol{I}$
(2)	$\boldsymbol{A}$와의 가환	$\boldsymbol{A}\, e^{\boldsymbol{A}(t-t_o)} = e^{\boldsymbol{A}(t-t_o)}\boldsymbol{A}$
(3)	t의 미분	$\frac{d}{dt}\left[e^{\boldsymbol{A}(t-t_o)}\right] = e^{\boldsymbol{A}(t-t_o)}\boldsymbol{A}$
(4)	가역성	$\left[e^{\boldsymbol{A}(t-t_o)}\right]^{-1} = e^{\boldsymbol{A}(t_o-t)}$
(5)	천이의 분할	$e^{\boldsymbol{A}(t-t_1)}e^{\boldsymbol{A}(t_1-t_o)} = e^{\boldsymbol{A}(t-t_o)},\ (t_o \le t_1 < t)$
(6)	전치(transpose)	$\left[e^{\boldsymbol{A}(t-t_o)}\right]^T = e^{\boldsymbol{A}^T(t-t_o)}$

---

19) 식(5.34)의 자유시스템이 안정한 경우에 가능하다.

20) 모든 시각 $t,\ (>0)$에 대하여 $\vec{x}(t)$를 계산하기 위해서는 가능한 한 간격 Δ를 작게 설정해 두는 것이 바람직하지만, 대신 계산양이 늘어나게 될 것이다.

특성 (4)에 의해 상태천이행렬은 항상 역행렬이 존재하며 이것을 이용하면 현재시각에서 과거의 상태 역시 계산할 수 있다는 것을 알 수 있다.

■ **상태천이행렬의 계산방법**

식(5.37)로 정의되는 상태천이행렬의 계산방법을 알아보자. 이를 위해서는 라플라스변환을 벡터에 적용하는 경우에 대한 정의가 필요하다. 시스템의 상태변수 $x_1(t), \cdots, x_n(t)$의 라플라스변환을 각각 $x_1(s), \cdots, x_n(s)$로 두고 상태벡터 $\vec{x}(t)$의 라플라스변환을 다음과 같이 정의한다.

$$\mathcal{L}\left[\vec{x}(t)\right] = \vec{x}(s) = \begin{bmatrix} x_1(s) \\ \vdots \\ x_n(s) \end{bmatrix} \tag{5.39}$$

이때 시간함수의 미분과 관련한 라플라스변환의 공식, 즉 $\mathcal{L}\left[\dot{x}_i(t)\right] = s\,x_i(s) - x_i(0)$을 상태벡터의 각 요소에 적용한다면 상태벡터의 미분에 대한 라플라스변환은

$$\mathcal{L}\left[\dot{\vec{x}}(t)\right] = s\begin{bmatrix} x_1(s) \\ \vdots \\ x_n(s) \end{bmatrix} - \begin{bmatrix} x_1(0) \\ \vdots \\ x_n(0) \end{bmatrix} = s\vec{x}(s) - \vec{x}(0) \tag{5.40}$$

로 될 것이다. 이러한 관계를 이용하여 식(5.33)의 양변을 라플라스변환 하여 정리하면

$$\vec{x}(s) = (s\boldsymbol{I} - \boldsymbol{A})^{-1}\vec{x}(0) \;\rightarrow\; \vec{x}(t) = \mathcal{L}^{-1}\left[(s\boldsymbol{I} - \boldsymbol{A})^{-1}\right]\vec{x}(0) \tag{5.41}$$

의 관계식이 얻어진다. 이를 식(5.36)와 비교하면 상태천이행렬의 계산과 관련된 중요한 식을 얻을 수 있다.

$$e^{\boldsymbol{A}t} = \mathcal{L}^{-1}\left[(s\boldsymbol{I} - \boldsymbol{A})^{-1}\right] \tag{5.42}$$

위 식을 이용하면 상태공간 표현에서 중요한 역할을 하는 상태천이행렬의 계산을 라플라스변환을 이용하여 수행할 수 있다.

[예제 5.7]

다음 행렬에 대한 상태천이행렬 $e^{\boldsymbol{A}t}$을 계산하여 보자.

$$\boldsymbol{A} = \begin{bmatrix} 0 & 1 \\ -2 & -3 \end{bmatrix} \qquad ①$$

풀이 식(5.42)를 적용한다. 즉,

$$(s\boldsymbol{I} - \boldsymbol{A})^{-1} = \begin{bmatrix} s & -1 \\ 2 & s+3 \end{bmatrix}^{-1} = \begin{bmatrix} \dfrac{s+3}{(s+1)(s+2)} & \dfrac{1}{(s+1)(s+2)} \\ \dfrac{-2}{(s+1)(s+2)} & \dfrac{s}{(s+1)(s+2)} \end{bmatrix} \qquad ②$$

$$= \begin{bmatrix} \frac{2}{s+1} - \frac{1}{s+2} & \frac{1}{s+1} - \frac{1}{s+2} \\ \frac{-2}{s+1} + \frac{2}{s+2} & \frac{-1}{s+1} + \frac{2}{s+2} \end{bmatrix}$$

로 된다. 따라서 이에 대한 라플라스역변환을 수행하면

$$e^{\boldsymbol{A}t} = \mathcal{L}^{-1}\left[(sI-A)^{-1}\right] = \begin{bmatrix} 2e^{-t} - e^{-2t} & e^{-t} - e^{-2t} \\ -2e^{-t} + e^{-2t} & -e^{-t} + 2e^{-2t} \end{bmatrix} \qquad ③$$

로 됨을 쉽게 확인할 수 있을 것이다.

MATLAB의 Symbolic Math Toolbox를 사용한다면 위의 계산을 간단하게 수행할 수 있다.

```
% [예제 5.7]
A = [0 1;-2 -3];                          % 행렬 ①의 입력
syms t s                                   % Symbolic 변수로 t와 s를 지정
expm(t*A)                                  % 정의식 (5.37)에 의한 e^(At)의 계산
%
fs11=(s+3)/((s+1)*(s+2));fs12=1/((s+1)*(s+2));
fs21=-2/((s+1)*(s+2));fs22=s/((s+1)*(s+2));
Fs = [fs11,fs12;fs21,fs22];                % 식 ②를 Symbolic으로 지정
eAt = ilaplace(Fs)                         % ③의 계산
```

[예제 5.8]

다음 행렬의 상태천이행렬을 정의식을 이용하여 계한하여 보자.

$$\boldsymbol{A} = \begin{bmatrix} 0 & 1 \\ -1 & 0 \end{bmatrix} \qquad ①$$

풀이 ①을 라플라스역변환으로 확인하여 보자. 즉,

$$(s\boldsymbol{I} - \boldsymbol{A})^{-1} = \begin{bmatrix} \frac{s}{s^2+1} & \frac{1}{s^2+1} \\ \frac{-1}{s^2+1} & \frac{s}{s^2+1} \end{bmatrix} \qquad ②$$

로 되기 때문에 이를 역변환하면

$$e^{\boldsymbol{A}t} = \begin{bmatrix} \cos t & \sin t \\ -\sin t & \cos t \end{bmatrix} \qquad ③$$

이 얻어짐을 쉽게 확인할 수 있다.

상태천이행렬의 정의식 (5.37)을 적용한 급수표현식을 사용하여도 계산이 가능하다.

$$e^{\boldsymbol{A}t} = \begin{bmatrix} 1 & 0 \\ 0 & 1 \end{bmatrix} + \begin{bmatrix} 0 & 1 \\ -1 & 0 \end{bmatrix} t + \begin{bmatrix} -1 & 0 \\ 0 & -1 \end{bmatrix} \frac{t^2}{2!} + \begin{bmatrix} 0 & -1 \\ 1 & 0 \end{bmatrix} \frac{t^3}{3!} + \cdots \qquad ①$$

$$= \begin{bmatrix} 1 - \frac{1}{2!}t^2 + \frac{1}{4!}t^4 - \cdots , & t - \frac{1}{3!}t^3 + \frac{1}{5!}t^5 - \cdots \\ -t + \frac{1}{3!}t^3 - \frac{1}{5!}t^5 + \cdots , & 1 - \frac{1}{2!}t^2 + \frac{1}{4!}t^4 - \cdots \end{bmatrix}$$

$$= \begin{bmatrix} \cos t & \sin t \\ -\sin t & \cos t \end{bmatrix}$$

로 된다. 이 경우 물론 $\sin t$와 $\cos t$에 대한 테일러급수전개식에 대한 지식이 필요하다.

■ 상태방정식의 해

여기서는 라플라스변환을 이용하여 미분방정식 (5.28a)의 완전한 해를 계산하고[21], 이 결과를 식(5.28b)에 대입하여 출력 $y(t)$을 계산하기로 한다. 단, 이 경우 $d=0$으로 둔다.

식(5.40)의 관계를 적용하여 식(5.28a)의 양변을 라플라스변환하면

$$s\vec{x}(s) - \vec{x}(0) = \boldsymbol{A}\vec{x}(s) + \vec{b}u(s) \qquad (5.43a)$$

$$y(s) = \vec{c}\,\vec{x}(s) \qquad (5.43b)$$

로 되므로 식(5.43a)을 $x(s)$로 정리하면

$$\vec{x}(s) = (s\boldsymbol{I} - \boldsymbol{A})^{-1}\vec{x}(0) + (s\boldsymbol{I} - \boldsymbol{A})^{-1}\vec{b}u(s)$$

을 얻는다. 이것을 식(5.43b)에 대입하면

$$y(s) = \vec{c}(s\boldsymbol{I} - \boldsymbol{A})^{-1}\vec{x}(0) + \vec{c}(s\boldsymbol{I} - \boldsymbol{A})^{-1}\vec{b}u(s)$$

을 얻는다. 여기서 전달함수를 위해 초기값 $\vec{x}(0) = \vec{0}$으로 두면

$$y(s) = \vec{c}(s\boldsymbol{I} - \boldsymbol{A})^{-1}\vec{b}u(s) \equiv h(s)u(s) \qquad (5.44)$$

로 된다. 위 식을 역행렬의 표현식을 이용하여 나타내면

$$h(s) = \vec{c}(s\boldsymbol{I} - \boldsymbol{A})^{-1}\vec{b} = \frac{\vec{c}\,\mathrm{adj}(s\boldsymbol{I} - \boldsymbol{A})\vec{b}}{|s\boldsymbol{I} - \boldsymbol{A}|} \qquad (5.45)$$

로 되며 이것이 전달함수이다.

입출력과 관련한 시간영역에서의 표현식을 얻기 위해서 식(5.44)에 (5.42)의 표현식을 대입하면

---

21) 식(5.28a)는 미분방정식이므로 그 해는 반드시 $x = x_h + x_p$의 형식으로 주어진다. 따라서 일반해(즉 완전한 해)는 제차방정식(입력이 영인 경우)의 해와 비제차방정식(입력이 영이 아닌 경우)의 해로서 이루어진다.

$$y(s) = \vec{c}\,\{\mathcal{L}\,[e^{\boldsymbol{A}t}]\}\vec{b}\,u(s) = h(s)u(s) \tag{5.46}$$

이 얻어진다. 식(5.46)에 라플라스변환에서의 컨볼류션적분[22]에 관한 공식을 적용하면 다음과 같은 시간영역에서의 표현식이 얻어진다.

$$y(t) = h(t) * u(t) = \int_0^t \vec{c}\; e^{\boldsymbol{A}(t-\tau)}\vec{b}\,u(\tau)d\tau \tag{5.47}$$

이때 $h(t)$는 시스템의 임펄스응답으로 불리는 것으로 $\mathcal{L}^{-1}[h(s)]$로 정의된다[23].

이상의 내용을 정리하면 다음과 같다.

• 상태공간 표현의 출력

식(5.28a)로 주어진 상태방정식에서 초기값이 $\vec{x}(0) = \vec{x}_0$로 주어졌을 경우의 일반해는 다음과 같다.

$$\vec{x}(t) = e^{\boldsymbol{A}t}\vec{x}(0) + \int_0^t e^{\boldsymbol{A}(t-\tau)}\vec{b}\,u(\tau)d\tau \tag{5.48a}$$

이때 출력방정식은

$$y(t) = \vec{c}\,\vec{x}(t) \tag{5.48b}$$

로 된다.

[예제 5.9]

아래와 같은 상태공간 표현으로 주어진 시스템의 출력을 계산하여 보자.

$$\dot{\vec{x}}(t) = \begin{bmatrix} 0 & 2 \\ -2 & -5 \end{bmatrix}\vec{x}(t) + \begin{bmatrix} 0 \\ 1 \end{bmatrix}e^{-2t} \qquad ①$$

$$y(t) = [\,2 \quad 1\,]\vec{x}(t), \quad \vec{x}(0) = \begin{bmatrix} 1 \\ 2 \end{bmatrix}$$

풀이 먼저 식(5.42)을 적용하여 상태천이행렬을 계산한다.

$$e^{\boldsymbol{A}t} = \mathcal{L}^{-1}[(s\boldsymbol{I} - \boldsymbol{A})^{-1}] = \mathcal{L}^{-1}\begin{bmatrix} \dfrac{(s+5)}{(s^2+5s+4)} & \dfrac{2}{(s^2+5s+4)} \\ \dfrac{-2}{(s^2+5s+4)} & \dfrac{s}{(s^2+5s+4)} \end{bmatrix} \qquad ②$$

---

22) $\mathcal{L}^{-1}[x(s)y(s)] = x(t) * y(t) = \int_0^t x(t-\tau)y(\tau)d\tau$

23) 즉 전달함수 자체의 라플라스 역변환을 의미한다.

$$= \begin{bmatrix} \left(\frac{4}{3}e^{-t} - \frac{1}{3}e^{-4t}\right) & \left(\frac{2}{3}e^{-t} - \frac{2}{3}e^{-4t}\right) \\ \left(-\frac{2}{3}e^{-t} + \frac{2}{3}e^{-4t}\right) & \left(-\frac{1}{3}e^{-t} + \frac{1}{3}e^{-4t}\right) \end{bmatrix}$$

다음 식(5.48)을 ②에 적용하면 상태벡터와 출력은 다음과 같이 됨을 확인할 수 있을 것이다.

$$\vec{x}(t) = \begin{bmatrix} \left(\frac{10}{3}e^{-t} - e^{-2t} - \frac{4}{3}e^{-4t}\right) \\ \left(-\frac{5}{3}e^{-t} + e^{-2t} + \frac{8}{3}e^{-4t}\right) \end{bmatrix}, \quad y(t) = 5e^{-t} - e^{-2t} \qquad ③$$

[그림 5.10]에 위 예제의 시뮬레이션을 위한 블록선도를 나타내었다. 상태공간표현의 시뮬레이션은 두 가지 방법, i) 적분기를 사용하여 [예제 5.9]의 ①을 실현하는 방법과, ii) 상태공간표현을 나타내는 하나의 블록으로 표현하는 방법이 있다. 두 방법 모두 당연히 동일한 결과를 나타냄을 볼 수 있다.

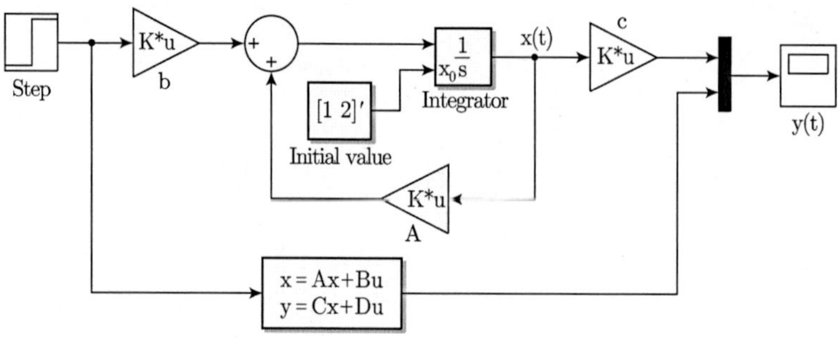

[그림 5.10] [예제 5.9]의 시뮬레이션을 위한 블록선도

위 [예제 5.9]에서 상태천이행렬의 각 요소의 성분은 지수함수인 e^{-t}, e^{-4t}로 이루어져 있음을 볼 수 있다. 이는 상태방정식의 행렬 $\boldsymbol{A}$가 고유값으로 −1과 −4를 가지기 때문이다. 또한 상태 $\vec{x}(t)$에는 e^{-t}, e^{-4t} 외에 e^{-2t}가 추가되어 있는데, 이는 입력인 $u(t) = e^{-2t}$에 기인한다. 이러한 사실로 미루어 볼 때 상태벡터 $\vec{x}(t)$가 $t \to \infty$에서 영(또는 일정한 값)으로 수렴하기 위해서는 상태방정식의 행렬 $\boldsymbol{A}$의 고유값의 실수부는 모두 음의 값을 가져야 한다는 사실을 알 수 있다[24].

5.1.5 시스템의 고유값과 안정성

■ 고유값

식(5.44) 혹은 (5.45)로부터 알 수 있는 바와 같이 출력 $y(t)$를 계산하기 위해서는 $(s\boldsymbol{I} - \boldsymbol{A})^{-1}$

24) 고유값이 복소수로 나타날 경우에는 그의 실수부가 영보다 작은 값을 가져야 할 것이다.

의 라플라스역변환이 필요하다. 여기서는 이것의 계산과정을 통하여 실제의 출력 $y(t)$가 어떤 형식의 함수로 구성되는지를 알아본다.

먼저 정칙인 행렬 $(s\boldsymbol{I}-\boldsymbol{A})$의 역행렬은 자신의 행렬식과 여인자(cofactor)행렬을 이용하여 다음과 같이 정의된다.

$$(s\boldsymbol{I}-\boldsymbol{A})^{-1} = \frac{\mathrm{adj}(s\boldsymbol{I}-\boldsymbol{A})}{|s\boldsymbol{I}-\boldsymbol{A}|} \tag{5.49}$$

식(5.31)에서 언급한 바와 같이 행렬식 $|s\boldsymbol{I}-\boldsymbol{A}|$은 n차의 다항식이며, 행렬이론에 따르면 크기 $(n\times n)$인 여인자행렬의 각 요소는 최대 $(n-1)$차의 다항식으로 된다[25]. 따라서 행렬 $(s\boldsymbol{I}-\boldsymbol{A})^{-1}$의 임의의 요소는 다음과 같은 형태의 부분분수 전개형식으로 나타낼 수 있을 것이다.

$$\frac{k_{11}}{s-\lambda_1}+\frac{k_{12}}{(s-\lambda_1)^2}+\cdots+\frac{k_{21}}{s-\lambda_2}+\frac{k_{22}}{(s-\lambda_2)^2}+\cdots \tag{5.50a}$$

여기서 $\lambda_1,\ \lambda_2,\ \cdots$는 행렬식 $|s\boldsymbol{I}-\boldsymbol{A}|=0$의 근[26](물론 중복 혹은 3중, 4중 이상 중복하는 근을 가질 수도 있다)이며 k_{ij}는 부분분수 전개 시에 나타나는 유수(residue)를 의미한다. 라플라스역변환의 공식을 이용하면 식(5.50a)은 다음과 같은 형태의 지수함수로 된다.

$$k_{11}e^{\lambda_1 t}+k_{12}te^{\lambda_1 t}+\cdots+k_{21}e^{\lambda_2 t}+k_{22}te^{\lambda_2 t}+\cdots \tag{5.50b}$$

이러한 사실로부터 식(5.49)의 역변환, 즉 상태천이행렬 $e^{\boldsymbol{A}t}$의 각 요소는 식(5.50b)과 같은 지수함수, 또는 시간이 곱해진 지수함수의 합으로 이루어져 있으며, 이 지수함수의 각 지수 $(\lambda_1,\ \lambda_2,\ \cdots)$는

$$|s\boldsymbol{I}-\boldsymbol{A}| = s^n + a_{n-1}s^{n-1}+\cdots+a_1 s + a_0 = 0 \tag{5.51}$$

를 만족하는 근이다. 이것을 행렬 $\boldsymbol{A}$의 특성다항식(characteristic equation)이라 하며, 이때 근 $(\lambda_1,\ \lambda_2,\ \cdots)$는 $\boldsymbol{A}$의 고유값(eigen value)이라는 것은 이미 언급하였다.

결론적으로 상태천이행렬의 모든 요소는 행렬 $\boldsymbol{A}$의 고유값을 지수로 가지는 지수함수 및 이것에 시간 t가 곱해진 지수함수 등의 합으로 구성되어 있다는 것이다.

이상의 사실과 상태공간 표현을 전달함수로의 변환식 (5.46)을 비교하면, 전달함수 $h(s)$의 분모가 $\boldsymbol{A}$의 행렬식 $|s\boldsymbol{I}-\boldsymbol{A}|$으로 주어졌다는 사실을 알 수 있다. 이로부터 주어진 전달함수의 안정성은 전달함수의 극(pole)의 s평면에서의 위치에 따라 결정된다는 사실을 상태공간 표현으로 나타내면 다음과 같다. 즉, 식(5.51)의 다항식을 만족하는 값, 행렬 $\boldsymbol{A}$의 고유값의 복소평면(즉 s평면)에서의[27] 위치에 의해 상태공간 표현식의 안정성이 결정되며, 이러한 고유

25) 여인자행렬이 갖는 각 요소의 최대차수는 항상 분모인 행렬식 $|s\boldsymbol{I}-\boldsymbol{A}|$의 차수보다 작다.

26) 행렬 $\boldsymbol{A}$의 고유값이다.

27) 식(5.51)의 근은 복소수로 나타날 수도 있기 때문에 고유값은 항상 $\alpha\pm j\beta$으로 나타내며, 이를 평면에 나타내

값을 시스템의 상태공간 표현식의 극이라고 한다.

■ **안정성과 모드**

위에서 언급한 내용을 참고로 시스템의 출력인 식(5.48b)를 구성하고 있는 성분에 대하여 알아보자. 이를 위해 시스템에 임펄스가 인가되었다고 가정한다. 따라서 $u(t)=\delta(t)$의 라플라스변환인 $\mathcal{L}[\delta(t)]=1$을 식(5.46)에 대입하면

$$y(s)=\vec{c}\,\{\mathcal{L}\,[e^{\boldsymbol{A}t}]\}\vec{b}\cdot 1=h(s) \tag{5.52}$$

로 된다. 다시 말하면 시스템에 임펄스를 인가하였을 경우의 출력은, 시스템 전달함수의 라플라스역변환을 수행한 것으로 된다는 것이다. 즉 출력은 식(5.41)을 참고하면

$$y(t)=\mathcal{L}^{-1}[h(s)]=\vec{c}\,[e^{\boldsymbol{A}t}]\vec{b}$$ (5.53)[28]

로 주어진다. 따라서 임펄스가 인가되었을 경우의 출력은 상태천이행렬과 동일한 성분으로 구성되어 있으며, 결과적으로 상태천이행렬은 식(5.50b)으로부터 행렬 $\boldsymbol{A}$의 고유값을 지수로 가지는 지수함수로 이루어져 있다는 사실을 알 수 있다.

상태천이행렬 $e^{\boldsymbol{A}t}$의 구성요소는 다항식 식(5.51)의 근으로 정의되는 고유값에 따라 다음과 같이 두 종류, 즉 실수의 m중의 실근을 가지는 경우와 복소수를 가지는 경우로 분류할 수 있을 것이다.

(i) m중(m multiple)($m \geq 1$)인 실수 $\lambda=\sigma$를 가지는 경우[29]:

$$e^{\sigma t},\ te^{\sigma t},\ \cdots,\ t^{m-1}e^{\sigma t} \tag{5.54a}$$

(ii) 복소수 $\lambda=\sigma\pm j\omega$을 가지는 경우[30] :

$$e^{\sigma t}\cos(\omega t+\phi) \tag{5.54b}$$

이 경우 상태천이행렬 $e^{\boldsymbol{A}t}$의 각 요소에 대응하는 성분인 식(5.54a), (5.54b)의 각 항을 고유값에 대응하는 모드(mode)라고 부른다. 식(5.54a)와 같이 실수 고유값에 대응하는 모드는 $\lambda=\sigma$의 부호에 따라서 각 항은

(1) $\sigma<0$이면 $t\to\infty$에서 0으로 수렴
(2) $\sigma=0$이면 $e^{\lambda t}=1$, 그 외는 $t\to\infty$에서 무한대로 발산
(3) $\sigma>0$이면 $t\to\infty$에서 무한대로 발산

로 되는 것은 명백하다. 또한 복소 고유값에 대응하는 모드에 있어서도 실수부 $\sigma=\mathrm{Re}\{\lambda\}$의

기 위해서는 x축은 실수부, y축은 허수부로 정의된 복소평면이 필요하다.
28) 이러한 의미에서 전달함수의 라플라스 역변환을 임펄스응답(impulse response)라고 한다.
29) $|s\boldsymbol{I}-\boldsymbol{A}|=(s-\sigma)^m(\cdots)=0$으로 인수분해 되는 경우를 의미한다.
30) $|s\boldsymbol{I}-\boldsymbol{A}|=(s-\sigma-j\omega)(s-\sigma+j\omega)(\cdots)=0$의 경우를 의미한다.

부호에 따라서

(1) $\sigma < 0$이면 $t \to \infty$에서 sine파 형식으로 진동하면서 수렴하는 감쇠진동

(2) $\sigma = 0$이면 $e^{\sigma t}\cos(\omega t + \phi)$는 진폭 1의 지속진동, 그 외는 $t \to \infty$에서 진폭이 무한대로 증가하는 발산진동

(3) $\sigma > 0$이면 $t \to \infty$에서 진폭이 무한대로 증가하는 발산진동

으로 된다는 것을 쉽게 이해할 수 있을 것이다. 이처럼 각 모드의 $t \to \infty$에 있어서의 움직임은 $\boldsymbol{A}$의 고유값의 실수부에 의하여 결정된다는 것을 알 수 있다. 이러한 이유로서 $\sigma < 0$인 모드를 점근안정한 모드(asymptotically stable mode), $\sigma \geq 0$로 되는 모드를 불안정한 모드(unstable mode)라고 한다.

이상의 사실로부터 상태공간 표현 $\{\boldsymbol{A}, \vec{b}, \vec{c}\}$ 으로 주어진 시스템이 안정하기 위해서는 행렬 $\boldsymbol{A}$ 의 고유값의 실수부가 모두 음(negative), 즉

$$\mathrm{Re}\{\lambda_i(\boldsymbol{A})\} < 0, \ (\forall i) \tag{5.55}$$

로 되어야 한다. 또한 이 사실로부터 입·출력과 관련된 $\vec{b}$, $\vec{c}$는 시스템의 안정성과는 무관하다는 것을 확인할 수 있다.

[예제 5.10]

다음 두 종류의 시스템에 대한 해를 구하여 보자.

(1) $\dot{\vec{x}}(t) = \begin{bmatrix} 0 & 1 \\ -1 & 0 \end{bmatrix} \vec{x}(t), \ \vec{x}(0) = \begin{bmatrix} \alpha \\ \beta \end{bmatrix}$ ①

(2) $\dot{\vec{x}}(t) = \begin{bmatrix} 0 & 0 \\ 0 & 0 \end{bmatrix} \vec{x}(t), \ \vec{x}(0) = \begin{bmatrix} \alpha \\ \beta \end{bmatrix}$ ②

풀이 (1)의 경우에는 두 개의 고유값이 전부 허수, 즉 $\{\lambda_1, \lambda_2\} = \{j, -j\}$이다. 따라서 [예제 5.7]의 ③을 이용하면 해는

$$\vec{x}(t) = \begin{bmatrix} \alpha\cos t + \beta\sin t \\ -\alpha\sin t + \beta\cos t \end{bmatrix} \quad ③$$

로 되어 지속진동하고 있음을 알 수 있다.

(2)의 경우는 두 개의 고유값이 전부 영, 즉 $\{\lambda_1, \lambda_2\} = \{0, 0\}$이지만, 이 경우는 $\boldsymbol{A} = \boldsymbol{0}$이므로 $e^{\boldsymbol{A}t} = e^{\boldsymbol{0}t} = \boldsymbol{I}$로 되어 해는 $\vec{x}(t) = [\alpha, \beta]^T$인 일정한 크기로 된다. 그런데

$$\dot{\vec{x}}(t) = \begin{bmatrix} 0 & 1 \\ 0 & 0 \end{bmatrix} \vec{x}(t), \ \vec{x}(0) = \begin{bmatrix} \alpha \\ \beta \end{bmatrix} \quad ④$$

인 경우에는 고유값은 위와 동일하게 전부 영을 가지지만

$$e^{\boldsymbol{A}t} = \begin{bmatrix} 1 & t \\ 0 & 1 \end{bmatrix} \quad ⑤$$

이다. 따라서 $\vec{x}(t) = [\alpha + \beta t,\ \beta]^T$로 되어, 만약 $\beta \neq 0$이라면, $\| \vec{x}(t) \| \to \infty,\ (t \to \infty)$로 될 것이다.

행렬 $\boldsymbol{A}$의 고유값 전부가 안정모드(즉 $\mathrm{Re}\{\lambda_i(\boldsymbol{A})\} < 0,\ (\forall i)$)로 이루어져 있는 행렬을 안정행렬(stable matrix)이라고 한다. 또한 $\boldsymbol{A}$가 안정행렬일 때 상태방정식 (5.28a)은 안정한[31] 시스템으로 된다. 이 경우, 예를 들어 만약 일정한 크기의 입력이 인가되었다면 상태벡터는 $\lim_{t\to\infty} \vec{x}(t) = \vec{K}$, 즉 일정한 크기의 벡터로 된다.

■ 등가시스템

정칙행렬[32] $\boldsymbol{T}$를 이용하여 상태변수를 변환하여도 그 시스템의 전달함수는 변하지 않는다. 다시 말하면 임의의 상태공간 표현에 대한 전달함수는 단 하나만이 존재한다는 것이다. 예를 들어

$$\vec{x}(t) = \boldsymbol{T}\vec{z}(t) \tag{5.56}$$

의 관계를 이용하여 상태 $\vec{x}(t)$를 $\vec{z}(t)$로 변환하고, 이를 식(5.28)에 대입하면

$$\frac{d}{dt}\vec{z}(t) \equiv \widetilde{\boldsymbol{A}}\vec{z}(t) + \vec{\tilde{b}}\,u(t) \tag{5.57a}$$

$$y(t) \equiv \vec{\tilde{c}}\,\vec{z} + du(t) \tag{5.57b}$$

$$\widetilde{\boldsymbol{A}} = \boldsymbol{T}^{-1}\boldsymbol{A}\boldsymbol{T},\ \vec{\tilde{b}} = \boldsymbol{T}^{-1}\vec{b},\ \vec{\tilde{c}} = \vec{c}\,\boldsymbol{T} \tag{5.57c}$$

로 된다. 여기서 식(5.57)에 라플라스변환을 적용하여 전달함수를 구하여본다.

$$\begin{aligned} y(s) &= \vec{c}\,\boldsymbol{T}(s\boldsymbol{I} - \boldsymbol{T}^{-1}\boldsymbol{A}\boldsymbol{T})^{-1}\boldsymbol{T}^{-1}\vec{b}\,u(s) + du(s) \\ &= \vec{c}\,\boldsymbol{T} \cdot \boldsymbol{T}^{-1}(s\boldsymbol{I} - \boldsymbol{A})^{-1}\boldsymbol{T} \cdot \boldsymbol{T}^{-1}\vec{b}\,u(s) + d\vec{u}(s) \\ &= \{\vec{c}(s\boldsymbol{I} - \boldsymbol{A})^{-1}\vec{b} + d\}u(s) \end{aligned}$$

가 유도된다. 이 결과 식(5.57)로부터 얻어진 전달함수는 식(5.30)에서 얻어진 것과 동일하다는 것을 알 수 있다.

상태공간 표현 (5.57)의 출력 $y(t)$는 식(5.44)와 같이

$$y(s) = \vec{\tilde{c}}(s\boldsymbol{I} - \widetilde{\boldsymbol{A}})^{-1}\vec{z}(0) + \vec{\tilde{c}}(s\boldsymbol{I} - \widetilde{\boldsymbol{A}})^{-1}\vec{\tilde{b}}\,u(s) \tag{5.58}$$

의 라플라스역변환으로 주어지기 때문에 식(5.30)과 (5.58)은 초기상태를 $\vec{x}(0) = \boldsymbol{T}\vec{z}(0)$로

---

31) 점근안정(asymptotically stable)한 시스템이라고도 한다. 즉, 시간의 흐름에 따라 점근적으로 영으로 된다는 의미를 내포하고 있다.

32) 정방행렬 중에서 역행렬을 가지는 행렬을 의미한다.

선정한다면, 동일한 입력에 대하여 동일한 출력을 생성하게 된다. 이러한 의미에서 위 두 시스템은 서로 등가(equivalent)라고 한다. 즉, 식(5.56)의 변환을 수행하여 얻어지는 상태공간 표현은 원래의 표현과 등가이다. 여기서 정칙행렬 $\boldsymbol{T}$의 선정방법은 무수히 많이 존재하기 때문에 동일한 시스템을 나타내는 상태공간표현식 역시 무수히 존재한다.

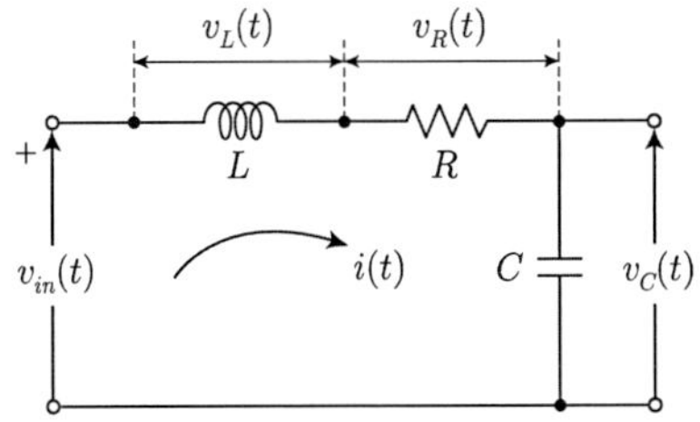

[그림 5.11] [예제 5.11]의 회로

[예제 5.11]

[그림 5.11]에 표시한 RLC회로에 KVL을 적용하면

$$v_{in}(t)= L\frac{di(t)}{dt}+ Ri(t)+ \frac{1}{C}\int_0^t i(\tau)d\tau \qquad ①$$

로 된다. 여기서 상태변수로서

$$\vec{x}(t)= \begin{bmatrix} x_1(t) \\ x_2(t) \end{bmatrix} = \begin{bmatrix} v_C(t) \\ \dot{v}_C(t) \end{bmatrix} = \begin{bmatrix} \frac{1}{C}\int_0^t i(\tau)d\tau \\ \frac{1}{C}i(t) \end{bmatrix} \qquad ②$$ [33]

를 선정한다. 따라서 상태방정식을 위해 ②의 미분을 계산한다.

$$\dot{x}_1(t)= \dot{v}_C(t)= x_2(t)$$

$$\dot{x}_2(t) = \ddot{v}_C(t)= \frac{1}{C}\frac{di(t)}{dt}= \frac{1}{CL}\left(-\frac{1}{C}\int_0^t i(\tau)d\tau - Ri(t)+ v_{in}\right) \qquad ③$$

$$= -\frac{1}{CL}x_1(t)- \frac{R}{L}x_2(t)+ \frac{1}{CL}u(t)$$

$$y(t)= v_C(t)= x_1(t)$$

이상의 관계를 이용하면 회로에 대한 상태공간 표현 $\{\boldsymbol{A}, \vec{b}, \vec{c}\}$은 다음으로 된다.

$$\boldsymbol{A}= \begin{bmatrix} 0 & 1 \\ -\frac{1}{CL} & -\frac{R}{L} \end{bmatrix}, \vec{b}= \begin{bmatrix} 0 \\ \frac{1}{CL} \end{bmatrix}, \vec{c}= [\,1 \quad 0\,] \qquad ④$$

---

33) 전기회로의 상태변수의 취급은 식(5.14)에 주어져 있는 것이 일반적이다. 이 경우도 x_1은 C에 걸리는 전압, x_2는 L에 흐르는 전류의 1/C배 한 것으로 결국은 거의 같은 방식을 택한 것으로 볼 수 있다. 여기서는 등가변환에 이해를 돕기 위해 이와 같은 방식을 취하였다.

한편 상태변수를 전하 $q(t)=\int_0^t i(\tau)d\tau$와 전류 $\dot{q}(t)=i(t)$로서 선정한다면

$$\vec{z}(t)=\begin{bmatrix} z_1(t) \\ z_2(t) \end{bmatrix}=\begin{bmatrix} q(t) \\ \dot{q}(t) \end{bmatrix}=\begin{bmatrix} \int_0^t i(\tau)d\tau \\ i(t) \end{bmatrix} \quad ⑤$$

로 된다. ⑤의 미분은

$$\begin{aligned} \dot{z}_1(t) &= \dot{q}(t)= z_2(t) \\ \dot{z}_2(t) &= \ddot{q}(t)= \frac{di(t)}{dt}= \frac{1}{L}\left(-\frac{1}{C}\int_0^t i(\tau)d\tau - Ri(t)+ v_{in}\right) \\ &= -\frac{1}{L}z_1(t)- \frac{R}{CL}z_2(t)+ \frac{1}{L}u(t) \\ y(t) &= v_C(t)= \frac{1}{C}\int_0^t i(\tau)d\tau= \frac{1}{C}z_1(t) \end{aligned} \quad ⑥$$

로 되며, 이를 이용한 상태공간 표현 $\{\widetilde{\boldsymbol{A}}, \vec{\tilde{b}}, \vec{\tilde{c}}\}$은 다음으로 된다.

$$\widetilde{\boldsymbol{A}}=\begin{bmatrix} 0 & 1 \\ -\frac{1}{CL} & -\frac{R}{L} \end{bmatrix}, \vec{\tilde{b}}=\begin{bmatrix} 0 \\ \frac{1}{L} \end{bmatrix}, \vec{\tilde{c}}=\begin{bmatrix} \frac{1}{C} & 0 \end{bmatrix} \quad ⑦$$

이때 ④와 ⑦ 사이에는 다음의 관계가 성립하는 것을 확인할 수 있을 것이다.

$$\vec{z}(t)= \boldsymbol{T}\vec{x}(t),\ \boldsymbol{T}=\begin{bmatrix} C & 0 \\ 0 & C \end{bmatrix} \quad ⑧$$

이를 식(5.57c)에 적용하면 등호가 성립함을 쉽게 알 수 있다.

5.1.6 상태공간 표현식의 시간응답 특성

여기서는 표준 2차시스템의 형식인 식(3.25)으로 시스템의 전달함수가 주어졌을 경우, 이를 상태공간표현식으로 변환한 뒤 이로부터 시스템의 감쇄비 ζ와 고유진동수 ω_n의 변화에 따른 출력응답의 움직임을 확인하여 보자. 다시 말하면 ζ와 ω_n의 변동이 상태공간 표현 $\{\boldsymbol{A}, \vec{b}, \vec{c}\}$에 어떤 영향을 미치고 이 결과 시스템의 응답특성이 어떻게 변동하는지를 살펴본다.

먼저 표준 2차시스템인 전달함수

$$y(s)= \frac{k\omega_n}{s^2+2\zeta\omega_n s+\omega_n^2}u(s) \quad (5.59)$$

을 두 개의 적분기 블록을 이용하여 [그림 5.12]의 블록선도를 작성한다.

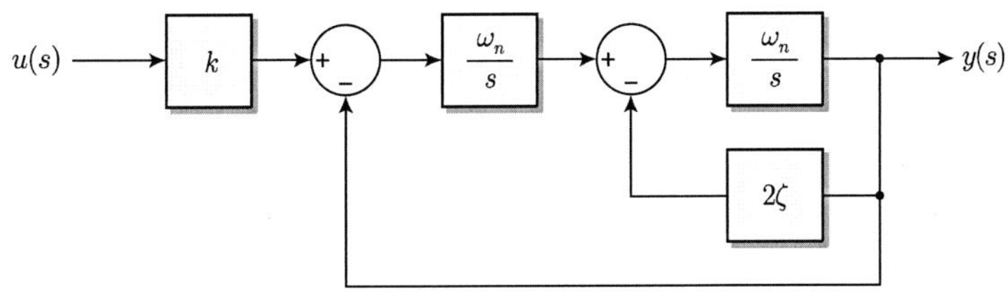

[그림 5.12] 표준 2차시스템의 블록선도 표현

[그림 5.12]에서 두 개의 적분기 출력을 각각 상태변수로 취하면 다음의 상태공간 표현식을 얻는다.

$$\dot{\vec{x}}(t) = \boldsymbol{A}\vec{x}(t) + \vec{b}u(t); \tag{5.60a}$$

$$y(t) = \vec{c}\,\vec{x}(t);$$

$$\left\{\boldsymbol{A} = \frac{1}{\omega_n}\begin{bmatrix} -2\zeta & 1 \\ -1 & 0 \end{bmatrix},\ \vec{b} = \begin{bmatrix} 0 \\ 1 \end{bmatrix},\ \vec{c} = [\,1\ \ 0\,]\right\} \tag{5.60b}$$

위의 행렬 $\boldsymbol{A}$의 고유값은 식(5.51)을 이용하면 다음으로 주어진다.

$$s_{1,2} = -\zeta\omega_n \pm \omega_n\sqrt{\zeta^2 - 1} \tag{5.61}$$

이로부터 [그림 5.12]의 고유값은 3.2절에서 언급한 바와 같이 $0 < \zeta < 1$에서 복소수, $\zeta > 1$에서 실수로 된다는 사실을 알 수 있다. 특히 $0 < \zeta < 1$ 사이의 값을 가지는 경우 식(5.59)의 계단응답은 식(3.23b), 즉

$$y(t) = k\left[1 - \frac{\omega_n}{\omega_d}e^{-\zeta\omega_n t}\sin(\omega_d t + \phi)\right],\ (t \geq 0) \tag{5.62}$$

$$\omega_d = \omega_n\sqrt{1 - \zeta^2}$$

로 주어지며, 고유값의 실수부인 $\zeta\omega_n$의 크기에 의해 출력의 수렴속도가 결정된다.

식(5.61)을 $0 < \zeta < 1.5$의 범위에서 변화시켰을 때의 s평면에서의 고유값의 변화를 [그림 5.13]에 나타내었다[34].

34) [그림 3.14]와 동일한 그림이 얻어졌다.

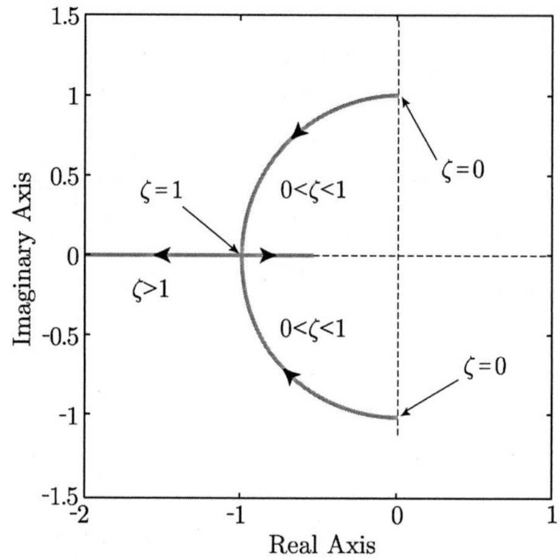

[그림 5.13] ζ의 변화에 대한 고유값의 움직임($\omega_n = 1$)

% [그림 5.13]

```
syms zeta wn                                                    % Symbolic 변수의 정의

A = [-2*zeta/wn 1/wn;-1/wn 0]; b = sym([0 1]');c = sym([1 0]); % 식(5.60)
s12 = eig(A);
VR_zeta = 0:0.05:1.2;
for i = 1:length(VR_zeta)
    Eig_Real(:,i) = real(subs(s12,[wn,zeta],[1,VR_zeta(i)]));   % 고유값의 실수부
    Eig_Imag(:,i) = imag(subs(s12,[wn,zeta],[1,VR_zeta(i)]));   % 고유값의 허수부
end
plot(Eig_Real(1,:),Eig_Imag(1,:),Eig_Real(2,:),Eig_Imag(2,:))
axis([-2.0 1.0 -1.5 1.5]),axis('equal')
xlabel(' Real axis '),ylabel(' Imagiary axis ')
```

그림으로부터 $\zeta > 1$이면 두 개의 고유값은 모두 실수이며, 둘 중 하나는 $-\infty$ 방향으로, 나머지 하나는 원점에 접근하기 때문에 원점 근처의 고유값이 시스템의 지배극으로 되어 응답특성이 늦어지게 될 것이다. 이를 아래의 Simulink 블록선도를 이용하여 확인하여 보자.

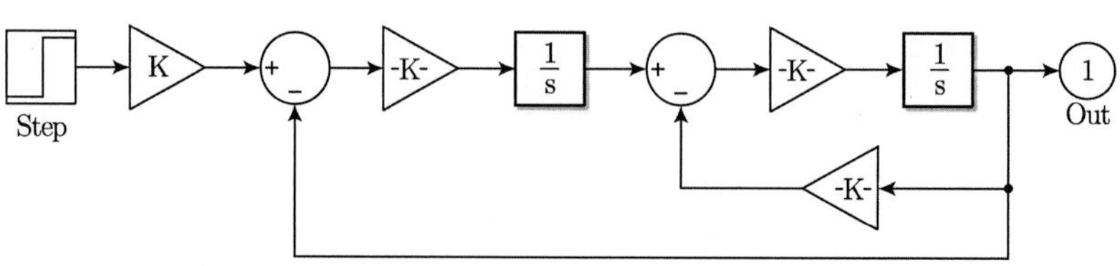

[그림 5.14] [그림 5.11]을 위한 Simulink 블록선도

[그림 5.14]에서 감쇄비 ζ를 0에서 1까지 변화시켰을 경우의 계단응답을 [그림 5.15]에 표

시하였다. [그림 3.13]과 동일한 결과가 얻어졌음을 확인할 수 있다. 또한 [그림 5.16]에 ζ의 값을 변수로 하는 축을 추가하여 [그림 5.15]를 3D 그래프로 나타내면 [그림 5.16]으로 된다.

% [그림 5.15]

```
% [그림 5.14]을 'figure_5_13.mdl'로 저장해 둔다.
wn = 1;k = 1;
VR_zeta = 0:0.2:1.2;                    % ζ를 0에서 1.2까지 변화
for i = 1:length(VR_zeta)
   zeta = VR_zeta(i); [t,x,y] = sim('figure_5_8',10);
   plot(t,y),hold on
end
xlabel(' Time [s] '),ylabel('y(t) ')
```

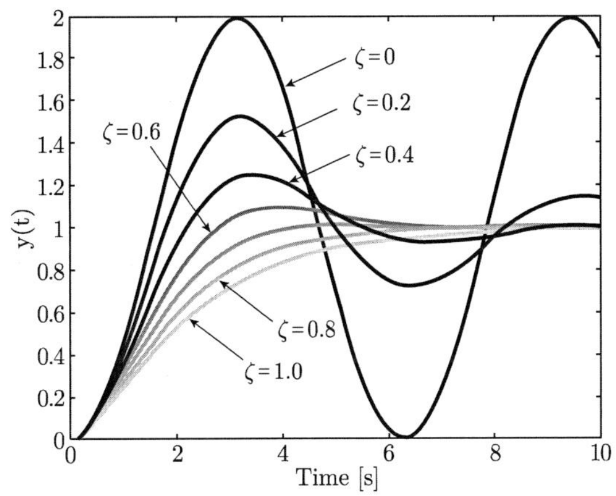

[그림 5.15] ζ의 변화에 대한 [그림 5.13]의 응답

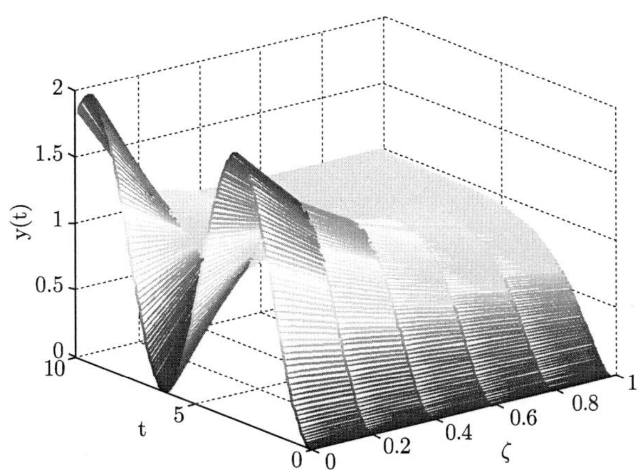

[그림 5.16] [그림 5.14]의 3D 그래프 표시

```
% [그림 5.16]
t = 0:0.05:10;
zeta = [0 0.2 0.4 0.6 0.8 1];
for n =  1:6
    num = [1];den = [1 2*zeta(n) 1];sys = tf(num,den);
    y(:,n) = step(sys,t');
end
mesh(t,zeta,y'),ylabel('₩zeta'),xlabel('t '),zlabel(' y(t) ')
```

5.2 상태피드백에 의한 제어

상태공간표현을 기본으로 하는 시스템에서의 제어기법으로는 상태피드백(state feedback)이 사용되는 경우가 많다. 상태피드백이란 이름 그대로 시스템의 전 상태, 즉 $\vec{x}(t)$를 입력측으로 되돌리는(feedback) 형식의 제어를 의미한다.

여기서는 먼저 상태피드백에 의해 출력을 임의의 초기값에서부터 영(zero)으로 가져가는 문제(레귤레이터)에 대해 생각해본다[35]. 이 과정에서 응답의 수렴속도가 임의로 설정가능한지의 여부와 이를 위한 조건 등을 알아보고, 이 결과로서 얻어지는 폐루프의 극배치 등에 대하여 언급한다.

5.2.1 상태피드백에 의한 레귤레이터

제어대상의 상태공간표현이 다음으로 주어져 있는 것으로 한다.

$$\dot{\vec{x}}(t) = \boldsymbol{A}\vec{x}(t) + \vec{b}u(t) \tag{5.63a}$$

$$\vec{\eta}(t) = \vec{x}(t) \tag{5.63b}$$

여기서는 모든 상태변수 x_i, $(i = 1 \sim n)$를 피드백에 사용하기 위해서 식(5.63a)의 상태방정식으로 결정되는 상태벡터 $\vec{x}(t)$의 모든 요소가 외부에서 이용 가능한 것으로 가정하였다. 다시 말하면 식(5.63b)와 같이 모든 상태가 출력으로서 관측된다는 것을 의미한다.

• 레귤레이터 제어

식(5.63)의 상태공간표현에서, 임의의 초기상태 $\vec{x}(0) = \vec{x}_0$에 대하여 $\vec{x}(t) \rightarrow \vec{0}$, $(t \rightarrow \infty)$로 될 수 있도록 제어한다.

레귤레이터 제어를 실현하기 위한 제어형식으로는 [그림 5.17]에 표시한 바와 같은 상태피

35) 출력이 영(zero)이라는 것은 시스템이 평형상태에 들어갔다는 것을 의미한다.

드백을 이용한다. 즉, 식(5.63a)의 입력을

$$u(t) = -\vec{k}\,\vec{x}(t),\ \vec{k} = [\,k_1\ \ k_2 \cdots\ \ k_n\,], (1 \times n) \tag{5.64}$$

와 같이 둔다. 위 식에서 $\vec{k}$를 피드백이득(gain)이라고 하며 크기 $(1 \times n)$인 행벡터(row vector)로서 주어진다. 식(5.64)를 식(5.63a)에 대입하면

$$\dot{\vec{x}}(t) = \boldsymbol{A}_{cl}\vec{x}(t),\ \boldsymbol{A}_{cl} = \boldsymbol{A} - \vec{b}\,\vec{k} \tag{5.65}$$

로 된다. 식(5.33)과 (5.36)으로부터 식(5.65)의 해는 $\vec{x}(t) = e^{\boldsymbol{A}_{cl}t}\vec{x}_0$로 됨을 알 수 있다. 따라서 만약 행렬 $\boldsymbol{A}_{cl}$의 고유값의 실수부가 전부 음으로 될 수 있도록 이득 $\vec{k}$를 선정할 수 있다면

$$\vec{x}(t) = e^{\boldsymbol{A}_{cl}t}\vec{x}_0 \ \rightarrow\ \vec{0},\ (t \rightarrow \infty) \tag{5.66}$$

으로 되어 레귤레이터 제어가 실현된다. 이 경우의 식(5.63)의 시스템은 '가안정(stabilizable)'[36] 이라고 한다.

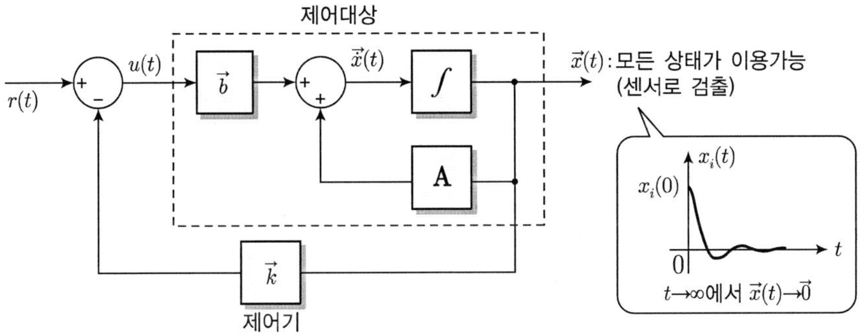

[그림 5.17] 상태피드백 형식의 레귤레이터

■ 상태피드백에 의한 폐루프 극의 배치

여기서는 상태피드백의 결과로 얻어진 시스템 (5.65)의 안정성을 결정하는 행렬 $\boldsymbol{A}_{cl}$의 n개의 고유값을 피드백이득 $\vec{k}$로서 임의로 설정할 수 있는지를 살펴보자. 이 문제는 다음에서 설명하는 '가제어성'의 개념과 연결되어 있지만, 여기서는 식(5.63a)의 $\{\boldsymbol{A}, \vec{b}\}$가 특별한 형식으로 주어진 경우를 대상으로 생각해 보기로 한다.

n개의 상태변수로 이루어진 방정식 (5.63a)의 $\{\boldsymbol{A}, \vec{b}\}$가 다음과 같은 형식으로 주어져 있다고 한다.

36) '가안정(stabilizable)'이란 피드백으로 [그림 5.17]의 폐루프를 안정화할 수 있다는 의미이며, 뒤에서 언급하는 가제어성의 개념과 관련이 있다.

$$\boldsymbol{A} = \begin{bmatrix} 0 & 1 & 0 & \cdots & 0 \\ 0 & 0 & 1 & \cdots & 0 \\ \vdots & & & \ddots & \\ 0 & 0 & 0 & \cdots & 1 \\ -a_0 & -a_1 & -a_2 & \cdots & -a_{n-1} \end{bmatrix}, \quad \vec{b} = \begin{bmatrix} 0 \\ \vdots \\ 0 \\ 1 \end{bmatrix} \tag{5.67}$$ [37)]

또한 이득벡터 $\vec{k}$는 식(5.64)와 같이 n개의 미지수 k_i, $(i = 1 \sim n)$로 구성되어 있다고 한다. 이때 $\boldsymbol{A}_{cl}$은 다음과 같이 주어진다.

$$\boldsymbol{A} - \vec{b}\vec{k} = \begin{bmatrix} 0 & 1 & 0 & \cdots & 0 \\ 0 & 0 & 1 & \cdots & 0 \\ \vdots & & & \ddots & \vdots \\ 0 & 0 & 0 & \cdots & 1 \\ -(a_0 + k_1) & -(a_1 + k_2) & -(a_2 + k_3) & \cdots & -(a_{n-1} + k_n) \end{bmatrix} \tag{5.68}$$

$\boldsymbol{A}_{cl}$의 특성다항식은 식(5.67)의 각주내용을 참조하면 다음으로 된다.

$$|s\boldsymbol{I} - \boldsymbol{A}_{cl}| = s^n + (a_{n-1} + k_n)s^{n-1} + (a_{n-2} + k_{n-1})s^{n-2} + \cdots + (a_1 + k_2)s + (a_0 + k_1) = 0 \tag{5.69}$$

따라서 만약 $\boldsymbol{A}_{cl}$의 고유값을 적절히 지정하여 그에 따른 특성다항식이, 예를 들어

$$s^n + \beta_{n-1}s^{n-1} + \beta_{n-2}s^{n-2} + \cdots + \beta_1 s + \beta_0$$

로 되었다면 위 식이 식(5.69)로 되어야 한다는 사실로부터 n개의 미지수(즉 k_i, $(i = 1 \sim n)$)의 결정을 위한 n개의 다항식

$$\begin{cases} a_{n-1} + k_n \quad = \beta_{n-2} \\ a_{n-2} + k_{n-1} = \beta_{n-2} \\ \quad\vdots \\ a_0 + k_1 \quad = \beta_0 \end{cases} \tag{5.70}$$

가 얻어지므로 이로부터 쉽게 이득벡터 $\vec{k}$를 결정할 수 있다.

이상의 관계식으로부터 이득벡터의 요소 n개를 전부 결정하기 위해서는 반드시 n개의 연립방정식이 식(5.69)로부터 얻어져야 한다. 이를 위해서는 행렬 $\boldsymbol{A}_{cl}$의 특성다항식 (5.69)가 항상 n차다항식으로 되어야 할 것이다. 다음 절에서 상태공간표현 $\{\boldsymbol{A}, \vec{b}, \vec{c}\}$ 에서 상태피드백을 수행하는 경우 이득벡터 $\vec{k}$의 결정을 위해서 식(5.70)과 같이 항상 필요한 개수의 연립방정식이 존재하기 위한 조건을 알아보기로 한다.

---

37) 이러한 형식으로 주어진 행렬 $\boldsymbol{A}$의 특성다항식의 계수는 $\boldsymbol{A}$의 n번째 행의 값으로 주어진다. 즉, $|s\boldsymbol{I} - \boldsymbol{A}| = s^n + a_{n-1}s^{n-1} + \cdots + a_1 s + a_0 = 0$이다. 이런 형식의 $\boldsymbol{A}$행렬을 phase-variable form이라고 한다.

5.2.2 가제어성(Controllability)

■ 가제어란?

제어의 목적은 대상으로 하는 시스템의 입력 $u(t)$를 적당히 조절함으로서, 시스템의 상태 $\vec{x}(t)$를 정해진 시간 내에 정해진 값으로 이동시키는 것이다. 이것이 가능한 경우 '시스템은 가제어(controllable)하다'고 한다. 가제어성의 구체적인 정의를 제시하기 전에, 먼저 이것의 개념에 대한 이해를 돕기 위해 다음과 같은 세 종류의 RC회로에 대하여 생각해 보자.

[예제 5.12] 가제어성의 이해

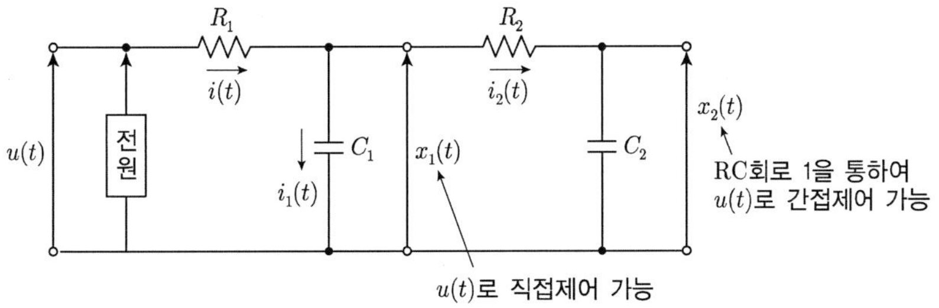

[그림 5.18] 가제어인 RC회로

(1) [그림 5.18]의 RC회로(가제어) :

[그림 5.18]은 두 개의 RC회로를 직렬로 연결한 것이다. 이 시스템의 상태공간표현을 위해 필요한 두 개의 상태변수를 다음과 같이 정의한다.

$$x_1(t): \text{커패시터 } C_1 \text{의 전압}, \quad x_2(t): C_2 \text{의 전압}$$

그림으로부터 변수 $x_1(t)$은 왼쪽의 입력 $u(t)$(전원)을 이용하여 적절한 빠르기로서 임의의 값을 가지도록 할 수 있다(즉 제어할 수 있다). 또한 변수 $x_2(t)$는 왼쪽의 RC회로를 통해서 간접적으로 역시 적절한 빠르기로서 임의의 값을 가지도록 만들 수 있다. 따라서 [그림 5.18]은 가제어한 시스템이다.

(2) [그림 5.19]의 RC회로(불가제어) :

[그림 5.19]와 같이 두 개의 RC회로가 분리되어 있는 경우를 생각하여 보자. 왼쪽 RC회로의 입력 $u(t)$에 의해 변수 $x_1(t)$은 적절한 빠르기로 임의의 값을 가지도록 만들 수 있다. 그러나 오른쪽 RC회로는 왼쪽 RC회로와 분리되어 있기 때문에 $x_2(t)$는 x_1의 영향을 전혀 받지 않으며 단지 C_2의 초기값 $x_2(0)$에 의해서만 결정된다. 다시 말하면 상태 $x_2(t)$는 시간의 경과에 따라 영으로 수렴하지만, 수렴의 빠르기 또는 수렴의 값을 바꿀 수 없다. 따라서 [그림 5.19]는 불가제어인 시스템이다.

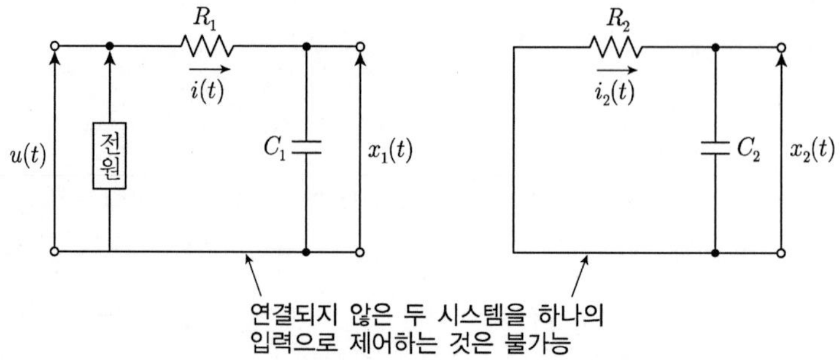

[그림 5.19] 불가제어인 RC회로 I

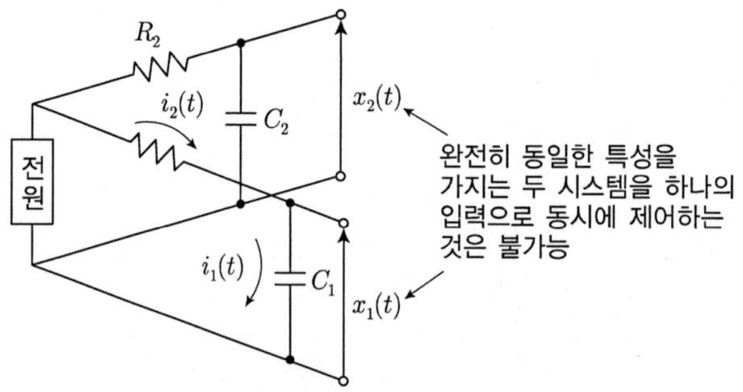

[그림 5.20] 불가제어인 RC회로 II

(3) [그림 5.20]의 RC회로(불가제어):

[그림 5.20]의 회로를 생각하여 보자. 이 경우 각 회로의 시정수 $T_1 = R_1C_1$ 및 $T_2 = R_2C_2$가 동일하다면 입력 $u(t)$로서 두 회로의 상태 $x_1(t)$과 $x_2(t)$를 동시에 적절한 빠르기로 (서로 다른) 임의의 값으로는 만들 수 없기 때문에 가제어인 시스템이 아니다[38].

가제어성의 개념은 다음과 같이 정의할 수 있을 것이다.

• 가제어성

상태공간표현 $\{\boldsymbol{A}, \vec{b}, \vec{c}\}$에 대하여, 어떤 유한한 시각 $t = t_f$에서 시스템의 임의의 초기상태 $\vec{x}(0) = \vec{x}_0, (\neq \vec{0})$를 임의의 상태 $\vec{x}(t_f) = \vec{x}_f$로 가져갈 수 있는 입력 $u(t)$가 존재하는 경우 '시스템이 가제어하다'라고 하며, 그렇지 못할 경우 '시스템이 불가제어(uncontrollable)하다'고 한다([그림 5.21] 참조).

가제어성은 상태 $\vec{x}(t_f) = \vec{x}_f$로의 수렴속도를 고려하고 있다는 점에서[39], 앞에서 언급한 가

38) 두 회로의 시정수가 다르다고 하더라도 하나의 입력으로 두 회로의 출력을 별도로 제어한다는 것은 불가능할 것이다.

39) 수렴의 속도를 고려한다는 의미는 식(5.68)의 행렬 $\boldsymbol{A}_{cl}$의 모든 고유값을 이득 $\vec{k}$로 지정할 수 있다는 것이다. 즉 연립방정식 (5.70)의 해가 항상 존재한다는 의미와 동일하다.

안정성보다는 좀 더 엄격한 조건이다. 이를 조금 자세히 설명하면 다음과 같다.

1) **가제어** : 행렬 $\boldsymbol{A}$ 가 가지는 n개의 고유값 모두를 임의의 곳으로 이동시킬 수 있는 피드백벡터 $\vec{k}$가 존재한다. 따라서 임의의 값으로의 수렴속도 등을 자유로이 조정할 수 있다.
2) **가안정**: 행렬 $\boldsymbol{A}$가 가지는 n개 고유값 전부를 임의의 곳으로 이동시킬 수는 없으나, 최소한 행렬 $\boldsymbol{A}$의 불안정한 고유값을 이동시키는 피드백벡터 $\vec{k}$가 존재한다. 따라서 폐루프의 안정화가 가능하다.

따라서 가제어인 시스템은 항상 가안정이다.

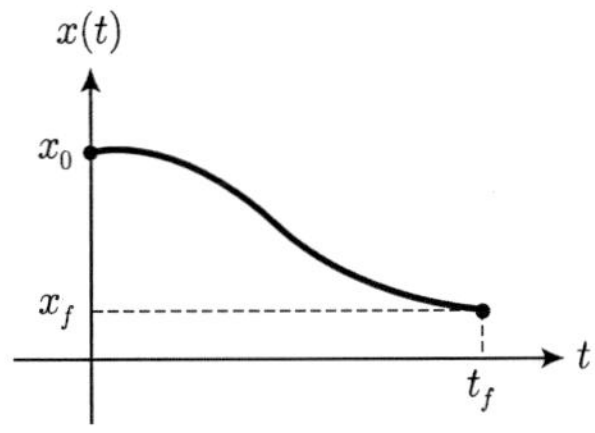

[그림 5.21] 가제어

■ 가제어성의 판별

상태방정식 (5.63)이 주어졌을 경우 시스템이 가제어인지의 여부를 가제어성의 정의로부터 판단하는 것은 쉽지 않다. 따라서 가제어성의 판별을 위한 다음의 결과를 이용한다.

• 가제어성의 판별

(1) 다음 조건은 상태방정식 (5.63)이 가제어로 되기 위한 조건이다.

$\boldsymbol{W}=[\vec{b}, \boldsymbol{A}\vec{b}, \boldsymbol{A}^2\vec{b}, \cdots, \boldsymbol{A}^{n-1}\vec{b}]$에 대해

$$\text{rank}(\boldsymbol{W})=n, \text{ 또는 } |\boldsymbol{W}|\neq 0 \tag{5.71}$$

이 성립한다. 이때 크기 $(n\times n)$인 정방행렬 $\boldsymbol{W}$을 가제어성행렬(controllability matrix)이라고 한다. 즉, $\boldsymbol{W}$가 정칙행렬로 되어야 한다.

(2) 임의의 $s\in C$ 에 대하여

$$\text{rank}[s\boldsymbol{I}-\boldsymbol{A}, \vec{b}]=n \tag{5.72}$$

이 성립한다.

식(5.72)는, 만약 임의의 s가 $\boldsymbol{A}$의 고유값이 아니라면 $(s\boldsymbol{I}-\boldsymbol{A})$는 항상 정칙으로 되어 만족되기 때문에, 이 조건은 $s\in\lambda(\boldsymbol{A})$의 경우, 즉 행렬 $\boldsymbol{A}$의 고유값에 대해서만 확인하면 된다.

지금까지 보아온 바와 같이 가제어성은 상태공간표현에서 행렬 $\{\boldsymbol{A}, \vec{b}\}$만이 관여한다. 따라서 보통 시스템 $\{\boldsymbol{A}, \vec{b}, \vec{c}\}$가 가제어인 경우 '$(\boldsymbol{A}, \vec{b})$가 가제어하다'라는 표현을 주로 사용

한다. 가제어의 조건이 만족된다면, 시각 t_f 에서의 상태 $\vec{x}_f$로 가져갈 수 있는 입력 $u(t)$가 존재한다. 예를 들어 식(5.73a)으로 주어지는 입력은 임의의 초기상태 $\vec{x}_0$를 시각 t_f에서의 상태를 $\vec{x}_f$로 가져가는 역할을 한다는 것을 쉽게 증명할 수 있다.

$$u(t) = \left(e^{-At}\vec{b}\right)^T \boldsymbol{W}_c(t_f)^{-1}\left(e^{-At}\vec{x}_f - \vec{x}_0\right) \tag{5.73a}$$

$$\boldsymbol{W}_c(t) = \int_0^t e^{-A\tau}\vec{b}\,\vec{b}^T e^{-A^T\tau}d\tau = \int_0^t \left(e^{-A\tau}\vec{b}\right)\left(e^{-A\tau}\vec{b}\right)^T d\tau \tag{5.73b}$$
[40]

[예제 5.13]

[예제 5.12]에서 다룬 세 종류의 RC회로에 상태공간표현을 구하여 식(5.71)을 이용하여 가제어성을 확인하여 보자.

풀이

(1) [그림 5.18]의 RC회로 : 먼저 식(5.14a)에 의해 두 개 커패시턴스의 전압을 상태변수 변수로 지정한다. 즉, $x_1(t)$으로 C_1 양단의 전압과 $x_2(t)$로서 C_2양단의 전압을 각각 설정하고 회로의 두 개 루프에 KVL을 적용하면 다음의 방정식을 얻는다.

$$u = R_1C_1\frac{dx_1}{dt} + x_1,\ x_1 = R_2C_2\frac{dx_2}{dt} + x_2 \qquad ①$$

위 식을 상태공간표현의 형식으루 정리하면

$$\dot{\vec{x}}(t) = \boldsymbol{A}\vec{x}(t) + \vec{b}u(t),\ \boldsymbol{A} = \begin{bmatrix} -\dfrac{R_1+R_2}{R_1R_2C_1} & \dfrac{1}{R_2C_1} \\ \dfrac{1}{R_2C_2} & -\dfrac{1}{R_2C_2} \end{bmatrix},\ \vec{b} = \begin{bmatrix} \dfrac{1}{R_1C_1} \\ 0 \end{bmatrix} \qquad ②$$

가 얻어진다. 따라서 가제어성행렬은

$$\boldsymbol{W}_c = [\,\vec{b}\ \ \boldsymbol{A}\vec{b}\,] = \begin{bmatrix} \dfrac{1}{R_1C_1} & -\dfrac{R_1+R_2}{R_1^2R_2C_1^2} \\ 0 & \dfrac{1}{R_1R_2C_1C_2} \end{bmatrix} \qquad ③$$

로 되어 $|\boldsymbol{W}_c| \neq 0$, 즉 가제어로 됨을 알 수 있다.

이상과 같이 [그림 5.18]의 RC회로는 가제어라는 사실이 확인되었으므로 이를 확인하여 보자. 즉, 식(5.73a)의 입력을 이용하여 $t = t_f$에서 $\vec{x}(t_f) = \vec{x}_f$로 되는지를 계산하는 것이다. 예를 들어

$$R_1 = 10,\ R_2 = 20,\ C_1 = 50,\ C_2 = 25 \qquad ④$$

두면

40) 행렬 $\boldsymbol{W}_c(t)$를 가제어성 그라미언(Gramian)이라고 부른다.

$$\boldsymbol{A}=\begin{bmatrix}-3 & 2\\ 2 & -2\end{bmatrix},\ \vec{b}=\begin{bmatrix}2\\0\end{bmatrix} \rightarrow e^{-\boldsymbol{A}t}=\frac{1}{3}\begin{bmatrix}e^{t}+2e^{4t} & e^{t}-e^{4t}\\ 2e^{t}-2e^{4t} & 2e^{t}+e^{4t}\end{bmatrix} \qquad ⑤$$

로 되며 가제어 그라미언 식(5.73b)가 정칙으로 되어 식(5.73a)의 입력은 실현가능하다는 사실을 확인할 수 있다. 여기서 $t_f=2,\ x_0=[1\ \ 2]^T$로 두고 식(5.73a)에 의해 $\vec{x}_f=[1\ \ 0]^T$ 옮겨가는 과정을 [그림 5.22]에 나타내었다. 지정된 시각에 목표의 상태로 옮겨가는 모습을 볼 수 있다.

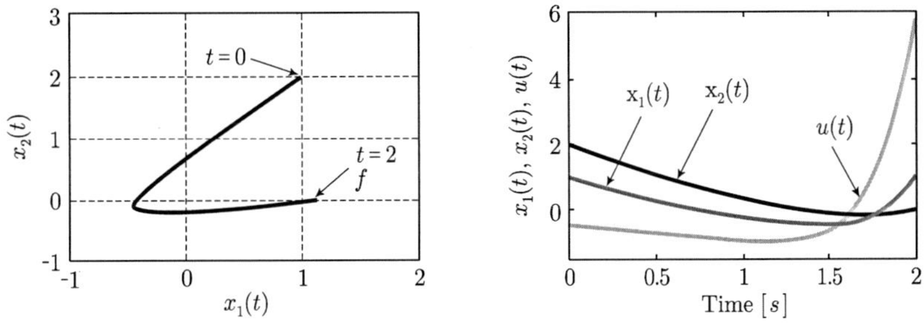

[그림 5.22] 식(5.73a)의 입력에 의한 각 상태의 변화

```
% [그림 5.22]
syms tau t
A = sym([-3 1;2 -2]);b = sym([2 0])';C = eye(2);D = [0 0]';
sys = ss(double(A),double(b),C,D);                  % 상태공간표현을 표현
x0 = [1 2]';xf = [1 0]';tf = 2;
w_in = expm(-A*tau)*b*(expm(-A*tau)*b)';            % 식(5.73b)의 피적분함수를 정의
W_tf = int(w_in,0,2);                  % 식(5.73b)를 t_f = 2 로 두고 적분을 수행한다.
tsim = linspace(0,2,20)';              %시뮬레이션의 시간을 지정
ut = (expm(-A.*t)*b)'/W_tf*(expm(-A.*tf)*xf-x0);  % 식(5.73a)를 지정
usim = subs(ut,t,tsim);                % 식(5.73a)를 시뮬레이션의 구간에서 지정
[y,t,x] = lsim(sys,usim,tsim,x0);      % 주어진 입력에 의한 시뮬레이션 실행
subplot(222), plot(t,y,t,usim),axis([0 2 -1.5 6]) % [그림 5.22]의 (b)(오른쪽)
xlabel('Time [s] '),ylabel(' x_1(t),  x_2(t),  u(t) ')
subplot(221),plot(y(:,1),y(:,2)),grid               % [그림 5.22]의 (a)(왼쪽)
axis([-1 2 -1 3]),xlabel('x_1(t)'),ylabel('x_2(t)')
```

(2) [그림 5.19]의 RC회로 : (1)의 경우와 동일하게 상태변수를 정의하여 KVL을 적용한 상태방정식은 다음으로 된다.

$$\vec{x}(t)=\boldsymbol{A}\vec{x}(t)+\vec{b}u(t),\ \boldsymbol{A}=\begin{bmatrix}-\dfrac{1}{R_1C_1} & 0\\ 0 & -\dfrac{1}{R_2C_2}\end{bmatrix},\ \vec{b}=\begin{bmatrix}\dfrac{1}{R_1C_1}\\ 0\end{bmatrix} \qquad ⑥$$

즉, 두 회로가 동일한 모양을 하고 있기 때문에 동일한 1계미분방정식이 두 개 주어진 것으로 생각할 수 있다. 이 경우 가제어성행렬의 행렬식은 영으로 된다.

$$\boldsymbol{W}_c = [\,\vec{b}\ \ \boldsymbol{A}\vec{b}\,] = \begin{bmatrix} \dfrac{1}{R_1C_1} & -\dfrac{1}{R_1^2C_1^2} \\ 0 & 0 \end{bmatrix} \rightarrow |\boldsymbol{W}_c| = 0 \qquad ⑦$$

즉 [그림 5.19]는 불가제어인 회로이며 변수 $x_1(t)$은 입력으로 제어가 가능하지만, $x_2(t)$는 입력 $u(t)$의 영향을 전혀 받지 않기 때문에 불가제어인 변수이다. 이때 $x_2(t)$는 초기값에 의해 다음과 같이 변화한다.

$$\dot{x}_2(t) = -\frac{1}{R_2C_2}x_2(t) \ \rightarrow \ x_2(t) = e^{-\left(\frac{t}{R_2C_2}\right)}x_2(0) \qquad ⑧$$

(3) [그림 5.20]의 RC회로 : (1)과 동일하게 상태변수를 취하여 상태방정식을 구하면 다음으로 된다.

$$\vec{x}(t) = \boldsymbol{A}\vec{x}(t) + \vec{b}u(t),\ \boldsymbol{A} = \begin{bmatrix} -\dfrac{1}{R_1C_1} & 0 \\ 0 & -\dfrac{1}{R_2C_2} \end{bmatrix},\ \vec{b} = \begin{bmatrix} \dfrac{1}{R_1C_1} \\ \dfrac{1}{R_2C_2} \end{bmatrix} \qquad ⑨$$

따라서 가제어성행렬과 그의 행렬식은 각각

$$\boldsymbol{W}_c = [\,\vec{b}\ \ \boldsymbol{A}\vec{b}\,] = \begin{bmatrix} \dfrac{1}{R_1C_1} & -\dfrac{1}{R_1^2C_1^2} \\ \dfrac{1}{R_2C_2} & -\dfrac{1}{R_2^2C_2^2} \end{bmatrix} \qquad ⑩$$

$$\rightarrow |\boldsymbol{W}_c| = \frac{1}{R_1R_2C_1C_2}\left(\frac{1}{R_1C_1} - \frac{1}{R_2C_2}\right)$$

로 된다. 따라서 [그림 5.20]의 회로는 $R_1C_1 = R_2C_2$인 경우 $|\boldsymbol{W}_c| = 0$으로 불가제어이며, $R_1C_1 \neq R_2C_2$이면 가제어이다.

[예제 5.14]

상태방정식의 $\{\boldsymbol{A}, \vec{b}\}$ 가

$$\boldsymbol{A} = \begin{bmatrix} -2 & 1 \\ 1 & -2 \end{bmatrix},\ \vec{b} = \begin{bmatrix} 1 \\ 1 \end{bmatrix} \qquad ①$$

로 주어졌다고 한다. 이때 식(5.71)의 가제어성행렬에서

$$\boldsymbol{W}_c = [\,\vec{b},\ \boldsymbol{A}\vec{b}\,] = \begin{bmatrix} 1 & -1 \\ 1 & -1 \end{bmatrix} \rightarrow \mathrm{rank}(\boldsymbol{W}_c) = 1 < 2 \qquad ②$$

로 되기 때문에 $(\boldsymbol{A}, \vec{b})$는 가제어가 아니다. 여기서 등가변환을 이용하여 이것을 확인하여 보자. 즉 식(5.56)의 변환행렬로서

$$\boldsymbol{T} = \begin{bmatrix} 1 & 1 \\ 1 & -1 \end{bmatrix} \qquad ③$$

을 취하여 등가변환하면 식(5.57c)에 의해 계수행렬은

$$\boldsymbol{T}^{-1}\boldsymbol{A}\,\boldsymbol{T} = \begin{bmatrix} -1 & 0 \\ 0 & -3 \end{bmatrix},\ \boldsymbol{T}^{-1}\vec{b} = \begin{bmatrix} 1 \\ 0 \end{bmatrix} \qquad ④$$

로 된다. 따라서 $\vec{x} = \boldsymbol{T}\,\vec{z}$의 변환에 의한 상태방정식은

$$\dot{z}_1(t) = -z_1(t) + u(t), \quad \dot{z}_2(t) = -3z_2(t) \qquad ⑤$$

로 된다. 이로부터 상태 $z_1(t)$는 입력 $u(t)$에 의해 제어가 가능하지만, $z_2(t)$는 입력으로부터 영향을 받지 않기 때문에 제어가 되지 않는다. 그러나 시간이 충분히 경과하면, 즉 $t \to \infty$이면 $z_2(t) \to 0$으로 되기 때문에, 상태방정식의 움직임은 거의 상태 $z_1(t)$에 의해 결정된다고 말할 수 있다.

5.2.3 극배치에 의한 제어기 설계

식(5.65)와 같이 상태피드백을 실행한 시스템의 극(즉 $\boldsymbol{A}_{cl} = \boldsymbol{A} - \vec{b}\,\vec{k} \in R^{(n \times n)}$의 고유값)의 실수부가 전부 음의 값을 가지도록 이득 $\vec{k}$가 설계되었다면 폐루프의 상태는 $\vec{x}(t) \to \vec{0}$, $(t \to \infty)$로 된다. 그러나 극의 실수부와 허수부의 크기에 따라, 응답이 진동적으로 되거나, 수렴에 많은 시간이 소요되기도 한다. 여기서는 5.1.5절에서 설명한 극과 과도특성과의 관계를 고려하여 식(5.65)의 극이 설계자가 지정한 값 $\{p_1, p_2, \cdots, p_n\}$으로 될 수 있도록 이득 $\vec{k}$를 설계하고자 한다. 이와 같은 설계법을 극배치(pole placement)법이라고 한다.

또한 앞에서 언급한 바와 같이, '시스템이 가제어'하다는 것은 시스템의 상태(따라서 출력)를 생각하는 대로 제어할 수 있는지의 여부를 결정하는 것이라는 점을 생각해보면, 상태방정식 (5.63)에 대한 가제어성과 극배치의 실현가능성 사이에는 다음의 관계가 성립한다는 것을 알 수 있다.

• 가제어성과 극배치와의 관계

아래의 조건 (1)과 (2)는 서로 등가이다.

(1) 상태방정식 (5.63)은 가제어이다.

(2) 이득 $\vec{k}$를 적절히 선정함으로서 $\boldsymbol{A} - \vec{b}\,\vec{k}$의 고유값을 임의의 값으로 지정가능하다. 즉 $\boldsymbol{A} - \vec{b}\,\vec{k}$에 의해 극배치가 실현가능하다.

실제로 가제어한 시스템은 모든 극을 원하는 곳으로 이동할 수 있으나, 가제어하지 않은 시스템은 모든 극을 이동시킬 수는 없다는 사실을 [예제 5.12]의 세 종류의 RC회로를 이용하여 확인하여 보자.

[예제 5.15]

[예제 5.13]의 ④에서 각 소자의 값이 주어졌을 경우, [예제 5.12]에서 사용한 세 개 회로가 상태피드백 형식의 제어, 즉

$$K:\ u(t) = -\vec{k}\vec{x}(t),\ \left(\vec{k} = [\,k_1\ \ k_2\,]\right) \tag{5.74}$$

에 의해 극배치가 가능한지를 조사해 보자.

풀이

(1) [그림 5.18]의 RC회로 : [예제 5.13]에서 확인한 바와 같이 이 회로는 가제어이다. 이 경우의 상태방정식은 $R_1 = 10,\ R_2 = 20,\ C_1 = 50,\ C_2 = 25$에서

$$\dot{\vec{x}}(t) = \boldsymbol{A}\vec{x}(t) + \vec{b}u(t),\ \boldsymbol{A} = \begin{bmatrix} -3 & 1 \\ 2 & -2 \end{bmatrix},\ \vec{b} = \begin{bmatrix} 2 \\ 0 \end{bmatrix} \qquad ①$$

로 주어지므로 $\boldsymbol{A}_{cl} = \boldsymbol{A} - \vec{b}\vec{k}$ 의 특성다항식은

$$|s\boldsymbol{I} - \boldsymbol{A}_{cl}| = \begin{vmatrix} s+3+2k_1 & -1+2k_2 \\ -2 & s+2 \end{vmatrix} \qquad ②$$

$$= s^2 + (5+2k_1)s + 4(1+k_1+k_2) = 0$$

로 된다. 따라서 $\boldsymbol{A}_{cl}$의 고유값 $s = \lambda_1,\ \lambda_2$ 를 지정한 값 $p_1,\ p_2$로 만들기 위해서는 다항식 ②가

$$\Delta(s) = (s-p_1)(s-p_2) = s^2 - (p_1+p_2)s + p_1p_2 \qquad ③$$

와 일치되어야 한다. 이로부터 k_1, k_2에 관한 다음 두 개의 방정식으로 k_1, k_2로서

$$\begin{cases} 5-2k_1 = -(p_1+p_2) \\ 4(1-k_1-k_2) = p_1p_2 \end{cases} \rightarrow \begin{cases} k_1 = -\dfrac{5+p_1+p_2}{2} \\ k_2 = \dfrac{6+2p_1+2p_2+p_1p_2}{4} \end{cases} \qquad ④$$

를 선정하면 된다. 이러한 사실로부터 [그림 5.18]의 RC회로는 극배치가 가능하다.

④를 이용하여 $\boldsymbol{A}_{cl}$의 극을 i) $-4 \pm j4$, ii) $-8 \pm j4$, iii) $-12 \pm j4$로 이동시키는 세 종류의 이득 $\vec{k}$를 다음과 같이 계산하였다.

$$p_{1,2} = -4 \pm j4 \ \rightarrow\ k_1 = \frac{3}{2},\ k_2 = \frac{11}{2}$$

$$p_{1,2} = -8 \pm j4 \;\rightarrow\; k_1 = \frac{11}{2},\; k_2 = \frac{27}{2}$$

$$p_{1,2} = -12 \pm j4 \;\rightarrow\; k_1 = \frac{19}{2},\; k_2 = \frac{59}{2}$$

위의 세 경우에 대한 시뮬레이션 결과를 [그림 5.23]에 나타내었다. 단, 초기값으로 $x_1(0)=0$, $x_2(0)=1$로 두었다. 그림으로부터 지정한 극 p_1, p_2의 실수부의 절대값이 크면 클수록 두 상태의 수렴속도가 빨라진다는 것을 알 수 있다. 또한 p_1, p_2의 실수부의 절대값이 클수록 상태피드백을 위한 이득 k_1, k_2 역시 큰 값을 가지기 때문에 큰 입력을 필요로 한다는 사실이 [그림 5.24]로부터 확인되었다.

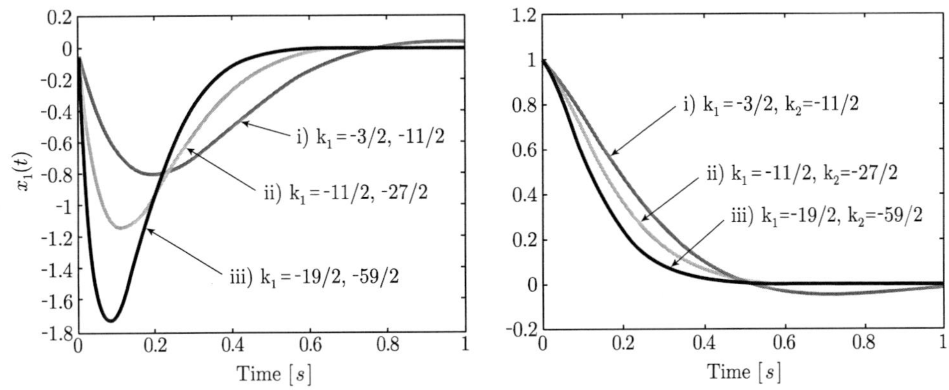

[그림 5.23] [예제 5.15]의 (1)의 결과

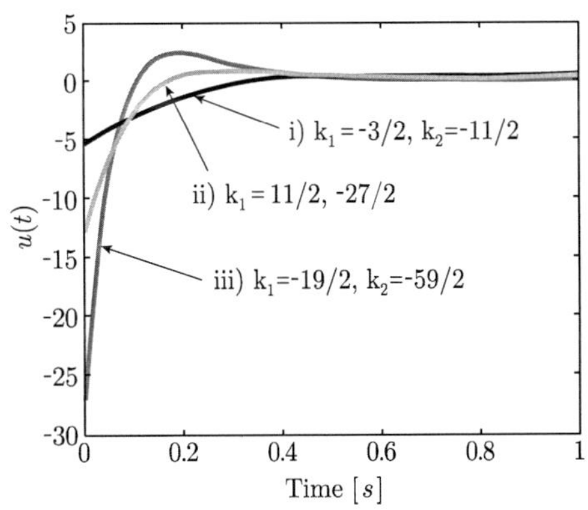

[그림 5.24] [예제 5.15]의 (1)의 입력 $u(t)$

(2) [그림 5.19]의 RC회로: [예제 5.13]에서 확인한 바와 같이 이 회로는 불가제이다. [예제 5.13]의 ⑥으로 주어진 상태방정식에 대해 식(5.74)에 의한 극배치가 불가능함을 확인하여 본다. 각 소자가 $R_1 = 10$, $R_2 = 20$, $C_1 = 50$, $C_2 = 25$으로 주어졌을 경우의 상태방정식은

$$\vec{x}(t) = \boldsymbol{A}\vec{x}(t) + \vec{b}u(t),\ \boldsymbol{A} = \begin{bmatrix} -2 & 0 \\ 0 & -2 \end{bmatrix},\ \vec{b} = \begin{bmatrix} 2 \\ 0 \end{bmatrix} \qquad ⑤$$

로 된다. 식(5.74)에 의한 폐루프의 특성다항식은

$$|s\boldsymbol{I} - \boldsymbol{A}_{cl}| = \begin{vmatrix} s+2+2k_1 & 2k_2 \\ 0 & s+2 \end{vmatrix} = (s+2+2k_1)(s+2) \qquad ⑥$$

로 되어, 두 개의 극은 k_1에 의존하는 극 $\lambda_1 = -2+2k_1$과 k_1, k_2에 의존하지 않는 극 $\lambda_2 = -2$로 주어진다. 다시 말하면 [그림 5.19]의 왼쪽 회로에 대응하는 극은 $k_1 = -(2+p_1)/2$로 둠으로서 임의의 값 p_1에 설정 가능하지만, 오른쪽 회로의 극은 $\lambda_2 = -2$는 식(5.74)의 영향을 받지 않기 때문에 이동시킬 수 없다. 이와 같이 불가제어인 시스템의 극 중 몇 개는[41] 제어입력이 영향을 미치지 못하지 때문에 이동이 불가능하다는 사실을 알 수 있다.

(3) [그림 5.20]의 RC회로 : [예제 5.13]에서 확인한 바와 같이 $R_1C_1 = R_2C_2$의 경우 회로는 불가제이다. 이 경우 식(5.74)에 의한 극배치가 가능한 지를 확인하여 보자.

$R_1 = 10$, $R_2 = 20$, $C_1 = 50$, $C_2 = 25$의 경우 $R_1C_1 = R_2C_2 = 2$이므로 상태방정식은

$$\vec{x}(t) = \boldsymbol{A}\vec{x}(t) + \vec{b}u(t),\ \boldsymbol{A} = \begin{bmatrix} -2 & 0 \\ 0 & -2 \end{bmatrix},\ \vec{b} = \begin{bmatrix} 2 \\ 2 \end{bmatrix} \qquad ⑦$$

로 된다. 식(5.74)에 의한 폐루프의 특성다항식은

$$|s\boldsymbol{I} - \boldsymbol{A}_{cl}| = \begin{vmatrix} s+2+2k_1 & 2k_2 \\ 2k_1 & s+2+2k_2 \end{vmatrix} \qquad ⑧$$

$$= s^2 + 2(2+k_1+k_2)s + 4(1+k_1+k_2) = 0$$

로 된다. 따라서 $\boldsymbol{A}_{cl}$ 의 극을 p_1, p_2로 하기 위해서는 다음의 조건이 필요하다.

$$\begin{cases} 2(2+k_1+k_2) = -(p_1+p_2) \\ 4(1+k_1+k_2) = p_1p_2 \end{cases} \rightarrow \begin{cases} k_1+k_2 = -\dfrac{4+p_1+p_2}{2} \\ k_1+k_2 = -\dfrac{4-p_1p_2}{4} \end{cases} \qquad ⑨$$

이 경우 ⑨의 왼쪽 식을 동시에 만족하는 k_1, k_2가 반드시 존재한다고 할 수 없다. 이러한 사실로부터 불가제어한 RC회로는 식(5.74)에 의한 극배치가 불가능함을 알 수 있다.

41) 이 경우 두 개의 극 중 $\lambda_2 = -2$가 제어입력의 영향을 받지 못하기 때문에 이동이 되지 않는다. 이와 같이 불가제어인 시스템의 경우, 시스템이 가지는 고유값 중에서 어떤 것이 이동되지 않는지를 알아내는 것은 중요하다.

5.2.4 가제어표준형식을 이용한 극배치

■ **가제어표준형(controllable canonical system)**

5.1.5절에서 언급한 등가시스템에서 식(5.56)으로 정의된 좌표변환행렬 $\boldsymbol{T}$를 적절하게 선정하면 기존의 상태공간표현식을 피드백을 위한 이득벡터 $\vec{k}$의 계산에 편리한 형식으로 변환이 가능하다.

상태공간표현 $\{\boldsymbol{A}, \vec{b}, \vec{c}\}$이 가제어라고 한다. 이때 $\boldsymbol{A}$의 특성다항식이

$$|s\boldsymbol{I}-\boldsymbol{A}| = s^n + a_{n-1}s^{n-1} + \cdots + a_1 s + a_0 \tag{5.75}$$

와 같이 주어질 때 식(5.56)의 좌표변환행렬로서

$$\boldsymbol{T}_c = \boldsymbol{W}\boldsymbol{R} = \left[\vec{b}, \boldsymbol{A}\vec{b}, \cdots, \boldsymbol{A}^{n-1}\vec{b}\right]\begin{bmatrix} a_2 & a_3 & a_4 & \cdots & a_n & 1 \\ a_3 & a_4 & \cdots & a_n & 1 & 0 \\ a_4 & & \cdots & 1 & 0 & 0 \\ \vdots & & & & & \vdots \\ a_n & 1 & 0 & \cdots & \cdots & 0 \\ 1 & 0 & 0 & \cdots & \cdots & 0 \end{bmatrix} \tag{5.76}$$

로 두고 $\vec{x}(t) = \boldsymbol{T}_c\vec{z}(t)$의 변환을 수행한다. 이때 변환된 시스템 (5.57)의 $\widetilde{\boldsymbol{A}}$, $\widetilde{\vec{b}}$는 가제어표준형식(controllable canonical form)으로 불리는

$$\widetilde{\boldsymbol{A}} = \boldsymbol{T}_c^{-1}\boldsymbol{A}\,\boldsymbol{T}_c = \begin{bmatrix} 0 & 1 & 0 & \cdots & 0 \\ 0 & 0 & 1 & \cdots & 0 \\ \vdots & & & \ddots & \\ 0 & 0 & 0 & \cdots & 1 \\ -a_0 & -a_1 & -a_2 & \cdots & -a_{n-1} \end{bmatrix}, \quad \widetilde{\vec{b}} = \boldsymbol{T}_c^{-1}\vec{b} = \begin{bmatrix} 0 \\ \vdots \\ 0 \\ 1 \end{bmatrix} \tag{5.77a}$$

와 같은 형식으로 된다. 또한 출력은

$$\widetilde{\vec{c}} = \vec{c}\,\boldsymbol{T}_c = \left[\tilde{c}_1, \tilde{c}_2, \cdots, \tilde{c}_n\right] \tag{5.77b}$$

로 주어진다. 식(5.77)을 이용한 상태공간표현식은 다음으로 주어진다.

$$\frac{d}{dt}\begin{bmatrix} z_1(t) \\ z_2(t) \\ \vdots \\ z_{n-1}(t) \\ z_n(t) \end{bmatrix} = \begin{bmatrix} 0 & 1 & 0 & \cdots & 0 \\ 0 & 0 & 1 & \cdots & 0 \\ \vdots & & & & \\ 0 & 0 & 0 & \cdots & 1 \\ -a_0 & -a_1 & -a_2 & \cdots & -a_{n-1} \end{bmatrix}\begin{bmatrix} z_1(t) \\ z_2(t) \\ \vdots \\ z_{n-1}(t) \\ z_n(t) \end{bmatrix} + \begin{bmatrix} 0 \\ 0 \\ \vdots \\ 0 \\ 1 \end{bmatrix}u(t) \tag{5.78a}$$

$$y(t) = \left[\tilde{c}_1, \tilde{c}_2, \cdots, \tilde{c}_n\right]\left[z_1(t), z_2(t), \cdots, z_n(t)\right]^T \tag{5.78b}$$

위 식은 식(5.76)의 변환행렬로부터

$$\widetilde{A} = T_c^{-1} A T_c = (WR)^{-1} A (WR) = R^{-1}(W^{-1} A W) R$$

의 관계를 이용하여 (•)내의 계산을 먼저 수행한 후 바깥의 행렬을 직접 계산하면 식(5.77a)를 확인할 수 있다. $\vec{\tilde{b}}$와 $\vec{\tilde{c}}$에 대해서도 마찬가지이다.

식(5.78)은 블록선도를 이용하면 [그림 5.25]와 같이 나타낼 수 있으며, 이로부터 전달함수를 계산하면

$$h(s) = \vec{c}(s\boldsymbol{I} - \boldsymbol{A})\vec{b} = \vec{\tilde{c}}(s\boldsymbol{I} - \widetilde{\boldsymbol{A}})^{-1}\vec{\tilde{b}} \tag{5.79}$$

$$= \frac{\tilde{c}_n s^{n-1} + \tilde{c}_{n-1} s^{n-2} + \cdots + \tilde{c}_2 s + \tilde{c}_1}{s^n + a_{n-1} s^{n-1} + \cdots + a_1 s + a_0}$$

로 된다. 이로부터 전달함수의 분자·분모의 변수는 가제어표준형식의 계수행렬의 요소와 1대 1 대응하고 있음을 알 수 있다. 특히 식(5.77a)의 형식으로 주어지는 행렬 $\widetilde{\boldsymbol{A}}$는 컴파니온행렬(companion matrix)이라고 불리며 제 n번째 행에 있는 각 요소의 부호를 반전시킨 것이 특성다항식의 계수로 된다.

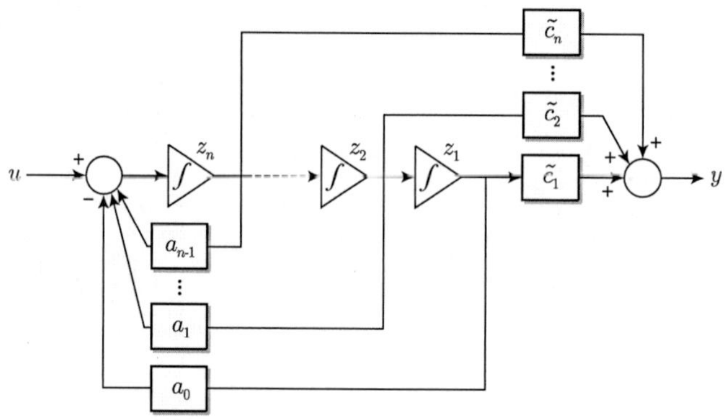

[그림 5.25] 가제어표준 시스템의 블록선도

[예제 5.16]

다음으로 주어진 시스템의 가제어표준형을 계산하여보자.

$$\frac{d}{dt}\vec{x}(t) = \begin{bmatrix} -4 & 2 & 0 \\ 1 & -3 & 1 \\ 0 & 1 & -2 \end{bmatrix}\vec{x}(t) + \begin{bmatrix} 2 \\ 0 \\ 0 \end{bmatrix} u(t) \tag{①}$$

$$y(t) = [1 \quad 0 \quad 0]\vec{x}(t)$$

풀이 우선 특성다항식을 계산한다. 즉

$$|s\boldsymbol{I} - \boldsymbol{A}| = s^3 + 9s^2 + 23s + 16 \tag{②}$$

로부터 $a_0 = 16$, $a_1 = 23$, $a_2 = 9$이므로, 가제어표준형식으로의 변환행렬 $\boldsymbol{T}_c$와 $\boldsymbol{T}_c^{-1}$은

$$\boldsymbol{T}_c = [\vec{b}, \boldsymbol{A}\vec{b}, \boldsymbol{A}^2\vec{b}]\begin{bmatrix} a_1 & a_2 & 1 \\ a_2 & 1 & 0 \\ 1 & 0 & 0 \end{bmatrix} \quad ③$$

$$= \begin{bmatrix} 2 & -8 & 36 \\ 0 & 2 & -14 \\ 0 & 0 & 2 \end{bmatrix}\begin{bmatrix} 23 & 9 & 1 \\ 9 & 1 & 0 \\ 1 & 0 & 0 \end{bmatrix} = \begin{bmatrix} 10 & 10 & 2 \\ 4 & 2 & 0 \\ 2 & 0 & 0 \end{bmatrix}$$

$$\boldsymbol{T}_c^{-1} = \frac{1}{2}\begin{bmatrix} 0 & 0 & 1 \\ 0 & 1 & -2 \\ 1 & -5 & 5 \end{bmatrix} \quad ④$$

로 된다($\boldsymbol{T}_c^{-1}$이 존재하기 때문에 가제어이다). $\widetilde{\boldsymbol{A}}$, $\vec{\tilde{b}}$, $\vec{\tilde{c}}$를 식(5.77)을 적용하면 가제어표준시스템은

$$\frac{d}{dt}\vec{z}(t) = \begin{bmatrix} 0 & 1 & 0 \\ 0 & 0 & 1 \\ -16 & -23 & -9 \end{bmatrix}\vec{z}(t) + \begin{bmatrix} 0 \\ 0 \\ 1 \end{bmatrix}u(t) \quad ⑤$$

$$y(t) = [\,10 \;\; 10 \;\; 2\,]\,\vec{z}(t)$$

로 되어 [그림 5.26]과 같은 상태변수선도로 된다. 전달함수는 식(5.79)에 의해

$$\frac{y(s)}{u(s)} = \frac{2s^2 + 10s + 10}{s^3 + 9s^2 + 23s + 16} \quad ⑥$$

로 된다. $(\widetilde{\boldsymbol{A}}, \vec{\tilde{b}})$의 형식을 알고 있기 때문에 표준형식을 구하는 것만이 목적이라면 $\boldsymbol{T}_c^{-1}$의 계산은 불필요하고 가제어성행렬 $|\boldsymbol{W}| \neq 0$의 확인만으로 충분하다.

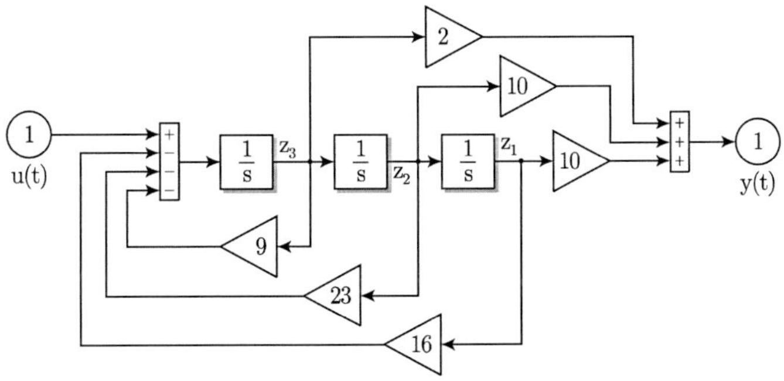

[그림 5.26] [예제 5.16]의 상태변수선도

[그림 5.26]의 Simulink 블록선도를 이용하여 작성한 후 명령어 '`linmod`'를 사용하면 상태방정식 표현 ⑤을 얻을 수 있다. 즉, '`>>[A,B,C,D]=linmod('figure_5_26')`'를 실행한다. 이때 '`figure_5_26`'는 [그림 5.26]의 파일명이다[42]. 명령어 '`linmod`'는 주로 Simulink로 구성한 블록선도의 선형화과정에 사용된다.

■ **가제어표준형을 이용한 극배치**

식(5.67) ~ (5.70)에서 언급한 바와 같이 상태공간표현의 $\{\widetilde{\boldsymbol{A}}, \vec{\tilde{b}}\}$가 특별한 형식으로 주어졌을 경우, 상태피드백을 위한 이득벡터는 식(5.70)의 연립방정식의 해로서 주어지기 때문에 그 계산이 간단하였다. 따라서 만약 상태공간표현이 식(5.78)과 같이 주어져 있다면 이득벡터 $\vec{k}$의 계산은 단순한 연립방정식의 해를 얻는 과정으로 요약할 수 있을 것이다.

여기서는 식(5.76)의 변환행렬 $\boldsymbol{T}_c$를 이용하여 $\{\boldsymbol{A}, \vec{b}, \vec{c}\}$를 $\{\widetilde{\boldsymbol{A}}, \vec{\tilde{b}}, \vec{\tilde{c}}\}$로 변환하여 이득벡터 $\vec{\tilde{k}}$를 구하고, 이를 다시 원래의 $\vec{k}$로 변환하는 과정을 살펴보기로 한다[43]. 이때 $\widetilde{\boldsymbol{A}}$의 특성다항식은 식(5.75)로 주어져 있다고 한다[44].

여기서 지정된 극을 $\{p_1, p_2, \cdots, p_n\}$으로 두었을 때의 특성다항식은 다음으로 된다.

$$\begin{aligned} \Delta(s) &= (s-p_1)(s-p_2)\cdots(s-p_n) \\ &= s^n + \beta_{n-1}s^{n-1} + \cdots + \beta_1 s + \beta_0 \end{aligned} \tag{5.80}$$

여기서 이득벡터를

$$\vec{\tilde{k}} = [\tilde{k}_1, \tilde{k}_2, \cdots, \tilde{k}_n] = [(\beta_1 - a_0), (\beta_2 - a_1), \cdots, (\beta_n - a_{n-1})] \tag{5.81}$$

와 같이 정의하면, $\vec{\tilde{k}}$에 의한 폐루프시스템의 행렬 $\boldsymbol{A}_{cl}$은

$$\widetilde{\boldsymbol{A}}_{cl} = \widetilde{\boldsymbol{A}} - \vec{\tilde{b}}\,\vec{\tilde{k}} = \begin{bmatrix} 0 & 1 & 0 & \cdots & 0 \\ 0 & 0 & 1 & \cdots & 0 \\ \vdots & & & \ddots & \\ 0 & 0 & 0 & \cdots & 1 \\ -\beta_0 & -\beta_1 & -\beta_2 & \cdots & -\beta_{n-1} \end{bmatrix} \tag{5.82}$$

로 된다. 이것은 가제어표준형인 식(5.77)의 모양을 하고 있으므로 식(5.82)의 특성다항식은 식(5.80)로 된다는 사실을 알 수 있다. 따라서 식(5.81)의 이득벡터에 의한 폐루프시스템의 극은 미리 설정된 $\{p_1, p_2, \cdots, p_n\}$로 될 것이다.

그런데 $\vec{\tilde{k}}$와 $\vec{k}$ 사이에는 $\vec{\tilde{k}} = \vec{k}\,\boldsymbol{T}_c$의 관계가 있으므로 이로부터

$$\vec{k} = \vec{\tilde{k}}\,\boldsymbol{T}_c^{-1} = [(\beta_0 - a_0), (\beta_1 - a_1), \cdots, (\beta_{n-1} - a_{n-1})]\,\boldsymbol{T}_c^{-1} \tag{5.83}$$

을 이용하여 최종적인 이득벡터를 얻는다. 이와 같이 시스템 $\{\boldsymbol{A}, \vec{b}, \vec{c}\}$를 가제어표준형식으로 변환한 $\{\widetilde{\boldsymbol{A}}, \vec{\tilde{b}}, \vec{\tilde{c}}\}$를 사용하여 계산된 피드백벡터 $\vec{\tilde{k}}$로부터 식(5.83)에 의해 최종적인 $\vec{k}$

42) 정확하게는 'figure_5_26.mdl'이다.

43) 식(5.78)의 상태공간표현은 등가변환에 의한 결과로서, 원래식과 구별하기 위해 $\{\widetilde{\boldsymbol{A}}, \vec{\tilde{b}}, \vec{\tilde{c}}\}$와 같이 '~'를 행렬 위에 표시하였다. 따라서 이 시스템에 적용되는 상태피드백은 $u(t) = \vec{\tilde{k}}\,\vec{\tilde{z}}(t)$로 되어 원래의 $\vec{k}$와는 다른 값을 가질 것이다.

44) $\widetilde{\boldsymbol{A}}$와 $\boldsymbol{A}$는 동일한 특성다항식을 가진다는 사실은 간단한 계산으로 확인할 수 있다.

를 얻었을 수 있다.

이상의 사실을 정리하면 극배치와 관련한 다음의 알고리즘을 얻는다.

• 극배치 알고리즘

[단계 1] : 가제어인 상태벡터 $\vec{x}(t)$ 의 상태공간표현식 $\{\boldsymbol{A}, \vec{b}, \vec{c}\}$ 를 먼저 식(5.76)의 등가변환행렬을 이용하여 상태벡터 $\vec{z}(t)$ 의 표현식 식(5.78)의 $\{\tilde{\boldsymbol{A}}, \vec{\tilde{b}}, \vec{\tilde{c}}\}$ 로 변환한다.

[단계 2] : 지정된 극 $p_1, p_2, \cdots, p_n$에 대하여 식(5.80)으로부터 계수 $\{\beta_0, \beta_1, \cdots, \beta_{n-1}\}$을 계산한다.

[단계 3] : 이득벡터를 다음과 같이 계산한다.

$$\vec{k} = \vec{\tilde{k}}\, \boldsymbol{T}_c^{-1} = [(\beta_0 - a_0), (\beta_1 - a_1), \cdots, (\beta_{n-1} - a_{n-1})]\, \boldsymbol{T}_c^{-1}$$

[예제 5.17]

다음에 같이 주어진 시스템에 대해 생각해 보자.

$$\frac{d}{dt}\vec{x}(t) = \begin{bmatrix} -4 & 2 & 0 \\ 1 & -3 & 1 \\ 0 & 1 & -2 \end{bmatrix} \vec{x}(t) + \begin{bmatrix} 2 \\ 0 \\ 0 \end{bmatrix} u(t) \qquad ①$$

먼저 시스템의 극을 계산해보면, $\lambda_1 \cong -1.1$, $\lambda_2 \cong -2.7$, $\lambda_3 \cong -5.1$로 되어 안정한 시스템임을 알 수 있다. 그러나 응답의 속도를 더욱 빠르게 하기 위해 극을 $\mu_{1,2} = -5 \pm j2, \mu_3 = -6$에 설정하는 이득벡터 $\vec{k}$를 위에서 설명한 단계를 밟아 계산해 보자.

풀이

[단계 1] : 이 시스템은 가제어이며 특성다항식으로부터 $a_0 = 16$, $a_1 = 23$, $a_2 = 9$이며, 가제어성 행렬 $\boldsymbol{W}$는 정칙행렬이다.

[단계 2] : $\boldsymbol{T}_c$는 다음과 같이 된다.

$$\boldsymbol{T}_c = \begin{bmatrix} 10 & 10 & 2 \\ 4 & 2 & 0 \\ 2 & 0 & 0 \end{bmatrix} \qquad ②$$

[단계 3] : 식(5.80)으로부터

$$(s+6)(s+5+j2)(s+5-j2) = s^3 + 16s^2 + 89s + 174 \qquad ③$$

로부터 $\beta_0 = 174$, $\beta_1 = 89$, $\beta_2 = 16$이 얻어진다.

[단계 4] : $\vec{k}$ 는

$$\vec{k} = [(\beta_0 - a_0), (\beta_1 - a_1), (\beta_2 - a_2)]\, \boldsymbol{T}_c^{-1} \qquad ④$$

$$= [\ 158 \quad 66 \quad 7] \begin{bmatrix} 0 & 0 & 0.5 \\ 0 & 0.5 & -1 \\ 0.5 & -2.5 & 2.5 \end{bmatrix}$$

$$= [\ 3.5 \quad 15.5 \quad 30.5]$$

로 된다.

여기서 피드백제어를 수행하기 전의 시스템의 응답 $e^{\boldsymbol{A}t} \cdot \vec{x}(0)$와 피드백제어를 수행한 후의 응답 $e^{(\boldsymbol{A} - \vec{b}\vec{k})t} \cdot \vec{x}(0)$를 초기값을 $\vec{x}(0) = [1,\ 1,\ 0]^T$로 두고 계산하여 그림으로 나타낸 것이 [그림 5.27]이다.

[그림 5.27]에서 $x_i(t), (i = 1 \sim 3)$은 피드백을 수행하기 전의 상태이며, $x_{if}(t)$는 피드백을 수행한 뒤의 상태벡터를 각각 나타내고 있다. 그림으로부터 피드백제어를 수행한 후의 응답이 빠른 속도로 0으로 수렴하고 있는 것을 볼 수 있다. 그러나 상태 $x_1(t)$의 경우 상태피드백에 의해 빠른 속도로 0으로 수렴하고는 있지만, 이것의 초기진폭이 상당히 커져버린다는 바람직하지 않는 현상이 나타난다는 것을 볼 수 있다. 이러한 현상은 어떤 특정한 초기값 $\vec{x}(0)$과 상태변수 $x_i(t)$사이에서 발생하는 것으로, [예제 5.17]의 경우 상태피드백을 수행하여 폐루프시스템의 극을 전부 s 평면의 왼쪽으로 더 멀리 이동시킨다고 하더라도 시스템 ①이 가지는 세 개의 상태변수 전부를 빠른 속도로 영으로 수렴시킬 수는 없다는 것을 의미하고 있다. 이것은 주어진 시스템 ①은 하나의 입력과 세 개의 출력(즉 상태변수 $x_i(t), (i = 1 \sim 3)$을 가진 것으로 볼 수 있기 때문에, 하나의 입력으로 세 개의 출력변수를 동시에 제어할 수는 없다는 것을 나타내고 있는 예로 볼 수 있다.

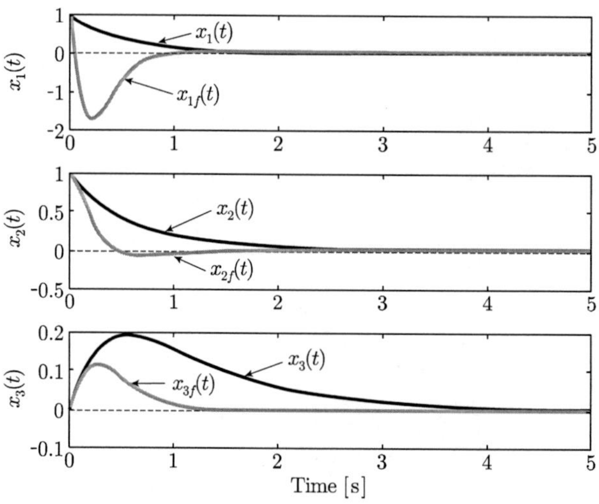

[그림 5.27] [예제 5.17]의 시뮬레이션 결과

```
% [예제 5.17]
A = [-4 2 0;1 -3 1;0 1 -2]; b = [2 0 0]';
c = eye(3);d = [0 0 0]';
k = [3.5 15.5 30.5];                              % ④
sysAbk = ss(A-b*k,b,c,d);
xo = [1 1 0]';                                    % 시뮬레이션을 위한 초기벡터 지정
initial(sysA,sysAbk,xo)
[y,t,x] = initial(sysA,xo,5);                     % 원래 시스템  ①
[y,tf,xf] = initial(sysAbk,xo,5);                 % 피드백실행 후의 시스템
subplot(311),plot(t,x(:,1),tf,xf(:,1)),ylabel(' x_1(t)')   %[그림 5.27(a)]
subplot(312),plot(t,x(:,2),tf,xf(:,2)),ylabel(' x_2(t)')   %[그림 5.27(b)]
subplot(313),plot(t,x(:,3),tf,xf(:,3)),ylabel(' x_3(t)')   %[그림 5.27(c)]
xlabel(' Time [s] ')
```

5.2.5 다입력 시스템의 극배치

지금까지 시스템이 하나의 입력 $u(t)$를 가지는 것으로 하여 상태피드백을 실행하기 위한 이득벡터 $\vec{k}$의 계산을 수행하였다. 그러나 만약 시스템이 하나 이상, 즉 $r,(\geq 1)$개의 입력을 가진다면 상태피드백 $\vec{u}(t) = -\boldsymbol{K}\,\vec{x}(t)$의 이득벡터는 벡터인 $\vec{k}$에서 크기 $(r \times n)$인 행렬 $\boldsymbol{K}$로 된다. 여기서 n은 상태변수의 개수이다.

이 경우 행렬 $\boldsymbol{K}$가 가지는 $(r \times n)$개의 요소를 결정하기 위해서는 당연히 $(r \times n)$개의 연립 방정식이 필요할 것이다. 그런데 이동시키고자 하는 시스템의 극의 개수 n개이므로 n개의 방정식만이 존재한다. 이와 같이 결정하여야 할 미지수의 개수가 방정식의 개수보다 많은 경우를 일반적으로 '과소결정계(under-determined case)'라고 하며, 이런 경우에는 일반적으로 무한개의 해가 존재한다.

다시 말하면 입력이 하나인 경우에는 폐루프시스템의 극이 지정되면 이에 따라 단 하나의 이득벡터 $\vec{k}$가 존재하였으나, 입력이 두 개 이상이면 동일한 곳에 폐루프시스템의 극을 배치하는 피드백행렬 $\boldsymbol{K}$는 무수히 존재한다는 것이다. 따라서 다입력시스템의 경우에는 1입력시스템과 같이 $\vec{k}$를 결정하기 위한 일반적인 방법이 존재하지 않기 때문에, 실제의 계산에는 상당한 어려움이 따른다. 그러나 입력이 많다는 것은 그만큼 시스템의 제어성능을 향상 시킬 수 있는 여유가 있다는 것을 의미하기 때문에, 막연히 시스템을 빨리 수렴시켜야 한다는 것 외의 부가적인 조건, 예를 들어 어떤 특정한 상태변수(또는 입력 자체)에 제한이 있는 경우에도 제어법칙을 계산할 수 있다.

여기서는 다음 예제를 이용하여 다입력시스템에 있어서 피드백행렬 $\boldsymbol{K}$를 구하는 방법에 대하여 간략히 언급한다.

[예제 5.18]

상태방정식의 계수행렬이 다음과 같이 주어진 2입력 2출력시스템에 상태피드백을 수행하여 폐루프시스템의 극을 $s_1 = -1$, $s_{1,2} = -0.045 \pm j0.5$로 하는 피드백행렬 $\boldsymbol{K}$를 계산하여 보자.

$$\boldsymbol{A} = \begin{bmatrix} 0 & 0 & 0 \\ 0 & 0.01 & 0 \\ 0 & 0 & -0.1 \end{bmatrix}, \boldsymbol{B} = \begin{bmatrix} 1 & 0 \\ 0 & -1 \\ 0 & -2 \end{bmatrix}, \boldsymbol{C} = \begin{bmatrix} 1 & 0 & 0 \\ 0 & 0 & 0 \end{bmatrix} \qquad ①$$

풀이 먼저 위 시스템의 가제어성행렬 $\boldsymbol{W}$의 랭크는 3으로 되어 가제어임을 알 수 있다. 즉 피드백행렬에 의해 원하는 곳에 폐루프시스템의 극을 가져갈 수 있다. 이를

$$\boldsymbol{K} = \begin{bmatrix} k_1 & k_2 & k_3 \\ k_4 & k_5 & k_6 \end{bmatrix} \qquad ②$$

로 두면 폐루프시스템의 $\boldsymbol{A}$ 행렬은 다음으로 된다.

$$\boldsymbol{A}_{cl} = \boldsymbol{A} - \boldsymbol{B}\boldsymbol{K} = \begin{bmatrix} -k_1 & -k_2 & -k_3 \\ k_4 & (0.01+k_5) & k_6 \\ 2k_4 & 2k_5 & (-0.1+2k_6) \end{bmatrix} \qquad ③$$

이로부터 폐루프시스템의 극을 계산하기 위해서 $\boldsymbol{A}_{cl}$의 특성다항식을 구한다. 즉

$$\begin{aligned} |s\boldsymbol{I} - \boldsymbol{A}_{cl}| = \ & s^3 + (0.09 - k_5 - 2k_6 + k_1)s^2 \qquad ④ \\ & + (k_2k_4 + 2k_3k_4 + 0.09k_1 - 2k_1k_6 - k_1k_5 - 0.01 + 0.02k_6 - 0.1k_5)s \\ & + 0.1k_2k_4 + 0.02k_1k_6 - 0.001k_1 - 0.1k_1k_5 - 0.02k_3k_4 = 0 \end{aligned}$$

이다. ④의 다항식이 근이 $s = -1, -0.045 \pm j0.5$로 될 수 있도록 ②가 가지는 6개의 미지수를 결정하여야 한다. 즉

$$(s+1)(s+0.045+j0.5)(s+0.045-j0.5) = s^3 + 1.09s^2 + 0.342s + 0.252 \qquad ⑤$$

이므로 ④와 ⑤를 비교하면 다음 세 개의 방정식을 얻는다.

$$\begin{cases} k_1 - k_5 - 2k_6 = 1 \\ k_2k_4 + 2k_3k_4 + 0.09k_1 - 2k_1k_6 - k_1k_5 + 0.02k_6 - 0.1k_5 = 0.343 \\ 0.1k_2k_4 + 0.02k_1k_6 - 0.001k_1 - 0.1k_1k_5 - 0.02k_3k_4 = 0.252 \end{cases} \qquad ⑥$$

위 방정식은 여섯 개의 미지수를 가지는 세 개의 비선형연립방정식으로서 이를 직접 손으로 계산한다는 것은 거의 불가능하다. 그러나 이러한 경우에도 MATLAB와 같은 소프트웨어의 도움을 받으면 어렵지 않게 해를 얻을 수 있다. 이와 같이 입력이 두 개 뿐인 간단한 시스템의 경우에도 피드백행렬을 계산하기 위해서는 계산기의 도움이 필요하다는 것을 알 수 있다.

```
% [예제 5.18]
syms s f1 f2 f3 f4 f5 f6                          % Symbolic 변수의 지정
K = [f1 f2 f3;f4 f5 f6];                          % K를 Symbolic으로 정의
A = sym([0 0 0;0 0.01 0; 0 0 -0.1]);D = sym(zeros(2));
B = sym([1 0;0 -1;0 -2]);C = sym([1 0 0;0 0 0]);
W = [B,A*B,A^2*B];rank(W)                 % 가제어성행렬을 Symbolic으로 구하여 랭크확인
charA = s*eye(3)-A+B*K;                           % sI-A+BK
pretty(simple(det(charA)))                        % ④의 확인
P = [-1 -0.045+j*0.5, -0.045-j*0.5]';             % 폐루프시스템의 극을 지정
[K,prec] = place(double(A),double(B),P)           % 명령어 "place"를 사용하여 F의 결정
eig(double(A)-double(B)*K)                        % 폐루프시스템의 고유값을 확인
```

위 프로그램을 실행하면 피드백행렬은

$$\boldsymbol{K} = \begin{bmatrix} 1 & -0.0061 & 0.0004 \\ -0.0019 & -2.3003 & 1.1501 \end{bmatrix}$$

로 된다. 물론 지정된 곳에 폐루프시스템의 극을 가져가는 피드백행렬은 위의 $\boldsymbol{K}$ 외에도 수없이 있을 것이다. 그러나 일반적으로 (1입력의 경우와 달리) 지정된 곳에 100% 정확하게 폐루프시스템의 극을 가져가는 피드백행렬이 존재하지 않을 가능성이 높기 때문에, 위의 프로그램에서처럼 '>> [F, prec]=place(....)'로 두면 'prec'에는 계산단위의 몇 번째 자리까지 극이 일치하고 있는 가를 나타내게 된다. 위 예제의 경우 'prec=14'이기 때문에, 주어진 극 $s=-1,\ -0.045\pm j0.5$와 피드백에 의한 극인 'eig(A-BK)'과는 유효숫자의 14자리까지 일치하기 때문에 거의 일치하는 것으로 볼 수 있을 것이다.

5.3 관측기와 출력피드백

이전 절에서 언급한 상태피드백의 실현에는, 모든 상태변수를 시스템의 외부에서 관측(측정)이 가능하다는 전제가 필요하였다. 말하자면 식(5.63b)와 같이 시스템의 출력이 바로 시스템의 상태변수로 되어야 한다는 것이었다. 그러나 실제로는 모든 상태변수를 출력으로 얻을 수 있는 경우는 많지 않다. 이와 같은 경우에는 적절한 방법을 동원하여 상태변수를 추정해서 사용해야 할 것이다.

여기서는 식(5.84)의 상태공간표현식으로 주어진 제어대상의 입력신호와 출력신호로부터 상태변수를 추정하는 기구인 관측기(observer)의 구조와 이를 이용한 상태피드백에 대하여 설명한다.

$$\dot{\vec{x}}(t) = \boldsymbol{A}\vec{x}(t) + \vec{b}u(t) \tag{5.84a}$$

$$y(t) = \vec{c}\,\vec{x}(t) \tag{5.84b}$$

5.3.1 가관측성(observability)

5.2절의 설명에 의하면 '시스템이 가제어하다'는 것은 시스템에 정의된 모든 상태변수가 입력의 영향을 받아 변화된다는 것이었다. [예제 5.12]에서 언급한 바와 같이 불가제어한 시스템은 상태변수 중 (직접 또는 간접으로) 입력의 영향을 받지 않는 변수가 적어도 하나 이상 존재한다는 것이었다.

가관측성이란 이와 대칭되는 개념으로, 출력을 관측하여 상태변수를 추정하기 위해서는 출력에 모든 상태변수의 요소에 대한 정보가 직접 또는 간접으로 포함되어 있어야 한다는 것이다. 다시 말해서 상태변수 $x_i(t)$가 직접적으로나 간접적으로도 출력에 포함되어 있지 않다면, 어떤 방법으로도 $y(t)$로부터 $x_i(t)$를 추정할 수 없을 것이다.

[예제 5.12]를 사용하여 가관측성의 의미를 살펴보기로 한다.

[예제 5.19] **(가관측성의 경우)**

[예제 5.12]에서 다른 세 개의 RC회로를 이용하여 가관측의 의미를 확인하여 본다.

(1) [그림 5.18]의 RC회로(가관측의 경우):

[그림 5.18]에서 커패시터 C_2의 전압을 출력으로 취한다고 한다. 즉 출력을 $y(t)= x_2(t)$로 두고 시스템의 가관측성, 다시 말하면 두 개 상태변수의 변화가 $y(t)$에 반영되는 지의 여부를 확인하여 보자. 그림으로부터 두 개의 RC회로가 직렬 연결되어 있는 점을 생각해보면, 입력 $u(t)$에 의해 먼저 변수 $x_1(t)$이 변화하고, 이 변화에 따라 $x_2(t)$가 변동할 것으로 생각된다. 따라서 출력 $y(t)$에는 두 변수의 변화가 모두 반영되는 것으로 볼 수 있으며, 이 결과 [그림 4.2]의 시스템은 가관측이다.

(2) [그림 5.19]의 RC회로(불가관측의 경우):

시스템의 경우 출력을 $x_2(t)$, 즉 $y(t)= x_2(t)$로 둔다면 변수 $x_1(t)$의 변화가 출력에 전혀 반영되지 않기 때문에 불가관측으로 된다. 또한 $y(t)= x_1(t)$인 경우에도 동일한 이유로 불가관측이다. 그러나 예를 들어 $y(t)= x_1(t)+ x_2(t)$인 경우에는 상태변수의 변화가 출력에 반영되기 때문에 관측 가능한 시스템으로 된다.

(3) [그림 5.20]의 RC회로(불가관측의 경우):

이 경우도 출력을 어떻게 취하는가에 따라 가관측성이 달라진다. 다시 말하면 변수 중의 하나를 출력으로 취하는 경우 나머지 하나의 변화가 출력에 반영되지 않기 때문에 불가관측으로 되며, 만약 두 변수의 대수적 합을 출력으로 취한다면 [그림 5.20]은 불가제어이지만 가관측한 시스템으로 된다.

위에서 언급한 바와 같이 가관측성은 시스템 내부의 동적인 움직임(상태변수)을 정확히 파악할 수 있는 센서의 능력과 관련되어 있다. 다시 말하면 센서를 통하여 얻어진 출력 $y(t)$을 이용하여 시스템 내부에서 정의된 상태변수 $x_i(t)$, $(i=1 \sim n)$를 정확히 알아낼 수 있는지의 여부가 시스템의 가관측성을 결정한다[45]. 다시 말하면 출력과 상태변수는 $y(t) = \vec{c}\,\vec{x}(t)$의 형태로 연결되어 있기 때문에, 상태변수 $x_i(t)$와 출력과의 관계는 벡터 $\vec{c}$에 의해 정해진다. 한편 상태변수의 변화는 식(5.13a)로부터 알 수 있는 바와 같이 시스템 행렬 $\boldsymbol{A}$에 따라 결정되기 때문에 벡터 $\vec{c}$와 행렬 $\boldsymbol{A}$의 관계가 가관측성의 결정에 중요한 역할을 하게 된다.

• 가관측성

상태공간표현 식(5.84)로 주어진 시스템에서, 유한한 개수의 입출력 데이터 $\{u(t), y(t), (0 \le t \le t_1)\}$을 이용하여 시스템의 임의의 초기상태 $\vec{x}_0 \in R^n$를 유일하게 결정할 수 있는 경우, 다시 말하면 유일한 $\vec{x}_0$의 계산이 가능한 경우 이 시스템은 가관측(observable)하다고 한다.

따라서 만약 시스템의 초기상태 $\vec{x}_0 = \vec{x}(0)$ 의 계산이 가능하다면 임의의 구간 $0 \le t \le t_1$에서 입력 $u(t)$에 의한 상태 $\vec{x}(t)$의 변화는 식(5.48a)로부터 계산가능하다. 즉

$$\vec{x}(t) = e^{\boldsymbol{A}t}\vec{x}(0) + \int_0^t e^{\boldsymbol{A}(t-\tau)}\vec{b}\,u(\tau)d\tau \qquad (5.85)$$

로 주어진다. 이러한 관계로부터 가관측성(observability)이란 $y(t)$로부터 상태 $\vec{x}(t)$를 유도(즉 계산)할 수 있는지의 여부를 의미하는 것으로 볼 수 있다. 식(5.85)의 계산에서 $u(t)$는 외부에서 주어지기 때문에, 임의시각 t_1에서의 상태 $\vec{x}(t_1)$를 계산하기 위해서는 초기상태 $\vec{x}(0)$의 확보가 결정적인 역할을 한다.

이상의 사실로부터 시스템의 가관측성은 시스템의 입력과는 무관하기 때문에 여기서는 당분간 입력은 영, 즉 $u(t) = 0$로 둔다. 따라서 출력은

$$y(t) = \vec{c}\,e^{\boldsymbol{A}t}\vec{x}_0 \qquad (5.86)$$

로 되어 초기상태 $\vec{x}_0 = \vec{x}(0)$에만 의존하게 된다.

■ 불가관측한 상태

예를 들어 어떤 시스템이 초기값 $\vec{x}^*$를 가질 때의 식(5.86)으로 주어지는 출력이 영의 값을 가지는 경우를 생각하여 보자. 이를 수학적으로 나타내면

$$y(t) = \vec{c}\,e^{\boldsymbol{A}t}\vec{x}^* = 0, \ (t \ge 0) \qquad (5.87)$$

로 되어야 한다는 것을 의미한다. 여기서

45) 정확한 값을 알아낸다는 것은 센서를 내부의 변수에 연결하지 않으면 불가능하기 때문에, 상태를 알아낸다는 표현보다는 '정확하게 추정한다'는 표현이 더 적절할 것이다.

$$\vec{c} = [\ c_1\ \ c_2\ ],\ \ e^{\boldsymbol{A}t}\vec{x}^* = \begin{bmatrix} \bar{x}_1(t) \\ \bar{x}_2(t) \end{bmatrix} \tag{5.88a}$$

로 두면 식(5.87)은

$$y(t) = [\ c_1\ \ c_2\ ]\begin{bmatrix} \bar{x}_1(t) \\ \bar{x}_2(t) \end{bmatrix} = 0 \rightarrow c_1\bar{x}_1(t) + c_2\bar{x}_2(t) = 0 \tag{5.88b}$$

으로 되어 $c_1\bar{x}_1(t) = -c_2x_2(t)$를 얻는다. 따라서 만약 $\vec{c} = [1\ -1]$이면 $\bar{x}_1(t) = \bar{x}_2(t)$로 되어 [그림 5.28]에 표시한 바와 같이 $x_2 = x_1$의 직선상에 존재하는 값으로 주어지는 초기상태 $\vec{x}^*$는 $y(t) = 0$, 즉 불가관측으로 된다는 것을 알 수 있다.

이상의 사실로부터 초기값 $\vec{x}^*$가 불가관측으로 되기 위해서는 영·입력시스템의 해 $\vec{x}(t)$가 모든 시각 t에서 행벡터 $\vec{c}$와 항상 직교한다는 것이다. 이러한 사실을 적절히 활용하면 주어진 시스템 $\{\boldsymbol{A}, \vec{b}, \vec{c}\}$의 가관측성은 다음과 같이 확인할 수 있다.

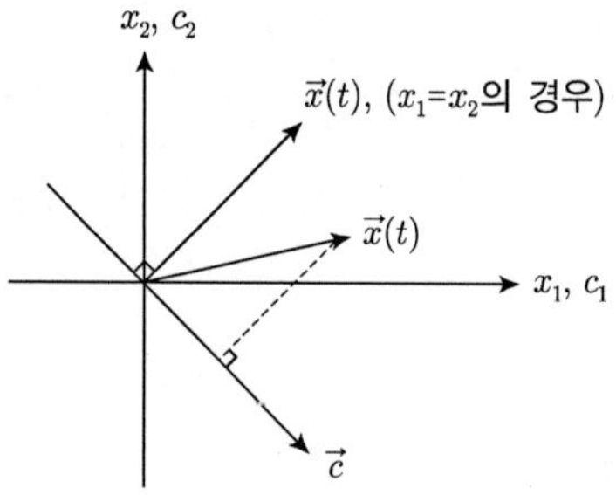

[그림 5.28] 가관측성의 예시

• 가관측성의 판별 : 기관측성의 조건

다음 조건은 상태공간표현 $\{\boldsymbol{A}, \vec{b}, \vec{c}\}$ 이 가관측으로 되기 위한 필요충분조건이다.

크기 $(n \times n)$인 가관측성 행렬(Observability Matrix) $\boldsymbol{M}_o$의 랭크는 n이다. 즉

$$\text{rank}\,\boldsymbol{M}_o \equiv \text{rank}\begin{bmatrix} \vec{c} \\ \vec{c}\boldsymbol{A} \\ \vec{c}\boldsymbol{A}^2 \\ \vdots \\ \vec{c}\boldsymbol{A}^{n-1} \end{bmatrix} = n \tag{5.89}$$

임의의 $s \in C$에 대하여

$$\text{rank}\begin{bmatrix} s\boldsymbol{I} - \boldsymbol{A} \\ \vec{c} \end{bmatrix} = n \tag{5.90}$$

이 성립한다.

식(5.90)에서 만약 s가 행렬 $\boldsymbol{A}$의 고유값이 아니라면 $(s\boldsymbol{I}-\boldsymbol{A})$는 항상 정칙으로 되기 때문에 랭크조건은 $\vec{c}$에 관계없이 항상 성립한다. 따라서 식(5.90)은 $s \in \lambda(\boldsymbol{A})$에 대해서만 확인하면 된다[46].

[예제 5.20]

어떤 시스템의 상태공간표현이 다음과 같이 주어졌다.

$$\begin{bmatrix} \dot{x}_1 \\ \dot{x}_2 \end{bmatrix} = \begin{bmatrix} 0 & 1 \\ 0 & -\dfrac{\mu}{J} \end{bmatrix} \begin{bmatrix} x_1 \\ x_2 \end{bmatrix} + \begin{bmatrix} 0 \\ \dfrac{1}{J} \end{bmatrix} u(t) \qquad ①$$

이 경우 출력으로 i) $\vec{c} = [1 \quad 0]$, ii) $\vec{c} = [0 \quad 1]$로 취하였을 경우의 가관측성을 확인하여 보자.

풀이

(1) $\vec{c} = [1 \quad 0]$인 경우: 식(5.88)의 가관측성행렬에 대하여 랭크조건을 확인한다. 즉,

$$\boldsymbol{M}_o = \begin{bmatrix} \vec{c} \\ \vec{c}\boldsymbol{A} \end{bmatrix} = \begin{bmatrix} 1 & 0 \\ 0 & 1 \end{bmatrix} \rightarrow |\boldsymbol{M}_o| \neq 0 \qquad ②$$

이므로 가관측이다. 따라서 출력으로 $x_1(t)$만이 주어지나, 이로부터 $x_2(t)$의 추정이 가능하다.

(2) $\vec{c} = [0 \quad 1]$의 경우: 역시 식(5.88)의 가관측성행렬의 랭크를 확인한다. 즉,

$$\boldsymbol{M}_o = \begin{bmatrix} \vec{c} \\ \vec{c}\boldsymbol{A} \end{bmatrix} = \begin{bmatrix} 0 & 1 \\ 0 & -\dfrac{\mu}{J} \end{bmatrix} \rightarrow |\boldsymbol{M}_o| = 0 \qquad ③$$

불가관측이다. 따라서 출력을 얻어지는 $x_2(t)$만으로는 변수 $x_1(t)$의 추정값을 얻을 수 없다.

[예제 5.21]

다음의 영·입력시스템을 생각한다.

$$\frac{d}{dt}\begin{bmatrix} x_1(t) \\ x_2(t) \end{bmatrix} = \begin{bmatrix} -1 & 0 \\ 0 & -1 \end{bmatrix} \begin{bmatrix} x_1(t) \\ x_2(t) \end{bmatrix}, \quad \begin{bmatrix} x_1(0) \\ x_2(0) \end{bmatrix} = \begin{bmatrix} \eta_1 \\ \eta_2 \end{bmatrix} \qquad ①$$

$$y(t) = [2 \quad 1] \begin{bmatrix} x_1(t) \\ x_2(t) \end{bmatrix}$$

이때 출력을 계산하면

$$y(t) = (2\eta_1 + \eta_2)e^{-t}, \quad (t \geq 0) \qquad ②$$

로 된다. ②의 출력을 이용하여 초기값인 η_1, η_2를 얻는다는 것은 불가능하다. 왜냐하면 $y(t)$에는

46) $s \in \lambda(\boldsymbol{A})$에서 $\lambda(\boldsymbol{A})$는 행렬 $\boldsymbol{A}$의 고유값의 집합을 의미한다.

η_1, η_2의 일차결합만이 나타나기 때문에 η_1, η_2을 개별적으로 알아낼 수 없다. 예를 들어 초기값이 직선 $2\eta_1+\eta_2=0$ 상에 존재한다면 출력은 $y(t)=0$, $(t\geq 0)$로 되어, 직선상에 존재하는 모든 초기값은 불가관측인 상태로 된다.

5.3.2 동일차원 관측기의 구성

먼저 제어대상인 시스템과 동일한 상태공간표현을 가지는 시스템에 제어대상에 인가되는 것과 동일한 입력을 인가한다면, 이 시스템으로부터 제어대상의 상태벡터 $\vec{x}(t)$를 추정할 수 있는지의 여부를 확인하여 보자. 제어대상의 상태방정식이 식(5.84a)로 주어졌다고 하고, 이와 동일한 계수행렬을 가지는 시스템

$$\dot{\vec{\hat{x}}}(t)=\boldsymbol{A}\,\vec{\hat{x}}(t)+\vec{b}\,u(t) \tag{5.91}$$

을 정의한다. 이때 위 식의 벡터 $\vec{\hat{x}}(t)$는 제어대상 (5.84a)의 상태 $\vec{x}(t)$의 값의 추정값으로 가정하여 다음과 같이 상태의 추정오차 $\vec{e}(t)$을 정의한다.

$$\vec{e}(t)=\vec{\hat{x}}(t)-\vec{x}(t) \tag{5.92}$$

위 식의 양변을 미분하면

$$\begin{aligned}\dot{\vec{e}}(t)&=\dot{\vec{\hat{x}}}(t)-\dot{\vec{x}}(t) \qquad (5.93a)\\ &=\boldsymbol{A}\,\vec{\hat{x}}(t)+\vec{b}\,u(t)-\boldsymbol{A}\,\vec{x}(t)-\vec{b}\,u(t)\\ &=\boldsymbol{A}\left(\vec{\hat{x}}(t)-\vec{x}(t)\right)\end{aligned}$$

또는

$$\dot{\vec{e}}(t)=\boldsymbol{A}\,\vec{e}(t) \tag{5.93b}$$

가 얻어진다. 식(5.93b)의 해는 식(5.48a)를 이용하면 다음과 같이 된다.

$$\vec{e}(t)=e^{\boldsymbol{A}t}\cdot\vec{e}(0) \tag{5.94}$$

따라서 만약 원래 제어대상이 안정하다면, 즉 $\boldsymbol{A}$가 안정행렬이라면 $\vec{e}(t)\to\vec{0}$로 되어 추정상태 $\vec{\hat{x}}(t)$는 원래의 상태 $\vec{x}(t)$와 시간이 흐름에 따라 일치하게 된다. 그러나 제어대상이 불안정하다면 오차 $\vec{e}(t)$는 일반적으로 영으로 수렴하지 않는다. 따라서 관측기로서 식(5.91)을 이용하는 경우 다음의 문제점이 야기된다.

(1) $\boldsymbol{A}$가 안정행렬이 아닌 경우 추정오차 $\vec{e}(t)$는 발산한다.

(2) $\boldsymbol{A}$가 안정행렬인 경우 $t \to \infty$에서 $\vec{\hat{x}}(t) \to \vec{x}(t), (\vec{e}(t) \to \vec{0})$으로 되지만, 이때의 수렴 속도는 $\boldsymbol{A}$의 고유값에 의해 결정된다.

(3) 식(5.91)에서 사용한 계수값, 즉 $\{\boldsymbol{A}, \vec{b}, \vec{c}\}$이 실제의 시스템과 완전히 일치한다는 보장이 없다[47]. 즉 $\vec{e}(t) \to \vec{0}$, $(t \to \infty)$로 되었다고 하더라도 $\vec{\hat{x}}(t) \to \vec{x}(t)$로 된다고 보장할 수 없다.

■ 관측기의 구조

식(5.91)에 제어대상인 식(5.84)의 입력신호뿐만 아니라 출력신호까지도 추가하여 위의 문제점을 제거하여, 어떤 경우에도 $\vec{\hat{x}}(t) \to \vec{x}(t), (t \to \infty)$하는 것이 필요하다. 이러한 시스템을 일반적으로 (동일차원) 관측기(full-order observer)라고 하며, 그 구조는 다음과 같다.

제어대상 (5.84)에 대해 이것과 동일한 차원 n을 가지는 시스템

$$\dot{\vec{\hat{x}}}(t) = (\boldsymbol{A} - \vec{l}\,\vec{c}\,)\vec{\hat{x}}(t) + \vec{l}\,y(t) + \vec{b}\,u(t) \tag{5.95}$$

을 전자회로 등을 사용해서 조립한 뒤 [그림 5.29]와 같이 제어대상에 접속시켜 보자.

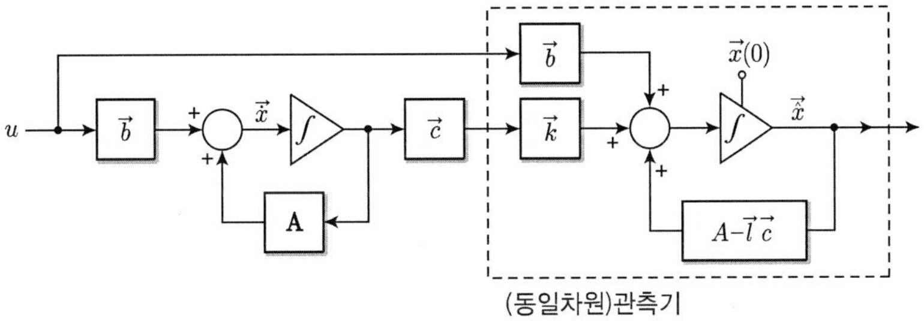

[그림 5.29] 동일차원관측기의 구조

여기서 $\vec{l}$, $(n \times 1)$은 관측기의 이득벡터로서 설계 시에 결정되는 양이다.

그런데 식(5.84a)의 상태 $\vec{x}(t)$와 식(5.95)에 의한 추정값 $\vec{\hat{x}}(t)$와의 오차벡터를 식(5.92)와 같이 두고 식 (5.84a)과 (5.95)를 적용하면

$$\begin{aligned}\dot{\vec{e}}(t) &= \dot{\vec{\hat{x}}}(t) - \dot{\vec{x}}(t) \\ &= (\boldsymbol{A} - \vec{l}\,\vec{c}\,)\vec{\hat{x}}(t) + (\vec{l}\,\vec{c}\,)\vec{x}(t) + \vec{b}\,u(t) - \boldsymbol{A}\vec{x}(t) - \vec{b}\,u(t) \\ &= (\boldsymbol{A} - \vec{l}\,\vec{c}\,)\left(\vec{\hat{x}}(t) - \vec{x}(t)\right)\end{aligned} \tag{5.96}$$

로 되어 이로부터

---

47) 물리시스템으로부터 수식모델을 얻는 과정을 생략하면 쉽게 이해할 수 있을 것이다. 수식모델과 물리시스템은 100% 일치하지 않는 것이 보통이다.

$$\dot{\vec{e}}(t) = (\boldsymbol{A} - \vec{l}\,\vec{c}\,)\,\vec{e}(t) \tag{5.97}$$

을 얻을 수 있다. 단 오차의 초기값은

$$\vec{e}(0) = \vec{\hat{x}}(0) - \vec{x}(0) \tag{5.98}$$

이다. 미분방정식 (5.97)의 해는

$$\vec{e}(t) = e^{(\boldsymbol{A} - \vec{l}\,\vec{c}\,)t} \cdot \vec{e}(0) \tag{5.99}$$

로 된다. 따라서 만약 $(\boldsymbol{A} - \vec{l}\,\vec{c})$가 안정행렬로 된다면 어떠한 초기추정오차(initial estimating error) $\vec{e}(0)$에 대해서도[48] $t \to \infty$ 에서 $\vec{e}(t) \to \vec{0}$, 즉 $\vec{x}(t) \to \vec{\hat{x}}(t)$로 되어 $\vec{\hat{x}}(t)$는 $\vec{x}(t)$의 점근적인 추정값으로 사용될 수 있다([그림 5.30] 참조). 이때 제어대상 (5.84a)와 시스템 (5.95)의 차원이 동일하기 때문에 시스템 (5.95)를 동일차원관측기라고 한다. 더욱이 $(\boldsymbol{A} - \vec{l}\,\vec{c}\,)$의 고유값을 동일차원관측기의 극이라고 하며 이것을 복소평면(즉 s평면)의 왼쪽 반면에서 보다 왼쪽에 치우쳐 설정한다면 보다 빨리 $\vec{x}(t) \to \vec{\hat{x}}(t)$로 수렴시킬 수 있을 것이다.

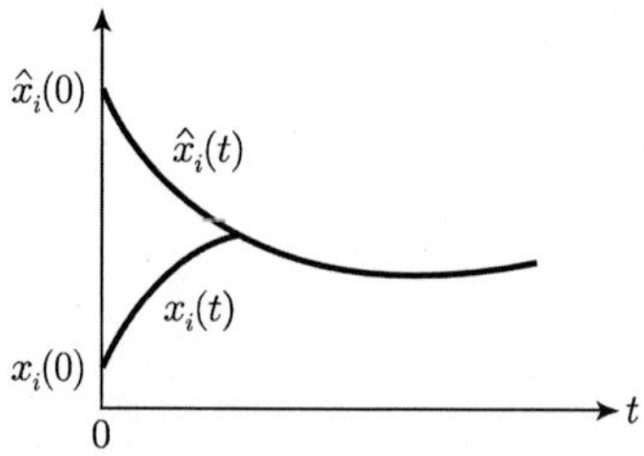

[그림 5.30] 실제값과 추정값

이때 동일차원관측기의 고유값의 실수부가 음, 즉 $(\boldsymbol{A} - \vec{l}\,\vec{c}\,)$가 안정행렬로 되는 관측기의 이득벡터 $\vec{l}$이 존재하는 경우 시스템 $\{\boldsymbol{A}, \vec{c}\}$는 가검출(dectable)이라고 한다. 식(5.89), (5.90)으로 정의되는 가관측성은 가검출보다 더 엄격한 조건으로, 가관측이면 가검출이지만 그 반대는 항상 성립되는 것은 아니다[49].

또한 식(5.95)은

$$\dot{\vec{\hat{x}}}(t) = \boldsymbol{A}\,\vec{\hat{x}}(t) + \vec{b}\,u(t) - (\vec{l}\,\vec{c}\,)e(t) \tag{5.100}$$

으로도 쓸 수 있으므로, 이 식을 이용하면 [그림 5.29]를 [그림 5.31]과 같이 나타낼 수 있다.

---

48) 제어대상의 초기값 $\vec{x}(0)$은 일반적으로 알려져 있지 않기 때문에, 관측기의 초기값 $\vec{\hat{x}}(0)$을 $\vec{x}(0)$에 맞추어 설정할 수 없다. 따라서 보통 $\vec{e}(0)$ 불확정한 벡터로 된다.

49) 가관측은 행렬 $\boldsymbol{A}$의 모든 극을 활용하여 초기값 $\vec{x}_0$를 계산하지만, 가검출의 경우는 $(\boldsymbol{A} - \vec{l}\,\vec{c})$가 안정행렬로 될 수 있는 벡터 $\vec{l}$의 존재만이 요구된다는 점에 유의한다.

이로부터 관측기란 제어대상을 그대로 재현한 모델이므로 당연히 $\hat{\vec{x}}(t) = \vec{x}(t)$, $(t \geq 0)$로 되어야 하지만, 만약 $\hat{\vec{x}}(t) \neq \vec{x}(t)$, $(t \geq 0)$인 경우에는 $\vec{e}(t) \neq \vec{0}$로 되어 이 값을 관측기에 적용함으로서 관측기가 제어대상과 동일한 동특성을 가지도록 강제적으로 만든 것이라는 것을 알 수 있다.

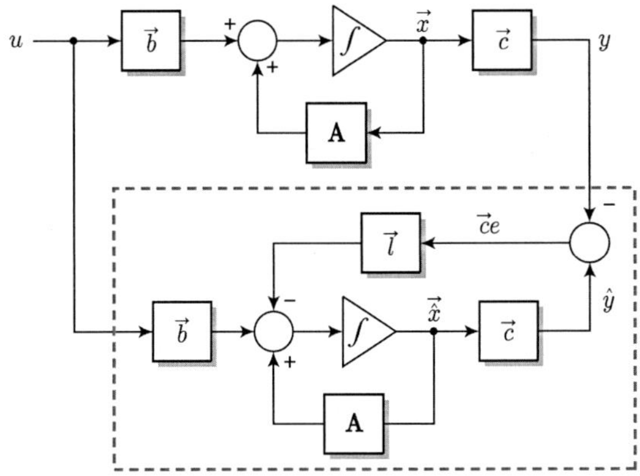

[그림 5.31] 동일차원관측기 II

■ **관측기 이득의 설계**

따라서 관측기의 설계는 식(5.92)의 $\vec{e}(t)$가 빨리 영으로 수렴될 수 있도록 $(\boldsymbol{A} - \vec{l}\vec{c})$의 고유값을 자유로이 설정할 수 있는 이득벡터 $\vec{l}$를 결정하는 것이다. 이와 관련하여 식(5.84)가 가관측하다면 $(\boldsymbol{A} - \vec{l}\vec{c})$의 고유값을 임의로 지정한 값으로 배치할 수 있다는 사실이 알려져 있다. 이를 간단히 확인하여 본다.

먼저 시스템 (5.84)의 쌍대시스템(dual system)으로 불리는 가상적인 시스템을 다음과 같이 정의한다.

$$\dot{\vec{x}}_d(t) = \boldsymbol{A}_d \vec{x}_d(t) + \vec{b}_d u_d(t) \tag{5.101a}$$

$$y_d(t) = \vec{c}_d \vec{x}_d(t) \tag{5.101b}$$

단, 각 계수는 식(5.84)로부터 다음과 같이 주어진다.

$$\left\{\boldsymbol{A}_d = \boldsymbol{A}^T,\ \vec{b}_d = \vec{c}^{\,T},\ \vec{c}_d = \vec{b}^{\,T}\right\} \tag{5.101c}$$

식(5.101)의 $\vec{x}_d \in R^n$, u_d 및 y_d는 가상적인 상태변수, 입력변수 및 출력변수이다. 이때 쌍대시스템 (5.101)에 대한 가제어성행렬 $\boldsymbol{W}_{dc}$는

$$\boldsymbol{W}_{dc} := \left[\vec{b}_d \boldsymbol{A}_d \vec{b}_d \cdots \boldsymbol{A}_d^{n-1} \vec{b}_d\right] = \left[\vec{c}^{\,T} \boldsymbol{A}^T \vec{c}^{\,T} \cdots \left(\boldsymbol{A}^{n-1}\right)^T \vec{c}^{\,T}\right] \tag{5.102}$$

$$= \left[\vec{c}^{\,T} (\vec{c}\boldsymbol{A})^T \cdots \ (\vec{c}\boldsymbol{A}^{n-1})^T \right] = \begin{bmatrix} \vec{c} \\ \vec{c}\boldsymbol{A} \\ \vdots \\ \vec{c}\boldsymbol{A}^{n-1} \end{bmatrix}^T = \boldsymbol{M}_o^T$$

로 되어

$$\mathrm{rank}\,\boldsymbol{W}_{dc} = n \tag{5.103}$$

을 만족한다면 쌍대시스템 (5.101)은 가제어이므로 상태피드백

$$u_d = \vec{k}_d \vec{x}_d(t),\ \vec{k}_d = \vec{l}^{\,T} \tag{5.104}$$

에 의해

$$\boldsymbol{A}_d - \vec{b}_d \vec{k}_d = \boldsymbol{A}^T - \vec{c}^{\,T} \vec{l}^{\,T} = (\boldsymbol{A} - \vec{l}\vec{c})^T \tag{5.105}$$

의 고유값은 임의로 지정한 곳으로 배치가능하다.

한편 식(5.102)에 의해 쌍대시스템 (5.101)의 가제어성행렬은 원래 시스템 (5.84)의 가관측성행렬의 전치와 동일하므로, 식(5.103)으로부터

$$\mathrm{rank}\,\boldsymbol{W}_{dc}^T = \mathrm{rank}\,\boldsymbol{M}_o = n \tag{5.106}$$

이 성립한다. 따라서 '쌍대시스템 (5.101)이 가제어'라는 사실은 원래 시스템 (5.84)가 가관측이라는 것과 등가라는 것을 알 수 있다. 더욱이 $(\boldsymbol{A} - \vec{l}\vec{c})^T$의 고유값은 $(\boldsymbol{A} - \vec{l}\vec{c})$의 고유값과 동일하다는 사실을 고려하면 아래의 결론을 얻는다.

• 가관측성과 관측기의 극배치

다음의 두 조건은 등가이다.

(1) 시스템 (5.84)는 가관측이다.

(2) $\vec{l}$을 적당히 선정함으로서 $(\boldsymbol{A} - \vec{l}\vec{c})$의 고유값을 임의의 지정한 값으로 설정할 수 있다.

따라서 식(5.84)가 가관측하다면 5.2.3절에서 설명한 상태피드백에 의한 극배치법을 적용함으로서 $(\boldsymbol{A} - \vec{l}\vec{c})$의 고유값을 이동시키는 벡터 $\vec{l}$의 계산이 가능하다.

[예제 5.22]

[예제 5.20]에서 $J = 1$, $\mu = 1$로 두면 상태공간표현식의 계수행렬은

$$\boldsymbol{A} = \begin{bmatrix} 0 & 1 \\ 0 & -10 \end{bmatrix},\ \vec{b} = \begin{bmatrix} 0 \\ 10 \end{bmatrix}$$

로 된다. 여기서 [예제 5.20]의 두 경우에 대한 동일차원관측기의 구성이 가능한지를 확인하여 보자.

풀이

(1) $\vec{c} = [\,1 \;\; 0\,]$인 경우:

$$\boldsymbol{A} - \vec{l}\,\vec{c} = \begin{bmatrix} 0 & 1 \\ 0 & -10 \end{bmatrix} - \begin{bmatrix} l_1 \\ l_2 \end{bmatrix} [1\,0] = \begin{bmatrix} -l_1 & 1 \\ -l_2 & -10 \end{bmatrix} \qquad ①$$

로 되어, 특성다항식은

$$|s\boldsymbol{I} - (\boldsymbol{A} - \vec{l}\,\vec{c})| = s^2 + (l_1 + 10)s + 10l_1 + l_2 = 0 \qquad ②$$

로 된다. 따라서 관측기의 고유값을 p_1, p_2으로 하기 위한 특성다항식

$$\Delta(s) = (s - p_1)(s - p_2) = s^2 - (p_1 + p_2)s + p_1 p_2 \qquad ③$$

과 ②를 일치시키면 관측기 이득벡터 $\vec{l}$을 결정할 수 있다. 즉

$$\begin{cases} 10 + l_1 \;\; = -(p_1 + p_2) \\ 10l_1 + l_2 = p_1 p_2 \end{cases} \rightarrow \vec{l} = \begin{bmatrix} l_1 \\ l_2 \end{bmatrix} = \begin{bmatrix} -10 - p_1 - p_2 \\ 10(10 + p_1 + p_2) + p_1 p_2 \end{bmatrix} \qquad ④$$

와 같이 된다. 이러한 사실로부터 이 시스템은 동일차원관측기를 사용하여 $(\boldsymbol{A} - \vec{l}\,\vec{c})$의 극을 지정한 위치에 가져갈 수 있음을 알 수 있다.

④로부터 다음과 같이 관측기의 극을 가져갈 경우의 이득은 각각 다음과 같다.

(a) $p_{1,2} = -8 \pm j2$로 두면 이득은 $\vec{l} = [\,l_1 \;\; l_2\,]^T = [\,6 \;\; 8\,]^T$로 된다.

(b) $p_{1,2} = -16 \pm j2$로 두면 이득은 $\vec{l} = [\,l_1 \;\; l_2\,]^T = [22 \;\; 40]^T$로 된다.

위의 두 경우에 대한 시뮬레이션 결과를 [그림 5.32]~[그림 5.33]에 나타내었다. 단 초기조건은 $x_1(0) = 1$, $x_2(0) = -1$, $\hat{x}_1(0) = 0$, $\hat{x}_2(0) = 0$, 입력신호는 $u(t) = \sin 10t$로 각각 두었다. 그림으로부터 시간의 경과에 따라 $\hat{x}_1(t) \rightarrow x_1(t)$, $\hat{x}_2(t) \rightarrow x_1(t)$로

됨을 확인할 수 있다. 위의 (a)의 경우보다 (b)의 경우가 상태변수의 추정속도가 더 빠른 것은, (b)가 관측기의 고유값의 실수부를 복소평면에서 더 왼쪽으로 가져갔기 때문이다.

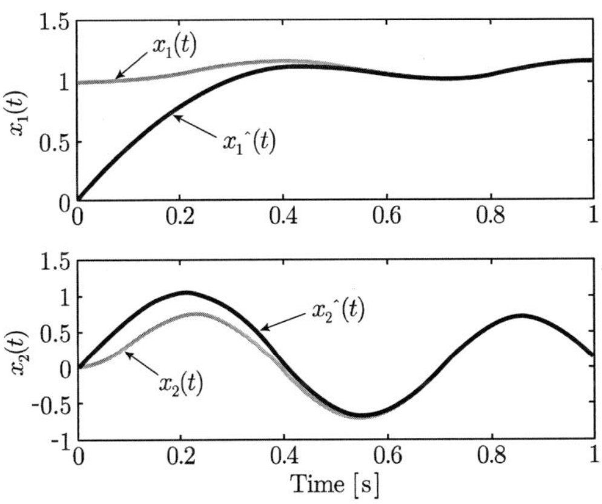

[그림 5.32] [예제 5.22]의 (a)의 경우

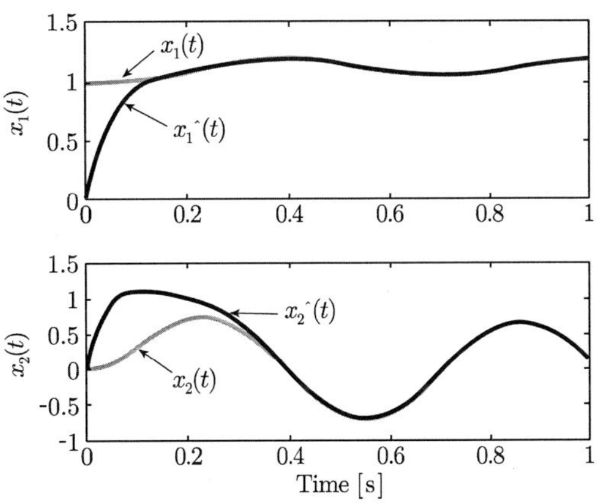

[그림 5.33] [예제 5.22]의 (b)의 경우

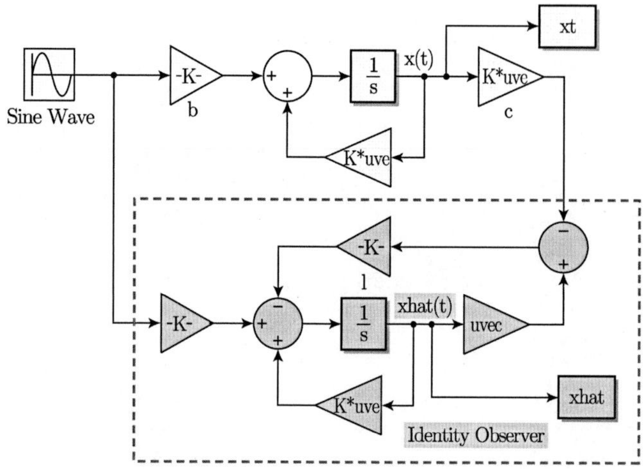

[그림 5.34] [그림 5.32], [그림 5.33]에 사용된 Simulink 블록선도

(2) $\vec{c} = [\,0 \quad 1\,]$ 의 경우: 특성다항식은

$$|s\boldsymbol{I} - (\boldsymbol{A} - \vec{l}\,\vec{c}\,)| = s^2 + (l_2 + 10)s = 0 \qquad ⑤$$

로 된다. 이 경우 두 개의 근은 $s = 0, -l_2 - 10$으로 되어, 두 개 중 하나는 이득벡터 $\vec{l}$에 관계없이 항상 영의 값을 가진다. 다시 말하면 불가관측한 시스템 $(\boldsymbol{A} - \vec{l}\,\vec{c}\,)$의 고유값 중에는 $\vec{l}$에 의해 이동하지 않는 것이 존재한다는 것이다.

```
% [그림 5.32]-[그림 5.34]의 실행으로 얻어지는 xt, xhat를 사용한다.
subplot(211)
plot(xt.time,xt.signals.values(:,1),xhat.time,xhat.signals.values(:,1))
ylabel('x_1(t)')
subplot(212)
plot(xt.time,xt.signals.values(:,2),xhat.time,xhat.signals.values(:,2))
xlabel(' Time [s] '),ylabel('x_2(t)')
```

[예제 5.23]

다음으로 주어지는 2차 진동시스템에 대한 관측기를 구성하여 보자.

$$\dot{\vec{x}}(t) = \begin{bmatrix} 0 & 1 \\ -1 & 0 \end{bmatrix} \vec{x}(t) + \begin{bmatrix} 0 \\ 1 \end{bmatrix} u(t) = \boldsymbol{A}\vec{x}(t) + \vec{b}\,u(t) \qquad ①$$

$$y(t) = [\,1 \quad 0\,]\,\vec{x}(t) = \vec{c}\,\vec{x}(t)$$

풀이 위 시스템은 가관측이므로 관측기의 설계가 가능하다. 여기서는 관측기의 설계를 위해 ①에 대한 쌍대시스템 (5.101)을 구하여, 여기에 가제어표준형을 이용한 상태피드백 이득의 계산방법 (5.80) ~ (5.83)을 적용한다.

(1) 먼저 $\{\boldsymbol{A}_d = \boldsymbol{A}^T, \vec{b}_d = \vec{c}^{\,T}, \vec{c}_d = \vec{b}^{\,T}\}$로 두어 쌍대시스템을 구성하고 특성다항식의 계수를 계산한다.

$$\Delta(s) = |s\boldsymbol{I} - \boldsymbol{A}_d| = s^2 + 1 \quad \rightarrow \quad a_0 = 1, a_1 = 0 \qquad ②$$

(2) 좌표변환행렬 $\boldsymbol{T}_c$를 계산하면

$$\boldsymbol{T}_{dc} = \boldsymbol{WR} = \left[\vec{b}_d, \boldsymbol{A}_d\vec{b}_d\right]\begin{bmatrix}0 & 1\\1 & 0\end{bmatrix} = \begin{bmatrix}0 & 1\\1 & 0\end{bmatrix} \qquad ③$$

로 된다.

(3) 관측기가 가져야 할 극을 $-\sigma \pm j\mu$, $(\sigma, \mu > 0)$로 가정하면

$$\Delta_o(s) = s^2 + 2\sigma s + \sigma^2 + \mu^2 \qquad ④$$

로부터 $\beta_0 = \sigma^2 + \mu^2$, $\beta_1 = 2\sigma$를 얻는다.

(4) 식(5.83)으로부터

$$\vec{k}_d = \vec{\tilde{k}}_d \boldsymbol{T}_{dc}^{-1} = \left[(\beta_0 - a_0), (\beta_1 - a_1)\right]\boldsymbol{T}_{dc}^{-1} \qquad ⑤$$

를 이용하여 쌍대시스템에서 피드백에 의해 극을 $-\sigma \pm j\mu$, $(\sigma, \mu > 0)$로 가져가는 피드백벡터 $\vec{k}_d$를 계산한다. 즉

$$\vec{k}_d = \left[(\sigma^2 + \mu^2) - 1,\ 2\sigma\right]\begin{bmatrix}0 & 1\\1 & 0\end{bmatrix}^{-1} = \left[2\sigma, (\sigma^2 + \mu^2) - 1\right] \qquad ⑥$$

이다.

(5) 식(5.104)로부터 주어진 시스템 ①의 관측기이득은

$$\vec{l} = \vec{k}_d^T = \begin{bmatrix}2\sigma\\(\sigma^2 + \mu^2) - 1\end{bmatrix} = \begin{bmatrix}l_1\\l_2\end{bmatrix} \qquad ⑦$$

로 된다. 따라서 동일차원관측기는 식 (5.95)로부터

$$\begin{bmatrix}\dot{\hat{x}}_1(t)\\\dot{\hat{x}}_2(t)\end{bmatrix} = \begin{bmatrix}-2\sigma & 1\\-\sigma^2 - \mu^2 & 0\end{bmatrix}\begin{bmatrix}\hat{x}_1(t)\\\hat{x}_2(t)\end{bmatrix} + \begin{bmatrix}0\\1\end{bmatrix}u(t) + \begin{bmatrix}2\sigma\\\sigma^2 + \mu^2 - 1\end{bmatrix}y(t) \qquad ⑧$$

으로 주어진다([그림 5.35]).

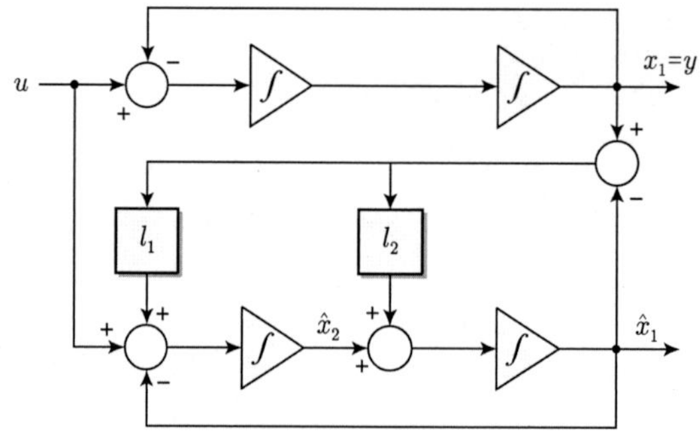

[그림 5.35] [예제 5.23]의 관측기

위 관측기의 추정오차는 $\vec{e}(t)=\vec{\hat{x}}(t)-\vec{x}(t)$는

$$\begin{bmatrix}\dot{e}_1(t)\\ \dot{e}_2(t)\end{bmatrix}=\begin{bmatrix}-2\sigma & 1\\ -\sigma^2-\mu^2 & 0\end{bmatrix}\begin{bmatrix}e_1(t)\\ e_2(t)\end{bmatrix},\quad \begin{bmatrix}e_1(0)\\ e_2(0)\end{bmatrix}=\begin{bmatrix}e_{1o}\\ e_{2o}\end{bmatrix} \qquad ⑨$$

로 되며, 위 미분방정식의 해를 식(5.42)로 계산하면

$$\begin{bmatrix}e_1(t)\\ e_2(t)\end{bmatrix}=e^{-\sigma t}\begin{bmatrix}\left(\cos\mu t-\dfrac{\sigma}{\mu}\sin\mu t\right) & \dfrac{1}{\mu}\sin\mu t\\ -\dfrac{\sigma^2+\mu^2}{\mu}\sin\mu t & \left(\cos\mu t+\dfrac{\sigma}{\mu}\sin\mu t\right)\end{bmatrix}\begin{bmatrix}e_{1o}\\ e_{2o}\end{bmatrix} \qquad ⑩$$

로 된다. 따라서 예를 들어, $\sigma=\mu=5, e_{1o}=0.2, e_{2o}=0$으로 두었다면 오차는

$$e_1(t)=0.2e^{-5t}(\cos 5t-\sin 5t),\quad e_2(t)=-2e^{-5t}\sin 5t$$

로 됨을 알 수 있다([그림 5.36] 참조). 여기서 σ를 크게 하면 오차는 더 빨리 감소하지만, $e_2(t)$에 과도적으로 커다란 피크가 발생하여 바람직하지 않다.

```
% [그림 5.36]
sigma = 5; mu = 5;
A = [-2*sigma 1;-sigma^2-mu^2 0];
e0 = [0.2 0]';
time = 0:0.01:2;
et = zeros(length(time),2);
for k = 1:length(time)
    et(k,:) = expm(A*time(k))*e0;
end
plot(time,et(:,1),time,et(:,2)),xlabel('Time [s]'), ylabel(' e(t) ')
```

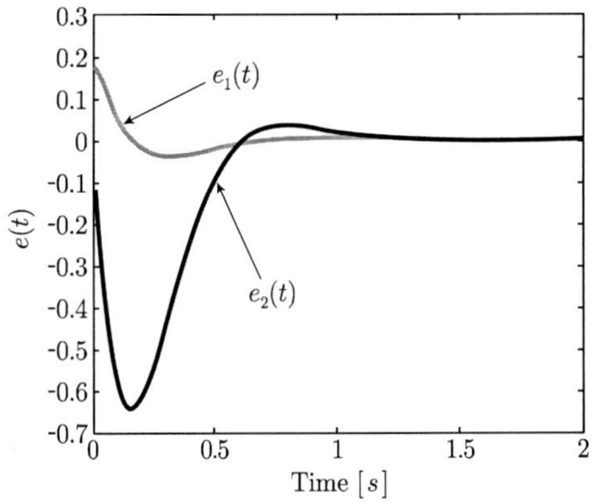

[그림 5.36] [예제 5.23]의 관측기의 추정오차

5.3.3 동일차원관측기에 의한 출력피드백

식(5.64) 형식의 상태피드백 $u(t) = -\vec{k}\,\vec{x}(t)$을 실현하기 위해서는 실제로 관측이 불가능한 실제상태 $\vec{x}(t)$ 대신에 동일차원관측기에 의한 추정상태 $\hat{\vec{x}}(t)$를 사용하여 [그림 5.37]와 같이

$$u(t) = -\vec{k}\,\hat{\vec{x}}(t) + r(t) \tag{5.107}$$

의 상태피드백을 실현해야 한다. 이 경우 [그림 5.37]에서 외부입력 $r(t) = 0$로 두고 폐루프시스템의 극을 $u(t) = -\vec{k}\,\hat{\vec{x}}(t)$로 안정화 한다면 $t \to \infty$ 에서 $\vec{x}(t) \to \vec{0}$, 즉 $\vec{y}(t) \to \vec{0}$으로 될 것이다. 이와 같이 출력과 입력으로 이루어진 동일차원관측기의 출력을 사용하여 상태피드백 실현하는 과정을 출력피드백에 의한 레귤레이터의 실현이라고 한다. 여기서는 이 과정을 살펴보자.

먼저 폐루프시스템의 극을 $\{\mu_i, (i = 1, \cdots, n)\}$으로 가져가는 상태피드백 이득벡터 $\vec{k}$와 관측기의 출력 $\hat{\vec{x}}(t)$를 이용한 $u(t) = -\vec{k}\,\hat{\vec{x}}(t)$을 식(5.84a)에 대입하고 $r(t) = 0$로 두면

$$\dot{\vec{x}}(t) = \boldsymbol{A}\vec{x}(t) - (\vec{b}\,\vec{k})\hat{\vec{x}}(x) \tag{5.108}$$

로 된다. 또한 관측기의 극을 $\{\gamma_i, (i = 1, \cdots, n)\}$ 로 가져가는 관측기의 이득벡터를 $\vec{l}$라 하고, 관측기의 식(5.95)의 $u(t)$에 $u(t) = -\vec{k}\hat{\vec{x}}(t)$을 대입하여, 식(5.108)과 함께 나타내면 다음으로 된다.

$$\begin{aligned}
\begin{bmatrix} \dot{\vec{x}}(t) \\ \dot{\hat{\vec{x}}}(t) \end{bmatrix} &= \begin{bmatrix} \boldsymbol{A} & -\vec{b}\,\vec{k} \\ 0 & \boldsymbol{A} - \vec{l}\,\vec{c} - \vec{b}\,\vec{k} \end{bmatrix} \begin{bmatrix} \vec{x}(t) \\ \hat{\vec{x}}(t) \end{bmatrix} + \begin{bmatrix} 0 \\ \vec{l} \end{bmatrix} y(t) \qquad (5.109) \\
&= \begin{bmatrix} \boldsymbol{A} & -\vec{b}\,\vec{k} \\ \vec{l}\,\vec{c} & \boldsymbol{A} - \vec{l}\,\vec{c} - \vec{b}\,\vec{k} \end{bmatrix} \begin{bmatrix} \vec{x}(t) \\ \hat{\vec{x}}(t) \end{bmatrix}
\end{aligned}$$

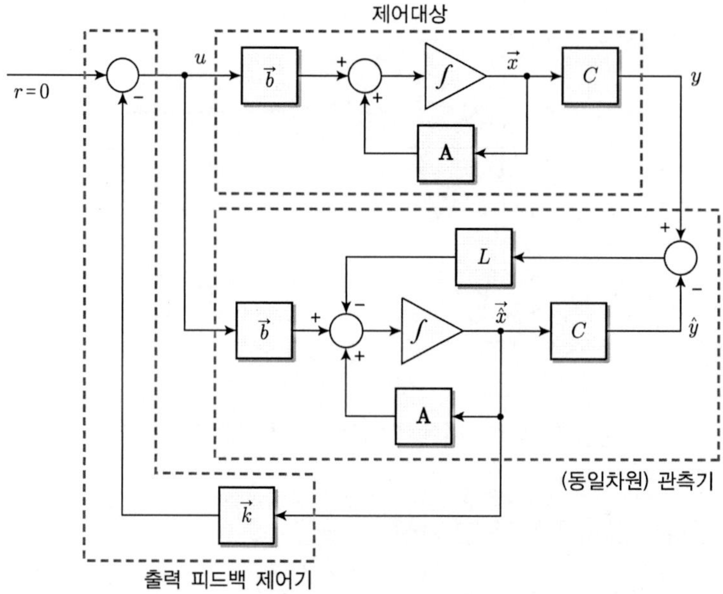

[그림 5.37] 동일차원관측기를 이용한 출력피드백

이때 관측기에 의한 추정상태의 오차는 $\vec{e}(t) = \hat{\vec{x}}(t) - \vec{x}(t)$로 정의되므로, 이로부터 다음과 같은 상태변수변환(즉 좌표변환)의 관계식

$$\begin{bmatrix} \vec{x}(t) \\ \vec{e}(t) \end{bmatrix} = \begin{bmatrix} \boldsymbol{I} & 0 \\ -\boldsymbol{I} & \boldsymbol{I} \end{bmatrix} \begin{bmatrix} \vec{x}(t) \\ \hat{\vec{x}}(t) \end{bmatrix} \tag{5.110}$$

을 식(5.109)에 적용하여 상태변수를 변환하면

$$\begin{bmatrix} \dot{\vec{x}}(t) \\ \dot{\vec{e}}(t) \end{bmatrix} = \begin{bmatrix} \boldsymbol{A} - \vec{b}\vec{k} & -\vec{b}\vec{k} \\ 0 & \boldsymbol{A} - \vec{l}\vec{c} \end{bmatrix} \begin{bmatrix} \vec{x}(t) \\ \vec{e}(t) \end{bmatrix} \tag{5.111a}$$

$$y(t) = \begin{bmatrix} \vec{c} & \vec{0}_{(1\times n)} \end{bmatrix} \begin{bmatrix} \vec{x}(t) \\ \vec{e}(t) \end{bmatrix} \tag{5.111b}$$

로 된다. 이로부터 관측기의 출력 $\hat{\vec{x}}(t)$를 이용하여 상태피드백을 실행한 전체 폐루프시스템의 $\boldsymbol{A}$행렬의 고유값은 식 (5.111a)로부터

$$\begin{vmatrix} s\boldsymbol{I} - \boldsymbol{A} + \vec{b}\vec{k} & \vec{b}\vec{k} \\ 0 & s\boldsymbol{I} - \boldsymbol{A} + \vec{l}\vec{c} \end{vmatrix} = |s\boldsymbol{I} - \boldsymbol{A} + \vec{b}\vec{k}| \cdot |s\boldsymbol{I} - \boldsymbol{A} + \vec{l}\vec{c}| = 0 \tag{5.112}$$

되어, 상태피드백에 의한 고유값 부분(μ_i, 즉 $|s\boldsymbol{I} - \boldsymbol{A} + \vec{b}\vec{k}| = 0$의 근)과 관측기에 의한 고유값 부분($\gamma_i$, 즉 $|s\boldsymbol{I} - \boldsymbol{A} + \vec{l}\vec{c}| = 0$의 근)으로 이루어져 있음을 알 수 있다. 따라서 관측기는

폐루프시스템의 극을 $\{\mu_i\}$와 $\{\gamma_i\}$에 설정하는 하나의 보상기 역할을 하고 있다고 볼 수 있다. 이때 관측기는 제어대상을 모델로 하여 만들어지는 시스템이기 때문에, 제어대상의 입력 $u(t)$로부터 불가제어로 된다. 따라서 [그림 5.37]의 출력 $y(t)$로 폐루프시스템을 구성하여도 관측기의 극은 이동하지 않는 특별한 보상기라고 할 수 있다.

이것을 [그림 5.37]의 외부입력 $r(t)$에서[50] 출력 $y(t)$까지의 전달함수를 계산하여 확인하여 보자.

$r(t)$로 인해 식(5.109)는

$$\begin{bmatrix} \dot{\vec{x}}(t) \\ \dot{\hat{\vec{x}}}(t) \end{bmatrix} = \begin{bmatrix} \boldsymbol{A} & -\vec{b}\vec{k} \\ \vec{l}\vec{c} & \boldsymbol{A}-\vec{l}\vec{c}-\vec{b}\vec{k} \end{bmatrix} \begin{bmatrix} \vec{x}(t) \\ \hat{\vec{x}}(t) \end{bmatrix} + \begin{bmatrix} \vec{b} \\ \vec{0}_{(n\times 1)} \end{bmatrix} r(t)$$

로 되며 여기에 식(5.111b)를 적용하여 전달함수행렬을 구하면

$$y(s) = \begin{bmatrix} \vec{c} & \vec{0}_{(1\times n)} \end{bmatrix} \begin{bmatrix} s\boldsymbol{I}-\boldsymbol{A}+\vec{b}\vec{k} & -\vec{b}\vec{k} \\ 0 & s\boldsymbol{I}-\boldsymbol{A}+\vec{l}\vec{c} \end{bmatrix}^{-1} \begin{bmatrix} \vec{b} \\ \vec{0}_{(n\times 1)} \end{bmatrix} r(s) \tag{5.113}$$

$$= \vec{c}\,(s\boldsymbol{I}-\boldsymbol{A}+\vec{b}\vec{k})^{-1}\vec{b}\,r(s)$$

로 되어 입력 $r(t)$로부터 불가제인 부분은 전달함수에 반영되지 않음을 확인할 수 있다. 다시 말하면 외부입력에서 출력까지의 전달함수는 상태가 직접 관측 가능한 경우, 즉 관측기를 사용하지 않는 경우의 전달함수와 일치한다는 것을 알 수 있다.

[예제 5.24]

[예제 5.23]에서 고찰한 시스템

$$\dot{\vec{x}}(t) = \begin{bmatrix} 0 & 1 \\ -1 & 0 \end{bmatrix} \vec{x}(t) + \begin{bmatrix} 0 \\ 1 \end{bmatrix} u(t) \qquad ①$$

$$y(t) = \begin{bmatrix} 1 & 0 \end{bmatrix} \vec{x}(t)$$

에 대해서 동일차원관측기 이용하여 출력피드백을 수행하여 보자. 이때 관측기의 이득을 이득 $\vec{l} = [l_1 \;\; l_2]$로 한다. 이 경우 피드백제어법칙을

$$u(t) = -\begin{bmatrix} k_1 & k_2 \end{bmatrix} \begin{bmatrix} \hat{x}_1(t) \\ \hat{x}_2(t) \end{bmatrix} + r(t) \qquad ②$$

로 하면, 식(5.111)에 대응하여

50) 외부입력 $r(t)=0$으로 두었지만, 전달함수의 계산을 위해 임시적으로 영이 아닌 것으로 간주한다. 그러나 만약 이 가정에서와 같이 $r(t)\neq 0$으로 둔다면 [그림 5.37]에서 관측기는 실제로 관측기의 역할을 할 수 없게 되며 (즉 $t\to\infty$에서 $\hat{\vec{x}}(t)\to\vec{x}(t)$로 되지 않는다) 순수 보상기로서의 역할만을 하게 될 것이다.

$$\begin{bmatrix}\dot{x}_1(t)\\ \dot{x}_2(t)\\ \dot{e}_1(t)\\ \dot{e}_2(t)\end{bmatrix}=\left[\begin{array}{cc|cc}0 & 1 & 0 & 0\\ -1-k_1 & -k_2 & k_1 & k_2\\ \hline 0 & 0 & -l_1 & 1\\ 0 & 0 & -1-l_2 & 0\end{array}\right]\begin{bmatrix}x_1(t)\\ x_2(t)\\ e_1(t)\\ e_2(t)\end{bmatrix}+\begin{bmatrix}0\\1\\0\\0\end{bmatrix}r(t) \qquad ③$$

$$=\boldsymbol{A}_{fo}\vec{x}(t)+\vec{b}_{fo}r(t)$$

$$y(t)=[1\ \ 0\ \ 0\ \ 0]\begin{bmatrix}x_1(t)\\ x_2(t)\\ e_1(t)\\ e_2(t)\end{bmatrix}=\vec{c}_{fo}\vec{x}(t) \qquad ④$$

을 얻는다. 따라서 전달함수 $T_{yr}(s)=y(s)/r(s)$는 식(5.45)로부터

$$T_{yr}(s)=\frac{\vec{c}_{fo}\,\mathrm{adj}(s\boldsymbol{I}-\boldsymbol{A}_{fo})\,\vec{b}_{fo}}{|s\boldsymbol{I}-\boldsymbol{A}_{fo}|} \qquad ⑤$$

$$=\frac{s^2+k_1s+k_2+1}{(s^2+f_2s+f_1+1)(s^2+k_1s+k_2+1)}=\frac{1}{s^2+f_2s+f_1+1}$$

로 된다. 이로부터 관측기의 극이 전체 폐루프시스템에서 소거되고 있음을 확인할 수 있다.

■ 제어기·관측기에 대한 전달함수 표현식

관측기를 이용한 출력피드백시스템, 즉 [그림 5.37]을 고전제어이론에서의 전형적인 블록선도인 [그림 3.1]의 형식으로 변환에 대하여 생각하여보자. 다시 말하면 [그림 5.37]에서는 사실상 '관측기 + 제어기(상태피드백)'의 두 부분을 합친 것이 레귤레이터의 설계를 위한 제어기 역할을 하고 있는 것으로 볼 수 있다.

여기서는 이러한 두 부분을 묶어 하나의 식으로 표현함으로서 [그림 3.1]의 '제어기'에 해당하는 전달함수 표현식을 얻을 수 있다는 것을 확인하여 본다.

상태공간표현식 (5.84), 즉

$$\begin{cases}\dot{\vec{x}}(t)=\boldsymbol{A}\vec{x}(t)+\vec{b}u(t)\\ y(t)\ =\vec{c}\vec{x}(t)\end{cases} \qquad (5.84)$$

에 대하여 관측기 식(5.95)

$$\dot{\hat{\vec{x}}}(t)=(\boldsymbol{A}-\vec{l}\,\vec{c})\hat{\vec{x}}(t)+\vec{l}\ y(t)+\vec{b}\,u(t) \qquad (5.95)$$

의 출력을 이용한 피드백

$$u(t)=-\vec{k}\,\hat{\vec{x}}(t) \qquad (5.114)$$

를 실행하는 것으로 한다. 먼저 식(5.114)와 (5.95)의 양변을 라플라스변환하면

$$u(s) = -\vec{k}\,\vec{\hat{x}}(s) \tag{5.115a}$$

$$s\,\vec{\hat{x}}(s) = (\boldsymbol{A} - \vec{l}\,\vec{c})\,\vec{\hat{x}}(s) + \vec{b}\,u(s) + \vec{l}\,y(s) \tag{5.115b}$$

가 얻어진다. 위 식에서 초기값 $\vec{\hat{x}}(0) = \vec{0}$로 가정하였다. 식(5.115a)를 (5.115b)에 대입하고 정리하면 다음으로 된다.

$$\vec{\hat{x}}(s) = (s\boldsymbol{I} - \boldsymbol{A} + \vec{l}\,\vec{c} + \vec{b}\,\vec{k})^{-1}\,\vec{l}\,y(s) \tag{5.116}$$

이것을 다시 식(5.115a)에 대입하면 다음과 같은 입력 $u(s)$와 출력 $y(s)$에 관한 식을 얻을 수 있다.

$$u(s) = -\vec{k}\,(s\boldsymbol{I} - \boldsymbol{A} + \vec{l}\,\vec{c} + \vec{b}\,\vec{k})^{-1}\,\vec{l}\,y(s) \tag{5.117}$$

[그림 5.38]에 위 식의 관계를 나타내었다. 그림으로부터 전달함수

$$\vec{k}\,(s\boldsymbol{I} - \boldsymbol{A} + \vec{l}\,\vec{c} + \vec{b}\,\vec{k})^{-1}\,\vec{l}$$

는 주어진 시스템 (5.84)에 대한 (전달함수의 관점에서) 제어기의 역할을 하고 있는 것으로 볼 수 있다. 따라서 다음 전달함수

$$\frac{u(s)}{-y(s)} = \vec{k}\,(s\boldsymbol{I} - \boldsymbol{A} + \vec{l}\,\vec{c} + \vec{b}\,\vec{k})^{-1}\,\vec{l} \tag{5.118}$$

은 제어기·관측기의 전달함수로 된다.

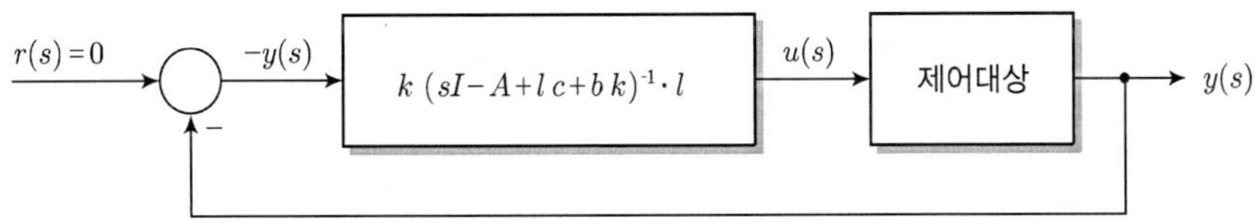

[그림 5.38] 제어기-관측기의 블록선도 표현

출력레귤레이터를 설계하고자 하는 경우, 다시 말하면 시스템의 출력 $y(t) = \vec{c}\,\vec{x}(t)$를 영으로 수렴시키고자 한다면, 시스템의 상태 $\vec{x}(t)$가 $\vec{0}$으로 수렴하기 전에 관측기에 의하여 추정된 상태 $\vec{\hat{x}}(t)$가 원래의 상태 $\vec{x}(t)$에 먼저 수렴하는 것이 타당할 것이다. 따라서 일반적으로 s평면상에서 관측기의 극 $\lambda(\boldsymbol{A} - \vec{l}\,\vec{c})$을 상태피드백에 의한 극 $\lambda(\boldsymbol{A} - \vec{b}\,\vec{k})$보다 더 왼쪽에 설정해야 할 필요성이 있음을 알 수 있다([그림 5.39] 참조).

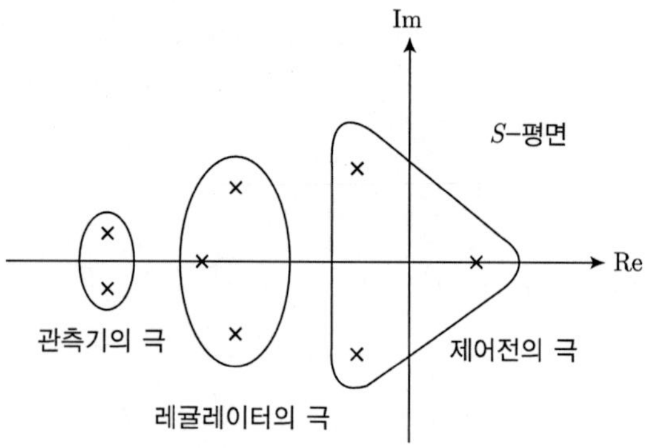

[그림 5.39] 관측기와 상태피드백 시스템의 극배치

[예제 5.25]

상태공간표현이 ①로 주어진 시스템에 대하여 관측기를 이용하여 폐루프시스템의 극을 $s_{1,2}=-1.8\pm j2.4$에 가져가는 출력피드백제어기를 설계하여 보자.

$$\dot{\vec{x}}(t)=\boldsymbol{A}\vec{x}(t)+\vec{b}\,u(t),\ \ y(t)=\vec{c}\,\vec{x}(t) \qquad ①$$

단

$$\boldsymbol{A}=\begin{bmatrix}0 & 1\\ 20.6 & 0\end{bmatrix},\ \vec{b}=\begin{bmatrix}0\\1\end{bmatrix},\ \vec{c}=[1\ \ 0]$$

이다.

풀이 우선 폐루프시스템의 극을 $s_{1,2}=-1.8\pm j2.4$로 가져가는 피드백 이득벡터 $\vec{k}$를 5.2절의 방법을 이용하여 구하면 다음과 같이 된다.

$$\vec{k}=[29.6\ \ 3.6] \qquad ②$$

다음으로 위 시스템에 대한 관측기를 설계하여 보자. 이때 관측기가 가지는 두 개의 극을 $s_{3,4}=-8$에 배치하는 관측기의 이득은 5.3절의 방법을 적용하면

$$\vec{l}=\begin{bmatrix}16\\84.6\end{bmatrix} \qquad ③$$

으로 됨을 쉽게 확인할 수 있다. 따라서 관측기는 식(5.95)에 $u(t)=-\vec{k}\,\hat{\vec{x}}(t)$를 대입하여 정리하면

$$\begin{aligned}\dot{\hat{\vec{x}}}(t) &= (\boldsymbol{A}-\vec{l}\,\vec{c})\hat{\vec{x}}(t)+\vec{l}\ y(t)+\vec{b}\,u(t) \qquad ④\\ &= (\boldsymbol{A}-\vec{l}\,\vec{c}-\vec{b}\,\vec{k})\hat{\vec{x}}(t)+\vec{l}\,y(t)\\ &= \begin{bmatrix}-16 & 1\\ -93.6 & -3.6\end{bmatrix}\hat{\vec{x}}(t)+\begin{bmatrix}16\\84.6\end{bmatrix}y(t)\end{aligned}$$

가 얻어진다. [그림 5.40]의 블록선도에 ①과 ④를 표시하였으며, [그림 5.42]에 [그림 5.40]을 이용한 관측기의 추정오차 $\vec{e}(t)=\hat{\vec{x}}(t)-\vec{x}(t)$ 곡선과 출력피드백에 의한 레귤레이터의 응답을 나타내었다.

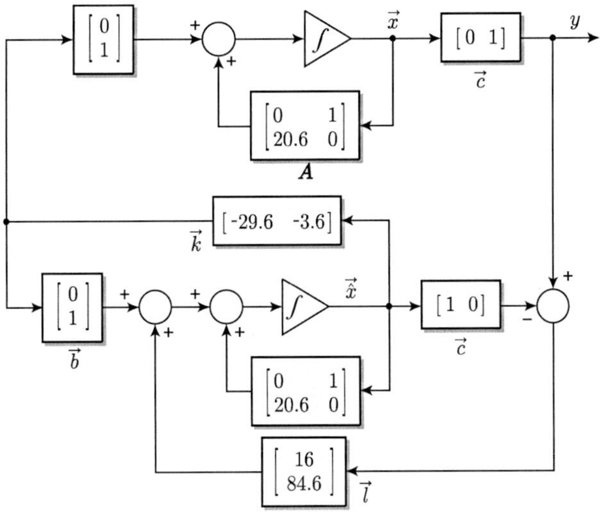

[그림 5.40] 관측기를 이용한 출력피드백 시스템([예제 5.25])

여기서 식(5.118)을 참조하여 제어기-관측기의 전달함수를 계산하여 보자. 즉,

$$\frac{u(s)}{-y(s)} = \vec{k}\,(s\boldsymbol{I} - \boldsymbol{A} + \vec{l}\,\vec{c} + \vec{b}\,\vec{k})^{-1}\,\vec{l} \qquad ⑤$$

$$= [29.6\ 3.6]\begin{bmatrix} s+16 & -1 \\ 93.6 & s+3.6 \end{bmatrix}^{-1}\begin{bmatrix} 16 \\ 84.6 \end{bmatrix}$$

$$= \frac{778.16s + 3690.72}{s^2 + 19.6s + 151.2}$$

으로 되며 [그림 5.41]에 블록선도를 나타내었다. 또한 식(5.112)에 의하여 전체 시스템의 특성다항식은

$$|s\boldsymbol{I} - \boldsymbol{A} + \vec{b}\,\vec{k}| \cdot |s\boldsymbol{I} - \boldsymbol{A} + \vec{l}\,\vec{c}| = (s^2 + 3.6s + 9)(s^2 + 16s + 64) \qquad ⑥$$

$$= s^4 + 19.6s^3 + 130.6s^2 + 374.4s + 576 = 0$$

으로 된다. 특성다항식 ⑥은 [그림 5.41]로부터 계산할 수 있다. 즉, Mason의 정리에 의하여

$$\frac{y(s)}{r(s)} = \frac{778.16s + 3690.72}{(s^2 + 19.6s + 151.2)(s^2 - 20.6) + 778.16s + 3690.72} \qquad ⑦$$

로 되며, 따라서 특성다항식은 다음으로 된다.

$$(s^2 + 19.6s + 151.2)(s^2 - 20.6) + 778.16s + 3690.72 \qquad ⑧$$

$$= s^4 + 19.6s^3 + 130.6s^2 + 374.4s + 576 = 0$$

특성다항식이 전달함수나 상태방정식 표현에 있어서도 동일하다는 것은 말할 필요도 없을 것이다. 특히 ⑦의 전달함수는 입력으로 외부입력인 $r(s)$를 취하였기 때문에 관측기의 상태가 전달함수에 반영되어 ⑤와는 달리 4차의 분모다항식으로 되었다는 점에 유의한다.

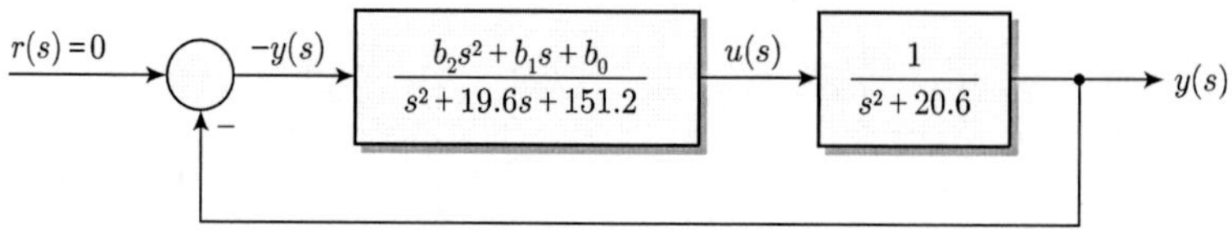

[그림 5.41] [예제 5.25]의 블록선도 표현

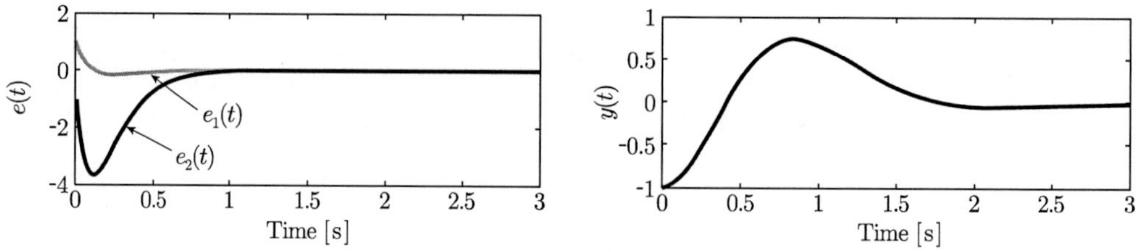

(a) 관측기의 추정오차 $\vec{e}(t) = \hat{\vec{x}}(t) - \vec{x}(t)$ (b) 관측기에 의한 레귤레이터의 출력 $y(t)$

[그림 5.42] [예제 5.25] 응답

5.4 최적레귤레이터(optimal regulator)

지금까지 폐루프시스템의 극을 복소평면(s평면)상의 임의의 안정한 영역에 설정할 수 있는 이득벡터 $\vec{k}$의 결정방법에 대해 구체적으로 설명했다. 이 과정의 문제점으로 다음을 들 수 있을 것이다.

(1) [예제 5.15]에서 나타낸 바와 같이, 지정하는 극의 실수부를 허수축에서 왼쪽으로 멀리 가져가면 수렴의 속도는 향상하지만, 이득벡터 $\vec{k}$가 큰 값으로 되어 결과적으로 큰 입력 $u(t)$가 요구되어 바람직하지 않다.

(2) 지정하는 극의 실수부를 허수축에서 왼쪽으로 멀리 가져가면, 상태변수 중에서 일부 진폭이 큰 초기응답특성을 보이는 경우가 발생한다. [예제 5.15]의 (1)의 3)의 경우는 수렴속도는 향상 되었지만, $x_2(t)$의 진폭이 크게 되었다([그림 5.23] 참조).

(3) [예제 5.18]에서 언급한 바와 같이, 다입력시스템의 경우는 동일한 극배치를 실현하는 이득행렬 $\boldsymbol{K}$가 무수히 존재하기 때문에, 가장 최적인 제어를 실현하는 것이 불명료하다.

이러한 문제점을 해결하기 위한 하나의 방법은 두 조건, 즉 수렴속도와 입력의 크기 사이에서 타협점을 발견하는 것이다. 이러한 타협점의 수학적인 표현의 하나는, $u(t)$와 $y(t)$의 값으로 주어지는 평가함수를 만들어서 이 값을 최소로 할 수 있는 피드백이득을 결정하는 것이다. 이러한 방법을 최적피드백제어(optimal feedback control)이라고 하며 이것에 의해 설계된 레귤레이터를 최적레귤레이터(optimal Regulator)라고 부른다.

5.4.1 최적의 의미

'최적(optimal)'이란 미리 정해둔 어떤 평가기준을 최소로 한다는 것을 의미한다. 일반적으로 평가기준은 2차형식인 선형방정식으로 주어지는 것이 보통인데, 이로 인해 최적레귤레이터를 LQR(Linear-Quadratic Regulator)이라고도 한다. 여기서는 식(5.84a)로 주어진 시스템을 대상으로 최적제어에 관한 문제를 생각한다.

$$\dot{\vec{x}}(t) = \boldsymbol{A}\vec{x}(t) + \vec{b}u(t) \tag{5.84a}$$

LQR에서 성능은 평가함수(Performance Index)라고 불리는 다음과 같은 스칼라함수에 의해 결정된다.

$$J = \int_0^{\infty} [\vec{x}^T(t)\boldsymbol{Q}\vec{x}(t) + ru^2(t)]dt \tag{5.119}$$

여기서 가중함수행렬 $\boldsymbol{Q}$는 대칭행렬로서 준정정($\boldsymbol{Q} \geq 0$)이며, r은 양의 정수값을 가진다[51].

식(5.119)의 적분에서 $\{\vec{x}^T(t)\boldsymbol{Q}\vec{x}(t)\}$ 항은 평형상태에서 벗어난 상태 $\vec{x}(t)$의 궤적(즉 평형상태로부터의 오차)에 페널티(penalty)를 부과하고 있다. 이 페널티는 2차식의 형태[52]로 주어지므로 오차가 크면 클수록 더 많은 페널티가 부과된다. 예를 들어 $q_{11} \cdot (0.1)^2 = 0.01 \cdot q_{11}$이며 반면에 $q_{11} \cdot (10)^2 = 100 \cdot q_{11}$으로 된다. 또 식(5.119)는 $\{\vec{x}^T(t)\boldsymbol{Q}\vec{x}(t)\}$를 시간으로 적분하고 있기 때문에 $\vec{x}(0)$, $(\neq \vec{0})$에서 출발한 상태 $\vec{x}(t)$가 $\vec{x}(t) = \vec{0}$으로의 수렴속도가 늦으면 늦을수록 이것에 부과되는 페널티가 커지게 된다. 따라서 $\int_0^{\infty}[\vec{x}^T(t)\boldsymbol{Q}\vec{x}(t)]dt$가 작은 값을 가진다는 것은 $\vec{x}(t)$가 상대적으로 빨리 영의 상태(즉 평형상태)로 수렴한다는 것을 의미하고 있다.

상태를 빠르게 평형상태로 가져가야 한다는 하나의 목적만을 위해 상태피드백 $u(t) = -\vec{k}\vec{x}(t)$을 실행한다면, $u(t)$는 틀림없이 상당한 크기의 값을 가지게 되는 바람직하지 않는 현상이 발생한다([예제 5.15] 참조). 따라서 입력의 크기를 적절히 유지할 수 있도록 하는 조건, 즉 $\left\{\int_0^{\infty} ru^2(dt)dt\right\}$ 항을 평가함수에 포함시키는 것이다. 이와 같이 식(5.119)의 J의 값을 최소로 하는 설계를 수행한다는 것은, 비교적 작은 크기의 입력으로 가능하면 빠르게 영으로 수렴시키고자 하는 두 개의 상반되는 요구에 대한 타협을 의미하고 있는 것으로 볼 수 있다.

[예제 5.26]

[예제 5.2]의 [그림 5.4]의 1관성시스템에서 $M = 1$, $K = 10$ 및 $D = 1$로 두면 상태방정식은 다음으로 된다.

---

51) 대칭인 행렬 $\boldsymbol{A}$, $(n \times n)$가 영이 아닌 임의의 벡터 $\vec{x}$, $(n \times 1)$에 대하여 $\vec{x}^T\boldsymbol{A}\vec{x} \geq 0$을 만족한다면, 행렬 $\boldsymbol{A}$를 준정정행렬이라고 하며 $\boldsymbol{A} \geq 0$과 같이 표현하며, $\vec{x}^T\boldsymbol{A}\vec{x} > 0$이면, 정정행렬로서 $\boldsymbol{A} > 0$으로 나타낸다.

52) 예를 들어 $n = 2$로 두면 $\vec{x}^T\boldsymbol{Q}\vec{x} = q_{11}x_1^2 + 2q_{12}x_1x_2 + q_{22}x_2^2$으로 되어 항상 2차식으로 표현된다.

$$\dot{\vec{x}}(t) = \boldsymbol{A}\vec{x}(t) + \vec{b}\,u(t),\ \boldsymbol{A} = \begin{bmatrix} 0 & 1 \\ -10 & -1 \end{bmatrix},\ \vec{b} = \begin{bmatrix} 0 \\ 1 \end{bmatrix} \qquad ①$$

①의 상태방정식에 대하여 제어법칙

$$u(t) = -\vec{k}\,\vec{x}(t),\ \vec{k} = [-5\ 1] \qquad ②$$

을 적용하여 레귤레이터를 실현하는 것을 생각하여 보자. ①의 초기값을 $\vec{x}_o = [1\ 0]$로 두었을 경우 상태변수 $x_1(t)$, $x_2(t)$ 및 입력 $u(t)$와 이들의 2승적분 값

$$J(x_1) = \int_0^\infty x_1^2(t)dt > 0,\ J(x_2) = \int_0^\infty x_2^2(t)dt > 0,\ J(u) = \int_0^\infty u^2(t)dt > 0 \qquad ③$$

과의 관계를 [그림 5.43]에 나타내었다. 그림으로부터 ③의 적분이 작은 값을 가진다는 것은 해당 상태변수, 혹은 입력이 빠르게 영으로 수렴하였다는 것을 의미한다는 사실을 확인할 수 있다. 만약 $J(x_1) + J(x_2) + J(u)$를 최소로 하는 설계를 수행한다면 는 $J(x_1) < J(x_2) \ll J(u)$의 관계로부터 $J(x_1) + J(x_2) + J(u) \fallingdotseq J(u)$로 되어 $J(x_1)$과 $J(x_2)$의 크기는 거의 반영되지 않고 대부분 $J(u)$의 크기만을 최소로 하는 제어기가 설계될 것이다.

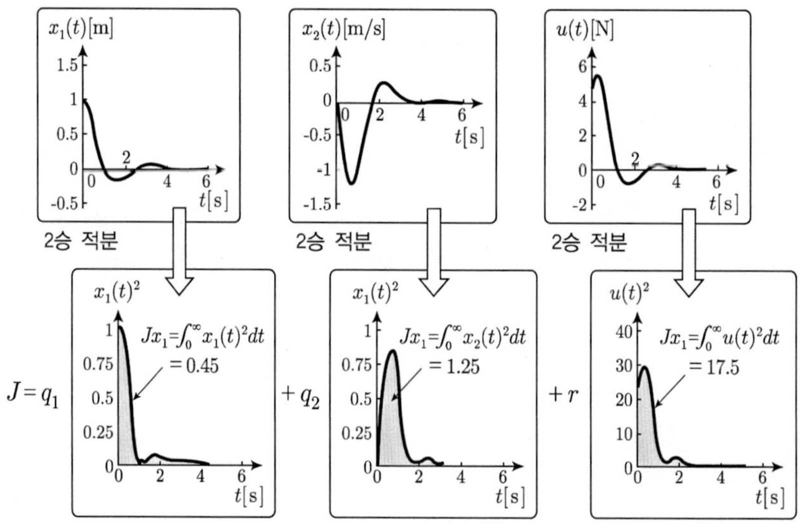

[그림 5.43] $x_1(t), x_2(t), u(t)$의 2승적분과 평가함수 J의 관계

이러한 문제를 회피하기 위하여 세 개의 2승적분 값 $J(x_1), J(x_2), J(u)$의 중요도에 따라 가중값을 붙여 평가하는 방법을 취한다. 즉

$$\begin{aligned} J &= q_1 J(x_1) + q_2 J(x_2) + r\,J(u) \\ &= \int_0^\infty \left(q_1 x_1^2(t) + q_2 x_2^2(t) + r u^2(t)\right)dt \end{aligned} \qquad ④$$

를 평가함수로 사용하기로 한다. 이 경우 가중값 $q_i \geq 0,\ r > 0$의 크기에 따라 아래와 같이 시스템

에 대한 평가가 변한다.

- $q_1 = 1000,\ q_2 = 0,\ r = 1$로 두었을 경우

  ④의 평가함수 값은

  $$J = 1000 \times 0.45 + 0 \times 1.25 + 1 \times 17.5 = 467.5$$

  로 되어, 주로 '상태 $x_1(t)$의 영으로의 수렴속도'를 평가하는 $J(x_1)$을 주로 고려하면서, 부수적으로 '입력 $u(t)$의 크기'를 평가하는 $J(u)$도 고려하고 있는 것으로 볼 수 있다.

- $q_1 = 0.1,\ q_2 = 0,\ r = 1$로 두었을 경우

  ④의 평가함수 값은

  $$J = 0.1 \times 0.45 + 0 \times 1.25 + 1 \times 17.5 = 17.545$$

  로 되어, '$u(t)$의 크기'를 평가하는 $J(u)$를 주로 고려하면서, 부수적으로 '$x_1(t)$의 영으로의 수렴속도'를 평가하는 $J(x_1)$도 고려하고 있는 것으로 볼 수 있다.

5.4.2 리아푸노프 방정식(Lyapunov equation)

시스템 (5.84a)을 상태피드백 $u(t) = -\vec{k}\,\vec{x}(t)$로 제어한다면 폐루프시스템은

$$\dot{\vec{x}}(t) = (\boldsymbol{A} - \vec{b}\,\vec{k})\,\vec{x}(t) \tag{5.120}$$

로 되며, 이를 식(5.119)의 평가함수에 대입하면 다음과 같다.

$$J = \int_0^{\infty} [\,\vec{x}^{\,T}\boldsymbol{Q}\vec{x} + ru^2\,]\,dt \tag{5.121}$$

시스템 (5.120)과 이에 대한 평가함수인 식(5.121)을, 식(5.84a)의 시스템에 대한 평가함수인 식(5.119)에 적용시키는 과정을 다음과 같은 일반적인 관계식을 이용하여 전개하여 보자. 이는

$$\frac{d}{dt}\vec{x}(t) = \boldsymbol{A}\,\vec{x}(t) \tag{5.122}$$

와 같은 안정한 자유 시스템(즉 $u(t) = 0$)의 상태변수 $\vec{x}(t)$만으로 구성된 평가함수

$$\begin{aligned} J &= \int_0^{\infty} \vec{x}^{\,T}(t)\,\boldsymbol{S}\,\vec{x}(t)\,dt \qquad (5.123) \\ &= \int_0^{\infty} [\,\vec{x}^{\,T}\boldsymbol{Q}\vec{x} + r(\vec{k}\,\vec{x})^T(\vec{k}\,\vec{x})]\,dt \\ &= \int_0^{\infty} \vec{x}^{\,T}[\,\boldsymbol{Q} + r\vec{k}^{\,T}\vec{k}\,]\,\vec{x}\,dt \end{aligned}$$

를 계산하는 것으로 된다. 여기서 $\boldsymbol{S}$는 대칭이며 준정정 혹은 정정행렬이다. 따라서 이러한 문제의 해를 구할 수 있다면 단순히 행렬 $\boldsymbol{A}$ 대신에 $\left(\boldsymbol{A}-\vec{b}\,\vec{k}\right)$, $\boldsymbol{S}$ 대신에 $\left(\boldsymbol{Q}+r\vec{k}^{\,T}\vec{k}\right)$를 대입함으로서 시스템 (5.120)에 의한 평가함수 (5.121)의 값을 구하는 문제를 해결할 수 있게 된다.

먼저 초기값을 $\vec{x}(0)=\vec{x}_o$로 두면 시스템 (5.122)의 해는 $\vec{x}(t)=e^{\boldsymbol{A}t}\vec{x}_o$로 되며, 이것을 식(5.123)에 대입하면

$$
\begin{aligned}
J &= \int_0^\infty \left\{e^{\boldsymbol{A}t}\vec{x}_o\right\}^T \boldsymbol{S}\left\{e^{\boldsymbol{A}t}\vec{x}_o\right\}dt \qquad (5.124)\\
&= \vec{x}_o^{\,T}\left[\int_0^\infty e^{\boldsymbol{A}^Tt}\boldsymbol{S}\,e^{\boldsymbol{A}t}\,dt\right]\vec{x}_o\\
&= \vec{x}_o^{\,T}\,\boldsymbol{P}\,\vec{x}_o
\end{aligned}
$$

가 얻어진다. 여기서 $\boldsymbol{P}$는

$$
\boldsymbol{P}=\int_0^\infty e^{\boldsymbol{A}^Tt}\boldsymbol{S}\,e^{\boldsymbol{A}t}\,dt \qquad (5.125)
$$

으로 두었다. 이때 $\boldsymbol{A}$는 안정행렬로 가정하였기 때문에 $\boldsymbol{A}$의 고유값의 실수부는 항상 음의 값을 가진다. 따라서 상태천이행렬 $e^{\boldsymbol{A}t}$는 시간 t에 대하여 수렴하기 때문에 식(5.125)의 적분은 계산이 가능하다. 한편 식(5.125)의 모양으로부터 $\boldsymbol{P}$는 대칭행렬이며, 동시에

$$
\vec{x}_o^{\,T}\boldsymbol{P}\,\vec{x}_o=J=\int_0^\infty \vec{x}^{\,T}(t)\boldsymbol{S}\,\vec{x}(t)\,dt\geq 0 \qquad (5.126)
$$

을 만족하므로 $\boldsymbol{P}$는 준정정 또는 정정행렬로 됨을 알 수 있다.

한편 식(5.125)로 정의되는 행렬 $\boldsymbol{P}$에 대해 행렬방정식 $\boldsymbol{A}^T\boldsymbol{P}+\boldsymbol{P}\boldsymbol{A}$, 즉

$$
\boldsymbol{A}^T\boldsymbol{P}+\boldsymbol{P}\boldsymbol{A}=\int_0^\infty\left[\boldsymbol{A}^Te^{\boldsymbol{A}^Tt}\boldsymbol{S}e^{\boldsymbol{A}t}+e^{\boldsymbol{A}^Tt}\boldsymbol{S}e^{\boldsymbol{A}t}\boldsymbol{A}\right]dt \qquad (5.127)
$$

을 계산하여 보자. 여기서 상태천이행렬이 가지는 가환성의 성질에 의해

$$
\frac{d}{dt}\left[e^{\boldsymbol{A}^Tt}\boldsymbol{S}\,e^{\boldsymbol{A}t}\right]=\boldsymbol{A}^Te^{\boldsymbol{A}^Tt}\boldsymbol{S}\,e^{\boldsymbol{A}t}+e^{\boldsymbol{A}^Tt}\boldsymbol{S}e^{\boldsymbol{A}t}\boldsymbol{A} \qquad (5.128)
$$

로 된다. 이로부터 식(5.128)을 식(5.127)에 적용하면

$$
\begin{aligned}
\boldsymbol{A}^T\boldsymbol{P}+\boldsymbol{P}\boldsymbol{A} &= \int_0^\infty\left[\frac{d}{dt}\left(e^{\boldsymbol{A}^Tt}\boldsymbol{S}e^{\boldsymbol{A}t}\right)\right]dt \qquad (5.129)\\
&= e^{\boldsymbol{A}^Tt}\boldsymbol{S}e^{\boldsymbol{A}t}\Big|_0^\infty=-\boldsymbol{S}
\end{aligned}
$$

로 되어 $\boldsymbol{P}$는 $\boldsymbol{A}^T\boldsymbol{P}+\boldsymbol{P}\boldsymbol{A}=-\boldsymbol{S}$를 만족하고 있음을 알 수 있다.

• **리아푸노프 방정식**

식(5.122), (5.123)에서 $\boldsymbol{A}$는 안정행렬, $\boldsymbol{S}$는 대칭이며 정정 혹은 준정정행렬이라고 가정한다. 이때 식(5.122)의 초기값을 $\vec{x}(0)=\vec{x}_o$ 로 두면

$$J=\int_0^\infty \vec{x}^T(t)\boldsymbol{S}\vec{x}(t)\,dt=\vec{x}_o^T\boldsymbol{P}\vec{x}_o \tag{5.126}$$

로 된다. 여기서 $\boldsymbol{P}$는 다음으로 주어지는 리아푸노프방정식(Lyapunov equation)을 만족하는 대칭이며 정정 혹은 준정정인 행렬이다.

$$\boldsymbol{A}^T\boldsymbol{P}+\boldsymbol{P}\boldsymbol{A}=-\boldsymbol{S} \tag{5.130}$$

[예제 5.27]

[그림 5.44]로 주어진 시스템에 단위계단입력이 인가되었을 때 다음으로 주어진 평가함수 J가 최소로 되기 위한 감쇄비 ζ 값을 결정하여보자.

$$J=\int_0^\infty\left[e^2(t)+r\left(\frac{d}{dt}e(t)\right)^2\right]dt\,,\ (r>0) \qquad ①$$

단, $e(t)$는 오차신호로 $e(t)=r(t)-y(t)$로 주어진다.

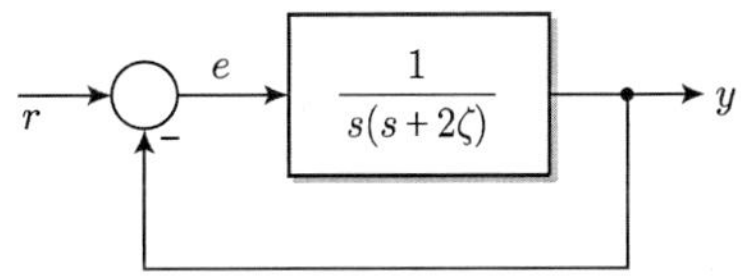

[그림 5.44] [예제 5.27]의 시스템

풀이 [그림 5.44]의 시스템에 대한 상태방정식을 유도한다. 먼저 전달함수는

$$\frac{y(s)}{r(s)}=\frac{1}{s^2+2\zeta s+1} \qquad ②$$

로 주어지며, 이를 미분방정식의 형태로 변환하면

$$\frac{d^2}{dt^2}y(t)+2\zeta\frac{d}{dt}y(t)+y(t)=r(t) \qquad ③$$

로 된다. 여기서 $y(t)=r(t)-e(t)$의 관계를 적용하여 ③을 오차신호 $e(t)$로 변환하면

$$\frac{d^2}{dt^2}e(t)+2\zeta\frac{d}{dt}e(t)+e(t)=\frac{d^2}{dt^2}r(t)+2\zeta\frac{d}{dt}r(t) \qquad ④$$

이다. 여기서는 단위계단함수가 입력으로 인가되었기 때문에 $\dot{r}(0)=0$, $\ddot{r}(0)=0$이며 따라서

구간 $t \geq 0$ 에서 ④의 미분방정식은

$$\frac{d^2}{dt^2}e(t) + 2\zeta \frac{d}{dt}e(t) + e(t) = 0,\; e(0) = 1,\; \frac{d}{dt}e(0) = 0 \qquad ⑤$$

로 된다. 따라서 상태변수를

$$x_1(t) = e(t),\, x_2(t) = \dot{e}(t)$$

로 두면 ⑤에 대한 상태방정식 표현을 얻을 수 있다. 즉

$$\begin{aligned} \dot{\vec{x}}(t) &= \boldsymbol{A}\,\vec{x}(t) \\ &= \begin{bmatrix} 0 & 1 \\ -1 & -2\zeta \end{bmatrix} \vec{x}(t) \end{aligned} \qquad ⑥$$

평가함수 ①을 상태변수로 나타내면

$$\begin{aligned} J &= \int_0^\infty \left[e^2(t) + r\left(\frac{d}{dt}e(t)\right)^2 \right] dt = \int_0^\infty \left(x_1^2(t) + r\,x_2^2(t) \right) dt \\ &= \int_0^\infty [x_1(t)\;\; x_2(t)] \begin{bmatrix} 1 & 0 \\ 0 & r \end{bmatrix} \begin{bmatrix} x_1(t) \\ x_2(t) \end{bmatrix} dt \\ &= \int_0^\infty \vec{x}^{\,T}(t)\, \boldsymbol{Q}\, \vec{x}(t) dt \end{aligned} \qquad ⑦$$

로 된다. 그런데 $\boldsymbol{A}$는 안정행렬이고 식(5.126)으로 주어지는 J를 계산하기 위해서는 행렬 $\boldsymbol{P}$가 필요하다. 따라서 식(5.130)의 리아푸노프방정식

$$\begin{bmatrix} 0 & -1 \\ 1 & -2\zeta \end{bmatrix}^T \begin{bmatrix} p_{11} & p_{12} \\ p_{12} & p_{22} \end{bmatrix} + \begin{bmatrix} p_{11} & p_{12} \\ p_{12} & p_{22} \end{bmatrix} \begin{bmatrix} 0 & -1 \\ 1 & -2\zeta \end{bmatrix} = \begin{bmatrix} -1 & 0 \\ 0 & -r \end{bmatrix} \qquad ⑧$$

를 전개하면 다음과 같은 연립방정식을 얻는다.

$$\begin{cases} -2p_{12} = -1 \\ p_{11} - 2\zeta p_{12} - p_{22} = 0 \\ 2p_{12} - 4\zeta\, p_{22} = -r \end{cases} \qquad ⑨$$

이로부터 해는 다음으로 됨을 쉽게 확인할 수 있다.

$$\boldsymbol{P} = \begin{bmatrix} p_{11} & p_{12} \\ p_{12} & p_{22} \end{bmatrix} = \begin{bmatrix} \zeta + \dfrac{1+r}{4\zeta} & \dfrac{1}{2} \\ \dfrac{1}{2} & \dfrac{1+r}{4\zeta} \end{bmatrix} \qquad ⑩$$

따라서 ⑩을 식(5.126)에 대입하면

$$J = \vec{x}^T(0)\boldsymbol{P}\vec{x}(0) \quad ⑪$$

$$= \left(\zeta + \frac{1+r}{4\zeta}\right)x_1^2(0) + x_1(0)x_2(0) + \frac{1+r}{4\zeta}x_2^2(0)$$

로 된다. 만약 초기값으로 $x_1(0)=1,\ x_2(0)=0$이 주어졌다면 ⑪은

$$J = \zeta + \frac{1+r}{4\zeta} \quad ⑫$$

로 된다. 여기서 평가함수 J, 즉 ⑫를 최소화하는 감쇄비를 계산하여 보자. 이를 위해 J의 ζ에 대한 미분 $\partial J/\partial\zeta = 0$ 를 계산하면

$$\frac{\partial J}{\partial \zeta} = 1 - \frac{1+r}{4\zeta^2} = 0 \ \rightarrow \ \zeta = \frac{\sqrt{1+r}}{2} \quad ⑬$$

로 된다. 이로부터 평가함수 J를 최소로 하는 ζ의 최적값(optimal value)은 $\sqrt{1+r}/2$로 된다는 것을 확인할 수 있다. 만약 $r=1$이라면 감쇄비의 최적값은 $\sqrt{2}/2=0.707$로 된다[53].

위 예제의 결과로부터 [그림 5.44]의 시스템에서 오차 $e(t)$와 그의 미분 $\dot{e}(t)$의 2승적분을 최소로 하는 ζ는 0.707로 된다는 사실을 확인하였다.

5.4.3 최적 LQ 레귤레이터

최적 선형 2차 레귤레이터(optimal linear quadratic regulator) 문제는 다음과 같이 주어진다.

• 최적레귤레이터 문제

반드시 안정하다고는 할 수 없는 선형시스템 (5.84a)가 평형상태에서 벗어나 임의의 상태 $\vec{x}_0, (\neq \vec{0})$에 머물러 있다고 한다(시스템의 초기상태가 $\vec{x}_0$이다). 이 시스템에 상태피드백 $u(t) = \vec{k}\vec{x}(t)$를 수행하여 원래의 상태(즉 평형상태 $\vec{x}(\infty)=\vec{0}$)로 가능한 한 빠르게 가져갈 수 있는 제어법칙을 계산하라.

이때 이득벡터 $\vec{k}$의 결정방법으로서 다음의 두 가지를 우선적으로 고려해야 한다.

(1) 폐루프시스템의 안정성

(2) 평형상태로의 수렴속도와 입력의 크기와의 타협

따라서 폐루프시스템을 안정화시키면서 동시에 입력의 크기와 출력의 수렴속도에 대한 상반된 요구를 만족시키기 위해 위의 두 조건이 모두 포함되어 있는 평가의 기준으로 식(5.119), 즉

---

53) 제3장의 [그림 3.15]에 의하면, 표준 2차시스템의 계단응답에서 가장 바람직한 특성을 가지는 경우는 $\zeta=\sqrt{2}/2 \approx 0.707$인 경우이다.

$$J=\int_0^{\infty}\left[\vec{x}^{\,T}(t)\,\boldsymbol{Q}\,\vec{x}(t)+r u^2(t)\right]dt \tag{5.119}$$

으로 주어지는 평가함수를 선정하여 이를 최소로 할 수 있는 피드백행렬 $\vec{k}$를 구할 수 있다면 최적레귤레이터가 필요로 하는 두 가지 조건을 동시에 만족시킬 수 있을 것이다.

이러한 최적제어문제가 실제적인 의미를 가지기 위해서는 상태피드백으로 구성되는 폐루프 시스템의 내부안정성이 먼저 확보되어야 한다. 이를 위해 주어진 시스템은 안정화가능, 즉 불안정한 모드는 반드시 가제어로 되어야 한다는 가안정이 최적제어를 위한 필요조건이다.

식(5.119)을 최소화하면서 동시에 시스템의 안정성에 관한 조건을 만족시킬 수 있는 이득벡터 $\vec{k}$는 다음의 관계식으로부터 얻어진다.

• 최적 레귤레이터 문제의 해

임의의 초기값 $\vec{x}_0$에 대하여 평가함수 (5.119)를 최소로 하는 안정화 이득벡터 $\vec{k}$는 다음으로 주어진다.

$$\vec{k}=r^{-1}\vec{b}^{\,T}\boldsymbol{P} \tag{5.131}$$

여기서 $\boldsymbol{P}$는 다음과 같은 대수리카티방정식(ARE : Algebraic Riccati Equation)을 만족한다.

$$\boldsymbol{A}^T\boldsymbol{P}+\boldsymbol{P}\boldsymbol{A}-\boldsymbol{P}\left(\vec{b}\,\vec{b}^{\,T}\right)/r\,\boldsymbol{P}+\boldsymbol{Q}=0 \tag{5.132}$$

이때 식(5.119)의 최소값은 다음으로 주어진다.

$$J_{\min}=\vec{x}_0^{\,T}\boldsymbol{P}\,\vec{x}_0 \tag{5.133}$$

■ $(\boldsymbol{A}-\vec{b}\,\vec{k})$**의 안정성문제**

위 방법은 평가함수 J를 최소화할 수 있는 제어법칙 $u(t)=-\vec{k}\,\vec{x}(t)$를 제공하고는 있지만, $\lim_{t\to\infty}\vec{x}_f(t)=\vec{0}$로 된다고 하는 보증, 즉 이득벡터 $\vec{k}$에 의한 상태피드백의 결과로 얻어진 $(\boldsymbol{A}-\vec{b}\,\vec{k})$가 안정행렬로 된다는 보증은 하지 않고 있다. $(\boldsymbol{A}-\vec{b}\,\vec{k})$의 안정성과 관련하여 다음이 주어진다.

• $(\boldsymbol{A}-\vec{b}\,\vec{k})$**의 안정성 여부**

식(5.131)과 (5.132)로 얻어진 벡터 $\vec{k}$에 의한 상태피드백 $u(t)=-\vec{k}\,\vec{x}(t)$의 수행으로 얻어진 폐루프시스템

$$\dot{\vec{x}}(t)=(\boldsymbol{A}-\vec{b}\,\vec{k})\,\vec{x}(t) \tag{5.133}$$

이 안정으로 되기 위한 필요충분조건은 $(\boldsymbol{A},\vec{b})$가 가제어, $(\boldsymbol{Q}^{1/2},\boldsymbol{A})$가 가관측으로 되는 것이다.

[예제 5.28]

[예제 5.26]에서 취급한 시스템에 대하여 평가함수

$$J=\int_0^{\infty}[\vec{x}^T(t)\boldsymbol{Q}\vec{x}(t)+ru^2(t)]dt$$

를 최소로 하는 제어법칙을 다음의 각 경우에 대하여 계산하여 보자

(1) $\boldsymbol{Q}=\begin{bmatrix}300 & 0\\ 0 & 60\end{bmatrix},\ r=1$

(2) $\boldsymbol{Q}=\begin{bmatrix}q_1 & 0\\ 0 & 0\end{bmatrix},\ (q_1>0),\ r=1$에서 $q_1=10, 100, 1000$의 경우에 대한 최적제어를 수행한다.

풀이

(1)의 경우 : 식(5.132)에 대입하여 정정행렬인 $\boldsymbol{P}$와 이득벡터 $\vec{k}$를 MATLAB의 명령어 'lqr'을 이용하여 계산하면 다음으로 된다.

$$\boldsymbol{P}=\begin{bmatrix}170 & 10\\ 10 & 8\end{bmatrix},\ \vec{k}_1=[10\ \ 8] \qquad ①$$

[예제 5.26]에서 사용한 $\vec{k}=[-5\ \ 1]$과 ①의 $\vec{k}_1$으로 수행한 시뮬레이션 결과를 [그림 5.46]에 나타내었다.

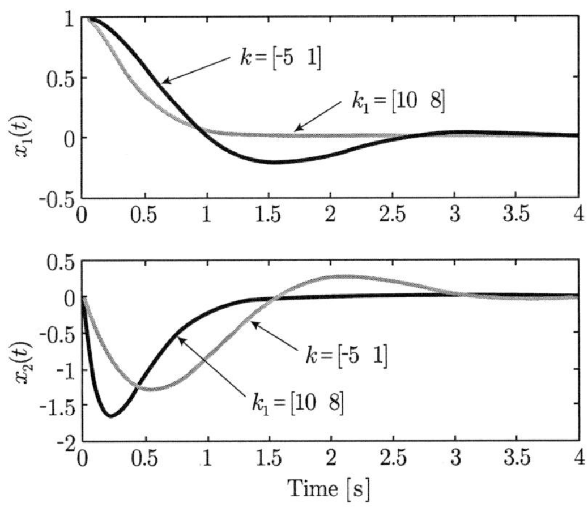

[그림 5.45] [예제 5.28]의 (1)의 경우 (상태변수)

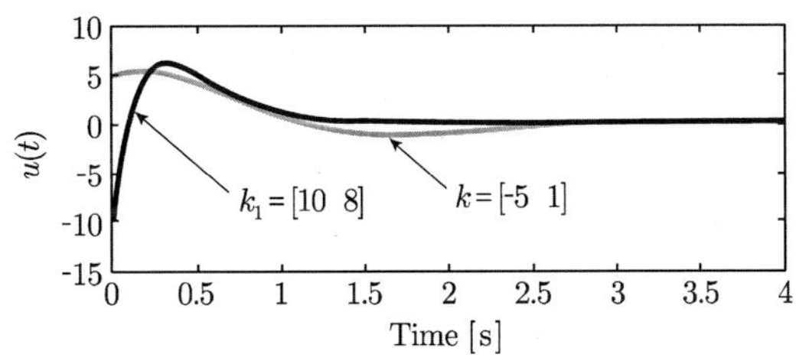

[그림 5.46] [예제 5.28]의 (1)의 경우 (입력)

그림으로부터 $x_1(t)$과 $x_2(t)$의 수렴속도를 적극적으로 고려하지 않고 설계한 이득 $\vec{k}$에 비하여 상태가 빠르게 수렴하고 있음을 볼 수 있다. 그 결과 $\vec{k}$의 경우보다 큰 입력이 필요하다는 것을 [그림 5.46]으로부터 확인할 수 있다. 이때 J의 최소값은 식(5.133)으로부터

$$J_{\min} = \vec{x}_0^T \boldsymbol{P} \vec{x}_0 = [\,1\ \ 0\,]\begin{bmatrix} 170 & 10 \\ 10 & 8 \end{bmatrix}\begin{bmatrix} 1 \\ 0 \end{bmatrix} = 170 \qquad ②$$

로 주어진다.

(2)의 경우 : 준정정행렬 $\boldsymbol{Q}$는

$$\boldsymbol{Q}_0 = \begin{bmatrix} \sqrt{q_1} & 0 \end{bmatrix} \ \rightarrow\ \boldsymbol{Q} = \boldsymbol{Q}_0^T \boldsymbol{Q}_0 \geq 0 \qquad ③$$

과 같이 나타낼 수 있으므로 $\boldsymbol{Q}_0$에 대한 가관측성행렬은

$$\boldsymbol{M}_0 = \begin{bmatrix} \boldsymbol{Q}_o \\ \boldsymbol{Q}_o \boldsymbol{A} \end{bmatrix} = \begin{bmatrix} \sqrt{q_1} & 0 \\ 0 & \sqrt{q_1} \end{bmatrix} \ \rightarrow\ |\boldsymbol{M}_0| = q_1 \neq 0 \qquad ④$$

로 되어 $(\boldsymbol{Q}_0, \boldsymbol{A})$는 가관측하므로 식(5.133) 형식의 피드백이 가능함을 알 수 있다.

주어진 가중행렬 $\boldsymbol{Q}$를 이용하여 대수 리카티방정식 (5.132)의 해를 계산하여 보자. 이는

$$\begin{bmatrix} p_{11} & p_{12} \\ p_{12} & p_{22} \end{bmatrix}\begin{bmatrix} 0 & 1 \\ -10 & -1 \end{bmatrix} + \begin{bmatrix} 0 & -10 \\ 1 & -1 \end{bmatrix}\begin{bmatrix} p_{11} & p_{12} \\ p_{12} & p_{22} \end{bmatrix} \qquad ⑤$$
$$-\frac{1}{1}\begin{bmatrix} p_{11} & p_{12} \\ p_{12} & p_{22} \end{bmatrix}\begin{bmatrix} 0 \\ 1 \end{bmatrix}[\,0\ \ 1\,]\begin{bmatrix} p_{11} & p_{12} \\ p_{12} & p_{22} \end{bmatrix} + \begin{bmatrix} q_1 & 0 \\ 0 & 0 \end{bmatrix} = \begin{bmatrix} 0 & 0 \\ 0 & 0 \end{bmatrix}$$

로부터 다음 세 개의 연립방정식을 얻는다.

$$\begin{cases} -p_{12}^2 - 20p_{12} + q_1 = 0 \\ -p_{12}p_{22} + p_{11} - p_{12} - 10p_{22} = 0 \\ -p_{22}^2 + 2p_{12} - 2p_{22} = 0 \end{cases} \qquad ⑥$$

여기서 $\alpha = \sqrt{100+q_1}$ 으로 두면 위의 첫 번째 식으로부터 $p_{12} = -10 \pm \alpha$가 얻어지므로 이를 다음과 같이 분류한다.

(i) $p_{12} = -10-\alpha$의 경우: ⑥의 두 번째 식으로부터

$$p_{12}^2 + 2p_{22} + 2(\alpha+10) = 0 \ \rightarrow\ p_{22} = -1 \pm j\sqrt{2\alpha+19} \qquad ⑦$$

이므로 p_{22}가 복소수로 되어 $\boldsymbol{P}$가 정정행렬로 되어야 하는 조건에 맞지 않는다.

(ii) $p_{12} = -10+\alpha$의 경우 : ⑥의 세 번째 식으로부터

$$p_{22}^2 + 2p_{22} - 2(\alpha-10) = 0 \ \rightarrow\ p_{22} = -1 \pm \sqrt{\beta}\,, (\beta = 2\alpha - 19) \qquad ⑧$$

로 된다. 여기서 $\alpha > 10$이므로 $\sqrt{\beta} = \sqrt{2\alpha-19} > 1$로 되어 p_{22}는 양의 실수인

$-1+\sqrt{\beta}$, 또는 음의 실수인 $-1-\sqrt{\beta}$로 된다. 여기서 ⑥의 두 번째 식으로부터 p_{11}을 계산한다. 즉

$$p_{11}=p_{12}p_{22}+p_{12}+10p_{22}=-10\pm\alpha\sqrt{\beta} \qquad ⑨$$

로부터 $p_{11}=\alpha\sqrt{\beta}-10,\ -\alpha\sqrt{\beta}-10$을 된다. 따라서 식(5.132)를 만족하는 두 개의 $\boldsymbol{P}$는 다음으로 주어진다.

$$\boldsymbol{P}_1=\begin{bmatrix}\alpha\sqrt{\beta}-10 & \alpha-10\\ \alpha-10 & \sqrt{\beta}-1\end{bmatrix},\ \boldsymbol{P}_2=\begin{bmatrix}-\alpha\sqrt{\beta}-10 & \alpha-10\\ \alpha-10 & -\sqrt{\beta}-1\end{bmatrix} \qquad ⑩$$

그러나 식(5.132)해는 반드시 정정행렬로 되어야 하므로 ⑩에서 $\boldsymbol{P}_1$만이 이를 만족한다. 따라서 식(5.131)에 의한 피드백이득벡터는

$$\vec{k}=\frac{1}{r}\vec{b}^{\,T}\boldsymbol{P}_1=[0\ \ 1]\begin{bmatrix}\alpha\sqrt{\beta}-10 & \alpha-10\\ \alpha-10 & \sqrt{\beta}-1\end{bmatrix} \qquad ⑪$$

$$=[\alpha-10\ \ -1+\sqrt{\beta}],\ \left(\alpha=\sqrt{100+q_1},\ \beta=2\alpha-19\right)$$

이 경우 $\boldsymbol{A}_{cl}=\boldsymbol{A}-\vec{b}\vec{k}$의 고유값, 즉 폐루프의 극은

$$s_1=-\frac{\sqrt{2\alpha-19}}{2}\pm j\frac{\sqrt{2\alpha+19}}{2} \qquad ⑫$$

로 주어진다. 이상으로부터

(a) $q_1=10:\ \vec{k}=[0.4881\ \ 0.4058],\ s_{1,2}=-0.7029\pm j3.1613$

(b) $q_1=100:\ \vec{k}=[4.1421\ \ 2.0470],\ s_{1,2}=-1.5235\pm j3.4382$

(c) $q_1=1000:\ \vec{k}=[23.1662\ \ 5.8799],\ s_{1,2}=-3.4399\pm j4.6188$

로 된다. 상기의 이득벡터를 이용한 시뮬레이션 결과를 [그림 5.47]에 나타내었다. 단 초기값은 $\vec{x}_0=[1\ 0]^T$로 두었다. q_1의 값이 클수록 폐루프의 극의 실수부 값이 마이너스로 크게 되어 수렴속도가 빨라진다. 그러나 $\vec{k}$가 큰 값을 가지기 때문에 입력 $u(t)$는 큰값을 가진다([그림 5.48] 참조).

위 예제 (2)의 경우, $x_1(t)$을 빨리 수렴시키기 위해 가중값 q_1을 차례로 증가시켜서 사용하였으나, $x_2(t)$에는 가중값을 인가하지 않았다. 다시 말하면 이때의 평가함수 J는 $x_2(t)$의 응답은 최소한 안정성만 유지된다면 문제 삼지 않겠다는 의도를 나타내는 것으로 생각된다. 그러나 [그림 5.47]에 의하면 $x_2(t)$ 역시 $\vec{k}$를 사용한 경우보다 빠른 속도로 영으로 수렴하고 있음을 볼 수 있다. 이는 제어대상의 상태방정식인 [예제 5.26]의 ①에 의하면 $\dot{x}_1(t)=x_2(t)$의 관계가 성립하므로 $x_1(t)$이 빠르게 수렴한다면 이것의 적분으로 주어지는 $x_2(t)$ 역시 빠르게 수렴해야 하기 때문이다.

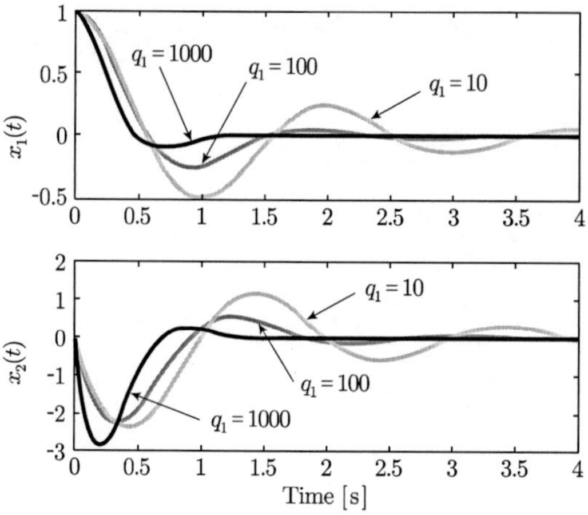

[그림 5.47] [예제 5.28]의 (2)의 경우

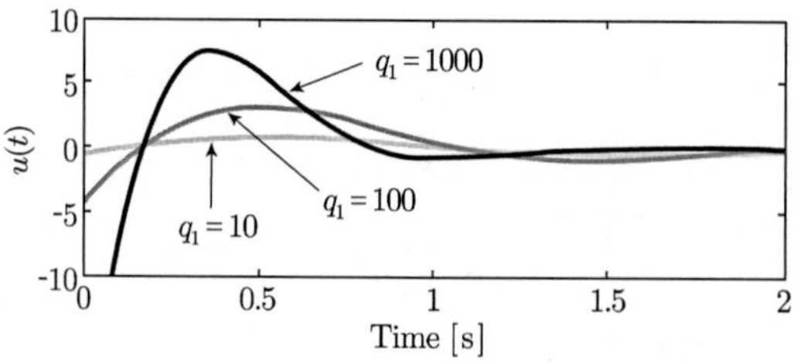

[그림 5.48] [예제 5.28]의 (2)의 경우 (입력)

* 위 예제의 결과를 얻기 위한 MATLAB 프로그램은 다음과 같다.

```
% [예제 5.28]
% (1)의 경우
A = [0 1;-10 -1];b = [0 1]'; Q = [300 0;0 60]; r = 1;
[k1,P,E] = lqr(A,b,Q,r); Ak1 = A-b*k1;       % ①의 결과(즉 P, k_1)를 얻는다.
k = [-5 1];Ak = A-b*k;
sysfd = ss(Ak,b,c,d); sysfd1 = ss(Ak1,b,c,d);
[y,t,x] = initial(sysfd,[1 0]',4);           % 상태공간식에서 초기값에 의한 응답계산
[y1,t1,x1] = initial(sysfd1,[1 0]',4);
subplot(211),plot(t,x(:,1),t1,x1(:,1),':'), ylabel('x_1(t)')
subplot(212),plot(t,x(:,2),t1,x1(:,2),':'), ylabel('x_2(t)'),
                                             xlabel('Time [s]')
```

% [예제 5.28]

```
% (2)의 경우
syms p11 p12 p22                    % Symbolic Tool을 이용한 연립방정식 ⑥의 해를 계산
P_sym = solve('-p12^2-20*p12+10',...          % q1 = 10 으로 두었다
'-p12*p22+p11-p12-10*p22','-p22^2+2*p12-2*p22')
%
A = [0 1;-10 -1];b = [0 1]';q1 = 10;
Q = [q1 0;0 0];r = 1;
[k,P,E] = lqr(A,b,Q,r);                       % 명령어 lqr을 이용한 ⑩의 계산
% 시뮬레이션은 [그림 5.49]의 Simulink를 사용한다.
subplot(211)
plot(x10.time,x10.signals.values(:,1),x100.time,x100.signals.values(:,1),...
x1000.time,x1000.signals.values(:,1)),ylabel('x_1(t)')
subplot(212)
plot(x10.time,x10.signals.values(:,2),x100.time,x100.signals.values(:,2),...
x1000.time,x1000.signals.values(:,2)),xlabel(' Time [s] '), ylabel('x_3(t)')
```

* [그림 5.49]에서 입력과 상태변수의 계산결과를 저장하기 위한 'To Workspace' 블록에서 계산결과의 저장형식(Save format)을 'Structure with Time'으로 설정하였다. 이 경우 변수 ut와 xt에는 스트럭쳐(structure)형식으로 데이터가 저장된다. 즉, 시간데이터는 xt.time에 하나의 열벡터로, 두 개의 상태변수는 xt.signals.values에 두 개의 열벡터로 각각 저장된다. ut의 경우도 마찬가지이다[54].

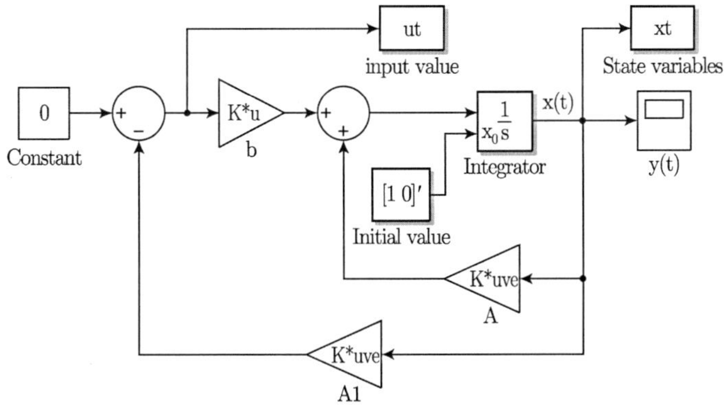

[그림 5.49] [예제 5.28]의 (2)의 시뮬레이션 블록선도

54) structure형식의 구조와 그 사용법 등은 MATLAB의 help 등을 참조한다.

[예제 5.29]

다음 시스템에 대한 최적제어를 수행하여 보자.

$$\dot{\vec{x}}(t) = \boldsymbol{A}\,\vec{x}(t) + \vec{b}\,u(t),\quad \boldsymbol{A} = \begin{bmatrix} 0 & 1 \\ 0 & 0 \end{bmatrix},\ \vec{b} = \begin{bmatrix} 0 \\ 1 \end{bmatrix} \qquad ①$$

$$J = \int_0^\infty \left[x_1^2(t) + r\,u^2(t) \right] dt,\ r > 0$$

풀이 평가함수로부터 $\boldsymbol{Q}$는

$$\boldsymbol{Q} = \begin{bmatrix} 1 & 0 \\ 0 & 0 \end{bmatrix} \qquad ②$$

으로 됨을 쉽게 알 수 있다. 또한 $(\boldsymbol{Q}^{1/2}, \boldsymbol{A})$가 가관측하기 때문에 대수리카티방정식 (5.132)는 안정화 해를 가진다. 여기서

$$\boldsymbol{P} = \begin{bmatrix} p_{11} & p_{12} \\ p_{12} & p_{22} \end{bmatrix} \qquad ③$$

으로 두고 각 행렬을 대수리카티방정식에 대입하여 정리하면, 세 개의 미지수를 가지는 연립방정식을 얻는다.

$$\begin{cases} -\dfrac{1}{r}p_{12}^2 + 1 = 0 \\ p_{11} - \dfrac{1}{r}p_{12}p_{22} = 0 \\ 2p_{12} - \dfrac{1}{r}p_{22}^2 = 0 \end{cases} \qquad ④$$

위 식으로부터

$$p_{12} = \pm\, r^{1/2},\ p_{22} = \pm\,\sqrt{2\,r\,p_{12}} \qquad ⑤$$

를 얻는다. 여기서 p_{22}는 반드시 실수로 되어야 하므로 ⑤로부터 p_{12}는 양의 값을 가져야 한다는 것을 알 수 있다. 또 $\boldsymbol{P}$가 정정행렬, 즉 $\boldsymbol{P} > 0$으로 되기 위해서는 p_{22}가 양의 값을 가져야 하므로

$$p_{12} = r^{1/2},\ p_{22} = \sqrt{2}\ r^{3/4} \qquad ⑥$$

으로 된다. 마지막으로 p_{11}은

$$p_{11} = \frac{1}{r}\,p_{12}\,p_{22} = \sqrt{2}\ r^{1/4} \qquad ⑦$$

로 되어, 리카티방정식의 해는

$$\boldsymbol{P} = \begin{bmatrix} \sqrt{2}\,r^{1/4} & \sqrt{r} \\ \sqrt{r} & \sqrt{2}\,r^{3/4} \end{bmatrix} \qquad ⑧$$

로 된다. 여기서 구한 $\boldsymbol{P}$가 정정행렬로 된다는 것은 다음과 같이 실베스트판정조건[55)]을 이용함

으로써 쉽게 확인해 볼 수 있다.

$$p_{11} = \sqrt{2}\, r^{1/4} > 0, \ \det(\boldsymbol{P}) = r > 0 \tag{⑨}$$

식(5.131)로부터 피드백행렬은

$$\begin{aligned} \boldsymbol{F} &= r^{-1} \vec{b}^{\,T} \boldsymbol{P} \\ &= \frac{1}{r} [\,0 \ \ 1\,] \begin{bmatrix} \sqrt{2}\, r^{1/4} & \sqrt{r} \\ \sqrt{r} & \sqrt{2}\, r^{3/4} \end{bmatrix} \\ &= \begin{bmatrix} \frac{1}{\sqrt{r}} & \frac{\sqrt{2}}{r^{1/4}} \end{bmatrix} \end{aligned} \tag{⑩}$$

으로 된다.

여기서 위에서 구한 최적이득행렬에서 '최적'의 의미를 고전제어의 관점에서 확인하여 보자. 먼저 $\vec{k} = [k_1, \ k_2]$로 두고 위 식 ①에 $u(t) = -\vec{k}\,\vec{x}(t)$로서 피드백을 수행하였을 경우의 블록선도로 나타내면 [그림 5.50(a)]와 같이 된다. 여기서 점선 안을 하나의 식을 바꾸고 가상적인 입력 v를 이용하면 [그림 5.50(a)]는 [그림 5.50(b)]로 바뀐다. [그림 5.50(b)]에서 가상적인 입력 v와 출력 y사이의 전달함수를 구하여 표준2차시스템의 전달함수와 비교하여 본다. 즉,

$$\frac{y(s)}{v(s)} = \frac{k_1}{s^2 + k_2 s + k_1} = \frac{\omega_n^2}{s^2 + 2\zeta\omega_n s + \omega_n^2} \tag{⑪}$$

이로부터

$$k_1 = \omega_n^2, \ k_2 = 2\zeta\omega_n$$

이 얻어지므로 여기에 식 ⑩의 값을 대입하여 비교하여 보면

$$\zeta = \frac{\sqrt{2}}{2}, \ \omega_n = \frac{1}{r^{1/4}} \tag{⑫}$$

로 됨을 확인할 수 있다. 이는 ①의 시스템에 최적제어를 수행하였을 경우 폐루프시스템의 전달함수는 감쇄율이 r값에 관계없이 항상 $\sqrt{2}/2 = 0.707$로 된다는 것을 의미하고 있다. 3.2.2절에서 언급한 바와 같이 표준 2차시스템에서 감쇄율이 0.707이라는 것은 출력(즉 $y(t)$)의 정정시간과 오버슈터 사이의 가장 바람직한 값으로 알려져 있다. 따라서 ①의 평가함수인 J를 최소로 하는 가장 최적인 제어는 고전제어의 결론과 일치하는 것을 알 수 있다. 한편 대역폭(bandwidth) ω_B는 ω_n, 다시 말하면 r에 의존하므로[56] r의 값이 크면 클수록(즉 입력에 대한 페널티가 커지므로 인가되는 입력이 작아져서) 대역폭은 좁아지고 따라서 출력의 응답속도가 늦어지게 된다.

55) 정정행렬임을 확인하기 위한 판정조건의 하나이다.

56) 표준 2차 시스템에서 대역폭은 대략의 다음 관계식이 성립한다.

$$\frac{\omega_B}{\omega_n} \approx -1.199\zeta + 1.85$$

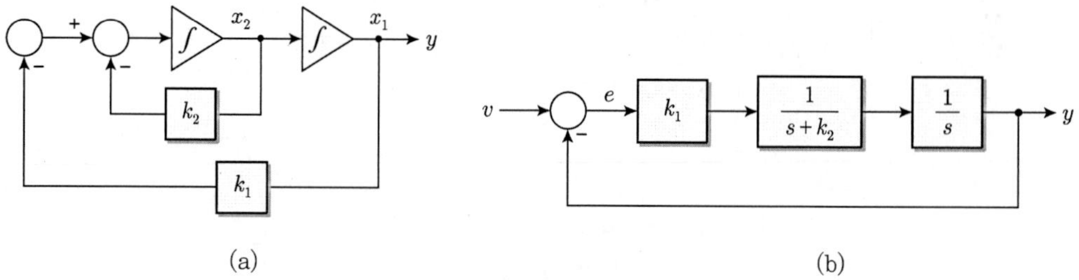

[그림 5.50] [예제 5.29]의 블록선도

* [그림 5.51]의 블록선도는 [예제 5.29]에서 초기상태 $\vec{x}(0)=[1,-1]^T$에 있어서 $r=1$인 경우에 대한 최적제어의 결과를 전달함수 표현과 상태방정식 표현을 이용하여 확인하는 것이다. 또한 r의 증가에 따른 출력과 입력의 변화 역시 관찰 가능하다.

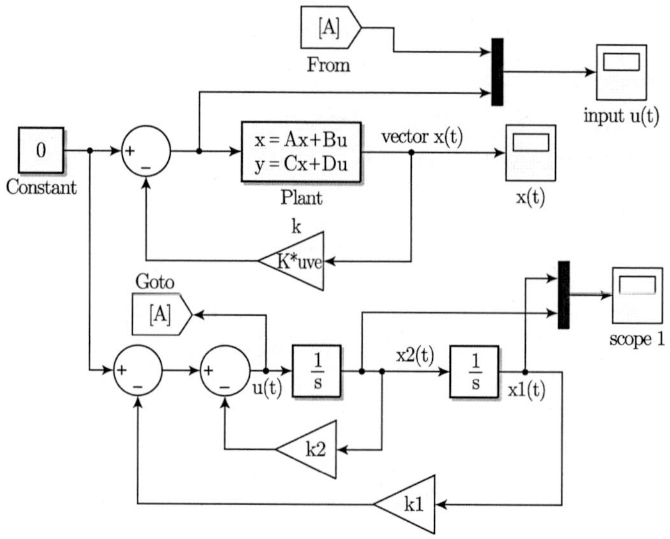

[그림 5.51] [예제 5.29]의 확인을 위한 블록선도

[예제 5.30]

다음과 같이 주어진 시스템과 평가함수에 대하여 최적제어를 수행하여 보자.

$$\dot{\vec{x}}(t)=\boldsymbol{A}\vec{x}(t)+\vec{b}\,u(t),\ \boldsymbol{A}=\begin{bmatrix}0&1\\2&1\end{bmatrix},\ \vec{b}=\begin{bmatrix}0\\1\end{bmatrix}$$

$$J=\int_0^\infty [\,u^2(t)]\,dt$$

풀이 위 평가함수로부터 $\boldsymbol{Q}=0$이므로 $(\boldsymbol{Q}^{1/2},\boldsymbol{A})$은 가관측이 아니다. 따라서 $(\boldsymbol{A}-\vec{b}\vec{k})$의 안정성에 대한 확인이 필요하다. 식(5.132)에서

$$\boldsymbol{P}=\begin{bmatrix}\alpha&\beta\\\beta&\gamma\end{bmatrix} \quad ①$$

로 두고 전개하면 다음 연립방정식을 얻는다.

$$4\alpha = \beta^2,\ \alpha + \beta + 2\gamma = \beta\gamma,\ 2\beta + 2\gamma = \gamma^2 \qquad ②$$

여기서 $\boldsymbol{P}$가 준정정으로 되기 위한 조건, 즉 $\alpha\beta \geq \gamma^2$ 및 $\alpha, \beta \geq 0$ 아래 ②를 풀면 다음과 같은 두 개의 준정정인 해가 존재한다.

$$\boldsymbol{P}_+ = \begin{bmatrix} 4 & 4 \\ 4 & 4 \end{bmatrix},\ \boldsymbol{P}_o = \begin{bmatrix} 0 & 0 \\ 0 & 0 \end{bmatrix} \qquad ③$$

위의 두 종류의 해로서 $(\boldsymbol{A} - \vec{b}\,\vec{k})$의 안정성에 대하여 생각하여 보자. 주어진 평가함수의 모양으로부터, $u(t) = 0$이면 평가함수가 최소화 된다는 것은 분명하다. 그러나 $u(t) = 0$에서는 주어진 시스템이 불안정하기 때문에 상태 $\vec{x}(t)$가 영으로 수렴하지 않고 발산하게 되어 최적입력이라고 할 수 없다. 즉, $\boldsymbol{P}_o$는 안정화 해로 되지 않는다. 한편 $\boldsymbol{P}_+$를 이용하여 얻어진 이득벡터는 $\vec{k} = \vec{b}^T \boldsymbol{P}/r = [4,\ 4]$로 되기 때문에

$$\boldsymbol{A} - \vec{b}\,\vec{k} = \begin{bmatrix} 0 & 1 \\ -2 & -3 \end{bmatrix} \ \rightarrow \lambda_{1,2} = -1, -2 \qquad ④$$

로 되어 폐루프시스템이 안정으로 된다. 따라서 $\boldsymbol{P}_+$가 폐루프를 안정화하는 조건 $\lim_{t \to \infty} \vec{x}(t) = \vec{0}$을 만족시키는 레귤레이터의 안정화해이다.

```
% [예제 5.30]
syms alpha beta gamma
S = solve(4*alpha-beta^2 == 0,alpha+beta+2*gamma == beta*gamma,...
    2*beta+2*gamma == gamma^2)                    % ②의 계산
Alpha = double(S.alpha);Beta=double(S.beta); Gamma=double(S.gamma);
% 조건 αβ ≥ γ^2 및 α,β ≥ 0을 만족하는 α,β,γ의 선정
for i = 1:4
    if (Alpha(i)*Beta(i)) >= Gamma(i)^2 & Alpha(i)>0 & Beta(i)>0
        i,break
    end
end
disp(' The Solution of ALE is ')
P = sprintf('%4.2f %4.2f %4.2f',double(S.alpha(i)),double(S.beta(i)),...
    double(S.gamma(i)))
```

5.5 서보시스템의 설계

전 절에서 시스템의 출력을 항상 평형상태(즉 $\lim_{t \to \infty} \vec{x}(t) = \vec{0}$)로 유지하는 레귤레이터의 설계에 대하여 설명하였다. 그러나 로봇 매니퓰레이터(manipulator) 등의 제어에 있어서는 단순히 출력을 평형상태로 유지하고자 하는 제어 만으로서는 불충분하다. 예를 들어, 로봇 매니퓰레이터의 위치나 자세 등을 주어진 목표값에 빠르고 정확하게 추종시키고자 하는 경우에는 출력은 평형상태가 아니고 항상 변동하게 되므로 레귤레이터와는 다른 형식의 제어기법이 필요할 것으로 생각된다. 이와 같은 제어시스템을 통상 서보기구(servo mechanism) 혹은 서보시스템(servo system)으로 부르고 있으며 이러한 시스템의 설계를 위해서는 일반적으로 다음의 조건을 요구된다.

• 서보시스템의 조건

(1) 목표입력이나 외란입력이 존재하지 않을 경우에는 제어시스템은 (점근)안정이다.
(2) 지속적인 외란입력이 존재하여도 출력 $y(t)$가 주어진 목표신호 $r(t)$에 정상오차 없이 추종한다.
(3) 제어대상이 가지는 미지의 파라미터 변동에 대해서도, 조건 (1), (2)가 만족된다.

(1)은 내부안정(internal stability)의 조건, (2)는 출력레귤레이션(output regulation)의 조건으로 불리고 있다. 또한 (3)은 제어대상의 파라미터가 기준값(nominal value)에서 다소 변동하더라도 시스템은 안정성을 유지하고, 동시에 설계사양을 만족시키기 위한 것으로, 이를 만족하는 시스템을 강인한 서보시스템(robust servo system)이라고 한다.

이상의 사실로부터 (강인한) 서보시스템의 설계라고 하는 것은, (1) 내부안정성, (2) 출력레귤레이션, (3) 강인성 등의 조건을 만족하면서, 동시에 바람직한 응답파형(과도응답)을 가지는 제어시스템을 설계하는 것이다. 이하 서보시스템의 설계문제에 대하여 알아본다.

5.5.1 내부모델의 원리

다음 상태방정식으로 주어진 제어대상에 대한 서보시스템을 구성하는 것을 생각하여 보자.

$$\begin{cases} \dot{\vec{x}}(t) = \boldsymbol{A}\,\vec{x}(t) + \vec{b}\,u(t) \\ y(t) = \vec{c}\,\vec{x}(t) \end{cases} \tag{5.134}$$

이 경우 식(5.134)는 안정하며, 또한 그의 수식표현(즉 $\boldsymbol{A}, \vec{b}, \vec{c}$ 등)이 제어대상의 물리적 특성을 완전하게 나타내고 있으며 동시에 외란이 존재하지 않는다는 이상적인 상황 아래서는 제어대상의 출력 $y(t)$를 목표신호 $r(t)$에 추종시키는 제어입력 $u(t)$를 수학적으로 계산할 수 있다. 그러나 물리시스템을 완벽하게 나타내는 수식모델은 존재하지 않으며, 또한 측정할 수 없는 외란 등이 인가된다는 등의 현실적인 상황 아래서는, 실재의 출력과 목표신호와의 오차신호 $e(t)$를 이용하여 이러한 문제점을 극복하여야 한다. 이러한 관점에서 서보시스템의 기본적인 구성은 [그림 5.52]와 같은 형식을 가진다.

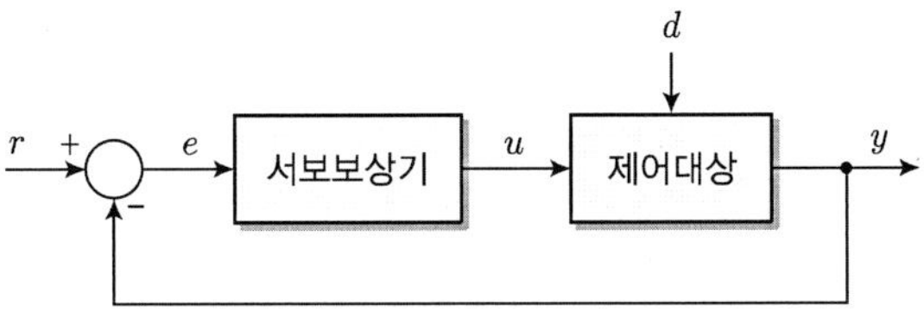

[그림 5.52] 서보시스템의 기본구성

여기서 [그림 5.52]의 구조로서 안정한 서보시스템이 구성되어서 현재 정상상태에 있는 것으로 가정한다. 다시 말하면 관측출력 $y(t)$가 목표신호 $r(t)$에 일치하고 있다고 한다. 이 경우 입력 $u(t)$는 외란 $d(t)$의 영향을 억제 (또는 제거)하는 역할과 관측출력을 $r(t)$로 만드는 두 가지 역할을 동시에 수행하고 있는 것으로 볼 수 있다. 이와 같은 역할을 수행하기 위해서는, 선형시스템의 특성으로 인해 $u(t)$가 $r(t)$나 $d(t)$에 포함되어 있는 시간성분을 가지고 있지 않으면 안 된다[57]. 그런데 시스템이 정상상태에 있을 경우에는 제어오차 $e(t)$가 0이기 때문에 이와 같은 시간성분은 보상기의 내부에서 발생되어야 할 것이다[58]. 예를 들어 목표신호가 램프함수인 't', 외란이 정현파신호인 '$\sin t$'인 경우에는, 보상기가 t와 $\sin t$의 모드를 발생시켜야 한다는 것이다. 다시 말하면, [그림 5.52]와 같은 서보시스템을 구성한다면 목표신호와 외란을 발생하는 기구(모델)와 동일한 시스템을 보상기의 내부에 가져야 한다는 것이다. 이러한 사항을 내부모델의 원리라고 부른다.

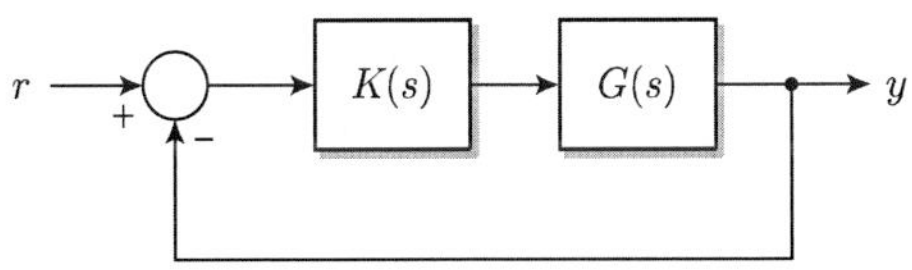

[그림 5.53] 피드백 시스템

간략한 표현을 위하여 1입출력 시스템으로 가정하고 내부모델의 작동원리를 간단히 살펴보자. [그림 5.53]의 피드백시스템에서 목표신호 $r(t)$의 라플라스변환을

$$r(s)=\frac{d(s)}{c(s)} \tag{5.135}$$

로 나타낸다면, 이 신호에 포함되는 모드의 수식표현은 $r(s)$의 분모 $c(s)$에 포함되어야 한다[59]. 따라서 [그림 5.53]이 서보시스템으로 작용하기 위해서는 내부모델의 원리에 의해 루

57) 예를 들어 크기 d인 외란을 소거하려면 제어입력에 반드시 $-d$의 항이 포함되어 있어야 할 것이다.
58) 이러한 의미에서 제3, 4장에서는 '제어기(controller)'란 용어 대신에 '보상기(compensator)'를 사용하였다. 즉 서보의 역할을 위해 필요한 '것'을 내부에서 공급한다는 의미이다.
59) 예를 들어 $r(t)=t^2$(포물선)라면 $r(s)=2/s^3$이므로, $1/c(s)=1/s^3$는 포물선 신호를 생성하는 하나의 방법이 된다.

프이득은

$$G(s)K(s)=\frac{b(s)}{a(s)c(s)} \tag{5.136}$$

의 모양으로 되어야 할 것이다. 단 위 식에서 $b(s)$는 $c(s)$와 공통인자를 가지지 않는 것으로 한다. 이때 $r(s)$가 오차 $e(s)$에 미치는 영향은

$$e(s)=\frac{r(s)}{1+K(s)G(s)}=\frac{a(s)c(s)}{a(s)c(s)+b(s)}\times\frac{d(s)}{c(s)} \tag{5.137}$$

로 표현된다. 따라서 목표값의 모드, 즉 다항식 $c(s)=0$의 근은 폐루프전달함수의 분자에 포함되는 $c(s)$와 소거되기 때문에 오차의 모드로서 나타나지 않는다(식(5.137) 참조). 이 때문에 만약 $r(s)$의 모드를 미리 알고 있으며, 동시에 변동하지 않는다고 한다면, 제어대상 $G(s)$의 특성에 변동이 발생하더라도 정상오차를 영으로 할 수 있다는 사실을 알 수 있다. 단 식(5.137)에서 $a(s)c(s)+b(s)=0$의 근의 실수부가 $(-)$로 되도록 $K(s)$가 선정되어 있다고 가정한다.

또한 예를 들어 보상기가 목표신호 또는 외란을 구성하는 시간성분을 발생시킨다고 하더라도, 그 성분이 제어입력에서 출력까지의 전달영점에 의해 저지(blocking)된다면[60] 서보시스템의 목표를 달성할 수 없을 것이다. 이러한 사실을 수학적으로 나타내어 보자.

먼저 목표신호와 외란을 발생하는 시스템을

$$\dot{\vec{x}}_r(t)=\boldsymbol{A}_r\vec{x}_r(t) \tag{5.138}$$ [61]

으로 나타내기로 한다. 예를 들어 목표신호 $r(t)$가 크기 1인 계단함수이고 외란 $d(t)$에는 시간성분으로 $\sin(2t)$를 포함하고 있다면 식(5.138)은 다음과 같이 될 것이다.

$$\dot{\vec{x}}_r(t)=\begin{bmatrix} 0 & \vdots & 0 & 0 \\ \cdots & \vdots & \cdots & \cdots \\ 0 & \vdots & 0 & -2 \\ 0 & \vdots & 2 & 0 \end{bmatrix}\vec{x}_r(t) \tag{5.139}$$

행렬 $\boldsymbol{A}_r$의 왼쪽 위 블록이 시간성분 1을 발생하고, 오른쪽 아래 블록으로부터 $\sin(2t)$가 생성된다. 이를 위해서는 $\boldsymbol{A}_r$의 특성다항식에, 두 개의 시간성분 $\{1, \sin(2t)\}$의 라플라스변환 $\{1/s,\ 2/(s^2+4)\}$의 분모의 최소공배다항식인 $s(s^2+4)$을 포함하고 있어야 한다. 한편 식(5.139)로부터 $\boldsymbol{A}_r$의 특성다항식은

$$|s\boldsymbol{I}-\boldsymbol{A}_r|=s^3+4s=s(s^2+4)$$

로 되어 식(5.139)는 주어진 초기값 $\vec{x}_r(0)$에 의해 두 개의 시간성분을 발생시킨다는 것을 확

60) 보상기의 극이 제어대상이 가지는 영점에 의해 소거된다면 보상기가 시간성분을 발생시키는 모델을 가지지 않고 있는 것과 마찬가지로 된다는 것을 의미한다.
61) 이 경우 식(4.97)의 $c(s)$는 $c(s)=|s\boldsymbol{I}-\boldsymbol{A}_r|$로 주어진다.

인할 수 있다.

식(5.138)의 상태방정식에 의해 목표신호와 외란신호가 발생될 때, 행렬 $\boldsymbol{A}_r$의 모든 고유값 λ에 대하여

$$\text{rank}\begin{bmatrix} \boldsymbol{A}-\lambda \boldsymbol{I} & \vec{b} \\ \vec{c} & 0 \end{bmatrix}=n+1 \tag{5.140}$$

가 성립한다면, 시스템의 전달영점에 의해 보상기에 존재하는 내부모델의 성분이 소거(즉 블로킹)되는 현상은 발생하지 않는다. 이상의 사실을 정리하면 다음과 같다.

• 서보시스템의 구성요건

① $(\boldsymbol{A}, \vec{b})$는 가안정으로 되어야 한다.

② $(\vec{c}, \boldsymbol{A})$가 가검출로 되어야 한다.

③ 목표신호 $r(t)$과 외란 $d(t)$를 발생하는 식(5.138)의 행렬 $\boldsymbol{A}_r$의 고유값 λ에 대하여

$$\text{rank}\begin{bmatrix} \boldsymbol{A}-\lambda \boldsymbol{I} & \vec{b} \\ \vec{c} & 0 \end{bmatrix}=n+1$$

가 성립되어야 한다.

위의 요건에서 만약 목표신호가 계단신호이면 식(5.138)의 행렬 $\boldsymbol{A}_r$의 고유값은 $\lambda=0$으로 된다. 이 경우 식(5.140)의 조건은

$$\text{rank}\begin{bmatrix} \boldsymbol{A}, & \vec{b} \\ \vec{c}, & 0 \end{bmatrix}=n+1 \tag{5.141}$$

로 된다. 이 조건은 다시 말하면, '제어대상이 원점에 영점을 가져서는 안 된다'는 것을 의미하고 있다. 이상의 사실은 목표신호가 시간 t의 $(k-1)$차의 다항식, 즉

$$r(t)=r_o+\frac{1}{2}r_1 t+\cdots+\frac{1}{k!}r_{k-1}t^{k-1}, \ (r_{k-1}\neq 0) \tag{5.142}$$

와 같이 구성되어 있는 경우에도 마찬가지로 적용된다. 예를 들어 $r(t)=r_o+\frac{1}{2}r_1 t$의 경우이면 제어대상이 원점에 이중의 영점(즉 s^2항)을 가지지 않을 경우에만 서보시스템의 구성이 가능하다는 것을 나타내고 있다.

5.5.2 서보시스템의 설계법

앞에서 설명한 것처럼 서보시스템을 구성하기 위해서는 루프내부에 목표입력이나 외란발생기구의 모델(즉 내부모델)을 포함하고 있지 않으면 안 된다. 따라서 서보시스템은 [그림 5.54

(a)] 혹은 (b)와 같은 구성으로 될 것이다. 일반적으로 파라미터 고정인 경우와 부분적인 파라미터 변동을 고려하는 경우에는 제어대상 자체가 가지고 있는 내부모델을 활용하기 위한 [그림 5.54(a)]와 같은 구성이 이용되고, 제어대상 전체의 파라미터 변동을 생각하는 경우에는 [그림 5.54(b)]의 구성이 채용된다.

여기서는 제어대상의 모든 파라미터 변동에 대하여 강인한 두 종류의 서보시스템 설계법에 대해 설명한다. 즉, 제어대상이

$$\dot{\vec{x}}(t) = \boldsymbol{A}\vec{x}(t) + \vec{b}\,u(t) + \vec{g}\,d(t),\ \vec{x}(0) = \vec{x}_0 \tag{5.143a}$$

$$y(t) = \vec{c}\,\vec{x}(t) \tag{5.143b}$$

로 기술되어 있다고 한다. 이 경우 강인한 서보시스템의 설계목적은 다음과 같다.

(1) 서보시스템은 점근안정으로 되어야 한다.

(2) 계단상의 외란 $d(t)$가 존재하여도 출력 $y(t)$가 계단상의 목표입력 $r(t) = r$에 정상오차 없이 추종한다.

(3) 파라미터 $\boldsymbol{A}$, $\vec{b}$에 미소한 변동이 발생하더라도 조건 2)가 성립한다.

이러한 목적을 달성시키기 위해서는 식(5.141)는 필요한 조건이다.

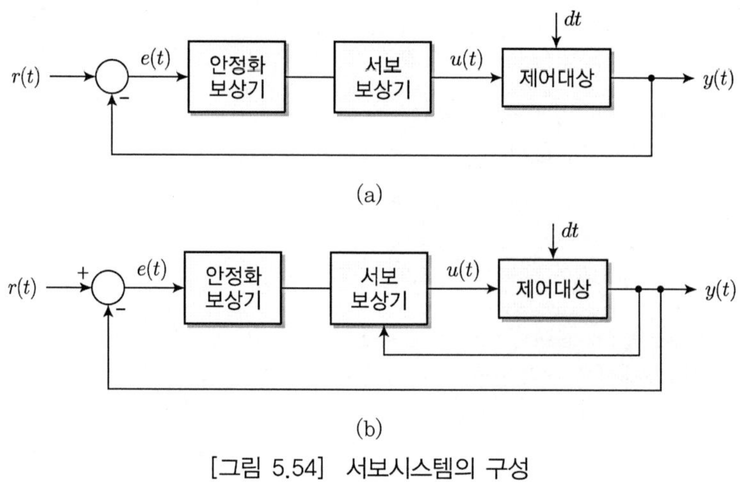

[그림 5.54] 서보시스템의 구성

■ **최적이며 강인한 서보시스템의 설계법**

여기서는 5.4절에서 사용한 평가함수 식(5.119)

$$J = \int_0^\infty [\vec{x}^T(t)\,\boldsymbol{Q}\,\vec{x}(t) + r u^2(t)]\,dt \tag{5.119)}$$

을 사용하여 이 값을 최소로 할 수 있다는 의미에서 최적(optimal)으로 되는 서보시스템의 설계를 입력이 계단함수와 램프함수인 경우로 나누어 생각해 본다.

(A) 입력이 계단함수로 주어지는 경우

$y(t)$가 $t\to\infty$ 에서 계단상의 목표값 r, $(\neq 0)$ 에 일치하고 있다면 $u(t)$도 $t\to\infty$ 에서 비영(non-zero)으로 되어야 할 것이다. 이 경우 식(5.119)의 J은 무한대의 값을 가지게 되어 평가함수로 이용할 수 없게 된다. 그런데 $u(t)$는 $t\to\infty$ 에서 일정한 값으로 되기 때문에,

$$\lim_{t\to\infty}\dot{u}(t)=0 \tag{5.144}$$

으로 된다. 이 관계를 이용하여 $v(t)=\dot{u}(t)$ 를 새로운 제어입력으로 간주하여 식(5.143)을 다시 써보면

$$\dot{\vec{x}}_e(t)=\boldsymbol{A}_e\vec{x}_e(t)+\vec{b}_e v(t)+\boldsymbol{D}_e\vec{d}(t) \tag{5.145a}$$

$$y_e(t)=\vec{c}_e\vec{x}_e(t) \tag{5.145b}$$

로 된다. 단

$$\vec{x}_e(t)=\begin{bmatrix}\vec{x}(t)\\ u(t)\end{bmatrix}:(\overline{n+1}\times 1),\ \boldsymbol{A}_e=\begin{bmatrix}\boldsymbol{A} & \vec{b}\\ \vec{0}_{(1\times n)} & 0\end{bmatrix}:(\overline{n+1}\times\overline{n+1}), \tag{5.146}$$

$$\vec{b}_e=\begin{bmatrix}\vec{0}_{n\times 1}\\ 1\end{bmatrix}:(\overline{n+1}\times 1),\ \boldsymbol{D}_e=\begin{bmatrix}\boldsymbol{I}_n\\ \vec{0}_{1\times n}\end{bmatrix}:(\overline{n+1}\times n),$$

$$\vec{c}_e=[\,\vec{c}\ \ 0\,]:(1\times\overline{n+1})$$

이다. 한편 주어진 시스템에 적당한 제어를 수행하여 출력이 목표입력에 추종하였다면, 이는 $\vec{x}(t)$와 $u(t)$가 $t\to\infty$ 에서 일정한 값 $\vec{x}_s$와 u_s을 가진다는 것을 의미한다. 이 값은, 만약 제어대상 (5.143)이 안정하다면 다음과 같이 계산가능하다. 즉, $t\to\infty$ (정상상태)에서 식(5.143)은

$$\begin{bmatrix}\vec{0}\\ r\end{bmatrix}=\begin{bmatrix}\boldsymbol{A} & \vec{b}\\ \vec{c} & 0\end{bmatrix}\begin{bmatrix}\vec{x}_s\\ u_s\end{bmatrix}+\begin{bmatrix}\vec{d}\\ 0\end{bmatrix} \tag{5.147}$$

로 되므로, 이로부터 정상상태 값은 다음과 같이 얻을 수 있다.

$$\begin{bmatrix}\vec{x}_s\\ u_s\end{bmatrix}=\begin{bmatrix}\boldsymbol{A} & \vec{b}\\ \vec{c} & 0\end{bmatrix}^{-1}\begin{bmatrix}-\vec{d}\\ r\end{bmatrix}\equiv\boldsymbol{Z}^{-1}\begin{bmatrix}-\vec{d}\\ r\end{bmatrix} \tag{5.148a}$$

$$\boldsymbol{Z}=\begin{bmatrix}\boldsymbol{A} & \vec{b}\\ \vec{c} & 0\end{bmatrix}:(\overline{n+1}\times\overline{n+1}) \tag{5.148b}$$

여기서 정상상태 값으로부터의 변동분 $\Delta\vec{x}(t)$, $\Delta u(t)$를

$$\Delta\vec{x}(t)=\vec{x}(t)-\vec{x}_s \tag{5.149a}$$

$$\Delta u(t) = u(t) - u_s \tag{5.149b}$$

로 정의하고, 다시 $\Delta \vec{x}_e(t) = [\Delta \vec{x}^T(t), \Delta u(t)]^T$로 두고 식(5.145)를 $\Delta \vec{x}_e(t)$의 상태방정식으로 변환하면 다음으로 쓸 수 있다.

$$\Delta \dot{\vec{x}}(t) = \boldsymbol{A}_e \Delta \vec{x}_e(t) + \vec{b}_e v(t) \tag{5.150a}$$

$$e(t) \equiv y(t) - r = \vec{c}_e \Delta \vec{x}_e(t) \tag{5.150b}$$

따라서 이 시스템에서 $\Delta \vec{x}_e(t) \to \vec{0}$로 하는 제어를 수행할 수 있다면 $y(t) \to r$가 달성된다는 것을 알 수 있다. 그런데 $\{\boldsymbol{A}, \vec{b}, \vec{c}\}$가 가제어 및 가관측하다면 시스템 (5.150) 역시 가제어 및 가관측하기 때문에 식(5.150)의 상태공간표현식에서 $\Delta \vec{x}_e(t) \to \vec{0}$로 하는 제어법칙은 5.4절의 최적레귤레이터 설계법을 적용하여 얻을 수 있다. 다시 말하면 평가함수를

$$J_e = \int_0^\infty \left(\| \Delta \vec{x}_e(t) \|^2_{\boldsymbol{Q}_e} + r_e v^2(t) \right) dt \tag{5.151}$$

$\boldsymbol{Q}_e \in R^{(n+m)\times(n+m)}$인 준정정행렬, r_e: 임의의 정수

로 두고, 이것을 최소화하는 최적레귤레이터 문제를 풀면 된다. 또한 $\boldsymbol{Q}_e = \vec{c}_e^{\,T} \vec{c}_e$로 두었다면 평가함수 (5.151)는

$$J_e = \int_0^\infty \left(e^2(t) + r_e v^2(t) \right) dt \tag{5.152}$$

으로 쓸 수 있기 때문에 오차와 제어입력의 미분에 가중값을 둔 평가함수로 된다.

식(5.151)을 최소로 하는 최적레귤레이터의 해는 식(5.131)로부터

$$v(t) = -\vec{k}_e \Delta \vec{x}_e(t) \tag{5.153}$$

$$\vec{k}_e = r_e^{-1} \vec{b}_e^{\,T} \boldsymbol{P}_e : (1 \times \overline{n+1}) \tag{5.154}$$

로 주어진다. 여기서 크기 $(n+1)\times(n+1)$인 정정행렬 $\boldsymbol{P}_e$는 대수리카티방정식

$$\boldsymbol{A}_e^T \boldsymbol{P}_e + \boldsymbol{P}_e \boldsymbol{A}_e + \boldsymbol{Q}_e - r_e^{-1} \boldsymbol{P}_e \vec{b}_e \vec{b}_e^{\,T} \boldsymbol{P}_e = 0 \tag{5.155}$$

를 만족하는 해이다. 이 결과 얻어진 최적피드백 입력 (5.153)은 $\Delta \vec{x}(t)$와 $\Delta u(t)$의 피드백으로 표현되기 때문에 이대로는 사용할 수 없다[62]. 이것을 제어대상의 상태 $\vec{x}(t)$와 오차 $e(t) = r - y(t)$를 이용한 피드백형식으로 변환해 보자. 식(5.153)에 식(5.149)를 대입하면

$$v(t) = -\vec{k}_e \begin{bmatrix} \vec{x}(t) \\ u(t) \end{bmatrix} + \vec{k}_e \begin{bmatrix} \vec{x}_s \\ u_s \end{bmatrix} \tag{5.156}$$

62) 실제로 피드백에 사용되어야 하는 양은 식(5.149)의 오차가 아니라 실제의 출력인 $y(t)$가 되어야 하기 때문이다.

로 된다. 한편 식(5.145)로부터

$$\begin{bmatrix} \dot{\vec{x}}(t) \\ y(t) \end{bmatrix} = \boldsymbol{Z} \begin{bmatrix} \vec{x}(t) \\ u(t) \end{bmatrix} + \begin{bmatrix} \vec{d} \\ 0 \end{bmatrix} \tag{5.157}$$

로 되기 때문에, 위 식과 식(5.148)를 이용하면 식(5.156)은

$$\begin{aligned} v(t) &= -\vec{k}_e \boldsymbol{Z}^{-1} \begin{bmatrix} \dot{\vec{x}}(t) - \vec{d} \\ y(t) \end{bmatrix} + \vec{k}_e \boldsymbol{Z}^{-1} \begin{bmatrix} -\vec{d} \\ r \end{bmatrix} \\ &= -\vec{k}_e \boldsymbol{Z}^{-1} \begin{bmatrix} \vec{x}(t) \\ e(t) \end{bmatrix} \end{aligned} \tag{5.158}$$

로 고쳐 쓸 수 있다. 여기서

$$\vec{k}_e \boldsymbol{Z}^{-1} = \left[\vec{k}_1, k_2 \right] : \left\{ \vec{k}_1 : (1 \times n), k_2 : (1 \times 1) \right\} \tag{5.159}$$

과 같이 분해하고, 식(5.158)을 0 에서 t까지 적분하면

$$u(t) = -\vec{k}_1 \vec{x}(t) + k_2 \int_0^t e(\tau) d\tau + \vec{k}_1 \vec{x}(0) \tag{5.160}$$

과 같은 제어법칙이 얻어진다. 따라서 초기상태 $\vec{x}(0) = \vec{0}$ 일 때, [그림 5.55]에 나타낸 제어시스템은 최적서보시스템으로 되며 이 시스템의 상태방정식과 출력방정식은

$$\begin{bmatrix} \dot{\vec{x}}(t) \\ u(t) \end{bmatrix} = \begin{bmatrix} \boldsymbol{A} - \vec{b}\vec{k}_1 & \vec{b} k_2 \\ -\vec{c} & 0 \end{bmatrix} \begin{bmatrix} \vec{x}(t) \\ u(t) \end{bmatrix} + \begin{bmatrix} \vec{d} \\ r(t) \end{bmatrix} \tag{5.161a}$$

$$y(t) = \begin{bmatrix} \vec{c} & 0 \end{bmatrix} \begin{bmatrix} \vec{x}(t) \\ u(t) \end{bmatrix} \tag{5.161b}$$

로 나타낼 수 있다. 이상을 정리하면 다음과 같은 최적서보시스템의 설계법을 얻는다.

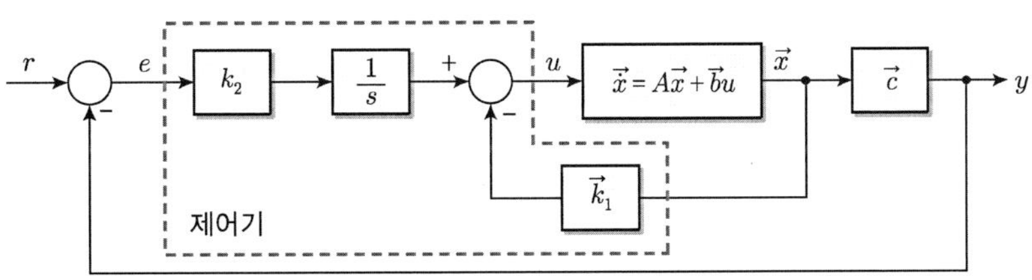

[그림 5.55] 식(5.161)로 정의된 서보시스템의 구조

■ **서보시스템의 설계법**

[단계 1] : 확장시스템 (5.145)을 구성하고, 식(5.151)의 평가함수에서 가중함수 $\boldsymbol{Q}_e$, r_e을 결정한다.

[단계 2] : 식(5.155)의 대수리카티방정식의 해 $\boldsymbol{P}_e$를 계산하여 식(5.154)에 의해 최적이득 $\vec{k}_e$를 계산한다.

[단계 3] : 식(5.159)에 의해 이득 $\vec{k}_1$, k_2을 계산하고, 제어법칙을 식(5.160)으로 정하여 [그림 5.55]와 같이 제어시스템을 구성한다.

[예제 5.31]

SISO 시스템

$$\dot{\vec{x}}(t) = \begin{bmatrix} 0 & 1 \\ 0 & -10 \end{bmatrix}\vec{x}(t) + \begin{bmatrix} 0 \\ 12.7 \end{bmatrix}u(t) + \begin{bmatrix} 1 \\ 0 \end{bmatrix}d \qquad ①$$

$$y(t) = [\,1 \;\; 0\,]\,\vec{x}(t)$$

대하여 다음의 평가함수

$$J_e = \int_0^{\infty} \{[y(t) - r]^2 + \dot{u}(t)^2\}dt \qquad ②$$

을 최소로 하는 서보시스템을 설계해 보자.

풀이 주어진 시스템이 서보시스템으로 구성될 수 있는 지의 여부를 확인한다. 먼저 식(5.148)에 의한 행렬 $\boldsymbol{Z}$의 정칙성을 확인한다. 즉

$$\boldsymbol{Z} = \left[\begin{array}{cc:c} 0 & 1 & 0 \\ 0 & -10 & 12.7 \\ \hdashline 1 & 0 & 0 \end{array}\right] \qquad ③$$

는 정칙이다. 또 식(5.146)으로부터

$$\boldsymbol{A}_e = \left[\begin{array}{cc:c} 0 & 1 & 0 \\ 0 & -10 & 12.7 \\ \hdashline 0 & 0 & 0 \end{array}\right],\; \vec{b}_e = \left[\begin{array}{c} 0 \\ 0 \\ \hdashline 1 \end{array}\right]$$

$$\vec{c}_e = [\,1 \;\; 0 \,\vdots\, 0\,] \qquad ④$$

이며

$$\boldsymbol{Q}_e = \vec{c}_e^{\,T}\vec{c}_e = \begin{bmatrix} 1 & 0 & 0 \\ 0 & 0 & 0 \\ 0 & 0 & 0 \end{bmatrix},\; r_e = 1 \qquad ⑤$$

이다. 이로부터 피드백이득은 대수리카티방정식으로부터

$$\vec{k}_e = [\,1.0 \quad 0.01 \,\vdots\, 1.0\,] \qquad ⑥$$

로 되며, 따라서 이득 $\vec{k}_1, k_2$는

$$\left[\,\vec{k}_1 \;\; k_2\right] = \vec{k}_e \boldsymbol{Z}^{-1} = [\,1.35 \quad 0.125 \;\vdots\; 1.0\,] \tag{⑦}$$

로 주어진다. 계단상의 목표입력 및 외란입력에 대한 응답을 [그림 5.56]에 나타내었다. 파라미터의 변동(여기서는 ①의 $\boldsymbol{A}$의 (2, 2) 요소가 −10에서 −5로 변동하였다)이 존재하더라도 정상오차가 생기지 않으므로 강인한 서보시스템으로 되어 있음을 확인할 수 있다.

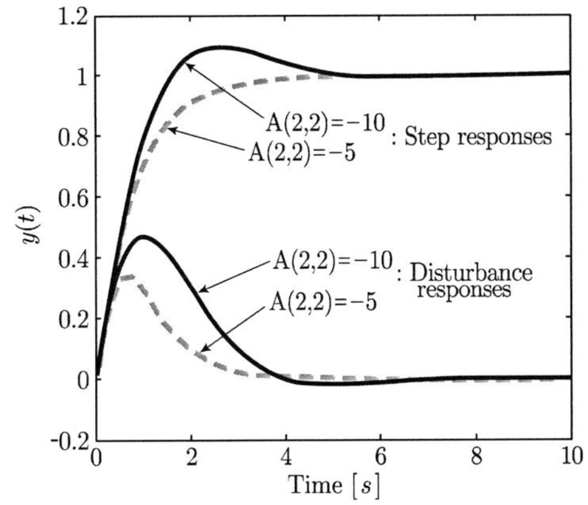

[그림 5.56] [예제 5.31]의 시뮬레이션 결과

% [예제 5.31]

```
A = [0 1;0 -10]; B = [0 12.7]';C = [1 0]; D = 0;
Z = [A B;C 0]; rank(Z)                              % ③의 정칙성 확인
Ae = [A B;zeros(1,3)];be = [0 0 1]';ce = [C 0];
de = [eye(2);zeros(1,2)];
Qe = ce'*ce;re = 1;
[Pe,L,ke] = care(Ae,be,Qe,re);                      % ⑥의 계산
k = ke/Z; k1 = k(1,1:2); k2 = k(1,3);               % ⑦의 확인
```

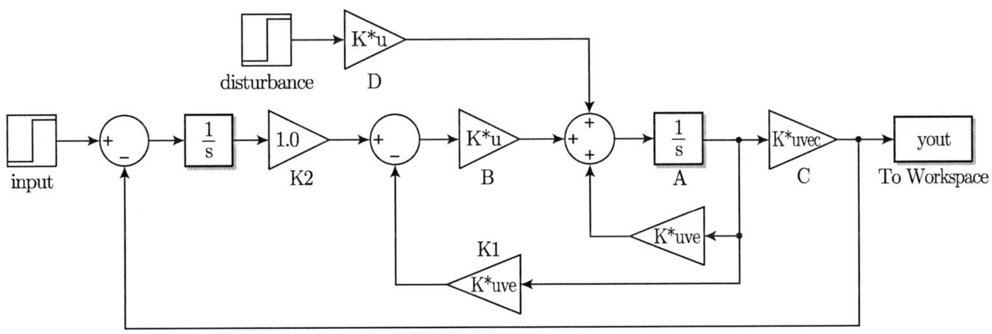

[그림 5.57] [그림 5.56]을 위한 Simulink 블록선도

(B) 입력이 램프함수로 주어지는 경우

램프함수 형식으로 주어지는 입력 $r(t)=kt,\ (t \ge 0)$에 오차 없이 추종하는 서보시스템의 설계법에 대하여 간략히 언급한다. 여기서 k은 램프함수의 기울기를 나타낸다.

램프함수를 추종하고자 하는 경우에는 $t\to\infty$ 에서 입력이 계단함수인 경우와는 달리, $\vec{x}(t)$의 미분인 $\dot{\vec{x}}(t)$와 역시 $u(t)$의 미분인 $\dot{u}(t)$가 일정한 값을 가져야 한다. 따라서 식(5.147)로부터

$$\begin{bmatrix} \vec{0} \\ k \end{bmatrix} = \begin{bmatrix} \boldsymbol{A} & \vec{b} \\ \vec{c} & 0 \end{bmatrix} \begin{bmatrix} \dot{\vec{x}}_s \\ \dot{u}_s \end{bmatrix}$$

이므로 식(5.148)를 이용하여 $\dot{\vec{x}}(t)$와 $\dot{u}(t)$의 정상상태 값을 계산할 수 있다. 그러나 여기에 식 (5.147) ~ (5.150)을 적용한다면 설계가 상당히 복잡하게 되므로 여기서는 다음과 같은 방법을 이용한다.

먼저 추종오차 $e(t)=y(t)-r(t)$를 두 번 미분한다. 즉

$$\ddot{e}(t)=\ddot{y}(t)=\vec{c}\,\vec{x}(t) \tag{5.162}$$[63]

에서 새로운 상태변수를 다음과 같이 정의한다.

$$\vec{z}(t)=\ddot{\vec{x}}(t),\ w(t)=\ddot{u}(t) \tag{5.163}$$

이를 이용하여 주어진 시스템에 대한 확대방정식을 다음과 같이 확립한다.

$$\begin{bmatrix} \dot{e}(t) \\ \ddot{e}(t) \\ \dot{\vec{z}}(t) \end{bmatrix} = \begin{bmatrix} 0 & 1 & \underline{0} \\ 0 & 0 & \vec{c} \\ 0 & 0 & \boldsymbol{A} \end{bmatrix} \begin{bmatrix} e(t) \\ \dot{e}(t) \\ \vec{z}(t) \end{bmatrix} + \begin{bmatrix} 0 \\ \underline{0} \\ \vec{b} \end{bmatrix} w(t) = \widetilde{\boldsymbol{A}}\,\vec{x}_e(t) + \vec{\tilde{b}}\,w(t) \tag{5.164a}$$

$$\widetilde{\boldsymbol{A}} : (\overline{n+2} \times \overline{n+2}),\ \vec{\tilde{b}} : (\overline{n+2} \times 1)$$

$$e(t) = \begin{bmatrix} 1 & 0 & 0_{(1\times n)} \end{bmatrix} \begin{bmatrix} e(t) \\ \dot{e}(t) \\ \vec{z}(t) \end{bmatrix} = \vec{\tilde{c}}\,\vec{x}_e(t) \tag{5.164b}$$

$$\vec{\tilde{c}} : (1 \times \overline{n+2})$$

여기서 확대방정식 $(\widetilde{\boldsymbol{A}},\ \vec{\tilde{b}},\ \vec{\tilde{c}})$에 대하여 다음의 평가함수를 최소로 하는 최적레귤레이터 문제를 적용한다.

---

63) 입력은 램프함수이므로 두 번 미분하면 영으로 된다.

$$J_e = \int_0^\infty \left(e^2(t) + r_e^2\, w(t)\right) dt \tag{5.165}$$

이 경우 식(5.155)의 대수리카티방정식에서 $\boldsymbol{A}_e = \widetilde{\boldsymbol{A}}$, $\vec{b}_e = \vec{\tilde{b}}$, $\boldsymbol{Q}_e = \vec{\tilde{c}}^{\,T}\vec{\tilde{c}}$로 두고 $\boldsymbol{P}_e$를 계산하면 최적입력은

$$w(t) = -r_e^{-1}\vec{b}_e^{\,T}\boldsymbol{P}_e\,\vec{x}_s(t) = -\left[k_3 \;\; k_2 \;\; \vec{k}_1\right]\begin{bmatrix} e(t) \\ \dot{e}(t) \\ \vec{z}(t) \end{bmatrix} \tag{5.166}$$

로 된다. 식(5.166)을 식(5.164)에 적용하면 폐루프는 안정으로 되므로 추종오차 $e(t)$는 $t\to\infty$로 됨에 따라 영으로 수렴할 것이다. 제어입력 $u(t)$는 식(5.166)을 두 번 적분함으로써 얻을 수 있다. [그림 5.58]에 식(5.166)의 제어법칙을 블록선도로 표시하였다. 그림으로부터 알 수 있는 바와 같이 제어기는 '내부모델의 원리'에 의해 두 개의 적분기를 가지고 있음을 볼 수 있다.

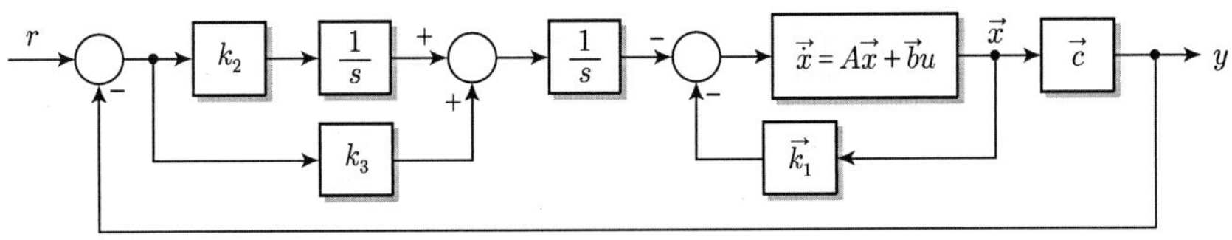

[그림 5.58] 램프입력을 추종하는 서보시스템

[예제 5.32]

시스템

$$\dot{\vec{x}}(t) = \begin{bmatrix} 0 & 1 \\ -2 & -2 \end{bmatrix}\vec{x}(t) + \begin{bmatrix} 1 \\ 0 \end{bmatrix}u(t),\; y(t) = [1 \;\; 0]\,\vec{x}(t) \quad ①$$

에 대하여 램프입력에 오차 없이 추종하는 서보시스템을 설계하여 보자.

풀이 먼저 식(5.164)의 계수행렬을 계산하면 다음과 같다.

$$\widetilde{\boldsymbol{A}} = \begin{bmatrix} 0 & 1 & 0 & 0 \\ 0 & 0 & 1 & 0 \\ 0 & 0 & 0 & 1 \\ 0 & 0 & -2 & -2 \end{bmatrix},\; \vec{\tilde{b}} = \begin{bmatrix} 0 \\ 0 \\ 1 \\ 0 \end{bmatrix},\; \vec{\tilde{c}} = [1 \;\; 0 \;\; 0 \;\; 0] \quad ②$$

여기서 $\boldsymbol{Q}_e = \vec{\tilde{c}}^{\,T}\vec{\tilde{c}}$, $r_e = 1$로 두고 최적레귤레이터의 해를 구하면 다음의 값을 얻는다.

$$\vec{k}_1 = [1.3994,\; 0.4880],\; k_2 = 1.9552,\; k_3 = 1 \quad ③$$

이 값으로 [그림 5.58]과 동일한 블록선도를 구성한 뒤 시뮬레이션을 수행하면 [그림 5.59]를 얻는다. 여기서는 설계된 제어기의 강인성을 확인하기 위하여 ①의 A(2, 2) = −2를 −1로 변경하여 시뮬레이션을 수행하였다.

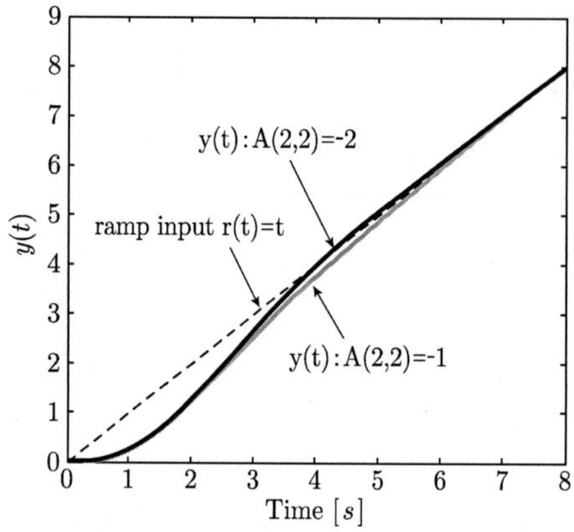

[그림 5.59] [예제 5.32]의 시뮬레이션 결과

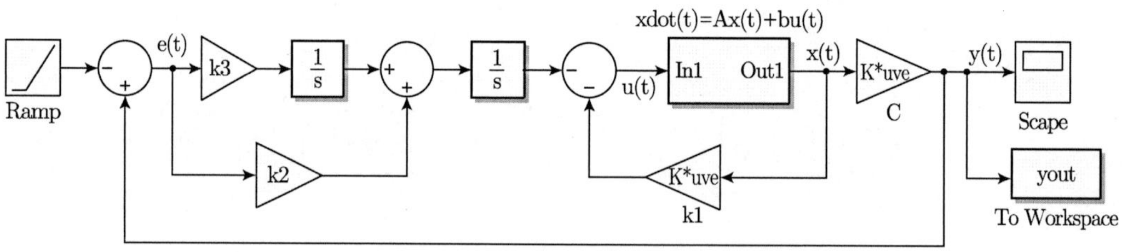

[그림 5.60] [그림 5.59]를 위한 Simulink 블록선도

```
% [그림 5.60]의 실행을 위한 준비
A = [0 1;-2 -2]; B = [1 0]'; c = [1 0];d = 0;
At = [0 1 0 0;0 0 c;zeros(2,2) A];                    % 확대방정식의 구성
Bt = [0;0;B];Ct = [1 0 0 0];Dt = 0;
Qt = Ct'*Ct; Rt = 1;
[Pt,L,kt] = care(At,Bt,Qt,Rt);                        % 최적해의 계산
k1 = kt(1,3:4); k2 = kt(1,2); k3 = kt(1,1);
```

5.5.3 모델추종형 서보시스템의 설계법

현실적으로 많이 사용되는 서보시스템은 추종해야 할 목표입력이 계단함수의 형식으로 주어지는 경우가 많이 있다. 이러한 경우의 설계사양으로서, 예를 들어 출력의 상승시간, 오버슈터의 크기 등의 조건으로 주어지는 것이 보통이다. 5.5.2절에서 언급한 설계법은 그 설계과정에서 이러한 사양을 반영할 수 없었다. 이 결과 설계된 서보시스템의 출력응답이 주어진 사양을 만족시키지 못한다면 설계과정의 파라미터(예를 들어 평가함수에서 사용된 가중행렬 $\boldsymbol{Q}_e$, r_e 등)를 변경하여 재차 설계를 수행하여야 할 필요가 있었다.

이러한 문제를 해결하기 위한 하나의 방법으로 서보시스템의 출력을 (설계사양에 의해) 미리 계산된 목표값 발생모델의 계단응답에 근접시키도록 하는 서보시스템의 설계법이 있다. 이를 모델추종형 서보시스템이라고 한다. 이 방법을 간단히 설명한다.

먼저 계단함수에 의해 구동되는 목표값 발생모델을 다음과 같이 정의한다.

$$\dot{\vec{x}}_r(t) = \boldsymbol{A}_r \vec{x}_r(t) + \vec{b}_r u_r(t) \tag{5.167a}$$

$$r(t) = \vec{c}_r \vec{x}_r(t) \tag{5.167b}$$

$$\left\{\boldsymbol{A}_r : (r\times r), \vec{b}_r : (r\times 1), \vec{c}_r : (1\times r)\right\}$$

여기서 $u_r(t)$은 계단함수이다. 또한 $(\boldsymbol{A}_r, \vec{b}_r)$은 가제어, $(\vec{c}_r, \boldsymbol{A}_r)$은 가관측이며 $\boldsymbol{A}_r$은 안정행렬로 가정한다. 위 모델은 예를 들어

$$\dot{\vec{x}}_r(t) = \begin{bmatrix} 0 & 1 \\ -\omega_n^2 & -2\zeta\omega_n \end{bmatrix} \vec{x}_r(t) + \begin{bmatrix} 0 \\ 1 \end{bmatrix} u_r(t) \tag{5.168a}$$

$$r(t) = \begin{bmatrix} \omega_n^2 & 0 \end{bmatrix} \vec{x}_r(t) \tag{5.168b}$$

로 두면, 위 상태방정식의 전달함수는

$$G_r(s) = \frac{\omega_n^2}{s^2 + 2\zeta\omega_n s + \omega_n^2} \tag{5.169}$$

로 되어 식(3.8)에서 언급한 2차지연요소를 나타내고 있다. 다시 말하면 이 모델을 이용하면 여러 형태의 설계사양에 부응하는 응답파형을 규정할 수 있다. $u_r(t)$ 및 $d(t)$는 $t \geq 0$에서 일정한 값을 가지기 때문에 이를 미분하면 0 으로 된다. 따라서 목표입력과의 오차를

$$e(t) = r(t) - y(t) \tag{5.170}$$

로 정의해서 식(5.143a), (5.170), (5.167a)를 미분하여 벡터형식으로 정리하면

$$\begin{bmatrix} \ddot{\vec{x}}(t) \\ \dot{e}(t) \\ \ddot{\vec{x}}_r(t) \end{bmatrix} = \begin{bmatrix} \boldsymbol{A} & \vec{0}_{(n\times 1)} & \boldsymbol{0}_{(n\times r)} \\ -\vec{c} & 0 & \vec{c}_r \\ \boldsymbol{0}_{(r\times n)} & \vec{0}_{(r\times 1)} & \boldsymbol{A}_r \end{bmatrix} \begin{bmatrix} \dot{\vec{x}}(t) \\ e(t) \\ \dot{\vec{x}}_r(t) \end{bmatrix} + \begin{bmatrix} \vec{b} \\ 0 \\ \vec{0}_{(r\times 1)} \end{bmatrix} \dot{u}(t) \tag{5.171}$$

로 된다. 여기서 $\boldsymbol{A}_r$은 안정행렬로 가정했기 때문에 위 시스템은 적어도 가안정이다. 따라서 평가함수

$$J_M = \int_0^\infty \left(e^2(t) + r_M \dot{u}^2(t)\right) dt \tag{5.172}$$

을 최소로 하는 최적제어법칙을 계산할 수 있으며, 이때의 최적입력은

$$\dot{u}(t) = -\vec{k}_1 \dot{\vec{x}}(t) - k_2 e(t) - \vec{k}_3 \dot{\vec{x}}_r(t) \tag{5.173}$$

$$\left\{\vec{k}_1 : (1\times n),\ k_2 : (1\times 1), \vec{k}_2 : (1\times r)\right\}$$

의 형식으로 주어진다. 이 식을 $\vec{x}(0)=\vec{0}$, $\vec{x}_r(0)=\vec{0}$의 조건 아래서 적분하면

$$u(t) = -\vec{k}_1\vec{x}(t) - k_2\int_0^t e(t)dt - \vec{k}_3\vec{x}_r(t) \tag{5.174}$$

로 되어 최종적인 입력이 결정된다. 식(5.174)를 블록선도로 나타낸 [그림 5.61]가 모델추종형 서보시스템(model-following servo system)으로 된다. 최적이득행렬 $\vec{k}_1$, k_2, $\vec{k}_3$은 시스템 (5.171)에 대한 최적레귤레이터문제를 해결함으로서 얻어지며, 위 시스템의 내부안정성에 대한 조건은 만족된다. 또한 오차 $e(t)$의 오른쪽에 적분기가 삽입되어 있기 때문에 출력레귤레이션의 조건은 파라미터의 변동이 있다고 하더라도 유지되는 강인한 서보시스템으로 되어 있음을 알 수 있다. 이하 설계법을 정리해 둔다.

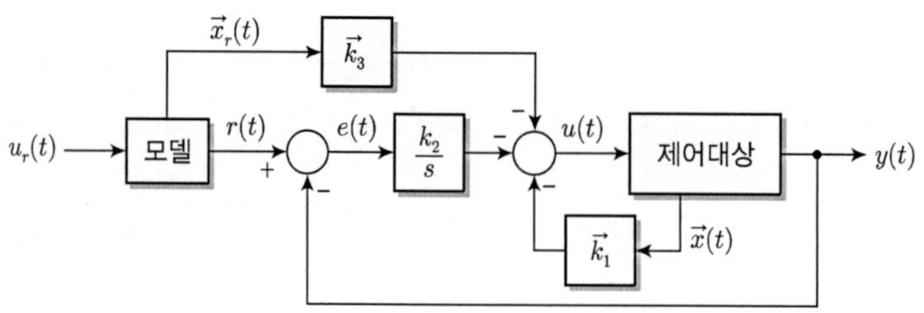

[그림 5.61] 모델추종형 서보시스템

■ 모델추종형 서보시스템의 설계법

[단계 1] : 추종해야 하는 모델의 상태방정식 (5.167)을 구하여 제어대상과 모델을 병합한 확대시스템 (5.171)을 만든다.

[단계 2] : 2차형식의 평가함수 (5.172)를 정하고, 시스템 (5.171)에 대한 최적레귤레이터문제를 풀어서 최적이득 $\vec{k}_1$, k_2, $\vec{k}_3$을 구한다.

[단계 3] : 최적이득 $\vec{k}_1$, k_2, $\vec{k}_3$을 이용해서 [그림 5.61]과 같은 서보시스템을 구성한다.

[예제 5.33]

$$\dot{\vec{x}}(t) = \begin{bmatrix} 0 & 1 \\ -0.5 & -0.7 \end{bmatrix}\vec{x}(t) + \begin{bmatrix} 0 \\ 1 \end{bmatrix}u(t)$$

로 표현된 1입출력 시스템이 $\omega_n = 2.0$, $\zeta = 0.75$를 가지는 표준2차 시스템으로 주어지는 목표값 발생모델에 추종하는 서보시스템을 설계해 보자.

풀이 먼저 확대시스템 (5.171)을 만든다. 식(5.172)의 평가함수에서 가중값을 각각 $r_M = 10^{-2}$, 10^{-3}, 10^{-4}로 두고 최적이득 $\vec{k}_1$, k_2, $\vec{k}_3$을 계산하고 이를 이용하여 계단응답을 그린 것이

[그림 5.62]이다. r_M이 작아짐에 따라 제어대상의 출력이 모델의 출력에 빠르게 접근하고 있음을 알 수 있다.

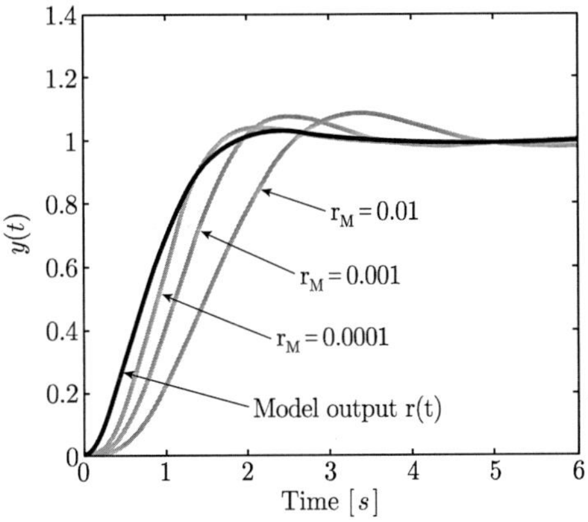

[그림 5.62] [예제 5.33]의 실행결과

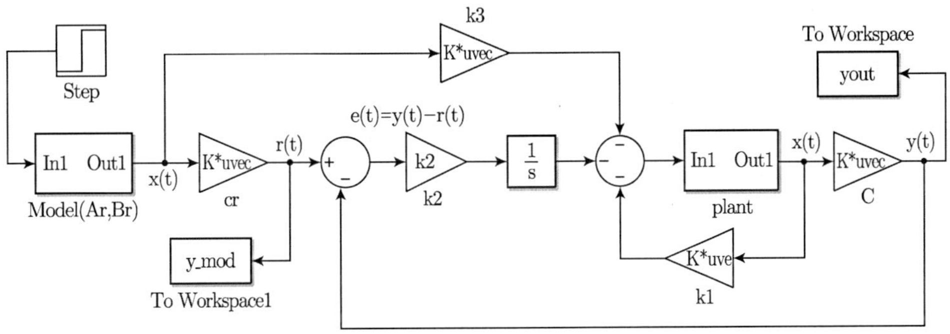

[그림 5.63] [그림 5.62]를 위한 Simulink 블록선도

```
% [그림 5.63]의 실행을 위한 준비
A = [0 1;-0.5 -0.7];b = [0 1]';c = [1 0];d = 0;
Ar = [0 1;-4 -3];br=[0 1]';cr=[4 0];dr=0;          % 목표값 발생모델
Ae = [A,zeros(2,3);-c 0 cr;zeros(2,3) Ar];         % 확대방정식 식(5.171)
be = [b;0; zeros(2,1)];
Qe = zeros(5,5);Qe(3,3) = 1;
rM = 10e-4;
[P1,L,k] = care(Ae,be,Qe,rM);                      % 최적해의 계산
k1 = k(1:2);k2 = k(3);k3 = k(4:5);                 % K1, k2, k3 의 계산
```

5.5.4 관측기를 이용한 서보시스템의 설계법

식(5.174)로 실현되는 모델추종형 서보시스템의 입력 $u(t)$에는 $\vec{k}_1\vec{x}(t)$의 항이 포함되어 있다. 이 경우 상태변수 $\vec{x}(t)$는 직접 관측되는 양이 아니기 때문에 식(5.174)의 제어법칙을 실현하기 위해서는 관측기가 필요하다. 여기서는 관측기를 적극적으로 활용하는 서보시스템의 설계법을 소개한다.

지금까지 사용한 상태변수표현식 (5.134), 즉

$$\begin{cases} \dot{\vec{x}}(t) = \boldsymbol{A}\,\vec{x}(t) + \vec{b}\,u(t) \\ y(t) = \vec{c}\,\vec{x}(t) \end{cases} \tag{5.134}$$

가 가제어 및 가관측하다고 가정하고, 식(5.134)의 출력 $y(t)$를 목표입력 $r(t)$에 추종시키는 서보시스템의 설계문제를 생각한다. 일반적으로 서보시스템의 설계사양은 폐루프시스템이 점근안정하면서 정상오차가 영 혹은 어떤 일정값 이하로 되도록 주어진다.

이와 같은 사양을 만족시키기 위해서는 오차신호 $e(t)$를 직접 제어신호 $u(t)$에 더해 주는 것만으로는 불충분하여 정상오차가 발생하거나 혹은 폐루프의 안정성을 확보하지 못할 수도 있다.

따라서 [그림 5.54]와 같이 두 가지 종류의 보상기, 즉 정상오차를 적게 하기 위한 목적으로 사용되는 정상오차보상기(제4장의 적분보상기, 지상보상기 등이 여기에 해당)과 폐루프시스템을 점근안정을 목표로 하는 안정화보상기(제4장의 미분보상기, 진상보상기 등이 여기에 해당)을 폐루프 내에 삽입하는 경우를 생각하기로 한다. 이 경우 안정화보상기로는 때때로 제어대상과 병렬로 놓이는 경우도 있다.

특히 [그림 5.54(a)]의 특별한 경우로서 만약 목표입력을 영, 즉 $r \equiv 0$로 둔다면 이전 절에서 다룬 레귤레이터의 설계문제로 된다. 관측기를 이용한 레귤레이터의 설계문제인 [그림 5.37]에 주목하여 보자. 이 경우 폐루프시스템이 항상 안정하도록 피드백 및 관측기 이득행렬 $\vec{k}$, $\vec{l}$를 설계하였기 때문에 임의의 초기값 $\vec{x}(0)$에 대하여 정상상태 값은 $\vec{x}(\infty) = \vec{0}$로 된다. 이 결과 $y(\infty) = 0$로 되어 정상오차보상기는 불필요하다. [그림 5.37]을 [그림 5.54(a)]의 형식으로 변형한 것이 [그림 5.64]이다. 이 그림으로부터 알 수 있는 바와 같이 [그림 5.37]의 관측기는 서보시스템의 관점에서 보면 안정화보상기로서 작동하고 있음을 알 수 있다. 이 말은 결국 [그림 5.64]와 같이 안정화보상기로서 관측기와 같은 구조를 가진 시스템을 사용할 수 있다는 것을 의미한다.

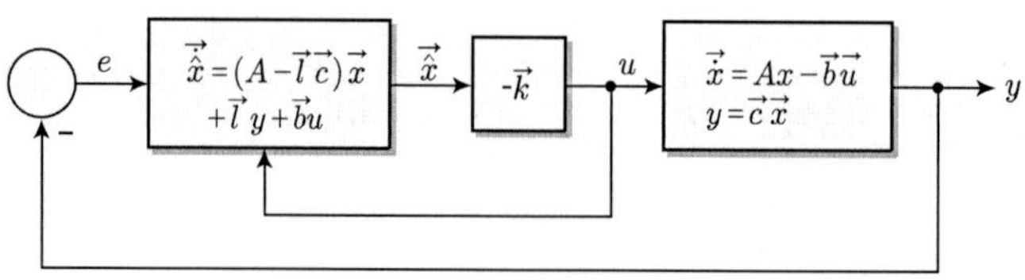

[그림 5.64] 관측기를 이용한 병합시스템

여기서 서보시스템의 구성요건 식(5.140)이 항상 만족되고 있는 것으로 가정한다. 만약 목표신호가 계단함수라면 조건 식(5.141)은 상태공간표현 식(5.134)를 전달함수표현, 즉

$$G(s) = \vec{c}(s\boldsymbol{I} - \boldsymbol{A})^{-1}\vec{b} \tag{5.175}$$

로 변환하였을 때 $G(s)$가 원점 $s=0$에 영점을 가지고 있지 않는 것으로 된다.

[그림 5.54]의 안정화보상기와 정상오차보상기의 전달함수를 각각 $G_d(s)$, $G_s(s)$로 두면 [그림 5.54(a)]는 [그림 5.65]와 같이 나타낼 수 있다.

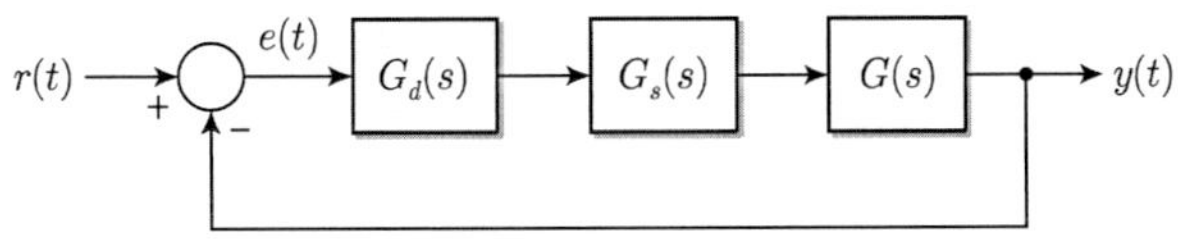

[그림 5.65] 서보시스템의 전달함수 표현

여기서는 주어진 목표신호에 정상오차 없이 추종하는 서보시스템을 안정화보상기로서 관측기를 이용하여 설계하는 두 가지 방법에 대하여 설명한다.

■ 서보시스템 설계법 I

[단계 1] : 제어대상의 상태방정식 (5.134)의 행렬 $\boldsymbol{A}$의 고유값(또는 식(5.175)의 $G(s)$의 극) 중에서 원점에 존재하는 개수에 의해 시스템의 형을 결정한다. 이것을 g라고 한다. 이때 목표입력에 정상오차 없이 추종하기 위해서 필요한 시스템의 형[64]의 수를 p로 두고, 만약 $g < p$라면 [그림 5.66]과 같이 $(p-g)$개의 적분기를 직렬로 부가한다. 다시 말하면 $G_s(s) = 1/s^{p-g}$로 둔다. 단 $g \geq p$라면 적분기는 필요 없기 때문에 $G_s(s) = 1$로 된다.

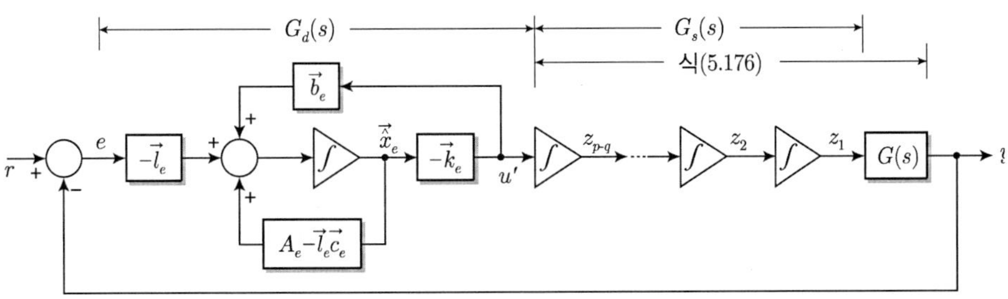

[그림 5.66] 설계법 I에 의한 p형인 서보시스템의 구성도

[단계 2] : $\eta = n + (p-g)$로 두고 (정상오차보상기 + 제어대상)인 $\{G(s)G_s(s)\}$에 대한 η 차원의 상태방정식을 다음과 같이 구성한다.

64) 시스템의 형에 대해서는 3.3.4절을 참조한다.

$$\frac{d}{dt}\begin{bmatrix} \vec{x} \\ z_1 \\ \vdots \\ \vdots \\ \vdots \\ z_{p-g} \end{bmatrix} = \begin{bmatrix} \boldsymbol{A} & \vec{b} & 0 & \cdots & \cdots & 0 \\ \boldsymbol{0} & 0 & 1 & 0 & \cdots & 0 \\ \boldsymbol{0} & 0 & 0 & 1 & \cdots & 0 \\ \vdots & & & & \ddots & \\ \vdots & & & & & 1 \\ \boldsymbol{0} & 0 & 0 & 0 & \cdots & 0 \end{bmatrix} \begin{bmatrix} \vec{x} \\ z_1 \\ \vdots \\ \vdots \\ \vdots \\ z_{p-g} \end{bmatrix} + \begin{bmatrix} 0 \\ 0 \\ \vdots \\ \vdots \\ 0 \\ 1 \end{bmatrix} u' \tag{5.176a}$$

$$y = \begin{bmatrix} \vec{c} & 0 & 0 & \cdots & 0 \end{bmatrix} \begin{bmatrix} \vec{x} \\ z_1 \\ \vdots \\ \vdots \\ z_{p-g} \end{bmatrix} \tag{5.176b}$$

위 시스템을

$$\vec{x}_e(t) = \boldsymbol{A}_e \vec{x}_e(t) + \vec{b}_e u'(t), \ \ y = \vec{c}_e \vec{x}_e(t) \tag{5.177}$$

로 둔다. 만약 $g \geq p$라면 식(5.177)은 식(5.134)과 일치하므로 $\boldsymbol{A}_e = \boldsymbol{A}$, $\vec{b}_e = \vec{b}$, $\vec{c}_e = \vec{c}$, $u' = u$, $\eta = n$으로 될 것이다.

[단계 3] : $(\boldsymbol{A}_e - \vec{b}_e \vec{k}_e)$의 고유값을 $\{\mu_1, \mu_2, \cdots, \mu_\eta\}$ (단 $\mathrm{Re}(\mu_i) < 0$이라 한다)에 설정하는 벡터 $\vec{k}_e$, 식(5.176)의 출력 y 및 입력 u'을 이용해서 극을 $\{\gamma_1, \gamma_2, \cdots, \gamma_{\eta-1}\}$ (단 $\mathrm{Re}(\gamma_i) < 0$으로 한다)에 가지는 관측기를 설계해서 [그림 5.66]과 같은 서보시스템을 구성한다. 이때 관측기의 이득벡터를 $\vec{l}_e$로 둔다.

그런데 [단계 1]에서 $G(s)G_s(s)$가 p형이므로 $H(s) = G(s)G_s(s)G_d(s)$는 적어도 p형으로 될 수 있다[65]. 또한 $G(s)$는 원점에 영점을 가지지 않는다고 했기 때문에 $G(s)G_s(s)$는 극·영점의 소거가 생기지 않는다. 따라서 시스템 (5.176)은 가제어이며 가관측이다. 이 사실로부터 $r \equiv 0$일 때 폐루프시스템 [그림 5.66]은 병합시스템으로 되며($G(s)G_s(s)$을 하나의 대상으로 간주한다), 그의 극은 $\{\mu_i\}$, $\{\gamma_i\}$에 배치되어 있으므로 점근안정 하게 된다. $r \neq 0$로 된다고 하더라도 폐루프의 극은 변화하지 않기 때문에 이것에 의해 정상오차가 없는 서보시스템이 구성된 것으로 볼 수 있다. 단 $r \neq 0$일 때에는 관측기는 단순히 폐루프시스템의 극을 $\{\mu_i\}$, $\{\gamma_i\}$에 설정하는 하나의 보상기에 지나지 않으므로 관측기의 출력 $\hat{\vec{x}}_e(t)$는 $\vec{x}_e(t)$를 재현한 값으로는 되지 않는다는 사실에 주의해야 한다. 또 이 설계법에서는 $G_d(s)$를 직접 설계하지는 않았지만 [그림 5.66]로부터 $G_d(s)$를 계산하면

$$G_d(s) = \frac{\vec{k}_e (s\boldsymbol{I} - \boldsymbol{A}_e)^{-1} \vec{l}_e}{1 + \vec{k}_e (s\boldsymbol{I} - \boldsymbol{A}_e)^{-1} \vec{b}} \tag{5.178}$$

로 됨을 확인할 수 있다.

---

65) $\{\mu_i\}$, $\{\gamma_i\}$를 s평면의 왼쪽에 설정하면 $G_d(s)$의 영점은 원점 상에 존재하지 않는다는 것을 증명할 수가 있다. 그러나 $G_d(s)$는 원점 상에 극을 가지는 경우가 있기 때문에 적어도 p형으로 된다.

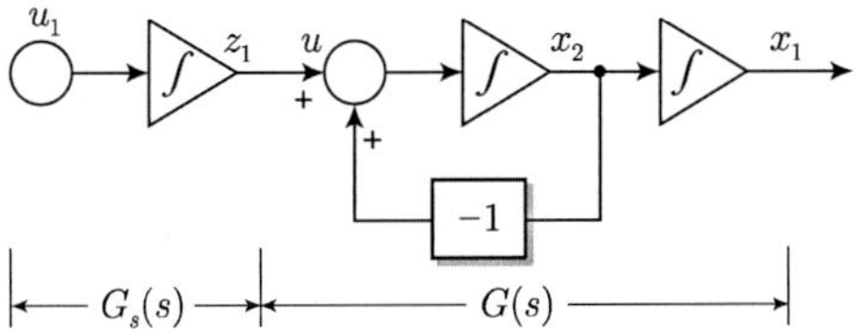

[그림 5.67] 정상오차보상기의 설계

[예제 5.34]

제어대상을

$$\dot{\vec{x}}(t) = \begin{bmatrix} 0 & 1 \\ 0 & -1 \end{bmatrix} \vec{x}(t) + \begin{bmatrix} 0 \\ 1 \end{bmatrix} u(t),\ y(t) = [1\ \ 0]\,\vec{x}(t) \qquad ①$$

로 하면 다음 식으로부터 1형임을 알 수 있다.

$$G(s) = \frac{1}{s(s+1)} \qquad ②$$

램프입력까지 정상오차 없이 추종시킬 수 있는 서보시스템을 고려한다면 적분기를 하나 더 추가하여 2형으로 만들 필요가 있다. 즉,

$$G_s(s) = \frac{1}{s} \qquad ③$$

두고 $G(s)G_s(s)$의 상태방정식을 실현하면 식(5.176)은 다음과 같이 된다([그림 5.67]).

$$\begin{bmatrix} \dot{x}_1 \\ \dot{x}_2 \\ \dot{z}_1 \end{bmatrix} = \begin{bmatrix} 0 & 1 & 0 \\ 0 & -1 & 1 \\ 0 & 0 & 0 \end{bmatrix} \begin{bmatrix} x_1 \\ x_2 \\ z_1 \end{bmatrix} + \begin{bmatrix} 0 \\ 0 \\ 1 \end{bmatrix} u' \qquad ④$$

$$\equiv \boldsymbol{A}_e \vec{x}_e + \vec{b}_e u'$$

$$y = [1\ \ 0\ \ 0]\,[x_1\ \ x_2\ \ z_1]^T \equiv \vec{c}_e \vec{x}_e$$

$(\boldsymbol{A}_e - \vec{b}_e \vec{k}_e)$의 고유값을 $\{-3,\ -2 \pm j2\}$로 하는 $\vec{k}_e$는 5.2절의 방법을 이용하면

$$\vec{k}_e = [\,24\ \ 14\ \ 6\,] \qquad ⑤$$

로 된다. 다음 상태방정식 ④에 대하여 관측기의 극점을 $\{-5,\ -4 \pm j4\}$ 로 하는 동일차원관측기를 5.3절의 방법을 적용하여 계산하면

$$\vec{l}_e = [12\ \ 60\ \ 160]^T \qquad ⑥$$

로 된다. 위에서 설계한 서보시스템을 블록선도로 나타내면 [그림 5.68]로 된다. 폐루프시스템에 대한 계단상과 램프상의 입력에 대한 응답을 [그림 5.69]에 나타냈다.

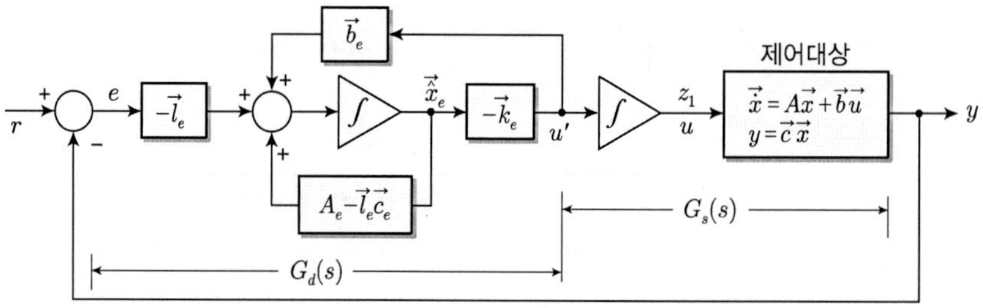

[그림 5.68] 설계법 I에 의한 서보시스템의 구성([예제 5.34])

또한 식(5.178)으로부터 $G_d(s)$을 계산하면

$$G_d(s)=\frac{2088s^2+4928s+3840}{s^3+7s^2+20s+24} \quad ⑦$$

로 되어 $G_d(s)$는 극을 $\{-3,-2\pm j2\}$, 영점을 $\{-1.18\pm j0.67\}$에 가지는 진상보상기로 되어 있음을 알 수 있다.

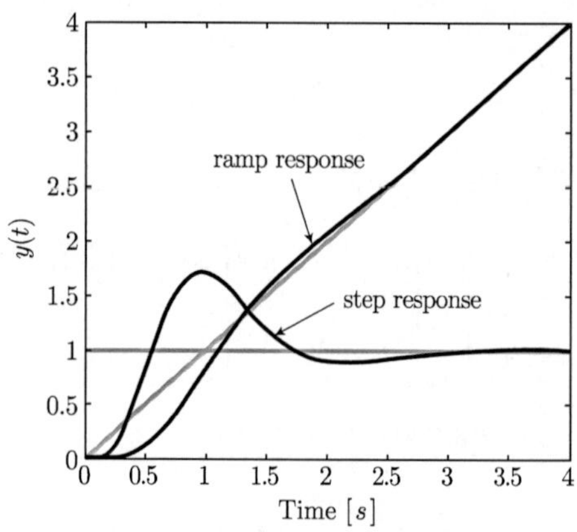

[그림 5.69] 목표입력과 출력응답 (예제 5.34)

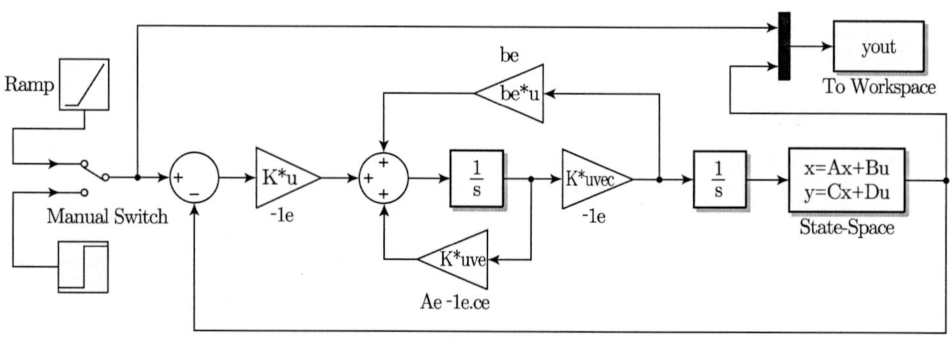

[그림 5.70] [그림 5.69]를 위한 Simulink 블록선도

```
% [예제 5.34]
Ae = [0 1 0;0 -1 1;0 0 0];be = [0 0 1]';ce = [1 0 0];de = 0;  % ④의 입력
pe = [-3, -2+2*j, -2-2*j]';
ke = place(Ae,be,pe);                              % ⑤의 계산
%관측기
po = [-5,-4+4*j,-4-4*j]';
le = place(Ae',ce',po); le = le';                  % ④에 대한 동일차원 관측기의 이득 계산
% Simulation
As = [Ae,-be*ke;le*ce,Ae-le*ce-be*ke];             % 확대방정식
bs = [zeros(3,1);-le];cs = [ce,zeros(1,3)];ds = 0;
sysServo = ss(As,bs,cs,ds);
t = 0:0.01:4;
[y_Step,t] = step(sysServo,t);                     % 계단응답의 계산
[y_Ramp,t] = lsim(sysServo,t,t);                   % 기울기가 1인 램프신호의 응답의 계산
plot(t, y_Step, t, y_Ramp),hold on
X1 = [0 4];Y1 = [1 1]; plot(X1,Y1,':')            % 계단신호의 표시
plot(t,t,':'),xlabel(' Time [s] '),ylabel(' y(t) ')  % 램프신호의 표시
```

그런데 지금까지의 설계법은 '제어대상 내의 적분특성(즉 시스템의 형)은 파라미터 변동이 있어도 변화하지 않는(즉 외계로부터 영향을 받지 않는[66]))다고 가정하고 제어대상 내의 적분특성을 적극적으로 이용한다'라고 하는 입장에서 설계를 수행했다. 이에 대해 제어대상 내의 적분특성이 변화해버리는 경우 '적분특성은 $G_s(s)$를 이용하여 전부 외부에서 제공한다'라는 입장의 설계법도 있다. 이 경우 정상오차보상기의 차수는 높아지지만 측정할 수 있는 모든 출력을 피드백에 이용할 수 있기 때문에 안정화보상기의 차수는 설계법 I 과 비교해서 상당히 낮게 할 수가 있게 된다. 단, 안정화보상기는 제어대상과 병렬로 놓여진다. 이하 이 방법에 대해서 정리해 둔다. 설계 알고리즘으로서는 이 방법이 간단하다.

■ 서보시스템의 설계법 II

[단계 1] : 목표입력에 정상오차 없이 추종하기 위해서 필요한 형의 수를 p로 하고, [그림 5.71]과 같이 제어대상의 앞부분에 p개의 적분기를 직렬로 연결한다.

---

66) 예를 들면, 서보모터의 적분특성은 $\theta(t)=\int_0^t \dot{\theta}(\tau)d\tau$이며 외부의 영향을 받지 않는다. 이와 같은 적분은 자연적분이라고 불린다.

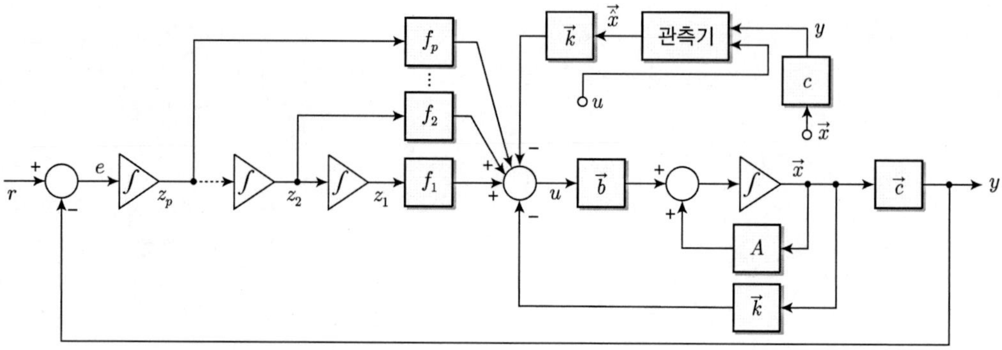

[그림 5.71] 설계법 II에 의한 p형 서보시스템의 구성도

[단계 2] : 이들의 적분기로부터의 전향이득을 각각 $f_1, f_2, \cdots, f_p$로 두고, 또한 제어대상의 상태변수 $\vec{x}(t)$로부터의 피드백이득 벡터를 $\vec{k}, (1\times n)$으로 하여

$$u(t) = -\vec{k}\vec{x}(t) + f_1 z_1 + f_2 z_2 + \cdots + f_p z_p \tag{5.179}$$

을 제어입력으로 하는 [그림 5.71]과 같은 폐루프시스템을 구성한다. 이 경우 시스템의 상태방정식은 추가한 적분기의 상태변수를 $z_i, (i=1, \cdots, p)$로 한다면

$$\frac{d}{dt}\begin{bmatrix} \vec{x}(t) \\ z_1(t) \\ z_2(t) \\ \vdots \\ \vdots \\ z_p(t) \end{bmatrix} = \begin{bmatrix} \boldsymbol{A} & 0 & 0 & 0 & \cdots & 0 \\ 0 & 0 & 1 & 0 & \cdots & 0 \\ 0 & 0 & 0 & 1 & \cdots & 0 \\ \vdots & & & & \ddots & \vdots \\ 0 & 0 & 0 & 0 & \cdots & 1 \\ -\vec{c} & 0 & 0 & 0 & \cdots & 0 \end{bmatrix} \begin{bmatrix} \vec{x}(t) \\ z_1(t) \\ z_2(t) \\ \vdots \\ \vdots \\ z_p(t) \end{bmatrix} + \begin{bmatrix} \vec{b} \\ 0 \\ 0 \\ \vdots \\ \vdots \\ 0 \end{bmatrix} u(t) \tag{5.180}$$

로 됨을 쉽게 확인할 수 있다. 이때 목표입력 $r \equiv 0$로 두면, 폐루프시스템은 이 식(5.179)와 (5.180)으로 이루어진 $\eta = n + p$ 차원의 시스템으로 나타낼 수 있다. 이것을

$$\dot{\vec{x}}_e(t) = \boldsymbol{A}_e \vec{x}_e(t) + \vec{b}_e u(t),\ u = -\vec{k}_e \vec{x}_e(t) \tag{5.181}$$

로 두고, $\left(\boldsymbol{A}_e - \vec{b}_e \vec{k}_e\right)$의 고유값을 $\{\mu_1, \mu_2, \cdots, \mu_\eta\}$ (단 $\mathrm{Re}(\mu_i) < 0$)로 하는 $\vec{k}_e, (1\times\eta)$를 구해서

$$[\vec{k}\ \ -f_1\ \ -f_2\ \ \cdots\ \ -f_p] = \vec{k}_e \tag{5.182}$$

로부터 $\vec{k}, f_i$를 결정한다.

[단계 3] : 제어대상의 상태변수가 직접 측정되지 않고 $y' = \vec{c}'\vec{x}, \{\vec{c}' : (1\times n)\}$인 출력만이 측정되는 경우에는 y'과 u를 사용한 시스템

$$\dot{\vec{x}}(t) = \boldsymbol{A}\vec{x}(t) + \vec{b}u,\ y'(t) = \vec{c}'\vec{x}(t) \tag{5.183}$$

에 대하여 n차원의 관측기를 구성해서 식(5.179)의 $\vec{x}$ 대신에 재현값 $\hat{\vec{x}}$를 사용한다.

이 설계법에서는 개루프시스템에 정상오차보상기로서

$$G_s(s) = \frac{f_p s^{p-1} + \cdots + f_2 s + f_1}{s^p} \tag{5.184}$$

가 직렬로 삽입되어 있기 때문에[67] 제어대상의 형의 수(즉 제어대상이 가지는 적분기의 개수)에 관계없이 개루프시스템은 적어도 p형으로 된다. 또한 $(\boldsymbol{A}, \vec{b})$가 가제어이며 동시에 제어대상의 원점 상에 영점이 존재하지 않는다면 $(\boldsymbol{A}_e, \vec{b}_e)$도 가제어로 된다는 사실이 알려져 있으므로 폐루프시스템은 식(5.179)에 의해 안정화될 수 있다. 이 경우에는 제어대상과 병렬로 놓여진 관측기가 안정화보상기의 역할을 한다. 관측기의 취급방법이 설계법 I 과는 틀리기 때문에 주의하기 바란다. 이 경우 $\hat{\vec{x}}(t)$는 $\vec{x}(t)$의 재현값으로 된다.

[예제 5.35]

제어대상을

$$\dot{\vec{x}}(t) = \begin{bmatrix} 0 & 1 \\ -1 & -2 \end{bmatrix}\vec{x}(t) + \begin{bmatrix} 0 \\ 1 \end{bmatrix}u(t), \quad y(t) = \begin{bmatrix} 1 & 0 \end{bmatrix}\vec{x}(t) \qquad ①$$

로 두고 상태변수 x_1, x_2가 직접 측정 가능하다고 가정한다. 계단상의 입력에 정상오차 없이 추종하는 서보시스템을 (설계법 II)를 사용해서 구성해 보자.

풀이 개루프시스템은 반드시 1형이어야 하므로 [그림 5.72]와 같은 서보시스템으로 된다. 폐루프시스템은 $r \equiv 0$으로 두면

$$\frac{d}{dt}\begin{bmatrix} x_1 \\ x_2 \\ z_1 \end{bmatrix} = \begin{bmatrix} 0 & 1 & 0 \\ -1 & -2 & 0 \\ -1 & 0 & 0 \end{bmatrix}\begin{bmatrix} x_1 \\ x_2 \\ z_1 \end{bmatrix} + \begin{bmatrix} 0 \\ 1 \\ 0 \end{bmatrix}u \qquad ②$$

$$u = -\begin{bmatrix} k_1 & k_2 & -f_1 \end{bmatrix}\begin{bmatrix} x_1 \\ x_2 \\ z_1 \end{bmatrix}$$

로 되며, 이것의 극을 $\{-3, -2, -4\}$로 하는 경우를 예로 들면, $k_1 = 25$, $k_2 = 7$로 된다([그림 5.72] 참조).

67) 폐루프시스템이 점근안정일 때에는 $k_1 \neq 0$으로 되어 $G_s(s)$는 p 형이다.

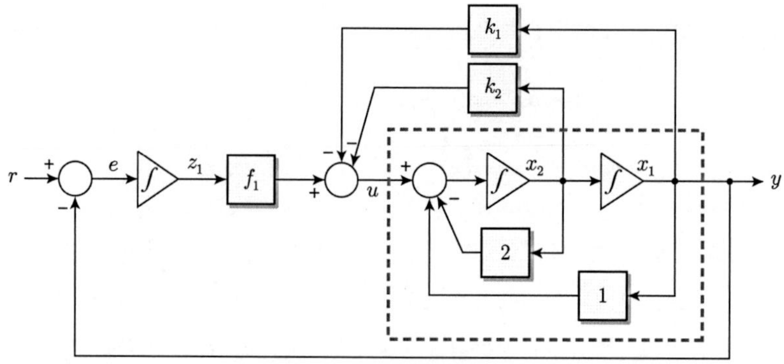

[그림 5.72] 설계법 II에 의한 서보시스템의 구성 (예제 5.35)

[연 습 문 제]

5.1

(a) 시스템

$$\dot{\vec{x}} = \begin{bmatrix} -3 & 1 \\ 1 & 0 \end{bmatrix}\vec{x} + \begin{bmatrix} 0 \\ 1 \end{bmatrix}u, \quad y = [\,1 \;\; 1\,]\vec{x}$$

에 대해 설계법 I과 II를 사용해서 1형의 서보시스템을 설계하고 설계에 소요되는 보상기의 차수를 비교해 보라. 단 측정 가능한 출력은 y뿐인 것으로 한다.

(b) [예제 5.31]에서 출력 y만이 측정 가능한 것으로 하고, 위의 (a)와 같이 두 가지의 서보시스템을 설계하여 각각 필요한 보상기의 차수를 비교해 보라.

5.2 다음의 시스템에 대해서 5.4절의 방법에 의해 스텝상의 목표입력에 추종하는 서보시스템을 구성하라.

$$\dot{\vec{x}} = \begin{bmatrix} -3 & 1 \\ 3 & -5 \end{bmatrix}\vec{x} + \begin{bmatrix} 1 \\ 0 \end{bmatrix}u + \begin{bmatrix} 1 \\ 2 \end{bmatrix}d, y = [\,1 \quad 0\,]\vec{x}$$

단 d는 일정한 크기의 외란이다.

5.3 다음 시스템은 증류탑을 모델링한 것이다.

$$\dot{\vec{x}} = \begin{bmatrix} -0.8 & 0.1 \\ -0.1 & -1.2 \end{bmatrix}\vec{x} + \begin{bmatrix} -1 & -0.7 \\ 0.2 & 0.3 \end{bmatrix}\vec{u} + \begin{bmatrix} 2 \\ 0.5 \end{bmatrix}d$$

$$\vec{y} = \begin{bmatrix} 1 & 0 \\ 0 & 1 \end{bmatrix}\vec{x}$$

이 시스템에 대해 스텝상의 목표입력에 오차 없이 추종할 수 있는 서보시스템을 적당한 방법을 동원하여 설계하라.

5.4 어떤 제어대상의 전달함수가 다음과 같이 주어져 있다. 이때 이 시스템에 대해 목표신호가 스텝입력인 경우에 오차 없이 추종하며 동시에 폐루프시스템의 극점이 $\{-2 \pm j3.464, -10\}$으로 되도록 하는 서보시스템을 적당한 방법으로 설계하라. 단 제어대상의 전 상태는 관측 가능한 것으로 한다.

$$\frac{y(s)}{u(s)} = \frac{1}{s(s+1)(s+2)}$$

5.5 1입출력 시스템

$$\dot{\vec{x}}(t) = \begin{bmatrix} 0 & 1 \\ -4 & -5 \end{bmatrix}\vec{x}(t) + \begin{bmatrix} 0 \\ 2 \end{bmatrix}u(t), \; y(t) = [\,1 \;\; 0\,]\vec{x}(t)$$

에 대하여, i) 강인한 서보시스템의 설계법, ii) 모델추종형 서보시스템의 설계법을 각각 적용하여 강인한 서보시스템을 설계하라.

Chapter 6

MATLAB/Simulink를 이용한 설계 예

여기서는 미국의 미시간 대학에서 제공하는 'Control Tutorial for MATLAB and Simulink'의 제어대상을 사용하여 제3, 4장에서 설명한 방법 및 MATLAB/Simulink가 제공하는 제어기설계 도구 등을 적극적으로 활용하여 설계사양에 맞는 제어기의 설계를 시도한다[1].

6.1 DC모터 위치제어(DC Motor Positioning Control)

6.1.1 모델링

■ **상태공간표현식**

제어시스템에서 가장 일반적인 액추에이터는 DC모터이며, 모델링을 위해 이를 간단하게 나타낸 것이 [그림 6.1]이다. 여기서는 관성모멘트 J와 마찰계수 b를 가지는 축이 모터에 연결되어 있는 것으로 가정한다. 이때 축의 회전각 $\theta(t)$와 발생되는 토크 T 사이에는 다음의 관계가 성립한다.

$$T(t) = J\frac{d^2\theta(t)}{dt^2} + b\frac{d\theta(t)}{dt} \tag{6.1}$$

아마추어 회로의 방정식은

$$V_a(t) = R_a I_a(t) + L_a\frac{dI_a(t)}{dt} + V_b \tag{6.2}$$

으로 주어진다. 여기서 $d\theta(t)/dt = \omega(t)$는 각속도이며, 역기전력은 축의 각속도에 비례하는 것으로 볼 수가 있으므로

$$V_b(t) = K_e\,\omega(t) \tag{6.3}$$

1) 이 장의 내용은 미시간대학의 홈페이지에 공개되어 있는 제어기설계용 모델을 사용하였다.
주소 : http: \\ctms.engin.umich.edu/CTMS

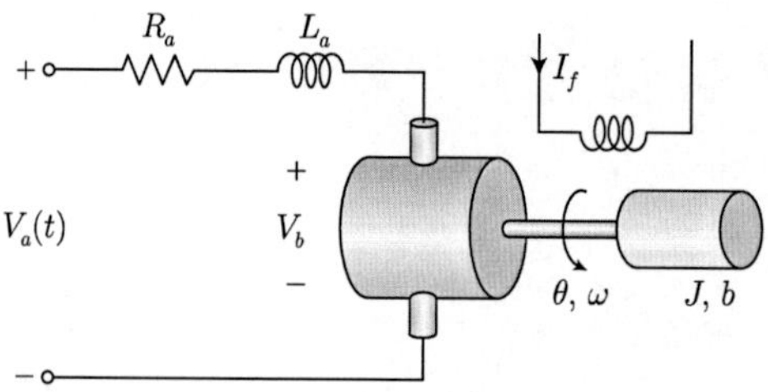

[그림 6.1] Armature-controlled DC-Motor

이며 동시에 모터에 의해 발생되는 토크 $T(t)$는 전류 $I_a(t)$에 비례하므로

$$T(t) = K_e I_a(t) \tag{6.4}$$

의 관계가 성립한다. 식(6.1) ~ (6.4)로부터 상태변수를 $x_1(t) = \theta(t)$, $x_2(t) = \omega(t)$ 및 $x_3(t) = I_a(t)$로 취하면 상태방정식은 다음과 같이 된다.

$$\begin{cases} \dot{x}_1(t) = x_2(t) \\ \dot{x}_2(t) = -\dfrac{b}{J}x_2(t) + \dfrac{K_e}{J}x_3(t) \\ \dot{x}_3(t) = -\dfrac{K_e}{L_a}x_2(t) + \dfrac{R_a}{L_a}x_3(t) + \dfrac{1}{L_a}V_a(t) \end{cases} \tag{6.5}$$

위 식을 행렬의 형식으로 전개하면 다음과 같다.

$$\dot{\vec{x}}(t) = \begin{bmatrix} 0 & 1 & 0 \\ 0 & -\dfrac{b}{J} & \dfrac{K_e}{J} \\ 0 & -\dfrac{K_e}{L_a} & -\dfrac{R_a}{L_a} \end{bmatrix} \vec{x}(t) + \begin{bmatrix} 0 \\ 0 \\ \dfrac{1}{L_a} \end{bmatrix} V_a(t) \tag{6.6a}$$

$$\equiv \boldsymbol{A}\vec{x}(t) + \vec{b}\,u(t)$$

$$\theta(t) = [\,1 \;\; 0 \;\; 0\,]\,\vec{x}(t) \equiv \vec{c}\,\vec{x}(t) \tag{6.6b}$$

■ 전달함수

제5장의 식(5.45)를 식(6.6)에 적용하여 전달함수를 얻는다.

$$G(s) = \vec{c}\,(s\boldsymbol{I} - \boldsymbol{A})^{-1}\vec{b} = \frac{K_e}{s\big((Js+b)(L_a s + R_a) + K_e^2\big)},\ [rad/V] \tag{6.7}$$

■ 모터의 파라미터 값

① 관성모멘트(moment of inertia of the rotor) : $J = 3.2284e-6$ [kg/m2]

② 모터 마찰계수(motor viscous friction constant) : $b = 3.5077 \times 10^{-6}$ [N.m.s]

③ 모터 토크정수(motor torque constant) : K_e : 0.0274 [N.m/Amp]

④ 모터 저항(electric resistance) : $R_a = 4[\Omega]$

⑤ 모터 인덕턴스(electric inductance) : $L_a = 2.75 \times 10^{-6}$ [H]

■ 설계사양

모터를 빠른 시간에 원하는 위치에 (지속외란이 존재하더라도) 오차 없이 가져가는 것을 목표로 한다. 이를 위해 아래와 같은 사양을 제시한다.

i) 정정시간은 40 [ms] 이내로 한다.

ii) 오버슈터는 16% 이내로 한다.

iii) 계단상의 지속외란이 존재하더라도 정상오차를 영으로 한다.

■ 모델의 특성

MATLAB을 이용하여 식(6.6) 또는 (6.7)로 주어진 제어대상이 가지는 특성을 파악한다.

(1) MATLAB에서 모델 표현

상태공간표현 혹은 전달함수를 이용하여 시스템을 MATLAB에 도입한다.

```
% 파라미터 값
J = 3.2284E-6; b = 3.5077E-6; Ke = 0.0274;
Ra = 4; La = 2.75E-6;
% State-Space
A = [0 1 0;0 -b/J Ke/J;0 -Ke/La -Ra/La];
B = [0 ; 0 ; 1/La];
C = [1 0 0];
D = [0];
% Transfer Function
s = tf('s');
G_motor = Ke/(s*((J*s+b)*(La*s+Ra)+Ke^2))
motor_ss = ss(A,B,C,D)
motor_ss = ss(G_motor);                              % 위와 동일한 결과
```

(2) 모터특성의 확인

위의 표현식을 이용하여 모터의 계단응답을 구하고, 이로부터 시스템이 불안정한 상태에 있음을 프로그램으로 확인한다. 즉, 모터가 가지는 네 개의 극 중에서 하나가 원점에 존재하고 있음을 알 수 있다.

```
% 계단응답
t = 0:0.001:0.2;
step(G_motor,t)                 % 계단응답 [그림 6.2]의 확인
ltiview(G_motor)                % LTI Viewer를 사용한 응답특성 확인
isstable(G_motor)               % 안정이면 '1', 불안정이면 '0'을 출력
pole(G_motor)                   % 모터의 극을 화면에 표시
```

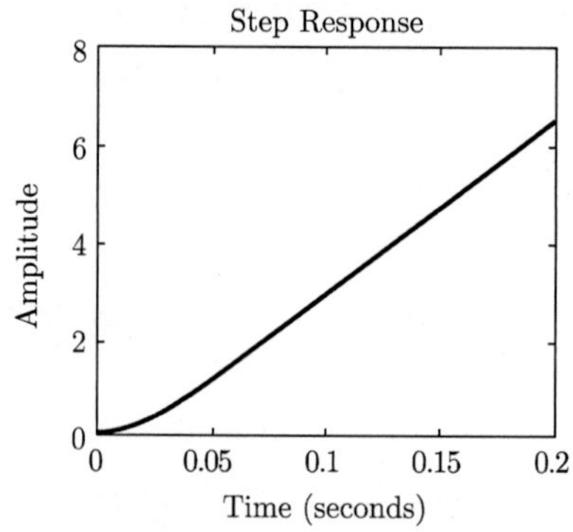

[그림 6.2] 모터의 계단응답

6.1.2 제어기 설계를 위한 폐루프 특성 확인

사양을 만족하는 제어기 설계를 위한 예비단계의 하나로 주어진 제어대상에 $C(s)=1$인 제어기를 [그림 6.3]과 같이 연결하여 얻어진 폐루프시스템의 특성을 조사한다[2].

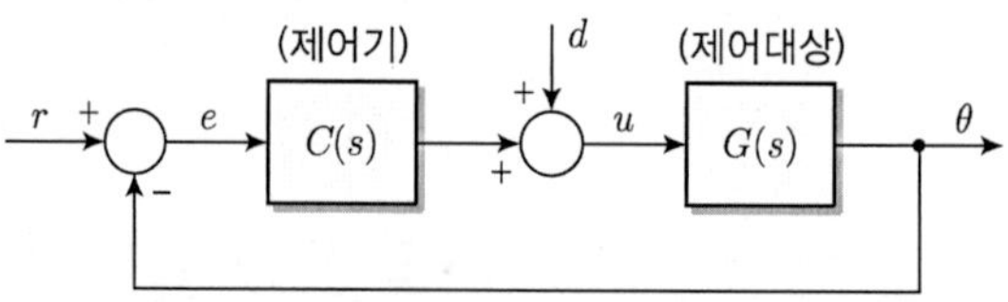

[그림 6.3] 제어기 $C(s)$로 폐루프시스템의 구성

```
sys_cl = feedback(G_motor,1)    % 폐루프시스템
step(sys_cl,t)                  % [그림 6.4] (또는 ltiview(sys_cl)을 실행한다)
pzmap(sys_cl)                   % 폐루프의 극과 영점을 s평면에 나타낸다.
```

위 프로그램의 실행결과 [그림 6.4]를 얻을 수 있다. 이로부터 폐루프시스템의 정정시간은 0.13 [s]로서 설계사양을 만족하지 못하였지만, 오버슈터와 정상상태오차의 조건은 충분히 만족하고 있다. 이 결과에 대해 조금 더 알아본다.

2) 제어대상만으로 루프를 형성하였을 경우의 폐루프의 특성을 확인한다.

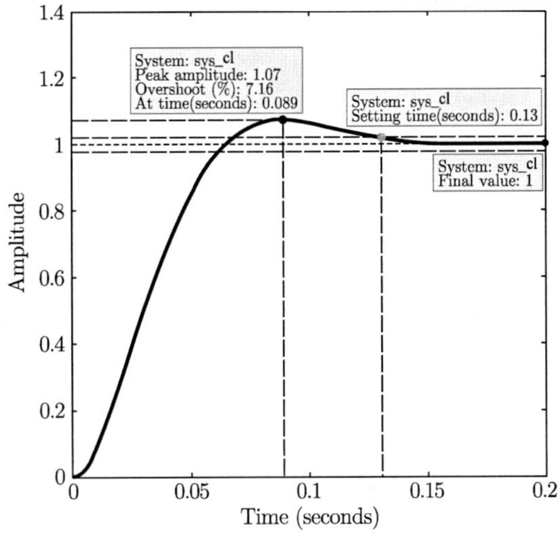

[그림 6.4] 이득 '1'에 의한 폐루프시스템의 계단응답

폐루프시스템의 전달함수는

$$G_{cl}(s) = \frac{G(s)}{1+G(s)} = \frac{0.0274}{8.878\times10^{-12}s^3 + 1.291\times10^{-5}s + 0.0007648s + 0.0274} \tag{6.8}$$

로 되어 -1.4545×10^6, $-29.6\pm j35.3$에 세 개의 극을 가진다. 세 개의 극 중 실수근은 (-)로 아주 큰 값을 가지기 때문에 폐루프의 응답에 거의 영향을 미치지 않고, 복소수로 주어진 나머지 두 개의 근이 지배극으로 되어 계단응답에 영향을 주로 미친다. 이를 알아보기 위하여

```
damp(sys_cl)                    % 폐루프 극이 가지는 감쇄비의 확인
```

를 실행하면 다음의 결과를 얻는다.

Eigenvalue	Damping	Frequency
−2.96e + 01 + 3.53e+01i	6.43e − 01	4.61e + 01
−2.96e + 01 − 3.53e+01i	6.43e − 01	4.61e + 01
−1.45e + 06	1.00e + 00	1.45e + 06

(Frequencies expressed in rad/seconds)

이 사실로부터 복소수 근의 감쇄비 $\zeta = 0.643$과 고유진동수 $\omega_n = 46.1$[rad/s]가 폐루프시스템의 응답특성을 결정한다는 것을 알 수 있다. 이를 제3장의 식(3.26b)와 (3.26c)에 적용하면 폐루프의 계단응답이 가지는 정정시간과 오버슈터를 확인할 수 있다.

```
[Wn,zeta,poles] = damp(sys_cl);
Ts = 4/(zeta(1)*Wn(1))                          % 식(3.26b)
OS = exp((-zeta(1)*pi)/sqrt(1-zeta(1)^2))       % 식(3.26c)
```

위 계산결과 오버슈터는 약 7%, 정정시간은 0.135[s]로 되어, 비지배극(실수극)까지 고려한 결과인 [그림 6.4]와는 차이가 있음을 볼 수 있다.

6.1.3 PID제어기의 설계

■ SISO Design Tool에 의한 설계

여기서는 3.6절에서 언급한 SISO Design Tool을 이용한 설계를 시도하고, 이를 참고문헌에서 주어진 제어기에 의한 결과와 비교하기로 한다. 설계순서는 다음과 같다.

(1) MATLAB 작업공간에서 '>>sisotool(G_motor)'를 실행하면 [그림 3.81]의 메인화면이 기동된다.

(2) 폐루프시스템의 구조를 지정한다. 여기서는 [그림 6.3]의 형식을 사용하므로 [그림 3.81]에서 [**Control Architecture**]를 클릭하여 나타난 화면에서 [그림 6.3]의 형식인 왼쪽 위 첫 번째 구조를 선택한다[3].

(3) [그림 3.81]에서 '**System Data**'를 클릭하여 [그림 6.3]의 구조에 필요한 전달함수[4]를 지정한다. 여기서는 메인화면 기동시에 제어대상의 시스템 표현식인 '**G_motor**'를 설정하였으므로 [그림 6.5]와 같이 제어대상인 '**G**'에 '**G_motor**'가 입력되어 있다. 제어기인 '**C**'는 자동조정으로 설정되기 때문에 그대로 둔다.

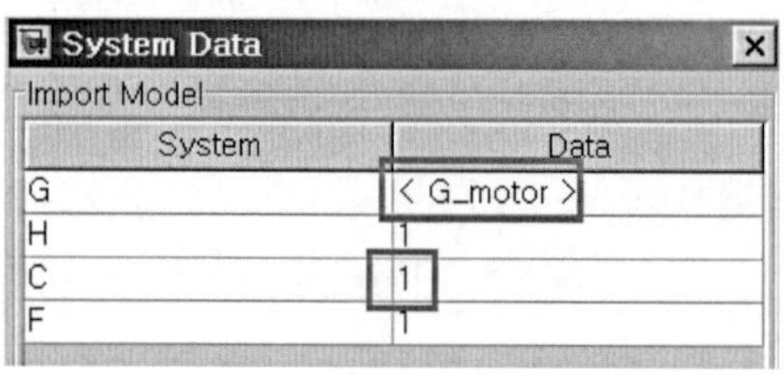

[그림 6.5] **System Data의 화면**

(4) [그림 3.81]에서 오른쪽 위의 '**Automated Tuning**'을 클릭하여 나타나는 화면에서 '**Design Method**'로 '**PID Tuning**'을 설정한다. 여기서 제어기의 형식(Controller Type)으로 PID를 지정하여 '**Updata Compensator**'를 클릭하면 (설계사양이 지정되어 있지 않은 상황에서) 가장 적절한 형식의 PID 계수값이 계산되어 화면에 나타난다([그림

3) default이므로 그대로 사용하면 된다.

4) 편의상 전달함수로 표현하였으나, 전달함수(또는 상태공간표현)의 시스템 표현을 요구한다. 즉, 명령어 'ss', 또는 'tf'로 얻어진 표현식을 의미한다.

6.6] 참조).

(5) (4)의 과정으로 얻어진 제어기에 의한 폐루프의 특성, 즉 계단응답, 임펄스응답, 보드선도 등은 [그림 6.6]의 'Analysis Plots'를 클릭하면 얻을 수 있다

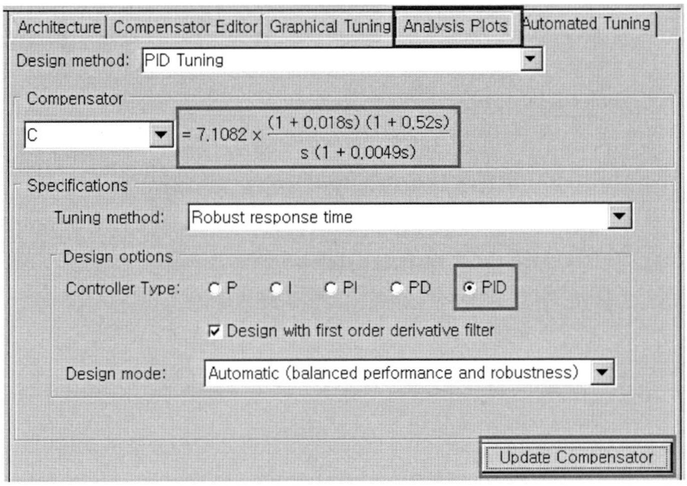

[그림 6.6] Automated Tuning 화면

이상의 과정으로 얻어진 제어기는 두 개의 극, 즉 $s_{1,2} = 0, -204.0816$을 가지나, 하나는 아주 큰 (−)값을 가지므로 무시하면 제어기는

$$C(s) = 3.8242 + \frac{7.1082}{s} + 0.0668s \tag{6.9}$$

로 된다. 이상과 같이 설계사양에 대한 제약 없이 자동조정으로 얻어진 제어기는 때때로 좋지 않는 결과를 보여주기도 한다. 식(6.9)의 경우에는 목표입력에 대한 특성은 설계사양을 만족하였으나, 외란응답특성이 아주 좋지 않은 것으로 나타났다. 추가적으로 PID 파라미터의 미세조정을 시행하거나, 또는 아래에 언급하는 방법 등으로 새로운 제어기의 설계를 시도한다.

■ **Simulink의 파라미터 조정에 의한 방법**

제어기의 설계과정에서 부과된 제약조건을 인가하기 위한 하나의 방법은 3.6절에서 언급한 파라미터 자동조정을 위해 제공되는 Simulink 블록을 사용하는 것이다. 이를 위해 먼저 [그림 6.3]의 Simulink 블록선도를 작성한다.

• PID 파라미터의 자동조정

(1) **Simulink Design Optimization**의 **Signal Constraint** 라이브러리에 있는 '**Check Response Characteristic**' 블록을 Simulink 블록선도의 출력단에 연결한다([그림 6.7] 참조).

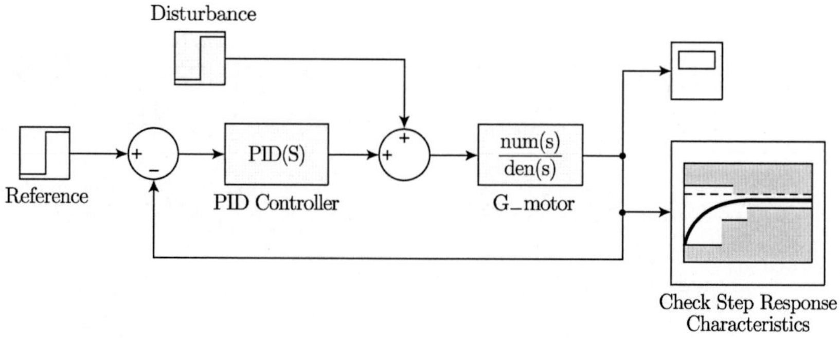

[그림 6.7] PID제어기의 파라미터 자동설정을 위한 블록의 추가

(2) **Check Step Response Characteristic** 블록을 더블클릭하여 오픈된 화면([그림 3.89])에서 출력이 만족시켜야 할 시간응답 사양을 지정한다. 예를 들어 상승시간 0.6[초], 정정시간 3[초], 오버슈터 10% 등의 값을 입력한다. 오른쪽의 항의 **% Rise**는 상승시간을 최종값의 몇 %로 할 것인지를, 또한 **% Settling**은 정정시간을 최종값의 몇 %로 할 것인지 등을 입력하여야 한다[5]. 오른쪽 아래의 '**Show Plot**'을 클릭하면 현재의 설정이 표시된 그래프가 나타난다([그림 3.93] 참조).

(3) 자동조정을 위한 초기값을 MATLAB의 작업공간에서 입력한다. 위에서 사용한 PID제어의 파라미터를 초기값으로 지정하여도 좋으나, 여기서는 참고문헌에 주어진 값을 기본으로 하여 디음과 같이 지정하였다.

```
Kp = 10;Ki = 100; Kd = 0.1;                % 초기값의 설정
```

(4) [그림 3.89]의 오른쪽 아래에 있는 '**Response Optimization**'을 클릭하여 자동조정을 원하는 파라미터를 지정한다. 이하의 순서는 3.6.2절의 순서를 따른다. 단 '**Check Response Characteristic**' 블록의 설정화면 [그림 3.89]의 **Assertion** 탭에서 [그림 6.8]과 같이 '**Output assertion signal**'의 체크가 필요하다.

5) 일반적으로 상승시간은 최종값의 10~90%, 정정시간은 최종값의 ±2%이다.

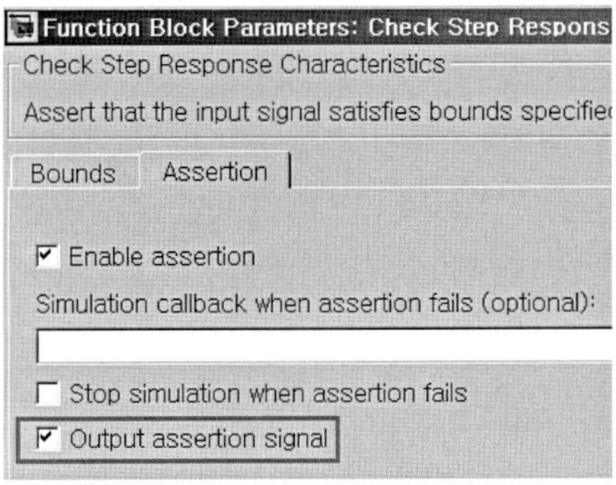

[그림 6.8] Output assertion signal

이상의 과정을 통하여 얻어진 PID제어기의 파라미터는 다음과 같다.

$$K_p = 3.1561\,(21),\ K_i = 12.6\,(500),\ K_d = 0.05\,(0.15) \tag{6.10}$$

위 식에서 비교를 위해 참고문헌에서 얻어진 값을 괄호 속에 표시하였다. 식(6.10)을 [그림 6.7]의 블록선도에 대입하여 얻어진 시뮬레이션 결과를 [그림 6.9]에 나타내었다.

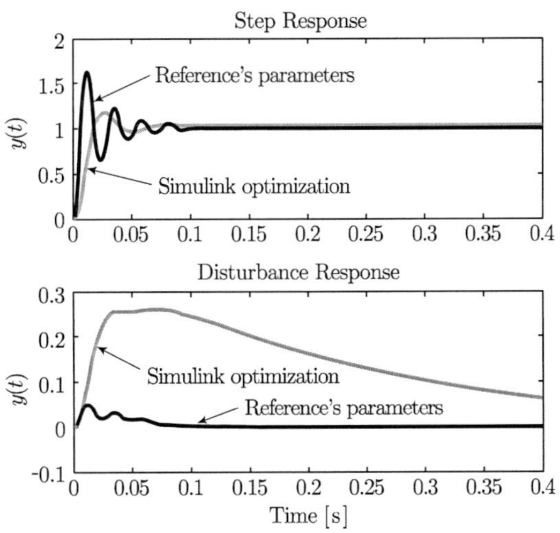

[그림 6.9] PID제어기에 의한 시뮬레이션 결과

그림으로부터 Simulink의 자동조정에 의한 결과는 목표입력에 대해서는 양호한 성능을 나타내지만 외란입력에 대한 대처는 미흡함을 알 수 있다. 이는 상기의 설계과정에서 외란입력을 영으로 두고 목표입력에 대한 설계사양을 부과하였기 때문이다.

사실상 Simulink의 '**Check Response Characteristic**' 블록의 자동조정과정을 이용한 PID제어기의 설계과정에는 두 개의 입력, 즉 목표입력과 외란을 모두 인가하는 것은 바람직하지 않다. 장시간이 소요될 뿐만 아니라 그 결과도 대부분 좋은 특성을 보여주기 못하기 때문이다. 따라서 상기의 설계와 같이 (외란은 영으로 두고) 목표입력에 대한 설계사양만을 만족하는 자동조정법의 결과를 기본으로 하여 시뮬레이션에 의한 미세조정을 적용하는 것이 바람직하다.

6.1.4 근궤적을 이용한 설계

식(6.7)의 시스템에 대하여 부과된 설계사양을 만족하는 제어기의 설계를 제3장에서 설명한 근궤적을 적용하여 수행한다.

■ 근궤적에 의한 시스템의 특성 확인

[그림 6.3]에서 $C(s) = K$ (즉 P제어)로 두고 이득 K를 적절히 증감하여 설계사양을 만족하는 폐루프 극의 존재범위를 확인한다.

(1) 정정시간의 조건을 식(3.26b)에 적용하면 폐루프 극의 실수부는 $\sigma = -100$보다 왼쪽에 존재하여야 한다.

(2) 오버슈터의 조건을 식(3.26c)에 적용하면 폐루프의 감쇄비는 $\zeta \geq 0.5$로 되어야 한다.

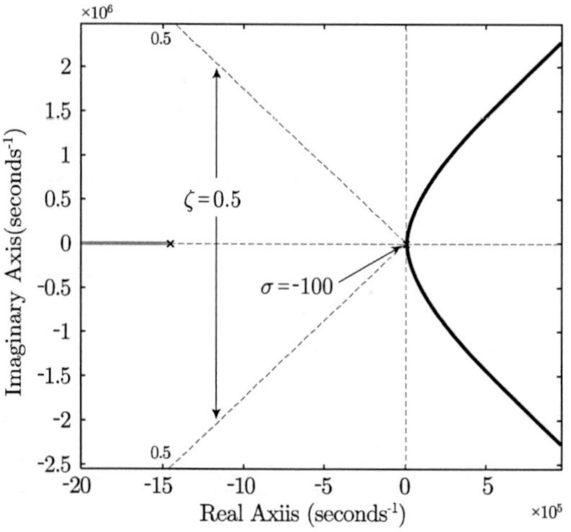

[그림 6.10] $G(s)$의 근궤적선도

[그림 6.10]으로부터 폐루프 이득 K의 증감만으로는 주어진 사양을 만족하는 폐루프 극의 영역이 존재하지 않는다는 것을 알 수 있다([그림 3.18] 참조). 다시 말하면 P제어만으로는 사양을 만족시킬 수 없다는 것이다. 이러한 사실은 식(6.7)로 주어진 시스템의 특성, 즉 $G(s)$의 세 개의 극 중에서 하나가 나머지 두 개에 비해 음(−)의 쪽으로 아주 먼 곳에 위치한다는 사실에 기인한다.

■ **모델의 근사화**

$G(s)$가 가지는 세 개의 극은 다음으로 얻어진다.

```
poles = pole(G_motor) ↵                              % 실행
poles =

   1.0e+06 *
         0,    -1.4545, -0.0001
```

이 중 복소평면의 왼쪽 먼 곳에 위치하는 극은 (매우 큰 이득을 사용하지 않는 한)6) 폐루프의 특성에 거의 영향을 미치지 않는다. 이러한 사실을 이용하면 시스템의 차수를 줄일 수 있다. 즉, 모터의 위치제어시스템의 경우, $s=-1.45\times10^6$에 위치하는 제어대상의 극은 폐루프의 과도특성에 영향을 미치지 않는다. 이와 같은 극을 무시하기 위한 하나의 방법은 전달함수의 DC이득을 일정하게 유지하면서

$$H(s)=\frac{G(s)}{s/p+1}\approx G(s),\ (s\ll p) \tag{6.11}$$

로 두는 것이다. 여기서는 MATLAB이 제공하는 명령어로 'minreal'을 사용하여 $G(s)$의 극을 소거하기로 한다.

```
rG_motor = minreal(G_motor*(s/max(abs(poles))+1)) ↵   % s = -1.45×10^6 을 제거
rG_motor =        % 2차의 시스템의 극은 s = 0, -59.2260으로 주어진다.

     2122
  -------------                                          (6.12)
  s^2 + 59.23 s
```

2차로 근사화된 시스템 (6.12)에 대하여 이득 K를 이용한 폐루프의 극의 움직임을 근궤적을 이용하여 확인한다. 즉, 식(6.12)를 P제어만으로 설계사양을 만족시킬 수 있는가 하는 것이다.

```
rlocus(rG_motor)                               % [그림 6.11]
axis([-300 100 -200 200])
sgrid(0.5,0),sigrid(100)                       % 사양을 만족하는 영역의 표시
```

[그림 6.11]에 식(6.12)의 근궤적을 나타내었으나 이는 [그림 6.10]의 허수축 근방의 궤적과 동일하다는 것을 알 수 있다. 그림으로부터 K의 변화에 따른 폐루프 극의 이동경로는 설계사양을 만족시킬 만큼 빠른 정정시간을 가지는 것을 보여주지 못하고 있음을 알 수 있다. 또한

6) 만약 이를 위해 아주 큰 이득을 사용한다면 허수축 근처의 두 개의 극은 불안정 영역으로 이동한다.

일정한 크기의 외란입력에 대한 정상상태 오차를 영으로 하기 위해서는 적분기가 필요하다는 사실 등으로부터 이득 K, 즉 P제어만으로는 주어진 설계사양을 만족시킬 수 없다는 사실을 확인할 수 있다.

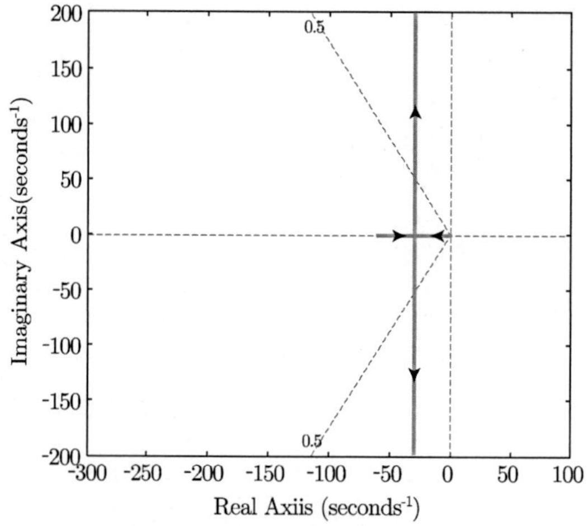

[그림 6.11] 근사화된 시스템의 근궤적

■ **PI제어**

3.5.2절에서 사용한 방법을 적용하여 PI제어기로서 설계사양을 만족하는 폐루프의 영역이 확보되는지의 여부를 먼저 확인하여 보자. [그림 3.44(c)]를 참고로 하여 PI제어기를 다음과 같이 둔다.

$$C(s) = \frac{K(s+a)}{s} \tag{6.13}$$

여기서는 시스템이 가지는 극의 크기를 참조하여 식(6.13)에서 $a = 20$으로 두었다.

```
C = (s+20)/s;
rlocus(C*rG_motor)                              % [그림 6.12]
axis([-200 50 -100 100])
sgrid(0.5,0),sigrid(100)
```

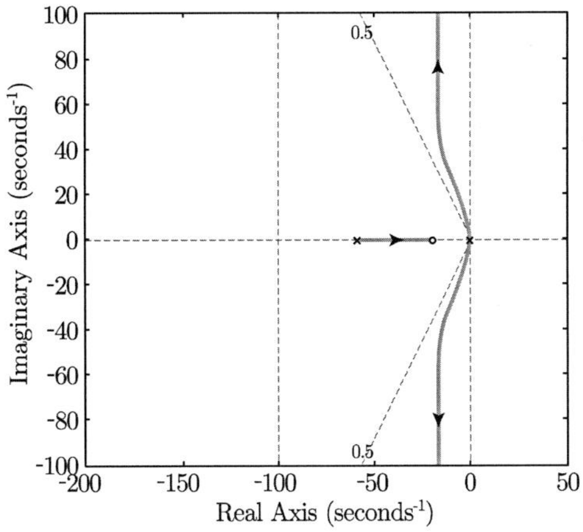

[그림 6.12] PI제어를 적용한 근궤적선도

[그림 6.12]로부터 PI제어를 통한 설계사양의 만족은 불가능하다는 사실을 알 수 있다.

▪ PID제어

[그림 6.12]에서 근궤적을 복소평면의 왼쪽 방향으로 끌어당기기 위해서는 영점의 추가가 필요함을 알 수 있다([그림 3.54] 참조). 즉, PI제어에 영점을 추가하여 PID제어기를 사용하기로 한다. 여기서는 전절에서 사용한 MATLAB의 SISO Design Tool을 사용하기로 한다.

(1) `>>sisotool(rG_motor)`를 실행하여 [그림 3.81]의 메인화면을 오픈한다.

(2) 이전과 동일한 방법으로 PID의 **Auomated Tuning**을 실행하면 [그림 6.13]과 같이 (설계사양이 주어지지 않은 상태에서) 가장 적절한 PID제어기가 설계되어 표시된다.

$$C(s) = 3.0776\frac{(1+0.017s)(1+1.1s)}{s(1+0.0055s)} \tag{6.14}$$

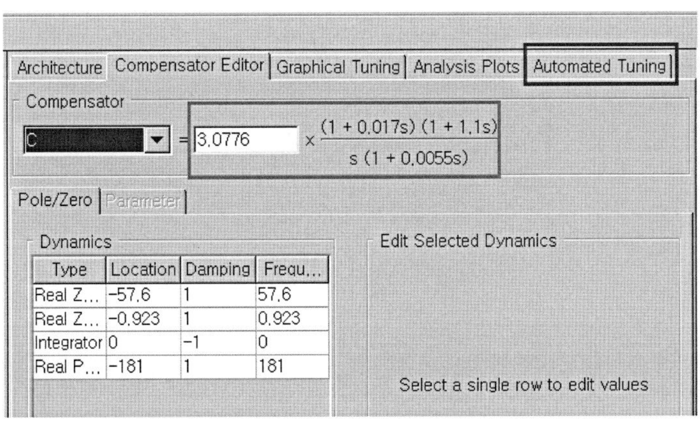

[그림 6.13] sisotool의 Automated Tuning 실행결과

(3) 식(6.14)의 PID제어기를 적용한 폐루프시스템의 극은 제어기에 의해 영향을 받지 않은 가장 왼쪽의 극을 제외하고 다음으로 주어진다.

```
C =  3.0776*(1+0.017*s)*(1+1.1*s)/(s*(1+0.0055*s))
sys_cl = feedback(C*G_motor,1);            % 폐루프 전달함수(r → y)
pole(sys_cl) ↵                             % 아래 표기에서 −1.45×10^6은 제외하였다.

 1.0e+02 *
          -0.9074 + 1.1780i
          -0.9074 - 1.1780i
          -0.5862
          -0.0092
```

(4) 이들 네 개의 극은 오버슈터와 조건인 $\zeta \geq 0.5$는 만족하고 있으나, 정정시간과 관련된 $\sigma \geq 100$의 조건을 만족시키지 못하고 있다. 이로 인해 외란응답의 수렴속도 역시 느려질 것으로 예상된다.

(5) (4)의 내용을 확인하기 위하여 참고문헌의 값과 위 결과를 각각 적용한 시뮬레이션 결과를 [그림 6.14]에 나타내었다. 예상한 대로 외란응답의 수렴속도가 현저하게 느리며, 정정시간의 조건 역시 만족시키지 못하고 있음을 볼 수 있다.

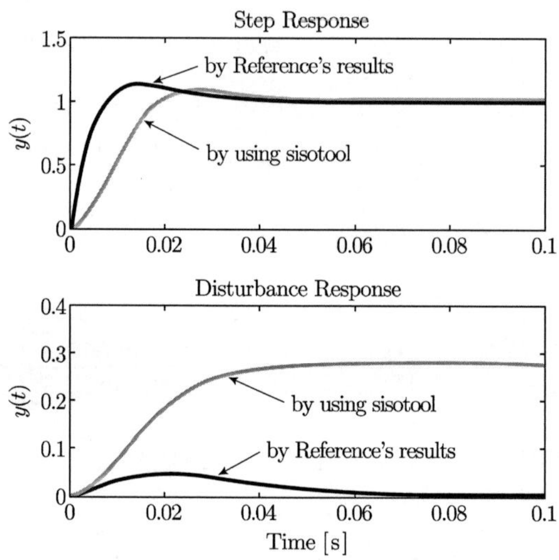

[그림 6.14] 참고문헌의 계수와 sisotool의 결과의 비교

```
dist_cl = feedback(G_motor,C);             % 외란응답을 위한 전달함수(d → y)
t = 0:0.001:0.1;
yStep = step(sys_cl,t);                    % 계단응답
yDist = step(dist_cl,t);                   % 외란응답
```

```
% 참고문헌의 결과
Cr = (s+60)*(s+70)/s;                          % 참고문헌에서 사용한 PID제어기
sys_clr = feedback(0.1308*Cr*G_motor,1);
dist_clr = feedback(G_motor,0.1308*Cr);
yStep_r = step(sys_clr,t);
yDist_r = step(dist_clr,t);

subplot(211),plot(t,yStep,t,yStep_r,':'),ylabel(' y(t)'),title('Step
                                          Response')
subplot(212),plot(t,yDist,t,yDist_r,':'),ylabel('y(t)'),title
                                        ('Disturbance Response')
xlabel(' Time [s]')
```

■ 외란응답특성의 개선

(1) 먼저 식(6.14)의 PID제어기를 적용한 개루프시스템 $C(s)G(s)$에 대한 근궤적을 그려서 이득의 증가에 따른 폐루프 극의 위치를 확인한다. 이 경우 [그림 6.15]와 같이 이득 K의 증가에 관계없이 정정시간의 설계사양을 만족시킬 수 없기 때문에 PID제어기의 영점의 위치변경이 필요하다는 사실을 알 수 있다.

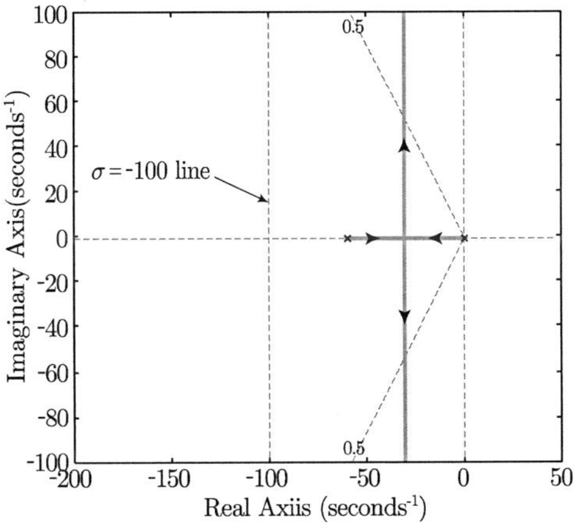

[그림 6.15] 식(6.14)의 제어기에 의한 근궤적

(2) [그림 6.15]에서 $\sigma = -100$ 선분의 왼쪽으로 근궤적을 이동시키기 위해서는 PID제어기의 두 영점이 적어도 −60 이상의 값을 가져야 한다[7]. 또한 근사화된 모델 식(6.12)가 극을 −59.226에 가진다는 점 등을 고려하여 PID제어기의 두 영점을 각각 −60과 −70으로 지정한다. 이를 적용한 근궤적선도를 [그림 6.16]에 나타내었다. 그림으로부터 이득이 증가함에 따라 폐루프의 극이 정정시간의 설계사양인 $\sigma = -100$의 왼편으로 이

7) 식(6.14)는 두 개의 영점을 −58.8, −0.9에 가진다.

동하였음을 볼 수 있다.

```
C = (s+60)*(s+70)/s;                          % 새로운 PID제어기
rlocus(C*rG_motor)                            % [그림 6.16]
axis([-200 50 -200 200]), sgrid(0.5,0),sigrid(100)
```

이로부터 'PID제어기+제어대상'인 전달함수 $C(s)G(s)$가 가지는 세 개의 극 중[8]에서 두 개는 이득을 증가시켜 $\sigma = -100$ 선분의 왼쪽으로 이동시킬 수 있으나 $s = -59.2$에 존재하는 극은 근처의 영점인 $s = -60$으로 인해 극·영점 소거가 발생하여 출력에는 거의 영향을 미치지 않는다.

(3) 이러한 사실을 참조하여 [그림 6.16]의 근궤적으로부터 페루프의 극이 설계사양을 만족하도록 이득 K를 결정한다. 이때 이득 K가 실제로 영향을 미치는 두 개의 극을 중심으로 [그림 6.16]을 다시 나타내기 위하여 'PID제어기+근사화된 모델'의 전달함수에서 극·영점소거로 인한 성분을 MATLAB 명령어 `minreal`을 이용하여 제거한다.

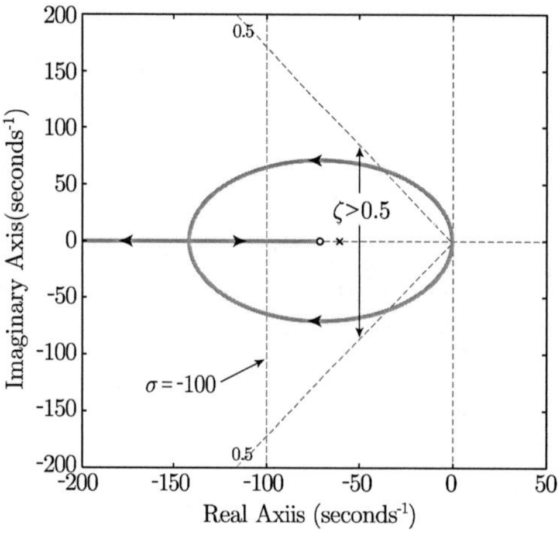

[그림 6.16] 새로운 PID제어기에 의한 근궤적

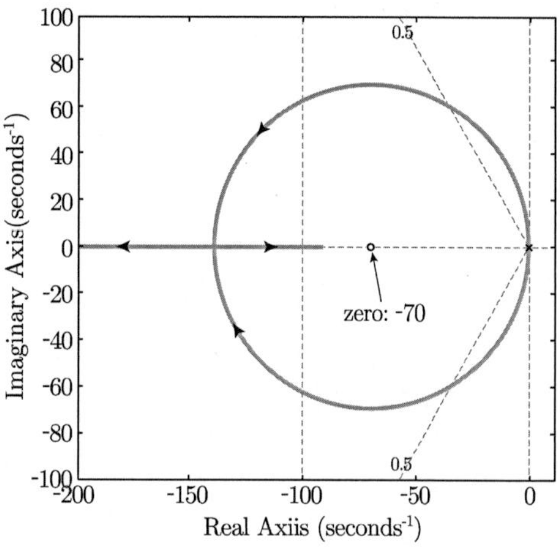

[그림 6.17] 극·영점 소거를 제외한 근궤적

```
rsys_ol = minreal(C*rG_motor,0.1);            % 극-영점 소거부분을 제거
rlocus(rsys_ol)                               % [그림 6.17]
axis([-200 10 -100 100]), sgrid(0.5,0),sigrid(100)
```

(4) 페루프의 극이 정정시간과 오버슈터의 조건을 만족하는 s평면의 영역에 존재하도록 하는 이득 K의 값은 SISO Design Tool을 사용한다. 즉 `>>sisotool(rsys_ol)`을 실행하여 나타나는 화면의 근궤적선도 상의 한 점을 클릭하면 그 점에서의 K값과 이득여유

8) 여기서는 제어대상은 근사화된 모델인 식(6.12)를 사용하였다. 따라서 '제어기+제어대상'은 모두 세 개의 극을 가진다.

및 위상여유의 값이 화면에 표시되므로 이를 바탕으로 적절한 위치를 결정한다.

[그림 6.18]의 경우 $K=0.13$이며, 이때 폐루프의 두 개의 극은 $-138.7\pm j13.2$이며, 따라서 최종적인 PID제어기는 다음 식으로 주어진다.

$$C(s)=0.13\frac{(s+60)(s+70)}{s} \tag{6.15}$$

식(6.15)를 이용한 시뮬레이션 결과를 [그림 6.19]와 [그림 6.20]에 각각 나타내었다. 주어진 설계사양을 충분히 만족하고 있음을 확인할 수 있다.

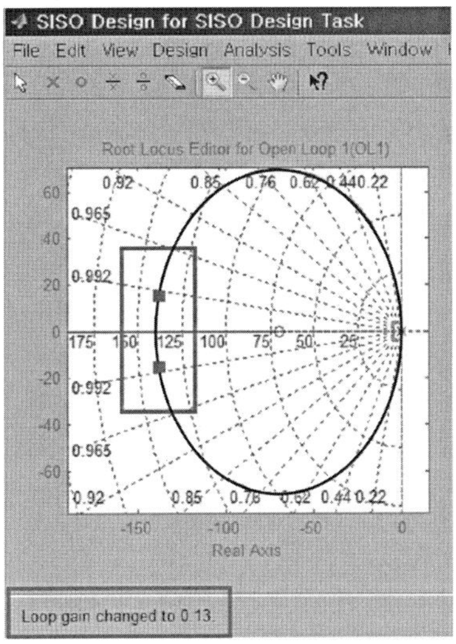

[그림 6.18] 이득 K값의 결정

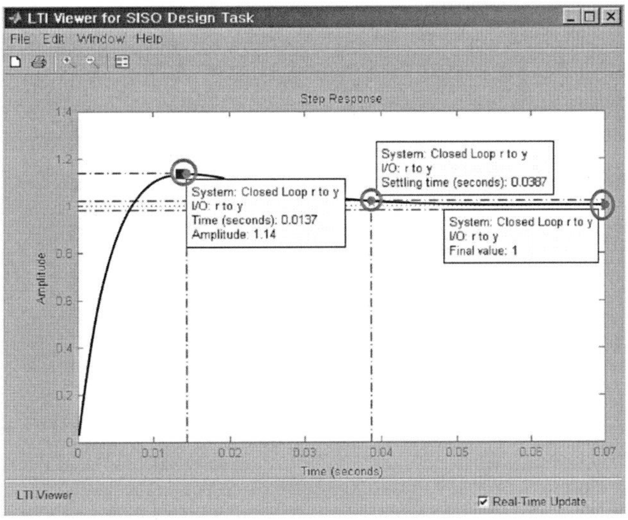

[그림 6.19] 제어기 식(6.15)에 대한 계단응답

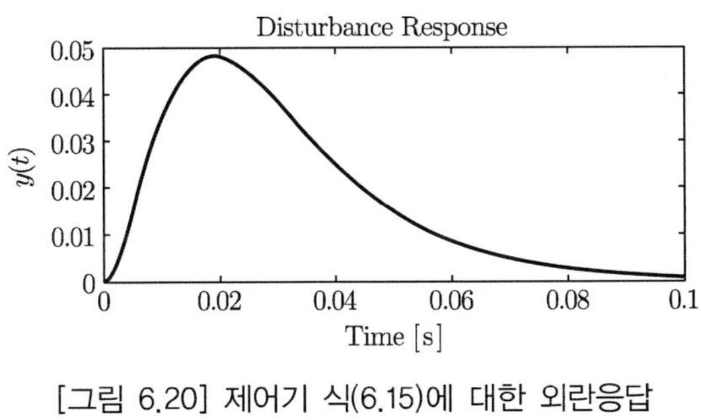

[그림 6.20] 제어기 식(6.15)에 대한 외란응답

6.1.5 주파수응답을 이용한 설계

제4장에서 언급한 방법을 이용한 보상기의 설계를 시도한다.

■ **적분기의 추가**

먼저 주어진 제어대상의 주파수특성을 보드선도 등을 이용하여 확인한다. 이 결과 시스템

(6.7)은 약 92 [dB]의 이득여유와 62°의 위상여유를 가지고 있음을 알 수 있다. 폐루프는 안정한 시스템이긴 하지만 일정한 크기의 외란응답에 대한 정상상태오차를 영으로 한다는 설계사양의 만족을 위해서는 적분기가 필요하다. 이를 SISO Design Tool을 사용하여 다음과 같이 진행한다.

(1) 명령어 'sisotool'을 사용하여 **Control and Estimation Tools Manager**를 기동한다.

(2) [그림 6.21]에서 **Compensator Editor**를 클릭하여 나타나는 화면의 **Pole/Zero Tab**의 **Dynamic** 영역에서 마우스의 오른쪽 버턴을 클릭하여 **Add Pole/Zero**→**Integrator**를 선정한다.

(3) 제어대상에 보상기로서 적분기가 추가되어 보드선도의 모양이 바뀌며, 이 결과 폐루프의 이득여유와 위상여유의 값이 변경된다.

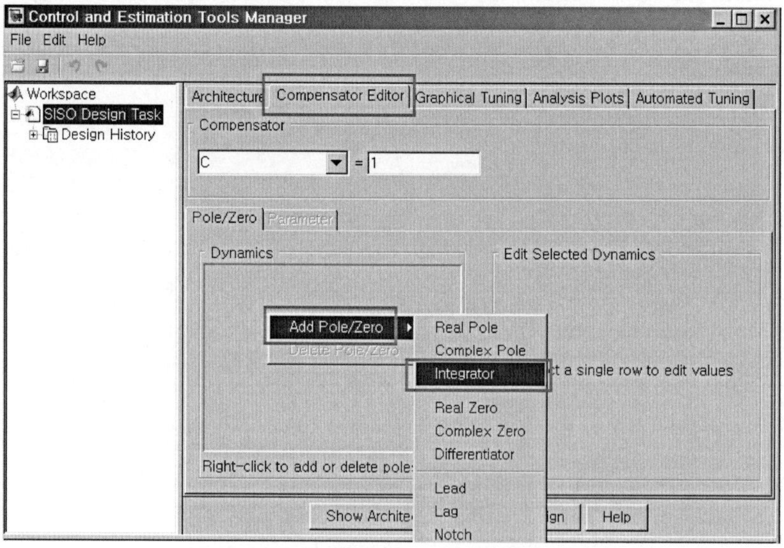

[그림 6.21] '>> sisotool(G_motor)'의 실행으로 오픈되는 화면

■ **이득과 위상여유의 조정을 이용한 보상기의 설계과정**

(1) 오버슈터의 조건으로부터 필요한 감쇄비 ζ를 결정한다. 이는 식(3.26c)로부터 다음과 같이 얻어진다.

$$\zeta = -\frac{\log(0.16)}{\sqrt{\pi^2 + (\log(0.16))^2}} = 0.5039 \tag{6.16}$$

이를 감쇄비와 위상여유 사이에 존재하는

$$\phi_M \approx 100 \times \zeta \qquad (6.17)^{9)}$$

9) 제4장의 [그림 4.45]로부터 얻을 수 있다.

의 관계에 대입하면 16% 이하의 오버슈터 조건을 만족하는 위상여유의 대략적인 값을 추정할 수 있다.

(2) 정정시간의 조건과 식(6.16)의 ζ를 식(4.39a)에 대입하면 설계사양을 만족하는 폐루프의 대역폭을 얻는다.

```
Mp = 0.16;                                    % 오버슈터의 조건
zeta = -log(Mp)/sqrt(pi^2+(log(Mp))^2)
PM = 100*zeta;                                % 위상여유
Wbw =  4/(0.04*zeta)*sqrt((1-2*zeta^2)+sqrt(4*zeta^4-4*zeta^2+2))
```

이상으로부터 오버슈터의 사양을 만족하기 위해서 적어도 50° 이상의 위상여유가 필요하며, 동시에 폐루프는 정정시간의 요구를 만족시키기 위해 250 [rad/s]의 대역폭을 가져야 한다는 것을 알 수 있다. 여기서 폐루프의 대역폭은 [그림 4.47]에 의하면, 개루프의 이득이 대략 -6과 -7 [dB] 사이의 주파수 범위 내에 존재한다는 사실을 이용하여 추정하기로 한다.

(3) 적분기만을 추가한 시스템(적분기+제어대상)은 주파수 250 [rad/s]에서 크기는 약 -77 [dB], 위상이 약 -257°이다([그림 6.22] 참조). 따라서 이득교차주파수 ω_{gc}를 250 [rad/s]로 이동시키기 위해서, 주파수 250 [rad/s] 부근에서 위상은 약 110°, 이득은 약 80 [dB]를 추가하여야 한다. 이때 변화된 이득곡선이 250 [rad/s]보다 큰 주파수에서 -6과 -7 [dB] 사이에 존재하여야 한다.

(4) 시스템은 -60 근처에 극이 존재하므로([그림 6.22]의 × 표시), 위상선도를 평탄하게 만들기 위하여 근처, 즉 $s=-60$에 영점을 추가하기로 한다. 영점의 추가는 [그림 6.21]의 Compensator Editor를 이용하여 수행한다. 이 결과 [그림 6.23]에서 보는 바와 같이 비슷한 위치에 영점이 추가되었으며, 이로 인해 위상선도가 -180° 부근에만 존재하고 있음을 볼 수 있다. 결과적으로 보상기는 PI제어기의 형식을 하고 있다.

(5) [그림 6.23]으로부터 만약 ω_{gc}를 250 [rad/s]로 이동시킨다면 약 50°의 위상의 추가적인 보상, 즉 진상보상기가 필요하다. 이는 진상보상기의 설계법(4.6.2절 참조)에 따라 조건에 맞는 보상기를 설계한다.

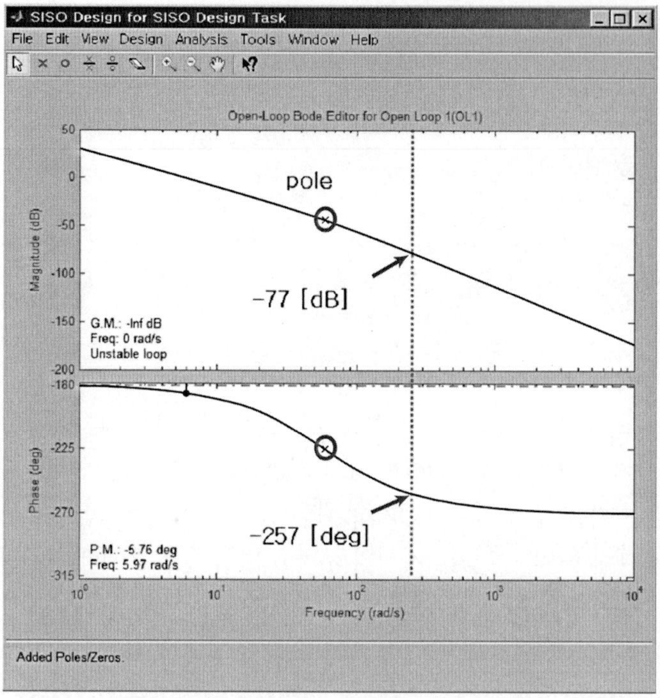

[그림 6.22] '제어대상+적분기'의 보드선도

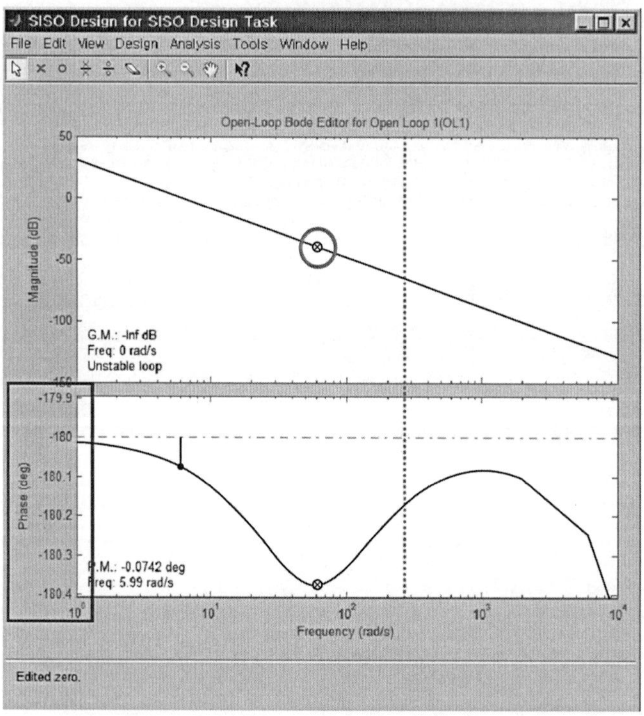

[그림 6.23] 영점 $s=-60$의 추가로 인한 보드선도

```
alpha = (1+sin(PM*pi/180))/(1-sin(PM*pi/180))      % 식(4.64)의 α계산
tau = 1/(sqrt(alpha)*Wbw)                          % 식(4.64)의 τ계산
C = (s*alpha*tau+1)/(s*tau+1);                     % 식(4.64)
Pole = -1/tau
zero = -pole/alpha
```

위의 계산결과 극을 −698.52, 영점을 −90.60에 가지며 최대진상각이 50.3°인 다음의 보상기가 얻어진다.

$$C(s) = \frac{(s+90.60)}{(s+698.52)} \tag{6.18}$$

이를 **Compensator Editor**를 이용하여 현재의 보상기에 추가한다. 이 경우 두 가지의 방법이 사용가능하다.

① **Compensator Editor**의 화면 [그림 6.21]에서 실수 극(real pole)과 실수 영점(real zero)으로서 위에서 구한 극과 영점의 값을 입력하는 방법과

② **Compensator Editor**의 화면 [그림 6.24]에서 필요한 최대진상각과 (최대진상각의) 발생주파수를 **Max Delta Phase (deg)**항과 **at Frequency**항에 각각 입력하는 방법이다.

위의 두 방법은 완전히 일치하는 결과를 보이지는 않지만 거의 유사한 극과 영점의 위치를 제공한다. [그림 6.24]의 보상기에 의한 개루프 보드선도를 [그림 6.25]에 나타내었다

그림으로부터 설계한 보상기는 250 [rad/s]에서 요구되는 위상여유를 보이고 있으나 이 때의 이득이 약 −55 [dB]로 되었다.

여기서 **Compensator Editor**를 사용하여 극과 영점을 시스템에 추가할 경우에 주의해야 하는 것은 [그림 6.24]의 보상기 전달함수를 보면 알 수 있는 바와 같이, 예를 들어 영점을 −60에 추가하는 경우 $(s+60)$의 형태로 입력되는 것이 아니라 $60\left(1+\frac{1}{60}s\right)$의 형식으로 인가된다는 점에 유의한다. 따라서 [그림 6.24]의 보상기

$$C(s) = \frac{(1+0.017s)(1+0.011s)}{s(1+0.0014s)} \tag{6.19}$$

를 사용하기 위해서는 반드시 보상기의 이득을 조정하여야 한다. **Compensator Editor**의 디폴트값(default value)은 1로 설정되어 있다.

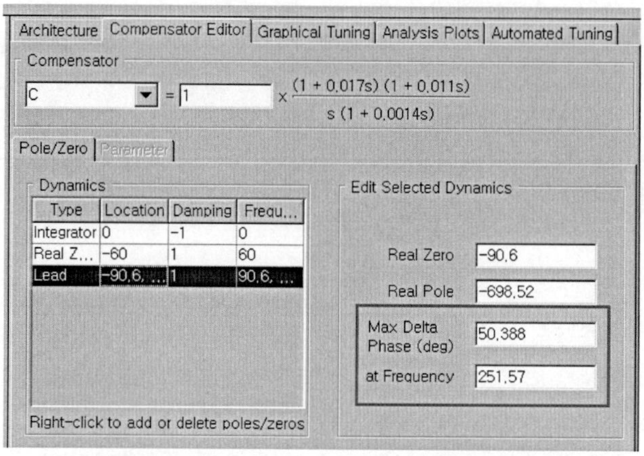

[그림 6.24] 진상보상기의 극과 영점의 결정

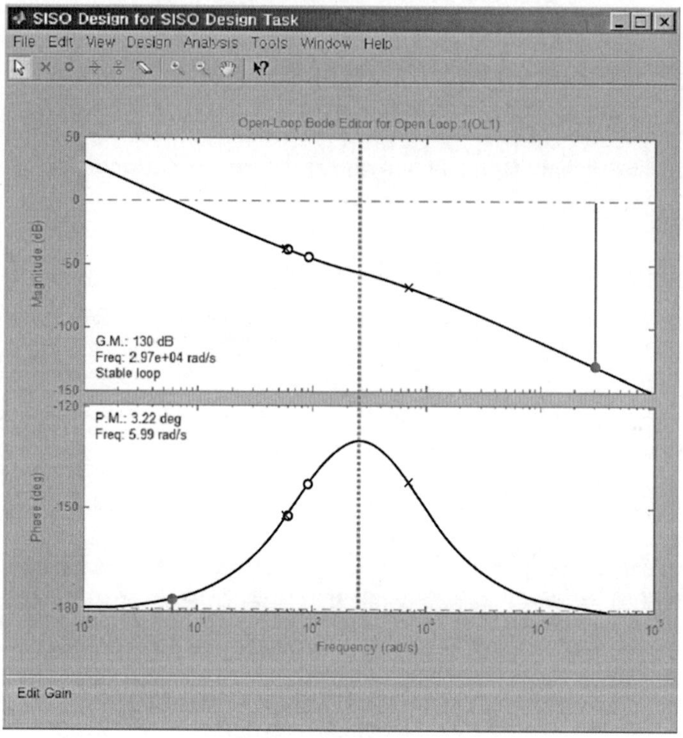

[그림 6.25] 진상보상기를 추가한 개루프 보드선도

(6) [그림 6.25]에서 250 [rad/s]가 ω_{gc}로 되기 위해서는 현재 약 -55 [dB]인 이득을 0 [dB]로 만들어야 한다. 따라서 $20^{(55/20)} \approx 563$이므로 대략 600을[10] 이득으로 지정한 경우의 보드선도 [그림 6.26]에 나타내었다. 그림으로부터 위상여유는 50.2°이며, ω_{gc}는 238 [rad/s]로 되어 목표인 50°와 250 [rad/s]에 근접한 값으로 되었음을 확인할 수 있다.

10) 이득으로 563을 지정한 경우 ω_{gc}가 약 228[rad/s]로 되었다.

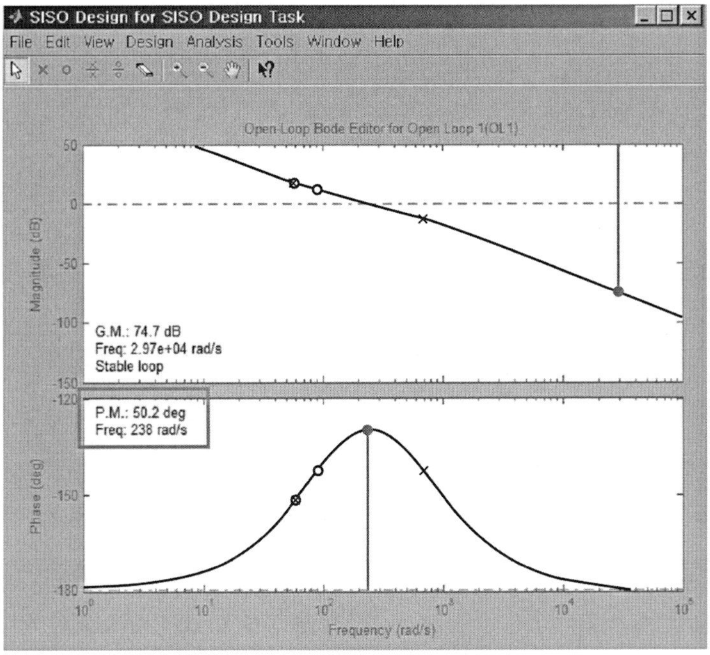

[그림 6.26] 이득을 조정한 후의 보드선도

이상의 결과 최종적인 보상기는 다음식으로 주어진다.

$$C(s) = 600\,\frac{(1+0.017s)(1+0.011s)}{s(1+0.0014s)} \tag{6.20}$$

위 식의 보상기에 의한 폐루프의 계단응답을 확인하여 보자. 이는 **Control and Estimation Tools Manager**의 **Analysis Plots**를 클릭하여 나타나는 화면에서 [그림 6.27]과 같이 설정하면 자동적으로 [그림 6.28]의 계단응답이 얻어진다. 만약 [그림 6.27]에서 **Plot1**과 **Plot2**를 지정하였다면 [그림 6.28]에는 아래위로 분리된 두 종류의 그림이 표시될 것이다.

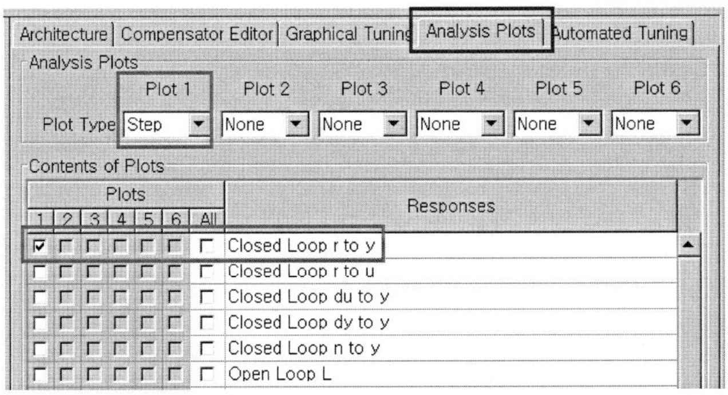

[그림 6.27] **Control and Estimation Tools Manager**의 **Analysis Plots** 화면

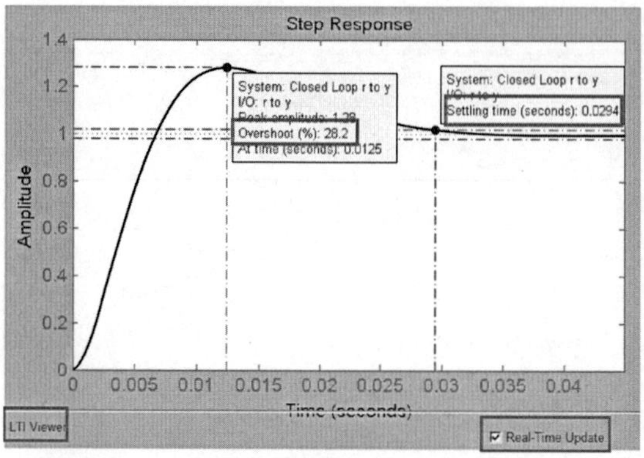

[그림 6.28] 설계한 보상기에 의한 계단응답 화면

[그림 6.28]로부터 정정시간의 사양은 충분히 만족시키고 있으나 오버슈터가 너무 크게 되었다는 것을 알 수 있다. 이는 표준 2차형식의 시스템에 근거한 보상기의 설계법을 근사적으로 2차인 시스템(즉 제어대상)에 적용하였기 때문에, 설계결과가 처음 예상하였던 값, 즉 50°의 위상여유와 250 [rad/s]의 대역폭의 조건을 만족하지 못하였기 때문이다.

■ **설계한 보상기의 수정**

오버슈터의 조건을 만족할 수 있도록 식(6.20)의 보상기를 약간 수정한다. 이는 아래에 언급하는 바와 같이 위상여유를 증가시킴으로서 가능하다. 이는 다음과 같이 두 가지 방법으로 수행가능하다.

(1) **Compensator Editor**의 사용 : [그림 6.24]의 **Compensator Editor** 화면에서 **Max Delta Phase (deg)**의 값을 증가시킨다. 이 경우 자동적으로 [그림 6.28]의 계단응답이 변화하므로 이를 참고로 최대진상각도의 값을 수정한다. 이와 같은 최대진상각의 변화는 물론 이득교차주파수 ω_{gc}에 영향을 미친다. 따라서 이 경우 보상기의 이득을 증가시켜 ω_{gc}가 여전히 250 [rad/s] 근처에 남아있도록 해야 할 것이다.

(2) **SISO Design for SISO Design Task**의 사용 : [그림 6.26]의 보드선도의 크기곡선에서 마우스로서 그래프를 위아래로 이동시키는 것이다. 이 결과 [그림 6.24]의 보상기의 이득이 자동적으로 변화되고, 이는 다시 계단응답 [그림 6.28]의 변화로 이어진다.

위 (1), (2)의 과정을 반복하여 최종적으로 이득 550, 최대진상각 65°를 가지는 진상보상기를 포함한 전체 보상기

$$C(s) = 550\,\frac{(1+0.017s)(1+0.018s)}{s(1+0.00088s)} \tag{6.21}$$

가 설계되었다. [그림 6.29]에 식(6.21)에 의한 계단상의 목표입력에 의한 출력응답과 계단상의 외란입력에 의한 출력응답을 각각 나타내었다. 보상기는 설계사양을 충분히 만족하고 있는 것으로 확인되었다.

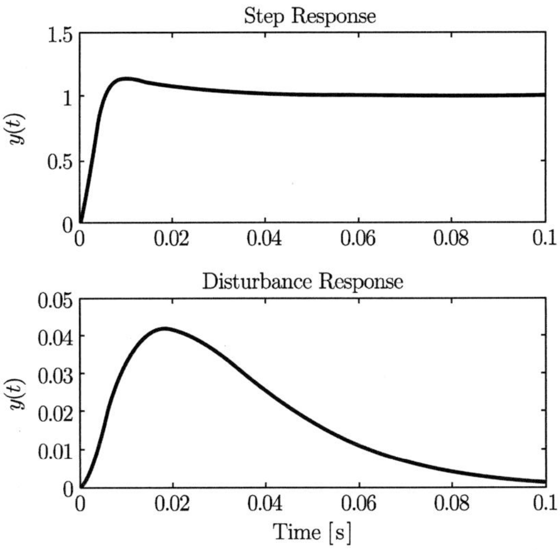

(위 : r→y의 계단응답, 아래 : d→y의 외란응답)

[그림 6.29] 최종 보상기에 의한 시뮬레이션 결과

```
C = 550*(1+0.017*s)*(1+0.018*s)/(s*(1+0.00088*s))    % 식(6.21)의 보상기
t = 0:0.001:0.1;
sys_cl = feedback(C*G_motor,1);                       % r(t)→y(t)의 전달함수
dist_cl = feedback(G_motor,C);                        % d(t)→y(t)의 전달함수
yStep = step(sys_cl,t);
yDist = step(dist_cl,t);
subplot(211),plot(t,yStep)                            % [그림 6.29(a)]
ylabel(' y(t)'),title(' Step Response')
subplot(212),plot(t,yDist)
ylabel(' y(t)'),title(' Disturbance Response')        % [그림 6.29(b)]
xlabel(' Time [s]')
```

6.1.6 상태공간표현법에 의한 설계

여기서는 식(6.6), 즉 상태공간표현인

$$\dot{\vec{x}}(t)=\begin{bmatrix}0 & 1 & 0\\ 0 & -\dfrac{b}{J} & \dfrac{K_e}{J}\\ 0 & -\dfrac{K_e}{L_a} & -\dfrac{R_a}{L_a}\end{bmatrix}\vec{x}(t)+\begin{bmatrix}0\\0\\ \dfrac{1}{L_a}\end{bmatrix}V_a(t) \tag{6.6a}$$

$$\equiv \boldsymbol{A}\vec{x}(t)+\vec{b}\,u(t)$$

$$\theta(t)=[\,1 \quad 0 \quad 0\,]\,\vec{x}(t)\equiv\vec{c}\,\vec{x}(t) \tag{6.6b}$$

을 사용하여 설계사양을 만족하는 제어기의 설계를 시도한다.

식(6.6)의 세 개의 상태변수인 모터의 변위각도, 각속도, 및 아마추어전류(즉, $x_1(t)=\theta(t)$, $x_2(t)=\omega(t)$ 및 $x_3(t)=I_a(t)$)는 간단하게 측정할 수 있으므로, 관측기 없이 모든 상태변수가 측정가능하다고 가정하고 설계사양을 만족할 수 있는 [그림 6.30]과 같은 상태피드백 제어를 위한 제어이득 $\vec{k}$를 설계한다.

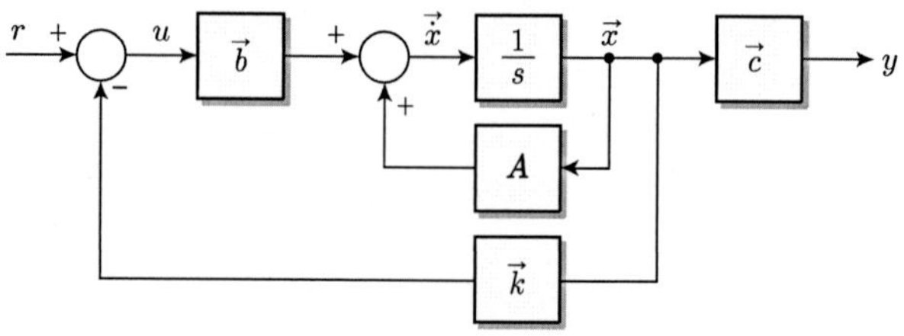

[그림 6.30] 상태피드백 제어

(1) 가제어성의 판별 : 먼저 식(6.6)의 시스템에 대한 가제어성을 식(5.71)을 이용하여 판별한다.

주어진 시스템은 이미 앞에서 언급한 바와 같이, 허수축 근처에 존재하는 두 개와 이것과는 왼쪽으로 아주 멀리 떨어진 곳에 위치하는 극을 가진다. 따라서 가제어이기는 하나 식(5.71)로 정의되는 가제어성행렬의 조건수(condition number)가 아주 큰 값을 가지기 때문에[11] 극배치 등의 계산에 있어 주의가 필요하다.

```
sys_order = order(motor_ss)                          % 식(6.6)의 차원
controllability = rank(ctrb(A,B)), or det(ctrb(A,B))
```

위 프로그램에서 아래 각주에 설명한 이유로 가제어성 행렬의 랭크는 '2'로 되어 불가제어인 경우로 보이나, 실제로는 가제어성의 행렬의 행렬식은 영으로 되지 않기 때문에 가제어이다.

(2) 설계사양인 16%의 오버슈터와 40 [ms]의 정정시간을 만족하는 폐루프의 극은 (제어대상을 2차시스템으로 가정했을 때) [그림 6.10]의 점선 내부에 존재하여야 한다. 따라서 위 시스템의 경우, 가장 왼쪽에 위치하는 극은 무시하고 나머지 두 개의 극을 $-100\pm j100$으로 가져가는 피드백이득 $\vec{k}$를 계산한다. 단 나머지 하나는 -200으로 하여 출력으로의 영향을 최소화한다.

11) 조건수는 행렬의 최소고유값과 최대고유값의 비로서 주어지기 때문에, 조건수가 크다는 것은 둘 사이의 차가 크다는 것을 나타낸다. 이것이 큰 값을 가진다는 것은 행렬의 여러 계산과정에 오차가 발생할 가능성이 높아진다는 것이다.

```
p1 = -100+100i;p2 = -100-100i;
p3 = -200;
k = place(A,B,[p1,p2,p3])                        % 이득의 결정
   k =

       0.0013   -0.0274   -3.9989
```

(3) 상기의 $\vec{k}$로서 피드백을 실현한 [그림 6.30]에서 외부입력 $r(t)$와 출력 $y(t)$사이의 상태 공간표현은 다음과 같다.

$$\begin{cases} \dot{\vec{x}}(t) = (\boldsymbol{A} - \vec{b}\vec{k})\vec{x}(t) + \vec{b}r(t) \\ y(t) = \vec{c}\vec{x}(t) \end{cases} \tag{6.22}$$

피드백의 효과를 확인하기 위하여 식(6.22)에 대한 계단응답을 [그림 6.31]에 나타내었다. 그림으로부터 부과된 설계사양을 만족시키지 못하고 있으며, 동시에 정상상태 값이 매우 크다는 것을 알 수 있다. 얻어진 $\vec{k}$을 수정하기 전에 식(6.22)의 외란응답특성을 확인한다.

```
t = 0:0.001:0.05;
sys_cl = ss(A-B*k,B,C,D);
yStep = step(sys_cl,t);
subplot(211),plot(t,yStep)                       % [그림 6.31]
ylabel(' y(t)'),xlabel('Time [s] ')
dcgain(sys_cl)                                   % 페루프의 DC이득의 계산
```

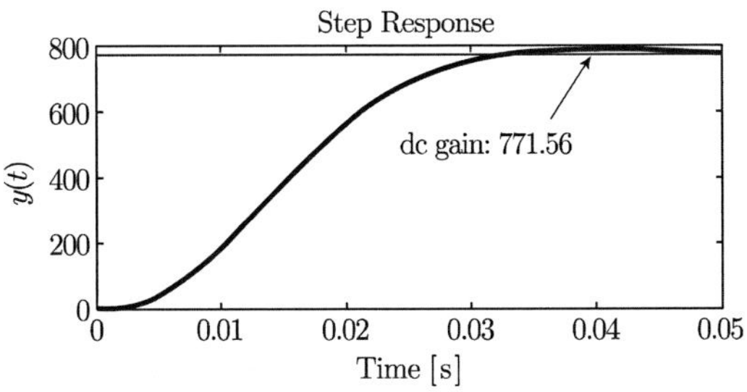

[그림 6.31] 식(6.22)의 계단응답

■ 외란응답특성

위 시스템에서 외란은 물리적으로 모터의 관성에 작용하기 때문에 식(6.1)의 축의 회전각 $\theta(t)$와 발생되는 토크 T 사이에 다음과 같이 인가되는 것으로 볼 수 있다.

$$T(t) = J\frac{d^2\theta(t)}{dt^2} + b\frac{d\theta(t)}{dt} + d \tag{6.23}$$

식(6.23)을 식(6.2) ~ (6.4)에 대입하고, 이번에는 입력을 외란 d, 출력을 $y(t)$로 두면 이득 $\vec{k}$에 의한 폐루프시스템은 다음과 같이 표현된다.

$$\begin{cases} \dot{\vec{x}}(t) = (\boldsymbol{A} - \vec{b}\,\vec{k})\vec{x}\,(t) + \begin{bmatrix} 0 \\ 1/J \\ 0 \end{bmatrix} d(t) \\ y(t) = \vec{c}\,\vec{x}\,(t) \end{cases} \tag{6.24}$$

이에 대한 계단응답은 [그림 6.32]와 같으며, 이로부터 일정한 크기의 외란이 인가되었을 때의 출력이 영으로 되지 않았기 때문에 적절한 보상기의 추가가 필요하다는 사실을 알 수 있다.

```
dist_cl = ss(A-B*k,[0 1/J 0]',C,D);
yDist = step(dist_cl,t);
```

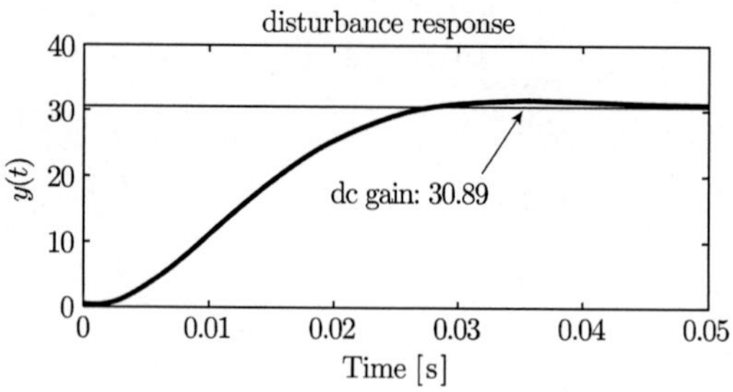

[그림 6.32] 식(6.24)의 응답(외란)

(4) 적분기의 추가 : [그림 6.31]과 같은 정상상태오차를 제거하기 위해서는 적분기를 추가하는 것이 필요하다. 만약 적분기를 [그림 6.33]과 같이 외란입력의 앞부분에 추가한다면 외란에 의한 정상상태오차까지도 제거할 수 있다.

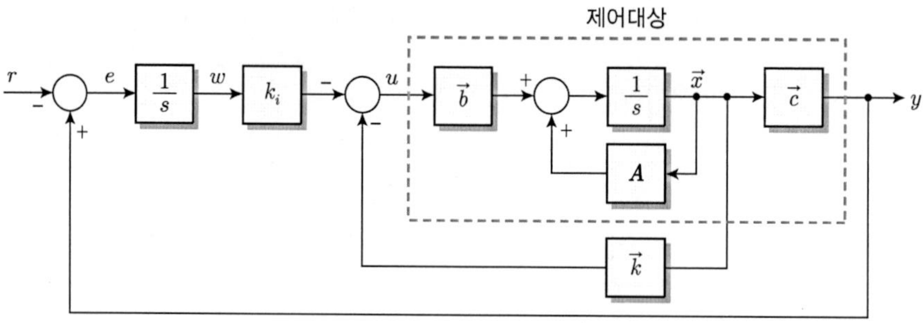

[그림 6.33] 상태피드백 구조에 적분기를 추가한 시스템

적분기의 추가로 인한 상태변수의 증가를 기존의 상태공간표현식 (6.6)에 추가한다. 즉 [그림 6.33]에서와 같이 적분기의 출력을 상태변수 w로 두면 식(6.6)은 다음으로 된다.

$$\frac{d}{dt}\begin{bmatrix}\theta\\ \dot{\theta}\\ i\\ w\end{bmatrix}=\begin{bmatrix}0 & 1 & 0 & 0\\ 0 & -\frac{b}{J} & \frac{K_e}{J} & 0\\ 0 & -\frac{K_e}{L_a} & -\frac{R_a}{L_a} & 0\\ 1 & 0 & 0 & 0\end{bmatrix}\begin{bmatrix}\theta\\ \dot{\theta}\\ i\\ w\end{bmatrix}+\begin{bmatrix}0\\ 0\\ \frac{1}{L_a}\\ 0\end{bmatrix}u+\begin{bmatrix}0\\ 0\\ 0\\ -1\end{bmatrix}r \qquad (6.25a)$$

[12]

$$\equiv \boldsymbol{A}_a\vec{x}_a+\vec{b}_a u+\vec{b}_r r$$

$$y=\begin{bmatrix}1 & 0 & 0 & 0\end{bmatrix}\begin{bmatrix}\theta\\ \dot{\theta}\\ i\\ w\end{bmatrix}\equiv \vec{c}_a\vec{x}_a \qquad (6.25b)$$

위 식에 [그림 6.33]에서와 같이 상태피드백을 실현한다. 여기서 $\vec{k}_a=[\vec{k}\ \ k_i]$로 두고 $u=-\vec{k}\vec{x}-k_i w$를 식(6.25a)에 대입하여 정리한다.

$$\vec{x}_a=\left(\boldsymbol{A}_a-\vec{b}_a\vec{k}_a\right)\vec{x}_a+\vec{b}_r r \qquad (6.26a)$$

$$y=\vec{c}_a\vec{x}_a \qquad (6.26b)$$

위 식은 오차 $e(t)$의 적분 값을 피드백시킴으로서 이 결과 정상상태오차가 영으로 된다는 사실을 보여주고 있다. 따라서 식(6.25)로 주어진 적분기가 추가된 시스템(즉 확대시스템)에 대한 제어기의 설계가 필요하다.

여기서는 적분기의 추가에 의해 발생한 새로운 극을 -300으로 이동시킴으로서 나머지 극에 영향을 미치지 않도록 하는 피드백이득을 재설계하고 이 결과에 의한 계단응답과 외란응답을 각각 [그림 6.34]와 [그림 6.35]에 나타내었다.

```
Aa = [0 1 0 0;0 -b/J Ke/J 0;0 -Ke/La -Ra/La 0;1 0 0 0];
Ba = [0 0  1/La 0]';Br = [0 0 0 -1]';
Ca = [1 0 0 0];
Da = 0;
p4 = -300;
ka = place(Aa,Ba,[p1,p2,p3,p4]);
sys_cl = ss(Aa-Ba*ka,Br,Ca,Da);                % [그림 6.34] (r→y의 전달함수)
dist_cl = ss(Aa-Ba*ka,[0 1/J 0 0]',Ca,Da);     % [그림 6.35] (d→y의 전달함수)
step(sys_cl,t); step(dist_cl,t);
```

12) 여기서 $u=V_a$로 두었다.

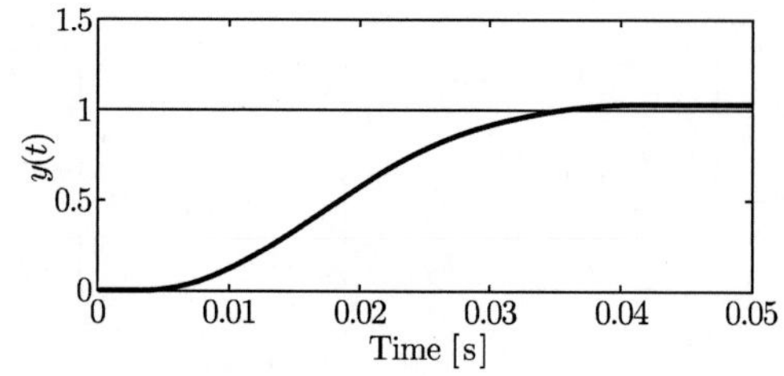

[그림 6.34] 적분기를 추가한 시스템의 계단응답

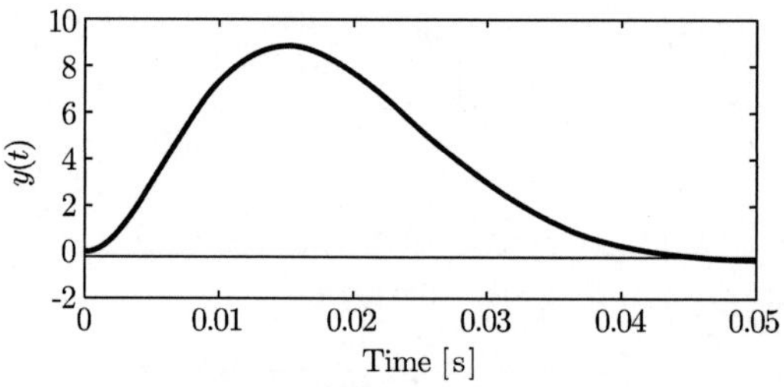

[그림 6.35] 적분기를 추가한 시스템의 외란응답

그림으로부터 설계된 제어기는 주어진 설계사양을 거의 만족하고 있음을 알 수 있다. 정정시간이 약간 크게 되었지만, 이는 폐루프의 극을 조금 더 왼쪽으로 배치함으로서 해결할 수 있다.

6.1.7 Simulink를 이용한 시뮬레이션

위에서 설계한 제어기를 실제의 시스템에 가까운 모델에 적용하여 시뮬레이션을 하기 위해 식(6.1) ~ (6.4)에 대한 Simulink 모델 [그림 6.36]을 생성한다.

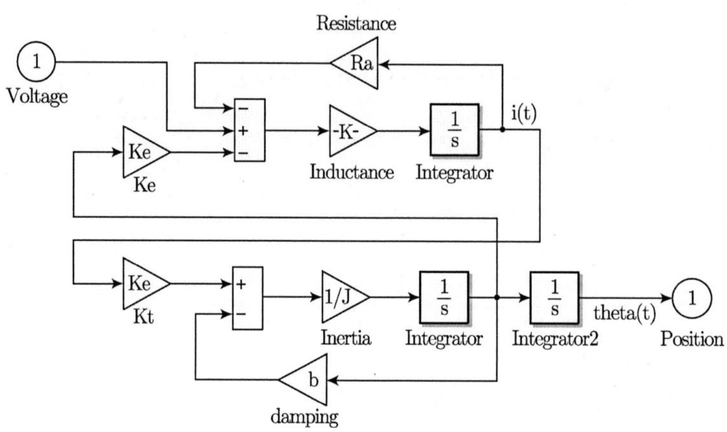

[그림 6.36] 식(6.1)~(6.4)에 의한 Motor Position System 모델

위 모델에 대한 제어는 예를 들어 식(6.21)의 보상기를 사용하는 경우에는 [그림 6.37]과 같

이 구성하면 된다. 여기서 Atomic Subsystem은 [그림 6.36]을 의미한다.

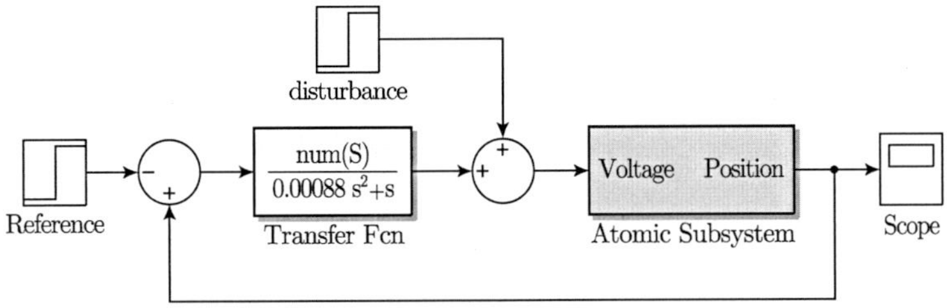

[그림 6.37] 보상기에 의한 시뮬레이션을 위한 Simulink 모델

만약 상태공간표현에 의한 제어기의 설계법을 적용하고자 한다면 [그림 6.36]의 모델을 약간 변경하여 세 개의 상태변수가 출력으로 나오도록 하여야 할 것이다.

6.2 도립진자의 제어

6.2.1 시스템의 모델링

도립진자란 이름 그대로 움직이는 물체(즉 대차(cart)) 위에 진자를 거꾸로 세우고, 대차를 좌우로 움직여서 진자를 수직으로 유지하는 장치이다. 도립진자는 제어기설계 등과 관련이 있는 많은 책에서 다루어지고 있다. 시스템 자체가 불안정하기 때문에 대차를 움직여서 균형을 맞추어 주지 않으면 진자는 쓰러지고 만다. 따라서 제어의 목적은 진자의 움직임에 따른 적절한 입력을 인가하여 대차를 이동시켜 진자가 수직상태를 유지하는 것이다.

여기서는 [그림 6.38]로 주어진 도립진자시스템에 있어서, 대차를 수평으로 움직이는 입력 F로서 출력인 진자의 각도 θ를 제어하고자 한다.

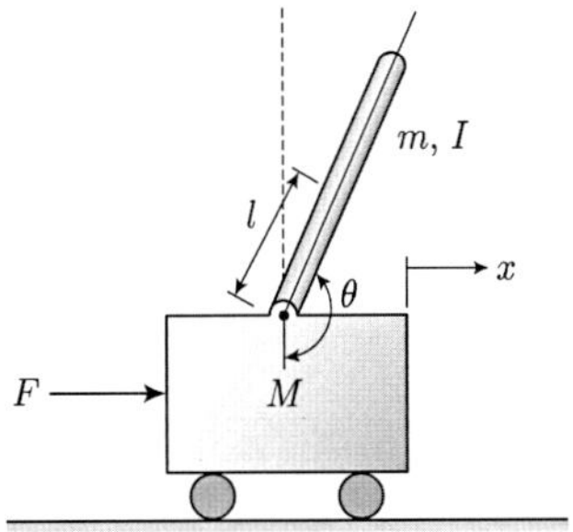

[그림 6.38] 도립진자의 모형

■ 시스템의 파라미터 값

① 대차의 질량 : 0.5 [kg]
② 진자의 질량 : 0.2 [kg]
③ 대차의 마찰계수 : 0.1 [N/m/s]
④ 무게중심에서의 진자의 길이 : 0.3 [m]
⑤ 진자의 관성모멘트 : 0.006 [kg.m^2]

PID, 근궤적, 및 주파수응답 등의 방법을 이용한 제어기 설계에 있어서는 진자의 각도, θ 만을 제어하며, 대차의 위치에 대한 제한은 없는 것으로 한다. 이는 앞의 세 종류의 설계법은 SISO(Single-Input-Single-Output) 시스템에 대한 것으로, 각도 θ와 대차의 위치, 즉 두 개의 출력을 동시에 제어하는 시스템의 설계는 불가능하기 때문이다.

■ 설계사양

현재 진자가 수직상태(즉 $\theta(t)=\pi$ [rad])를 유지하고 있는 상황에서 크기 1 [N]인 임펄스상의 힘이 인가되었다고 한다. 이때 진자가 i) 5 [초] 이내에 원래의 상태로 복귀하는 것과, ii) 진자의 각도가 0.05 [rad]을 벗어나지 않도록 하는 것으로 설계의 목표로 한다. 이를 설계사양의 형식으로 다시 기술하면 다음과 같다.

i) 5초 이내의 정정시간
ii) $\theta(t) \le 180° \pm 2.86\,[\mathrm{deg}] = \pi \pm 0.05\,[\mathrm{rad}],\ (t \ge 0)$을 만족할 것

그러나 상태공간표현식을 이용한 제어기설계의 경우에는 두 개의 출력, 즉 진자의 각도와 대차의 위치에 대한 각각의 사양을 만족시키는 제어기 설계가 가능하다. 이 경우에는 다음과 같은 설계사양을 적용한다.

iii) 대차의 위치 $x(t)$와 각도 $\theta(t)$의 정정시간을 5 [초] 이내로 한다.
iv) $x(t)$에 대한 상승시간은 0.5 [초] 이내로 한다.
v) $\theta(t)$의 오버슈터는 20 [deg](또는 0.35 [rad]) 이내로 한다.

■ 시스템의 해석

[그림 6.38]에 뉴턴의 운동방정식을 적용하기 위해서 대차에 인가된 힘 F에 의해 발생하는 힘의 균형관계를 두 종류로 분류하여 식을 세우기로 한다. 즉, F에 의해 발생하는 대차의 위치 변동과 대차의 움직임에 의해 진자의 각도가 변동되는 부분에 대한 힘의 균형관계를 각각 조사한다([그림 6.39] 참조).

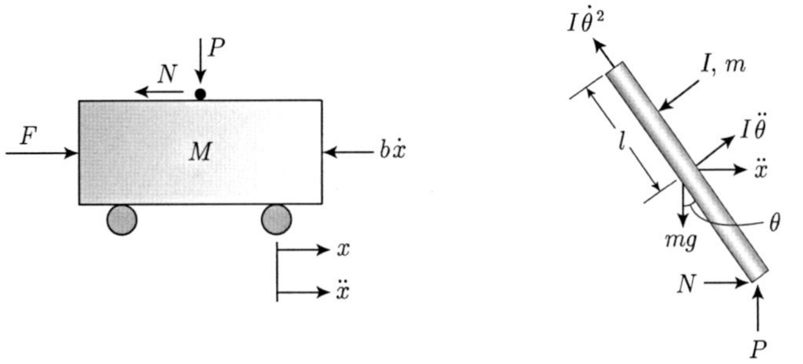

[그림 6.39] 운동방정식을 위한 대차와 진자의 힘의 균형관계

먼저 [그림 6.39]를 참고하여 대차의 수평방향의 움직임에 대한 운동방정식은 에너지보존의 법칙에 의해

$$M\frac{d^2x(t)}{dt^2}+d\frac{dx(t)}{dt}+N=F \tag{6.27}$$

가 얻어진다. 다음 [그림 6.39]의 진자부분에서 먼저 수평방향에 대한 식을 구하여 보자. 우선 힘 F에 의해 대차가 이동하는 순간 진자의 관성모멘트가 N이므로 이는 대차 이동방향과 반대로 작용한다. 따라서 그림으로부터

$$N=m\frac{d^2x(t)}{dt^2}+ml\frac{d^2\theta(t)}{dt^2}\cos(\theta(t))-ml\left(\frac{d\theta(t)}{dt}\right)^2\sin(\theta(t)) \tag{6.28}$$

로 된다. 식(6.27)에 식(6.28)의 N을 대입하여 정리하면 다음으로 된다.

$$(N+m)\frac{d^2x(t)}{dt^2}+d\frac{dx(t)}{dt}+ml\frac{d^2\theta(t)}{dt^2}\cos(\theta(t))-ml\left(\frac{d\theta(t)}{dt}\right)^2\sin(\theta(t))=F \tag{6.29}$$

다음 진자에 작용하는 힘의 수직방향에 대한 식을 세우면[13)]

$$P\sin(\theta(t))+N\cos(\theta(t))-mg\sin(\theta(t))=ml\frac{d^2\theta(t)}{dt^2}+m\frac{d^2x(t)}{dt^2}\cos(\theta(t)) \tag{6.30}$$

이다[14)]. 여기서 변수 P와 N을 제거하기 위하여 진자의 중심에 작용하는 모멘트의 합을 계산하면

$$-Pl\sin(\theta(t))-Nl\cos(\theta(t))=I\frac{d^2\theta(t)}{dt^2} \tag{6.31}$$

로 되며, 이것을 식(B.4)에 대입하면 다음의 2계 비선형미분방정식이 얻어진다.

$$(I+ml^2)\frac{d^2\theta(t)}{dt^2}+mgl\sin(\theta(t))=-ml\frac{d^2x(t)}{dt^2}\cos(\theta(t)) \tag{6.32}$$

---

13) 자세한 유도과정은 관련 전문서적을 참조바란다.

14) 변수 P와 N은 [그림 6.39]에서 보는 바와 같이, 진자가 축을 중심으로 회전할 때 발생하는 수직 및 수평방향의 관성모멘트를 나타낸다.

이미 언급한 바와 같이 여기서는 선형시스템만을 대상으로 하기 때문에 식(6.32)를 선형화하여야 한다. 위 시스템의 경우는 진자가 수직, 즉 $\theta(t)=180°$(또는 π)로 만드는 것이 목적이므로 식(6.32)를 $\theta=\pi$ 근처에서 선형화한다. 이 경우 $\theta=\pi+\phi$(단 ϕ는 작은 값을 가지는 것으로 한다)로 두면, $\sin(\theta)\approx-\phi$, $\cos(\theta)\approx-1$ 및 $(d\theta/dt)^2=0$으로 된다. 이상의 관계를 (6.29)과 (6.32)에 적용하면 $\theta(t)$와 $x(t)$에 관한 다음과 같은 선형인 미분방정식을 얻을 수 있다.

$$(I+ml^2)\frac{d^2\phi}{dt^2}-mgl\phi=ml\frac{d^2x}{dt^2} \tag{6.33a}$$

$$(M+m)\frac{d^2x}{dt^2}+d\frac{dx}{dt}-ml\frac{d^2\phi}{dt^2}=u \tag{6.33b}$$

여기서 u는 입력 F를 의미한다.

■ 전달함수 표현

선형미분방정식으로부터 전달함수를 얻는 과정은 단순하다. 즉, 식(6.33)의 양변에 라플라스변환을 적용하여 입력에 대한 출력의 비를 계산하면 된다. 우선 식(6.33)의 양변을 라플라스변환하면

$$(I+ml^2)\phi(s)s^2-mgl\phi(s)=mlx(s)s^2 \tag{6.34a}$$

$$(M+m)x(s)s^2+dx(s)s-ml\phi(s)s^2=u(s) \tag{6.34b}$$

로 된다. 단 $x(s)=\mathcal{L}[x(t)]$, $\phi(s)=\mathcal{L}[\phi(t)]$ 및 $u(s)=\mathcal{L}[u(t)]$이다. 식(6.34a)를 $x(s)$에 대하여 정리하면

$$x(s)=\left[\frac{(I+ml^2)}{ml}-\frac{g}{s^2}\right]\phi(s) \tag{6.35}$$

로 되며, 이를 식(6.34b)에 대입하여 정리하면

$$\frac{\phi(s)}{u(s)}=\frac{\frac{ml}{q}s^2}{s^4+\frac{d(I+ml^2)}{q}s^3-\frac{(M+m)mgl}{q}s^2-\frac{dmgl}{q}s} \tag{6.36a}$$

$$q=\left[(M+m)(I+ml^2)-(ml)^2\right] \tag{6.36b}$$

가 얻어진다. 식(6.36a)는 $s=0$에 극과 영점을 가지므로 이를 소거하면 도립진자에 대한 전달함수는 다음으로 된다.

$$G_{pend}(s)=\frac{\phi(s)}{u(s)}=\frac{\frac{ml}{q}s}{s^3+\frac{d(I+ml^2)}{q}s^3-\frac{(M+m)mgl}{q}s-\frac{dmgl}{q}}\quad[\text{rad/N}] \tag{6.37a}$$

만약 출력으로 대차의 위치를 취한다면 전달함수는 다음과 같이 될 것이다.

$$G_{cart}(s) = \frac{x(s)}{u(s)} = \frac{\frac{(I+ml^2)s^2 - gml}{q}}{s^4 + \frac{b(I+ml^2)}{q}s^3 - \frac{(M+m)mgl}{q}s^2 - \frac{dmgl}{q}s} \quad [\text{m/N}] \quad (6.37\text{b})$$

■ 상태공간표현

식(6.33)은 두 개의 2계 미분방정식으로 구성되어 있기 때문에 제5장에서 언급한 바와 같이 네 개의 상태변수가 필요하며, 다음과 같이 정의한다.

$$x_1 = x,\ x_2 = \frac{dx}{dt},\ x_3 = \phi,\ x_4 = \frac{d\phi}{dt} \quad (6.38)$$

이상 네 개의 상태변수를 식(6.33)에 적용하면 다음의 상태방정식 표현을 얻는다.

$$\frac{d}{dt}\begin{bmatrix} x_1(t) \\ x_2(t) \\ x_3(t) \\ x_4(t) \end{bmatrix} = \begin{bmatrix} 0 & 1 & 0 & 0 \\ 0 & A_{22} & A_{23} & 0 \\ 0 & 0 & 0 & 1 \\ 0 & A_{42} & A_{43} & 0 \end{bmatrix}\begin{bmatrix} x_1(t) \\ x_2(t) \\ x_3(t) \\ x_4(t) \end{bmatrix} + \begin{bmatrix} 0 \\ b_2 \\ 0 \\ b_4 \end{bmatrix} u(t) \quad (6.39\text{a})$$

$$y(t) = \begin{bmatrix} 1 & 0 & 0 & 0 \\ 0 & 0 & 1 & 0 \end{bmatrix}\begin{bmatrix} x_1(t) \\ x_2(t) \\ x_3(t) \\ x_4(t) \end{bmatrix} + \begin{bmatrix} 0 \\ 0 \end{bmatrix} u(t)$$

$$A_{22} = \frac{-(I+ml^2)d}{I(M+m)+Mml^2},\ A_{23} = \frac{m^2 g l^2}{I(M+m)+Mml^2} \quad (6.39\text{b})$$

이 경우에는 전달함수 표현과는 달리 출력으로 두 개의 변수, 즉 대차의 위치 x와 진자의 수직축으로부터의 각도 ϕ를 취하였다. 이는 상태방정식 표현을 이용하면 다입출력 시스템도 큰 어려움 없이 취급할 수 있기 때문이다.

■ 모델의 특성

MATLAB을 이용하여 제어대상의 특성을 확인한다.

(1) 전달함수

제어대상이 하나의 입력과 두 개의 출력을 가지므로 전달함수 역시 식(6.37)과 같이 두 개로 주어진다. 이를 별도의 전달함수로서 취급할 수도 있으나 다음 프로그램과 같이 하나의 시스템함수로서 두면 편리하다.

```
M = 0.5;m = 0.2;b = 0.1;I = 0.006;g = 9.8;l = 0.3;    % 도립진자의 파라미터 값
q = (M+m)*(I+m*l^2)-(m*l)^2;                          % 식(6.36b)
s = tf('s');
```

```
G_cart = (((I+m*l^2)/q)*s^2 - (m*g*l/q))/(s^4 + (b*(I + m*l^2))*s^3/q ...
    - ((M + m)*m*g*l)*s^2/q - b*m*g*l*s/q);            % 식(B.11a)
G_pend = (m*l*s/q)/(s^3 + (b*(I + m*l^2))*s^2/q ...
    - ((M + m)*m*g*l)*s/q - b*m*g*l/q);                % 식(6.37b)

sys_tf = [G_cart ; G_pend];              % 두 개의 전달함수를 하나의 시스템으로 표현
inputs = {'u'};                          % 시스템의 입력과 출력에 입력을 이름을 부과한다.
outputs = {'x'; 'phi'};
set(sys_tf,'InputName',inputs)
set(sys_tf,'OutputName',outputs)
```

위 프로그램을 실행한 뒤 '>>sys_tf'를 실행하면 식(6.37)의 전달함수가 다음과 같이 주어진다. 이 경우 두 개의 출력인 위치와 각도가 각각 'x'와 'phi'로 주어져 있음을 볼 수 있다.

```
>> sys_tf
sys_tf =

  From input "u" to output ...
                      4.182e-06 s^2 - 0.0001025
   x:  -----------------------------------------------------------
       2.3e-06 s^4 + 4.182e-07 s^3 - 7.172e-05 s^2 - 1.025e-05 s
```

```
                               1.045e-05 s
   phi:  ---------------------------------------------------------
         2.3e-06 s^3 + 4.182e-07 s^2 - 7.172e-05 s - 1.025e-05
```

(2) 상태공간표현

상태공간표현법은 입력이나 출력의 개수에 관계없이 항상 동일한 표현이 가능하며, 이 결과로 다수 입·출력을 가지는 시스템에서의 제어기설계에 유용하다.

```
p = I*(M+m)+M*m*l^2;                                   % 식(6.39b)의 분모
A = [0      1              0           0;
     0 -(I+m*l^2)*b/p  (m^2*g*l^2)/p   0;
     0      0              0           1;
     0 -(m*l*b)/p      m*g*l*(M+m)/p  0];
B = [0;(I+m*l^2)/p;0;m*l/p];
C = [1 0 0 0;0 0 1 0];
D = [0;0];
states = {'x' 'x_dot' 'phi' 'phi_dot'};                % 각 상태변수에 대한 설명
```

```
inputs = {'u'};                                         % 시스템의 입력
outputs = {'x'; 'phi'};                                 % 시스템의 출력
G_ss = ss(A,B,C,D,'statename',states,'inputname',inputs,'outputname',outputs)
```

위 프로그램과 같이 입력, 출력 및 네 개의 상태변수에 대한 설명을 시스템에 추가하면 향후 시뮬레이션 등을 수행하는 경우에 편리하다.

6.2.2 시스템의 특성 해석

제어대상의 개루프 특성을 확인한다. 먼저 시스템에 일정한 크기의 입력(즉 계단함수)이 인가되었을 경우의 시스템의 응답특성을 전달함수를 이용하여 조사한다.

```
t = 0:0.05:10;
u = ones(size(t));                                      % 계단상의 입력을 생성
[y,t] = lsim(sys_tf,u,t);                               % 출력응답의 계산
plot(t,y),title('Open-Loop Step Response')              % [그림 6.40]
axis([0 3 0 50]),legend('x','phi')
```

[그림 6.40]으로부터 도립진자 시스템에 임펄스를 인가하면 진자의 각도 $\theta(t)$와 대차의 위치 $x(t)$는 수렴하지 않고 발산한다는 사실, 즉 제어대상은 불안정한 시스템이라는 사실을 알 수 있다. [그림 6.40]을 위한 데이터인 변수 (y, t)에 명령어 'lsiminfo'를 적용하면 제어대상의 계단이 가지고 있는 각종 특성을 한 눈에 파악할 수 있다.

```
step_info = lsiminfo(y,t);
cart_info = step_info(1)                    % 대차의 출력 x(t)에 대한 정보
pend_info = step_info(2)                    % 진자의 출력인 각도 θ(t)에 대한 정보
```

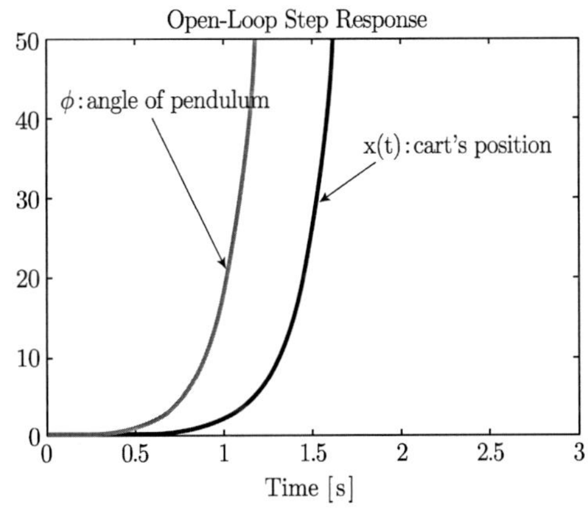

[그림 6.40] 제어대상의 계단응답

이러한 사실로부터 도립진자의 각도를 수직으로 유지하기 위해서는 어떤 특정한 형태의 제어시스템이 필요하다는 것을 알 수 있다. 그러나 앞에서도 언급한 바와 같이 도립진자는 하나의 입력과 두 개의 출력을 가지는 (MIMO)시스템이기 때문에 PID, 근궤적법 및 주파수응답법 등으로는 두 개의 출력을 동시에 제어할 수 없기 때문에, 대차의 움직임은 무시하고 진자의 각도만을 제어하는 제어기를 설계하기로 한다.

향후의 제어기 설계에 사용하기 위하여 제어대상의 극과 영점을 확인해 둔다.

```
[zeros poles] = zpkdata(G_cart,'v')          % 식(6.37b)의 극과 영점
  zeros =

      4.9497
     -4.9497
  poles =
           0
      5.5651
     -5.6041
     -0.1428
```

6.2.3 PID제어기의 설계

앞에서 언급한 바와 같이 대차의 위치에 대한 문제는 무시하고 진자의 각도를 π로 하는 문제만을 생각하기로 한다. 식(6.33)의 유도과정에서 $\theta = \pi + \phi$(단 ϕ는 작은 값을 가진다)로 두었기 때문에 $\theta = \pi$로 유지하는 것, 즉 $\phi = 0$로 하는 것이 제어의 목표이다. 따라서 이 경우는 [그림 6.41]과 같이 외란 F이 인가되어 이로 인해 출력이 변동, 즉 $\phi \neq 0$로 되었을 경우 이를 빠르게 영으로 빠르게 가져가는 제어기의 설계가 목표이다[15].

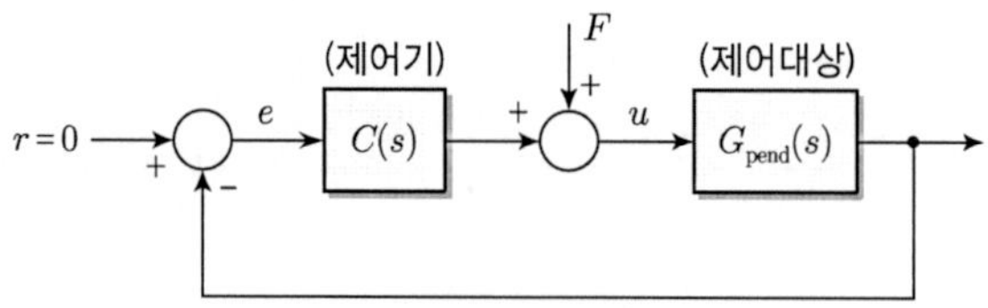

[그림 6.41] 제어시스템의 구조

15) 이러한 형식의 제어시스템, 즉 출력을 영으로 가져가는 제어시스템의 설계는 5.2절에서는 레귤레이터 제어라고 하였다.

■ SISO Design Tool에 의한 설계

6.1.3절의 방법에 따라 PID제어기를 설계하고 이 결과를 참고문헌의 결과와 비교한다.

(1) MATLAB 작업공간에서 '>>sisotool(G_pend)'를 실행하여 **Control and Estimation Tools Manager** 화면을 기동한다.

(2) 폐루프시스템의 구조를 결정한다. 이 경우 디폴트(default)의 상태를 그래도 사용한다.

(3) 메인화면의 오른쪽 위에 있는 '**Automated Tuning**'을 클릭하여 '**PID Tuning**'을 선정하고, **Update Compensator**를 클릭하여 적절한 PID제어기의 계수를 얻는다([그림 6.42] 참조).

(4) 이 결과 얻어진 PID제어기를 [그림 6.41]에 적용하여 목표입력을 영, 외란 F에 임펄스를 인가한 출력 $\theta(t)$를 얻는다. 이 과정은 [그림 6.42]에서 '**Analysis Plots**'항을 클릭하여 얻을 수 있다.

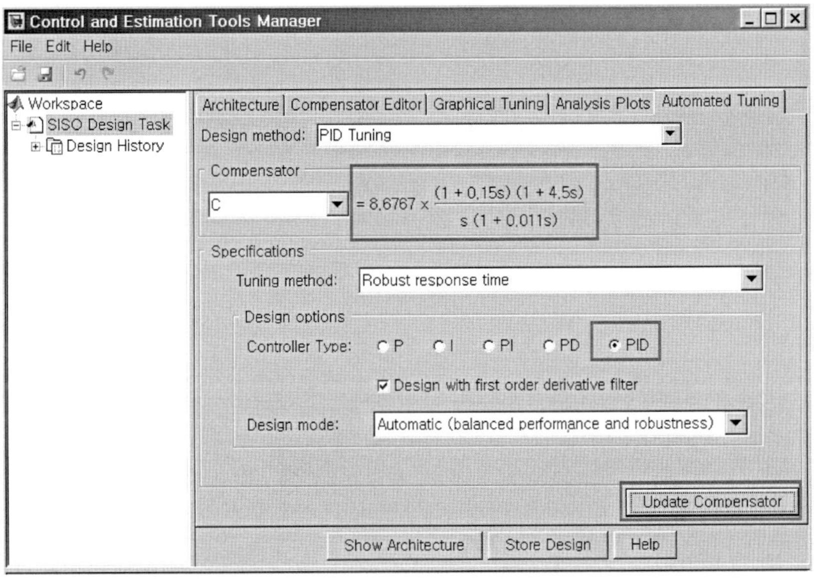

[그림 6.42] **Control & Estimation Tools Manager** 화면

[그림 6.43]에 상기의 방법으로 얻는 PID제어기와 참고문헌에서 제시한 PID제어기에 의한 시뮬레이션 결과를 나타내었다. 그림으로부터 **Automated Tuning**에 의한 결과는 부과된 설계사양을 만족하지 못하고 있음을 볼 수 있다. 그러나 상기의 방법으로 얻어진 PID제어기의 파라미터를 약간 수정함으로서 충분히 바람직한 결과를 얻을 수 있음을 [그림 6.44]는 보여주고 있다. 이 경우의 PID제어기는 다음과 같이 주어졌다.

$$C(s) = 20\frac{(1+0.2s)(1+20s)}{s(1+0.005s)} \tag{6.40}$$

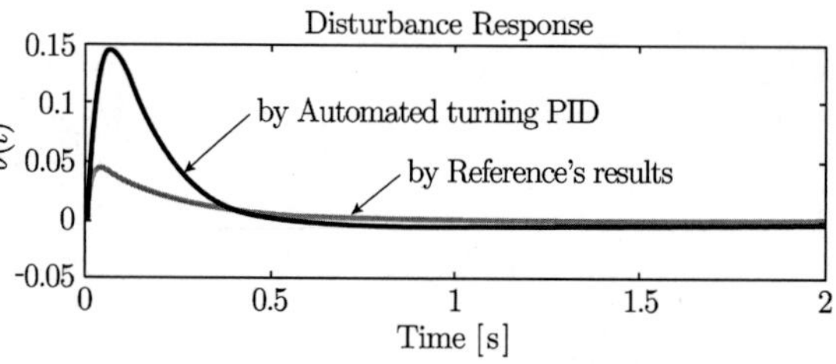

[그림 6.43] SISO Tool과 참고문헌의 결과 비교

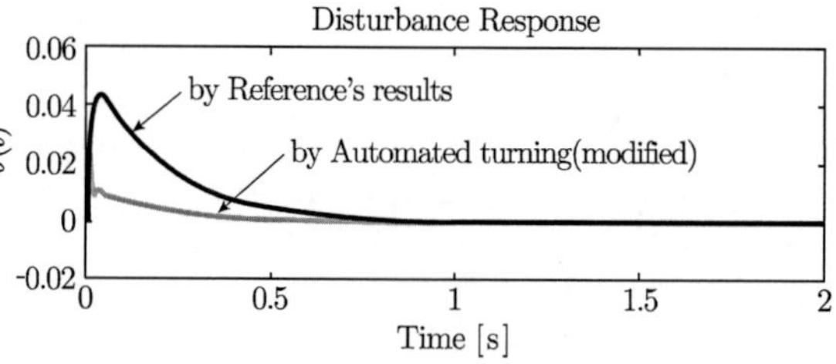

[그림 6.44] SISO Tool에 의한 결과를 수정한 PID제어기의 사용

```
C =  8.6767*(1+0.15*s)*(1+4.5*s)/(s*(1+0.011*s))    % Automated Tuning
Cm =  20*(1+0.2*s)*(1+20*s)/(s*(1+0.005*s))          % C를 수정한 PID
Cr = (100+1/s+20*s);                                  % 참고문헌에서 사용한 PID
dist_cl = feedback(G_pend,C);                         % 외란응답의 계산
dist_clm = feedback(G_pend,Cm); dist_clr = feedback(G_pend,Cr);
t = 0:0.01:2;
yDist = impulse(dist_cl,t);yDistm = impulse(dist_clm,t);
yDistr = impulse(dist_clr,t);
subplot(211),plot(t,yDist,t,yDist_r,':')              % [그림 6.43]
subplot(212),plot(t,yDistm,t,yDist_r,':')             % [그림 6.44]
ylabel(' \theta(t)'),title(' Disturbance Response'),xlabel(' Time [s]')
```

■ Simulink의 파라미터 조정에 의한 방법

3.6절에서 언급한 파라미터 자동조정을 위해 제공되는 Simulink 블록을 사용하여 설계사양을 만족하는 PID제어기를 설계하여 보자.

• PID파라미터의 자동조정

(1) 여기서는 출력을 영으로 수렴시키는 제어기의 설계가 목적이므로 [그림 6.7]의 경우와 달리 **Simulink Design Optimization**의 **Signal Constraint** 라이브러리에 있는 '**Check Custom Bounds**' 블록을 Simulink 블록선도의 출력단에 [그림 6.45]와 같이 연결한다.

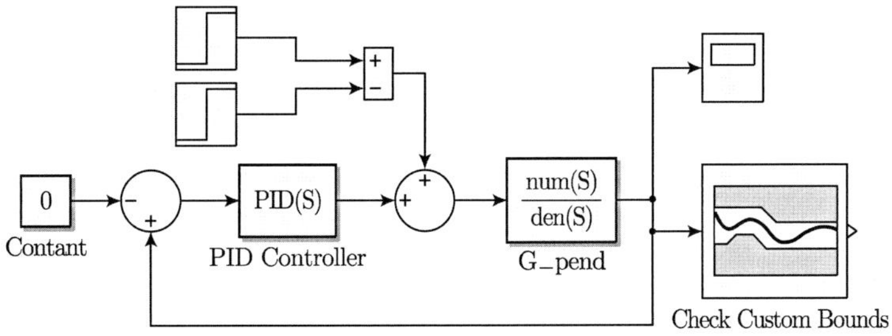

[그림 6.45] PID 파라미터 자동조정을 위한 Simulink 블록선도

(2) **Check Custom Bounds** 블록을 더블클릭하여 오픈된 화면([그림 6.46])에서 출력이 만족시켜야 할 시간응답의 사양을 입력한다. 예를 들어 [그림 6.46]과 같이 '**Times**'에서 [0 0.3;0.3 3]을, '**Amplitude**'에서 [0.05 0.05;0.005 0.005]를 입력하였다면 [그림 6.47]과 같은 구간으로 된다. 이때 그림에서 곡선은 PID제어기의 초기값에 의한 응답을 나타낸다.

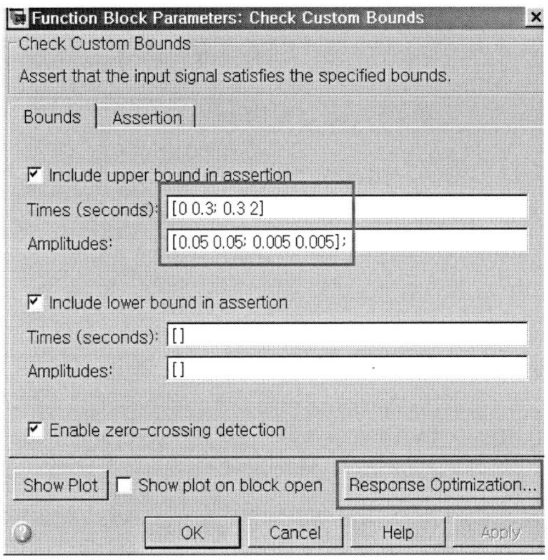

[그림 6.46] **Check Custom Bounds** 블록의 입력화면

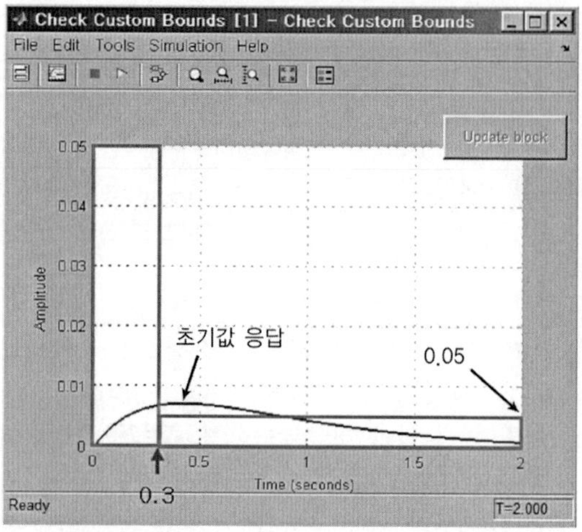

[그림 6.47] [그림 6.46]에 따른 응답파형의 제한 영역

(3) 자동조정을 위한 초기값을 MATLAB의 작업공간에서 입력한다. 여기서는 간단히 Kp = 8, Ki = 1 및 Kd = 1을 사용하였다.

(4) [그림 3.87]의 오른쪽 아래에 있는 'Response Optimization'을 클릭하여 자동조정을 원하는 파라미터를 지정한다. 이 결과 최종적인 파라미터는 다음과 같이 계산되었다.

$$K_p = 10.7847\ (200),\ K_i = 1.005\ (1),\ K_d = 1.2323\ (20) \tag{6.41}$$

위 식에서 비교를 위해 참고문헌에서 얻어진 값을 괄호 속에 표시하였다. 식(6.10)을 [그림 6.45]의 블록선도에 대입하여 얻어진 시뮬레이션 결과를 [그림 6.48]에 나타내었다[16].

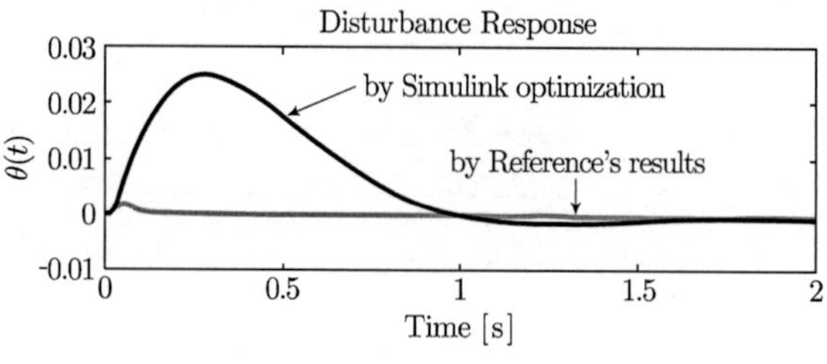

[그림 6.48] 식(6.41)에 의한 시뮬레이션 결과

그림에서 보는 바와 같이 Simulink의 Optimization Tool을 이용한 파라미터는 설계사양은 만족하고는 있으나, 참고문헌의 결과에 비해 오버슈터 등의 면에서 좋지 않다. 그러나 일단 적절한 파라미터가 얻어지면 약간의 튜닝으로 최적의 결과를 얻을 수도 있다는 점이 PID제어기의 큰 장점이다.

16) 참고문헌을 이용한 시뮬레이션 결과가 [그림 6.48]과 [그림 6.43] 또는 [그림 6.44]와 다른 이유는 외란입력으로 사용하는 임펄스신호를 구현하는 방법이 서로 다르기 때문이다.

6.2.4 근궤적을 이용한 설계

■ **먼저 주어진 제어대상의 근궤적선도를 그려서 현재 시스템이 가지는 문제점을 파악한다.**

```
rlocus(G_pend)                                      % [그림 6.49]
title('Root Locus of Plant (under Proportional Control)')
```

[그림 6.49]로부터 이득 K의 변화에 대하여 폐루프 극 중의 하나는 항상 s평면의 오른쪽, 즉 불안정 영역에 존재하므로 이 시스템은 이득의 변화만으로는 제어가 불가능하다는 사실을 알 수 있다. 이 문제를 3.5절의 내용을 참고하여 해결하여 본다.

(1) **적분기의 추가** : 먼저 설계사양의 하나인 외란응답을 제거하기 위한 적분기를 추가한다. 이 결과 시스템이 가지는 $s=0$에서의 영점과 적분기의 극이 서로 상쇄되어 근궤적의 모양이 변경되기는 하나, [그림 6.50]에서 보는 바와 같이 여전히 폐루프의 극이 오른쪽 평면에 존재한다.

```
C = 1/s;
rlocus(C*G_pend)                                    % [그림 6.50]
```

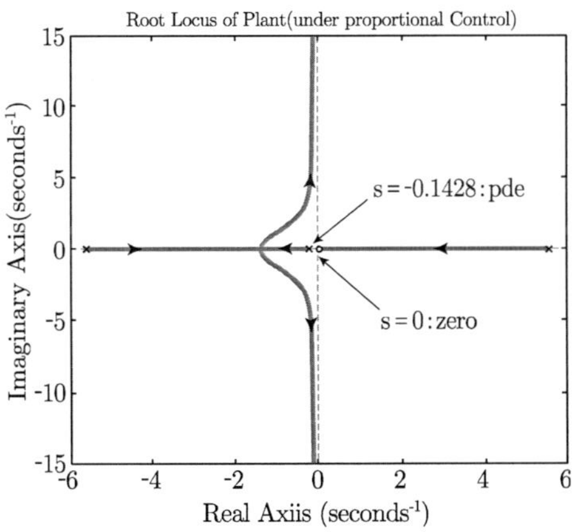

[그림 6.49] 제어대상의 근궤적선도

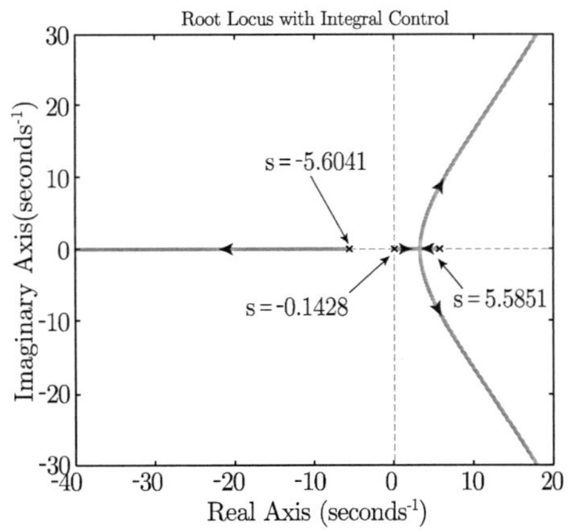

[그림 6.50] 적분기를 추가한 시스템의 근궤적

(2) **영점의 추가** : [그림 6.50]에서 보는 바와 같이 근궤적은 세 개의 점근선을 가지며, 각 점근선은 실수축과 120를 이루고 있다. 일반적으로 s평면의 오른쪽에 위치하는 근궤적을 왼쪽으로 회전시키는 방법으로는 s평면의 왼쪽에 영점을 추가하는 것이다. 하나의 영점을 추가한다면 근궤적의 점근선은 두 개로 되며, 식(3.53b)에 의하면 점근선의 각도는 90°로 되어 허수축과 평행한다. 이때 만약 영점을 $-z$에 배치하였다면 점근선과 실수축과의 교점은 식(3.53a)에 따라

$$\sigma_A = \frac{(-5.6041+5.6041-0.1428+0)-(0-z)}{4-2} = \frac{-0.1818+z}{2} \qquad (6.42)^{17)}$$

로 된다. 따라서 실수축과의 교점이 음, 즉 $\sigma_A < 0$으로 되기 위해서는 $0 < z < 0.1818$로 되어야 한다. 이 결과 z는 아주 작은 값을 가져야 하며, 이 경우의 σ_A는 대략 -0.1로 된다. 그러나 식(3.26b)에 의한 2%의 오버슈터 조건에 대한 정정시간은

$$t_s = \frac{4}{\zeta\omega_n} = \frac{4}{\sigma} \rightarrow \sigma > 0.8 \qquad (6.43)^{18)}$$

로 주어지기 때문에 하나의 영점을 추가함으로서 사양인 5 [s] 이내의 정정시간을 만족시킬 수 없음을 알 수 있다.

(3) **두 개의 영점을 추가** : 위의 결과로 하나의 영점을 추가하는 것으로는 원하는 위치에 폐루프의 극을 가져갈 수 없음을 알 수 있었다. 이에 대한 하나의 해결책은 또 하나의 영점, 즉 실수값을 가지는 두 개의 영점을 추가하는 것이다. 예를 들어 적분기가 추가되어 있는 시스템에 −3과 −4의 위치에 영점을 추가하고 근궤적을 작성한다.

```
z = [-3 -4];                    % 영점의 위치
p = 0;                          % 극 (적분기)
k = 1;                          % 이득
C = zpk(z,p,k);                 % 상기의 극과 영점을 가지는 제어기
rlocus(C*G_pend)                % [그림 6.51]
```

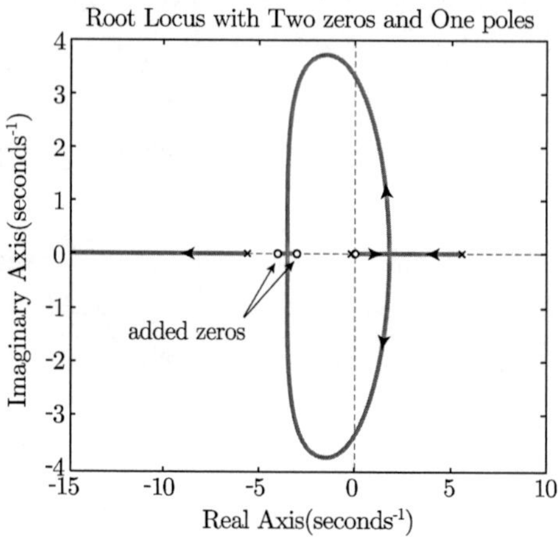

[그림 6.51] 두 개의 영점과 하나의 적분기를 추가한 시스템의 근궤적

(4) **근궤적의 선도에서 이득의 결정** : [그림 6.51]에서 적절한 위치에 폐루프의 극을 가지는 이득을 결정한다. 정정시간의 조건을 만족하기 위해 폐루프의 극은 식(6.43)로부터 실수

17) 이 경우 원점의 영점과 극점을 포함시켰다.

18) σ는 극의 실수부의 절대값을 의미한다.

축의 −0.8보다 왼쪽에 존재하여야 한다. 또한 진자의 각도에 조건으로부터 폐루프시스템은 충분한 감쇄를 가져야 하므로, 지배극을 실수축 근처에 배치하여야 할 것이다([그림 3.14] 참조). 이러한 조건을 만족하는 이득 K의 값은 SISO Design Tool을 사용한다. 즉 '`>>sisotool(C*G_pend)`'을 실행하여 나타나는 [그림 6.52]의 화면에서 한 점을 클릭하면 그 점에서의 K값과 이득여유 및 위상여유의 값이 화면에 표시되므로 이를 바탕으로 적절한 위치를 결정한다.

따라서 최종적인 제어기는 다음으로 주어진다.

$$C(s)=\frac{20(s+3)(s+4)}{s} \tag{6.44}$$

식(6.44)의 제어기는 사실상 PID제어기의 형태로 주어졌다는 점에 유의한다.

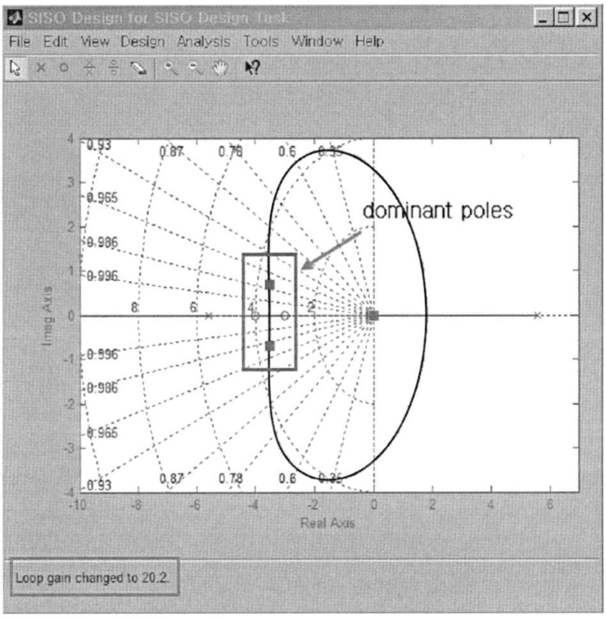

[그림 6.52] 이득 K의 결정

■ 제어기의 성능 확인

식(6.44)로 주어진 제어기의 성능을 확인하기 위하여 [그림 6.41]의 시스템에서 외란 F로 임펄스가 인가되었을 경우의 진자의 각도에 대한 시뮬레이션을 위해 F에서 출력 ϕ까지의 전달함수는 계산하면

$$T(s)=\frac{\phi(s)}{F(s)}=\frac{G_{pend}(s)}{1+C(s)} \tag{6.45}$$

로 된다. 위 식에 대한 임펄스응답의 결과는 다음과 같다.

```
K = 20;
T = feedback(G_pend,K*C)
impulse(T)                                       % [그림 6.53]
```

[그림 6.53]으로부터 식(6.45)의 제어기는 부과된 설계사양을 잘 만족하고 있음을 알 수 있다.

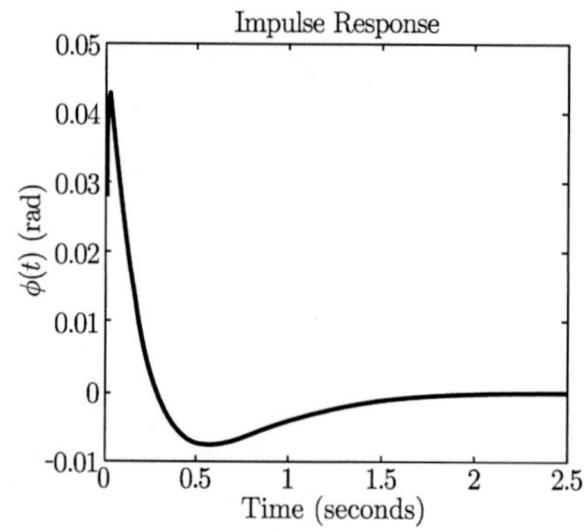

[그림 6.53] 설계한 제어기에 의한 $\phi(t)$의 impulse 응답

6.2.5 주파수응답을 이용한 설계

제4장에서 언급한 방법을 적용하여 설계사양을 만족하는 제어기의 설계를 시도한다. 여기서는 외부목표입력 $r=0$이고, 외란 F가 인가되었을 경우의 출력 θ의 응답을 제어해야 한다는 점에 유의하여, 이전 절에서 사용한 시스템의 구조인 [그림 6.41]을 [그림 6.54]와 같이 변경, 즉 제어기를 피드백루프 위로 가져간다. 이는 제어기설계를 위한 SISO Design Tool의 사용을 용이하게 하기 위함이다.

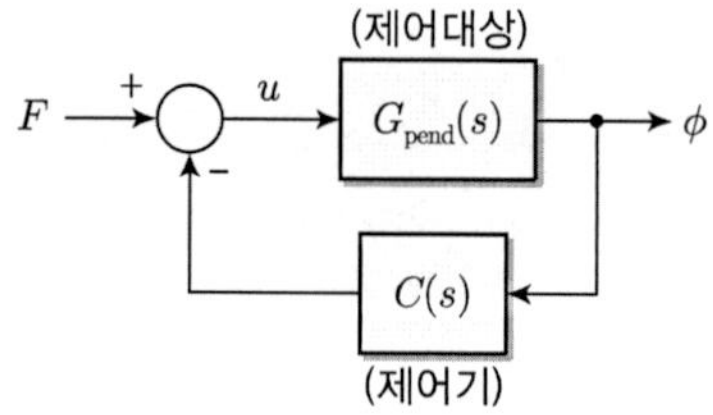

[그림 6.54] 변형된 제어시스템의 구조

[그림 6.54]의 경우 입력 F와 출력 ϕ 사이의 전달함수는 다음으로 주어진다.

$$T(s)=\frac{\phi(s)}{F(s)}=\frac{G_{pend}(s)}{1+G_{pend}C(s)} \tag{6.46}$$

■ **제어대상의 특성 확인**

먼저 보상기를 사용하지 않은 폐루프시스템의 특성을 확인한다. 여기서는 전절과 마찬가지로 SISO Design Tool을 이용하기로 한다.

```
sisotool('bode',G_pend)                    % [그림 6.55]
```

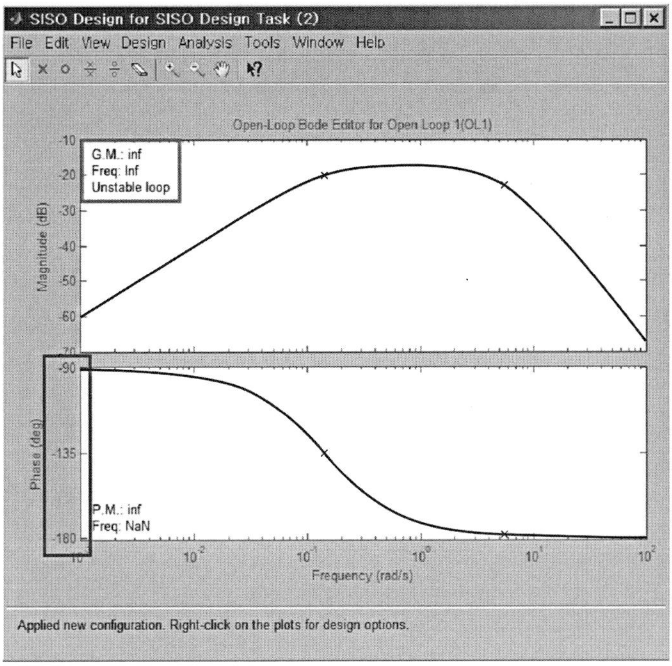

[그림 6.55] 개루프의 주파수 특성 ($C(s)=1$의 경우)

■ **SISO Design Tool에서 제어시스템의 구조변경**

제어시스템의 구조를 [그림 6.55]로 변경한다. 이 과정은 [그림 6.56]의 **Control and Estimation Tools Manager**를 이용하면 간단히 실행된다. 따라서 [그림 6.55]로 주어진 시스템의 개루프 전달함수 $L(s)=G_{pned}(s)C(s)$에 대한 주파수응답특성을 이용하여 보상기의 설계를 시도하기로 한다.

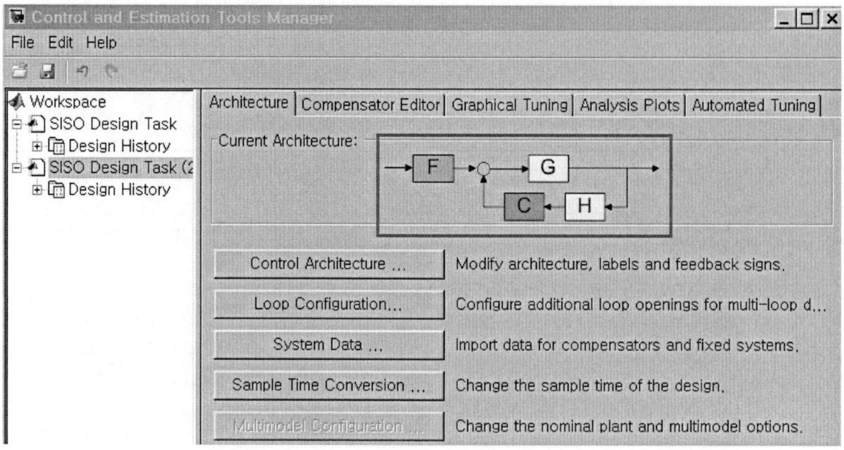

[그림 6.56] 제어시스템의 구조변경

■ **폐루프의 특성 해석 ($C(s)=1$의 경우)**

먼저 $C(s)=1$, 즉 보상을 하지 않은 시스템의 보드선도인 [그림 6.56]로부터 모든 주파수에 있어서 이득은 0 [dB] 이하이며, 위상은 −180°보다 큰 값을 가지므로, 만약 제어대상이 최소위상시스템(minimum phase system)[19]이라면 [그림 6.56]의 시스템은 무한대의 이득여유와 무한대의 위상여유를 가지는 안정한 시스템이다. 그러나 앞에서 언급한 바와 같이 제어대상은 하나의 불안정한 극을 가지는 비최소위상시스템이므로 [그림 6.56]의 보드선도는 불안정한 폐루프를 나타내고 있다.

또한 비최소위상시스템에 대한 해석과 설계과정에는 보드선도보다는 나이퀴스트선도의 이용이 도움이 된다[20]. 이러한 사항을 **Control and Estimation Tools Manager**를 이용하여 확인하여 보자.

(1) **Control and Estimation Tools Manager** 화면([그림 6.56] 참조)에서 **Analysis Plots** 탭을 클릭하여 보상기 설계를 위한 두 개의 화면, 즉 나이퀴스트선도와 입력(F)와 출력(ϕ) 사이의 임펄스응답 화면이 나타나도록 설정한다([그림 6.57] 참조).

(2) 이 결과 [그림 6.58]과 같이 나이퀴스트선도와 임펄스응답 화면이 표시된다. 그림으로부터 $N=0$이므로, 식(4.32)에 따라 $Z=P-N=1$이므로, 폐루프는 s평면의 오른쪽에 극을 하나 가지므로 폐루프는 불안정하다. 이러한 사실은 [그림 6.58]의 임펄스응답으로부터 확인할 수 있다.

19) 모든 영점 또는 극을 s평면의 왼쪽에 가지는 시스템을 의미한다.

20) 보드선도의 경우 위상차가 360°이상 발생하면 실제의 차이보다 360°를 줄여서 표시하기 때문에 불편하다. 나이퀴스트의 경우는 360°이상의 위상차는 $(-1, j0)$의 회전수로 나타내기 때문에 이런 일은 발생하지 않는다.

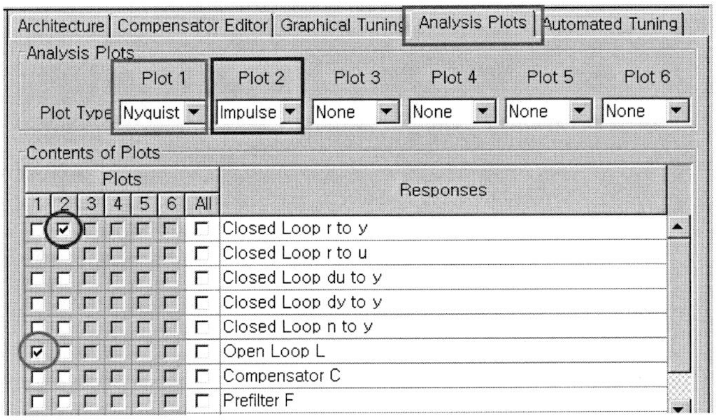

[그림 6.57] 그래픽 화면의 설정

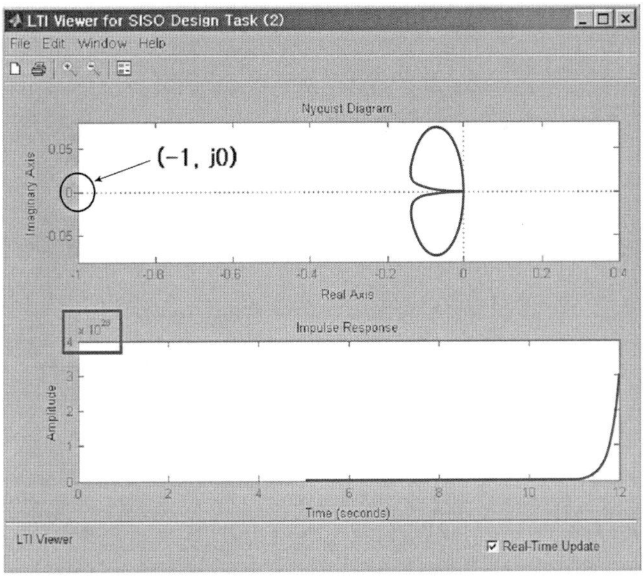

[그림 6.58] [그림 6.57]에 의한 그래픽 화면

■ 보상을 통한 폐루프의 안정화

(1) **적분기의 추가** : 보상기를 통하여 폐루프의 안정화를 시도한다. 먼저 외란입력에 대한 정상오차를 영으로 하기 위해 적분기를 추가한다. 적분기를 보상기로 추가하는 방법은 예를 들어 [그림 6.57]의 **Compensator Editor** 탭을 클릭하여 나타나는 화면에서 적분기를 추가할 수도 있다([그림 6.21] 참조). 이 결과 적분기의 극과 제어대상의 원점의 영점이 소거되어 보드선도가 [그림 6.59]와 같이 변화한다. 즉, 아주 낮은 주파수 $(\omega \to 0)$에서 '적분기+제어대상'의 위상은 $-180°$로 되어야 하지만 그림에서 보는 바와 같이 $-90°$에 접근하고 있다. 이러한 현상은 컴퓨터의 계산과정에 발생하는 오차로 인한 것으로 피할 수 없다.

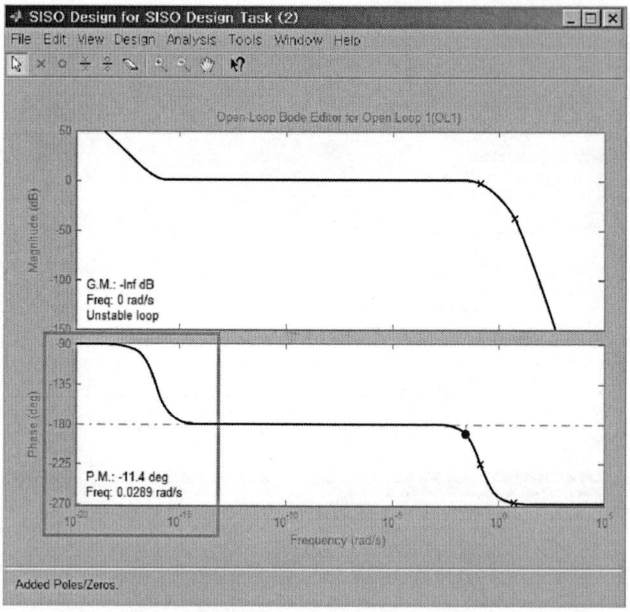

[그림 6.59] '적분기+제어대상'의 보드선도

이러한 현상을 회피하기 위해서는 적분기를 제어대상에 추가한 시스템에 대해 SISO Design Tool을 재기동하는 것이다.

```
sisotool('bode',G_pend*(1/s))                    % [그림 6.60]
```

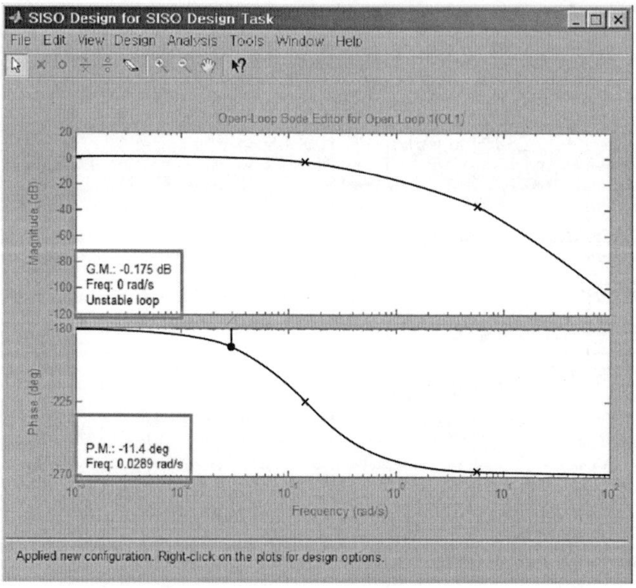

[그림 6.60] 적분기 + 제어대상의 보드선드

이 경우 적분기가 [그림 6.54]에서 포워드경로(forward path)에 들어가기 때문에 외란에 의한 응답특성은 달라진다. 그러나 개루프 전달함수는 변화가 없으므로 위 프로그램에 기동되는 SISO Design Tool을 사용하여도 무방하다. [그림 6.60]으로부터 적분기를 추가한 폐루프시스템은 여전히 불안정하다는 사실을 확인할 수 있다[21].

(2) '적분기+제어대상'으로 이루어진 폐루프시스템의 안정성에 대한 정보를 확인하기 위하여 [그림 6.56]의 **Analysis Plots** 탭을 클릭하여 **Open-Loop Nyquist**를 선택한다. 이 결과 [그림 6.61]의 나이퀴스트선도가 오픈된다. 그림으로부터 나이퀴스트선도는 $(-1, j0)$를 시계방향으로 한 바퀴 둘러싸고 있기 때문에 $N=-1$, 따라서 $Z=1-(-1)=2$로 되어 폐루프는 두 개의 불안정 극을 가진다.

(3) 폐루프가 안정으로 되기 위해서는 [그림 6.61]의 나이퀴스트선도에서 선도가 $(-1, j0)$를 반시계방향으로 회전하여야 한다. 이를 위해 보상기에 영점을 추가하여 (+)의 위상을 개루프 전달함수에 더한다. 이 작업은 앞에서 설명한 바와 같이 [그림 6.56]의 **Compensator Editor** 탭을 클릭하여 나타나는 메뉴에서 **Add Pole/Zero → Real Zero**를 실행한다. 영점의 위치는 임시적으로 -1로 한다. 이 결과 나이퀴스트선도가 약간 변형되었으나 여전히 $(-1, j0)$를 시계방향으로 회전하고 있다.

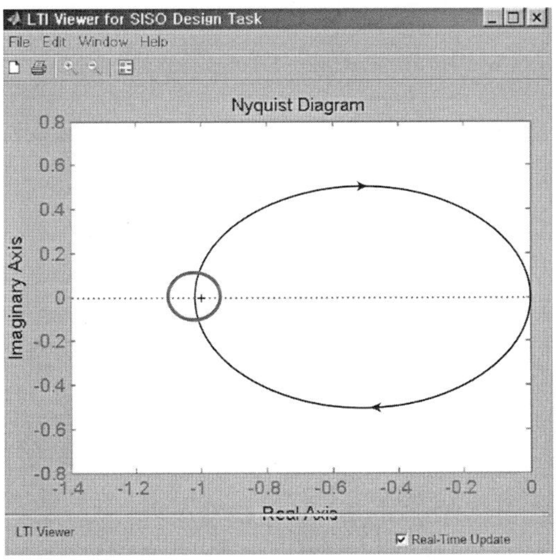

[그림 6.61] '적분기+제어대상'의 나이퀴스트 선도

(4) 위의 결과로부터 나이퀴스트선도의 방향을 바꿀 수 있을 만큼의 위상이 추가되지 못하였기 때문에, 또 하나의 영점을 같은 위치에 추가한 경우의 나이퀴스트선도를 [그림 6.62(a)]에, 또한 이 경우의 개루프의 보드선도를 [그림 6.62(b)]에 각각 나타내었다. 그림에서 나이퀴스트선도는 여전히 $(-1, j0)$를 시계방향으로 둘러싸고 있기 때문에

21) 이득여유와 위상여유 값이 음(-)의 값을 가지고 있다.

$Z = P - N = 1 - (-1) = 2$로 되어 폐루프는 여전히 두 개의 불안정극을 가진다는 것을 알 수 있다.

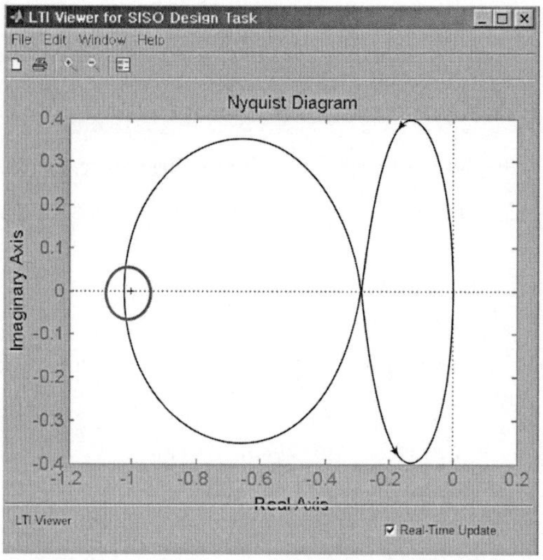

[그림 6.62(a)] 두 개의 영점과 적분기를 추가한 시스템의 나이퀴스트선도

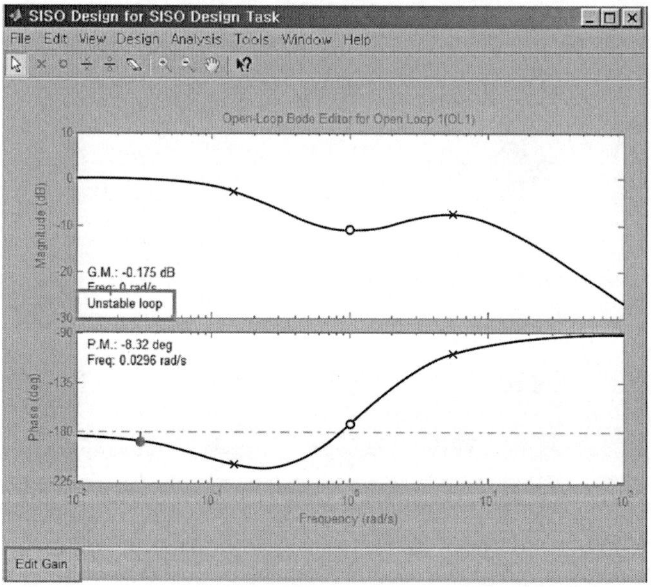

[그림 6.62(b)] 두 개의 영점과 적분기를 추가한 시스템의 보드선도

그러나 [그림 6.62(a)]의 경우 나이퀴스트선도가 시계방향으로 회전하는 루프와 반시계방향으로 회전하는 두 개의 루프로 이루어져 있다는 사실로부터 보상기의 이득을 조정하여 $(-1, j0)$를 [그림 6.62(a)]의 오른쪽 루프에 들어갈 수 있도록 한다면 $N = 1$로 되어 결과적으로 $Z = 1 - 1 = 0$, 즉 폐루프의 안정성이 확보될 수 있을 것이다.

(5) 보상기의 이득조정은 **Control and Estimation Tools Manager**의 **Compensator Editor** 화면에서도 가능하지만, [그림 6.62(b)]의 보드선도에서도 가능하다. 즉, [그림 6.62(a)]의 나이퀴스트궤적이 원하는 모양이 될 때까지 [그림 6.62(b)]의 이득선도를 마우스로 클릭하여 아래쪽 방향으로 드래그(drag)하는 것이다. 위 시스템의 경우 이득이 약 3.8로 되었을 때 $(-1, j0)$이 나이퀴스트궤적 [그림 6.62(a)]의 오른쪽 루프 안으로 들어간다. 여기서는 이득을 더욱 증가시켜 약 10으로 둔다. 이 경우의 나이퀴스트궤적을 [그림 6.63]에 나타내었다.

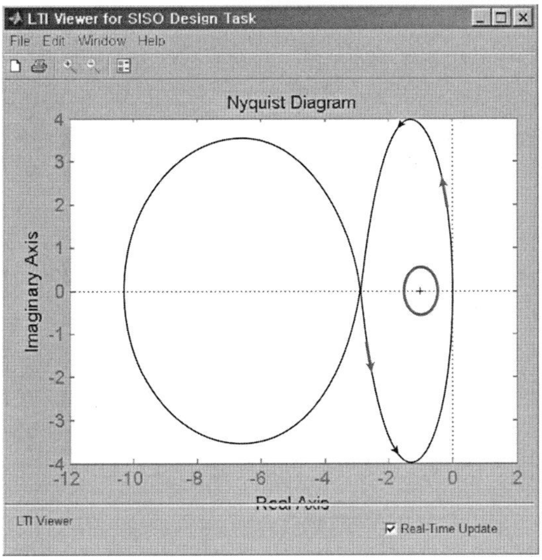

[그림 6.63] 이득을 10으로 하였을 경우의 나이퀴스트선도

(6) 폐루프의 안정성이 확보되었으므로 부과된 설계사양의 만족여부를 확인하여 본다. 이 경우는 SISO Design Tool을 이용하기 위해 제어시스템의 구조를 [그림 6.55]와 같이 변경하였기 때문에 [그림 6.57]의 **Analysis Plots** 화면을 이용할 수 없다. (1) ~ (5)의 결과로 얻어진 보상기는 다음과 같다.

$$C(s) = 10\,\frac{(s+1)^2}{s} \tag{6.47}$$

```
C = 10*(s+1)^2/s;
T = feedback(G_pend,C);
t = 0:0.01:10;
[y,t] = impulse(T,t);
subplot(211),plot(t,y)                           % [그림 6.64]
xlabel(' Time [s] '),ylabel(' \theta(t) ')
```

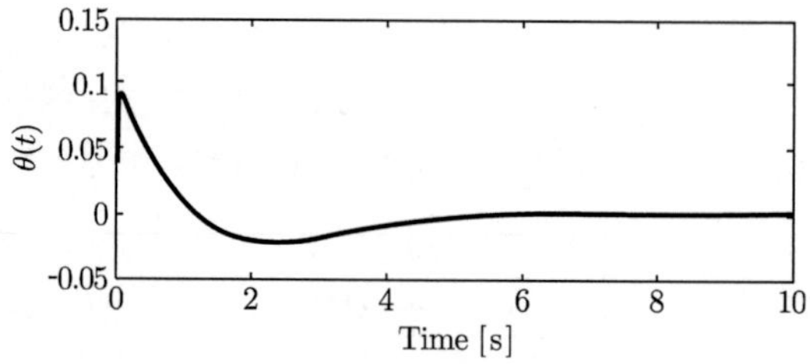

[그림 6.64] 식(6.47)의 보상기에 의한 출력응답

[그림 6.64]로부터 진자의 각도의 오버슈터 값은 사양인 0.05 [rad]을 초과하였으며, 정정시간은 사양 5 [s]에 거의 근접하고 있음을 볼 수 있다.

■ 보상기의 수정

부과된 설계사양을 만족시키기 위하여 위에서 얻어진 보상기 식(6.47)의 수정을 시도한다.

(1) 오버슈터의 감소 : [그림 4.45]에 의하면 위상여유가 증가하면 감쇄비 역시 증가한다. 또한 [표 3.2]로부터 감쇄비가 증가하면 %오버슈터가 감소한다는 사실로부터 식(6.47)을 수정하여 위상여유를 증가시킨다. '보상기+제어대상'의 개루프 보드선도로부터 알 수 있는 바와 같이 보상기 이득의 증가는 위상여유의 증가로 이어진다.

(2) 정정시간의 감소 : 정정시간은 주로 폐루프 극의 실수부에 의존한다. '보상기+제어대상'의 근궤적으로부터 알 수 있는 바와 같이 폐루프의 지배극의 실수부는 −1로 지정한 보상기의 영점으로 인해 −1과 0 사이에 존재한다. 따라서 정정시간을 감소시키기 위해서는 위의 과정에서 설정한 영점의 위치를 s평면에서 조금 더 왼쪽으로의 이동이 필요하다. 그러나 영점의 이동은 위상여유의 감소로 이어져 오버슈터가 증가하기 때문에 보상기의 이득을 더욱 증가시켜야 할 것이다.

(3) 몇 번의 시행착오 끝에 설계사양을 만족하는 다음의 보상기가 얻어졌다.

$$C(s) = 35\frac{(s+1)(s+2)}{s} \tag{6.48}$$

식(6.48)의 보상기를 사용한 시뮬레이션 결과를 [그림 6.65]에 나타내었다. 이로부터 부과된 설계사양을 완전히 만족하고 있음을 알 수 있다.

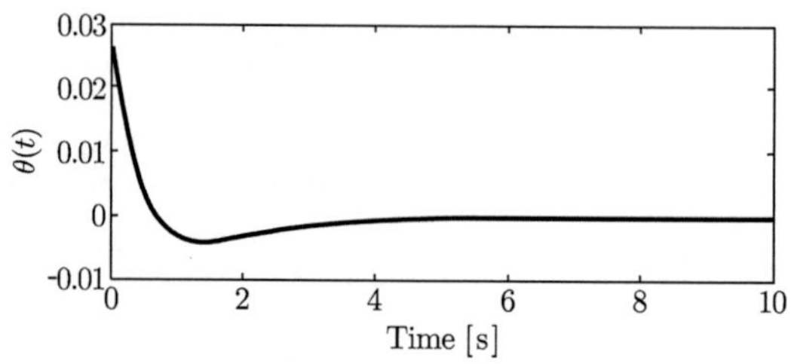

[그림 6.65] 식(6.48)에 의한 시뮬레이션 결과

6.2.5 상태공간표현법에 의한 설계

여기서는 식(6.39)의 상태공간표현식을 사용하여 사양을 만족하는 제어기의 설계를 시도한다. 식(6.39)는 네 개의 상태변수, 하나의 입력, 두 개의 출력을 가지므로, 이에 대한 상태공간표현식의 네 행렬을 $\{\boldsymbol{A}: (4\times 4),\ \vec{b}: (4\times 1),\ \boldsymbol{C}: (2\times 4),\ \vec{d}: (2\times 1)\}$로 나타내기로 한다.

식(6.39)의 경우 진자의 각도 $\phi(t)$와 대차의 위치 $x(t)$를 출력으로 가진다는 점이 지금까지의 설계법과 다른 점이다. 앞에서도 잠깐 언급하였지만, 지금까지의 설계법은 대차의 위치에 대한 사양은 무시하고 진자의 각도에 대한 사양만을 만족시키는 제어기를 설계하였다. 여기서는 진자를 오른쪽 0.2 [m] 지점에 위치시키면서 진자의 각도를 영, 즉 수직으로 유지하는 제어기를 설계한다. 이러한 사실은 제5장에서도 언급한 바와 같이 상태공간표현법은 다입력·다출력인 시스템의 취급에 적합하다는 사실에 있다.

여기서 사용하는 시스템의 기본구조는 먼저 [그림 6.66]과 같은 상태피드백시스템을 채용하여 적절한 피드백 이득벡터 $\vec{k}$를 설계한다. 이후 관측기를 설계하여 제어시스템에 추가하기로 한다.

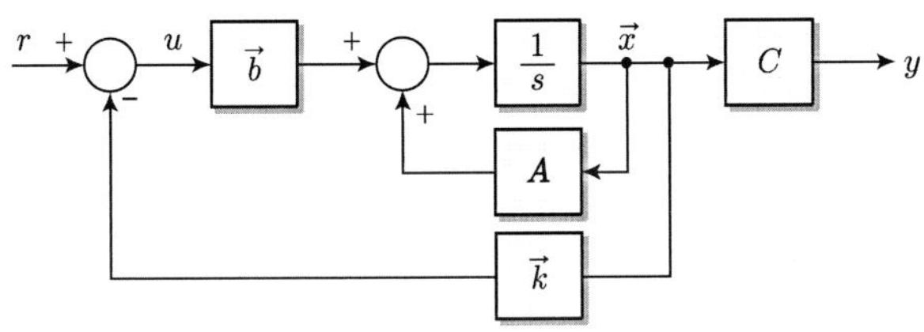

[그림 6.66] 상태피드백 시스템의 구조

■ 제어대상의 특성

제어대상은 네 개의 상태변수, 하나의 입력, 및 두 개의 출력을 가진다. [그림 6.66]에서 외부입력 $r(t)$는 대차의 위치지정을 위한 목표입력이다. 여기서의 설계목표는 '일정한 크기의 기준신호가 인가되었을 경우, 대차가 이동하여 진자가 흔들리지만 (시간의 경과에 따라) 최종적으로 대차가 기준신호의 위치에서 진자를 수직상태로 유지'하도록 하는 제어기를 설계하는 것이다.

제어대상 자체는 하나의 불안정한 극과 원점상의 극을 가지고 있는 불안정한 시스템으로, 진자를 수직으로 유지하기 위해서는 제어가 필요함을 알 수 있다.

```
poles = pole(G_ss)                          % G_ss : 제어대상의 상태공간 표현

poles =
        0
  -5.6041
  -0.1428
   5.5651
```

■ **최적레귤레이터에 의한 설계**

여기서는 5.4절의 최적레귤레이터의 설계법을 이용하여 사양을 만족하는 상태피드백 이득 벡터 $\vec{k}$ 의 설계를 시도한다.

(1) 가제어성의 확인

가제어성(controllability)이란 5.2절에서 언급한 바와 같이 입력 u로 제어대상이 가지는 모든 상태변수를 변화시킬 수 있는지를 의미한다. 이는 식(5.71)과 같이 가제어성 행렬의 랭크로서 확인한다.

```
co = ctrb(G_ss);
controllability = rank(co)                          % 가제어성행렬의 랭크 확인
```

위 프로그램의 실행 결과 제어대상의 가제어성이 확인되었으므로 제어대상의 네 개의 극을 임의의 위치로 가져가는 상태피드백이득벡터 $\vec{k}$를 최적레귤레이터의 방법을 적용하여 설계하기로 한다.

(2) 피드백이득벡터 $\vec{k}$의 결정과 시뮬레이션

최적레귤레이터에 사용되는 평가함수 식(5.119)를 적용하기 위해서는 상태변수에 대한 가중함수인 행렬 $\boldsymbol{Q}$와 입력에 대한 가중값인 r의 설정이 필요하다. 위 시스템의 경우 출력인 대차의 위치 $x(t)$와 진자의 각도 $\phi(t)$가 가능한 빠르게 수렴하여야 할 필요가 있기 때문에 가중행렬 $\boldsymbol{Q}$로서 다음과 같이 지정한다.

```
Q = C'*C                                            % 가중행렬의 지정

Q =
     1     0     0     0
     0     0     0     0
     0     0     1     0
     0     0     0     0
```

결과적으로 빠른 수렴이 필요한 두 개의 상태변수 $x_1(t)$, $x_2(t)$만이 최적레귤레이터를 위한 평가에 반영된다는 것을 알 수 있다. 여기서 입력에 대한 가중값은 우선 $r=1$로 둔다.

이상의 가중함수를 이용하여 최적레귤레이터에 의한 피드백이득 $\vec{k}$를 설계하여 출력응답을 확인한다([그림 6.67] 참조).

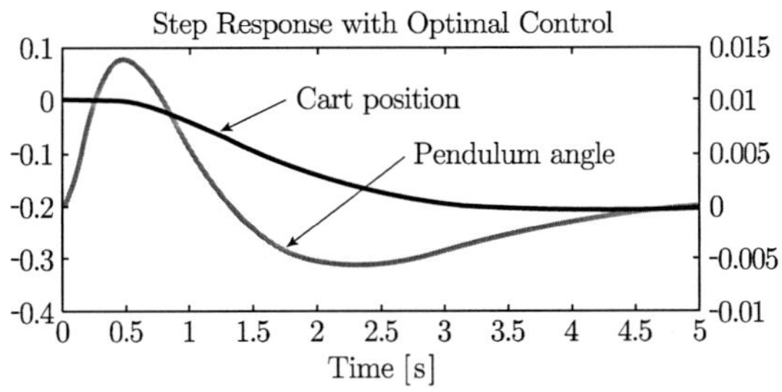

[그림 6.67] 최적레귤레이터에 의한 시뮬레이션 결과

```
Q = C'*C; r = 1;                                  % 가중함수의 설정
kopt = lqr(A,B,Q,r)                               % 최적피드백벡터 k⃗의 계산
Aopt = [(A-B*kopt)];                              % [그림 6.66]에 대한 상태공간표현식
Bopt = [B];Copt = [C];Dopt = [D];
G_cl = ss(Aopt,Bopt,Copt,Dopt);                   % 시스템표현식
                                                  % 시뮬레이션
t = 0:0.01:5;
ref = 0.2*ones(size(t));                          % (대차의) 목표입력의 설정
[y,t,x] = lsim(G_cl,ref,t);                       % 시뮬레이션 결과
subplot(211),[AX,H1,H2] = plotyy(t,y(:,1),t,y(:,2),'plot'); % [그림 6.67]
```

최적제어의 결과 상태피드백이득은 다음으로 주어진다.

$$\vec{k} = [-1.0 \quad -1.6567 \quad 18.6854 \quad 3.4594] \tag{6.49}$$

(3) 시뮬레이션 결과의 평가와 재설계

[그림 6.67]로부터 부과된 설계사양을 만족시키기 위해서는 대차와 진자의 정정시간은 재조정이 필요하며, 또한 대차의 상승시간을 조금 줄여야 할 것으로 보이나, 대차와 진자의 오버슈터는 현 상태에서 사양을 충분히 만족하고 있는 것으로 확인되었다. 또한 대차의 최종위치가 사양의 반대쪽에서 정지하고 있다는 점에 유의할 필요가 있다.

대차와 진자의 과도특성을 개선하기 위한 하나의 방법은, 해당하는 출력의 가중값을 증가시키는 것이다. 즉 $\boldsymbol{Q}$의 (1,1)와 (3,3) 요소를 증가시키면 각 신호의 상승시간과 정정시간을 감소시킬 것이다. 여기서는 $\boldsymbol{Q}$의 (1,1)와 (3,3) 요소를 각각 5000과 100으로 두었을 경우의 결과를 [그림 6.68]에 나타내었으며, 최적피드백벡터는 다음으로 주어진다.

$$\vec{k}_{opt} = [-70.7107 \quad -37.8345 \quad 105.5298 \quad 20.9238] \tag{6.50}$$

이미 제5장에서 언급한 바와 같이, $\boldsymbol{Q}$의 각 요소를 더욱 증가 시키면 대차와 진자의 과도특성을 더욱 개선시킬 수는 있으나 큰 입력이 필요하기 때문에 가중함수의 선정에는 신중함이 필요하다.

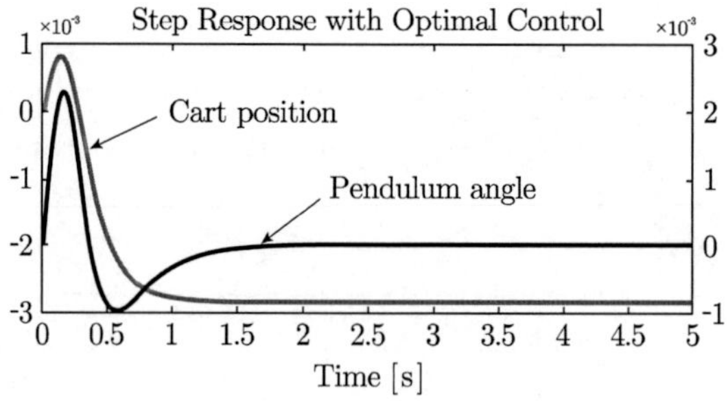

[그림 6.68] $Q_{(1,1)} = 5000$, $Q_{(3,3)} = 100$인 경우의 시뮬레이션 결과

▪ 대차의 정상오차 수정

최적레귤레이터의 적용으로 대부분의 사양은 만족되었으나, 대차의 위치에 오차가 발생하는 것을 피할 수 없었다. 이는 모든 상태를 피드백하는 이득벡터 $\vec{k}$만으로는 이러한 오차를 제거할 수 없다는 것을 나타내고 있다. 따라서 대차의 위치에 대한 오차제거의 한 방법으로, (반드시) 발생하는 오차가 제거될 수 있도록 피드백루프의 바깥, 즉 [그림 6.69]와 같이 목표신호에 적절한 크기의 사전보상기(precompensator)를 삽입하여 사전에 목표신호의 크기를 조정하는 것이다.

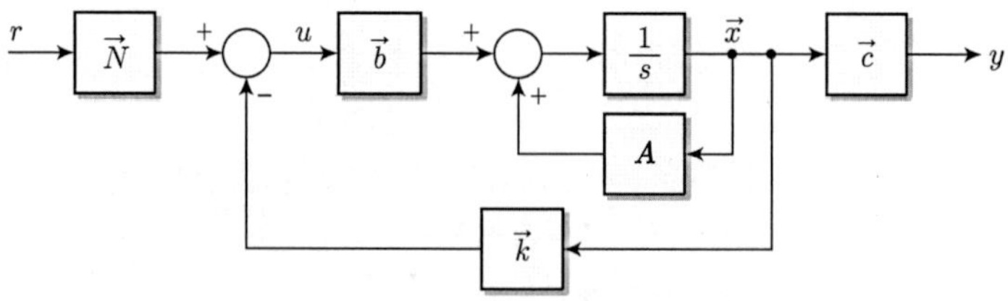

[그림 6.69] 대차의 정상상태오차 수정을 위한 목표값의 수정

이때 $\overline{N}$의 계산은 제5장의 식(5.147), (5.148)을 적용하면 얻을 수 있다. 다시 말하면 [그림 6.69]의 시스템은 안정하여 $\vec{x}(\infty)$와 $u(\infty)$는 일정한 값을 가지며, 동시에 출력은 일정한 크기의 목표값 r에 일치한다는 사실, 즉 $y(\infty) = \vec{c}\,\vec{x}(\infty) = r$으로 된다는 사실을 이용한다. 이때 출력은 대차의 위치에만 관심이 있기 때문에 [그림 6.66]에서 $\boldsymbol{C}$를

$$\vec{c}_n = [\ 1\ \ 0\ \ 0\ \ 0\ ] \tag{6.51}$$

로 둔다. 이러한 관계를 [그림 6.69]을 이용하여 식으로 표현하면 다음으로 된다.

$$\begin{bmatrix} \dot{\vec{x}}(t) \\ y(t) \end{bmatrix} = \begin{bmatrix} \boldsymbol{A} & \vec{b} \\ \vec{c}_n & \vec{d} \end{bmatrix} \begin{bmatrix} \vec{x}(t) \\ u(t) \end{bmatrix} \rightarrow \begin{bmatrix} \vec{0} \\ r \end{bmatrix} = \begin{bmatrix} \boldsymbol{A} & \vec{b} \\ \vec{c}_n & \vec{d} \end{bmatrix} \begin{bmatrix} \vec{x}(\infty) \\ u(\infty) \end{bmatrix} \tag{6.52}$$

[그림 6.69]의 시스템은 하나의 입력과 하나의 출력을 가지므로 식(6.51)의 오른쪽 행렬은

역행렬이 존재하며, 정상상태 값은 다음으로 계산된다.

$$\begin{bmatrix} \vec{x}(\infty) \\ u(\infty) \end{bmatrix} = \begin{bmatrix} \boldsymbol{A} & \vec{b} \\ \vec{c}_n & \vec{d} \end{bmatrix}^{-1} \begin{bmatrix} \vec{0} \\ r \end{bmatrix} \tag{6.53}$$

[그림 6.69]로부터

$$u(\infty) = -\vec{k}\,\vec{x}(\infty) + \overline{N}r(\infty) \tag{6.54a}$$

이므로 사전보상기의 이득 $\overline{N}$는 다음과 같이 계산된다.

$$\overline{N} = \frac{u(\infty) + \vec{k}\,\vec{x}(\infty)}{r} \tag{6.54b}$$

```
Cn = [1 0 0 0];
Z = [zeros(1,4) 1]';                    % Z=[0⃗ 1]의 계산
N = inv([A B;Cn 0])*Z;                  % 식(6.53)의 계산
Nx = N(1:4);Nu = N(5);
Nbar = Nu + kopt*Nx;                    % 식(6.54)의 계산
```

크기 1을 가지는 목표입력에 대하여 위 프로그램의 실행결과 $\overline{N} = -70.71$을 얻었으며, 이를 이용한 시뮬레이션 결과를 [그림 6.70]에 나타내었다. 그림으로부터 대차의 위치에 대한 정상오차는 제거되었으며, 그 외의 모든 설계사양이 만족되고 있음을 볼 수 있다.

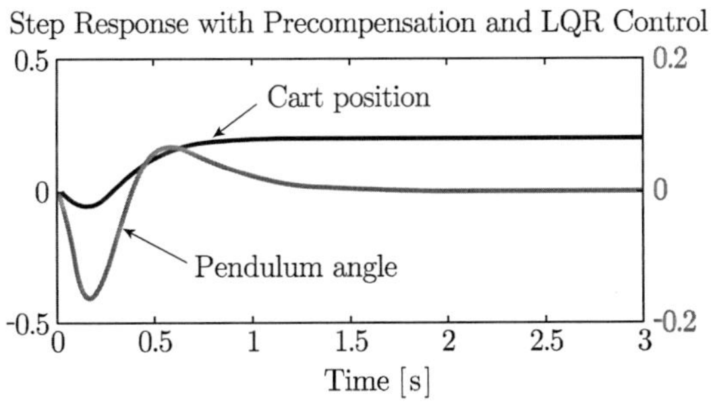

[그림 6.70] 대차의 정상오차를 수정한 시뮬레이션 결과

대차의 위치오차 제거를 위해 설계한 사전보상기 $\overline{N}$는 대차의 정상오차를 미리 계산함으로서 얻어진 것이다. 따라서 폐루프의 내부에서 외란 등이 인가되었거나, 제어대상의 파라미터가 변동한 경우 등에서는 위의 결과와는 달리 사전에 대차의 위치오차를 정확하게 계산할 수 없기 때문에, 제어실행 후 정상오차가 발생할 가능성이 있다. 이러한 상황에서는 루프의 내부에 적분기를 추가하여 최적레귤레이터의 설계법을 적용하는 것이 유리하지만, 적분기의 추가로 시스템의 응답특성이 악화될(늦어질) 가능성이 있다는 점에 유의한다.

이러한 모든 점을 고려한다면 제어기로서 적분기를 적용한 최적레귤레이터의 설계에 사전

보상기를 추가하는 것이 바람직하다.

■ 관측기를 이용한 제어

일반적으로 제어대상의 상태는 외부에서 직접 측정할 수 없는 경우가 대부분이다. 따라서 상태피드백을 위해서는 관측기를 이용하여 내부의 상태변수를 추정하여야 할 것이다. 여기서는 제5장의 [그림 5.37]과 같이 '관측기+상태피드백' 형식의 제어를 위해 관측기를 설계하여 [그림 6.69]에 추가한다([그림 6.71] 참조).

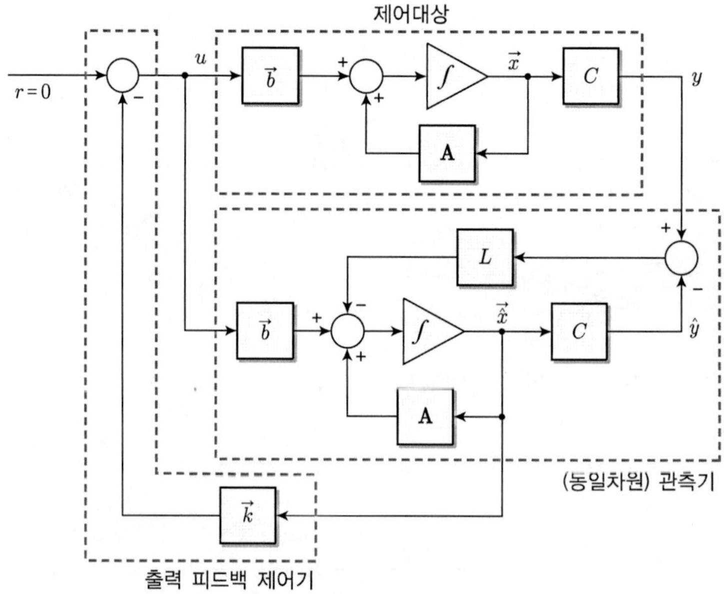

[그림 6.71] 동일차원관측기를 이용한 출력피드백

(1) 가관측성의 확인 : 관측기의 설계에 앞서 제어대상이 관측기의 설계가 가능한지의 여부, 즉 가관측성을 식(5.89)를 이용하여 확인한다.

```
ob = obsv(G_ss);
observability = rank(ob)
```

(2) 관측기의 이득 계산 : 5.3절에서 설명한 내용을 바탕으로 관측기를 설계한다. 이 경우 제어대상 식(6.39)는 두 개의 출력과 네 개의 상태변수를 가지기 때문에 관측기의 이득 $\boldsymbol{L}$은 크기 (4×2)인 행렬로 된다[22]. 5.3.3절에서 언급한 바와 같이 관측기의 극은 상태피드백에 의한 극보다 s평면에서 더 왼쪽에 배치되도록 설계되어야 한다. 이 경우의 일반적인 지침으로서 가장 느린 피드백에 의한 극보다 $4\sim 10$ 정도 빠르게 관측기가 수

22) 출력이 하나인 경우 관측기 이득행렬 $\vec{l}$은 $(n\times 1)$인 벡터이나, 출력이 두 개로 되면 $(n\times 2)$인 행렬이 되기 때문에 $\vec{l}$을 L로 표시하였다.

렴[23]할 수 있도록 관측기의 극이 설정되어야 한다는 것이다. 그러나 관측기의 극을 너무 s 평면의 왼쪽에 배치한다면 이 역시 문제를 일으킬 수 있다는 점에 유의한다([예제 5.23] 참조).

관측기의 극을 지정하기에 앞서 상태피드백에 의한 극, 즉 $(\boldsymbol{A}-\vec{b}\,\vec{k})$의 극을 확인한다.

```
poles = eig(Aopt)

poles =
  -8.4910 + 7.9283i
  -8.4910 - 7.9283i
  -4.7592 + 0.8309i
  -4.7592 - 0.8309i
```

이로부터 가장 늦은 극이 −4.7592이므로, 관측기의 극을 −40 근처에 배치하는 이득행렬 $\boldsymbol{L}$을 계산한다.

```
P = [-40 -41 -42 -43];
L = place(A',C',P)'

L =
   1.0e+03 *
    0.0826   -0.0010
    1.6992   -0.0402
   -0.0014    0.0832
   -0.0762    1.7604
```

(3) [그림 6.71]에 대한 상태방정식을 작성한다. 이는 제5장의 식(5.109) ~ (5.111)로 주어진다.

$$\begin{bmatrix} \dot{\vec{x}}(t) \\ \dot{\vec{e}}(t) \end{bmatrix} = \begin{bmatrix} \boldsymbol{A}-\vec{b}\,\vec{k} & -\vec{b}\,\vec{k} \\ 0 & \boldsymbol{A}-\boldsymbol{LC} \end{bmatrix} \begin{bmatrix} \vec{x}(t) \\ \vec{e}(t) \end{bmatrix} + \begin{bmatrix} \vec{b}\,\overline{N} \\ \vec{0} \end{bmatrix} r(t) \tag{6.55a}$$

$$\vec{y}(t) = \begin{bmatrix} \boldsymbol{C} & \vec{0}_{(2\times n)} \end{bmatrix} \begin{bmatrix} \vec{x}(t) \\ \vec{e}(t) \end{bmatrix} \tag{6.55b}$$

위의 결과를 이용하여 [그림 6.71]의 시스템을 구성하여 시뮬레이션을 수행한 결과를 [그림 6.72]에 나타내었다. 이로부터 관측기를 사용하지 않은 경우인 [그림 6.70]과 관측기를 사용한 경우의 시뮬레이션 결과가 거의 동일한 모양을 하고 있음을 알 수 있다. 이는 관측기의 극을 모두 상태피드백의 극에 비해 10배 이상 s 평면의 왼쪽 부분에 배치

23) 관측기가 수렴한다는 말은, 관측기의 출력이 상태변수와 같아진다는 것이다. 즉 $\hat{\vec{x}}(t)\rightarrow\vec{x}(t),\ (t\rightarrow\infty)$를 의미한다.

하였기 때문이다.

모든 설계사양이 만족되고 있음을 확인할 수 있다.

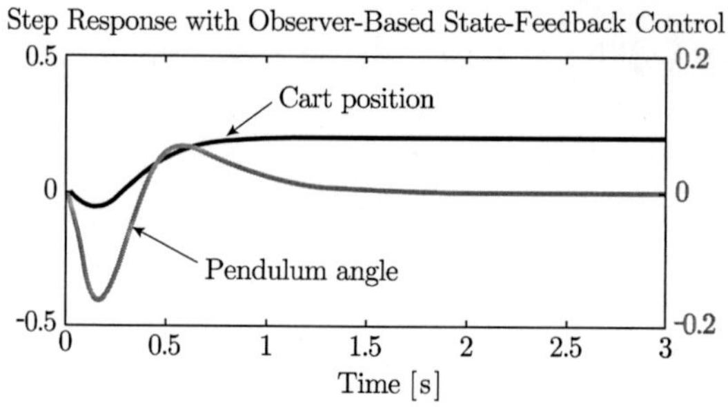

[그림 6.72] 관측기를 이용한 상태피드백제어의 결과

```
Ace = [(A-B*kopt) (B*kopt);
      zeros(size(A)) (A-L*C)];                              % 식(6.55)
Bce = [B*Nbar;
      zeros(size(B))];
Cce = [Copt zeros(size(Copt))];
Dce = [0;0];
sys_est_cl = ss(Ace,Bce,Cce,Dce);
t = 0:0.01:3;
r = 0.2*ones(size(t));
[y,t,x] = lsim(sys_est_cl,r,t);
subplot(211),[AX,H1,H2] = plotyy(t,y(:,1),t,y(:,2),'plot');  % [그림 6.73]
```

도립진자와 같이 두 개의 출력을 가지는 시스템, 즉 다입력·다출력시스템의 경우에 대한 제어시스템의 설계는 전달함수를 이용한 설계(PID, 근궤적, 및 주파수응답 등)보다는 상태공간표현을 이용한 설계가 그 취급이 용이하다는 사실을 확인할 수 있다.

■ 적분기를 가지는 서보시스템의 설계

여기서는 상태변수 $x_1(t)$, 즉 대차의 위치에 일정한 크기의 외란이 인가되는 경우에 설계사양을 만족하는 제어기를 5.5.2절의 서보시스템 설계법을 이용하여 설계한다. 여기서 제시하는 설계법은 SISO의 시스템에만 적용가능하기 때문에 출력으로 대차의 위치를 취하기로 한다.

$x_1(t)$과 $x_3(t)$에 외란이 인가되는 경우에 대한 제어대상의 상태공간표현은 다음으로 주어진다.

$$\frac{d}{dt}\begin{bmatrix} x_1(t) \\ x_2(t) \\ x_3(t) \\ x_4(t) \end{bmatrix} = \begin{bmatrix} 0 & 1 & 0 & 0 \\ 0 & A_{22} & A_{23} & 0 \\ 0 & 0 & 0 & 1 \\ 0 & A_{42} & A_{43} & 0 \end{bmatrix} \begin{bmatrix} x_1(t) \\ x_2(t) \\ x_3(t) \\ x_4(t) \end{bmatrix} + \begin{bmatrix} 0 \\ b_2 \\ 0 \\ b_4 \end{bmatrix} u(t) + \begin{bmatrix} 1 \\ 0 \\ 1 \\ 0 \end{bmatrix} d \tag{6.56}$$

$$y(t) = \begin{bmatrix} 1 & 0 & 0 & 0 \end{bmatrix} \begin{bmatrix} x_1(t) \\ x_2(t) \\ x_3(t) \\ x_4(t) \end{bmatrix} + \begin{bmatrix} 0 \\ 0 \end{bmatrix} u(t)$$

(1) 식(5.148b)의 행렬 $\boldsymbol{Z}$의 정칙성을 확인한다.

(2) 식(5.146)으로 정의되는 확대방정식을 작성한다. 즉,

$$\vec{x}_e(t) = \begin{bmatrix} \vec{x}(t) \\ u(t) \end{bmatrix} : (5 \times 1),\ \boldsymbol{A}_e = \begin{bmatrix} \boldsymbol{A} & \vec{b} \\ \vec{0}_{(1\times 4)} & 0 \end{bmatrix} : (5 \times 5), \tag{6.57}$$

$$\vec{b}_e = \begin{bmatrix} \vec{0}_{4\times 1} \\ 1 \end{bmatrix} : (5 \times 1), \boldsymbol{D}_e = \begin{bmatrix} \boldsymbol{I}_4 \\ \vec{0}_{1\times 4} \end{bmatrix} : (5 \times 4),$$

$$\vec{c}_e = \begin{bmatrix} \vec{c} & 0 \end{bmatrix} : (1 \times 5)$$

(3) 식(6.57)에 대한 최적레귤레이터를 설계한다. 이때 사용되는 평가함수는

$$J_e = \int_0^\infty \{[y(t) - r]^2 + \dot{u}(t)^2\} dt \tag{6.58}$$

로 두면 레귤레이터를 위한 가중행렬은 다음으로 주어진다.

$$\boldsymbol{Q}_e = \vec{c}_e^{\,T} \vec{c}_e = \begin{bmatrix} 1 & 0 & 0 & 0 & 0 \\ 0 & 0 & 0 & 0 & 0 \\ 0 & 0 & 0 & 0 & 0 \\ 0 & 0 & 0 & 0 & 0 \\ 0 & 0 & 0 & 0 & 0 \end{bmatrix}, r_e = 1 \tag{6.59}$$

여기서 대차의 위치에 대한 응답을 빠르게 하기 위하여 가중값을 증가시켜 $\boldsymbol{Q}_e(1,1) = 5000$로 둔다. 이로부터 피드백이득은 대수리카티방정식으로부터

$$\vec{k}_e = [-70.7107\ \ -59.2641\ \ 368.2827\ \ 69.8101\ \vdots\ 20.4727] \tag{6.60}$$

따라서 이득 $\vec{k}_1$, k_2는

$$\begin{aligned} [\vec{k}_1\ \ k_2] &= \vec{k}_e \boldsymbol{Z}^{-1} \\ &= [-57.2168\ \ -23.2490\ \ 69.8101\ \ 13.8036\ \vdots\ -70.7107] \end{aligned} \tag{6.61}$$

로 주어진다. 계단상의 목표입력 및 외란입력에 대한 응답을 [그림 6.73]에 나타내었다. 이로부터 대차의 위치에 대한 설계사양에서 정정시간은 충분히 만족되고 있으나, 상승시간은 약간 큰 값을 가진다. 이는 식(6.59)와 같이 정정시간에 대한 가중을 크게 취하였기 때문에 나타난 것으로, 상승시간을 감소시키고자 하면 입력에 대한 가중값 r_e를

감소시키면 가능하지만, 정정시간이 증가한다는 점에 유의한다.

또한 설계된 제어기의 강인성(Robustness)를 확인하기 위하여 식(6.39)의 $\boldsymbol{A}$의 각 요소를 구성하는 성분의 분모, 즉

$$p = I(M+m) + Mml^2 \tag{6.62}$$

의 값이 약 30% 변동하였을 경우 입력과 외란특성을 역시 [그림 6.73]에 제시하였다. 이로부터 설계된 제어기는 파리미터의 변동에 대하여 강인하다는 것을 확인할 수 있다.

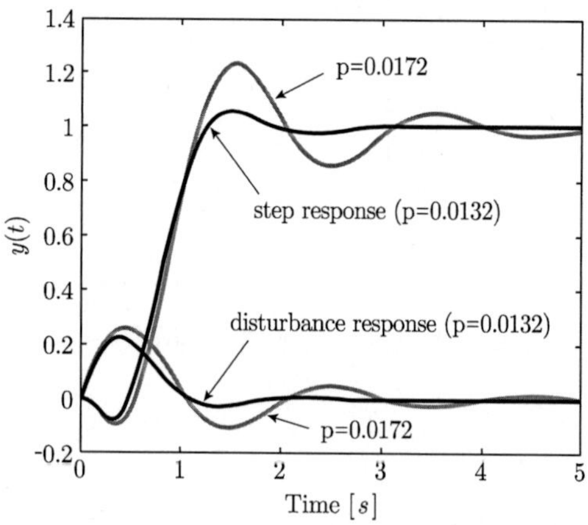

[그림 6.73] 적분기를 가지는 서보시스템의 설계 결과

```
Z = [A B;Cn 0]; rank(Z)                              % Z의 정칙성 확인
Ae = [A B;zeros(1,4) 0];be = [0 0 0 0 1]';ce = [Cn 0];
de = [eye(4);zeros(1,4)];
Qe = ce'*ce;Qe(1,1) = 5000;re = 1;
[Pe,L,ke] = care(Ae,be,Qe,re);                       % 대수리카티방정식의 해
k = ke/Z; k1 = k(1:4); k2 = k(5);                    % 제어기의 결정
```

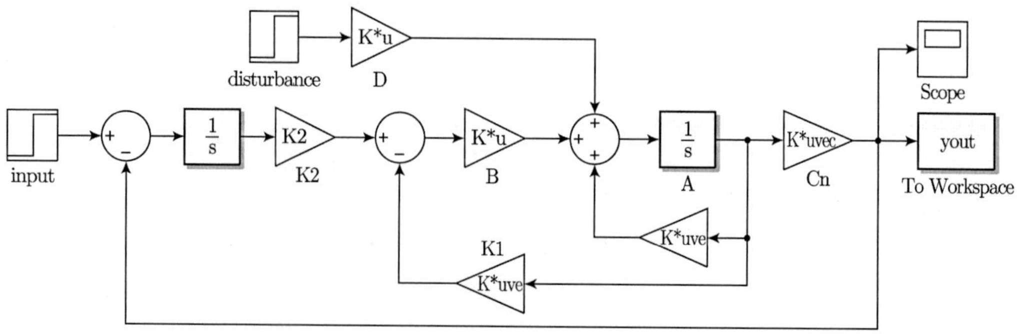

[그림 6.74] [그림 6.71]를 위한 Simulink 블록선도

■ 도립진자의 모델을 위한 Simulink 블록선도

도립진자의 미분방정식 식(6.29)와 (6.32)를 Simulink의 블록을 이용하여 작성하면 [그림 6.75]과 같이 된다. 이와 같이 모델의 식을 이용하여 작성된 블록선도는 시뮬레이션뿐만 아니라 이로부터 직접 선형화된 상태방정식 또는 전달함수를 얻을 수도 있기 때문에 편리하다. 또한 제어기의 강인성 등의 확인에도 유용하게 사용될 수 있다.

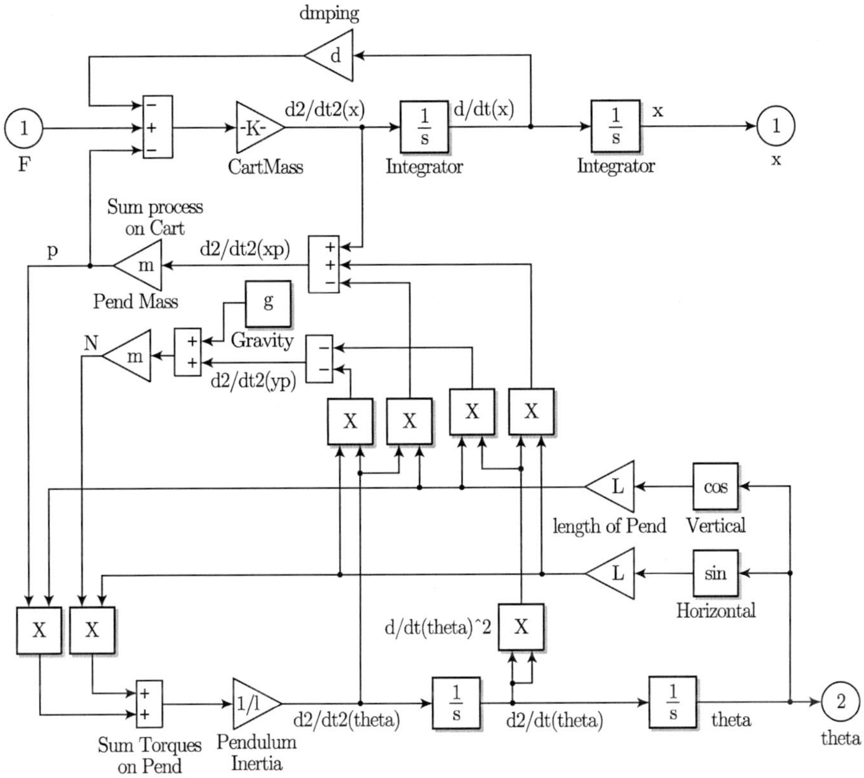

[그림 6.75] 도립진자의 Simulink 블록선도

부록

부록 A MATLAB Symbolic Math Toolbox의 사용법

부록 B LTI Viewer와 SISO Design Tool의 사용법

부록 C 시뮬레이션에서의 데이터 입력과 출력의 검사

부록 A

MATLAB Symbolic Math Toolbox의 사용법

Symbolic Math Toolbox가 제공하는 수식의 상징적 표현 방식(Symbolic representation)을 이용하면 수식을 표현되어 있는 그대로 MATLAB의 명령 Window 화면에 입력함으로써 계산을 수행할 수 있기 때문에 대단히 편리하다. 특히 본 서의 제2장과 제3장에서 취급한 푸리에 변환과 라플라스변환 등의 계산결과를 특별한 사전준비 없이 바로 얻을 수 있기 때문에, 수작업으로 수행한 계산 결과의 확인 등에 사용한다면 편리할 것이다. 여기서는 본 서에서 취급한 정도의 계산을 할 수 있을 정도의 사용법을 간단하게 설명한다.

A.1 수식의 표현

먼저 Symbolic Math Toolbox와 관련한 help의 사용에 대하여 간단히 설명한다. 일반적으로 작업윈도 상에서

```
help function
```

을 입력하면 'function'과 관련된 help가 화면에 나타나게 된다. 그러나 Symbolic Math Toolbox에 사용되는 상당수의 명령어는 일반적인 MATLAB의 명령어와 중복(overload)되는 것이 많기 때문에 작업윈도 화면에서 help가 필요한 함수가 Symbolic Math Toolbox에서 나온 것이라는 것을 다음과 같이 명기하여 줄 필요가 있다. 즉,

```
help sym/function
```

이다. 예를 들어 미분과 관련되는 'diff'의 많은 사용법 중에서 Symbolic Math Toolbox와

관련된 help를 보고자 한다면

```
help sym/diff
```

로 입력하여야 한다.

또한 MATLAB은 Symbolic Math Toolbox와 관련된 데모 프로그램을 제공하기 때문에 이것을 실행하면 많은 정보를 얻을 수 있다.

A.1.1 상징적 개체 정의 및 사용법

Symbolic Math Toolbox를 사용한 수식계산을 실행하기 위해서는 우선 '상징적 개체(symbolic object)'라고 불리는 데이터 형식을 미리 정의해 두어야 하는 점이 일반적인 MATLAB 명령어의 사용법과 다른 점이다. 예를 들어 지수함수 $f(t)=e^{-2t}$의 계산을 $t=2$에서 수행하기 위해서는 MATLAB 명령어 'exp(-2*2)'를 실행하면 가능하지만, 만약 함수 $f(t)$의 라플라스변환을 구하고자 한다면 시간 t의 함수인 f를 상징적 개체로 정의하여 두고 이것에 라플라스변환을 적용시켜야 한다는 것이다.

이와 같이 변수(또는 함수)를 표현하는 상징적 개체를 미리 정의하고 이 개체로서 함수를 표현할 수 있도록 하는 명령어 'sym'이 제공된다. 이것의 사용법은 다음과 같다. 즉,

```
x = sym('x')
a = sym('alpha')
```

를 실행하면 변수 x가 상징적 개체 x로서, 또 변수 alpha가 역시 상징적 개체 a로서 MATLAB 상에 만들어지게 된다. 예로서 황금률(golden ratio)을 나타내는 다음의 값을 상징적 개체로 정의하여 보자. 즉

$$\rho=\frac{1+\sqrt{5}}{2}$$

```
rho = sym('(1+sqrt(5))/2')
```

를 실행하면 상징적 개체 rho가 정의되고, 앞으로 이것을 이용하여 여러 종류의 계산을 간단히 수행할 수 있다. 예를 들어

```
f = rho^2 -rho - 1
```

을 실행하면

```
f =
(1/2+1/2*5^(1/2))^2-3/2-1/2*5^(1/2)
```

가 얻어지며 여기에

```
simplify(f)
```

를 실행하면 0(zero)이 얻어짐을 확인할 수 있을 것이다[1].

또한 2차식 $f = ax^2 + bx + c$을 상징적 개체로 정의하기 위해

```
f = sym('a*x^2+b*x+c')
```

을 실행하면 상징적 함수 f에 상기의 2차식이 배당되게 된다. 이 경우 Symbolic Math Toolbox는 2차식의 a, b, c, x의 각각의 변수에 대한 개체를 생성하는 것이 아니라 2차식의 형태로 상징적 함수 f를 생성하는 점에 유의한다. 만약 위 2차식에 관하여 미분이나 적분 등을 수행하기 위해서는 다음과 같이 각각의 변수를 상징적 개체로 지정하여야 할 것이다.

```
a = sym('a')
b = sym('b')
c = sym('c')
x = sym('x')
```

또는 간단히 다음과 같이 할 수도 있다.

```
syms a b c x
```

A.2 Symbolic 표현과 수식으로의 전환

상징적 표현식에 임의의 값을 대입한 결과를 얻기 위해서는 명령어 'sym'이 가지는 네 가지의 옵션을 이용하면 가능하다. 예를 들어 위에서 정의한 황금률 ρ의 실제값을 구하기 위해서 다음 명령어 'sym'이 가지는 네 종류의 옵션을 지정하여 실행해 본다면 각각이 가지는 특징을 이해할 수 있을 것이다.

```
sym(rho,'f'), sym(rho,'r'), sym(rho,'e') 및 sym(rho,'d')
```

1) simplify의 사용법은 뒷부분 참조.

명령어 sym의 효과적인 용도 중의 하나로서 다음과 같은 것이 있다. 즉,

```
A = hilb(3)
```

을 실행하면 다음과 같은 크기 3×3인 힐버트 행렬(Hilbert matrix)이 생성된다.

```
A =
    1.0000    0.5000    0.3333
    0.5000    0.3333    0.2500
    0.3333    0.2500    0.2000
```

여기에 sym을 적용하여

```
A = sym(A)
```

을 실행하면

```
A =
    [   1, 1/2, 1/3]
    [ 1/2, 1/3, 1/4]
    [ 1/3, 1/4, 1/5]
```

로 되어 행렬의 요소, 예를 들어 0.3333의 실제 값인 (1/3)을 정확하게 표현하고 있음을 알 수 있다. sym의 또 다른 옵션이 'real'을 사용하여 상징적 개체에 대한 수학적인 특성을 정의할 수 있다. 예를 들어

```
syms x y real
z = x + i*y
```

를 실행하면 개체 z는 항상 복소수로 정의되므로 다음과 같은 명령어의 적용이 가능하다. 즉,

```
conj(x), conj(z) 및 expand(z*conj(z))
```

를 실행하면 다음의 결과가 얻어짐을 확인할 수 있을 것이다.

```
x,  x - i*y 및 x^2 +y^2
```

위에서 'conj'는 복소함수의 공역을 얻는 명령어이다. 따라서 상징적 개체 x는 실수이기 때문에 'conj(x) == 1'을 수행하면 "1"이 return된다.

만약 상징적 개체 x에 대한 실수의 특성을 제거하려면

```
syms x unreal
```

을 실행하면 된다.

A.3 간단한 예

A.3.1 함수의 미분

먼저 함수 $f(x)$를 상징적 개체로 정의하고 이것의 미분을 계산하여 보자. 먼저

```
f = sym('f(x)')
```

을 실행하면 함수 $f(x)$가 상징적 개체인 f에 배당된다. 이 함수에 대한 미분은 다음과 같이 정의할 수 있다.

```
syms x h
df = (subs(f,x,x+h)-f)/h
```

를 실행하면 함수 $f(x)$의 변수 x에 관한 미분을 얻을 수 있다.

```
df =
    (f(x+h)-f(x))/h
```

위에서 명령어 'subs(f,x,x+h)'는 상징적 함수 f의 변수(즉 x)를 처음의 x(old one)에서 뒤편(new one)의 x+h로 교체하라는 것을 의미한다.

A.3.2 상징적 행렬의 생성

상징적 개체로 이루어진 행렬을 구성하여 그 특징을 살펴보기로 하자.

```
syms a b c
A = [a b c; b c a; c a b]
```

을 실행하면

```
A =
    [ a, b, c]
    [ b, c, a]
    [ c, a, b]
```

이 얻어진다. 위 행렬 A의 각 요소는 상징적 개체로 이루어져 있지만, 행렬과 관련한 MATLAB의 일반적인 법칙은 그대로 적용 가능하다. 즉,

```
sum(A(1, :))
```

을 수행하면 'a+b+c'가 얻어지며, 또

```
sum(A(1,:)) == sum(A( : ,2))
```

은 양변이 동일한 값을 가지기 때문에 위 명령의 실행 결과는 '1'이 return될 것이다.

또 행렬 A의 임의 요소를 다른 상징적 개체로 교체할 수도 있다. 즉,

```
syms alpha beta
A(2,3) = beta;
A = subs(A,b,alpha)
```

을 실행하면 다음이 얻어진다.

```
A =
    [     a, alpha,     c]
    [ alpha,     c,  beta]
    [     c,     a, alpha]
```

A.4 Symbolic Math Toolbox를 이용한 계산법

Symbolic Math Toolbox는 기본적인 계산(calculus), 즉 미분, 적분, 극한, 합계 및 테일러 전개 등의 계산을 위한 명령어를 제공하고 있다. 여기서는 본 서의 내용에 필요한 것을 중심으로 간략하게 설명한다. 자세한 내용은 Symbolic Math Toolbox가 제공하는 설명서 등을 참조하기 바란다.

A.4.1 미분

```
syms a x
f = sin(a*x)
df = diff(f)
```

를 실행하여 보자. 이 경우 함수 $f(x)=\sin(ax)$의 미분인 $f'(x)=a\cos(ax)$가 얻어지는 것

을 확인할 수 있을 것이다. 또 함수 f를 변수 a에 대하여 미분하기 위해서는

```
dfa = diff(f,a)
```

를 실행하면 된다. 또 함수 f의 2계 미분은 다음과 같다.

```
dfa = diff(f,2), 또는 diff(f,x,2)
```

이 결과 $f''(x) = -a^2 \sin(ax)$이 얻어짐을 확인할 수 있다.

```
ans =
      -sin(a*x)*a^2
```

다음 [표 A.1]에 'diff' 명령어의 결과에 대한 몇 가지 예를 표시하였다.

[표 A.1] diff의 실행결과

함수 f	diff(f)
x^n	x^n*n/x
$\sin(at+b)$	a*cos(a*t+b)
$e^{i\theta}$	i*exp(i*theta)

명령어 'diff'는 상징적 행렬에 대해서도 적용 가능하다. 이때 미분은 행렬 각 요소 하나하나에 대하여 실행된다. 다음의 예를 보자.

```
syms a x
A = [cos(a*x), sin(a*x); -sin(a*x), cos(a*x)]
dy = diff(A)
```

를 실행하면

```
y =
   [ -sin(a*x)*a,  cos(a*x)*a]
   [ -cos(a*x)*a, -sin(a*x)*a]
```

로 됨을 확인할 수 있다.

A.4.2 극한(limits)

잘 알려진 바와 같이 미분은 다음과 같이 정의된다.

$$f'(x) = \lim_{h \to 0} \frac{f(x+h) - f(x)}{h}$$

Symbolic Math Toolbox를 사용하면 함수의 극한을 바로 계산할 수 있다. 다음의 예를 보자.

```
syms h n x
dc = limit((cos(x+h) - cos(x))/h, h, 0)
```

의 결과 'dc = −sin(x)'로 되어, $\cos(x)$의 미분인 $-\sin(x)$가 얻어졌음을 확인할 수 있다. 또,

$$e^x = \lim_{n \to 0} \left(1 + \frac{x}{n}\right)^n$$

의 관계로부터

```
limit((1+x/n)^n,n,inf)
```

을 실행하면 exp(x), 즉 e^x를 얻을 수 있다. 극한과 관련된 내용을 [표 A.2]에 정리하였다

[표 A.2] limit의 사용법

수학적인 표현	MATLAB 표현
$\lim_{x \to 0} f(x)$	`limit(f)`
$\lim_{x \to a} f(x)$	`limit(f,a)` 또는 `limit(f,x,a)`
$\lim_{x \to a^-} f(x)$	`limit(f,x,a,'left')`
$\lim_{x \to a^+} f(x)$	`limit(f,x,a,'right')`

위 [표 A.2]에서 $x \to a^+$ 또는 $x \to a^-$는 각각 변수 x가 a의 오른쪽(즉, a보다 큰 값)에서, x가 a의 왼쪽(즉, a보다 작은 값)에서 각각 a로 향해 수렴하고 있는 것을 의미하고 있다.

A.4.3 적분

'f'가 상징적 함수라면

```
F = int(f)
```

는 'diff(F) = f'를 만족하는 또 하나의 상징적 함수 F를 생성한다. 즉, int(f)는 'f'의 적분을 수행하는 명령어라는 것을 알 수 있다. 또는

```
F = int(f,v)
```

를 실행하면 함수 'f'를 변수 'v'에 관한 적분이 얻어진다. [표 A.3]에 적분과 관련한 몇 가지 예를 열거하였다.

[표 A.3] int의 사용법

수학적인 표현	MATLAB 표현
$\int x^n dx = \frac{x^n+1}{n+1}$	`int(x^n)` 또는 `int(x^n,x)`
$\int_0^{\pi/2} \sin(2x)dx = 1$	`int(sin(2*x),0,pi/2)` 또는 `int(sin(2*x),x,0,pi/2)`
$g = \cos(at+b)$, $\int g(t)dt = \{\sin(at+b)\}/a$	`g=cos(a*t+b)`, `int(g)` 또는 `int(g,t)`

상한과 하한이 주어지는 적분 역시 가능하다. 즉, 명령어

```
int(f,a,b), 또는 int(f,v,a,b)
```

의 수식 표현은 다음과 같다.

$$\int_a^b f(x)dx \text{ 및 } \int_a^b f(v)dv$$

[표 A.4]에 적분과 관련된 몇 가지 예를 나열하였다.

[표 A.4] int의 사용예

함수 f	상한(b)과 하한(a)	int(f,a,b)
x^7	0, 1	$1/8$
$1/x$	1, 2	$\log(2)$
$\log(x)\sqrt{x}$	0, 1	$-4/9$
e^{-x^2}	0, inf	$(1/2)\pi^{(1/2)}$

A.4.4 합의 계산 및 상징적 함수의 그래프 생성

상징적 개체의 합이 존재한다면 명령어 'symsum'을 이용하여 합계를 계산할 수 있다. 예를 들어

$$1+\frac{1}{2^2}+\frac{1}{3^2}+\cdots$$

은 $\pi^2/6$로 수렴하며, $1+x+x^2+\cdots$은 $1/(1-x)$로 된다(단, $|x|<1$이다). 이러한 관계식을 Symbolic Math Toolbox를 이용하여 확인하여 보자.

```
syms x k
s1 = symsum(1/k^2,1,inf)
s2 = symsum(x^k,k,0,inf)
```

을 실행하면 다음의 결과를 얻는다.

```
s1 = 1/6*pi^2
s2 = -1/(x-1)
```

다음 식으로 주어지는 함수를 이용하여 Symbolic Math Toolbox를 적용한 몇 가지의 예를 만들어 보자.

$$f(x)=\frac{1}{5+4\cos(x)}$$

먼저 위의 함수를 다음과 같이 상징적 함수로 정의한다.

```
syms x
f = 1/(5+4*cos(x))
```

다음에 Symbolic Math Toolbox가 제공하는 명령어 'ezplot(f)'를 이용하여 함수 $f(x)$에 대한 그래프를 작성한다. 즉,

```
ezplot(f,[-6 6])
```

를 실행하면 다음의 그림을 얻는다. 이때 'ezplot'에서 변수 x의 범위(즉, [-6 6])를 설정하지 않는다면 ezplot는 자동적으로 가장 적절한 범위를 선정하여 그래프로 나타낸다.

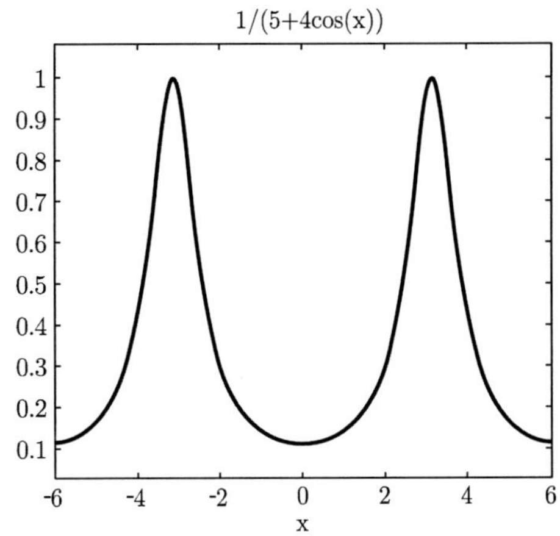

[그림 A.1] 함수 $f(x)$의 그림

A.4.5 테일러급수(Taylor Series)

4.4절에서 사용한 함수

$$f(x) = \frac{1}{5 + 4\cos(x)}$$

에 대하여 명령어

```
syms x
f = 1/(5+4*cos(x))
T = taylor(f,8)
```

을 실행하면

```
T =
    1/9+2/81*x^2+5/1458*x^4+49/131220*x^6
```

가 얻어지는데, 이것은 다음 식으로 정의되는 함수 $f(x)$의 $x = a$에서의 테일러급수를 제 8차까지 수행한 결과를 나타내고 있다.

$$\sum_{n=0}^{\infty} (x-a)^n \frac{f^n(a)}{n!}$$

위의 명령어 taylor(f, 8)은 $a = 0$인 경우이다. 만약 함수 $g(x) = e^{x\sin(x)}$를 $x = 2$에서 테일러급수 전개하여 처음 12번째 항까지의 합계를 얻고자 하면 다음을 실행하면 된다.

```
syms x
g = exp(x*sin(x))
t = taylor(g,12,2)
```

다음에 Symbolic Math Toolbox의 함수를 이용하여 계산한 테일러 근사값이 실제 값에 어느 정도 근접하고 있는지를 그림을 통하여 알아보자. 즉,

```
xd = 1:0.05:3; yd = double(subs(g,x,xd));
ezplot(t,[1,3]); hold on;
plot(xd, yd)
```

를 실행하면 [그림 A.2]가 얻어진다. 이 그림으로부터 실제 값과 테일러 전개에 의한 근사값 사이에는 거의 차이가 없음을 확인할 수 있다.

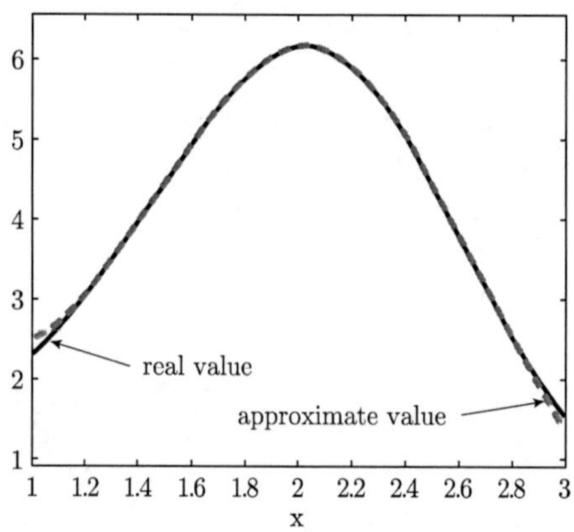

[그림 A.2] 함수 $g(x)=e^{x\sin(x)}$의 실제 값과 테일러 전개에 의한 근사값

함수 $f(x)$를 $x=0$에서 테일러급수 전개하여 제8차까지의 전개 값인 개체 'T'는 위에서 보다시피 상당히 복잡한 모양을 하고 있다. 이것을 'pretty' 명령어를 수행하면 보기에 편한 형태로 표현 가능하다. 즉,

```
pretty(T)
```

를 실행하면 다음과 같이 8차의 테일러급수 전개된 형식이 화면에 나타난다[2].

$$(1/9)+(2/81)x^2+(5/1458)x^4+\left(\frac{49}{131220}\right)x^6$$

2) 화면상의 표시 방법의 제약으로 인해 위 수식과는 약간 다르게 나타난다.

다음에 함수 $f(x)$의 2계 미분을 구하고 이것을 그래프로 그려 보자. 먼저 2계 미분은

```
f2 = diff(f,2), 혹은 f2 = diff(f,x,2)
```

를 실행하면 다음의 결과가 얻어진다.

```
f2 =
   32/(5+4*cos(x))^3*sin(x)^2+4/(5+4*cos(x))^2*cos(x)
```

이 결과를 명령어 'ezplot'를 이용한 그래프를 [그림 A.3]에 표시하였다.

```
ezplot(f2)
axis([-2*pi 2*pi -5 2])
```

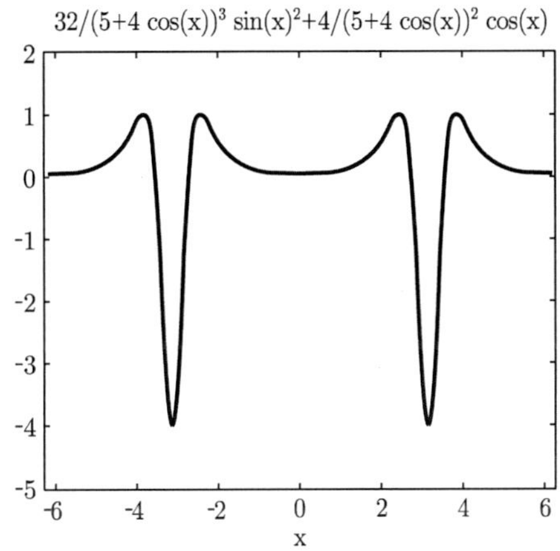

[그림 A.3] 함수 $d^2f(x)/dx^2$ 의 그림

[그림 A.3]으로부터 $f''(x)$는 −4에서 1까지의 범위에 존재하는 것을 알 수 있다. 이것을 확인하여 보기로 하자. $f''(x)$의 최대값과 최소값은 $f'''(x)=0$에서 발생하므로, 먼저 함수 $f(x)$의 3계 미분을 구하여 이 값을 영으로 하는 변수 x를 계산한다.

```
f3 = diff(f2)
pretty(f3)
```

을 실행하면

$$384\frac{[\sin(x)]^3}{(5+4\cos(x))^4}+96\frac{\sin(x)\cos(x)}{(5+4\cos(x))^3}-4\frac{\sin(x)}{(5+4\cos(x))^2}$$

가 얻어지고, 위 함수를 명령어 'simple'를 이용하여 $f'''(x)=0$을 만족하는 값을 구하기 쉬운 형태로 변환한다.

```
f3 = simple(f3)
pretty(f3)
```

를 실행하면

$$4\frac{\sin(x)(96\sin(x)^2+80\cos(x)+80\cos(x)^2-25)}{(5+4\cos(x))^4}$$

가 얻어진다. 이제 $f'''(x)=0$을 명령어 'solve'를 이용하여 풀어서 $f''(x)$의 최대값과 최소값을 구하여 보자. 즉,

```
z = solve(f3)
format
zr = double(z)
```

을 실행하면 5행 1열의 행렬이 얻어지는데, 각 행의 요소는 $f'''(x)=0$를 만족하는 값이다.

```
zr =
        0
        0 + 2.4381i
        0 - 2.4381i
   2.4483
  -2.4483
```

이 결과로부터 $x=\pm 2.4483$에서 $f''(x)$의 최대값은 명령어 'subs(f2,x,zr(4,1))'를 실행하면 1.0051로 되어 [그림 A.3]과 일치하는 것을 알 수 있으나, $f''(x)$의 최소값은 [그림 A.3]과 일치하지 않는 것을 확인할 수 있을 것이다[3].

A.5 Simplifications과 Substitutions

상징적 표현식을 간략하게 표현할 수 있도록 하는 몇 개의 명령어가 제공되고 있으며 이들은 상징적 표현식의 상호 변환에 많이 사용되고 있다.

상징적 표현으로 자주 사용되는 것으로 다음의 세 종류가 있다.

3) 최소값과 최대값의 결정과 관련된 더 자세한 내용은 Symbolic Math Toolbox의 매뉴얼을 참조하기 바란다.

```
syms x
f = x^3-6*x^2+11*x-6
g = (x-1)*(x-2)*(x-3)
h = x*(x*(x-6)+11)-6
```

위 표현식을 명령어 'pretty'를 사용하여 화면상에 나타내면 각각 다음의 형식으로 표시된다.

$$x^3 - 6x^2 + 11x - 6,\ (x-1)(x-2)(x-3),\ x((x-6)+11)-6$$

위 세 개의 함수는 모두 x의 3차 다항식으로 표현의 형식은 다르지만 모두 동일한 근을 가진다. 따라서 주어진 상황에 맞게 적절한 형태의 표현식이 사용되어야 할 것이다. Symbolic Math Toolbox에서는 여러 형식의 대수적 표현식에 맞추어 사용할 수 있도록 하나의 표현식을 다른 표현식으로 변환할 수 있는 명령어 -'collect', 'expand', 'horner', 'factor', 'simplify' 및 'simple'-를 제공하고 있다.

▪ collect

'collect(f,x)'를 실행하면 함수 $f(x)$를 변수 x의 다항식으로 전개하여 최고 차수에서 내림차순으로 전개된 형식으로 변환한다. [표 A.5]에 몇 가지의 예를 나타내었다.

[표 A.5] collect의 실행결과

함수 f	collect(f)의 실행
(x-1)*(x-2)*(x-3)	x^3-6*x^2+11*x-6
x*(x*(x-6)+11)-6	x^3-6*x^2+11*x-6
(1+x)*t+x*t	2*x*t+t

▪ expand

명령어 'expand(f)'를 실행하면 이름대로 함수 f가 가지는 각 요소의 합으로 분해하여 전개한다. [표 A.6]에 이것의 몇 가지 예를 나타내었다.

[표 A.6] expand의 실행결과

함수 f	expand(f)
a*(x+y)	a*x+a*y
(x-1)*(x-2)*(x-3)	x^3-6*x^2+11*x-6
x*(x*(x-6)+11)-6	x^3-6*x^2+11*x-6
exp(a+b)	exp(a)+exp(b)
cos(x+y)	cos(x)*cos(y)-sin(x)*sin(y)
cos(3*acos(x))	4*x^3-3*x

■ horner

명령어 'horner(f)'를 실행하면 함수 f의 표현식을 Horner 형식, 즉 nested representation의 형태로 전환한다. [표 A.7]에 예를 나타내었다.

[표 A.7] horner의 실행결과

함수 f	horner(f)
x^3-6*x^2+11*x-6	x*(x*(x-6)+11)-6
1.1+2.2*x+3.3*x^2	11/10+(11/5+33/10*x)*x

■ factor

함수 f가 유리수의 계수를 가지는 다항식인 경우에, 명령어 'factor(f)'를 실행한다면 함수 f자신보다 더 낮은 차수의 다항식의 곱의 형식으로 전개된다. 만약 더 낮은 차수의 다항식의 곱으로 분해되지 않는 경우에는 원래의 값을 그대로 가진다. [표 A.8]에 예를 나타내었다.

[표 A.8] factor의 실행결과

함수 f	factor (f)
x^3-6*x^2+11*x-6	(x-1)*(x-2)*(x-3)
x^3-6*x^2+11*x-5	x^3-6*x^2+11*x-5
x^6+1	(x^2+1)*(x^4-x^2+1)

■ simplify

명령어 'simplify'는 여러 종류의 연산에 적용하여 연산의 결과를 이름대로 간략화 하여 보여 주는 강력한 도구의 하나이다. [표 A.9]에 몇 가지의 예를 제시하였다.

[표 A.9] simplify의 실행결과

함수 f	simplify(f)
x*(x*(x-6)+11)-6	x^3-6*x^2+11*x-6
(1-x^2)/(1-x)	x+1
(1/a^3+6/a^2+12/a+8)^(1/3)	((2*a+1)^3/a^3)^(1/3)
log(x*y)	log(x)+log(y)
exp(x)*exp(y)	exp(x+y)
cos(x)^2+sin(x)^2	1

■ simple

명령어 'simple'은 계산의 결과로 얻어진 식의 표현을 가장 적은 수의 문자로서 나타낼 수 있도록 하는 목적을 가진 명령어이다. 이 경우, 적은 수의 문자로서 표현된 것이 반드시 'simple'(또는 사용자의 입장에서 알아보기 쉽다) 하다고는 할 수 없지만, 실용적으로 만족스러운 것으로 알려져 있다.

명령어 'simple'는 이러한 목적을 달성하기 위하여 내부적으로 위에서 언급한 명령어, 즉 'simplify, collect, factor' 등을 독자적으로 사용하여 가장 간결한 형태의 결과를 제공한다. 명령어 'simple'은 여러 형태의 사용법이 있다. 단순히 'simple(f)'를 실행하면 실제 MATLAB 내부에서 'simple'이 실행되는 과정이 화면에 나타나면서 제일 마지막 행에 그 결과가 출력된다. 예를 들어

```
simple(cos(x)^2+sin(x)^2)
```

를 실행하여 보기 바란다. 이와 같이 화면에 전개되는 간략화 과정은, 사용자로 하여금 결과로 얻어진 간략화된 식이 실제로 목적에 맞는 것인지의 여부를 판단하는 데 도움을 준다. 그러나 화면에 전개되는 그러한 과정을 나타나지 않게 하려면

```
f = simple(cos(x)^2+sin(x)^2)
```

를 실행하면 된다.

명령어 'simple'은 때때로 위에서 언급한 명령어 'simplify'의 실행 결과에 적용하여 더욱 간단한 형태의 식을 얻을 수도 있다. 다음 예를 보자.

[표 A.10] simplify와 simple과의 차이

함수 f	simplify(f)	simple(f)
(1/a^3+6/a^2+12/a+8)^(1/3)	((2*a+1)^3/a^3)^(1/3)	(2*a+1)/a
log(x*y)	log(x)+log(y)	log(x*y)

때때로 명령어 'simple'을 두 번 연속적으로 적용하여 또 다른 형태의 간략화 된 형태를 얻는 경우도 있다. 예를 들어

```
syms a
f = (1/a^3+6/a^2+12/a+8)^(1/3);
simple(simple(f))
```

를 실행하면 '1/a+2'가 얻어지는 것을 확인할 수 있을 것이다. 명령어 'simple'은 특히 삼각함수와 관련된 함수의 간략화에 있어 유용하다. [표 A.11]에 몇 가지 예를 나타내었다.

[표 A.11] simple의 실행결과

함수 f	simple(f)
cos(x)^2+sin(x)^2	1
2*cos(x)^2-sin(x)^2	3*cos(x)^2-1
cos(x)^2-sin(x)^2	cos(2*x)
cos(x)+(-sin(x)^2)^(1/2)	cos(x)+i*sin(x)
cos(x)+i*sin(x)	exp(i*x)
cos(3*acos(x))	4*x^3-3*x

지금까지 설명한 것 외에도 Symbolic Math Toolbox는 일반적인 수식 계산을 편리하게 실행할 수 있도록 하는 수많은 함수와 방법을 제공하고 있다. 더 자세한 설명은 MATLAB에서 제공하는 매뉴얼을 참고하기 바란다.

부록 B

LTI Viewer와 SISO Design Tool의 사용법

B.1 시스템의 해석을 위한 LTI viewer의 사용법

여기서는 MATLAB이 제공하는 여러 종류의 Toolbox 중에서 시스템의 해석 및 설계에 유용한 Control System Toolbox에 포함되어 있는 'LTI Viewer'라는 도구를 이용하여 시스템을 해석하는 방법에 대하여 설명한다. Graphical User Interface(GUI)로 이루어진 LTI Viewer는 선형 시불변 시스템의 해석을 아주 간단하게 수행할 수 있게 해 준다.

Control System Toolbox에서 제공하는 각종의 명령어를 사용하여 LTI Viewer 상에서 각종 선형모델에 대한 시간 응답 및 주파수응답 등을 계산하고, 그림으로 나타내는 방법에 대해서도 구체적인 예를 가지고 설명한다.

LTI Viewer는 GUI로 이루어져 있기 때문에 사용하기에 아주 편리하며, 이를 이용하면 선형 시스템에 관한 여러 종류의 그림을 그릴 수 있다. 예를 들어

- Step and impulse responses
- Bode and Nyquist plots
- Nichols plots
- Singular values of the frequency response
- Pole/zero plots
- Response to a general input signal
- Unforced response starting from given initial states (only for state-space models)

등을 사용할 수 있다.

B.1.1 LTI Viewer

다음 [그림 B.1]은 두 개의 응답(임펄스응답과 보드선도)을 보여 주고 있는 LTI Viewer의 기본 화면이다. 일반적으로 그림의 상단 왼쪽의 'File' 메뉴를 이용하여 LTI Viewer에 표현하고자 하는 시스템을 가져오거나 출력할 수 있다. 또한 'Edit' 메뉴로는 LTI Viewer의 기본화면을 여러 가지로 변경할 수 있다. 예를 들어 화면을 네 개로 분할하여 각 화면에 네 종류의 다른 그림을 나타낸다거나, 그림의 모양을 변경하는 등의 작업을 할 수 있다. 임펄스응답이나 보드 선도의 어느 부분에서나 마우스의 오른쪽을 클릭(Right-Click)하면 이것과 관련되는 메뉴가 나타나기 때문에 이를 이용하여 바로 필요한 작업을 실행할 수 있다. 또 마우스를 선도 상의 한 점에 가져가서 왼쪽을 클릭(Left-Click)하면 그 점에서의 여러 정보(예를 들어 크기, 시각, 주파수 등)를 볼 수 있다.

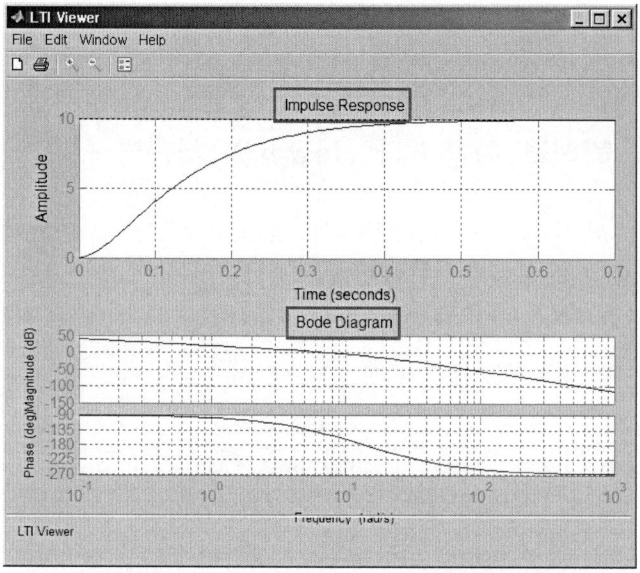

[그림 B.1] 임펄스응답과 보드선도를 보여 주는 LTI Viewer

LTI Viewer의 몇 가지 특징을 MATLAB가 제공하는 예제를 이용하여 나타낸다.

(1) 제어대상의 시간 및 주파수응답특성 확인

먼저 명령어 'load'를 이용하여 MATLAB에 포함되어 있는 예제의 시스템을 MATLAB의 작업공간으로 가져온다. 즉

```
load ltiexamples
```

을 입력하면 여러 종류의 시스템이 작업공간에 로드된다. 여기서는 이 중에서 DC모터의 표현

식인 sys_dc를 사용하기로 한다. 이를 위해 먼저

```
ltiview
```

를 실행하여 LTI Viewer을 실행시킨다. 이 결과 'LTI Viewer'라는 제목이 붙어 있는 새로운 그래픽 화면이 나타난다. 여기에 DC모터의 시스템을 가져오기 위해서는(이것을 'import'라고 한다.) LTI Viewer의 'File' 메뉴에서 'import' 항목을 클릭하면 새로이 아래 [그림 B.2]와 같은 LTI Browser가 열린다. 여기에는 현재 MATLAB의 작업영역에서 이용 가능한 모델의 목록이 나타나므로 이 중에서 DC모터의 식(상태공간표현)인 **sys_dc**를 클릭한다. 그러면 DC모터의 수식이 import되며, 이에 대한 단위계단 응답이 LTI Viewer 상에 표시된다.

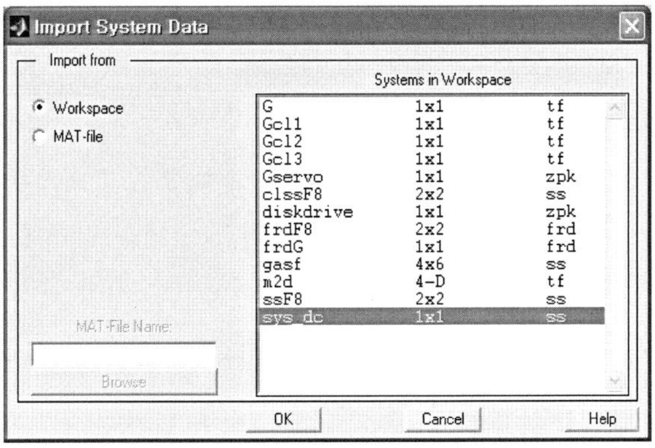

[그림 B.2] LTI Viewer에 데이터를 입력(import)하기 위한 화면

한 번에 두 개 이상의 모델을 로드하기 위해서는 다음과 같이 하면 된다. 즉 목록상에 서로 떨어져 있는 몇 개의 모델을 선정하기 위해서는, Ctrl key를 누르면서 필요한 각각의 모델을 마우스로 클릭한다. 목록상에서 연속되는 몇 개의 모델을 선정하기 위해서는, 먼저 선두 모델을 클릭한 뒤 Shift key를 누르면서 제일 마지막 모델을 클릭한다.

다음 [그림 B.3]은 DC모터 예제에 대한 단위계단 응답을 보여 주는 LTI Viewer 화면이다.

위와 같이 LTI Browser를 이용하지 않고 다음과 같이 직접 DC모터의 시스템을 LTI Viewer에 import할 수도 있다.

```
ltiview('step', sys_dc)
```

ltiview와 관련된 각종 옵션에 관해서는 MATLAB의 help를 이용하여 확인해 보기 바란다.

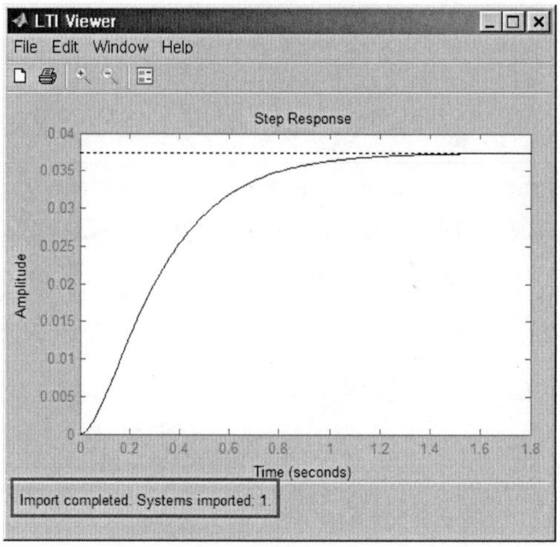

[그림 B.3] DC모터의 단위계단 응답

(2) Right-Click Menus

일단 LTI Viewer에 시스템을 로드한 뒤, 그림 위에 마우스의 커서를 가져가서 마우스의 오른쪽 단추를 클릭함으로써 여러 종류의 제어 기법과 그림들을 단번에 얻을 수 있다. 예를 들어 화면에 나타나는 그림의 종류를 설정하기 위해서 [그림 B.4]와 같이 Plot Type을 지정하면 된다.

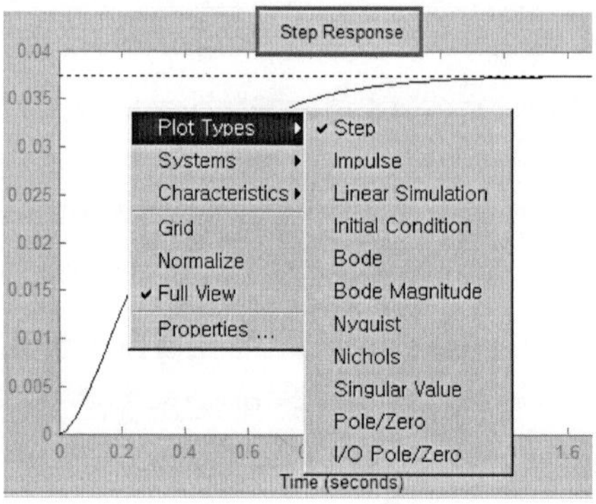

[그림 B.4] 마우스의 오른쪽 단추의 사용 결과

마우스의 오른쪽 단추의 사용으로 얻을 수 있는 몇 가지를 아래에 정리한다.

① **Plot Type** : 그림의 종류를 바꿀 수 있다. 가능한 종류로는 임펄스 및 계단 응답, 보드 선도, 니콜스(Nichols) 선도, 나이퀴스트(Nyquist) 선도 및 시그마(sigma) 선도 등이다.

② **Systems** : 일단 여러 종류의 시스템을 LTI Viewer 속으로 로드하였다면, LTI Viewer 내에서 쉽게 시스템을 바꾸어 여러 그림들을 그려볼 수 있다.

③ **Characteristics** : 현재 그려져 있는 그림에 대한 각종 정보를 얻을 수 있다. 예를 들어

보드 선도로부터 가능한 이득 여유, 계단 응답으로부터 상승 시간, 정상 상태 값 등에 관한 정보 등을 쉽게 얻을 수 있다.

④ **Grid** : 그림에 선(grid)을 넣을 수 있다.

⑤ **Normalize** : 그래프의 y축을 정규화한다.

⑥ **Full View** : 여러 종류의 그래프가 한 화면에 나타났을 경우, 특정한 하나의 그래포만을 나타나게 한다.

⑦ **Properties** : 그래프의 특성, 즉 단위. x축 및 y축의 범위지정, 레이블을 바꾸거나 변경 등과 같은 작업이 가능한 특성편집기(Property Editor)가 오픈된다.

상기의 특성편집기는 마우스의 Right-Click를 이용하지 않고, 그림에서 마우스의 오른쪽 단추를 더블 클릭하여도 [그림 B.4]와 편집 화면이 펼쳐진다.

(3) 각종 응답의 화면표시

예를 들어 DC모터의 상승 시간(rise time)을 알고 싶다면, 그림에서 마우스의 오른쪽 단추를 클릭하여 Characteristic 항목의 Rise Time을 선정하면 된다([그림 B.5] 참조). 이때 LTI Viewer는 단위계단 응답에 대하여 아래 그림과 같이 상승시간의 정의와 그 결과를 화면상으로 보여 주게 된다.

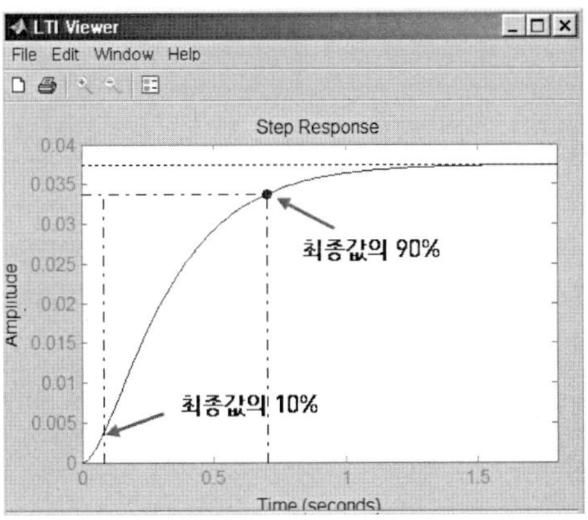

[그림 B.5] 상승시간이 점으로 표시된 DC모터의 계단응답

마우스의 커서를 그림상의 점에 가져가면 이 점(즉, 상승시간이 정의된 곳)에 대한 정보가 화면상에 나타난다. 이 점의 정보를 화면에 유지하고자 한다면 커서를 점 위에 두고 마우스의 왼쪽을 클릭한다([그림 B.6] 참조).

LTI Viewer에 표시된 선분의 어느 곳에서나 커서를 두고 마우스의 왼쪽을 클릭하면 그 점에 있어서의 x축(즉, 시각) 및 y축(즉, 크기)의 값을 화면상에 표시한다.

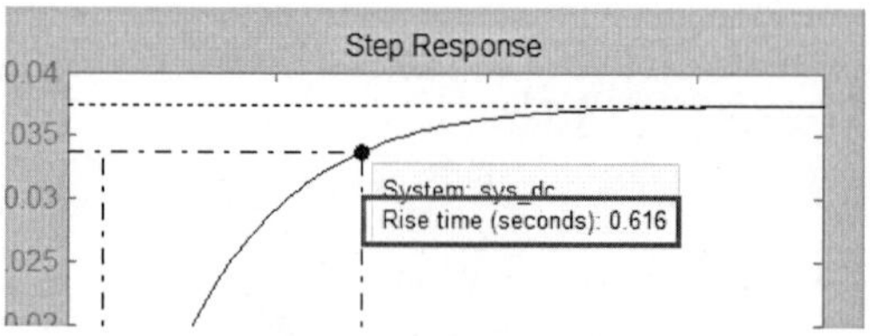

[그림 B.6] 마우스를 이용한 상승 시간 값의 취득

또한 LTI Viewer상에서 마우스의 Right-Click 메뉴를 이용함으로써 그림의 종류를 여러 가지로 바꿀 수 있다. 예를 들어 DC모터의 보드선도를 그리고 싶으면 Right-Click 메뉴로부터 보드선도를 지정하면 된다.

그런데 만약 계단응답과 보드선도를 동시에 보기를 원한다면 LTI Viewer의 형태를 약간 조정할 필요가 있다. 하나의 LTI Viewer에 여러 종류의 응답을 보기 위해서는 '**Edit menu**'에 있는 '**Plot Configuration**'을 선정한다. 이것을 선정하면 [그림 B.7]과 같은 **Plot Configuration dialog box**가 열린다.

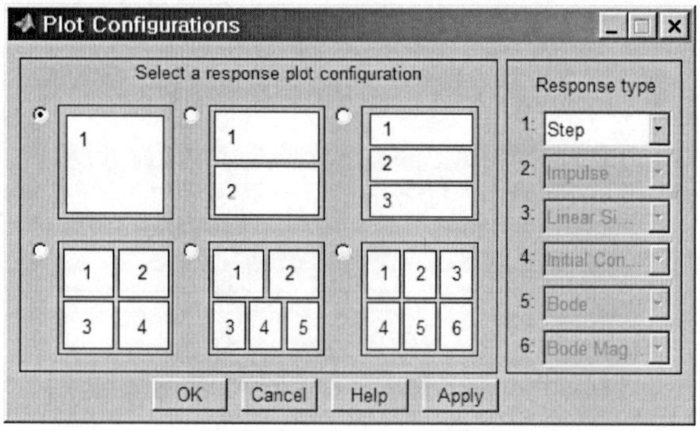

[그림 B.7] LTI view에서 Plot Configuration을 이용하여 한 번에 여러 화면의 표시

최대 6개의 그림을 하나의 viewer에 나타낼 수 있다. [그림 B.7]에서 왼편에서 나타내고자 하는 블록의 개수를 지정하고, 오른편에 있는 '**Response type**'에서 각각의 블록에 나타내고 하는 응답의 종류를 지정한다.

(4) 여러 종류의 시스템특성의 비교

여기서는 하나의 LTI Viewer에 여러 종류의 모델을 로드하여 각각이 가지는 응답특성 등을 비교하는 방법에 대하여 설명한다. 예를 들어, 어떤 시스템을 제어하기 위하여 몇 종류의 보상기를 설계한 경우, 이 방법을 이용하면 쉽게 각 보상기의 응답특성 및 주파수특성 등을 비교할 수 있다.

이미 명령어 `load`에 의해 MATLAB가 제공하는 다양한 시스템이 작업공간에 로드되어 있기 때문에 여기서는 DC모터에 세 종류의 보상기를 이용한 구성한 폐루프시스템인 Gc11,

Gc12, Gc13를 이용하기로 한다. 여기서는 화면의 편의상 두 개의 모델 Gc11과 Gc12만을 비교하기로 한다.

두 개의 폐루프시스템을 import하기 위하여 이미 설명한 LTI Viewer가 가지는 LTI Browser을 이용한다. 또 여기서는 두 개의 시스템에 대한 계단응답과 보드선도를 비교하기 위해 LTI viewer의 화면을 두 개로 분리한다([그림 B.8]의 왼쪽에 두 번째에 해당).

다른 방법으로 LTI Browser를 이용하지 않고 'ltiview'의 명령어를 사용하여 다음과 같이 직접 import할 수 있다.

```
ltiview( {'step'; 'bode'}, Gc11, Gc12)
```

이것을 실행하면 [그림 B.8]과 같은 LTI Viewer의 화면이 열린다.

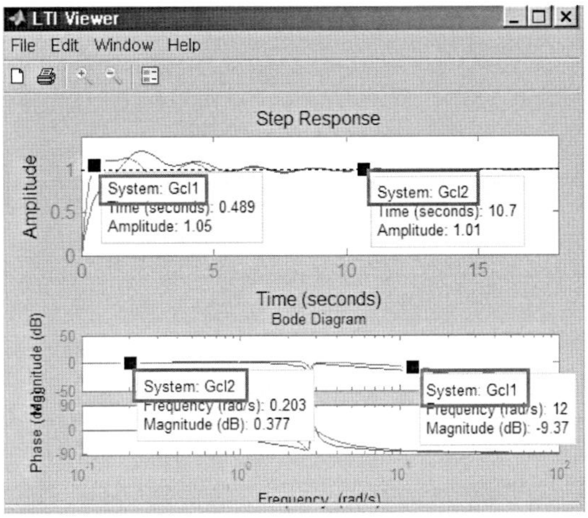

[그림 B.8] 하나의 LTI Viewer에서 여러 종류의 응답 파형의 표시

[그림 B.8]의 계단응답에 정정시간(settling time)을 표시하기 위해서는 다음과 같이 하면 된다.

① 계단응답의 그림에서 마우스의 Right-Click 메뉴를 사용한다.

② 여기에서 'Characteristics' 메뉴의 아래쪽에 있는 'Settling Time'을 클릭하면 정정 시간의 그림으로 변경된다.

또 보드선도 상에 이득여유를 표시하기 위해서도 위와 마찬가지로 'Characteristics' 메뉴의 아래에 있는 'Stability Margins (min)'을 선정하면 된다.

만약에 하나 이상의 시스템을 import 하였다면, 마우스의 Right-Click 메뉴를 이용하면 각 시스템의 응답을 LTI Viewer 상에 나타나게 하거나 제거시킬 수 있다. 예를 들어, 다음의 세 개 시스템을 import하였다면, 세 개 시스템의 어떤 조합에 대해서도 LTI Viewer 상에 표시할 수 있다4).

```
s = tf( 's' );
sys1 = 1/(s^2+s+1);
sys2 = 1/(s^2+s+2);
sys3 = 1/(s^2+s+3);
```

위 식에 대한 각각의 그림은 마우스의 Right-Click 메뉴(System menu)를 이용하여 두 번째와 세 번째의 식에 대한 그림을 그려서 서로 비교할 수 있다([그림 B.9] 참조).

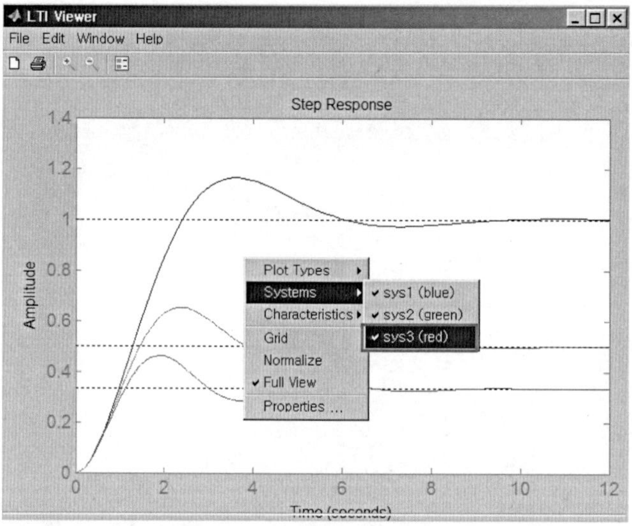

[그림 B.9] Right-Click 메뉴를 이용하여 시스템의 선정 및 삭제

B.1.2 시간 및 주파수응답을 위한 명령어

앞에서 언급한 바와 같이 Control System Toolbox는 사용자가 이해하기 쉽고 사용하기 편리한 LTI Viewer를 제공하고 있다. 이것의 응용 범위를 넓히기 위해 Control System Toolbox에서는 제어공학에서 사용되는 시간 영역과 주파수 영역에서의 해석에 유용한 명령어를 제공하고 있다. 이러한 명령어는 어떤 종류의 선형 시스템(연속 혹은 이산 시스템, 또는 SISO 또는 MIMO)에도 적용 가능하다.

여기서는 시간과 주파수함수의 사용법과 어떻게 이러한 함수들을 LTI Viewer 안에 로드하여 사용자 원하는 그림들을 나타낼 수 있는지에 대하여 설명한다.

4) >> `s=tf('s')`를 실행하면 s는 Laplace transform H(s)의 s로 간주된다. 따라서 이후 MATLAB 상에서 일반적인 전달함수를 s를 이용한 표현식으로 나타낼 수 있게 된다.

(1) 시간 및 주파수응답

제3장에서 언급한 바와 같이 시간영역에서의 해석이란, 상승시간(rise time), 정정시간(settling time), 오버슈터(overshoot), 및 정상상태 오차 등에 대한 내용을 포함하고 있다. Control System Toolbox에서는 이와 관련된 많은 명령어를 제공하고 있다. 예를 들어, 임의의 시스템에 들어가는 잡음 입력에 의한 출력을 조사하기 위해서는 'lsim'과 'randn' 명령어 등을 이용하면 쉽게 시뮬레이션이 가능하다.

또 시간영역 외에 주파수영역에서의 해석을 위한 명령어로서 다음과 같은 것을 Control System toolbox는 제공하고 있다.

- Bode plots
- Nichols plots
- Nyquist plots
- Singular value plots

[표 B.1]에 이것과 관련된 명령어를 정리하여 두었다.

[표 B.1] 시간 및 주파수응답을 위한 명령어

Functions	Description
bode	Bode plot
evalfr	Compute the frequency response at a single complex frequency (not for FRD models)
freqresp	Compute the frequency response for a set of frequencies
gensig	Input signal generator (for lsim)
impulse	Impulse response plot
initial	Initial condition response plot
lsim	Simulation of response to arbitrary inputs
margin	Computes and plots gain and phase margins
nichols	Nichols plot
nyquist	Nyquist plot
pzmap	Pole-zero map
step	Step response plot

명령어 'step', 'initial' 및 'impulse'는 자동적으로 그림화면을 열어 그 결과를 보여 준다. 그 사용법은 다음과 같다.

```
step(model_name)
impulse(model_name)
initial(model_name, x0)                %x0 = initial state vector
```

여기서 model_name은 LTI 모델의 데이터가 들어 있다(예를 들어 앞서 나온 DC모터인 경우는 sys_dc).

(2) 다입력 다출력(MIMO) 시스템의 응답

MIMO 시스템인 경우는 입력과 출력의 개수가 각각 하나 이상이므로 몇 번째 입력과 몇 번째 출력을 연관시키는가에 따라 전달함수가 달라지므로 당연히 출력응답 파형도 다르게 나타날 것이다. 예를 들어 입력이 두 개이며 출력이 하나인 시스템인 경우

```
h = [tf(10, [1 2 10]), tf(1, [1 1])];
step(h)
```

를 실행하면 [그림 B.10]과 같은 그림을 얻을 수 있다.

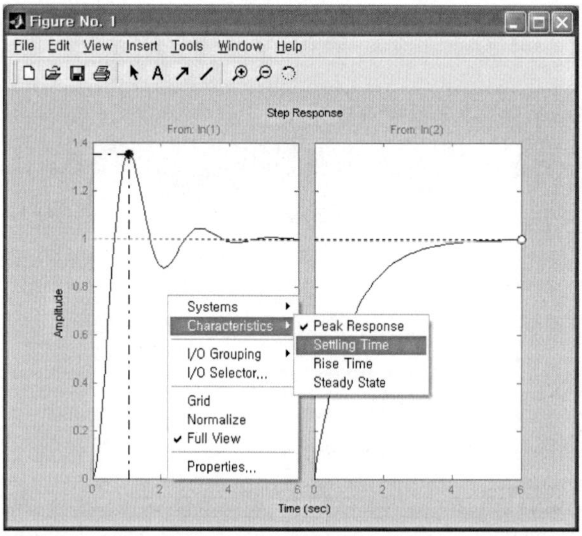

[그림 B.10] MIMO 모델의 계단 응답과 Right-Click 메뉴 표시

만약 위의 예제에서 시뮬레이션하고자 하는 시간축의 범위를 지정하고자 하면

```
step(h, 10)                    % simulate from 0 to 10 seconds
```

를 실행하거나 또는

```
t = 0:0.01:10;                 % Time samples spaced every 0.01 second
step(h, t)
```

시간과 주파수함수에 관련된 모든 명령어는 주어진 그림화면으로부터 각종 정보(예를 들어

상승시간 등)를 얻을 수 있도록 마우스의 Right-Click 메뉴를 제공한다([그림 B.4] 참조). 이때 만약 시스템이 MIMO의 경우, 예를 들어 위 프로그램과 같이 입력이 두 개, 출력이 하나인 경우에는 마우스의 Right-Click 메뉴에서 [그림 B.11]과 같이 **I/O Grouping, I/O Selector**의 항이 나타난다. 여기서 **I/O Selector**를 클릭하면 시스템의 전달함수로서 두 개의 입력 중 어느 것을 선택할 것인지를 지정할 수 있다([그림 B.12] 참조).

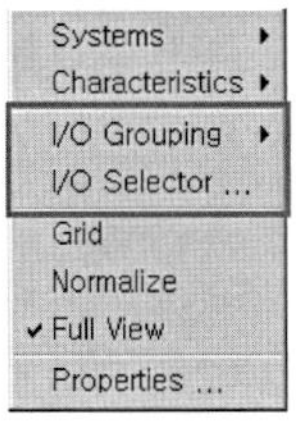

[그림 B.11] MIMO시스템의 Right-Click메뉴

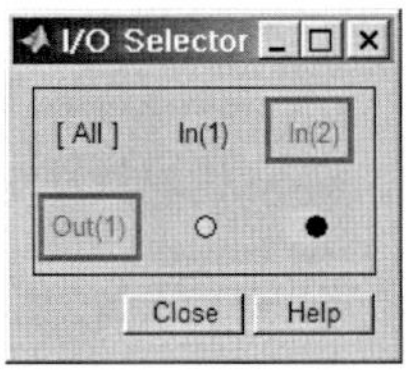

[그림 B.12] MIMO시스템의 입·출력지정 화면

(3) Data Markers

마우스의 Right-Click 메뉴를 이용하는 것 외에도, Control System Toolbox는 data marker를 제공하고 있다. 이것은 그림에서의 임의의 점에 커서를 가져가서 마우스의 오른쪽 단추를 클릭하면 정사각형의 점이 나타나면서 그 점에서의 정보(x축, y축의 값, 입출력 정보 등)를 담은 상자가 다음 그림과 같이 생긴다. 이 점을 data marker라고 한다.

Data Marker는 다음과 같이 이동시킬 수 있다.

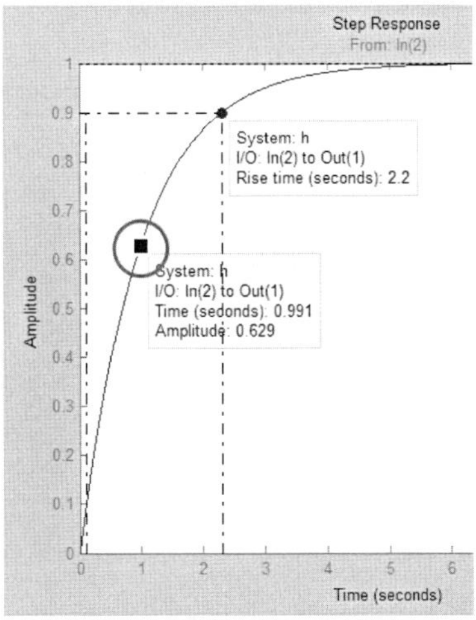

[그림 B.13] data marker의 표시

■ **정사각형의 점(data marker)을 마우스의 왼쪽 단추로 dragging[5])하면 선을 따라 marker가 이동한다.**

당연히 marker가 이동하면 x축과 y축과 관련된 정보가 변경될 것이다. 위 [그림 B.13]에서 보이는 원형의 점은 Right-Click 메뉴의 '**Characteristics**'에 의하여 생긴 것이기 때문에 이동하지 않는다.

Data Marker 상에서 커서를 가져가서 마우스의 오른쪽 단추를 누르면 다음과 같은 내용을 가지는 Right-Click 메뉴가 열린다([그림 B.14] 참조).

① **Alignment** : 정보 상자가 나타나는 위치(왼쪽 위, 오른쪽 위 등)를 조정할 수 있다.
② **Font Size** : 그 점에서의 정보를 보여 주는 상자 내에 있는 글씨 크기를 조정할 수 있다.
③ **Movable** : 앞에서 언급한 바와 같이 마우스로 Marker의 드래그가 가능하도록 한다.
④ **Delete** : Marker를 제거한다. 혹은 Marker 외의 그림의 다른 부분에서 마우스의 왼쪽 단추를 클릭하면 marker는 사라진다.
⑤ **Interpolation** : 기본 값으로는, Data Marker는 점과 점 사이의 값을 선형적으로 interpolation하여 연결하고 이 값을 보여 준다. "none"을 선택한다면 interpolation하지 않고 Marker가 있는 곳에서 가장 가까운 값을 보여주게 된다.

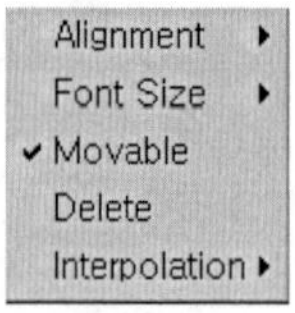

[그림 B.14] Data Marker의 Right-Click 메뉴

(4) 두 개 이상의 시스템을 비교

1개 이상의 시스템에 대한 각종 응답 특성을 하나의 그래프에서 비교할 수 있다.

```
step (sys1, sys2,….,sysN)
impulse(sys1, sys2,…,sysN)
bode(sys1, sys2,…,sysN)
```

등이다. 이렇게 하면 하나의 그래프 위에 여러 개의 응답 곡선이 서로 색깔을 다르게 하여 나타나게 된다. 만약 선의 모양이나 색깔을 지정하고자 한다면

```
bode(sys1,'r', sys2,'y',sys3,'gx')
```

5) dragging이란 마우스의 단추를 누른 채 이동하는 것을 말한다.

를 실행한다. 그러면 sys1 시스템의 보드선도는 red로 표시되며, sys2는 yellow인 점선으로 나타난다. 또 sys3의 보드선도는 green이며 x자 표시로서 동일한 그래프 상에 표시될 것이다. 지금까지의 설명의 예로서 하나의 그래프 화면에 여러 가지의 그림을 동시에 그려 그것들을 비교하여 보자([그림 B.15] 참조).

```
h = tf([4 8.4 30.8 60], [1 4.12 17.4 30.8 60]);
subplot(221),bode(h)
subplot(222),step(h)
subplot(223),pzmap(h)
subplot(224),plot(rand(1,100))
title('Some Noise')
```

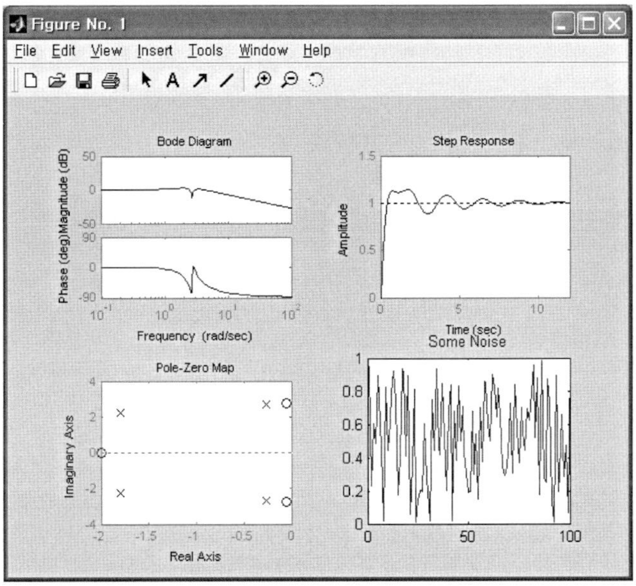

[그림 B.15] 하나의 Window에 여러 결과의 표시

B.2 보상기의 설계를 위한 SISO Design Tool의 사용법

MATLAB의 Control System Toolbox가 제공하는 SISO Design Tool은, 하나의 입력과 하나의 출력을 가지는 시스템(즉 SISO)에 있어서의 보상기 설계를 비교적 용이하게 수행할 수 있도록 도와주는 GUI(Graphical User Interface)이다. 이것을 이용하면 보상기의 설계 시에 요구되는 다음과 같은 작업을 반복적으로 간단하게 수행할 수 있다.

- 근궤적을 이용한 폐루프의 특성 조정
- 개루프 주파수응답 곡선의 모양변경

- 보상기에 극과 영점을 추가
- 진상 및 지상보상기를 시스템에 추가
- 폐루프 응답 특성의 조사(LTI Viewer를 이용)
- 이득 여유와 위상 여유의 조정

상기의 제어기 설계도구의 상세한 사용법은 이미 소개하였기 때문에 여기서는 개관만을 간단히 언급한다.

■ SISO Design Tool의 시작

예를 들어 [예제 4.9]의 경우는 다음과 같이 기동한다.

```
sysG = tf([5*400],[1 30 200 0]);
sisotool(sysG)
```

이것을 실행하면 두 종류의 회면, 즉 근궤적선도와 보드선도로 구성된 [그림 B.16]과, [그림 B.17]의 **Control System Manager** 화면이 각각 오픈된다.

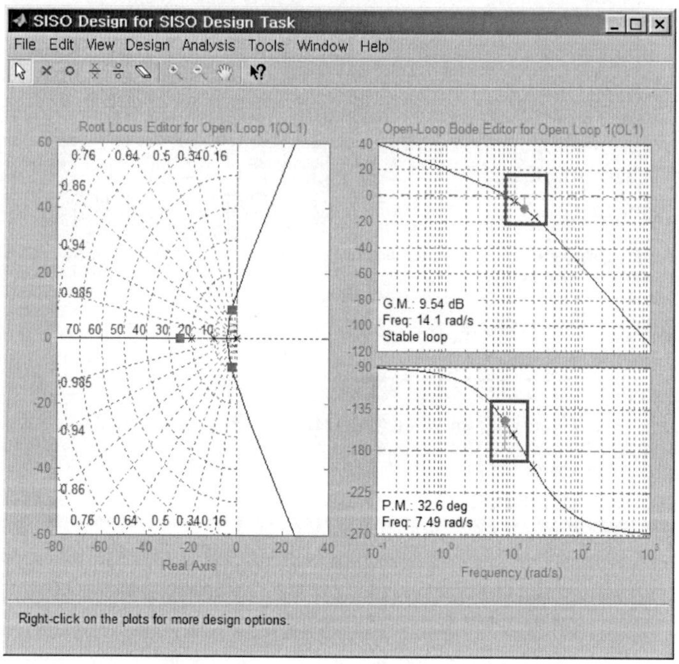

[그림 B.16] SISO Design Tool의 초기화면

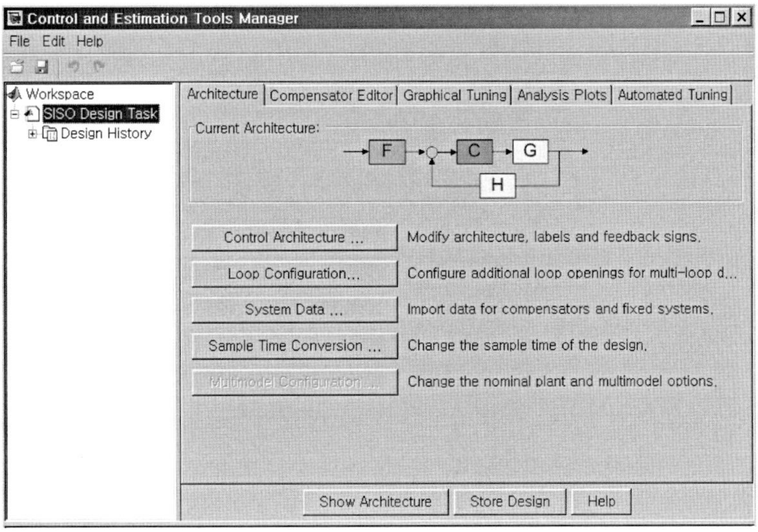

[그림 B.17] Control System Manager화면

제어기 설계는 사실상 [그림 B.17]을 이용하여 전개되며, 설계 도중 나타나는 보드선도를 비롯한 각종 그림은 [그림 B.16]을 이용한다.

[그림 B.10]과 [그림 B.17]의 사용법은 제3장, 제4장에서 예제를 이용하여 자세히 언급되어 있기 때문에 그 쪽을 참조하기 바란다.

■ 보상기와 모델의 Exporting

만약의 보상기의 설계가 성공적으로 수행되었다면, 다음 단계의 진행을 위해 설계된 보상기의 파라미터 등을 보전하여 두어야 할 것이다. 이것을 SISO Design Tool의 초기 화면(그림 B.17)의 **File→Export**를 클릭함으로써 수행할 수 있다. 이 경우 [그림 B.18]의 화면이 오픈된다.

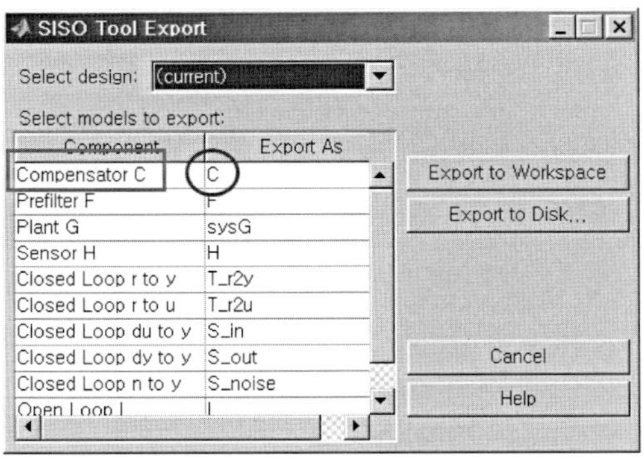

[그림 B.18] SISO Tool의 Export 화면

Export As에 들어있는 변수들은 이전에 사용되었던 이름(예를 들어, sysG 등)이거나 혹은

기본값(default)의 이름(예를 들어, C, F, H 등)을 가지고 있다. 현재의 보상기를 MATLAB의 workspace에 가져가기 위해서는

① **Component** 중의 C를 선정한다. 만약 보상기의 이름을 바꾸고 싶다면 **Export As** 밑의 C를 더블클릭 한다. 그러면 C에 새로운 이름을 넣을 수 있는 빈칸이 생기므로 이곳을 이용한다.

② 이 작업이 끝났다면 **Export to Workspace** 버튼을 클릭한다.

위 결과, 보상기의 데이터를 가지고 있는 변수 C는 MATLAB의 작업공간 상에 존재하게 된다. 이것은 MATLAB 화면에서 **whos**를 실행하면 C라는 이름의 변수가 있음을 확인할 수 있다. 또는 MATLAB 화면에서 C를 실행하여도 보상기의 데이터가 zpk 형식으로 들어 있음을 확인할 수 있다.

또한 보상기를 MATLAB의 작업공간이 아닌 디스크 상에 보존하기 위해서는 [그림 B.18]의 **Export to Disk**를 클릭한다. 그러면 [그림 B.19]의 화면이 열리므로 여기에 적당한 이름과 경로를 지정하여 저장을 수행하면 된다.

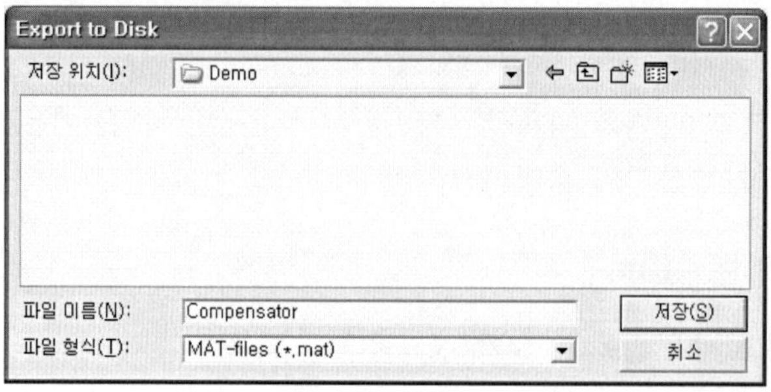

[그림 B.19] 보상기 데이터의 저장

■ 현재의 설계 진행과정을 저장 및 호출

앞서 언급한 바와 같이 보상기의 설계는 계속적인 반복 작업이 필요하다. 이러한 반복과정을 실행하는 중에 현재의 상태를 저장하고자 한다면 [그림 B.17]의 오른쪽 아래에 있는 **Store Design**을 이용한다. 이를 클릭하면 [그림 B.20]과 같이 **Control and Estimation Tools Manager**의 왼쪽 위의 패널에 **Design**이라는 디렉터리가 생성된다. 최종결과는 여기에 저장되며, 만약 몇 개의 제어기가 생성되었다면 그때마다 **Design History**를 클릭하여 여기서 **Store Design**을 클릭하면 **Design History**의 디렉터리 아래에 새로운 Design (2)라는 디렉터리가 생성되어 결과가 저장된다. 따라서 만약 세 개의 다른 종류의 제어기를 설계하였다면 [그림 B.20]에서 **Design**이라는 디렉터리가 세 개 생성될 것이며, 각 제어기의 전달함수는 각 디렉터리 속에 위치하게 된다.

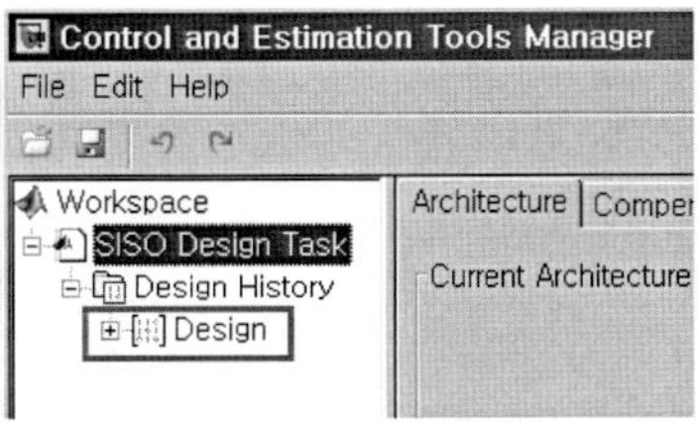

[그림 B.20] 설계 결과의 저장

부록 C

시뮬레이션에서의 데이터 입력과 출력의 검사

여기서는 Simulink를 사용하여 시뮬레이션을 수행하는 경우, 1) 다양한 형태의 외부입력의 생성방법과, 2) 결과를 검토하고 비교할 수 있는 방법을 MATLAB가 제공하는 demo 프로그램을 이용하여 설명한다.

상기의 1)과 관련되어 Simulink는 **Signal Builder** 블록과, 2)에 대해서는 **Simulation Data Inspector**라는 기능을 제공한다. 즉 **Signal Builder** 블록을 사용하면 다양한 형식의 입력을 모델 내부로 가져올 수 있으며, **Simulation Data Inspector**는 모델의 출력을 확인하며, 여러 종류의 출력을 동시에 비교할 수 있는 기능을 제공한다.

여기서는 MATLAB가 제공하는 데모프로그램인 sldemo_2counters을 이용하여 이들의 사용법을 자세히 설명한다.

C.1 데모에 사용된 모델의 설명

sldemo_2counters을 실행, 즉

```
sldemo_2counters ↲
```

하면 [그림 C.1]의 Simulink 모델이 기동된다. 먼저 그림의 각 블록에 대하여 언급한다.

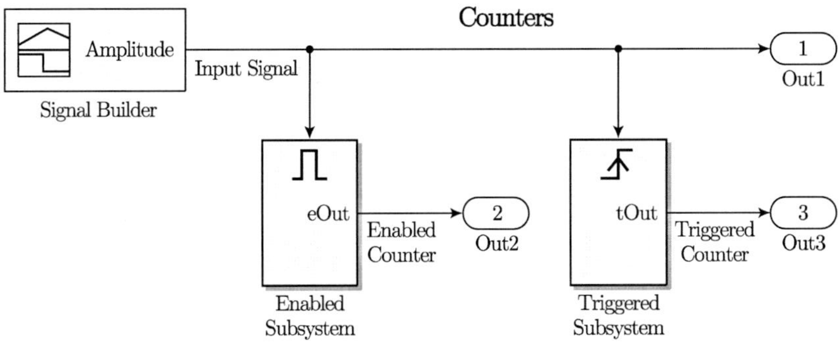

[그림 C.1] Demo용의 Simulink 블록선도

(1) Enabled Subsystem 블록

이 시스템은 외부입력에서 트리거(Trigger)신호가 인가되면 내부의 블록들이 작동, 즉 Enable의 상태로 된다. 이 블록은 [그림 C.2]로 이루어져 있으며, 각 블록의 역할은 다음과 같다.

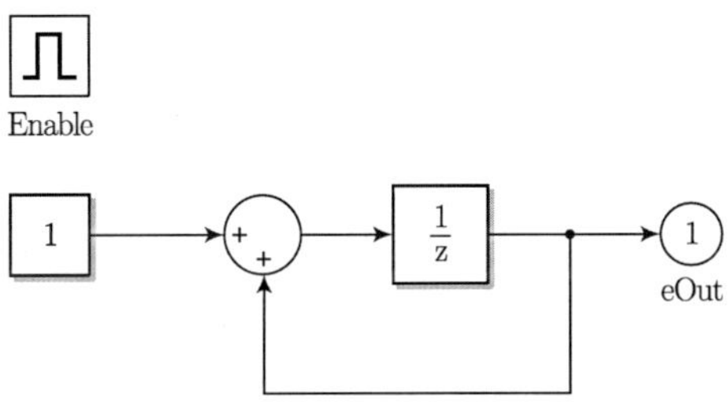

[그림 C.2] Enabled Subsystem 블록

- **Enable 블록** : 부시스템의 블록선도의 내부에 둠으로서 작동한다. 이 블록이 들어있는 부시스템은 [그림 C.1]과 같이 위쪽에 트리거 모양의 '트리거입력'이 생성되며, 이 신호가 부시스템의 Control Signal로 된다. 다시 말하면 여기에 0보다 큰 값을 가지는 신호가 인가되면 부시스템은 작동되며, 0 혹은 0보다 작은 값을 가지는 신호가 인가되면 부시스템은 그 작동을 중지한다. 이 블록에 0보다 큰 신호가 인가되었을 경우 [그림 C.3]과 같이 두 종류의 작용, '**reset**' 또는 '**held**'이다. 여기서 **reset**는 0보다 큰 신호가 인가되면 부시스템을 일단 reset하여 작동을 시작한다. 이에 반해 **held**는 0보다 큰 신호가 인가되었을 때 부시스템의 현재 상태를 유지한다는 것을 각각 나타내고 있다.

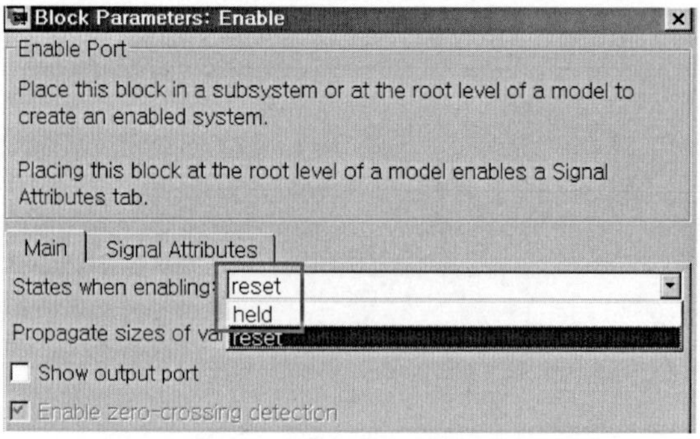

[그림 C.3] Enable 블록의 설정화면

- **UnitDelay 블록** : 이름대로 one sample 기간을 지연시키는 역할을 한다.
- **Triggered Subsystem 블록** : 이 부시스템은 외부신호의 rising edge에 의해 시스템이 동작을 활성화된다. 이 블록은 [그림 C.4]로 주어져있다.

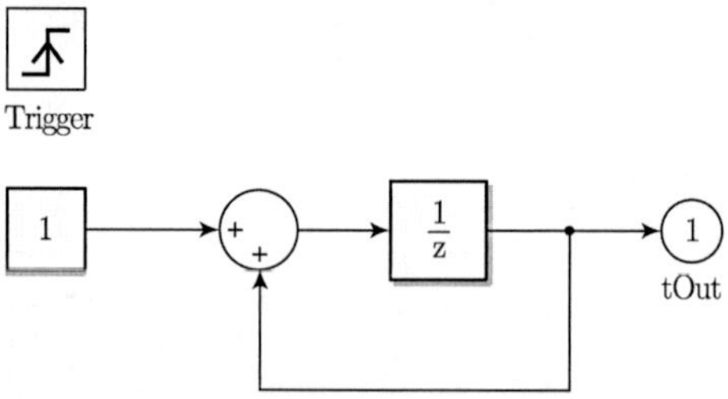

[그림 C.4] Triggered Subsystem 블록

- **Trigger 블록** : 이 블록은 부시스템이나 모델에 사용되며, **Trigger** 블록에 인가되는 외부 신호에 따라 모델 혹은 부시스템의 동작이 실행된다. [그림 C.5]에 표시한 바와 같이 네 종류의 형식에 의해 Trigger 신호를 정의한다.

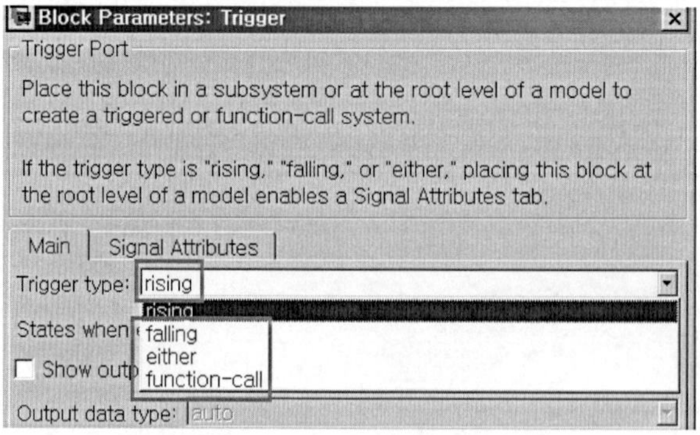

[그림 C.5] Trigger 블록의 설정화면

[그림 C.1]의 출력인 Out1, Out2, 및 Out3의 출력을 [그림 C.6]에 나타내었다. 그림에서 보는 바와 같이 Enable Counter의 출력은 구형파의 입력이 0이상인 구간에서 부시스템이 작동되며, 0인 구간에서는 현 상태의 출력이 유지된다. 또한 입력이 다시 0이상으로 되면, 시스템은 reset 상태에서 다시 시작하게 된다.

Trigger counter의 경우는 입력이 0에서 1로 가는 rising edge에서 부시스템은 한 번 작동되며 다음 입력의 rising edge가 인가될 때까지 현 상태를 유지한다. 따라서 [그림 C.6(b)]에서 첫 번째 rising edge에서 부시스템은 1회 동작하였지만 내부의 **UnitDelay** 블록에 의해 출력은 0의 상태이다. 두 번째 rising edge에서 부시스템이 다시 작동하여 출력은 '1'로 되며 현재 값을 유지하면서 다음의 rising edge를 기다리게 된다.

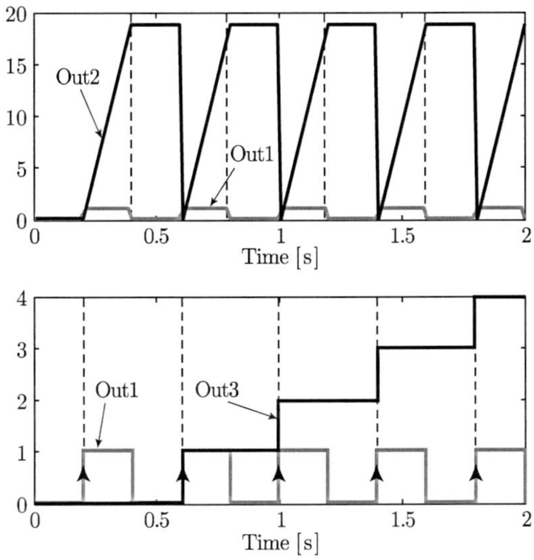

[그림 C.6] [그림 C.1]의 출력신호(위 : Out2, 아래 : Out3)

- **Signal Builder 블록** : Simulink의 Source 라이브러리에 속하는 블록으로서 다양한 형식의 입력을 직접 작성하여 시뮬레이션을 위한 외부입력으로 사용되는 블록이다. 자세한 사용법의 설명은 [그림 C.1]을 진행하는 과정에서 수행하기로 한다.

C.2 시뮬레이션을 위한 데이터의 인가

여기서는 [그림 C.1]으로 주어진 Simulink 블록을 실행하기 위해 필요한 외부신호를 위한 데이터의 인가방법에 대하여 언급한다.

(1) 먼저 외부데이터를 받아들일 수 있도록 Signal Builder 블록을 정비한다.

① **Signal Builder** 블록화면의 메뉴에서 **Group→Copy**를 클릭하면 두 번째 그룹이 Group2로서 생성된다.

② **Group→Rename**을 클릭하여 각 Group에 적절한 이름을 부여한다. 위 시스템의 경우에는 Group1에는 Impulse Input, Group2에는 Ramp Input를 각각 입력한다([그림 C.7] 참조).

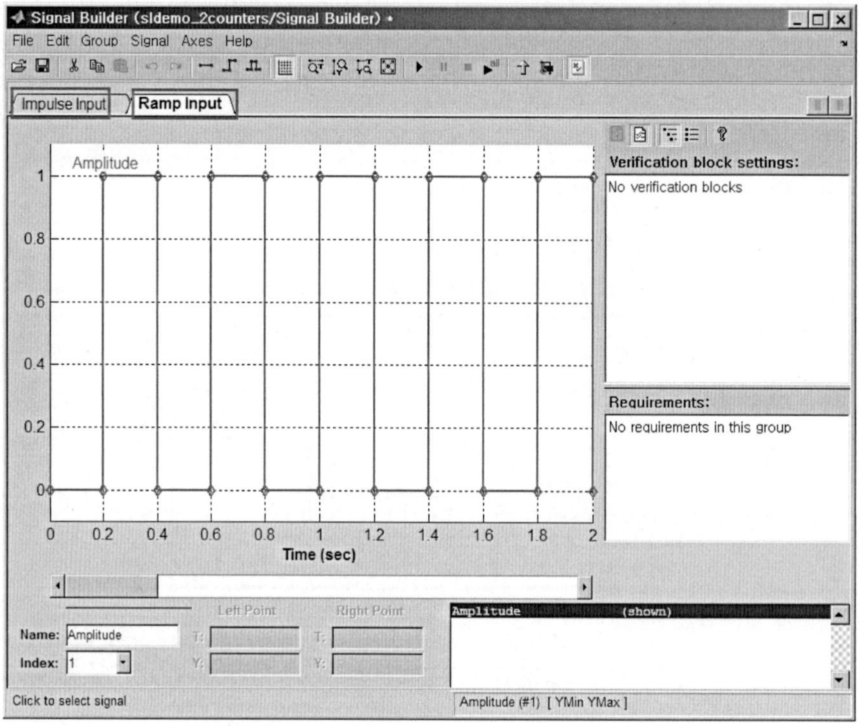

[그림 C.7] Signal Builder 블록화면

(2) 외부입력신호를 위한 데이터의 작성

[그림 C.1]의 시뮬레이션을 위해서는 두 종류의 입력, 즉 구형파와 삼각파 형식의 신호이다. 이를 위해 먼저 필요한 신호를 작성하여 Excel file로서 적당한 디렉터리에 저장한다([그림 C.7] 참조). 이를 다음 순서로 **Signal Builder** 블록에 인가한다.

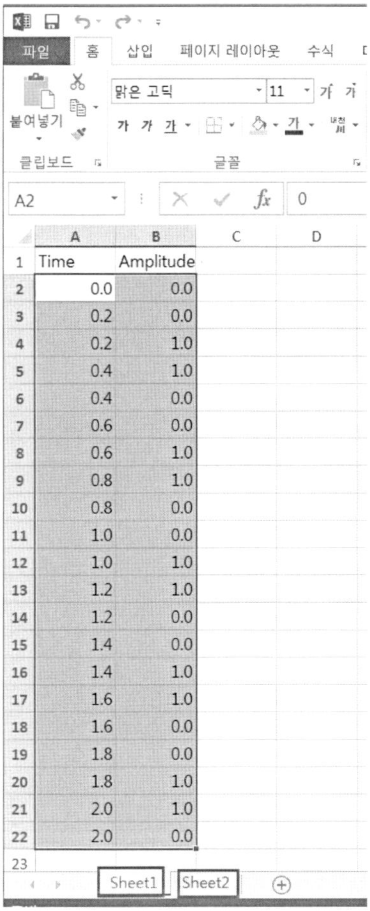

[그림 C.8] 입력신호의 데이터

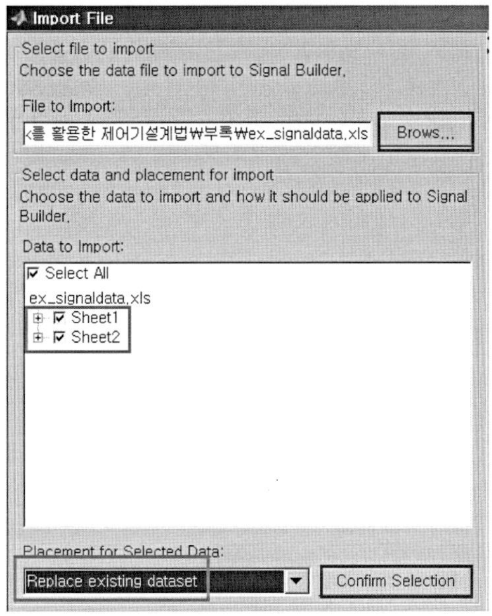

[그림 C.9] Import File의 설정화면

① **Signal Builder** 블록의 메뉴에서 **File→Import from File**로부터 오픈되는 **Import file**에서 Browse를 클릭하여 상기의 Excel file (즉 ex_signaldata.틴)을 찾아 클릭한다.

② **Import File** 화면의 **Data to Import** 패널이 오픈되어 사용가능한 Excel의 sheet가 표시된다. 여기서는 두 종류 -구형파와 삼각파(sheet1, sheet2)- 모두 클릭한다([그림 C.9] 참조).

③ [그림 C.9]의 **Placement for Selected Data**의 리스트 중에서 **Replace existing dataset**를 선정하면[1] **Signal Builder**는 Excel file의 sheet의 데이터를 신호의 형식으로 변환한다.

④ 최종적으로 [그림 C.9]의 **Confirm Selection**을 클릭한다.

---

1) Signal Builder의 현재 상태를 replace하였기 때문에 두 입력신호의 이름도 제거되었다. 따라서 Rename 기능을 이용하여 각 신호의 이름을 재설정한다.

⑤ 모든 작업이 순조롭게 진행되었다면 **Import File** 화면의 오른쪽의 **Status History** 패널에 지금까지의 작업과정이 표시된다.

여기서 시간축의 범위를 2.5초로 하면 Signal Builder의 화면은 [그림 C.10]과 같다.

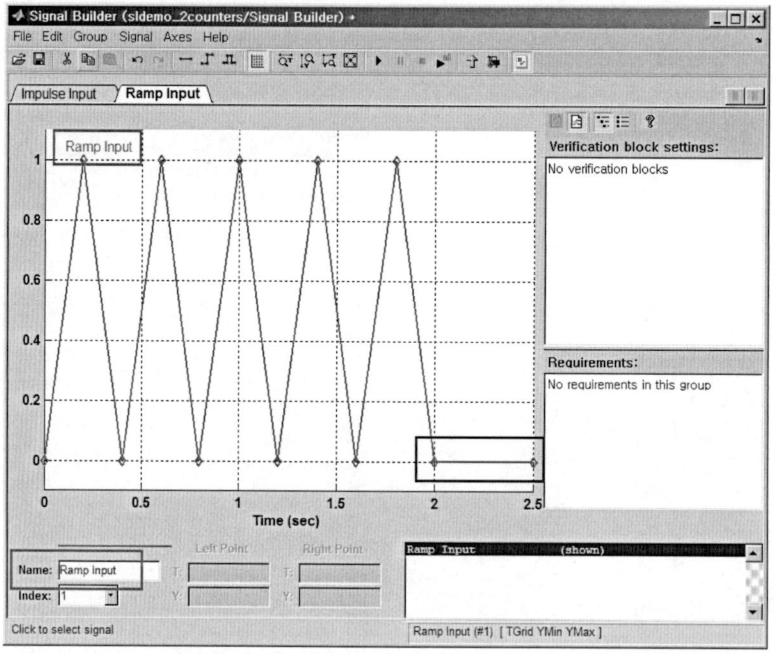

[그림 C.10] 최종적인 Signal Builder의 화면 (삼각파의 경우)

만약 Excel file로 간단하게 입력신호를 나타낼 수 없을 정도로 데이터의 양이 많은 경우는, 입력신호에 데이터를 MATLAB의 저장형식 중의 하나인 MAT-file로 미리 저장하여 두고, Simulink의 Import 블록을 사용하는 것이 편리하다.

(3) 시뮬레이션의 준비

결과를 출력하고 그 과정을 기록하기 위해서는 모델의 입력데이터와 출력변수에 대한 조정(configuration)이 필요하다.

① [그림 C.1]에서 **Simulation** → **Configuration Parameters**를 클릭하여 오픈되는 화면의 왼쪽 패널의 **Data Import/Export** 화면에서 아래의 상태를 체크한다.

- Time
- Output
- Signal logging
- Record and inspect simulation output

② **Time**의 출력 Format로서 **Structure with time**을 선정한다.

③ 이상의 결과로 [그림 C.11]의 **Configuration Parameters** 화면을 얻는다.

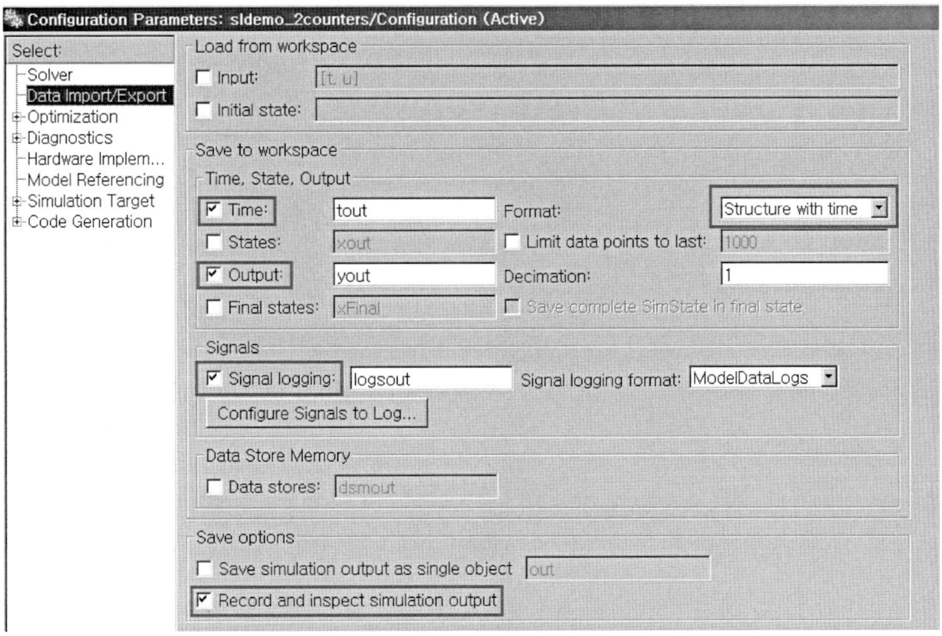

[그림 C.11] 최종적인 Configuration Parameters 화면

(4) 시뮬레이션의 실행

① [그림 C.10]의 **Signal Builder** 화면에서 **Run all** 버턴을 눌러 시뮬레이션을 실행한다([그림 C.12] 참조). 이로 인해 Simulink는 0 ~ 2 [초] 동안 두 종류의 입력신호(Impulse Input와 Ramp Input)에 대한 시뮬레이션을 수행하고, **Simulation Data Inspector** 화면이 오픈 된다([그림 C.13] 참조).

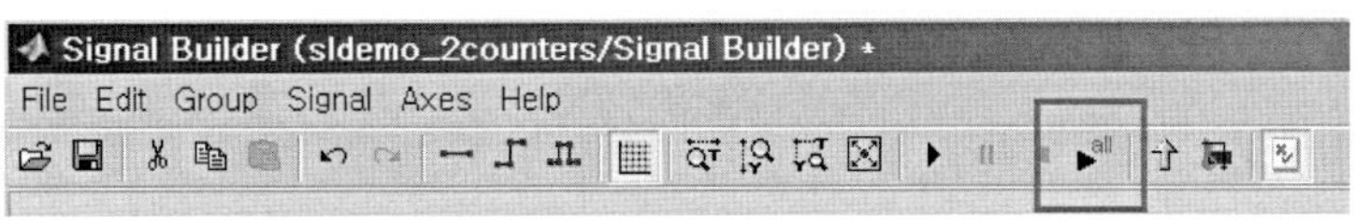

[그림 C.12] Signal Builder의 Run all 버턴

② 그림에서 확인하고자 하는 신호를 체크한다. 만약, 예를 들어 [그림 C.13]의 왼쪽 위 페널에서 Out1과 Out2를 체크하였다면 [그림 C.6]의 위쪽, Out1과 Out3를 체크하였다면 [그림 C.6]의 아래쪽과 동일한 파형이 표시될 것이다.

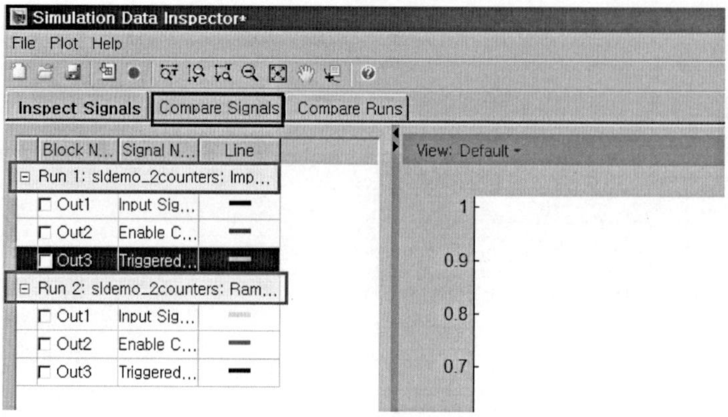

[그림 C.13] **Simulation Data Inspector** 화면

(5) 신호의 비교

Simulation Data Inspector를 이용한다면 두 종류의 신호를 동일한 실행, 혹은 다른 실행 환경에서 그 결과를 간단하게 비교할 수 있다.

① [그림 C.13]의 화면에서 **Compare Signals** 탭을 클릭하면 두 종류의 신호와 그에 해당하는 출력단자가 표시된다. 예를 들어 [그림 C.15]와 같이, Sig1으로는 Impulse Input에 대한 Enable counter출력과, Sig2로는 Ramp input에 대한 역시 Enable counter 출력을 각각 지정하면 그림과 같이 두 신호와 두 신호의 차(difference)가 화면에 각각 나타난다([그림 C.14] 참조).

② [그림 C.14]의 오른쪽 위에 있는 버턴을 클릭하여 나타나는 메뉴에서 **Plot in new figure**를 클릭하면 [그림 C.14]의 오른쪽 그래프가 MATLAB의 figure 화면으로 표시된다. 이를 이용하면 현재의 그래프를 저장하거나 복사 등이 가능하다.

③ 이상의 결과를 저장하기 위해서는 [그림 C.14]에서 **File → Save as**를 클릭하면 가능하다.

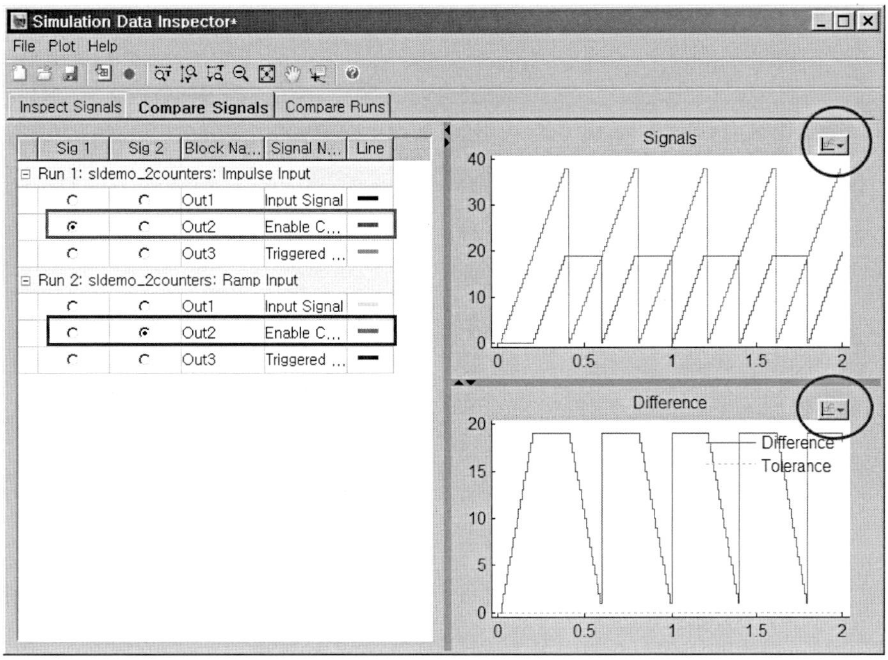

[그림 C.14] **Simulation Data Inspector**의 Compare Signals 화면

찾아보기

| 저자소개 |

최연욱(崔然旭)

1955년 부산출생

1978년 한양대학교 전자공학과 학사

1980년 한양대학교 대학원 전자공학과 석사

1990년 일본 京都大學 대학원, 공학박사

현재 부경대학교 공과대학 전기제어공학부 교수

[관심분야] Robust Control, Sampled-Data Control, 제어기설계론 등

[저서] 자동제어실험(상학당), 현대제어이론의 기초(청문각),
신호와 제어, 현대제어 공학, 대학공업수학,
MATLAB을 이용한 미분방정식과 행렬의 이해(홍릉과학출판사) 등

정가 36,000원

Simulink 이해와 제어기 설계의 실제

2016년 1월 20일 초판 인쇄
2016년 1월 29일 초판 발행
저 자 : 최연욱
발행자 : 우명찬·송 준
발행처 : 홍릉과학출판사
주 소 : 서울시 강북구 인수봉로 50길 10
01093
등 록 : 1976년 10월 21일 제5-66호
전 화 : (02) 999-2274~5, 903-7037
팩 스 : (02) 905-6729
e-mail: hongpub@hongpub.co.kr
http://www.hongpub.co.kr
ISBN: 979-11-5600-386-1

저자와의
협의하에
인지생략